教育部人文社会科学研究青年基金项目　西部和边疆地区项目（20XJCZH014）：
唐宋砖石墓葬及塔幢的仿木技术与设计方法研究

永寿固堂

——宋金砖墓仿木研究

喻梦哲　张学伟——著

中国建筑工业出版社

图书在版编目（CIP）数据

寿堂永固：宋金砖墓仿木研究 / 喻梦哲，张学伟著
. —北京：中国建筑工业出版社，2024.4
ISBN 978-7-112-29736-8

Ⅰ. ①寿… Ⅱ. ①喻… ②张… Ⅲ. ①墓葬（考古）–建筑艺术–中国–辽宋金元时代 Ⅳ. ①TU251.2-092 ②K878.8

中国国家版本馆CIP数据核字（2024）第070526号

责任编辑：陈夕涛 徐昌强 李 东
责任校对：王 烨

寿堂永固——宋金砖墓仿木研究
喻梦哲 张学伟 著
*
中国建筑工业出版社出版、发行（北京海淀三里河路9号）
各地新华书店、建筑书店经销
华之逸品书装设计制版
北京中科印刷有限公司印刷
*
开本：965毫米×1270毫米 1/16 印张：26 字数：578千字
2024年4月第一版 2024年4月第一次印刷
定价：**168.00**元
ISBN 978-7-112-29736-8
（42681）

序 Preface

宋江宁

以对象性统领角度性，以整体论超越原子论
——关于宋金砖墓仿木现象的探索

中国社会科学院考古研究所　宋江宁

一　盲人摸象与仿木现象对举引发的思考

盲人摸象是个人尽皆知的、可笑的故事，但对理解本书来讲，又是一个最通俗的、深刻的参照系。

按照严格的研究程序来讲，这个故事里首先有一个要认识的对象：大象；其次是问题：大象长什么样？然后是回答的角度，也就是学科：六个站在大象周围不同位置的盲人；方法论是原子论：各人只摸了一部分；方法是从各自的位置去摸；最后是六个不同的结果：摸到腿的说像一根大柱子，摸到鼻子的说像一条巨大的蟒蛇，摸到耳朵的说像扇子，摸到尾巴的说像一根绳子，摸到身体的说像一堵墙，摸到牙齿的说像一根长矛——最终只有大象的六个局部形状，而没有完整的大象。因为每个盲人摸的都是同一对象的不同部分，而且对彼此掌握的资料一无所知，自然无法拼凑出完整的大象。怎么办呢？我们暂且停下来，先引入仿木现象，然后再做讨论。

仿木现象也是个要认识的对象，它引发了“仿木是什么”这个问题。从哪些学科来回答呢，是历史学、考古学，还是建筑学、艺术史？方法论是原子论还是整体论，抑或整合二者？方法是什么？历史学的考证，考古学的地层学和类型学，建筑学的场域理论、建构理论、图示分析方法，艺术史中的“绘画元件”和“建筑元件”……最后是四个不同的结果：历史学家眼中的制度变迁、风俗流转、阶层下渗；考古学者眼中的区期分界和样式分型；建筑学家眼中的空间意象和构造设计；艺术史学者眼中的历史原境复现——最终也是仿木的四个局部认识，而没有对仿木现象的完整认识。因为这四个学科也同样面临盲人摸象的困境。该怎么办呢？下面试做分析。

二　对象性和角度性整体论与原子论

为了回答“考古学是什么”这个同样的对象性问题，笔者从1996年思考至今。跟梦哲相识的这八年以来，又对建筑学、建筑史、建筑考古学是什么，怎么做，各自的学术体系、

边界、异同，如何落实合作等问题展开讨论和辩难，也尝试就几例个案展开合作，奈何问题太艰巨、自身学识又有限，导致进展缓慢。可喜的是，2023年我们竟然都有了新的突破[①]。

我主要有三个粗浅的认识。第一，考古学是个对象性学科。现有学科可分为对象性和角度性两类。角度性学科是针对对象某一属性的研究。如物理学、化学、医学、政治学、经济学、伦理学、文学、艺术等学科，研究的是自然、社会和精神这三大对象的不同属性。对象性学科的研究对象是人类的历史实践，如历史学、考古学等，当时隐约感觉到建筑学应该也是这类，对应的人类实践就是建筑这个对象。通过本文第一部分的论述，笔者已然明确了这个认识。

第二，整体性学科与角度性学科的关系。笔者曾犯过一个错误，那就是将重点放在了作为组成部分的角度性上，忽略了作为整体的对象性。这个缺陷就导致了考古学作为一个学科存在的合法性问题，也就是竟然要消解和“杀死”考古学。六个盲人摸象的结果就是在事实上“杀死”了那头真实的大象，就像电脑、汽车、手机，肯定都是由各个零件组成的，但是当我们把这三件物品拆解成所有的零件时，电脑、汽车和手机都不见了。对仿木现象的研究也可以这么看待。所谓的整体其实是一个新出现的、独立的个体。因此，对象性学科应该统领角度性学科。但如何统领呢？笔者之前并未想清楚，最近略有感悟，起码建筑学就应该是一个完美的范例。建筑师负责整体掌控一座建筑的建造，兼顾择址备料、结构选型、人员组织、施工管理等各方面的工作，协调各方诉求，各个角度性学科不间断地介入促成了建筑学的完善，就如同各个工种在建筑师的统领下实现了建造任务。

第三，对象性学科的方法论是整体论。笔者对考古学与金石学进行过对比。考古学关注实物遗存各种尺度的时空定位、与其他自然和人类遗存的相互关系。金石学则缺失了这两类信息的绝大部分，更多地集中在单个遗存（主要是铜器和石刻）上。在考古学实践中涌现的首先是一种整体论。例如在考古学最基础也最核心的田野考古中，必然要组建多学科合作的课题组，然后学科之间自然而然地会进行交流合作，形成一个跨学科的机制，并且在各自的研究中参考、甚至引入其他学科的信息、方法、概念、理论和认识。在此还可补充一点，金石学中首先涌现的必然是原子论。从上面第二点可见，建筑学也是整体论的。

① 我发表了《走出独断论、拥抱整体论、践行整体论——对考古学学科性质和中国考古学学科发展的思考之四》（《南方文物》2023年第6期），梦哲的成果集中体现在本书中。

三　对象性与整体论的自觉：本书的创新

前面已经讲到，我们近年来执着于考古学、建筑学、建筑史、建筑考古学的系列问题中，总体境况是困顿，进展缓慢，所以本书最大的创新是对象性与整体论的自觉而不是其他。

首先是对象性与角度性的自觉区分。因为有了这组关系的警醒，作者才能超越以往角度性学科的层次，跳出各个角度的局限，觉察到盲人摸象的危险性，上升到对象性层次来。我试着进行介绍。

本书主体为第一到第七章，为总分结构。第一、二章又构成了一个总分结构的整体。第一章讨论了从仿木行为、仿木对象到仿木现象这个过程，介绍了“仿木现象”这个对象产生和变化的营造传统、伦理观、生死观、对死后世界的看法、仿木对象、技术储备、制度因素等。第二章综述是对绪论的深化，有关于“仿木现象”的思考，何为“仿木”，为何“仿木”，如何“仿木”，“仿木现象”的所指，仿木砖墓的技术储备，仿木砖墓的地域差异，仿木砖墓的后续发展等内容。这两章充分体现了作者的视野、抱负与学力，完全超越了单个学科的局限。从本文第一部分和本书中列举的考古学、建筑史和美术史的研究领域就足以让人惊叹了。第三到第七章分别对宋金仿木砖墓的内容组织、空间营构、设计思路、加工方法、比例控制与构图规律进行论述，算是对第一、二章中理念的实践。这几个部分各成角度，每个部分都无法归入任何一个单独的学科中去，除非作者有明确的对象性自觉。

其次是整体论与原子论的自觉警醒。正如本文第二部分讲到的整体性学科与角度性学科的关系那样，梦哲始终表现得像一个高明的建筑师，兼顾各种因素的影响，吸收其他学科的研究成果。这样的精彩之处在书中随时可见，举不胜举。如宏观的总体设计需兼顾礼法、葬俗、主家志趣、送葬者视线等。讨论墓葬平面布局规律时注意到艺术史家发现的骸骨与墓志的安放位置与由墓俑架构出的性别空间正相一致，因此辅证了墓葬营造中一定存在严谨的整体规划环节。又如对仿木“空间”的讨论。艺术史家认为宣化辽墓壁画上的仙鹤与竹林、墓顶的天穹日月应是对庭院的暗示，以及古人的目的“并不在于建构一个具有明确性质和功能的‘反建筑’，而是通过打破通行观念中的内外、上下、神人的分野，运用人们熟悉的建筑与视觉符号在墓葬中创作一个超越凡俗甚至超越时空界域的场所”等认识自然会对建筑学家带来启示。当然，作为一个考古工作者，我也找到了考古学对本书的贡献。宿白先生在《白沙宋墓》中建构起的建筑考古学范式以分类型、立谱系的方式高效处理了大量实证材料，为本书的写作奠定了坚实的基础；考古学以年代学方法落实了案例的区期特征和分布规律；最重要的是，考古学者作为材料的提供方，长于描述材料本身的整体性，这个整体性的价值请看本文第二部分的第三点。

四　反思与展望

对象性和整体性的自觉得来已是不易，但实践起来更是艰难。我以为首要原因就是现有学科中绝大多数为角度性学科，只有极少数为对象性学科，而接受学科训练又是任何专业人员的必由之路，当这个群体以角度性人才为主的时候，对象性思维的普及和掌握自然就困难重重。其次，对象性学科中，如考古学、历史学、建筑学等，以角度性和原子论方式开展的研究也是主流，具有对象性和整体论自觉者仍是少数。就以本书为例，仍偏重在建筑学，尤其是技术史上。笔者也清楚梦哲的朋友圈里考古学家可能仅我一位，历史学家和艺术家似乎也不多见，他对这些学科的成果也以拿来主义为主，就像笔者的序言里对这些学科的成果无力置喙一样。

但是，经过多年的艰苦努力后，我们已经有了以上的自觉和成果，也更加主动地进行着学科交流与合作，包括联合培养学生。目前考古学界和建筑学界也有多家大学和研究所的同仁在进行着类似的探索。因此，我们相信：虽然万事开头难，但良好的开端已是成功的“一半”。

目录 Contents

第一章

绪论：从仿木对象到仿木现象

第二章

仿木砖墓研究综述

第三章

仿木砖墓的内容组织

第四章

仿木砖墓的空间营构

第五章

仿木砖墓的设计思路

第六章

仿木砖件的加工方法

第一章

绪论：从仿木对象到仿木现象

1.1

传统营造中的仿木行为

中国建筑长期以木框架结合夯土墙作为主要承重方式，故以“土木之功”统称营造活动，且天然材料常被附以滋长生发的“德性”①，满足人们“生生不息”的审美追求。上古之民穴居野处，所谓宫室不过是茅茨土阶，人们生前住着木骨、泥墙、草顶的原始棚屋，死后又回到土、木的层层包裹之中，返归自然循环。随着民智渐开，伦理萌芽，“天”的至高意志需通过敬奉先祖、施行德政而下达，鬼神的喜恶不再缥缈莫测，道德准则的更替为人们追求仿拟居所的墓葬形式奠定了观念基础。

“象生送死”的动机在各个早熟的文明中普遍存在，无论金字塔中静待复活的埃及法老，还是画像墓中预演升仙的汉家贵胄，对他们来说，死亡只是通达永生的一个阶段，坟穴也不过是另一种人生逆旅，既然同为“居所”，模仿家宅样貌自是理所应当之举。随着小砖砌筑拱券、穹隆的技术普及，汉代墓葬的结构形式日趋多样，仿木倾向也与日俱增，似乎唯其如此才能确保逝者悠游泉下，取用无虞。人们对死后世界的看法，也从东周时还混沌恐怖的黄泉幽都，发展成与人世秩序同构的蒿里梁父②，子孙用象征生前财富的明器代替礼器入葬，希望墓主死后永享富贵，侈靡的葬俗③与对未知世界的祈禳④共同促成了墓葬仿木的盛行。

儒家主张“事死如生”，《荀子·礼论》说：“凡礼，事生，饰欢也；送死，饰哀也……故

① 《礼记·月令》谓：“某日立春，盛德在木。”孔颖达疏：“盛德在木者，天以覆盖生民为德，四时各有盛时，春则为生，天之生育盛德，在于木位。”见：(汉)戴圣(著)，胡平生、张萌(译注).礼记[M].北京：中华书局，2017.

② 如1935年出土的熹平二年(173年)刘觊买地券中提到：“天帝使者告张氏之家、三丘五墓、墓左墓右、中央墓主、冢丞冢令、主冢司令、魂门亭长、冢中游徼等。敢告移丘丞墓伯、地下二千石、东冢侯、西冢伯、地下击植卿、耗里伍长等。”这些职司无疑都是直接引借自世俗官制。见：黄景春.中国宗教性随葬文书研究[M].上海：上海人民出版社，2018.

③ 如(汉)桓宽《盐铁论·散不足篇》称：“古者事生尽爱，送死尽哀，故圣人为制节，非虚加之。今生不能致其爱敬，死以奢侈相高，虽无哀戚之心，而厚葬重币者，则称以为孝，显名立于世，光荣著于俗，故黎民相慕效，至于发屋卖业。”见：(汉)桓宽(著)，陈桐生(译注)盐铁论[M].北京：中华书局，2015.
时人虽常批评这种形式主义的倾向，但也反证了其流行程度，如(唐)魏徵等撰《群书治要》记(汉)崔寔《政论》云：“送终之家，亦无法度，至用櫺梓黄肠，多埋宝货，烹牛作倡，高坟大寝。是可忍也，孰不可忍？而俗人多之，咸曰健子，天下企慕，耻不相逮。念亲将终，无以奉遣，乃约其供养，豫修亡殁之备，老亲之饥寒，以事淫佚之华称。竭家尽业，甘心而不恨。”见：(唐)魏徵(等)(撰)，赵东凌(评译).群书治要[M].北京：北京联合出版公司，2017.

④ 如灵宝张湾M514中出土镇墓瓶上书：“天帝使者谨为杨氏之家镇安隐冢墓，谨以铅人、金玉，为死者解谪，生人除罪过，瓶到之后，令母人为安，宗君自食，地下租岁二千万。令后世子子孙孙，士宦位至公侯，富贵将相不绝。□移□丘丞墓□，下当用者，如律令。”见：姜守诚.“冢讼”考[J].东方论坛，2010(05)：6-11.

湖北随州战国曾侯乙墓出土棺椁

湖南长沙财政学院西汉墓

河南洛阳汉墓明器

甘肃雷台汉墓明器

江苏南京西晋魂瓶

河南洛阳北魏宁懋石室

陕西西安章怀太子墓壁画局部

图1.1 中国古代墓葬中的仿木媒材示例
（图片来源：引自网络）

圹垄，其貌象室屋也。"① 这决定了墓葬建筑总要朝着仿拟家宅这个目标发展，从战国木椁墓中凿刻出的门窗、秦汉题凑墓中隔出的小室、十六国土雕墓中涂饰精美的生土栋梁、六朝堆塑门阙楼阁的塔式罐，抑或北朝隋唐的房形椁、陵墓中绘出重重城台的天井墓道，以及辽宋金元时期生动写实的砖雕墓，两千余年来乱花迷眼的仿木现象，皆是观念上"事死如生"的必然结果（图1.1）。

古人对于仿木的努力大多凝聚在两类载体上，其一是象征物权的房屋模型，其二是替代居宅的葬具。前者可以是单独摆置的明器，也可以是依附在房屋上的装饰性构件（譬如脊刹②）（图1.2）；后者则是棺椁融合石祠堂外观后的产物。葬具于墓主遗骸而言，是与床榻无异的器物，但加入建筑样式后再配合俑人，则成为供灵魂居处的屋宇。唐人尤其喜好在墓中绘出柱额枓栱来分割壁面，使得原本富集在葬具上的仿木要素又逐渐向墓壁蔓延。入宋后，禁止高阶贵族、官员使用房形石葬具的条令执行得更加严格，所谓"诸葬：不得以石为棺

① 王先谦.荀子集解[M].上海：商务印书馆，1934.

② 主要分布在晋陕豫黄河沿线的祠庙建筑正脊之上，以琉璃、灰陶材质为主，按缩微楼阁、塔、亭的形象捏塑烧制后逐段拼接，当中贯以铁棍，下彻屋架，称作"脊刹明楼"，用在民居上时称作吉星楼、子牙楼、高明楼、三节楼等。

殿形态脊刹

塔形态脊刹

亭形态脊刹

楼阁形态脊刹

图1.2 明清祠庙屋形脊刹示例
（图片来源：引自参考文献[13]）

椁及石室。其棺椁皆不得雕镂彩画，施方牖栏槛”①，而对富绅阶层兴修坟穴的管控却相对宽松，这就诱导仿木媒材从棺椁向墓室彻底转移，模仿的旨趣也从凝练屋形符号转向烘托墓室氛围。此外，五代时期一度在江淮、川蜀、辽东盛行的在棺前配置模型木屋的葬俗也值得注意，这代表着另一种将棺椁建筑化、装饰化的路径的兴起，其不同于葬具整体仿木的北朝传统。前者的棺前木屋将房屋形象集约在葬具的前合部位，它并非单独的明器，不能拆离棺挡单独放置（否则，其中的拱桥形象将指意不明），而是标识着连接魂、魄空间，转换形、神尺度的界面，流行时段虽极为短暂，却证明了仿木形象可以从葬具中进行剥离，并自由流动到墓室的任意位置（图1.3）。

在五代时期，诸如冯晖墓之类的案例，模拟城阙的墓门成为装饰重点，墓室局部呈现出独立的仿木倾向（汉代石室墓中，门、壁、顶等部分一体设计，没有仿木程度的参差）。同时，入宋后砖石塔幢的建造也更趋细致，这与墓室仿木做法日渐精密的发展进程同步。唐代以前的砖塔被视作舶来品，形态如何并无定论，相较于如实再现样式细节，它似乎更重视夸耀体量、明辨级数，因此多有勾连轮廓、几何抽简的共性（如以叠涩、反涩曲线表示屋檐，将柱额等处理成饰带以便为立面分缝勾边之类）。五代时期以吴越为中心，环东海、黄渤海诸国皆流行阿育王塔渡来有缘国土的传说②，这些造型细腻的金属或石质模型塔被逐步扩放到构筑物（如闸口白塔）或建筑物（如云岩寺塔）尺度，其精密仿木的审美趣味彻底扭转了此前砖塔的简洁样貌，使之重新回归木楼阁式塔的发展路径（图1.4）。一些学者认为，正是旺盛的造塔需求锻炼了专业匠师队伍，为仿木砖墓的营造提供了人力资源和技术储备③。

图1.3 杨吴、南唐时期棺前木屋示例
（图片来源：引自参考文献[14]）

① 天一阁博物馆，中国社会科学院历史研究所天圣令整理课题组（校证）.天一阁藏明钞本天圣令校证（下册）[M].北京：中华书局，2006：425（丧葬令第二十九）.

② 陈涛.韩国庆州皇龙寺与中国南朝佛寺渊源关系探讨[A].王贵祥（主编）.中国建筑史论汇刊（第五辑）.北京：中国建筑工业出版社，2012：505-530.

③ 韩小囡.墓与塔——宋墓中仿木建筑雕饰的来源[J].中原文物，2010(03)：95-100.

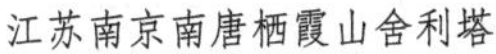

江苏南京南唐栖霞山舍利塔

浙江杭州吴越闸口白塔

河北赵县北宋陀罗尼经幢

江苏南京北宋长干寺阿育王塔

浙江杭州北宋灵峰寺石塔

图1.4　五代、北宋砖石或金属仿木塔幢示例

（图片来源：部分引自网络，部分作者自摄）

随着技术迭代，墓中雕凿拼嵌的内容越发繁多，而三教和合、“死即永生”之类的观念革新又促使更多人采取火葬或直接在棺床上陈尸，高涨的仿木需求失去了葬具的依托，只能持续向壁面转移，终于催生出增繁释巧的砖雕墓。元代仍保留了在墓室中砖砌枓栱、涂画门窗的传统，部分贵族也会在墓上建屋，如河北沽源梳妆楼元墓（图1.5），因此《元史》卷一百五“刑法志·禁令”虽有“诸坟墓以砖瓦为屋其上者，禁之”的规定，真正实施时却仅能针对一般官吏与百姓[①]，这也反映了当时祠祭、墓祭的混乱。明代葬制对于地面建筑已规定得极为细琐[②]，又因崇奉朱熹而视“墓祭”为非礼，遂将仿木传统釜底抽薪，终至销声匿迹，仿木技艺仅能在石牌楼、阴亭之类物件上偶见鸿爪，这是墓葬仿木历史的大致脉络。

河北沽源梳妆楼现状

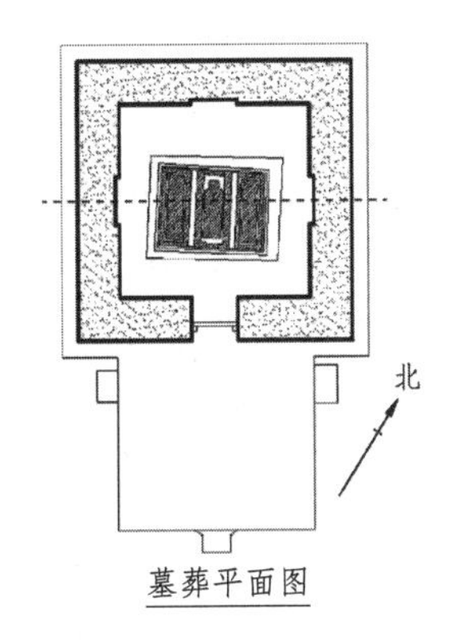

墓葬平面图

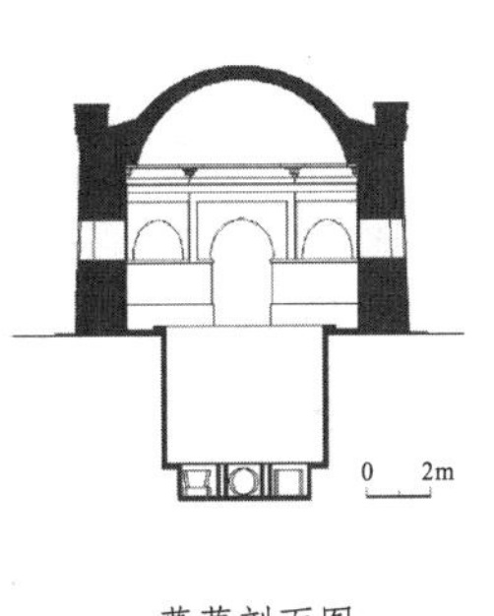

墓葬剖面图

图1.5　河北沽源梳妆楼元墓

（图片来源：引自参考文献[15]）

① 傅熹年.中国古代建筑工程管理和建筑等级制度研究[M].北京：中国建筑工业出版社，2012.

② 如万历《明会典》规定：“礼部执掌，丧葬项内，有咨工部造坟安葬之条，……凡王府造坟，永乐八年定，亲王坟茔：享堂七间，广十丈九尺五寸，高二丈九尺，深四丈三尺五寸；中门三间，广四丈五尺八寸，高二丈一尺，深二丈五尺五寸；外门三间，广四丈一尺九寸，高、深与中门同；神厨五间，广六丈七尺五寸，高一丈六尺二寸五分，深二丈一尺五寸；神库同；东西厢及宰牲房各三间，广四丈一尺二寸，高、深与神厨同；焚帛亭一，方七尺，高一丈一尺；祭器亭一，方八尺，高与焚帛亭同；碑亭一，方二丈一尺，高三丈四尺五寸；周围墙二百九十丈，墙外为奉祠等房十有二间……”见：天一阁博物馆，中国社会科学院历史研究所天圣令整理课题组（校证）.天一阁藏明钞本天圣令校证（下册）[M].北京：中华书局，2006：425（丧葬令第二十九）.

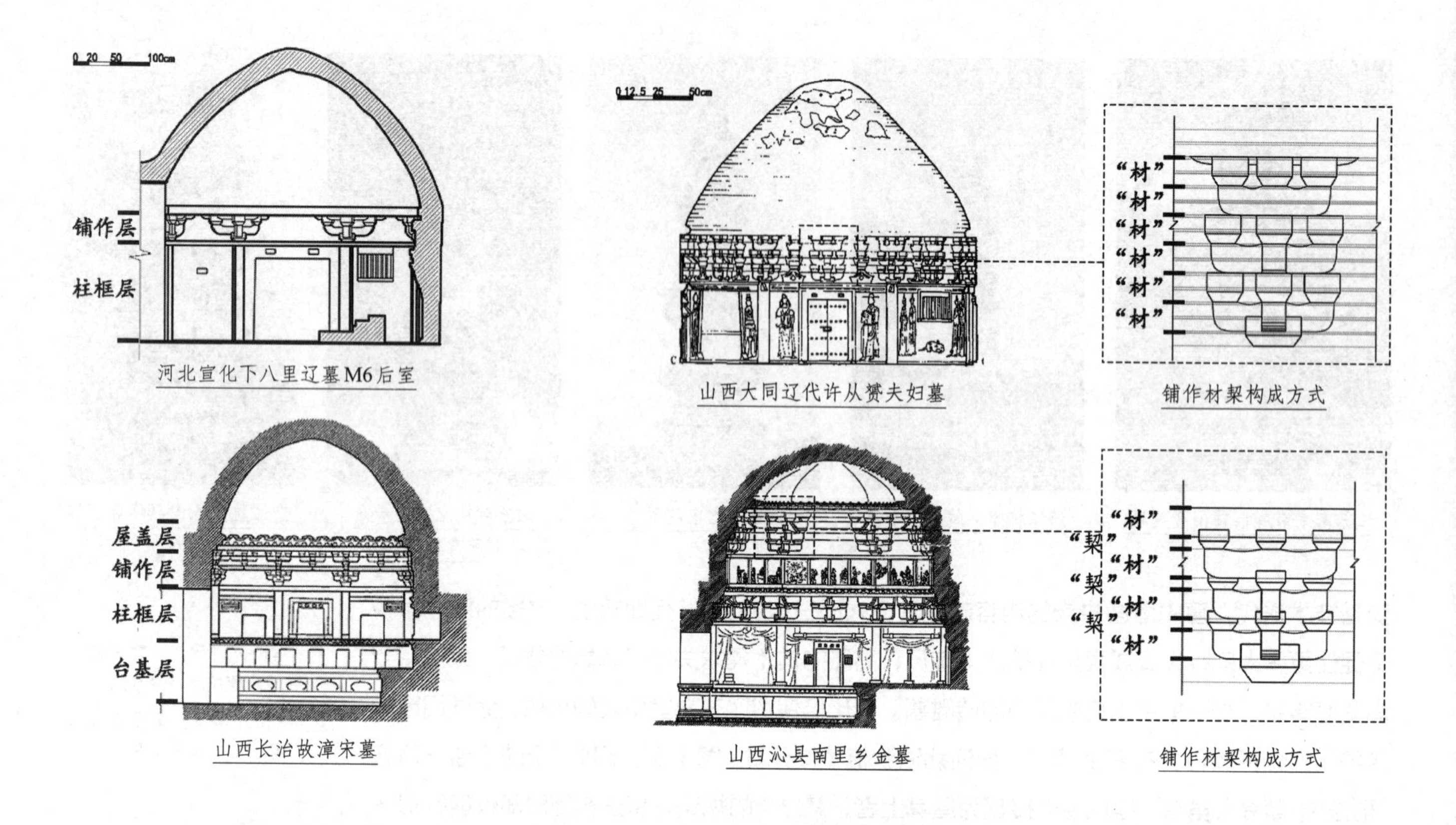

图1.6 从材栔构成方式看砖墓仿木做法差异
（图片来源：改自参考文献[16]～[20]）

正如齐东方所言："丧葬与其说是对死者的哀伤与悼念，不如说主要是生人导演的活动。"① 墓葬中的仿木要素正是我们窥探古人生死观念的一把钥匙，而考察唐末至元约五百年间华北地区的砖石仿木遗存，发现其明显具有三个特点：

其一是时段延续、数量众多。安史之乱后中国进入再次大分裂的局面，直至元明再度一统。兵燹、饥馑等因素导致大规模的人员迁徙，仿木技艺也随之传播、发展，从京畿向边远地区顺次外延，同时出现阶层下渗的情况。由唐入宋，中小地主、商贾富绅的阶级意识日益觉醒，常在营造坟墓时故意越制犯禁，夸示富贵自高身份，"破产以送死"的风气盛行，仿木砖墓的建造数量较前代剧增。据不完全统计，中华人民共和国成立后关于宋代砖雕墓的报告接近三百座之多。

其二是形制近似、脉络清晰。辽、宋、金、元砖墓常在墓壁上集中展示仿木形象，普遍的做法是以立柱、阑额形成景框，填嵌门窗、家具后表达压缩景深的屋宇正视面，这为我们梳理匠心提供了可能，个案间的差别更是反映出不同的技术、审美倾向，利于我们理解古人如何看待不同矛盾的轻重缓急，复盘其设计思路（图1.6）。

其三是仿木内容丰富、维度多元。纵览华北地区的诸多案例，不难看出仿作的实现途径众多——砖壁上的拟形轮廓构成主体，附着其上的彩绘图样是其臂助，置放在墓室内的随

① 齐东方.唐代的丧葬观念习俗与礼仪制度[J].考古学报，2006(01)：59-82.

葬器物充实其内容，而这些不同的视觉诱导手段都指向一个经久不衰的话题：人们应当如何“观看”？多种元素组成的复杂仿木场景是如何被有效感知的？我们需要从视觉角度仔细考察这个信息传递的过程。

古人对于材质本身的文化属性十分敏感，砖石坚实牢固，象征着永恒不朽的身后世界，用其模拟木构样式是对材料力学性能和应用场景的双重悖离，这种模仿意味着死亡不再被视作生存的反动，两者从二元对立走向矛盾统一，正如《庄子·知北游》所说：“生也死之徒，死也生之始。”

仿木要素在墓葬中表现为两类形式，其一是局部地、符号化地附着在墓壁上，它的形象虽精粗有别，但都不能脱离所依附的界面独存，而界面自身又拥有与模仿对象等效的属性（如墓壁本身即可与仿木槅扇彼此替代的砖墙，去名存实后无碍其实现撑持墓顶、隔绝土圹的基本功能）；其二则是整体地、孤立地放置在墓室中，仿木意识最早在这些盛放墓主遗骸的房形葬具上萌发（与明器同时使用时，常促生出“想象的”与“真实的”两套身体尺度）。以房屋形象装饰葬具的做法，在东周时已见诸记载[①]，且铜、木材质的“房形棺”流行地域可向南扩展至滇、赣一带[②]，两汉房形棺（也包括仅在前挡处绘出门、檐形象的画像石棺）在巴、蜀盛行[③]，遗存至今的此类葬具以石材为主，兼有少数木质案例残留[④]，在北朝多为鲜卑贵族及入华胡人、粟特人使用，隋唐时则为皇族专用，此后一度在中原消失[⑤]，而为辽人短暂继承，金元之后逐渐断绝。在“房形石葬具”的宽泛概念下，尚包含着“仿木石棺/椁”“围屏（石）棺床”“石室”等多种形态类似的器物，因其仿拟的建筑形象信息丰富，常用于旁证同时期的建筑发展情况，目前为人熟知的案例大概有50个（北朝10余处，隋2例，唐30余处），具有分布集中、时间连续、阶层单一等特征。壁画砖雕墓则是与之并行的另一条线索，五代以后流行家族合葬，泽祐子孙的宗族责任逐渐取代了个体的升仙愿景，成

---

①《左传正义》载，成公二年“八月，宋文公卒。始厚葬，用蜃炭，益车马，始用殉。重器备，椁有四阿，棺有翰桧。”可知公元前589年已有模仿四坡顶建筑修造椁室的实践。见：（晋）杜预（注），（唐）孔颖达（疏），李学勤（主编）.春秋左传正义[M].北京：北京大学出版社，1999.

② 如战国初期的云南祥云大波那铜棺，棺盖呈双坡顶，棺底以多道短柱支撑，造型模仿干栏建筑。见：熊瑛，孙太初.云南祥云大波那木椁铜棺墓清理报告[J].考古.1964（12）：607-614+665+4-7.又如江西贵溪崖墓M12中的10号棺，悬山顶盖当中起脊、两侧平斜，做出象征性的脊桁与挑檐桁，棺身上宽下窄，檐口也从棺头向棺足逐渐收窄。见：程应林，刘诗中.江西贵溪崖墓发掘简报[J].文物，1980（11）：1-25+97-98.

③ 极少数石棺身上雕刻有模仿居室墙体的栏杆，另如王晖石棺，既将棺盖做成瓦棱形以模仿脊瓦盖顶，又在前挡处刻画妇人启门。见：罗二虎.汉代画像石棺研究[J].考古学报，2000（01）：31-62.

④ 如北齐库狄回洛木椁残件，复原为方三间歇山顶形象。见：王克林.北齐库狄迴洛墓[J].考古学报，1979（03）：377-402+417-428.大同北魏贾宝墓木堂则是前廊后室的单开间屋宇形象。见：侯晓刚.山西大同北魏墓发掘报告[J].文物，2021（06）：23-37.

⑤ 宋代发掘出土的仿木葬具中，仅山东安丘雷家清河村胡琏石棺拥有较为完整、精致的建筑形态，远不如隋唐房形石葬具典型。见：李清泉.佛教改变了什么——来自五代宋辽金墓葬美术的观察[A].（美）巫鸿（主编）.古代墓葬美术研究（第四辑）.长沙：湖南美术出版社，2017：242-277.

为墓葬叙事的主流，写实的生活（或祭祀）场景和木构细节忠实再现了世俗的审美趣味，“采用多种手段，以模仿木结构建筑的柱、枋、枓栱、门窗隔扇、栏杆以及屋檐形象的做法”①，使得原本虚旷的墓室日益生动，摆脱葬具后也能自含意趣。

毋庸讳言，对于墓葬建筑“仿木”的研究曾长期局限在样式细节比较等浅表部分，不断增加的案例仅被用于缀补木作技术发展链条的缺环，而忽略了其自身的建造逻辑、结构原型与空间意识。可喜的是，近来学者们开始重视仿木墓葬及葬具的工艺和设计问题，如俞莉娜等在记录高平汤王头村未完工金代家族墓时充分探讨了砖件的拼嵌工艺②，这种平等对待木构与非木构、阳宅与阴宅的姿态，有利于促使我们以并行而非从属的眼光去观察“仿木”与“木构”间彼此纠缠且相伴始终的发展历程，以在“生死异路”和“事死如生”间寻得平衡。毕竟营造问题从来就不局限于“样式”一点，探索匠心势必涉及方方面面，在墓葬美术研究中添加一个基于建筑学的视角，对于理解工匠如何落实墓主的“仿作”意图是至关重要的。平等看待木构与仿木构的意义在于，可以用一种动态的设计过程，即观念（动机）、营构（过程）、读解（结果）的方式去解析“仿木行为”，而非将其视作静止的、仅供描述的对象。仿木的根本目的在于仿“生”，只有在罗列有哪些“木”（样式、构件、构造细节）的同时主动揭示如何去“仿”（设计、转译方法），才能真正建构起对仿木现象的立体认知。

朱启钤在《营造学社汇刊》的发刊词中曾提出，“本社命名之初，本拟为中国建筑学社。顾以建筑本身，虽为吾人所欲研究者，最重要之一端。然若专限于建筑本身，则其与全部文化之关系，仍不能彰显。故打破此范围，而名以营造学社。则凡属实质的艺术，无不包括。由是以言，凡彩绘、雕塑、染织、髹漆、铸冶、抟埴，一切考工之事，皆本社所有之事”③，他对于“营造”概念的阐释极为详尽，也提醒我们须将砖石仿木视作一种特殊的建筑文化现象，一种可被用来串联“一切考工之事”、打破其间壁垒的重要线索。

1.2 墓葬仿木现象的研究思路

（一）研究意义

仿木砖墓颇能反映中古时期的建筑发展水平，也是研究观念史的重要物证，事涉多个交叉学科。总的来说，考古学、美术史和建筑史学者在此问题上存在较多交集，但任何一方受

① 赵明星.宋代仿木构墓葬形制研究[D].长春：吉林大学，2004.
② 俞莉娜，熊天翼，李路珂，杨林中.高平市汤王头村砖雕壁画墓结构形制研究[J].故宫博物院院刊，2022（01）：60-71+133.
③ 朱启钤.中国营造学社开会演词[J].中国营造学社汇刊，1931（第一卷第一期）：8-9.

限于知识体系与研究志趣，都只能从相对狭窄的视角切入，折射出仿木现象的有限位面。目前来看，巫鸿等学者通过墓葬材料去追溯、描摹古人内心世界的努力是富于成效的；宿白在《白沙宋墓》中建构起的建筑考古学范式更是被徐怡涛、俞莉娜等学者发扬光大，以分类型、立谱系的方式高效处理了大量实证材料。但也应当看到，迄今为止的成果中，设计和工程思维尚较缺乏，人们对古代匠师工作理念的揭示还不够完整，它总是更关注墓主与亲族的愿景，而对客观条件（如工匠技能、加工工具等）的反向制约重视不足，这种片面强调需求侧而不谈供给侧的倾向，会使得诠释营造意图时见主人不见匠人，导致基础性的技术解释工作长期悬置，在此问题上，建筑史学者正应当仁不让，主动攻坚。具体来说，就是围绕仿木砖墓中的砌块规格、砌缝分布、拼嵌规律、构图比例、（仿木形象的）变形幅度与（视觉的）调控手段、（所欲表达的）复原方案等内容展开“细琐的”“落地的”探讨。与此同时，尚应主动与一些习以为常的立场（如长期以来将仿木砖构“矮化”为补白木构实证缺环的素材）划清界限，使得仿木研究不仅服务于木构研究，还能聚焦其自身的发展规律。

写作本书的目的也因此浮现：首先，是从推导营造过程（至少是设计思路）的角度来重新识读考古简报，在技术史观的视野下反思匠心、物性、工艺等问题。其次，是重新审视仿木现象在中国建筑史中的意义，矫正过往对道器关系失于偏颇的刻板认识，通过虚拟搭建的办法摸索工法步骤，提炼工匠仿木造型的手段并比较其与木作技法的异同，进而结合视觉规律①评判不同案例手法的优劣。最后，借用现象学“在场”与“缺席”的概念，有助于从技术和信仰相互博弈的角度去理解仿木实践中“能”与“为”的辩证关系，这对于深化我们对仿木砖墓的价值认识，为相关案例提供扎实、生动的宣教素材，做好此类遗产的保护、展示与阐释工作，都是大有裨益的。

（二）研究内容

围绕砖墓仿木的研究，大致包括三个层次、四个方面。

三个层次，第一层是透过多维视野诠释华北砖墓中的仿木现象，系统辨析“仿木”概念的内涵与外延；第二层则藉由梳理仿木要素在不同媒材上的发展轨迹，厘清仿木行为背后的审美源流；第三层通过细究实例的砌筑方式，推导其设计、施工手法，总结仿木实践的共性规律。三者构成“是何”“为何”“如何”的线性递进结构。

四个方面，分别研究仿木案例的结构类型、表意范式、空间意涵和砌筑逻辑，其中第一项工作侧重于定量统计各种亚型的区期分布情况；第二项工作通过“媒介—方法—意义”的链路比较仿木构与其木构原型的异同，考察转译过程如何发生；第三项工作研究仿木载体的空间偏好，审查细节精粗、母题更替等因素如何影响刻画重点的表达；第四项工作则尝试探

① 砖石仿木本是工匠利用大脑在认知物象时选择性接收体块轮廓的特质，在营造时刻意引导观看者产生视错觉的一门技艺，因此它本质上还是一个视觉信息传递问题。

索挖掘工匠掌握何种数理知识，解明砖墓的几何构图规律与尺度折算方法，考察古人营造智慧，丰富特定类型与地域的建筑史书写。

（三）研究思路

砖石仿木建筑常被用作补白木构发展缺环的旁证，这本身无可厚非，毕竟砖构长期以来并未形成自身的造型语汇，而是以“如实”反映木构形象为能，尤其考虑到存世遗构历经多次修缮，多少存在构件纯度方面的问题，借助砖构（尤其是不受后世扰动的地下墓葬）来核准样式标尺当然是一种行之有效的做法①。且因地下材料蕴藏丰富、时有更新，也极大地扩展了建筑史学研究的生存空间，使之更具开放性和延展性，考古资料的不断汇入常常修正我们对一些技术发展脉络的既有认识②，这都是前辈学者重视仿木砖墓的重要原因。在此基础上，本书尝试以一种更加动态的、全景的“仿木现象”视角来展开工作，并借用罗伯特·索科拉夫斯基提出的“部分与整体”“多样性中的同一性”和“在场与缺席”三种范式③来针对性地解题。

首先，“整体”是全面理解“部分”的前提，仿木行为与墓室的营造伴随始终，无法从中剥离出来单独观察，《荀子·礼论》说“大象其生而送其死”，因此仿作必然是“似是而非”的，不是“惟妙惟肖”的，依附在墓壁之上的建筑形象既不能获取真实的结构而独自存在，也不能与壁体结构截然区别，它当然是构成墓室的有机一员，但其内涵的信息却又远超普通的砌砖，这种介乎形与影、虚与实之间，（仿木形象）整体仅是（墓室）局部、局部（仿木部分）却又自成整体（形象）的辩证关系，无疑将贯穿全书。

其次，同一事物存在多种显现方式，也有不同的表述途径，“同一”与“多样”是相互映照的。墓葬中表现木构形象的载体与维度都极其丰富，既可以是平面绘画（作为图案的宫阙形象或作为画框的柱额构件），也可以是浮凸于墓墙上的砖砌枓栱，或是缩微的明器，甚至是不能自壁面取下的桌椅、门窗。手段虽有所不同，秉持的“事死如生”“貌而不用”的态度却别无二致，这也回应了索科拉夫斯基所言，“事物的意义就存在于这些多种多样的显现方式或表达方式之中”。剖析不同仿木形式背后的文化意蕴，把握其“一体多面”的实质，才是研究的目标所向。

最后，“在场”与“缺席”的矛盾在墓葬艺术中是永恒存在的，历经风雨摧剥、人为盗扰，我们所能目睹的丧葬环境早非原貌，丰富多样的仿木要素虽可辨识，但统率它们的观

---

① 建筑考古学者素来强调借助砖构弥补大木作信息缺环的重要性，原因在于“仿木构墓葬因具有原构保存度高、后期扰动少的史料特征，可作为补足地面木构建筑研究的重要资料”。见：徐怡涛.文物建筑形制年代学研究原理与单体建筑断代方法[A].王贵祥（主编）.中国建筑史论汇刊（第贰辑）.北京：清华大学出版社，2008：487-494.

② 徐怡涛.宋金时期“下卷昂”的形制演变与时空流布研究[J].文物，2017(02)：89-96+1.

③ （美）罗伯特·索科拉夫斯基.现象学导论[M].张建华，高秉江，译.武汉：武汉大学出版社，2009.

念世界毕竟已无法完整重现，对于墓葬场境的复原既依赖陈列其间的墓主遗骸与随葬器皿，也不应忽略“事了拂衣去”的工匠，他们将墓主诉求付诸实施的种种努力，同样留下了大量痕迹，这构成了另一组“在场”与“缺席”的关系，而关注设计、施工行为，窥测“造物者”的内心世界，方能“回归事物本身”，回到墓葬因何而造、如何造成的原点。

上述三重结构中各自的前半部分——“部分”“多样”“在场”，都能藉着观察仿木形象直观把握，而后半部分——“整体”“同一”“缺席”，却必须借助关联学科的知识体系追索求证，进而将基于样式、构造的仿木工艺研究，推展至涵括空间、信仰在内的仿木行为研究，最终达成解析与诠释的平衡。

（四）研究方法

围绕仿木砖墓的研究大多以个案的方式展开，结论往往客观却偏孤立，难以据之勾勒技术发展的整体脉络，为解决此问题提出三点设想：其一，在处理论据时，按照类型学方法建立区分标准，由于标准自身即已对照于某项工法特征，故借之串联不同案例时就同步架构起了粗略的技术分布图景。其二，在形成论点时，主要偏侧于建筑技术史的视角，以传统的样式比对方法处理形象资料，分析砖块间的拼装、拟形手段，并比较其与木构中同类构件的尺度、比例、交接关系，分析其构造与模数方法。其三，在梳理论证逻辑时，应借鉴关联学科的成熟观点，从更多角度诠释墓主意愿与匠人技能间的主被动关系。

这种研究方案试图达成的两个结果，一是纵向串联不同仿木砖墓案例，辨识仿木机制，归纳仿木手段；二是横向比较砖构、木构的生成逻辑，将营造手段转译成更加抽象的设计语汇，从数理逻辑、几何约束、形态选择等不同角度去考察匠心，以求更深刻地理解仿木现象背后的象生营造观念。

第二章

仿木砖墓研究综述

2.1 关于“仿木现象”的思考

唐代中后期，河北、山西北部开始出现圆形单室仿木砖墓，如大同智家堡元和五年（810年）建M90、安阳大和三年（829年）建赵逸公墓等①。自五代至北宋中叶，墓主社会阶层不断下探②，士大夫已基本不再采用砖雕壁画墓，迪特·库恩认为是受薄葬令的影响③，对于民间墓葬装饰的禁制也基本废弛（如元德李后陵、辽圣宗庆陵才用到四铺作，而在新安宋村北宋墓中已用到七铺作）。这些考古材料一般被用来描述墓葬艺术发展的大致脉络④，旁证小木作门窗的样式细节⑤~⑦，或比较其与木构的结构、样式异同⑧⑨。

利用砖、石材料模仿木结构房屋的形象并引申出对生人居所的联想，是一种常见的文化现象，相应的实例与文献则被定义为“仿木史料”⑩。不同学科对此类素材的研究各有侧重：考古学者希望以年代学方法落实案例的区期特征和分布规律；美术史学者致力于重现其历史原境，将重点放在图像解构与形式分析上⑪~⑬；建筑学者则更重视其作为样式标尺的

① 赵逸公墓沿壁面列柱四根，承耙头栱，后壁雕版门、棂窗，东壁砌拐杖、灯架及箱柜；大同智家堡墓同样用四根立柱承耙头绞项，伸出批竹昂形梁头。见：郑汉池，刘彦军，申明清.河南安阳市北关唐代壁画墓发掘简报[J].考古，2013（01）：59-68.江伟伟，侯晓刚（执笔）.发现唐代纪年墓！大同智家堡，十二生肖设置赫然成孤例[EB/OL].文博山西，2023年2月18日。

② 五代时如李茂贞、王建、李昪、李璟、冯晖等国主或重臣才使用仿木砖石墓，到北宋已出现太平兴国五年（980年）焦作刘智亮墓这样的平民墓。见：赵德才，马岩波.河南焦作宋代刘智亮墓发掘简报[J].中原文物，2012（12）：9-12.

③ Dieter Kuhn. A Place for the Dead：An Archaeological Documentary on Graves and Tombs of the Song Dynasty（960-1279），Heidelberg：Ed.Forum，1996，pp.53-54.

④ 秦大树.宋元明考古[M].北京：文物出版社，2004.

⑤ 张江波.两宋时期的隔扇研究[D].太原：太原理工大学，2010.

⑥ 陈捷，张昕.梓人遗制——小木作制度考析[A].王贵祥（主编）.中国建筑史论汇刊（第肆辑）.北京：清华大学出版社，2011：198-223.

⑦ 陈蔚，方盛德.川渝黔南宋石室墓仿木格子门样式和做法研究[J].古建园林技术，2022（02）：14-19.

⑧ 白昭薰.金代砖雕墓中的仿木结构及住宅形状研究[D].北京：清华大学，2006.

⑨ Nancy S. Steinhardt. A Jin Hall at Jingtusi：Architecture in Search of Identity[J]. Arts Orientalism，Vol.33，2003，pp.76-119.

⑩ 与“仿木的建筑史料”概念相比，“仿木史料”涵括的对象更广，还包括模仿木构建筑形象的器物、壁画等关联资料。见：俞莉娜.宋金时期河南中北部地区墓葬仿木构建筑史料研究[A].王贵祥（主编）.中国建筑史论汇刊（第壹拾捌辑）.北京：中国建筑工业出版社，2019：65-89.

⑪（美）巫鸿（著），施杰（译）.黄泉下的美术：宏观中国墓葬艺术[M].北京：生活·读书·新知三联书店，2016.

⑫ 李清泉.宣化辽墓：墓葬艺术与辽代社会[M].北京：文物出版社，2008.

⑬ 郑岩.魏晋南北朝壁画墓研究[M].北京：文物出版社，2002.

意义[①]。大体来说，考古学者作为材料的提供方，长于描述材料本身的整体性，在与具有建筑学背景的学者合作后产出了大量扎实、深刻的发掘报告[②]；美术史学者的研究视野更是广阔，如：郑岩极富创见地将墓中仿作的建筑构件分为“绘画元件”和“建筑元件”[③]，吴垠进一步发抒称：“考古学和建筑史的研究，对于了解仿木建筑的构造十分重要。其中也反映了一些潜在的前提，一是主要将仿木建筑看作墓室结构的一部分，而并非如墓中其他的壁画、砖雕被当作装饰或‘表现’。二是认为仿木结构主要模仿了当时的地上建筑，尤其是墓主生前的住宅。研究较少注意到仿木建筑与地上建筑的区别，其背后体现的思想也多简单解释为用建筑来表现‘阴宅’。”[④]梁庄爱伦发现了墓内仿木要素总是呈现建筑外部形象，并将之与墓顶天象图结合，认为墓室是在表现露天庭院[⑤]；林伟正认为仿木建筑是在主动“适应”死后世界的语境，其呈现出的矛盾的内外关系是生者与死者视角的差异导致的[⑥]；洪知希则认为仿木形象并非对于客观真实的模仿，而是不同素材的拼贴[⑦]。墓葬中的种种仿木现象都折射出墓主身份、财富与家庭观念等方面的信息，被学者们置于社会史发展的大背景下考察[⑧][⑨]。对于建筑学者来说，将仿木行为看作一种主动表现而非被动模仿，有助于将研究视野收回到工匠“造作”的立场上，从工程可实现性、空间表现意图和视觉组织（欺骗）手法等角度展开分析。

目前，学者们已逐渐架构起从“整理仿木案例”到“解析仿木意识”的关联，但仍缺乏“复原仿木技法”的中间环节，这使得整个研究链条“意匠分离”，古人所思的“心相”与今人所见的“物相”间，并不见表达建造逻辑的“实相”，导致对仿木史料的认识较为片面、抽象，补充必要的工法分析，是通往全面认知仿木现象的必由之路。

突破“对象”的桎梏，从现象高度审视仿木史料，是深化研究的必然要求。“无论它们何时存在，无论在何时被经验到，其都要拖带着它们的其他要素”[⑩]，这既揭示了仿木现象所拥有的丰富题材，也反映出其所面临的复杂境况。譬如，壁画墓中绘出的柱额枓栱与宫阙

① 徐怡涛.公元5至13世纪中国砖石佛塔塔壁装饰类型分期研究[J].故宫博物院院刊，2016(02)：6-15+159.

② 彭明浩，李若水，莫嘉靖，黄雯兰，杭侃，徐怡涛.洛阳涧西七里河仿木构砖室墓测绘简报[J].考古与文物，2015(01)：45-52.

③ 郑岩.论“半启门”[J].故宫博物院院刊，2012(05)：16-36.

④ 吴垠.晋南金墓中的仿木建筑——以稷山马村段氏家族墓为中心[D].北京：中央美术学院，2014.

⑤ Ellen Johnson Laing. Patterns and Problems in Later Chinese Tomb Decoration[J]. Journal of Oriental, Studies 16, nos.1，2(1978)，pp.3-20.

⑥ Wei-Cheng Lin. Underground Wooden Architecture in Brick：A Changed Perspective from Life to Death in 10th through 13th Century Northern China[J]. Archives of Ancient China，Volume 61，2011，pp.3-36.

⑦ Jee-Hee Hong. Theatricalizing Death in Performance Images of Mid-Imperial China[D]. PhD. Dissertation，The University of Chicago，2008.

⑧ 郑以墨.五代墓葬美术研究[M].台北：花木兰文化出版社，2014.

⑨ 裴志昂.试论晚唐至元代仿木构墓葬的宗教意义[J].考古与文物，2009(07)：86-90.

⑩（美）罗伯特·索科拉夫斯基.现象学导论[M].武汉：武汉大学出版社，2009.

河南焦作白庄6号汉墓七层连阁彩绘陶仓楼

山西太原隋虞弘墓房形石葬具

陕西乾县唐懿德太子墓阙楼壁画

河南禹州白沙一号宋墓影作墓门

图2.1 仿木媒材多样性示意图
（图片来源：引自网络、参考文献[112][259]）

形象、明器陶楼、魂瓶上的堆塑坞堡、房形石葬具……这些或整体或局部、或平面或立体、或独立或附属的仿木要素能否具备相同的表义途径？其所传达的意图是否一致？不同媒材在共同“仿木”目标下的侧重点有何区别？（图2.1）

此外，与“仿木”相近的词语甚多，它们是否都从属于同一语族？还是围绕同一词根任意增删的结果？语义含糊必将导致概念混淆，需事先廓清才便于继续探讨。本节尝试串联既有研究成果，通过解析砖墓仿木的内涵层次、表义途径与实现机制，建构起对于仿木现象的初步认知。

2.2 何为“仿木”

“仿木”定义建立在名物辨析的基础之上，我们从三方面考察其字义，以期明辨“物之本末”：其一，何为“仿”？其二，何为“木”？其三，从“仿木”衍出的词群间有何语义差别？

（一）“仿”的意指

在画论中，写、仿、临、摹各有所指，前辈学者将跨越材质差别、表达木构样式的现象称为“仿木”，是非常准确的。按《说文解字》，“仿，相似也”①，许慎释为“仿佛、相侣。视不諟也”，“侣”通“似”，即“两者或多者类同”；而《说文》释“视”为“瞻也。从见示，神至切。”，段玉裁认为“瞻，临视也。视不必皆临，则瞻与视小别矣”，且“凡我所为使人见之亦曰视……古作视，汉人作示，是为古今字”，他又引《长门赋注》《海赋注》，认为“諟即谛，审也”，而“审者，悉也。悉者，详尽也，此亦会意”，并指出“是者，諟之假借字”，

① （清）段玉裁（撰）.说文解字注[M].北京：中华书局，2013.

而“是，直也……从日正会意。天下之物莫正于日也”，可见“諟”指完全、清晰地查悉事物本源，不可有丝毫缺漏与含混，意味着绝对的精确。在《说文》原境下，“諟”被解释为“理也；理，治玉也”[①]，亦颇有强调区别之意，其核心在于不断对比以求析分出自身与相似者之间的些微差异，并强调自身的特殊性。因此，“视不諟也”是在描述一种看上去相近但又不完全一致的状态，即“仿”作与“被仿”者之间并非一种彻底、精确的复制关系，两者虽有深刻联系，无法彼此切割，却不以肖似为终极诉求[②]。“摹”正与其相反，侧重于原本与复制对象间的精确酷似，要求“随其细大而拓之”。“写”则因“以吐露、排除和移置内心情感为主要内涵”而更强调制作者独立的个性抒发[③]。“临”则指“对着他人之作，观其形势而照着写或画”，具有更多从技术层面学习原作的意味[④]。谢赫的“传移模写”中，“移”就是“临”，而临、摹、仿、写的编排顺序也反映出从客观抄绘到主观创作间的层次差异[⑤]。“仿作”是画史上的常见现象，十五世纪的吴门画派中，已盛行模仿沈周、文徵明作品并伪托署名的风气，随着董其昌提出“南北宗论”，仿照南宗画家的风格进行再创作便成为文人画的主要内容之一。但这种“仿”绝非机械地临摹前人笔风，而是涵化了个人的创造，董氏所谓“仿”米芾、王蒙，所重者仍在取其神韵，这在他大量的题跋中时有体现——不论是“得黄子久所赠陈彦廉画二十幅，未及展临，舟行清暇，稍仿其意”，还是“检所藏法书名画，鉴阅一过”，抑或“随手检阅宋元山水墨迹，略取意”，其中反复提及的“兴”和“意”无不表达着作品皆是“董氏在一番畅心赏玩后的游戏笔墨，往往也呈现其更放松的状态”的事实[⑥]，此情此景下刺激画家提笔的是赏鉴古人笔意后的畅快，如王翚在《仿巨然烟浮远岫图》中即采用了崭新的时代审美，画得“墨光映射，元气磅礴，兴惬飞动，皴法入神”[⑦]，完全贴合时人追求的雄肆风格，足以体现其再创作的初心。高居翰（James Cahill，1926-2014）在评价董其昌时称：“他把‘常工’所从事的临摹和要求与古人古画达到‘神会’的更为困难的‘仿’区别开来。‘仿’的作品不需要、也不应该和原作完全相似。董其昌甚至说，如果酷似原作反而离原作的精神更远。”[⑧]在他看来，明人的“仿”作更类似一种思想观念而非风格手段，将之理解为“放手发挥，有所依傍而又任情追踪”，更有助于把握其神髓。书画领域的

---

① 按（清）段玉裁释“理”时引《战国策》，称：“郑人谓玉之未理者为璞。是理为剖析也。玉虽至坚，而治之得其鰓理以成器不难，谓之理。……戴先生《孟子字义疏证》曰：‘理者，察之而几微，必区以别之名也，是故谓之分理。在物之质曰肌理、曰腠理、曰文理，得其分则有条而不紊，谓之条理。’……《郑注乐记》曰：‘理者，分也。’……许叔重曰：‘知分理之可相别异也。’……”

② 李砚祖.设计中的仿与造[J].装饰，2010(02)：13-15.

③ 常存文.从临摹到仿拟——绘画学习方式向创作方式的历史演变[J].美术大观，2006(01)：32-33.

④ 陈见东.略论“传移模写”的内在结构[J].美术研究，2006(03)：99-102.

⑤ 郑晓敏.关于王时敏绘画中的“仿”[D].北京：中央美术学院，2007.

⑥ 姚东一.临仿之间——董其昌书画鉴藏和临池之间的关系[J].美术观察，2017(02)：105-110.

⑦ 吴冰.“四王”的古与新——探究“四王”山水画的本质[J].艺术教育，2011(09)：20-21.

⑧ （美）高居翰（著），李佩桦等（译）.气势撼人——十七世纪中国绘画中的自然与风格[M].北京：生活·读书·新知三联书店，2009.

“仿古”如此，营缮活动中的“仿木”亦复如是。

（二）“木”的意蕴

研究仿木砖墓需首先界定模仿行为的适用对象，转译在哪些层面发生？是构造、样式还是空间？工匠着力“仿写”的，除了柱梁、门窗、枓栱等构件外，还包括能引发对地上生活联想的各种事物与场景，这便涉及“木”字意象的外延。《说文解字》释“木，冒也。冒地而生，东方之行。从草，下象其根”，生长称树，伐倒称木，从“构木为巢，以避群害”到“伐木丁丁，鸟鸣嘤嘤”[①]，长久以来，学界关于华夏民族选择木料作为主要建材的原因有过诸多讨论，举凡“经济水平低下”“多木材而少佳石”“缺乏大量奴隶劳动”“多因子合力”“不着意于原物之长存”等论点，或立足于物质生产的现实，或着眼于先民的价值观念，都对木结构的盛行作出了解释。佛宫寺释迦塔顶层匾额题书“木德参天”四字，以歌颂其作为“木德”的载体，可以“与天地参”，这种先天之德正是古人青睐木材的主要原因。王其亨认为，先民通过理性思考总结出木材以“生”为核心的多种特质，并从农业文明、技术、精神与社会四个层面分别阐述：其一，中华文明长期艰难地“与木争地”，经由刀耕火种拓展生境才逐步成形，车舟、津梁、宫室无不以木为原料的事实也令古人在这种竞争与共生的矛盾关系中对树木充满敬意；其二，作为最常见的生物性建材，木料有利于创造舒适健康的人居环境；其三，树木因四时荣枯有序而成为古人掌握物候节气的重要参照标准，更被视作人与天地沟通的媒介，巨木崇拜深植于文化基因中，并映射为丰富的神话传说；其四，先民以木主、社木等多种形式供奉木植，将之视作族群与国家中心的象征，更成为维系社会认同感的纽带[②]。“丝萝非独生，愿托乔木”，杜光庭以嘉木喻君子，一语道破了红拂对李靖的英伟气概的仰慕，从舒婷的《致橡树》可知这种类比沿仍至今。木因此突破了强度、耐久度等方面的不足，被赋予“天地之大德”的美好寓意，代表着欣欣向荣的生命姿态，成为中华民族营构居所的不二选择，这为讨论墓葬建筑“为何仿木”提供了重要的线索[③]（图2.2）。

（三）“仿木”相关词群的义场关系

研究者在描述“仿木”现象时，在词位[④]的选择上往往较为随意（如“仿木”“仿木构”“仿木建筑”“仿木结构”“仿木形象”等词语反复出现且迭相替代），这引发了两类问

① 陈鹤岁.汉字中的中国建筑[M].天津：天津大学出版社，2015.

② 史箴，王方捷.木的意义：从“木德参天”说起[J].建筑史（第32辑），2013：1-10.

③《营造法式》彩画图样中有专门在地仗上绘制松木剖断面纹理的“松文制度”，这种看似叠床架屋的努力正反衬出古人对于木材自然属性的重视，且在地下墓葬中也照常使用。见：（宋）李诫.营造法式[M].杭州：浙江人民美术出版社，2013.

④ 在描述词语固有概念的边界时，词位的区分至为关键。见：叶宝奎.语言学概论[M].厦门：厦门大学出版社，2003.

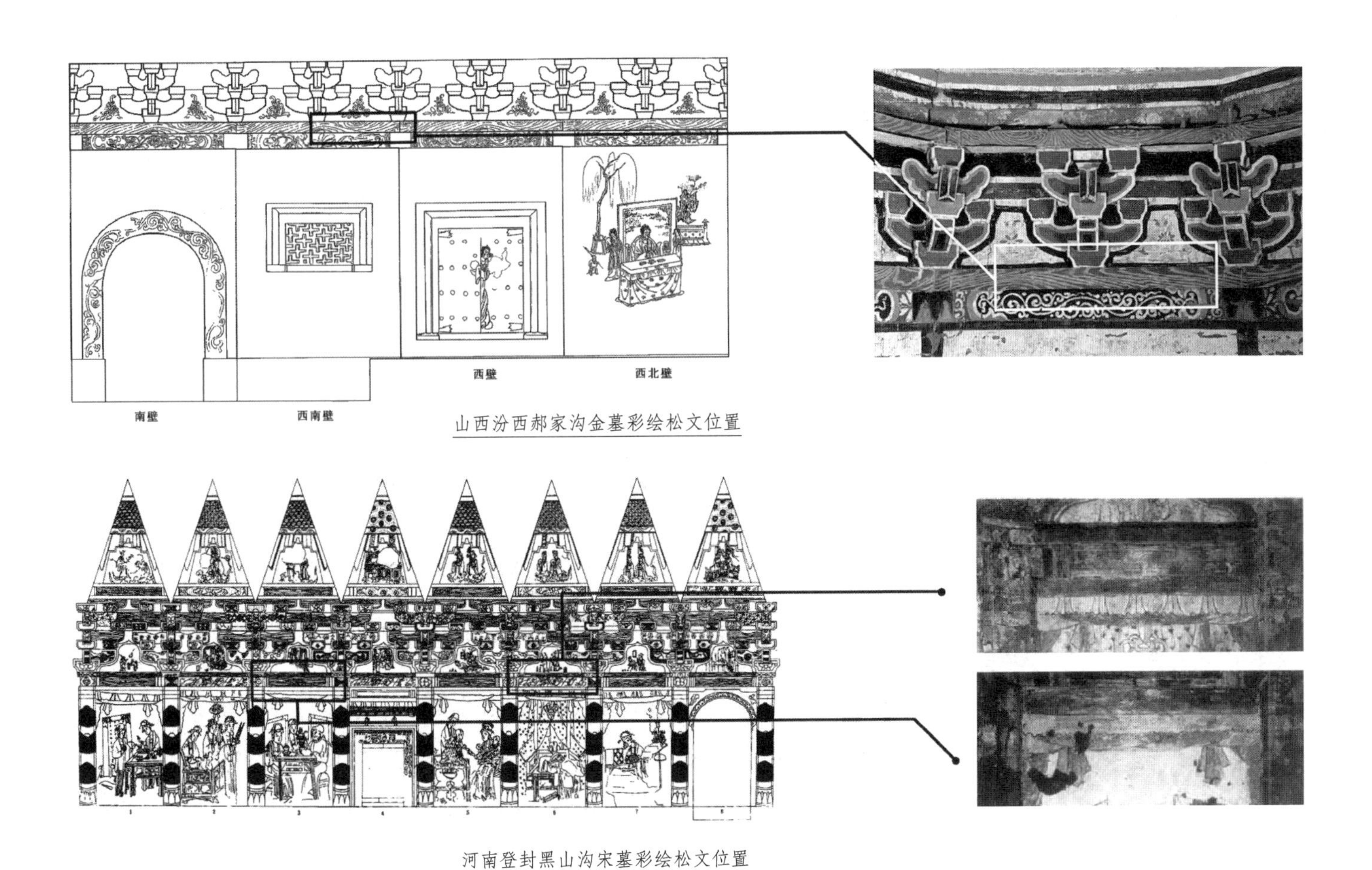

图2.2 仿木砖墓彩绘松文示意图
（图片来源：引自参考文献[68][69]）

题：其一，词位不同但所指相同，导致同物异名，使得语义含混杂芜；其二，词位相同但所指不同，导致同名异物，使得语义偏颇乖舛。

第一种情况反映出学者们对“仿木现象”的讨论虽日益升温，学界却仍未界定名称标准。譬如：韩小图称“所谓‘仿木（建筑）’的雕饰即将木构建筑样式表现在墓门和墓室壁面上”①；赵明星则选用了“仿木构”一词，认为“仿木构墓葬，是指模仿地上木结构建筑而建造的墓葬。模仿的主要内容既包括木结构建筑主体部分的柱子、枓栱，也包括属于木结构建筑装修部分的门窗等”②；王书林、徐新云在探讨南充白塔的建造年代时以“仿木结构”代指形象要素，称“这座无量宝塔立面仿木结构做工精巧，塔内构造复杂多变”“仿木结构铺作组合和铺作次序由逐层相同变为逐层不同”③；上述情况在同一篇文章中也时有发生，如《内蒙古赤峰宝山辽壁画墓发掘简报》即采用了“仿木”“仿木建筑”“仿木结构”三种不同词位表

① 韩小图.墓与塔——宋墓中仿木建筑雕饰的来源[J].中原文物，2010(03)：95-100.
② 赵明星.宋代仿木构墓葬形制研究[D].长春：吉林大学，2004.
③ 王书林，徐新云.四川南充白塔建筑年代初探[J].四川文物，2015(01)：75-84+96.

述同一对象[①]，术语的不唯一源自概念的不明晰。

第二种情况为信息传播带来更多歧义，导致名、实难以对应。如《填补南宋椅类家具的空白——东钱湖仿木结构石椅》一文中的“仿木结构”其实指称的是与木椅相近的外形[②]，而并未涉及“结构”层面的材料选择、截面权衡与榫卯加工等事项。同样的情况在描述砖石塔幢和地下墓葬时也反复出现，无论“从唐代砖石塔以仿木结构的屋顶形式出现，到宋代砖石塔一层檐部作仿木结构的椽飞出檐”[③]，还是“墓室为砖雕仿木结构，模仿人间居室建筑样式雕造”[④]，此间的“仿木结构”实际上都是视觉性的描述，尚未探入工法领域，词义与表义意图间存在错位。此外，还存在以“仿木结构”表述空间关系的倾向，如田成伟在谈及统万城周边北朝生土彩绘墓时[⑤]，注意到上部“梁架”对于室高的限制，从而在环壁仿木形象的基础上加入了“顶界面”的内容；邢福来也提到“这批墓葬墓室均刻绘栩栩如生的仿木结构……墓室整体为歇山顶梁柱结构，脊檩整体为生土雕刻并满涂红彩，其余檐檩、梁、椽、柱均以红彩绘制而成”[⑥]；王子奇在介绍甘肃高台县地埂坡一号晋墓时也称：“前室所反映的仿木结构，摹写的是一土木混合结构融合横向构架建筑的其中一间，是目前已知最早的结构清楚的中国古代建筑横向梁架形象实物。”[⑦]（图2.3）

词位相同而所指不同的问题偶尔也出现在同一篇文章中，如《中国传统建筑中石仿木结构现象探析——以山西建筑为例》中的“仿木结构”一词便同时涵盖了形象、结构与空间，“石质建筑仿木结构也有一些典型实例，如清徐香岩寺，寺中石结构无梁殿三座，三大殿外檐均施仿木石构件，殿内四角石雕单翘科栱，其殿顶用抹楞石梁由大到小逐层叠涩成八角藻井……”[⑧]香岩寺无梁殿的例子既包括空间划分，也牵涉石材砌法，还通过木、石构件间的样式牵连指明了技术与形象转译的内在意图。要之，“仿木结构”在此承担了远超过其词义的内容。

随着“仿木”词根演绎出的一系列词汇，均是为了传达其与木构原型间的种种关联而衍

① 齐晓光，盖志勇，丛艳双.内蒙古赤峰宝山辽壁画墓发掘简报[J].文物，1998(01)：73-95+97-103+1.

② 杨古城，曹厚德，陈万丰.填补南宋椅类家具的空白——东钱湖仿木结构石椅[J].室内设计与装修，1995(01)：42-44.

③ 常亚平.山西砖石塔仿木结构制作技术的时代特征[N].中国文物报，2017-01-20(007).

④ 廖奔.宋金元仿木结构砖雕墓及其乐舞装饰[J].文物，2000(05)：81-87.

⑤ 田成伟.陕西靖边县统万城周边北朝仿木结构壁画墓研究[D].西安：西北师范大学，2015.

⑥ 邢福来，席琳，马瑞，曹宽宁，吕乃明，高小龙，赵西晨，宋俊荣，张明惠.陕西靖边县统万城周边北朝仿木结构壁画墓发掘简报[J].考古与文物，2013(03)：9-18+2+113-117.

⑦ 王子奇.甘肃高台县地埂坡一号晋墓仿木结构初探[J].四川文物，2017(06)：40-45.

⑧ 朱向东，魏璟璐.中国传统建筑中石仿木结构现象探析——以山西建筑为例[J].古建园林技术，2008(04)：36-38+44.

陕西靖边统万城八大梁M1

甘肃高台地埂坡一号晋墓

图2.3 十六国时期仿木土雕墓示例
（图片来源：引自参考文献[76]~[78]）

成，是对所仿对象不同层位的特性的指示和强调，其间必然留有模糊的余地①。这当然带来发散性思考的可能，但也在书写者与阅读者间制造出语义错位的风险。因此，在研究墓葬建筑仿木的问题时，尤其应当达成共识，以求尽快实现词位、词义及对象的高度统一，做到“望文知义”。

---

① 波兰哲学家沙夫（Adam Schaff）认为，“如果我们不考虑科学术语的话——科学术语是由约定建立的——模糊性实际上是所有语词的一个性质。这个性质反映了采取普遍名称的形式（或者更广泛地说采取普通语词的形式）的一切分类所具有的相对性，客观现实中的事物与现象，比任何的分类与任何表示出这种分类的词语所能够表现的东西，都要丰富得多，都要有更多的多面性。在客观现实中，在词语所代表的各类事物（与现象）之间是有过渡状态的，这些过渡状态即交界现象说明了我们所谓的语词的模糊性的根源”。转引自：石安石.语义论[M].北京：商务印书馆，1993.

2.3 为何“仿木”

在坟穴中“仿木”自然是为了“事死如生”，但正如巫鸿指出的，“掘地建墓在古代中国似乎是个很自然的约定俗成的做法。但实际上，它是一个非常具体的、文化的、历史的和建筑的选择”[①]，仿木现象的发展历程是复杂多元的，整理其脉络也就是在揭示其动因。

战国以降，人们对于死后世界的认识急剧改变，映射到墓葬营建中便是“貌象室屋”的“圹垄”，并以此发轫开启了延续千余年的仿木潮流[②]。李德喜、李德维在分析曾侯乙墓椁各室尺寸后认为，“这种大规模的建筑足够当时人们居住和从事各种室内活动，可能是当时宫殿建筑往地下部分的移植或复制”[③]；蒲慕州在梳理墓葬形制转变规律时称，“最迟从战国晚期开始，传统的墓葬形制有了一种新的发展趋势，就是要比较具体地模仿生人的居宅”，汉墓中“人字顶空心砖墓则由其斜坡屋顶式的结构，极为像生人屋顶，再加上有横梁雕刻画像墓门等装备，更加强其‘地下居所’的象征意义”[④]。此外，在《我国北方地区宋代砖室墓的类型和分期》[⑤]与《四川省三台县东汉崖墓》[⑥]两文中，作者分别以“仿地上居室建筑的墓顶形制使每一座墓葬都好似人间居室”“（仿木）表现了一套现实生活中的附属建筑构件及生活设施；部分崖墓雕凿有模仿生活用的家具”的陈述表达了类似观点。杨远指出，正因人们相信“灵魂不朽”，才热衷于在墓室中营造居宅形象，以求“以生者饰死者”，最终造成“伤生以送死，破产以嫁子”的侈靡风气[⑦]。

巫鸿以信阳长台关1号楚墓为例，提出墓葬“仿木”在具象再现房屋形象之前，经历过抽象表达的阶段，即以特定物件象征特殊空间（如在左前室中以车盖和马衔来象征车库、马厩，在箱室中以床榻、文具盒和竹简来表现书房），此时的“貌象室屋”仍属“象征”而非“表现”。墓葬艺术逐渐由“抽象的、以器物为中心”的周秦时期过渡到“具象的、以建筑为中心”的宋金时期，在这个漫长的过程中，观念的汇流和技术的进化都促使“仿木”的载体与侧重不断变更。

关于仿木动机的另一种解释则落在形式层面。韩小囡认为，“一种新的装饰形式的出现

---

① （美）巫鸿. 全球景观中的中国古代艺术[M]. 北京：生活·读书·新知三联书店，2017.
② 赵明星. 战国至汉代墓葬中的仿木构因素——兼论仿木构墓葬的起源[J]. 中国国家博物馆馆刊，2011（04）：118-125.
③ 李德喜，李德维. 中国墓葬建筑文化[M]. 武汉：湖北教育出版社，2004.
④ 蒲慕州. 墓葬与生死——中国古代宗教之省思[M]. 北京：中华书局，2008.
⑤ 陈朝云. 我国北方地区宋代砖室墓的类型和分期[J]. 郑州大学学报（哲学社会科学版），1994（06）：75-79.
⑥ Susan N-Erickson，夏笑容，钟治，王毅. 四川省三台县东汉崖墓[J]. 四川文物，2010（02）：55-67.
⑦ 杨远. 宋代壁画墓仿木建筑及其装饰艺术[J]. 兰台世界，2010（09）：78-79.

和流行，不是简单的线性发展，而是各种元素的交互作用”，不能理所当然地认为宋金仿木砖雕墓源自两汉崖墓，而更应从共时性要素中寻求答案。她基于“塔与墓在仿木建筑装饰及平面形状变化上的继起关系，以及文献和考古资料中体现的墓与塔在功能与使用上的内在联系”等理由，认为宋金墓葬中仿木要素的集中出现是受到塔幢等建筑类型的影响，而直接搬用这种基于实心砌体的营造经验，又造成了空间属性与之截然相反的墓葬中建筑形象语汇与表义目标间的尖锐矛盾。“也许仿木建筑雕饰本身并不代表什么特别的含义，只是在墓葬装饰上强调了一种形式感的重复，造成统一的秩序美，它将墓室壁面加以分隔，而之后出现的人物场景壁画又刚好适合于被仿木建筑雕饰分隔开的壁面，但两者之间在功能与意义上不一定存在必然的联系。”①

无独有偶，在《真容偶像与多角形墓葬》中②，李清泉基于夏南希（Nancy. S. Steinhardt）、霍杰娜提出的“八角形墓葬与辽代八角形塔之间的密切联系”，指出宣化辽墓出土真容像与唐宋僧人灰骨像均反映了时人葬俗受到宗教影响的事实，由于《佛顶尊胜陀罗尼经》对尸骨具有“尘沾影覆”的救助功用，导致墓上立幢成为一时风尚，随着经幢的墓塔化，地下墓室也出现模仿佛塔地宫的倾向，最终模糊了二者的边界，这也佐证了墓室中的仿木做法源自墓塔的推论。

前述研究牢固把握了“仿木砖塔出现（南北朝），地宫出现（盛唐），墓葬仿木要素集中出现（晚唐），六或八边形塔流行（辽宋），六或八边形砖墓盛行（宋金）”的时间线索，从仿木砖塔与砖墓的继起关系出发，判定后者源出于前者，是用“样式决定论”替代了过往的“观念决定论”，对仿木砖墓的成因提出了不同解释，但这一观点也将辽宋金元时期的仿木砖墓从墓葬传统的发展序列中抽离出来，切断了其与隋唐墓中的壁画仿木、北朝墓中的房形石葬具仿木、魏晋墓中的构造节点仿木、秦汉墓中的图像仿木间的固有联系，是对汉地丧葬传统中“仿生”基因的割裂和否定（图2.4）。

2.4 如何“仿木”

砖墓要实现“仿木”的效果，必然存在一定的视觉机制，这部分内容可从营造过程出发，分三个层次（或环节）展开陈述。

① 韩小囡.墓与塔——宋墓中仿木建筑雕饰的来源[J].中原文物，2010(03)：95-100.

② 李清泉.由图入史——李清泉自选集[M].上海：中西书局，2019.

仿木砖塔普遍出现

山东济南隋代神通寺四门塔

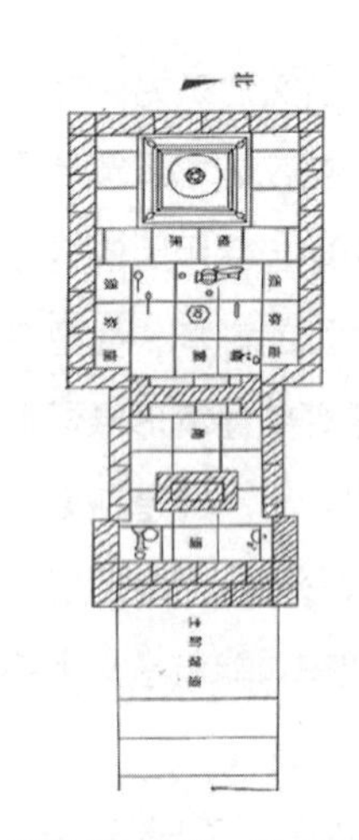

舍利葬式木土化—地宫普遍出现

陕西西安唐代庆山寺塔地宫平面图

墓葬仿木要素向墓室转移

河南安阳刘家庄北地晚唐68号墓北壁

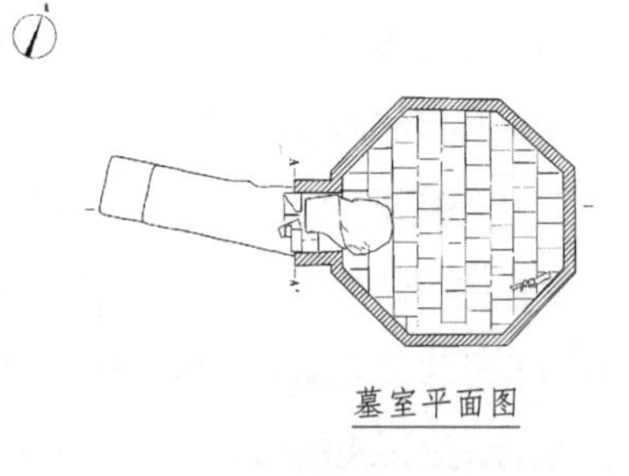

塔身平面图

墓室平面图

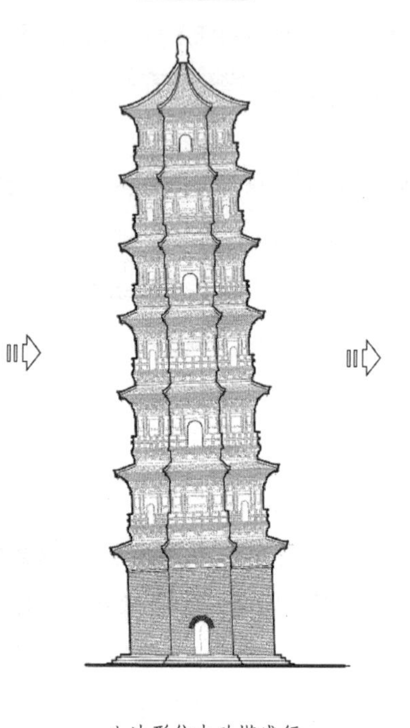

八边形仿木砖塔盛行

陕西咸阳旬邑北宋泰塔

墓室仿木空间内景

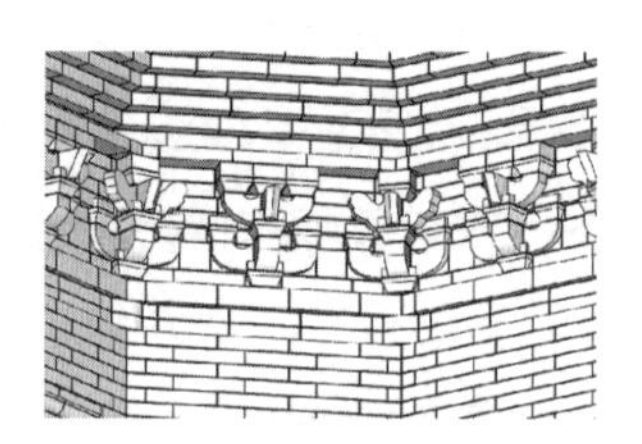

八边形仿木砖墓盛行

山西汾西郝家沟金代砖墓

图2.4 仿木砖塔向砖墓转化逻辑示意图

（图片来源：部分引自参考文献[9][264]、网络，部分作者自绘）

（一）宏观的总体设计

工匠“规画”坟穴时需兼顾礼法、葬俗、主家志趣等不同因素，以“总体设计”的方法确保各个部分紧密联动，诸如墓室尺度、墓道朝向、随葬器物的陈设方式、仿木题材的构图安排等问题，都需要在“策划”阶段通盘考虑。由于地面上下的空间虚实关系判然相别，砖墓在模仿居宅时天然地要在整体布置上有所变通，如傅熹年提出东汉多室墓是对地面重重庭院的模拟，分出前、后室是为了表现前朝后寝的格局①，唐代陵寝同样反映了宫室格局②，但

① 傅熹年.中国古代建筑史（第二卷）：三国、两晋、南北朝、隋唐、五代建筑[M].北京：中国建筑工业出版社，2009.

② 傅熹年.唐代隧道型墓的形制构造和所反映的地上宫室[A].文物出版社编辑部（编）.文物与考古论集[M].北京：文物出版社，1986.

必须以压缩的“天井”表达院落，这就需要绘制出城阙图案来辅助示意。墓室到底映射出何种布局意图，历来是衔接美术史和技术史研究的一个关键枢纽，郑以墨分析五代王处直墓中的壁画分布规律，详细梳理了耳室、主室和前室所欲表达的空间原型①，又借用傅熹年对宗教建筑中像设陈列与观看角度的研究成果，分析了多个砖墓实例中仿木形象的定位规律，认为“工匠充分考虑到观者的视角，并在墓葬中预设了特定的观看方位，其中表现出的观看规律恰与地上木建筑的观看方式相吻合”②，明确了仿木形象设计受制于送葬者视线的观点。

针对墓葬平面布局规律的研究多表现为对随葬品陈列方式的探析，仿木要素在整个坟穴中的分布规律则鲜少被论及。巫鸿在讨论“墓俑与再现媒材”时提到③，“成组的墓俑与道具，被置入一个和谐的空间结构并受统一的比例支配”，进而得以构成“场景”，他援引郑如珀关于河北磁县李希宗夫妇墓中不同类型墓俑分布状况的研究，认为“一大组包括各种仪仗护卫的俑被布置在东侧，构成墓室空间的‘男性部分’；而布置在西侧的俑不仅在数量上少得多，而且缺乏表明政治地位的特殊象征”，该例中骸骨与墓志的安放位置与由墓俑架构出的性别空间正相一致，这种严格的对位关系也暗示着墓葬营造中一定存在严谨的整体规划环节。

至于墓壁上的仿木形象与装饰题材是如何有机搭配、继而形成恰当构图的？目前尚缺乏系统的研究成果。举孝子图像为例，在其流行的漫长时段内，绘、刻位置发生过多次变化，有时在铺作栱间版上，有时在额枋正面，有时又被放入槅扇障水版内，但无论如何，孝行图本身都需满足一定尺寸才能被清楚地观摩，因此，此类母题被置入不同仿木构件后，势必影响到后者的纵横比例，使之或被拉伸或受压缩，产生被动的变形④。又如经典的夫妇并坐像，从北朝的并坐于床榻之上，到宋金时以一桌分隔，对坐在二椅上，人物、家具的组合方式发生改变，相应的借仿木柱额、枓栱等形象限定的空间关系也要随之得出新的解释⑤。总言之，这些线索折射出的空间意识的发展衍化历程，都是研究墓葬仿木现象时亟待解决的部分。

（二）中观的节点设计

若要衡量仿木工艺的水平高低，可先观察加工细节的精粗和构造逻辑的迂直，砌筑工法在一定程度上是可以反映设计品质的，然而这方面的研究仍较匮乏，考古学者执笔的发掘简

---

① 郑以墨．五代王处直墓壁画的空间配置研究——兼论墓葬壁画与地上绘画的关系[J]．美苑，2010(01)：72-76.

② 郑以墨．缩微的空间——五代、宋墓葬中仿木建筑构件的比例与观看视角[J]．美术研究，2011(01)：32+41.

③（美）巫鸿（著），施杰（译）．黄泉下的美术：宏观中国墓葬艺术[M]．北京：生活·读书·新知三联书店，2016.

④ 在长治魏村墓中，正是因为壁面上的仿木额枋位置填入了孝子砖雕图像，使其显著拉高，与同期木构件形象不符。见：王进先，朱晓芳，崔国琳，张斌宏．山西长治市魏村金代纪年彩绘砖雕墓[J]．考古，2009(01)：59-64+109-112+114.

⑤ 汾西郝家沟金墓以正壁版门为界，将墓主夫妇形象分别置于八边形墓室的东北与西北两壁上，相向对坐，这或许意味着人物所处环境已从室内移至室外，或室内的空间划分依据从“主客两分”变成了“男左女右”。见：谢尧亭，武俊华，程瑞宏，郑明明，林聪荣，卫国平，厉晋春，梁孝，耿鹏．山西汾西郝家沟金代纪年壁画墓发掘简报[J]．文物，2018(02)：11-22.

报大多限于对构造细节做出概要描述[①]或与《营造法式》等文本记载的木作制度逐一比对[②]，除俞莉娜的系列个案研究外[③][④]，鲜见尝试复盘工匠设计手法的论述。关于砖石仿木节点构造特征的研究相对丰富，其中有谈及榫卯异同的，如朱向东、魏璟璐以解州关帝庙石坊和太原店头村紫竹林廊柱为例，剖析比对后得出山西工匠“基本不考虑石材本身受力特性，单纯地将石材代替木材来使用”的结论[⑤]；也有总结补强思路的，如赵兵兵在调研大量辽塔后总结出减少华栱悬挑受力的几条通行措施[⑥]；另有少数文章注意到工匠在选、备料环节的具体做法[⑦]。此外，亦有学者尝试讨论仿木砖墓的施工流程与工程组织，如邓菲特别举例提到了宋金砖雕墓中雕砖的商品流通属性，并论述了“预制砖”和“特形砖”的差别，介绍了“对合就成”的构图原则[⑧]；彭明浩在介绍涧西七里河村宋墓时，指出其周壁仿木内容均以柱与柱头枓栱为结构主体（室顶莲瓣亦以其正心缝为基准），以条砖填塞相邻铺作间隙，故“在本质上

---

① 辽代许从赟夫妇墓的“墓室中柱头铺作的栌枓也直接放置，在柱头上而不用普拍方，这种做法与现存的唐代和宋初的一些建筑实物一致……柱头铺作与补间铺作之间的空隙处绘出了人字栱，柱头方上隐刻有小驼峰，这种小驼峰在五台南禅寺大殿中可以看到……”但简报对于砖件砌法的描述大多过于简略，如该文仅提到：“墓室周壁用与今甬道相同规格的条砖以平砖丁、顺相间砌成”“墓壁砖的砌法全是三顺一丁，直至墓顶1.05米以上变为顺砖。”见：王银田，解廷琦，周雪松.山西大同市辽代军节度使许从赟夫妇壁画墓[J].考古，2005（08）：34-47+97-101+2.

② 杨煦，郑岩.山东安丘北宋胡琏夫妇石棺研究[J].文物，2022（08）：42-58+97.

③ 俞莉娜，熊天翼，李路珂，杨林中.高平市汤王头村砖雕壁画墓结构形制研究[J].故宫博物院院刊，2022（01）：60-71+133.

④ 俞莉娜.宋金时期河南中北部地区墓葬仿木构建筑史料研究[A].王贵祥（主编），中国建筑史论汇刊（第壹拾捌辑）.北京：中国建筑工业出版社，2019：65-89.

⑤ 朱向东，魏璟璐.中国传统建筑中石仿木结构现象探析——以山西建筑为例[J].古建园林技术，2008（04）：36-38+44.

⑥ 这篇关于辽代砖塔砌法的文章记录了三种常用措施：其一，施用木质华栱。如内蒙古万部华严经塔和辽宁云接寺塔的转角铺作，其木华栱的尾端探入塔内，与埋入壁体的木骨架叠压、拉结紧实，形成一组内压外挑的水平刚箍。其二，改变砖料的砌筑方式，调整悬挑构件的高厚比来增加抗弯能力。如内蒙古巴林左旗北塔各层塔檐的华栱均采用了陡甃砖砌筑的方式，显著增加了砖料的高厚比，使之不易断裂。其三，增加悬挑构件的支撑点。如沈阳舍利塔泥道栱上散枓同时承托第一跳头的瓜子栱，这在木构中极为罕见，显然是为了适应砖栱难以挑远的变通之策。见：赵兵兵，张昕源.辽代砖作技术探究——以辽代砖塔为例[J].建筑与文化，2017（08）：232-233.

⑦ 刘欣探讨山东宋金元砖墓时提到了砖件烧造、灰浆配制及颜料选择等方面的具体工艺。见：刘欣.论山东地区宋金元砖雕壁画墓的营造工艺[D].济南：山东大学，2017.

⑧ 邓菲举洛阳关林庙宋墓东北、西北两壁阑额下嵌刻的三块杂剧、散乐、庖厨主题砖雕为例，认为这几块特制砖与偃师酒流沟宋墓、温县前东南王村宋墓中发现者具有完全相同的尺度、构图与细节，这就意味着北宋晚期的洛阳、焦作一带存在批量生产墓葬雕砖的手工作坊。工匠藉此可快速结清工程，如侯马102号金墓（1196年）地碣记称：“时明昌柒年捌月初四日入功，九月口日功毕，砌匠人张卜、杨卜、段卜、敬卜”，完成一座遍饰雕砖的仿木双室墓仅用时一个月，可见其预制化程度之高，也可旁窥当时丧葬行业的专门化程度及规模。见：邓菲.试析宋金时期砖雕壁画墓的营建工艺——从洛阳关林庙宋墓谈起[J].考古与文物，2015（01）：71-81.

与木构建筑的营造方式相同”，都是自中缝放线后与立柱卡定各壁面后再做填充[①]。这些研究都为讨论砖、木营建工法的异同提供了论据，开阔了视野。

（三）微观的模数设计

木构建筑因杆件长度便于调节，一旦拟定合宜的结构断面，就不难形成比例适中、安全合理的使用空间，而造墓工匠在使用性能与规格都与之迥异的砖料模仿木构时，就必须解决三个问题：①砖仿木形象需在比例真实性和层次完整性上尽可能向其木构“原型”靠拢；②砖仿木节点（如铺作）需兼顾砌块自身的拼接逻辑，力求以最少的层次模拟出木构件的物形轮廓[②]；③前述目标需在满足砖料自身受力特性与拼砌逻辑的前提下完成。显然，问题的关键在于寻得木、砖两套模数方法的交集，并选出尽可能妥善的仿作策略。

相关研究最早出现在对砖塔铺作的分析上，学者们观察砖件在模仿枓栱时的摆放规律，认知其独特的材栔比例关系，总结出工匠的若干种操作手法（如利用灰缝调节枓高，或在砖面上彩绘、隐刻栱形，以求化解横栱长度驳杂导致难以通过拼缝表达构件边缘的问题）。赵兵兵从形式、模数和结构三方面比较辽代的砖、木佛塔，提出砖铺作中普遍存在“以砖厚为基准、以两皮砖厚加灰缝定‘材广’”的做法，结合实测数据得到“如按材广，大部分相当于《法式》七等材或八等材，若按材厚，则大部分相当于《法式》四等材至六等材”的结论[③]，这便于我们更直观地认识辽代砖塔的实际“结构尺度”。张汉君与张晓东在对万部华严经塔的研究中，证实其“本质上效仿《营造法式》有关‘殿阁三间’所用的‘四等材’作为枓栱的基本模数”，且因砖件受自身三向尺度须保持整比的制约，导致砖“材”之广小于木“材”[④]。薛垲关于江南砖心木檐塔模数设计方法的研究尤其充分，他提到工匠在修造云岩寺塔时可能直接用砖材广作为控制模数（砖厚为其整分数，可充作基准长），认为傅熹年总结的“古塔设计中以首层柱高和中间层面阔为（扩大）模数”的规律可被实测数据进一步证实（扩大模数合砖栱广整倍数）[⑤]；而瑞光塔“首层的几个周长与塔高的关系都与《营造法原》记载不

① 彭明浩，李若水，莫嘉靖，黄雯兰，杭侃，徐怡涛.洛阳涧西七里河仿木构砖室墓测绘简报[J].考古与文物，2015(01)：45-52.

② 每块砖都可以视作拥有三种可能规格（丁面、顺面、斗面）的一个“像素点”，像素点越多，拼合的仿木构形象就越趋近真实，但所耗用的空间、砖料和人工也将急遽上升，以致无法承受；而当雕砖工艺足够发达后，当然可以仅用一块砖件就削制出整个枓、栱构件，但操作门槛较高，经济上的代价同样不菲。因此，“酷肖”与“节用”之间便形成了一组固有的矛盾，两者难以兼顾，只能尽量寻得平衡。

③ 赵兵兵.同源异制的辽代木构与砖作铺作[J].四川建筑科学研究，2015，41(03)：113-116.

④ 张汉君，张晓东.辽代万部华严经塔砖构斗栱——兼探辽代仿木砖构斗栱构制的时代特征[J].古建园林技术，2000(03)：3-15.

⑤ 薛垲.苏州云岩寺塔设计模数研究[J].建筑与文化，2015(05)：156-158.

相符[①]，说明后者原则并不能普遍适用于古塔设计中”[②]；他还提到施工时砖、缝数据的不确定性导致难以将之视作精确控制塔体总高的唯一参数，因而诸如底层倚柱直径、内壁对径等数据均应作为扩大模数参与到整体尺寸的校准中去，“可能设计时会用其他方法，比如用模数或整数尺来设定一个高度，实际砌筑时去接近这个数值”[③]。上述讨论无疑为我们认知仿木砖墓的模数方法提供了重要线索。

专门针对仿木砖墓中模数控制方法的讨论，目前为止仅见俞莉娜的一篇论文[④]，她将宋金中原、华北的仿木砖墓分成条砖砌筑、部分模件化、高度模件化三类营建模式，认为随着模件化程度的提高，枓栱取值受条砖的尺寸限制减小，而更向木构尺度靠拢。模制砖技术的成熟和普及可以视作仿木历史上的一次革命性飞跃，工匠借助这些高度预制化、模块化的建材，批量化完成装饰工作，大幅提升了现场施工效率。

（四）灵活的要素选择

一个显见的事实是，唐末五代仿木砖墓中的构件样式都比较简略（绝大多数使用粑头栱或粑头绞项），这与木构建筑的发展进程不符（直到宋代才出现与佛光寺东大殿一样连出四跳的新安宋村墓），这种现象，一是由技术传播的滞后效应导致的，先进技术向后进地区扩散需要机缘与时间（如隋代日本法隆寺堂、塔采用南北朝样式），遑论彻底更换了工种与使用场合；二则归因于墓室较小的面积（若相向伸出多跳则影响空间使用）和砖件较弱的抗弯能力（譬如塔上极少出现超过五铺作的情况，这还是建立在大幅折减跳距、铺作被反涩压牢的前提下，墓室内虚外实，只能不断收缩聚集为穹隆或攒尖顶，出挑稍大就有垮塌之虞，因此叠铺不出跳的倾向更加明显）。

直到唐末，砖仿木的墓室、塔幢上都还不会做出具象的椽、望、瓦件，仍以抽象的菱角牙砖为主，直到五代以后仿木细节才逐渐增多[⑤]，宋末金初模制砖成熟后更趋丰富，这时的审美倾向，一是追求细节尽量逼真（以单块模制砖取代组合条砖来表达枓栱构件后，形态比例不再受砖件自身三向尺度制约，也便于模拟出跳，强调空间关系，望之更加真实）；二是刻意夸饰比例（如将枓栱处理至柱高一半以上）[⑥]，以期获得突破常规的视觉体验（图2.5）。

---

① 《营造法原·杂俎》记载：“测塔高低，可量外塔盘外阶沿之周围总数，即塔总高数（自葫芦尖至地平）。测塔顶层上檐至葫芦尖高度，可量塔身周围总数即得。”见：姚承祖（原著），张至刚（增编），刘敦桢（校阅）.营造法原[M].北京：中国建筑工业出版社，1986.

② 薛垲.苏州瑞光塔设计模数初探[J].建筑与文化，2015(04)：152-153.

③ 薛垲.苏州宋塔设计模数初探[J].古建园林技术，2015(01)：20-26.

④ 俞莉娜.“砖构木相”——宋金时期中原仿木构砖室墓斗栱模数设计刍议[J].建筑学报，2021(S2)：189-195.

⑤ 孙新民，傅永魁.宋太宗元德李后陵发掘报告[J].华夏考古，1988(03)：19-46.

⑥ 商彤流，袁盛慧.山西平定宋、金壁画墓[J].文物，1996(05)：1-16.

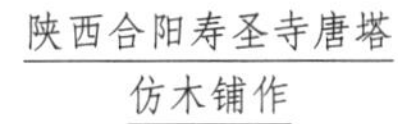
陕西合阳寿圣寺唐塔仿木铺作

河南洛阳七里河宋金墓仿木铺作

河南新安宋村宋墓仿木铺作

山西汾阳东龙观M5金墓西北壁仿木铺作

山西襄汾侯村金墓仿木铺作

图2.5　仿木技术发展与铺作出跳实例示意图
（图片来源：引自参考文献[49][108][109][110]）

2.5 “仿木现象”的所指

在仿木砖墓中，对木构建筑的模仿是分散到材质、形式、维度、尺度等不同层面上的，这也导致了“仿作”的内涵多元、层级丰富，仿木行为“不仅包括木构件的外形及内部的结构，甚至还包括制作的程序，即从视觉效果、材料和技术多个层面上仿真”①，这大概正是“仿木”概念难以被清晰界定的原因。以下从形象、空间、文化、技术四个角度切入，尝试从不同角度观察这一现象蕴含的义理。

（一）仿木“形象”

这是研究者最早关注的部分，“仿木”一词的出现大概可追溯到二十世纪初，许之衡在《饮流斋说瓷》中写道：“乾隆有专仿木制各皿，望远俨然如木，而实为瓷者，名曰仿木釉……雕瓷之巧者有陈国治、王炳荣诸人所作品，精细中饶有画意。其仿木、仿竹、仿象牙之制尤极神似。故谓此等釉为仿竹木、象牙之釉也”②，此时的“仿木”尚停留在描述以瓷釉再现木材肌理的行为上，尚与墓葬建筑无关。

按宿白回忆，抗战前夕曾在昔阳一亩沟、刘家沟等地发现八角形“摹仿”木建筑的砖室

① 郑以墨.缩微的空间——五代、宋墓葬中仿木建筑构件的比例与观看视角[J].美术研究，2011(01)：32+41.

② 上海古籍出版社（编）.生活与博物丛书“说花绘第五”“说胎釉第三”[M].上海：上海古籍出版社，1993.

汉代墓葬中仿木枓栱形象-山西临猗铁匠营汉代墓M14

山西忻州九原岗北朝壁画墓墓门彩绘仿木形象

河北宣化下八里10号张匡正墓仿木形象

图2.6 完整的仿木“形象”示例
（图片来源：引自参考文献[114][277]、网络）

墓[①]，1951年禹县白沙宋墓发掘出土，六年后同名考古报告面世。纵观全文，“仿木”一词出现了二十余次，且概念不断延展和具体，最终产生了多个关联词组[②]。杨富斗在1958年首次公开使用了“仿木构”一词[③]，但在正文中仍写作“仿木建筑”。随着类似案例大量出土（图2.6），考古界对此类现象的探讨日益深刻，也出现了一些系统论述仿木砖石墓区期、类型的研究成果[④]。

（二）仿木“空间”

人们对仿木现象的认识不断深化，逐渐从直接的“形象指认”过渡到间接的“空间指义”，从单纯地重视“物”，扩展到注意“场”与“境”（重构现场以再现原境），将仿木因素放置在历史而非当下的语境中读解，以“使用者”与“观瞻者”的双重视角来审视墓葬空间的营造理念。

① 宿白.白沙宋墓[M].北京：生活·读书·新知三联书店，2017.

②《白沙宋墓》开篇称一号墓“墓室摹仿木建筑”，继而称“墓门正面是摹仿木建筑的门楼”，初步建立起砖石模仿木构的概念，随后将其省略为“仿木”一词，从“其与第二号墓同是前为砖砌（摹）仿木建筑门楼式的墓门”到“辽宁易县清河门第一号墓墓门（摹）仿木建筑（的）栌枓”，字里行间逐步析出了定语“仿木建筑”。而“地栿上的仿木结构略同前室，但补间铺作，每面皆一朵，全部铺作的尺寸也较前室为小”句中的“仿木结构”指代的也是对象的结构层次。在概念建立和衍生的过程中，《白沙宋墓》大体经过了从“XX摹仿木建筑/摹仿木建筑的XX”到“仿木建筑门楼式的XX”，再到“仿木建筑”的历程，最终达到词根明晰、可以随宜增加词缀并形成“仿木XX”的阶段（如30页“地栿上的仿木结构略同前室”、102页“最突出的是仿木建筑构造之砖室墓的绝迹”）。

③ 杨富斗.山西新绛三林镇两座仿木构的宋代砖墓[J].考古通讯，1958(06)：36-39+12-13.

④ 赵明星将宋代仿木墓葬析成五个类别：第一种砌有结构较完整的（出跳）枓栱并盛行假门窗装饰；第二种所砌枓栱形态不完整，往往限于壁柱上隐出栌斗或耙头栱，而第四种则只砌有假门窗；第三种主要以家具式壁龛表达仿木意象；第五种墓室内不见任何仿木形象，只将墓门处理成仿木构式样。并在考察这五类案例的区期边界后，划分出六个地区与三个阶段，用以描述两宋仿木砖石墓的整体分布图景。见：赵明星.宋代仿木构墓葬形制研究[D].长春：吉林大学，2004.

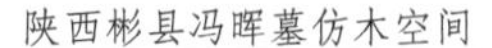

陕西彬县冯晖墓仿木空间

山西夏县上牛宋墓仿木空间

山西汾西郝家沟金墓仿木空间

图2.7 完整的仿木“空间”示例
（图片来源：引自参考文献[117][118][119]）

梁庄爱伦认为宣化辽墓壁画上描绘的仙鹤与竹林、墓顶的天穹日月应是对庭院的暗示①。郑以墨进一步指出，墓壁上的仿木建筑与其他形象间产生了一种奇妙的空间关联：“墓室仿佛转化为外部的空间，类似现实中四周被建筑环绕的庭院，而穹隆顶好像被建筑截取的一片天空……这一情景恰似赵广超对‘院’的描述——‘院子其实是将天地划了一块放在家里’。”②这里的“无穷天地”是要藉由墓壁、墓顶围出的有限空间和仿木形象引发的院落意象之间的视觉张力来体现的，作者随后提出“虚拟空间”的概念来描述这种矛盾——首先是“虚拟空间与真实空间的连接”，工匠在壁面上雕凿门窗来暗喻一个生者无法涉足却遐想无穷的隐秘空间，其次是“仿木建筑与室内装饰及人物活动场景的结合”，立柱、枓栱上的各种彩画纹样显然是在模仿居室四壁装饰织物的传统，壁面上绘出的各类故事、场景更是制造出“壁里”“壁外”的复杂空间关系。对于这种翻转空间的尝试，巫鸿认为古人的目的“并不在于建构一个具有明确性质和功能的‘反建筑’，而是通过打破通行观念中的内外、上下、神人的分野，运用人们熟悉的建筑与视觉符号在墓葬中创作一个超越凡俗甚至超越时空界域的场所”③，而这种引发共情和联想的能力才是墓葬仿木的初衷（图2.7）。

仿木砖墓对于空间意象的表达，常有些“书不尽言、言不尽意”之处，但工匠总会在一些构件细节上留下蛛丝马迹，以待后人发现。譬如，王书林等留意到新安宋村北宋墓在圆形基座上直接叠压覆盆式柱础的线索，认为这样做除了表明不同壁面的等级关系外，“似亦存在两类柱础代表不同的单体建筑的可能性”，进而推测墓室表达的是院落而非室内空间④。

墓室最早当然是一个“名副其实”的、单一向心的室内空间，但随着四壁上仿木形象的

① 转引自：（美）巫鸿（著），钱文逸（译）.“空间”的美术史[M].上海：上海人民出版社，2018.

② 郑以墨.内与外，虚与实——五代、宋墓葬中仿木建筑的空间表达[J].故宫博物院院刊，2009（06）：64-77+157.

③（美）巫鸿（著），钱文逸（译）.“空间”的美术史[M].上海：上海人民出版社，2018.

④ 王书林，王子奇，金连玉，徐怡涛，朱世伟.新安宋村北宋砖雕壁画墓测绘简报[J].考古与文物，2015（01）：34-44.

逐渐丰富，对这些门窗枓栱的理解发生了分化，它们到底是同一建筑的内立面，还是院中不同房屋的外立面？这种认识的改变涉及空间翻转，也在不同时期的案例中留下了草灰蛇线：在甘肃高台县地埂坡一号晋墓中[①]，工匠模拟的显然仍是室内情境，人们在墓顶用原生黄土雕刻出梁架与屋面形象[②]，墓室也就成为一间、三椽规模的卷棚顶覆盖下的一个整体。在这处“目前已知最早的结构清楚的中国古代建筑横向梁架形象实物”上[③]，我们看到对室内空间和构造的彻底模仿。类似的景象在2011年发掘的统万城左近五座北朝墓中也有所反映，其中的八大梁M1保存得最为完整，“墓室整体为歇山顶梁柱结构，脊檩整体为生土雕刻并满涂红彩，其余檐檩、梁、椽、柱均以红彩绘制而成。墓室四个转角各绘一角柱，西壁中间绘一檐柱，合计六柱。柱础样式因淤层及盗扰破坏而不清楚，柱体下粗上窄，枓栱为一斗二升式，整体略呈圜底盆状”，俨然是对室内构架一对一的忠实复现。

郑岩将仿木构件分作“绘画元件”和“建筑元件”两类，认为正是后者将墓室或棺椁转化为一种完整的“建筑”[④]，这就引出另一个问题：秦汉时的墓穴常有拟象天地的意图（如在墓顶绘制星图等），又于其中置放棺椁，正如生者在庭院中起立屋舍，这种传统延续到唐末五代，但为何入宋后放弃了这种二元结构，而是将墓室整体“仿木”处理，甚至放弃棺椁，只是停尸于床，促使墓室空间从“拟庭院”向着“拟建筑”的方向不断倾斜？墓室内空间“层次”的趋简现象同样值得继续考察。

（三）仿木“文化”

墓葬中的“仿木”意象通过多种方式表达，工匠在营造过程中势必秉持不同倾向、采取不同策略，要真正理解何以产生这些“偏差”，还需从文化层面入手。无论是以交通符号（门窗）、生活场景（启门）来暗示并未砌出的虚拟空间，还是以模仿天穹的墓顶或样式不同的柱础来点明墓室等同于一处院落，仿木内容不断嬗变的根源都要归结到观念的更替上。赵明星从“木椁中的仿木构因素”“砖室墓墓门的设置及顶式变化”“题凑墓的空间分隔”以及“崖墓中的瓦顶木屋结构”四个方面回溯了墓葬中仿木内容的源起，指出人们对于死后世界从模糊到具象的认识过程，正与墓穴营建中日益侧重于模仿生人居所的倾向相一致[⑤]。唐

---

① 吴荭，谢焱，赵吴成，卢国华，赵万钧，赵治瑞，刘占礼，齐相福，孙明霞，寇小石.甘肃高台地埂坡晋墓发掘简报[J].文物，2008(09)：29-39+1.

② 文中提到，其屋架同样由黄土夯筑的前、后檐柱及横跨其上的大梁、叉手、栌枓与令栱承托，屋面前、后坡顶部略起弧，并贴壁雕出半圆椽子。见：王子奇.甘肃高台县地埂坡一号晋墓仿木结构初探[J].四川文物，2017(06)：40-45.

③ 邢福来，席琳，马瑞，曹宽宁，吕乃明，高小龙，赵西晨，宋俊荣，张明惠.陕西靖边县统万城周边北朝仿木结构壁画墓发掘简报[J].考古与文物，2013(03)：9-18+2+113-117.

④ 郑岩.论“半启门”[J].故宫博物院院刊，2012(05)：16-36.

⑤ 赵明星.战国至汉代墓葬中的仿木构因素——兼论仿木构墓葬的起源[J].中国国家博物馆馆刊，2011(04)：118-125.

末五代以降，随着风水学说日益盛行，人们相信生气感应，对墓室的认识也逐渐从“升仙通道”“地下祭堂”转变成“永生居所”，对于墓室应当如何反映墓主生活景象的问题，也不再满足于因袭生前功能（如分室陪葬生活资料），而更着意于营造出具体而微的建筑形象。

另一方面，儒家传统先天地要求模仿行为不以酷肖为评价标准，以“圹垄”像“室屋”的同时也尽量做到“略而不尽，貌而不功”，既要理解目的的“同”（“大象其生以送其死”），也需注意手段的“异”（“生器文而不功，明器貌而不用”），只有借助功能或形式的刻意缺漏来阐明生死之别，才是合乎情、理的“礼性”行为，这大概也有助于解释墓葬中的木构形象只是“模仿”，而非“临写”。

（四）仿木“技术”

墓葬仿木归根结底仍是建造行为，无论是客体呈现的工程品质还是主体考虑的设计意匠，都必须落实到技术层面探讨。因仿木砖墓的建造高潮与《营造法式》影响华北地区的时段约略重合，过往研究总是习惯站在木构本位立场考虑两者间的对应关系和折算方法，如宿白将白沙三墓的铺作尺寸折算成宋尺后认为其“与《营造法式》卷四所记的第七、八等材相近”；杨富斗发现新绛三林镇宋墓壁体上科栱材栔高度比例为10:6，栌枓的耳、平、欹按4:2:4分配，铺作全高与柱高比为0.5:1.04，认为“这都与营造法式所规定的尺寸比例基本上是相等的”；张建华、张玉霞称河南汉代仿木构墓葬的构造“已有一定规制”[①]；马鹏飞以同期营造尺长反算辽塔材广（即两皮丁砖立砌所成的栱高）后认为折得尺寸与《营造法式》用材规格不符[②]；郑以墨排查仿木构件与《营造法式》“大木作制度”后得到“工匠在制作仿木砖雕时基本是按地上木建筑的规制进行等比例缩小”的结论……在罗列数据、比对制度的基础上，仍需持续向营造问题的核心靠拢——砖构在自身模数规则和材性制约下，到底采用了哪些手段来获取尽可能与木构肖似的形象？这正是本书尝试展开论述的内容。

（五）比较视野下的“仿木”概念

如前所述，仿木砖墓对于阳宅的模仿涵盖了样式、构造、空间等不同层面的内容，这也带来很多疑问，譬如“仿木”行为涉及的对象和手段可以扩展至什么程度？既然二维图案（如彩绘柱额）可以和三维砌块组合使用，共同营造某种特定的空间氛围，那么它们在“仿木”功能上是否是等效的？壁画中的完整城阙、烧制的明器陶楼能否被看成具有独立功能和个性的仿木要素？如果将砖件砍成瓦垄的形状来模仿屋面，它还算不算“仿木”呢？这些随意抛出的问题未必就能达成共识，学科间的交流越深，厘清“仿木”概念的需求就越迫切。

荷雅丽（Alexandra Harrer）在两篇重要文献中用比较文化学的方法讨论了东、西方的

① 张建华，张玉霞．河南汉代仿木构墓葬的建筑学研究[J].中原文物，2012（05）：68-73.
② 马鹏飞．辽宁辽塔营造技术研究[D].沈阳：沈阳建筑大学，2012.

跨材质仿作现象。她在《仿木构：中国文化的特征——中国仿木构现象与西方仿石构（头）现象的对比浅谈》一文中[①]，首先明确了“仿木构”的定义：“将大木作的特质改造并施用于其他材料——比如切解的石砌块、模制的琉璃砖瓦或铸造的金属”，揭示了仿木媒材及其加工方式的多样性。为便于讨论，又进一步分广义与狭义剖析了“仿木构”的概念：前者强调“汉字‘木’代表着建立于标准化预制构件‘即插即用’基础之上独一无二的、复杂的模数制设计体系，它甚至超越政治上的国界，成为代表中华文明的符号”，而后者主张“通过将‘木’与‘构’的概念相连，以强调一种营造的‘模式’或‘方法’，更甚于一种营造的材料。严格意义上，仿木构所模仿的不仅包括核心的木构架，还有非木材料建造的台基与屋顶”。进而，在梳理东、西方对于“仿作”理解的异同后，她指出“仿木构是对‘原初设计的同义转译，而绝非确切的复制’”。这或可视为建筑史界对仿木现象本质的第一次叩问。

在随后刊出的《仿木构：中国营造技术的特征——浅谈营造技术对中国仿木构现象的重要性》中[②]，她不仅开门见山地指出“木材营造的模式”就是仿木构的综合性内涵，更以技术视角讨论了为实现“同义转译”，可以从哪三个方面遵循或改变木构建筑的“初始设计”：其一是“对模数制设计的变更”，国人在营造仿木建筑时仍保留了对规格化备材传统的偏好，但也必须做出若干调整（如观者的感受、标准砖件的尺寸与材性、仿木部分在整个结构系统中的位置分布与受力状况等）；其二为“对结构系统的变更”，基于东亚建筑柱承重的特点，将“似木仿作”中的结构选择分为两类，一是“以非木材料代木会导致结构系统的转变——由承重的框架结构转变为石墙建筑”，如砖石塔幢、墓葬中“隐刻”的仿木内容以及西方语境中的“壁柱”，二是“非木构件仍旧像木构范式中那样作为自支撑的结构单元出现”，如部分由塔心柱或楹柱支撑的石窟、窟檐或金属殿阁，总之，“金属或承重的天然石块所建造的大型独立建筑就有可能沿用结构性/承重式梁柱体系构成的传统木屋架的工作原理”[③]；其三为“建造方式的变更”，工匠在转译过程中可选的变通手法也有两种，分别具有“简化”与“改良”的倾向——前者以仿木枓栱为例，从纵向简化、分层简化、横向简化以及空间简化四个方面展开探讨，后者指“没有木作先例”但为了弥补材料性能缺陷而新创的构造节点，如网师园“藻耀高翔”门楼上的纵向砖造托梁。该文最后归纳了两种仿木建造的类型，其一为沿袭“即插即用”的传统，制作单独构件并逐一装配，即“忠实于传统的营造技术”；其二为“忠实于新的营造材料”，即创新生产方法（模制）以便更经济地实现仿木形象（图2.8）。

① （奥）荷雅丽，曹曼青.仿木构：中国文化的特征——中国仿木构现象与西方仿石构（头）现象的对比浅谈[A].王贵祥（主编）.中国建筑史论汇刊（第柒辑）.北京：中国建筑工业出版社，2013：288-311.

② （奥）荷雅丽，曹曼青.仿木构：中国营造技术的特征——浅谈营造技术对中国仿木构现象的重要性[J].建筑史（第32辑），2013：11-24.

③ 北魏平城时期出土的房形石葬具（如宋绍祖、邢合姜、毛德祖、尉迟定州等墓中出土的石室）大多将石材处理成杆件后再按照木构建筑的榫卯逻辑拼接，应是更符合荷雅丽文意的案例。

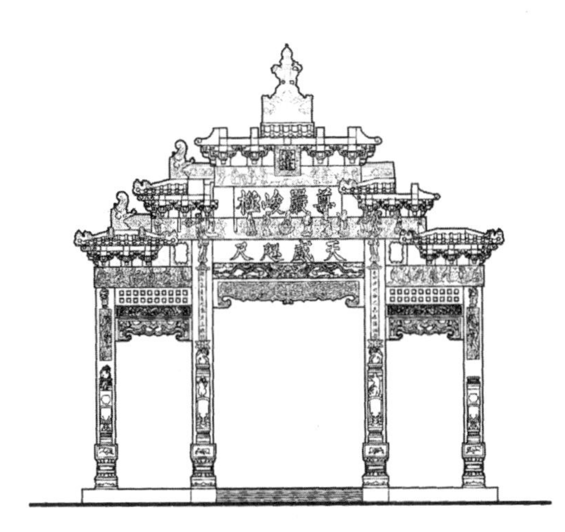

陕西华阴西岳庙“天威咫尺”“少皞之都”“蓐收之府”石牌坊立面图

图2.8 砖石仿木牌楼示例
（图片来源：引自参考文献[125]）

荷雅丽的研究率先将仿木现象从仿木对象中抽离出来，点明了仿木构承袭“木材营造模式”的内涵与“同义转译”的本质，并指出了转译所面临的技术问题，是迄今为止关于仿木现象思考最为深入的成果。

墓葬中的仿木现象是观念与技术等诸多因素共同推进、互相协调后的结果，应当且只能在跨学科的视野下进行观察和解释。正如朱启钤在营造学社创立演说词中提到的，“凡属实质”的艺术均应包括在“营造”概念之中，仿木砖墓正是串联诸多“考工之事”的一条有力线索，它与地面建筑互为镜像，仿木现象的产生，是人们不断分组、重构“生与死”“地上与地下”“世俗与神圣”等概念，持续尝试将熟稔的建筑文化延向未知的彼岸世界的结果。古人在壁画、砖雕、棺椁、龛帐、明器间自由选择“仿木”的载体，囊括了砖石、布帛、金属、陶土、竹木等各种材质，绵延千年而后衰，实在不能只被视为木构的附庸。

2.6 仿木砖墓的技术储备

（一）两汉魏晋南北朝墓葬的砌砖传统

从战国早期开始，已有将墓室当成居所装饰的尝试，如曾侯乙墓中的漆绘门窗反映出人们相信墓主灵魂在椁室内有“游”行的需要，由此催生了专在椁内一侧放置供品、祭器而留空另一侧的现象。到了西汉，椁室内的祭祀与埋葬空间已分离得比较彻底，在东汉中晚期，洛阳地区的砖墓（如烧沟汉墓）中出现了专门举行祭奠仪式的横前堂，与安置灵柩的后室并列。汉末三国战乱频仍，人们认识到“骨无痛痒之知，冢非栖神之宅”“厚葬无益于死者”[①]，故魏晋崇尚薄葬，主张“礼不墓祭”，禁止坟上立祠，汉代流行的多室墓迅速转变为单室墓，省去了前堂，但仍设有床榻、下帐之类物件，以便送葬时在墓内设奠。

在总结墓中的仿木因素时，赵明星提出：“仿木构墓葬指模仿地上木结构建筑的柱子、枓栱等主体部分以及门、窗、顶等装修部分的形式而建造的墓葬，以柱子、枓栱等木结构建筑主体部分的出现为标志。仿木构因素则是指仿木构墓葬出现之前，墓葬中具有的模仿木结构建筑意识的结构，如封门、结顶、空间分割。”[②]按他的统计，墓葬中的仿木因素在战国时已大量涌现，譬如木椁墓中的门版已与椁版分离，有的设在椁室与墓道中（如洛阳金村东周王室墓），有的在头厢、边厢与棺室之间（如云梦睡虎地秦墓M36、M39）；发展到西汉，椁上开辟窗牖的位置更加随意，设在外椁（如扬州东风砖瓦厂M1）、内椁（如扬州“妾莫书”墓）、棺室与头厢之间（如天长县M6），或在门上横开（如张家山M247）的情况也不罕见，甚至椁室本身也可模仿楼房分作两层，安楼梯上下（如广州汉墓M1134）。木椁的启合方式从顶上封盖改为侧面封门，并已开始表现坡屋顶（如洛阳西郊战国中期M4）。在用立柱、隔板区分内、外室的题凑墓中，两重回廊（外椁与内椁间、内椁与棺室间）里又分出梓宫、便房、正藏、外藏等不同空间，用以安置婢妾、厨厩等内容，其拟仿生人居所的意图已极为明确[③]。空心砖墓自战国中晚期出现，西汉时在关中、中原盛行，东汉绝迹，早期尚模仿椁室，后期已彻底做成房屋形状（如洛阳烧沟M102）。西汉中后期开始，小砖墓逐渐盛行，到东汉已遍及全国，相较于椁墓，砖墓的墓室面积大幅增扩，在墓顶、墓门等处也更容易砌出与居宅类似的空间结构，“地下居所”的意象被进一步强化。在西汉中晚期的崖洞墓、土洞墓中，往往附设带有瓦顶的木屋（帐），如阳原三汾沟汉墓的壁上相向开有5-7个凹槽柱洞，应是承托横方的排叉柱做法，崖洞墓的顶部一般凿成拱形、两面或四面坡，并配以石柱，仿木意识已然成熟。赵明星在总结这些早期墓葬的仿木特征时提到，画像石墓在西汉晚期已形成了一些经典的形象（如南阳安居新村墓中的栌枓与兽头形梁头），东汉更是细化了枓栱（如临沂吴白庄墓的一斗二升）、屋顶（如绵阳柏树山M1的盝顶与椽、枋、藻井）等部分。在黄土高原的小砖墓中，不但产生了砖砌枓栱的雏形（如临潼吴东村墓），更是发展出复杂的仿木门楼、门窗（如潼关吊桥杨氏墓群M6）及灯架之类陈设（如夏县王村M29）（图2.9）。

---

① 按《三国志·魏书·文帝纪》所记，曹丕认为“自古及今，未有不亡之国，亦无不掘之墓也”“生有七尺之形，死唯一棺之土”。近年出土的曹操墓亦足以为时人观点作注。而《明帝纪》引战国韩非子在《管仲破厚葬》中记载的“齐国好厚葬，布帛尽于衣衾，材木尽于棺椁”之弊病，汉代王充在《论衡·薄葬篇》中提出的“死人无知，厚葬无益”观点来推崇薄葬；当然，这也意味着当时的风俗仍有侈靡厚葬的一面。见：（晋）陈寿.三国志[M].南京：江苏凤凰美术出版社，2015.

② 赵明星.战国至汉代墓葬中的仿木构因素——兼论仿木构墓葬的起源[J].中国国家博物馆馆刊，2011（04）：118-125.

③ 俞伟超认为题凑墓的椁室已与地面建筑严格对应，其头厢象征前堂、棺厢象征寝、边厢象征房、足厢象征北堂和下室。见：俞伟超.汉代诸侯王与列侯墓葬的形制分析[C]//中国考古学会第一次年会论文集.北京：文物出版社，1980.

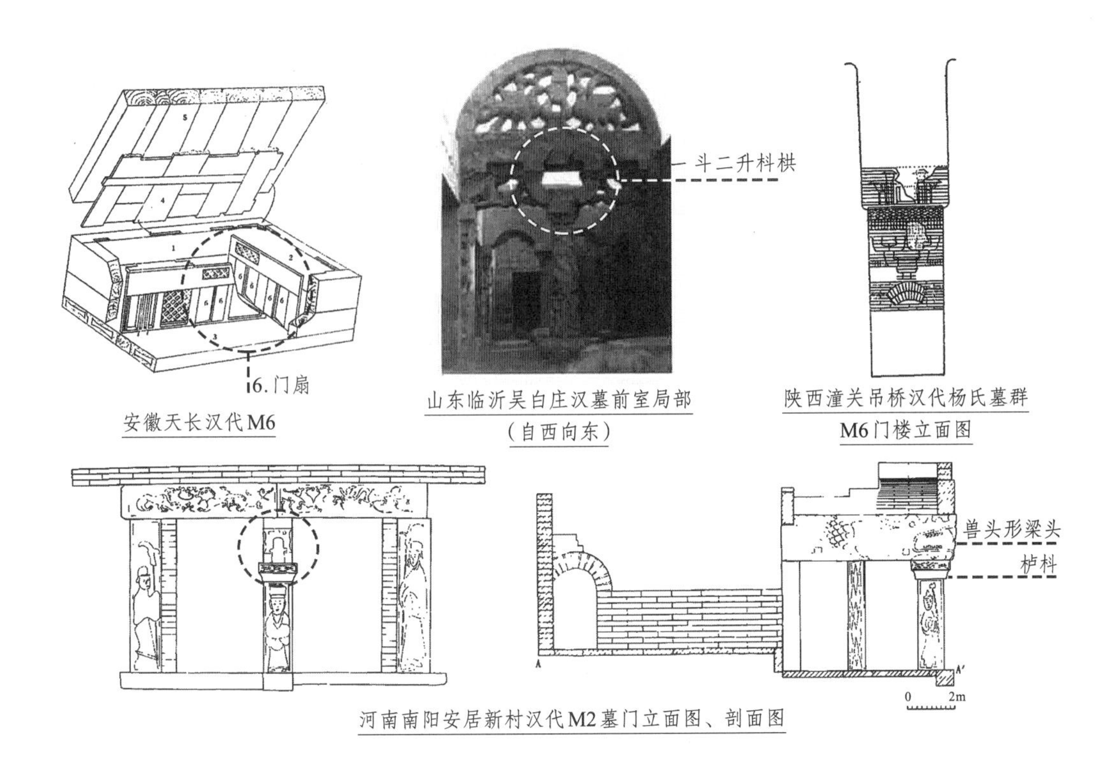

图2.9 汉代“砖室墓”发展情况示例
（图片来源：引自参考文献[128]～[131]）

两汉时小砖与大型空心砖的营造传统平行发展，墓室结顶技术迅速成型，尤其东汉以降平顶、券顶、穹隆顶、叠涩顶并起，受技术进步的刺激，人们感知和表达空间的意识更加细腻、手段日益成熟，而随着墓顶逐渐隆起，工匠终于有条件依照“盖天说”之类的宇宙模型，砌出方圆相济的墓室来仿拟天地（图2.10）。关于墓顶砌法的技术来源，一直存在不同观点：“本土说”主张西汉的砖石拱顶是从战国的梁板式空心砖墓基础上发展来的，大体按照“梁板式简支—梁板式三角形拱顶—折线型拱顶—砖券拱顶”的序列演进[①]；“西来说”则认为是在张骞“凿空”西域的背景下，由砌筑工艺更加早熟的中亚地区传入[②]；“两源说”则按照技术原型将拱顶（并联筒拱）归为中国传统梁板简支的后续发展，将券顶（纵联筒拱）视作中亚筒拱发券的传播产物[③]。汉魏条砖墓大体是单、双室平面与筒拱、穹隆屋顶间的自由组合，墓室间广泛使用甬道连接，以避免不同拱顶相互交叉。陈菁在总结墓室顶部施工工艺的发展历程时提到：汉末三国时筒拱顶的高、跨尚不足1m，断面略呈弧形，此后起拱幅度逐渐加大，魏晋以后升至2m以上；汉墓中单个穹隆顶的遮蔽面积大多不超过$5m^2$，断面曲线多为矢跨比0.3左右的弧形，魏晋以后面积增至$10m^2$以上，矢跨比增至0.7左右，起拱

① 刘敦桢.中国古代建筑史[M].北京：中国建筑工业出版社，1985.
② 常青.两汉砖石拱顶建筑探源[J].自然科学史研究，1991(03)：288-295.
③ 黄晓芬.汉墓的考古学研究[M].长沙：岳麓书社，2003.

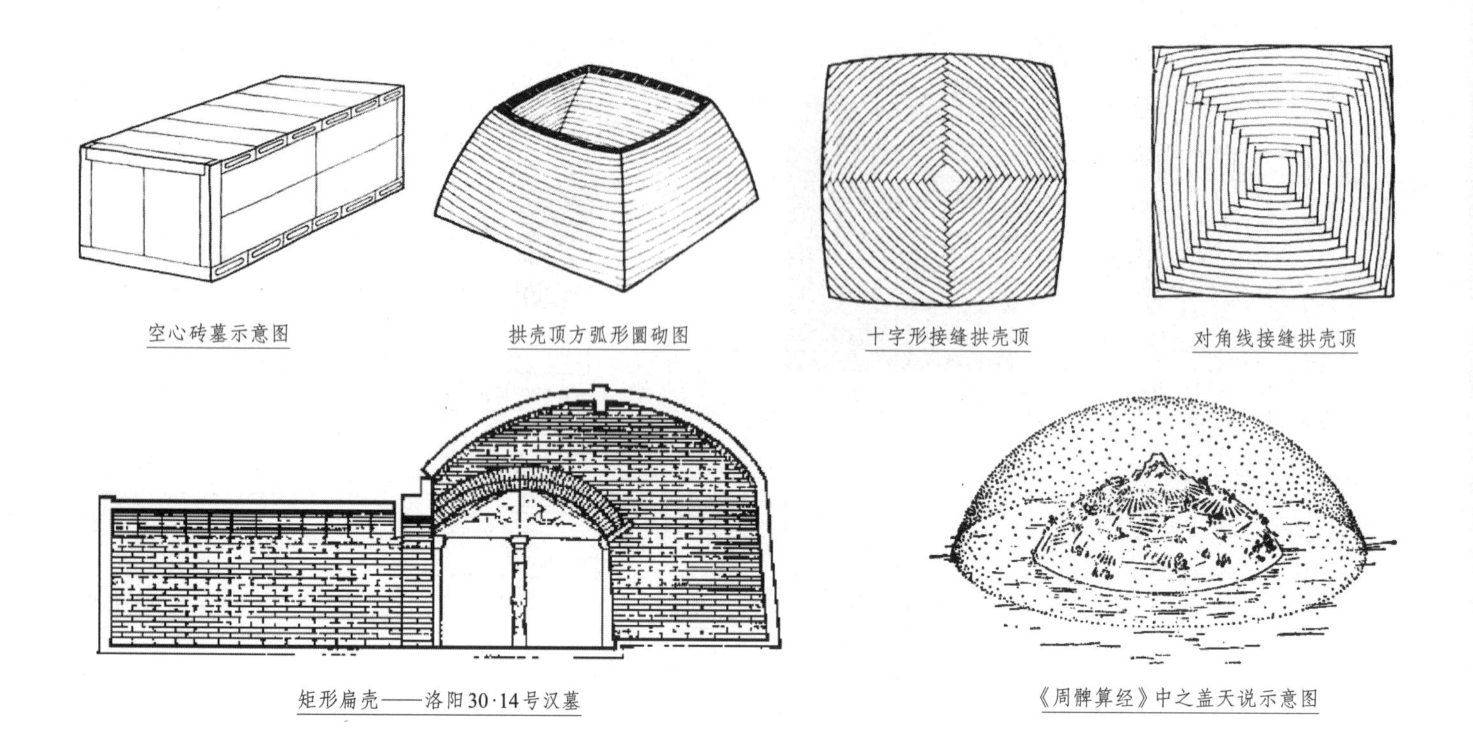

图2.10 砖室墓墓顶结构发展情况示意图
（图片来源：引自参考文献[89][137]、网络）

断面曲线从半圆变为抛物线形，可知工匠的结构意识已有显著进步[①]；西汉前中期常使用双曲扁壳顶（又称四边结顶或覆斗顶），它由两个筒拱对角相接，顶部棱线呈“X”形交叉，其几何块面关系似在模仿传统斗帐；东汉出现了空间与西域穹顶近似的叠涩顶和四隅券进式顶，并逐渐发展出鬬四、鬬八藻井（与巴米扬石窟及克孜尔石窟中的天井相似）[②]。江淮以南，直到西晋时还有用平砖叠涩覆斗墓顶的传统，东晋以后就完全被拱券或穹隆顶取代了[③]。至于穹隆的砌法，从东汉到东吴都是自四边向中间平行券进，在顶中部以刀形砖与长方形砖相间侧立平砌，使四角接缝，屋顶投影平直而四边起弧，称为“四面结顶”，其剖面略呈梯形，稳定性不佳；西晋以后出现了从四角同时向左右起1/4圆弧的砌法，称作“四隅券进式”，受力性能较前者有极大提升；到东晋初，方形单室墓中出现了高穹隆，如同四个半球形券相互组合。上述三种穹隆砌法似乎存在线性的承继、演化关系（图2.11）。

（二）唐末五代墓葬的壁面装饰

魏晋南北朝的砖室墓中，仿木要素大多体现为壁画的柱额、斗帐，亦有局部砌出的门

① 结构力学将一串钥匙沿重力自然垂布的悬链线（水平翻转后）视作起拱的最佳曲线，抛物线与之最为接近，同样比较理想，双心圆次之，半圆又次之，小于半圆的坦拱对拱脚处的侧墙产生较大推力，需要厚重的墙体加以抵御，已极不合理。

② 陈菁.汉晋时期河西走廊砖墓穹顶技术初探[J].敦煌研究，2006(03)：23-26.

③（韩）赵胤宰.建康及外围地区六朝大型砖室墓之建筑结构和筑造技术[J].东南文化，2000(05)：42-54.

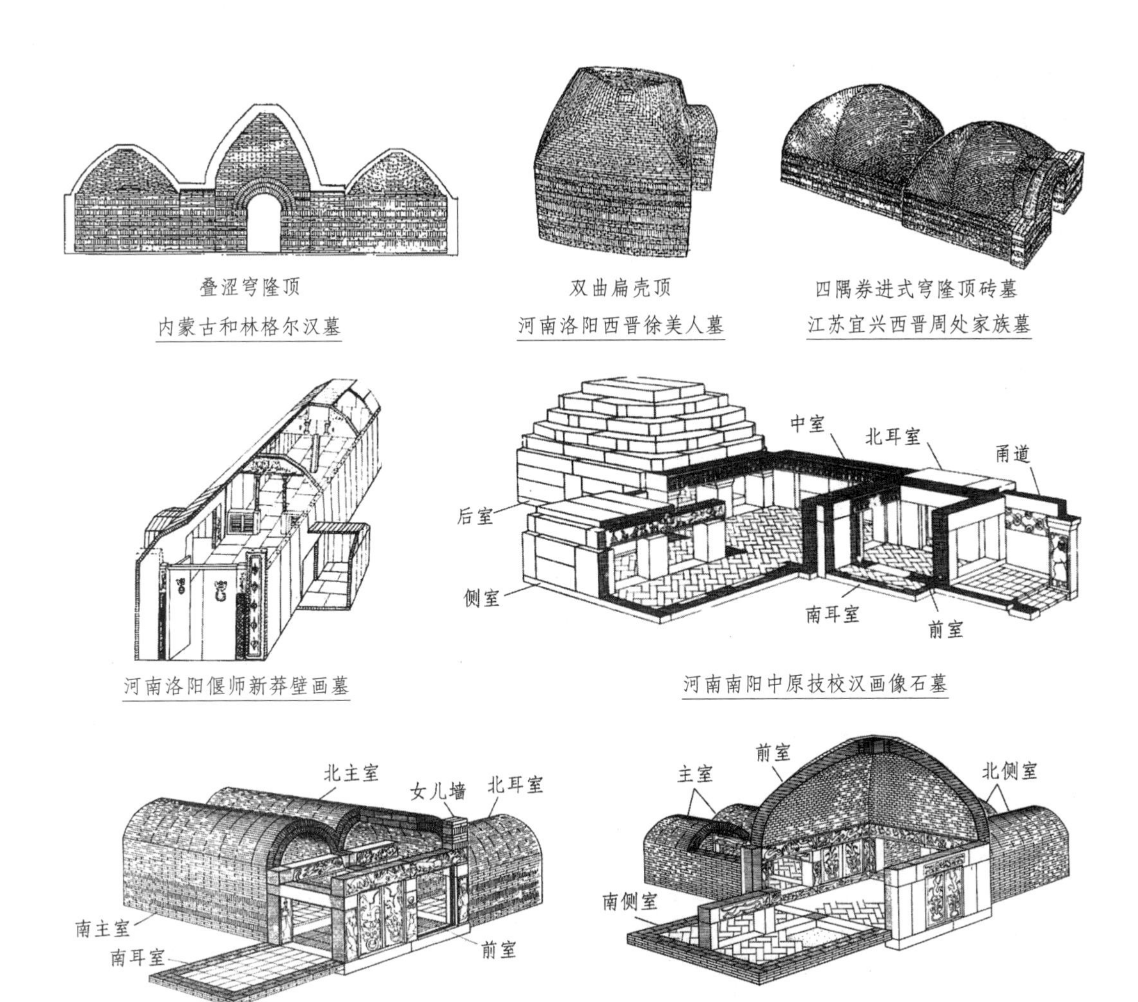

图2.11　砖室墓墓顶穹隆砌法示意图

（图片来源：引自参考文献[89][138][139]）

窗、人字栱（大叉手）之类构件，但真正有意识地将整个壁面处置成与木构一一对应的做法，还是从晚唐开始才在河北一带率先出现（另一个倾向是将墓门修建成仿木门楼，如陕西彬州冯晖墓），并在北宋时的华北、中原地区广泛流传。早期的仿木砖墓多为马蹄形、圆形或圆角方形单室墓，装饰手法极为朴拙、抽象，大抵就是用条砖简单示意倚柱、耙头栱、版门、直棂窗和简单家具，如禹县白沙171号唐墓（仅在距墓底1m处悬砌耙头栱一条）①、北京八里庄唐大中六年（852年）幽州节度使判官王公淑墓（饰有仿木门楼与假门两盒）②、安阳大和三年（829年）赵逸公墓（东、南、西三壁饰壁炉、灯台）③等。唐代仿木砖墓多集中在河北燕赵之地，因藩镇割据，其后续发展与河南、江淮、晋陕极不同步④（即便从地面建筑的发

① 陈公柔.白沙唐墓简报[J].考古通讯，1955(创刊号)：22-27.

② 杨桂梅.北京市海淀区八里庄唐墓[J].文物，1995(11)：45-54.

③ 张道森，吴伟强.安阳唐代墓室壁画初探[J].美术研究，2001(02)：26-28.

④ 崔世平.河北因素与唐宋墓葬制度变革初论[A].北京大学中国考古学研究中心(编).两个世界的徘徊——中古时期丧葬观念风俗与礼仪制度学术研讨会论文集[M].北京：科学出版社，2016：282-312.

展脉络来说，随着契丹建国、辽承唐旧，中原与北地的技术分化也是显而易见的），此类案例皆极草率、粗糙，正处在“墓壁砌筑仿木”的肇始阶段。

以2022年出土的大同智家堡唐代墓群为例，总计57座中小型土洞墓中，大多配有竖井式墓道，并在墓内设置“凹”字形生土棺床，有五座还特意掏出壁龛安放十二生肖俑。M47和M90分别出土了贞元十一年（795年）和元和五年（810年）题记石墓志，后者圆形平面，墓壁上以三到六层平砖为一组，夹插一层平砌丁砖，四隅砌出角柱（用四层立砖侧摆），在栌枓（用一皮平砖悬出表示，并砍削出斗欹斜面）之上用泥道栱（用斗砖侧摆）直接绞斜切耍头（用丁砖合掌立砌），木构中无此做法，推测是在模仿枓口跳意象，栱上用两层丁砖出头表达小枓，枓栱之间的墙面上各伸出四块抹弧丁砖，充作滴水瓦（图2.12）。

图2.12 大同智家堡唐墓M90仿木砌法
（图片来源：引自参考文献[35]）

又如2023年4月出土的邱县城市综合体工地唐代墓群，其中M4采用圆形平面，平砖错缝砌出墓壁，向上逐层内收（墓上部已毁，推测为穹隆顶），在墓道北侧平砌“人”字形封门砖，墓门为仿木门楼，下部居中开券洞，洞上两侧伸出方形砖雕门簪，用抹角砖错缝立砌

M90外顶

M90俯视图

M90北壁

M90东壁

邱县唐代墓M4倚柱

河北邱县唐代墓M4墓门

M4北壁假门和破子棂窗

图2.13 邯郸邱县唐墓M4倚柱、墓门、墓壁上仿木砌法
（图片来源：引自参考文献[145]）

出四根倚柱，将壁面均分四段，柱底垫一块平砖作础，柱头施耙头栱。在东侧壁面上，以条砖凸出壁外砌成椅子和捶丸杆，北壁上砌出假门和破子棂窗，西壁则为灯檠。棺床上存有墓志一方，记为刘氏夫人与其夫某君的合祔墓，于“□通八年十一月十三日窆于先域之后”（M5、M6、M7中的砖砌家具与M4相同，证明确有可能是家族墓地），其后有“大中十四载”字样，推测墓建成于咸通八年（867年）（图2.13）。

这种粗犷的仿木传统在山西、河北北部甚至延续到金元时期，虽砌筑技法不够精密，但常借助彩画等手段予以弥补。以2022年发掘的原平市中阳乡南头村金代壁画墓群为例①：四座砖室墓均为同一时期建成，尺寸相近、墓向一致，都采取竖井式墓道，壁上用条砖立砌倚柱八根，上覆穹隆顶（M1绘有天象图），壁画内容与配置方式较为固定，墓门左右为侍者，其余各壁绘出卷帘、条幅、花鸟、伎乐，北壁和东西壁分别绘出格子门、版门。枓栱为耙头绞项造，模拟梁头伸出栌枓后斫成平出批竹昂形的做法，并用连续的素方代替泥道栱，再于相邻枓栱间的普拍方上置枓一枚以充单补间意象，在栱眼壁版内画出斜方格纹，相较其先经模制再行切割的滴水板瓦和兽面筒瓦，枓栱部分造型粗率，唐风浓郁（图2.14）。

图2.14 原平市南头村金代壁画墓
（图片来源：引自参考文献[145]）

M1顶部

M2东北壁、东壁、东南壁

M1北壁、东北壁、东壁

① 新发现的原平南头村金代墓地因壁画人物与左近的闫庄镇水油坊村金代泰和五年（1205年）圣土寺万佛塔砖雕人物衣饰基本相同，暂且判断其建成年代在大定至正大（1161-1231年）之间。见：王俊（执笔）.2022年度山西考古新发现（忻州原平南头村金代墓地）[EB/OL].山西省考古研究院公众号，2023年2月19日.

契丹的墓葬形制极为丰富，族属、阶层、分布地域的不同都导致仿木手段千差万别，既有像宣化下八里M10一样壁画桌椅、砖砌枓栱并用的，也有像法库叶茂台辽墓般直接放置木构小帐和石棺的[1]，甚至有如宝山一号、二号墓般直接使用房形椁的情况[2]（图2.15），但总体来说，仿木细节大多富集在墓门和抱厦等局部，如李逸友认为“辽代贵族契丹墓墓门和汉人墓墓门多采用仿木构建筑装饰”[3]，杨晶提到辽代汉人砖室墓的仿木构建筑装饰常施于墓门位置[4]，林栋提出了“契丹式仿木墓葬”和“汉式仿木墓葬”的区别[5]，董新林、肖阳对辽墓仿木结构展开分期研究[6][7]，杜景洋专门研究了辽代墓门[8]，刘萨日娜以族属为纲目尝试提出辽代仿木砖墓的分类依据[9]（图2.16）。

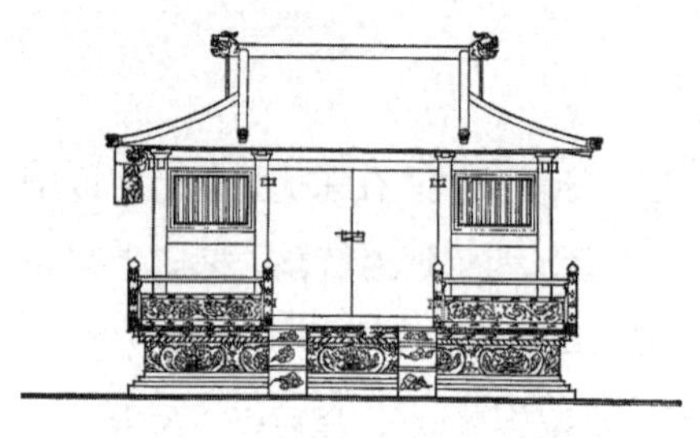

辽宁法库叶茂台辽墓小帐复原立面图

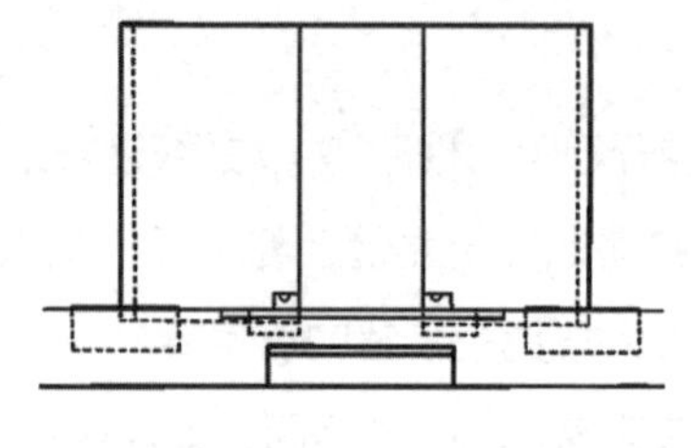

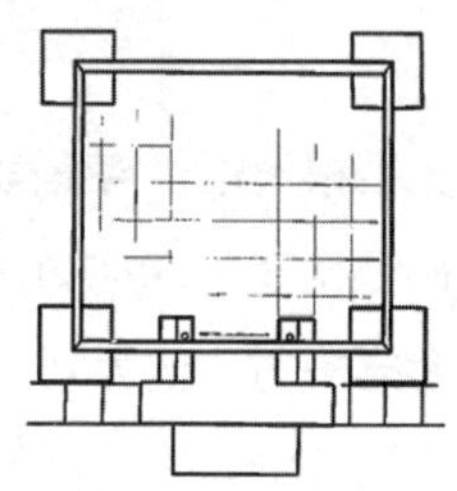

辽宁朝阳姑营子辽代耿氏家族墓M4房形椁立面图和平面图

图2.15 辽墓小帐、房形椁等仿木器具示例
（图片来源：引自参考文献[156][157]）

在关西、中原、江淮等地，自五代起仿木技术取得飞速发展，如洛阳伊川（后晋）孙璠墓已在圆形墓室内对称砌出八根抹角倚柱，上设阑额、铺作[10]，已见通盘处置墓壁的意图。这时的高等级贵族墓常沿袭唐陵在天井处集中仿木的传统（如南唐前、中主墓，前蜀王建墓，岐王李茂贞墓等），并逐渐形成将壁画城阙“转译”成砖砌门楼（如冯晖墓）的传统，通过析分出独立单元（墓门），将仿木重点从营造场景气氛（如勾画柱额枓栱以令壁面“看似”木构内部）逐渐转向塑造整体形态，成为宋金时期精致、多元的墓葬仿木实践的先声（图2.17）。

---

① 木构小帐专门用于覆尸，李清泉认为是“以汉民族祠堂建筑为蓝本，并吸收了部分佛教建筑元素的木构覆尸仪物”（见：李清泉.宝山辽墓：契丹墓葬艺术中的“国俗”与身份建构[M]//（美）巫鸿，李清泉（著）.宝山辽墓——材料与释读.上海：上海书画出版社，2013.）。小帐在下葬前或曾在地面上用于殡攒，与汉唐墓葬中的帷帐相似，但安放的是墓主形骸而非魂灵，其前方常配有石供桌，典型案例有耶律羽之墓（见：齐晓光，王建国，丛艳双.辽耶律羽之墓发掘简报[J].文物，1996(01)：4-32+97-100.）

② （美）巫鸿.宝山辽墓的释读和启示[M]//（美）巫鸿，李清泉（著）.宝山辽墓——材料与释读.上海：上海书画出版社，2013.

③ 李逸友.略论辽代契丹与汉人墓葬的特征和分期[A].中国考古集成（东北卷·辽）[M].北京：北京出版社，1995.

④ 杨晶.辽代汉人墓葬概述[J].文物春秋，1995(02)：52-58.

⑤ 林栋.沈阳地区仿木结构辽墓初探[J].辽金历史与考古，2015(06)：16-23.

⑥ 董新林.辽代墓葬形制与分期略论[J].考古，2004(08)：62-75.

⑦ 肖阳.辽代长城以南地区汉人墓葬仿木构形制研究[D].北京：中央民族大学，2020.

⑧ 杜景洋.辽代墓门研究[D].呼和浩特：内蒙古大学，2017.

⑨ 刘萨日娜.辽代墓葬仿木构建筑装饰初步研究[D].呼和浩特：内蒙古大学，2021.

⑩ 司马俊堂，岳梅，乔栋.洛阳伊川后晋孙璠墓发掘简报[J].文物，2007(06)：9-15.

北京辽代韩佚墓墓门

内蒙古奈曼旗辽代陈国公主驸马合葬墓门

内蒙古赤峰宝山辽墓M1墓门

河北涿鹿辽代东郡夫人康氏墓

山西大同辽代许从赟夫妇墓

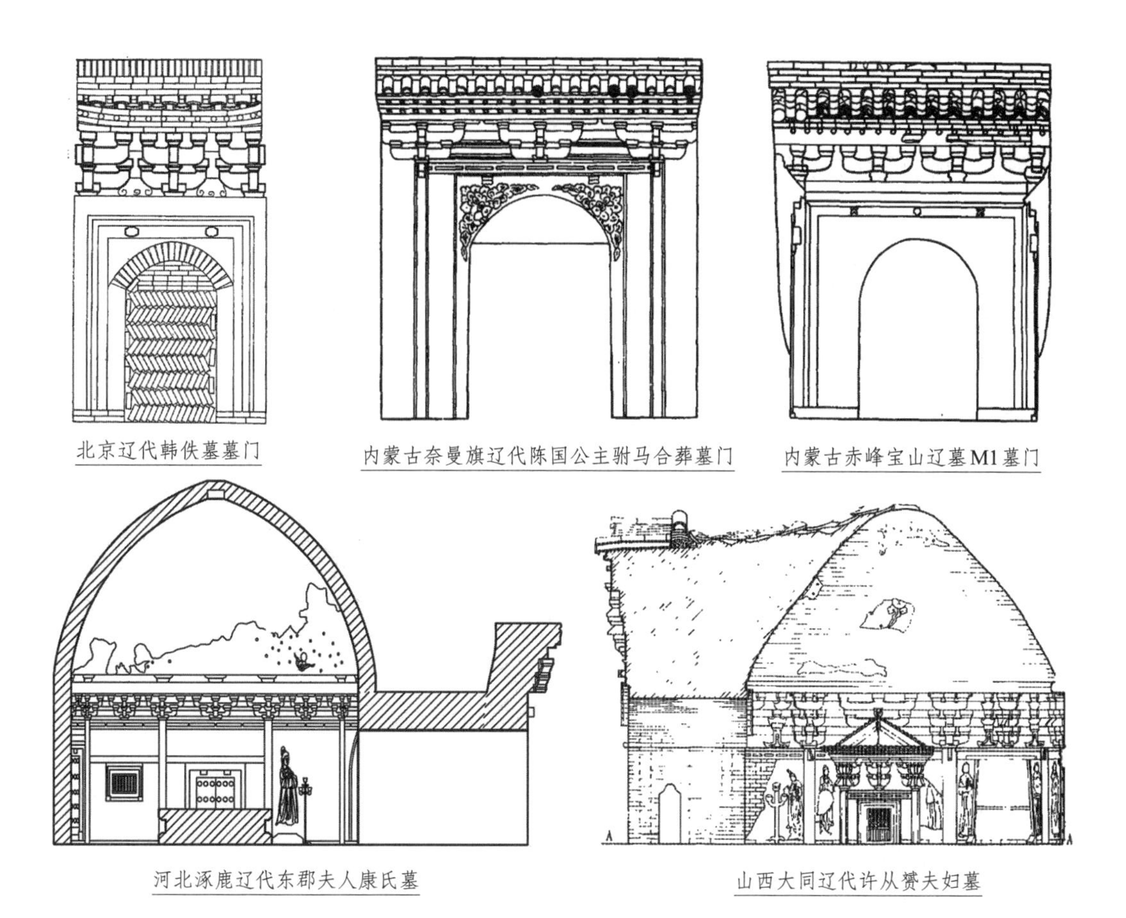

图2.16 辽代仿木砖墓示例

（图片来源：引自参考文献[17][72][158]～[160]）

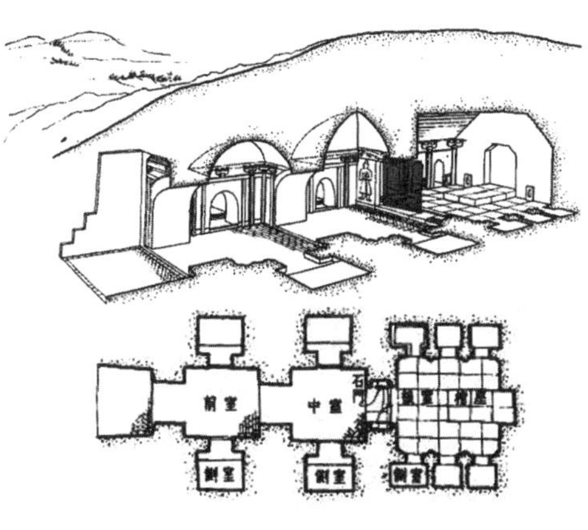

江苏南京南唐钦陵剖透视图及平面图

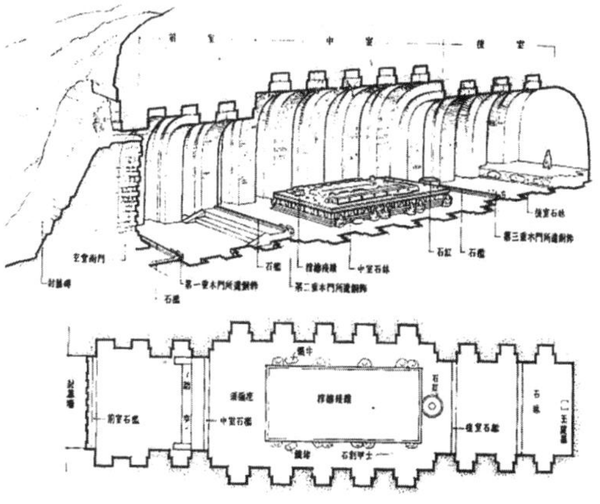

四川成都前蜀永陵剖透视图及平面图

图2.17 五代十国砖石仿木王陵示例

（图片来源：引自参考文献[132]）

举冯晖墓为例，该构位于陕西省彬县底店乡前家嘴村，1988年文物普查时发现。墓向正北，由封土、墓道、墓门、甬道、墓室组成，共采用了三种规格的砖件，其一为38cm×18cm×6cm的条砖，用于封门，其二为38cm×38cm×6cm的铺地砖，其三为

40cm×18cm×8cm的标准砖，墓壁上的仿木构部分即主要用其砌成。墓门分上下两部，下为石门，上为门楼。石门通高2.6m，底部用甃砖一层砌出台阶，台阶的后半部分卡在门枕石间，门枕下设曲尺形槛石，上设石抱框，两石合抱两楹内开门扇（每扇背面凿刻穿带四条），抱框上架设整段门楣。又于甬道券顶之上筑造门楼一座，半面露出，高3.94m、宽2.24-2.96m，下端刻出垂帐和宝象团花纹彩带，其上叠出绘饰七朱八白的阑额一条，额上施用三朵斗口跳枓栱，在扶壁上彼此连栱交隐，共用散枓，泥道栱下端剔凿出S线，将栱眼壁版围出火焰欢门的轮廓，撩檐方上继续叠加方椽一重，上承单勾阑一具，阑版刻勾片万字，再上则用涂朱的雕砖垒出圆形角柱两根，自栌枓内向正前方与斜侧方（45°缝）各出华栱一只，其上置小枓托替木承撩风槫。因开间巨大，在雕有妇人启门图样的正门两侧又用两层丁砖立叠砌出槏柱、抱框，门板用特质的大砖斗面朝外铺成，其上、下端各饰一道门钉，每道五枚。替木之上叠涩出檐，不再表现檐椽，叠涩之上以筒、瓪瓦敷出歇山屋面，瓦件系从方砖山直接砍出（留出部分充筒瓦、削平部位充瓪瓦），正脊高三层，以砍出的圆筒砖顺砌出扣脊瓦，戗脊较小，若用两砖拼合则衔接处的加工精度过高，徒费人工，推测是与垂脊合并在一块砖上连做出的。总体看来，冯晖墓墓门综合采用了平砖顺砌、丁砌、丁砖立砌、斗砖立砌等拼法，门上“平坐枓栱”与门楼檐下枓栱尺度差异较大，前者采用了近似汉魏以来“曲枅”的传统，相较于栌枓和华栱，扶壁横栱被显著拉长，后者虽不表现横栱，但通过替木的横向约束确保了比较精准的枓栱比例，两者的审美取向迥然不同，并置一处却显得古风今韵相得益彰（图2.18）。

2.7 仿木砖墓的地域差异

（一）案例类型与区期分布情况

赵明星按照仿木要素的完备程度与墓室配置关系将宋代砖墓分成五类[①]，又按这些类型

① 赵明星的分类方法如下：第一种为枓栱、柱额完整者，包括砖石室墓（又分单室墓、纵列双室墓、并列双室墓、主室带侧室墓、多室墓，每种之内又按平面分成方形、圆形、多边形、船形等）和崖洞墓（在四川、东北发现一批，在墓门处砌有仿木石雕屋檐）；第二种枓栱不完整或仅砌出柱额，包括砖石室墓（分单室与并列双室，其下再细分直方与弧方形）与多层墓（如嘉祥钓鱼山M2）；第三种仅在壁龛上仿木，包括砖石室墓（含单室墓、纵列双室墓、并列双室墓、双列四室墓）和崖洞墓（如永川M1）；第四种仅在砖壁上砌出假作门窗，包括砖石室墓与砖圹墓（皆分单室与并列双室）；第五种仅装饰墓门，墓壁不仿木（分单室墓与并列双室墓）。见：赵明星.宋代仿木构墓葬形制及对辽金墓葬的影响[J].边疆考古研究，2005(01)：210-237.

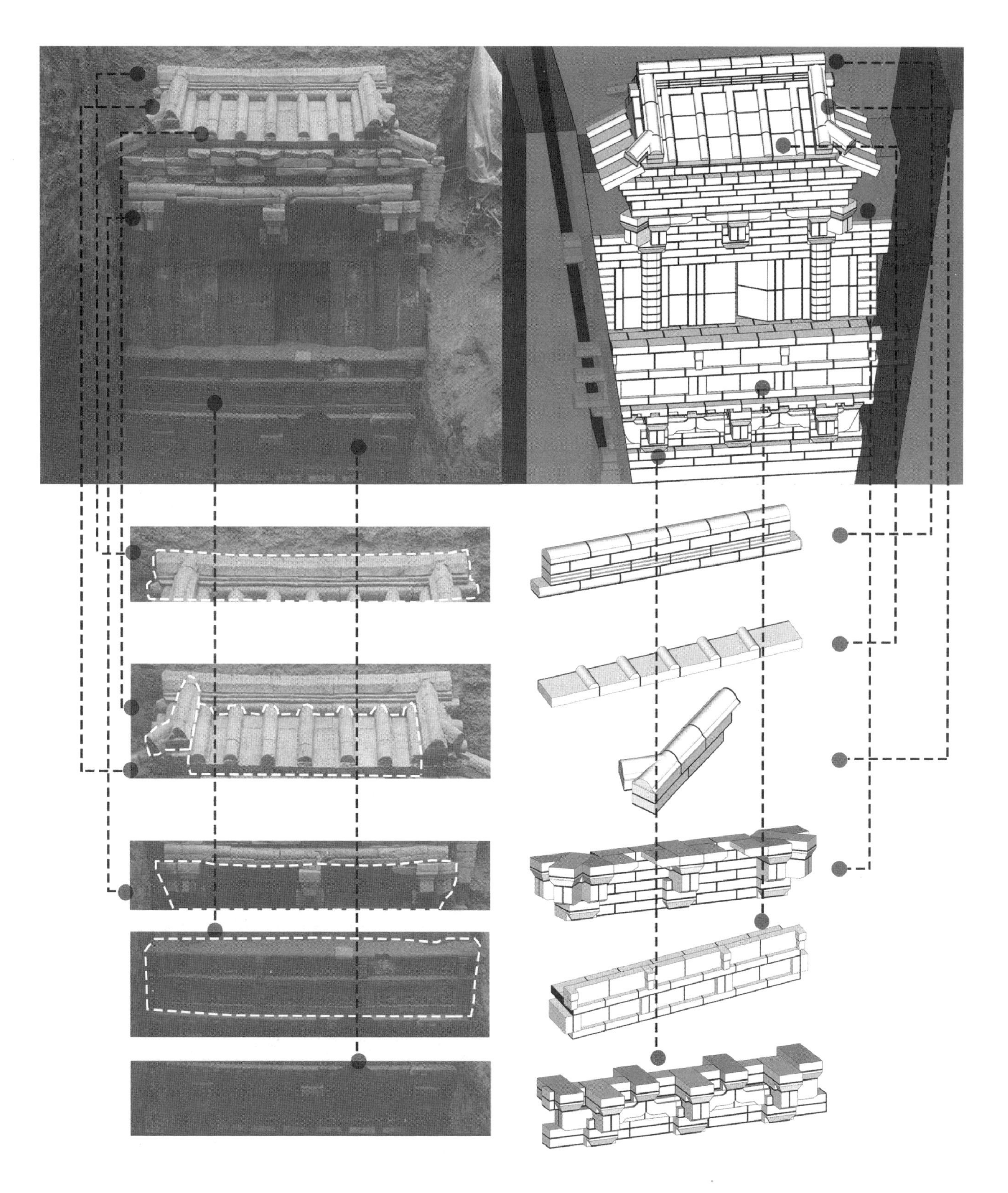

图2.18 冯晖墓墓门仿木做法分析

（图片来源：照片引自参考文献[117]，其余作者自绘）

的集中趋势划出六区[①]、三期[②]，在这套分类、分期、分区体系中，位于中原腹地的第二区被视作仿木技术的源头和审美风尚的前沿，它对同处淮河以北且与之接邻的一区（关西）、三区（京东）的辐射最为直接（表现为第一类数量上占优势），对四区（江淮平原及长江下游）、五区（川蜀）的影响较小（表现为第一类的占比下降，简化型与变体增多），而与第六区（福建）的关联最弱（完全不见第一类且整体仿木程度偏低），至于两浙、湖广、江西等处，则不被视作仿木砖墓的流行区域。也可以认为，距四京所在的二区越远，工匠在制造仿木砖墓的实践中就越缺乏创新动力，而相互接邻的各区，也无可避免地出现了仿木手法的融汇和折中（如二区内圆形墓室集中在与三区接邻的东部，带须弥座者则多处于与一区接邻的西部，这正是一、三区各自的特征）。金代前中期，仿木砖墓的流行区域仍大致集中在北宋的二、三区（核心地域有从豫北向晋南转移的态势），其表现的木构样式仍以北宋末《营造法式》的官颁标准为主，如建于皇统三年（1143年）的长治安昌村M8、正隆三年（1158年）的长子石哲金墓等。中晚期开始，样式上逐渐体现华北的地方特色，如大定二十九年（1189年）建的长治故漳金墓已在柱头砌筑斜栱，普拍方也已显著加厚，这都是显著区别于宋官式做法的地方。

---

① 第一区西北至宋、夏边界，南至大巴山，东抵吕梁山，以高原、山地为主，属永兴军路、秦凤路、利州路北部和京西南路西部，区内以第一类墓葬居多，有少量三、四类案例，仿木重点为假门窗，墓顶多作穹隆或攒尖，墓壁下层砌出须弥座，少数表现桌椅。第二区北至宋、辽边界，南至淮河一线，西靠一区东界，东到华北平原东部，从山区过渡至纵长平原，包括河东路、河北西路西部、河北东路南部、京东西路西部、京西北路和京西南路东北部，是仿木砖墓数量与类型最集中的区域，墓葬类型完备（除第三类外皆有发现），尤以第一类为主，流行多边形、直方形与圆形单室墓，假门窗、桌椅、灯架等形象频繁出现，多为穹隆或攒尖顶砖室墓。第三区南北界同前，西至二区东界，东至海，以平原为主，属河北西路东部、河北东路北部、京东东路、京东西路东部、京西北路南部和淮南东路北部，案例类型与数量皆少，主要为第一类，间有第二、五类，不见第三、四类，流行设墓道的圆形单室墓，多用穹隆顶，少数使用平顶和攒尖顶。第四区北以淮河为界，南到长江中游，西抵大巴山东麓，东至海，以平原为主，属京西南路东南部、荆湖北路北部、淮南西路、淮南东路南部及江南东路北部，除第三类外皆有分布，弧方形、船形及并列双室墓较多，券顶与拱顶取代穹隆顶成为主流。第五区北至大巴山，西临川西高原，东南以大巴山东端及云贵高原一线为界，地形以山脉和盆地为主，包括利州路南部、荆湖北路南部、夔州路、梓州路及成都府路等，除第四类外皆有发现，仿木内容从壁上转移到龛内，常见配有藻井式墓顶或平顶的直方形石墓。第六区自武夷山东部至海，地形以丘陵、山地为主，属福建路，仅见第二、三、五类，以不设墓道的直方形砖室墓为主，多用券顶，也不流行在墓壁上装饰门窗家具，而是在龛内砌出门楼。

② 该文按装饰特征和图像母题将案例分作三期：第一期自太祖至神宗朝（960-1085年），主要为第一类（22例，分布在二、三、四区，多用直方形、弧方形、圆形单室砖石室墓）和第二类（8例，分布在二、四、五、六区，多用直方形、弧方形单室墓，兼有并列双室墓），少数第四类（3例）、第五类（4例）均分布在二、四区内。第二期自哲宗至钦宗朝（1086-1126年），主要为第一类（116例，除五区外均有发现，出现复杂的五、六铺作与格子门，以及多边形墓室和八角穹隆顶），第二类（6例）除二区外皆有分布，三区中出现了多层墓，四区出现了石筑并列双室墓，五、六区在墓室后壁龛内仿木，一、五区出现第三类（各1例，仅在壁龛两侧砌出柱子），一、二、四区出现第四类（8例），第五类扩展至三至六区（11例）。第三期为整个南宋（1127-1279年），此时第一类全面衰退（仅在一、五区分布6例），第三类开始流行（在五、六区发现26例，以直方形单室和并列双室石墓为主），第四、五类分布范围缩小（分别在四区发现3例、五区发现2例）。

除赵明星提出的分类依据外，陈朝云在1994年也按照墓室形状对北方宋代砖室墓做过统计[①]，他提出先将案例粗略分作方、圆、多角三种平面形式，再观察各自的结构、装饰、随葬品细分情况，经整理后发现：①采用方形墓室者最多（可继续分出正方、长方、抹角弧方等亚型），其墓道分斜坡阶梯形和长斜坡形，很少使用甬道，墓顶为拱券、四角攒尖或穹隆，墓可处理为券洞或仿木门楼；大多采用2m^{2}规模的单室墓，也有部分用双室的情况（如晋城南社宋墓），极少数用到三室（如洛川土基镇宋墓）；墓室大部为棺床占据，其上放置木棺或直接陈尸，墓主一般头西向或北向躺卧。②入宋以后的圆形墓级别相对较高，大都配有长斜坡式墓道、砖券顶甬道及仿木门楼式墓门（如石家庄柏林庄宋墓、安阳考民屯宋墓、巩义稍柴宋墓等），皆为单室、穹隆顶；规模略大于方形墓，以直径3m、面积7m^{2}左右者居多；棺床环绕墓室或据其半。③多边形墓又分六角、八角，以单室墓为主，若为多室墓，则各室可采用不同形状[②]，墓门多处理成仿木门楼，顶部可做成多角攒尖、圆锥尖顶、盝顶宝盖藻井、莲花顶等样式，规模与圆形墓大体相仿。该文梳理不同平面的墓葬案例后给出了分期依据：①方形墓分前后两期，五代末至仁宗朝尚较简陋，墓壁向外弧突、至角抹圆，壁上仅用耙头栱、耙头绞项作等低级别枓栱，墓门与棺床缺乏装饰（如郑州二里岗宋墓）；仁宗朝至北宋灭亡为第二期，平面改为直角，砌筑更加考究，枓栱能用到五铺作或以上，出现了叠涩须弥座式棺床与门楼式墓门（如林州董家村宋墓、井陉柿庄宋墓）。②圆形墓的演变轨迹基本与方形墓同步，前期砌造技术简单，以券门为主，无须弥座，随葬品较多；后期较复杂，有的墓壁砌筑在地栿与须弥座上，倚柱分出六至八幅壁面，装饰内容丰富。③多边形墓的出现年代较晚，大体相当于方、圆形墓的第二期。

尤其在北宋腹心的东京开封、西京洛阳一带，多边形和圆形墓甚至占到发掘总数的八成左右，这一现象引发了学者们的极大兴趣。是什么原因促生了八角、六角形墓室呢？各家观点大体分作两类：

一方认为是受到了宗教影响，如李清泉提出，首先是密宗盛行导致经幢墓塔化，继而引发了墓室反向模仿佛塔地宫（即汉人坟穴与胡人塔婆的合流）[③]，五代、辽、宋的砌塔技术发生质变，由隋唐以来的方形单层中空结构迅速变为多边形套筒结构，这大概与砖塔从佛寺标志物变成可供登临的“梵宫”（直接导致塔体大型化）有关，为了在塔内增加供奉佛宝、绕旋礼拜的空间，势必要增加平面层次，将原本混一的塔内空间独立成内筒，再将竖向交通组织在内、外筒间，甚至在部分砖心木檐塔上做出悬挑于塔壁外的缠腰供人立足远眺。韩小囡认为墓、塔在功能与结构上彼此重叠，从时序上观察，砖塔盛行在先（即以砖仿木的契机最先

① 陈朝云.我国北方地区宋代砖室墓的类型和分期[J].郑州大学学报（哲学社会科学版），1994（06）：75-79.

② 如白沙M1前方后六角，丹凤商雒镇宋墓在六角形主室外各砌方形小室一个，林州杨家庄宋墓东北、西北、东南壁上各出小室一个。

③ 李清泉.宣化辽墓：墓葬艺术与辽代社会[M].北京：文物出版社，2008.

在塔上出现），仿木要素进入地宫以后，内外关系也随之翻转，成为墓葬习学的对象①。易晴认为仁宗朝后八边形墓室的盛行源自“象八方”的观念，是堪舆思想与佛教信仰融合后的再创造②。

另一方则认为是墓葬自身的发展规律决定的，如郝红星、于宏伟提出，辽、宋、金的圆形墓大都集中在河北、山东地区，应是受到唐代辽西同型墓的影响，而多边形单室墓应是从唐代单室弧边墓的基础上发展来的，即在弧边的正中加绘（或砌出）倚柱一根，再将其向外侧推出，连接各柱后展为六角或八角平面③。方殿春根据不同地质地貌条件下的墓葬平面选形一般不发生变化的事实，提出“今河北、山西南部，尤其是太行山南路以东、黄河中下游两岸，即圆形墓葬起源地区，仅在山西南端小面积内覆盖着第四纪黄土，除此以外的地方，土质普遍含砂量高，砂的粒度大、土质松散，少黏性、不胶结。这样的土质特点对墓葬所产生的破坏压力很强烈，有可能这也是要求墓葬形制改革、促使圆形墓葬产生的一个自然因素”。④程义同样认为圆形与多边形墓是从唐代弧边方形墓中分化出来的，其直接的改易动机都是河南与关中、河北的土性差异，是宋人在新的技术条件支撑下做出的创新尝试⑤，而非模仿经幢或佛塔外观的结果。换言之，墓与塔的形制相似，是一本二枝而非前因后果的关系⑥。这种观点有力地回答了墓、塔平面为何相似的问题，是彻底技术史观的，也是对宗教决定说的一次系统批驳⑦。

多边形建筑并非迟至宋代才出现，建中四年（783年）已筑有六边形的麻城柏子塔，八边形的法隆寺梦殿更是建于大业三年（607年，推古天皇十五年），更早的高句丽（集安）丸都山城、（平壤）清岩里废寺等处已有八角建筑遗址（图2.19）。塔幢平面从方形转为多边形，既是加强构造的需要（角部抗形变能力更强），也富含了工匠的艺术追求（同等尺度下显得体量更大，变化更多，且更接近圆形），边面增多还利于登临观览，但无论如何，教义对塔“应当

---

① 韩小囡.墓与塔——宋墓中仿木建筑雕饰的来源[J].中原文物，2010(03)：95-100.

② 易晴.试析河南北宋砖雕壁画墓八角形墓室形制来源及其象征意义[J].中原文物，2008(01)：36-40.

③ 郑州市文物考古研究所（编著）.郑州宋金壁画墓[M].北京：科学出版社，2005.

④ 方殿春.论北方圆形墓葬的起源[J].北方文物，1988(03)：38-43.

⑤ 洛阳、开封、郑州一线属于豫西、北地层分区，第四系沉积发育，广布于黄河冲积平原、山前盆地及丘陵地带，沉积成因类型多，在这种地质条件下修造墓室，需提防土层坍塌压坏墓壁，一种有效的预防手段是增加倚柱，以便在解决应力集中问题的同时扩充平面边数，使得砌体更加稳定，也便于在墓室与墓顶间实现方圆转换。

⑥ 程义.再论六角八角形墓的渊源[C]//周天游（编）.丝路回音——第三届曲江壁画论坛论文集.北京：文物出版社，2020：95-103.

⑦ 程义经统计后发现，六边与八角形墓室在规模上并无差别，两者的流行区域和时段基本重合，有些家族墓还兼用六边、八角平面。密宗在开元间已十分盛行，唐代遗留的经幢也颇多，却并未见到同期的八角墓室，且一些宋代八角形墓中出土了道教性质的买地券，很难说墓主具有纯粹的信仰体系，若一味将特定平面解释为天（圆）、地（方）、六合、八荒，未免失于荒诞。

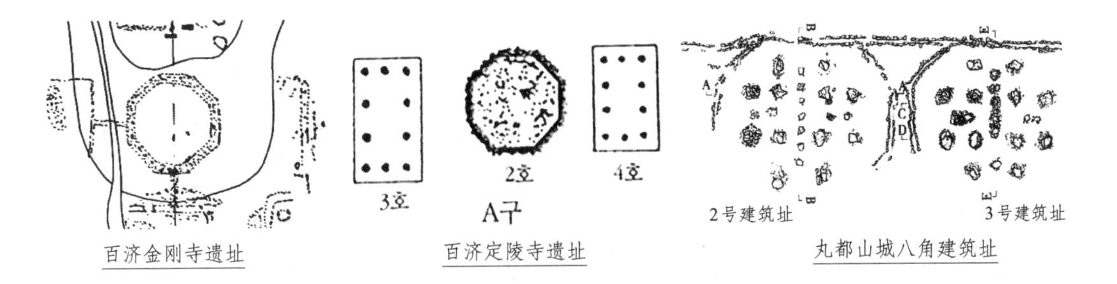

图2.19 早期八角形建筑（址）示意图
（图片来源：引自参考文献[168][169]）

具有”何种外观并无强制规定[1]，那么这种变化更多地还是应从技术角度去解释。推而论之，若佛塔自身都是出于实用考虑才改为六角、八角，墓葬又有何理由去模仿其形态变化呢？

墓葬“多边形化”的原因虽言人人殊，但相较方、圆平面，其砌筑工艺更为复杂、防线要求更加精密是必然的，这也显示出民间工匠已具备了相当水准的几何知识与作图能力。采用多边形平面意味着墓室具有了更强的向心性，表现柱头铺作时需沿法线方向砌出“角缝”栱昂，结角构造的复杂程度随之急剧攀升，与其毗邻的近角补间砌法亦需作出一定调整，这些都使得仿木砖墓的细节更加丰富、空间更趋集中、视觉焦点更为突出，是仿木技术发展到新阶段的重要表征（图2.20）。

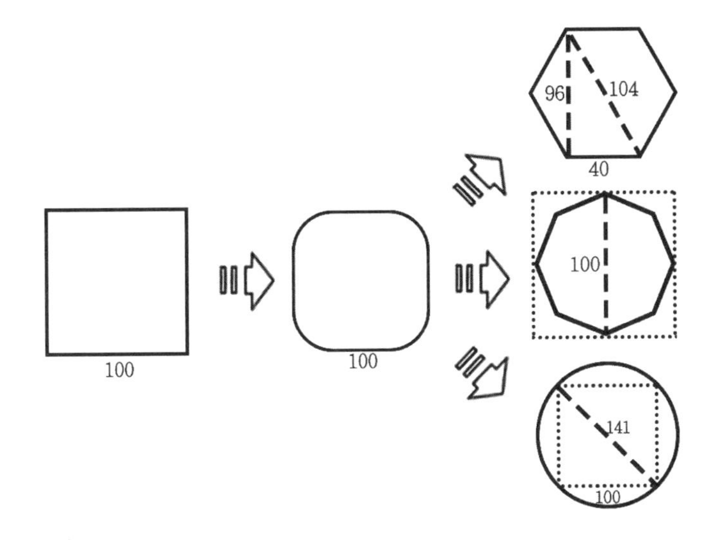

图2.20 仿木砖墓平面形态衍化脉络示意图
（图片来源：改自参考文献[167]）

正如唐《营缮令》及宋《天圣令》残条所示，中古时期的宅第禁制是非常细致的，不同阶层所能使用的装饰要素相去悬殊，但仿木砖墓中的逾制现象却极其普遍，可知宋代官方并未对庶民作出严格约束，大致存在皇族与品官墓室的仿木装饰逐渐弱化，而在民间却趋于繁盛的一般规律，法条针对的主要是士人，按张保卿的研究，宋墓中仿木装饰的发展历程可分成四期[2]。

① 如《佛说造塔延命功德经·序》说：“夫塔者，梵之称，译者谓之坟，或方或圆，厥制多绪，乍琢乍璞，文质异宜，并以封树遗灵，扃钤法藏，冀表河砂之德，庶酬尘劫之劳。”见：于瑞华（主编）.民国密宗期刊文献集成[M].北京：东方出版社，2008.

② 张保卿.北宋四京地区墓葬等级制度初探[J].考古，2020（04）：100-111.

第一期即太祖朝，当时诸事草创，尚无成法可依①，并无规律可循。

第二期为太宗朝，开始沿袭唐和后唐的制度②，巩义皇陵中较重要者都采用圆形单室墓，官员和富绅墓葬也采用类似形制（通过设置不同的墓道、甬道、墓室尺度，倚柱与铺作数量，以及是否使用石构件来表现差序格局）。李昉是河北深州人，个人经历或许影响了他主导的制度设计。

第三期为仁宗至哲宗朝，此时葬制基本定型，在帝陵中已使用真实的木构件③取代永熙陵的砖石仿木构件（据元德李后墓推断），墓壁上的门窗、桌椅、台架等要素也逐渐消失，受其影响，贵族和品官墓也迅速舍弃了仿木趣味④，装饰趋于简单，但仍喜用较大的圆形平面（直径可长至2⅔丈），且品级越高甬道越长、两侧壁龛越多，这是与平民墓的不同之处。神宗熙宁七年（1074年）"参酌旧制著为新式"，明确了官员赙赠、敕葬的具体内容；元丰元年（1078年）又令相关部门重修制度，"……丧葬总百六十三卷：曰葬式，曰宗室外臣葬敕令格式，曰孝赠式。其损益之制，视前多矣"⑤，杜绝了品官逾制现象。同期的平民墓室多采取方形或多边形平面，以与贵族、官员拉开差距，直径则在一丈上下，精心装饰坟穴成为富绅阶层的普遍追求⑥。

第四期为徽宗朝，此时又出现了一些新的变化，主要是葬法日益驳杂，等级制度模糊，虽然颁行了《政和五礼新仪》，但效果颇为有限，同时出现了以砖石混筑墓因应多样地质条件的变通做法⑦。

---

① 如《宋会要辑稿·礼三七·太祖永昌陵》记太祖薨后，"卤簿使言：'诸司吉凶仗，周世宗庆陵及改卜安陵人数有异，未审何从。'诏并依安陵例，用三千五百三十人"，正因尚未确定山陵制度，才需太宗临时定夺，皇帝尚且如此，臣属的葬法更是五花八门（如洛阳安审韬墓为长方形竖穴横室土洞墓，新乡杨承信墓是六边形单室砖墓，郑州后周恭帝柴宗训墓为圆形单室砖墓）。转引自：张保卿.北宋四京地区墓葬等级制度初探[J].考古，2020(04)：100-111.

② 如《宋史·卷一百二十五志第七十八》"礼二十八（凶礼四）·士庶人丧礼"记："太平兴国七年正月，命翰林学士李昉等重定士庶丧葬制度。昉等奏议曰：'唐大历七年，诏丧葬之家送葬祭盘，只得于丧家及茔所置祭，不得于街衢张设。……又准后唐长兴二年诏：……悉用香舆、魂车。其品官葬祖父母、父母，品卑者听以子品，葬妻子者递降一等，其四品以上依令式施行。……'从之。"转引自：张保卿.北宋四京地区墓葬等级制度初探[J].考古，2020(04)：100-111.

③（宋）富弼曾评论永昭陵"以巨木架石为之屋，计不百年必当损坠。圹中又为铁罩，重且万斤，以木为骨，大止数寸。不过二三十年，决须摧毁。梓宫之厚度不盈尺，异日以亿万钧之石，自高而坠，其将奈何！"见：张保卿.北宋四京地区墓葬等级制度初探[J].考古，2020(04)：100-111.

④ 陈豪，丁雨.宋代官员墓葬相关问题刍议[J].华夏考古，2021(01)：96-105.

⑤ 见《宋史》卷一百二十四《礼二十七》，卷九十八《礼一》。

⑥ 如李合群、周清怀引杞县平民郑绪墓志："茔兆深固，可千万岁。灵柩之制亦甚宏大。雕刻、丹雘，为栏槛楼宇之象，极于完善，费仅千缗，其诚心可谓至矣！"见：李合群，周清怀.杞县陈子岗宋代郑绪墓调查报告[A].丘刚（主编）.开封考古发现与研究[M].郑州：中州古籍出版社，1998.

⑦《司马氏书仪》卷七《丧仪三·穿圹》载："今疏土之乡，亦直下为圹，或以石、或以砖为藏，仅令容柩，以石盖之。每布土盈尺，实蹑之。稍增至五尺以上，然后用杵筑之。恐土浅，震动石藏故也。自是布土，每尺筑之，至于地平，乃筑坟于其上。《丧葬令》：'葬不得以石为棺椁及石室。'谓其侈靡如桓司马者，此但以石御土耳，非违令也。"见：（宋）司马光.司马氏书仪[M].北京：中华书局，1985.

入金后，仿木砖墓的墓主身份仍为一般地主，譬如在晋南的大量案例中，唯一一例拥有明确官身（也仅是八品敦武校尉）者就非常突兀地不用任何彩绘、砖雕，而是只设壁画，生动展现出第宅禁制的作用方式[①]。总之，正如秦大树总结的[②]，“仿木构装饰历五代至北宋前期，一直在品官和帝后的墓葬中流行。约在北宋中期，这类墓葬开始出现了身份的转变，大型的品官贵胄墓中不再使用仿木构装饰，逐渐变为壁面毫无装饰。从北宋后期开始，北方几乎所有的品官墓都是墓内无装饰的简单型墓。”

（二）核心区（中原、晋南）的发展情况

当砖墓仿木技术成熟以后，人们惯于灵活组织砌砖、浮雕、彩绘等多种手段来表现主题。具体来说，沿着河南西、北部，地形以平原、盆地为主的济源、三门峡、洛阳、焦作、开封、许昌、郑州、新乡、安阳一线，出土案例最为集中，这个区域大致对应北宋的京畿路、京西北路、河北西路，或金代的南京路、河东南路、河北西路，向来是人烟辐辏、繁华富庶的中原核心，有足够的条件和动机支撑仿木实践。目前，区内发掘实例近80座，俞莉娜在排比较典型的25座后，总结样式特征并分作三期（宋初至绍圣、绍圣至明昌、明昌至金末）[③]，“在比较建筑史的视角下，着眼于同一时期内不同材质建造物之间的模拟转换关系”。其中：第一期（960-1094年）的主要特征是平民墓多用耙头绞项、四铺作，贵族品官可用到五铺作，但补间不发达，扶壁单栱造，令栱不成熟，少见昂，基本不表现普拍方；小木作用版门、棂窗与方形花窗，几何纹格眼，仅正壁上用一门二窗或假门；砌法以条砖拼凑为主，栌枓与小枓不分型，和横栱一样，用两皮砖平砌，出跳构件均为两砖合掌立砌斫成，跳头横栱不凸出，铺作整体扁平，压缩在壁面之上。第二期（1094-1189年）在个别案例中开始出现五、六铺作，补间已较为流行（长方形墓室出现双补间，多边形墓室使用单补间），泥道单栱承素方并隐出慢栱，令栱不断讹长，流行琴面昂做法（并出现昂头下卷、上卷起棱等多样表现），普遍使用普拍方；常见破子棂窗与版棂窗，偶有方形花窗，格眼部分开始使用复杂的几何纹路，多边形墓中各壁上开始遍辟假门窗；预制模砖技术日渐发达，出现了真正悬出壁外的跳头横栱，尤其大定以后，模砖技术完全成熟，除枓、栱外，门窗、勾阑等亦可整体制备。铺作发达、立体化，样式细节追随《营造法式》的规定，预制砖与拼砌条砖的做法并存；出现了斜栱等新样式，门窗占比更多，仿木技术达到巅峰。第三期（1190-1234年）受金蒙战争影响，民生凋敝技术退化，仅用四铺作单杪或只出沓头且跳头横栱较华栱外侧略微缩进，补间减弱甚至消失，不用昂，小木作中已无花窗，以破子棂窗为主，出现了整壁布置多扇格子门，或各壁上出现多处假门的情况；砌砖方式中叠砌条砖的

① 王进先.山西长治市故漳金代纪年墓[J].考古，1984(08)：737-743+775.
② 秦大树.宋元明考古[M].北京：文物出版社，2004.
③ 俞莉娜.宋金时期河南中北部地区墓葬仿木构建筑史料研究[A].王贵祥（主编）.中国建筑史论汇刊（第壹拾捌辑）.北京：中国建筑工业出版社，2019：65-89.

陕西富县福严院塔（宋）

陕西旬邑泰塔
（北宋嘉佑四年，1059年）

陕西彬县开元寺塔
（北宋皇祐五年，1053年）

图2.21 砖塔仿木砌法示例
（图片来源：作者自摄）

做法重新抬头。

砖件砌法最能体现仿木水平，在哲宗朝以前，无论塔、墓，仿木部分大都用条砖拼组（但存在以模制砖斗面朝外充门窗、勾阑的做法）（图2.21），徽宗朝的墓葬中出现了利用预制模砖拼嵌的新技术，但在塔上并未跟进，入金后地面和地下建筑都开始广泛使用模制砖。工匠是否选用模制砖，要综合考虑造价、受力、工期等相关因素，不能一味追求纤巧精美。

金代，雕砖方式从偃师、焦作宋墓中见到的浅浮雕发展为侯马、稷山金墓中的高浮雕与圆雕，如沁县金墓中的二十四孝人物都是先将范模附在砖坯上用铁钉固定，待入窑烘烧定型后再仔细涂彩。这些用于商业贩售的雕砖有些类似画工的“粉本”，李清泉在分析宣化辽墓时指出，在不同墓葬中反复使用的壁画粉本已不仅是创作图像用的固定模本或画稿，而是“可供画家灵活搭配、拼凑使用的一套相对固定的绘画参考资料”，可以创造出相似却又不同的图像内容①；张鹏认为工匠将粉本、格套当作记忆图像题材的工具，施工时据之灵活组合、自由发挥②。这时，仿木砖墓的核心分布区也已逐渐向晋南转移，如侯马董玘坚与董海墓③、闻喜小罗庄墓④等皆制作精美、雕饰考究，反而是开封一带屡遭兵燹，匠作技艺明显衰落，如荥阳广武插阎村金墓⑤，除石棺上线刻孝行故事外，墓壁仅浮雕奔鹿、走狮各一。关于宋、金仿木砖墓的核心区为何不重合，陈章龙给出了三条解释：一是宋金战争对中原造成的巨大

① 李清泉．粉本——从宣化辽墓壁画看古代画工的工作模式[J].艺苑，2004(01)：36-39.
② 张鹏．“粉本”“样”与中国古代壁画创作——兼谈中国古代的艺术教育[J].美苑，2005(01)：55-58.
③ 谢尧亭．侯马两座金代纪年墓发掘报告[J].文物季刊，1996(03)：65-78.
④ 杨富斗．山西省闻喜县金代砖雕、壁画墓[J].文物，1986(12)：36-46.
⑤ 河南省文物考古研究所，荥阳市文物保管所．河南荥阳金墓发掘简报[J].文物，1994(10)：4-9.

破坏[①]；二是女真葬俗主要采用竖穴土坑木椁墓、石椁石函墓等形式，缺乏砖砌仿木的传统；三是晋南自身亦具有以雕砖装饰墓室的悠久传统[②]。山西表里山河，临汾、运城、长治、晋城各成相对封闭的盆地，晋南受战争影响相对较小，人口流失不甚严重，民生恢复较快，这些都是支撑砖仿木技术持续发展的物质和人力基础[③]。

相较北宋，金代砖墓中的仿木做法呈现出两个主要变化，其一是广泛使用雕砖（模制砖），在尺度缩小的墓室中表达尽量丰富的建筑细节；其二是形成了向心布局的多室合葬墓。以下分别举例说明。

2019年出土的垣曲中条山金属集团金墓是一座典型的仿木砖雕墓，按发掘报告所记[④]，该构采用竖穴阶梯式墓道（无脚窝痕迹），甬道外部平顶、内部叠涩，两侧砌出58cm高的基座，在其上砌出门砧、立柱以搭设墓门。墓室方形平面，边长201.5cm，入室为51cm×41cm的夹道，其余部分皆为倒“凹”字形的生土棺床（高26cm，上部方砖错缝平铺，外侧条砖顺砌，墓主夫妇遗骸置于西侧）。床上四壁周砌须弥座一圈，在座上四角置方础、立倚柱，柱上普拍方交圈，其上四角各用一朵双杪五铺作（仅角缝出跳），每壁上再用两朵补间（五铺作双昂单栱计心造），耍头内凹出锋，绞翼形令栱出头。十二朵铺作之上以一组菱角牙砖收作八角，再叠涩十三层平砖后攒尖结顶，墓室内高345cm。须弥座双层，下层做出圭角，其上为下枋、下枭、两道束腰（下道较窄，雕缠枝花，上道以力士柱分隔，柱间雕双狮戏绣球和折枝海石榴）、上枭和上枋。墓室北壁砌出抱厦一座，设两根抹角方柱，配覆莲础，阑额上雕出折枝牡丹，上托双补间，两侧亦砌出等高的铺作层，皆用单昂，尺度远小于用在壁面倚柱上者。抱厦露出角梁，起翘明显，屋面弧度优美，额下砌出闭合版门，每扇阴刻门钉三路、每路三枚，心间两侧雕出夫妇对坐图案。东壁砌出四扇四抹头格子门，门两侧以缠枝花雕砖充作门楣，槅心雕八角勾交方形填华和八角填华纹样，腰华版上都是三角填华，裙版处雕壶门，门内雕折枝牡丹、盆栽牡丹等。西壁砖雕内容与东壁近似，但格子门上方及抹头皆为素平砖，两侧槅心用斜交菱形填华和龟背锦纹样。南壁受压局部塌落，在普拍方下雕饰横穿整壁的卷帘，帘下用花砖四块，雕饰缠枝海石榴花、双狮戏绣球等图案，当中砌出莲花形灯台，墓门两侧各砌出破子棂窗一盒，每扇用棂条六根（图2.22）。墓中出土买地券一件，背面模印几何纹，正面墨九行，但多已漫漶，仅可看出“大金国河东南路绛州垣曲县王村…人名功曹…明昌…”等字，规格与铺地面、棺床面方砖

① 如《建炎以来系年要录》卷三十一“建炎四年二月丁亥”条记：“粮食乏绝，四处皆不通，民多饿死。……时在京强壮不满万人。”[见：（宋）李心传（撰）.建炎以来系年要录[M].北京：中华书局，1988.]《宋史》卷一七九《食货志·下一》记伪齐政权下“河东富人多弃产而入川蜀，河北衣被天下而蚕织皆废，山东频遭大水而耕稼失时……”[见：（元）脱脱（等）.宋史[M].上海：上海人民出版社，2003.]

② 杨富斗.山西曲沃县秦村发现的北魏墓[J].考古，1959（01）：43-44.

③ 陈章龙.宋、金雕砖壁画墓中心区位移探讨[A].辽宁省辽金契丹女真史研究会（编）.辽金历史与考古国际学术研讨会论文集（上）.沈阳：辽宁教育出版社，2011：93-99.

④ 石忠，杨及耘，曹俊.山西垣曲中条山金属集团金墓发掘简报[J].文物季刊，2022（04）：35-43.

图2.22 垣曲中条山金属集团墓
（图片来源：引自参考文献[185]）

一致（31.8cm×31.8 cm×4.3cm），可知营造尺长大约就是31.8cm（以之折算标准条砖46.9cm×18.8cm×9.4cm，大概是1.5尺×0.6尺×0.3尺）。

晋南同样不乏同茔而葬的金墓实例，如襄垣付村墓①、高平汤王头村墓②③。付村墓建于大定十七年（1177年），方形穹隆顶，墓向正北，由墓道、甬道、主墓室和九个洞室组成，其中：墓道为竖穴土坑斜坡式，墓门用33cm×16cm×6cm的条砖封堵，甬道77cm×92cm。主墓室方形平面（东西长2.3m、南北长2.25m），上距地表5.9m，方砖墁地，于四壁下段砌须弥座（东西长1.36m、南北长1.26m，高0.47m），束腰部分各以兼柱分成三格，内雕奔鹿、走羊、牡丹、日月不等，上枭均刻出折线山纹与竖条纹，北侧下枭

① 杨林中，宋文斌，杨小川，畅红霞，常阳林，杨柳，杨晨.山西襄垣付村金代砖雕壁画墓发掘简报[J].文物季刊，2023(01)：29-30+132+31-47.

② 刘岩，程勇，安建峰，李斌，程虎伟，陈鑫，孙先土，张志伟，皇甫子铖.山西高平汤王头村金代墓葬[J].华夏考古，2020(06)：37-44.

③ 俞莉娜，熊天翼，李路珂，杨林中.高平市汤王头村砖雕壁画墓结构形制研究[J].故宫博物院院刊，2022(01)：60-71+133.

刻覆莲，其余三面素平。主室北壁上辟出三孔门洞，各通一个洞室（当中南北向，两侧东西向）。主室东、西壁上各辟出两座拱圈门，每门连通东西向洞室一间，除西南室外皆置人骨。南壁亦在当中起拱圈门一座，两侧各连通东西向侧室一座。各处洞室壁上尚留有若干姓名信息（如“大□□傅淳”“傅元”“傅捐”等）。主室四角砌出六边形立柱，柱础砖半露于外，在北壁东、西侧门楣上方雕出四个门簪，在中门内雕出欢门帐带，立颊与照壁边桯以黑线勾边，内雕菊花、忍冬；普拍方下，于平柱位置设半圆形垂花柱，分阑额为三段；檐下砌出单栱偷心的六铺作双杪单昂（昂嘴削成琴面后平直伸出），在第一层泥道栱上叠素方一道，于其中段隐出翼形栱充作单补间，转角铺作不在两壁交点上设栌枓，而是于近角处各加附角枓一枚，第一层华栱垂直相交后托起转过45°的交互枓，上承偷心的第二杪和下昂，令栱自两皮平砖砌成的罗汉方上隐出，上托替木、撩风槫。栱眼壁内绘有化生童子，罗汉方上则绘龙牙草。东壁两券门间雕刻四斜毬纹格眼窗，南角雕长明灯一座，心间普拍方下雕出半六边形垂花柱两根（图2.23）。墓内东、西壁下各镶嵌碑碣形墓志一方，东壁刻文“傅村傅深等，傅元于大定十七年八月上旬了平，砖匠襄垣张兴”，西壁为“潞州襄垣县平善乡南阳管傅村，傅冲，男傅淳，次男傅深，孙男傅元、傅捐，大定十七年七月了”。据此可知，该墓为多代分室合葬墓，按发掘者推测，北壁中间洞室主人为傅冲，东、西室墓主为其长子傅淳、次子傅深（未葬入），东壁北室墓主傅元应为傅淳之子，西壁北室墓主傅捐应为傅深之子，东壁南室和南壁东室墓主信息未详，应是傅淳之后。多代同堂的墓室结构模拟的是聚族同居的阳宅合院，每个墓室都对应正房、厢房、倒座等房屋，居中的空井则代表庭院，相较多重空间内外叠压的单室墓，这种组合方式的指义更加明确，更能适应“累世义居”对规范空间秩序的急迫需求。

相似的情况还有高平汤王头村金墓，该墓于1989年被发现，山西省考古研究院于2012年发布勘察简报①，俞莉娜等学者也撰写了研究论文②，由于缺乏明确纪年，《简报》以“该墓的形制与长治市故漳大定二十九年金代墓葬和长治安昌村明昌六年金墓相似”为由暂定为金中期建成。这座多室砖墓目前仅存墓室，墓门与墓道已无从稽考，其主室朝向西、北、东各砌出侧室一座，以券洞式甬道连接。主室方形平面，底边长1.6m、通高2.6m，上起盝顶，四壁均用条砖错缝平砌，当中辟券门（宽0.64m，高1.04~1.10m，深0.65m）。东、西室为南北长2m、东西长1.4m的长方形，室高2.1m，壁上不设铺作，向上收成弧边盝顶。北室为东西长2.34m、南北深1.77m的扁“凸”字形平面，凸出部的两侧各砌出券顶耳室一个（0.64m×1.26m，高0.85m），后半部则砌出棺床（2.34m×1.13m，高0.16m），室高2.54m。按《简报》记载，该构建成后并未使用，是一个半途废弃的“未

① 刘岩，程勇，安建峰，李斌，程虎伟，陈鑫，孙先土，张志伟，皇甫子铖.山西高平汤王头村金代墓葬[J].华夏考古，2020(06)：37-44.

② 俞莉娜，熊天翼，李路珂，杨林中.高平市汤王头村砖雕壁画墓结构形制研究[J].故宫博物院院刊，2022(01)：60-71+133.

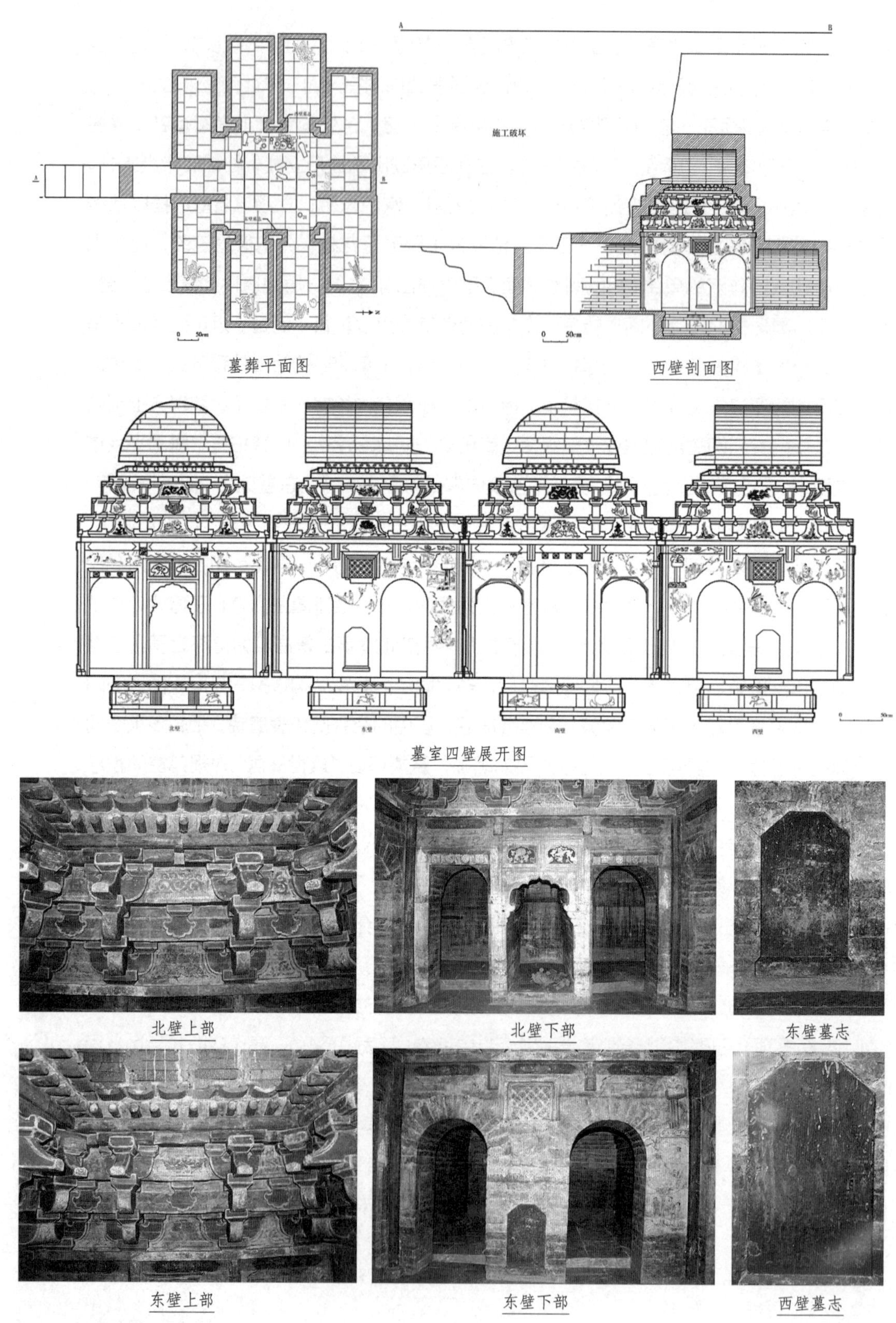

图2.23 襄垣付村墓概况

（图片来源：引自参考文献[186]）

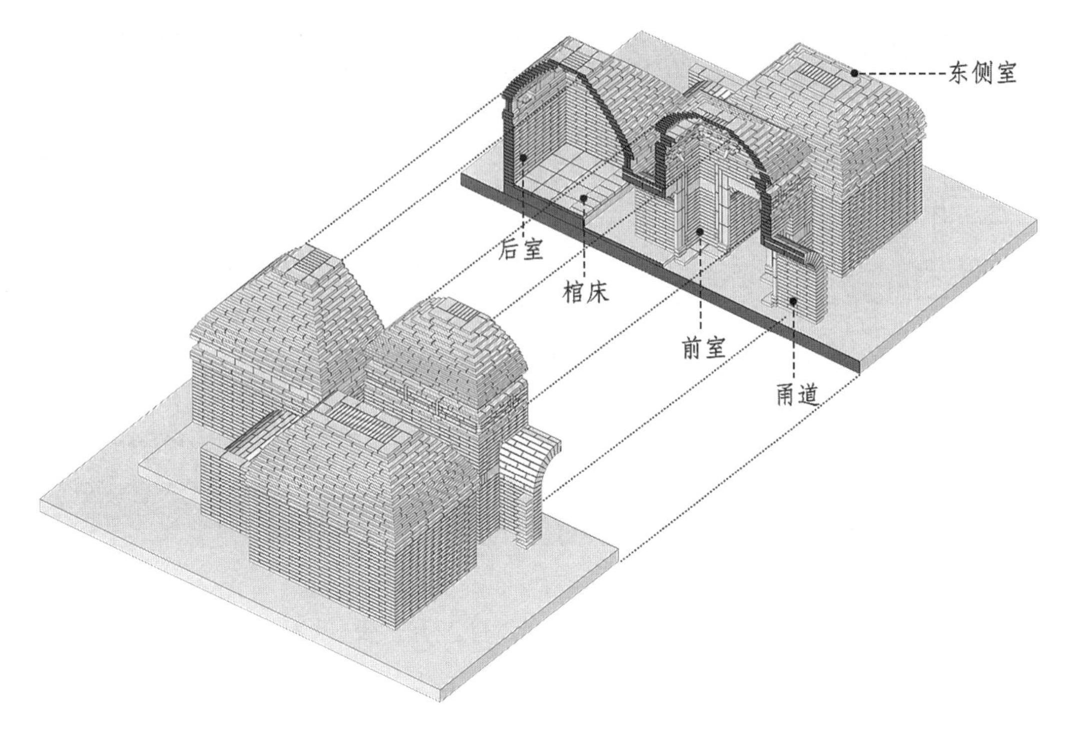

前室、北壁“一门二窗”

前室北壁补间枓栱

前室转角枓栱

图2.24 高平汤王头村金墓概况
（图片来源：照片引自参考文献[29]，其余作者自绘）

完成品”，其仿木砌法虽极简洁，佐以大量彩绘后同样丰富、灵动（图2.24）。

（三）辐射区的发展情况（陕甘、山东）

为更确切地认识中原、华北地区砖墓的“仿木特征”，需适度拓宽视野以作“校准”。

先看陕西（中北部）、甘肃（东部）、宁夏（南部），即前引赵明星文中的“第一区”及以西部分，大致对应北宋时的鄜延、环庆、秦凤、泾原、熙河等五路经略、安抚司管辖范围。赵永军曾统计西北地区（潼关以西、黄土高原西段）出土的29座金代仿木墓葬（陕西17座、甘肃11座、宁夏1座），其类型包括砖室墓、土洞墓、崖洞墓，大多为夫妇合葬和家族合葬。砖室墓（共19座）中，单室是主流（15座）配置，多采用方形、长方形平面，墓顶则囊括了攒尖、穹隆、八边盝顶、覆斗等不同砌法，一般内设长方形棺床以陈木棺；若为多室墓，则在侧壁开出耳室或做出棺龛①。这些墓葬按形制大体可分三期：第一期为宋末至海陵迁燕之前（1115–1152年）②；第二期为海陵、世宗朝（1153–1189年），仿木内容较为简陋，不设棺床；第三期为章宗至金末（1190–1234年），装饰题材日趋丰富，且常用买地砖券。此外尚有瘗窟一座③，在陕西甘泉阳山崖壁上，1984年石窟调研时发现，由前廊、门道

① 赵永军.陕甘宁地区金代墓葬初探[J].边疆考古研究（第27辑）：335-343.

② 因女真至1130年才侵占永兴军路、秦凤路，故1115–1130年仍属北宋，1131–1152年的案例发现较少。

③ 瘗窟是将石窟与墓葬合一的做法，西魏文帝元宝炬的皇后乙弗氏即安葬在麦积山43窟，称为“寂陵”，窟前雕三间四柱仿木崖阁，敦煌、云冈、龙门也都有类似性质的案例。

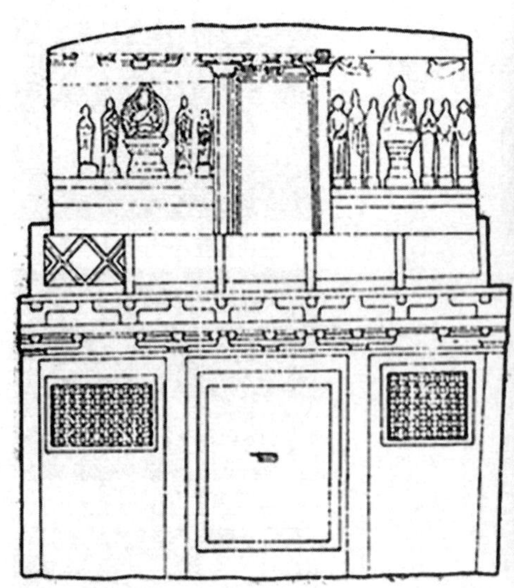

图2.25　甘泉瘗窟的仿木窟檐
（图片来源：引自参考文献[189]）

及三处洞室组成，崖面被处理成仿木楼阁，洞内置有22具尸骨（八男十四女），应为僧侣或信徒丛葬墓①（图2.25）。

张保卿统计西北地区砖室墓后提出②，北宋晚期甘肃、宁夏一带多用方形墓室，壁饰倾向有两种：其一是强调水平分层，但视觉场景的丰富度逊于河南、山西案例，典型案例有大观四年（1110年）建天水王家新窑墓、天会六年（1128年）建定西陇西墓等；其二是逐壁满铺雕砖，不求各壁间图案的连贯性，只是以单块方砖斗面朝外形成一个个尺度趋同、要素各异的独立仿木单元，这也导致仿木形象被框定在砖面上，彼此割裂破碎，无法构成表义明确的整体场景和连续叙事，而成为一种匀质的装饰块面，具体可参考宣和五年（1123年）建庆阳镇原墓、清水白沙乡箭峡墓等例。

郑岩也提到，以侧砖顺砌为主、分层构筑壁面的做法正是该区域自魏晋开始一直流行

① 甘泉瘗窟入口距地面高约6m，前廊为二层仿木楼阁，栏板以下浅浮雕门窗，正中刻单幅插锁大门，两侧刻倚柱，次间上半部设棂窗，阑额上雕柱头铺作四朵、逐间单补间，均为耙头栱，平坐之上留出前廊。中门两侧开龛造像，左右分别为一佛二弟子二菩萨和天尊二弟子二童子，门侧留有两根六棱石柱，其余四根廊柱与廊檐已毁，空余柱洞，原状应为开敞前廊，长方形门道当中原本安有双层木门。窟室自外向内分作三进，以壁面上倚柱区分，前室设石台，浮雕群山与十六罗汉，室顶浅雕三格平棊，正中为双鸾衔草，两侧为毬纹；中室壁面素平，穹隆顶，分成四层同心圆，第一环为首尾相接的飞天，第二环用界格分成对称的八段，饰莲荷、牡丹、双首或单首频伽、折枝牡丹等，第三环用界格分成十六段，饰牡丹、忍冬、莲蕾、如意云头等，四隅角蝉上饰牡丹；后室壁面素平，平顶满饰浮雕，前端两排共六格平棊，第一排为双鸾衔芝，两侧为龟背锦，第二排正中为六出毬纹，两侧为八瓣团花，壁、顶交界处遍凿壸门，所有图案均以浅浮雕配合阴刻线凿出，线条比较粗犷。中、后室共用凹字形棺台，承托多具棺木。《简报》据门窗图案推测，该构与井陉柿庄M2、武陟小董金墓相似，且在左近的雨岔沟石壁上发现两处贞祐元年、二年（1213、1214年）题记，因此判断开凿于金中晚期。见：张燕，李安福.陕西甘泉金代瘗窟清理简报[J].文物，1989(05)：75-80.

② 张保卿.边陲的华彩：宋金时期西北边境地区砖室墓的壁面布局和设计[A].北京大学考古文博学院，北京大学中国考古学研究中心（编）.考古学研究（第十一辑）[M].北京：文物出版社，2019：474-489.

的传统[①]，到了北宋晚期“壁面特征较不稳定，而在砌筑方式和表现形式等方面逐渐呈现出显著的地方特点，最突出的表现是墓室壁面常镶嵌雕砖，占据了墓壁的大部分空间”，这种以雕砖填嵌方格的手法展示了边陲地区崇尚单元重复与丰富母题的审美特征。从金代开始，在继承斗砖绘饰传统的同时，倾向于在一到多处壁面上砌出歇山抱厦，如皇统六年（1146年）建白银会宁莲花山墓[②]、大定十四年（1174年）建临夏四家嘴墓、大定十五年（1175年）建临夏南龙乡墓、大定二十七年（1187年）建临夏抱罕墓、明昌四年（1193年）建宝鸡千阳墓等。基本做法是在墓内左、右、后三壁砌出门楼，枓栱繁密，在壁心做出龛室，内雕假门，雕砖上表现祥瑞花草增多而生活劳动场景减少，并伴有与葬俗相关的文字砖（如临夏和政杨家庄墓的“震方”“首枕”“葬地”“吉昌”“永符”“安措”“息之后”等字样）。由于大多数雕砖都是一砖一图（少数为两砖拼嵌），壁面以雕砖分层划隔后显得匀质且缺乏重点，是一种去中心化的装饰手法（如清水箭峡墓）。到了金代的临夏和政张家庄墓中，在主壁与须弥座上均镶嵌雕砖，但用于壁面者体量较大，更做出抱厦，再于当中辟出壁龛、假门，这就使得视觉向心性增强。在临夏南龙乡墓中，工匠更进一步抬起抱厦屋角，使之高于两侧平砌屋檐上方，压缩铺作等级以彰显壁龛部分，主次关系更加明确。总之，甘肃、宁夏的宋金墓葬，已超脱了本能地模仿木构形态的阶段，而是将建筑形象与孝行图样、文字砖等要素进行重组，以经过拼贴整合的饰面方格代替各类仿木构件，相较于再现真实的房舍，更着意于创造一种多义的装饰界面（图2.26）。

关中地区盛行土洞墓[③]，缺乏营建砖室墓的传统（目前所知的案例总数较少，较著名的有大定十八年（1178年）建韩城僧群墓、西安李居柔墓）[④][⑤]，陕西的仿木砖墓主要集中在北部，如崇宁三年（1104年）建延川墓、政和八年（1118年）建甘泉苗山村墓[⑥]、宝塔区周家湾墓[⑦]、固原隆德县墓[⑧]、固原泾源县涝池大队墓[⑨]等，这些案例多为长方形双室或多室墓，枓栱砌法简单，壁面装饰同样以分层布置的单块雕砖为主。金中期开始，单室方形墓逐渐占据主流，虽然使用雕砖的频率降低，但彩绘壁画仍遵循其分层布局的传统，并不刻意以整幅壁面作为装饰单元。

---

① 郑岩.魏晋南北朝壁画墓研究[M].北京：文物出版社，2002.

② 赵吴成，王辉.甘肃会宁宋墓发掘简报[J].考古与文物，2004(05)：22-25.

③ 张蕴，刘思哲，宋俊.蓝田吕氏家族墓园[M].北京：文物出版社，2018.

④ 任喜来，呼林贵.陕西韩城金代僧群墓[J].文博，1988(01)：9-12.

⑤ 于春雷，苗轶飞，李增社，张振峰，郑朝阳，张建锋，李钦宇.陕西西安金代李居柔墓发掘简报[J].考古与文物，2017(02)：40-49.

⑥ 王沛，王蕾.延安宋金画像砖[M].西安：陕西人民美术出版社，2014.

⑦ 陕西省考古研究院.2013年陕西省考古研究院考古发掘调查新收获[J].考古与文物，2014(02)：3-23.

⑧ 钟侃.宁夏回族自治区文物考古工作的主要收获[J].文物，1978(08)：54-59.

⑨ 钟侃.宁夏泾源宋墓出土一批精美雕砖[J].文物，1981(03)：64-67.

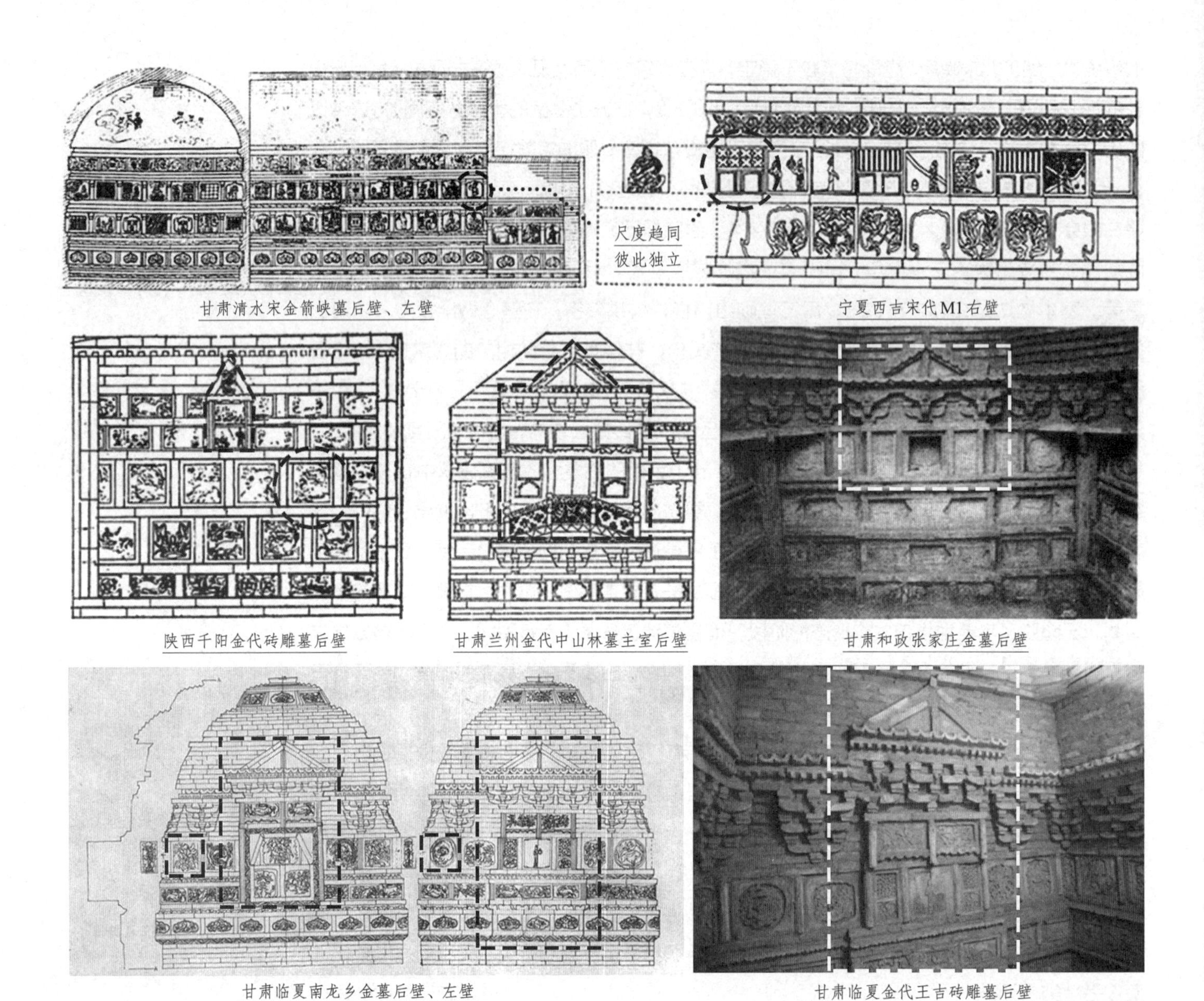

图2.26　西北地区仿木砖墓示例
（图片来源：引自参考文献[192]～[196]）

按夏素颖的统计①，河北发掘出土的两百余处宋金墓葬中，砖室墓约占一半（其余为石室墓、土圹墓），其中仿木要素较丰富者多为圆形单室，金代开始，少量出现多室墓（如时立爱墓分出前后室与左右耳室）和砖石混筑墓（如徐水西黑山M46）。该文指出，河北砖墓的仿木途径主要分作五种：其一是雕砖、彩绘、壁画并用（如井陉柿庄M6），在实例中占比最大；其二是混用砖砌构件、雕砖、泥塑、彩绘，但不用壁画（仅井陉柿庄M4一例）；其三包含砖砌构件、彩绘、砖雕，但无壁画、泥塑（如平山东冶村M2）；其四仅用壁画（也画

① 夏素颖.河北地区宋金墓葬研究[J].文物春秋，2012(02)：20-27.

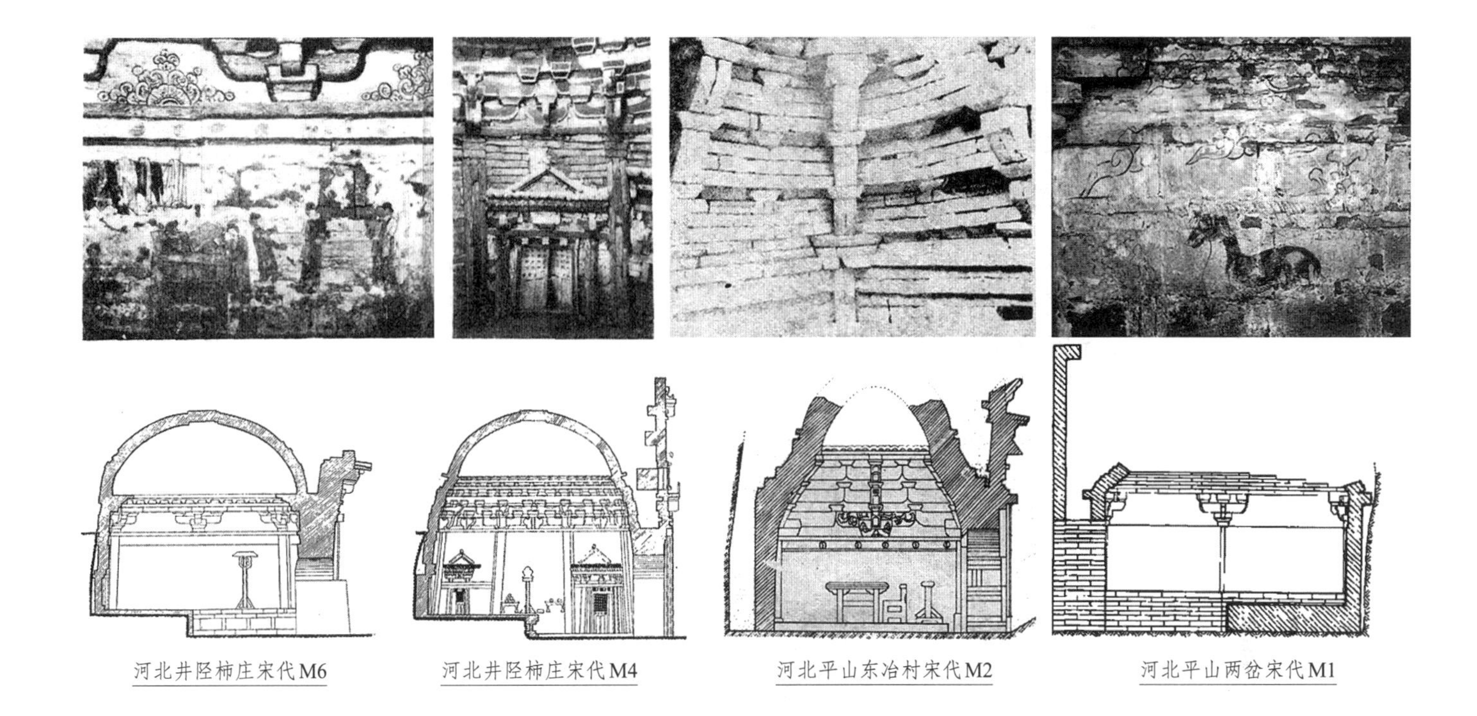

图2.27 河北宋、金仿木砖墓示例
（图片来源：引自参考文献[205]～[207]）

出仿木构件，如平山两岔M1）；其五仅用雕砖，集中于邯郸、博野、徐水等地（如邯郸龙城小区M14）。这些案例大多在墓室后半部分砌筑棺床，葬具以木棺为主，兼有石函、石棺[①]。自宋末金初起，方形、多边形墓室逐渐增多，也出现了前圆后方的组合，建材也更加丰富，扩展出石室墓和砖石混筑墓，同时壁画中出现了"捣练图""放牧图""耕获图"等世情母题，砖雕内容也从家具陈设演变为抱厦楼台，但精致程度尚无法与河南、山西比肩（图2.27）。

2.8 仿木砖墓的后续发展

（一）仿木传统在元代的承续

元廷在执行屋舍禁制时相对宽松，如（元）"东平布衣"赵天麟就曾批评当时侈靡僭越的风俗："山节藻棁，复室重檐，黼绣编诸，肩绘日月，皆古天子宫室衣服之制也。今市井富民、臧获贱类，皆敢居之服之……今之富人，墙屋被文、鞍辔饰金玉……比古者亦已奢

① 如滦南县出土石函外壁浮雕莲花、人物、楼台；滦平县石棺有阴刻楼阁、人物、卷云、席纹；砖棺仅发现博野刘陀店宋金墓M8一例。

矣。”[①]元代律法设计也较为粗疏[②]，在存世法典《元典章》《通制条格》及《元史·舆服志》内均未见到限制房舍等第的规定，仅《元史》卷一零五《刑法志》中有一则禁止庶民房屋安置“鹅项衔脊”、瓦兽陶人等物的记载，近年发现的《至正条格·断例·杂律》中部分保留有“违禁房屋”残目，惜无详细内容。

从实例看，重檐、歇山形象在元代砖雕壁画墓中并不罕见，如历城大官庄元墓北壁雕砌单檐歇山门楼、章丘刁镇茄庄元墓墓门上雕刻重檐阁楼、临淄大武村元墓后壁正中用砖雕出重檐抱厦等[③]。整体来看，元代的仿木砖墓虽不如金代砖雕墓精致，但也不乏表现高等级铺作的例子[④]，这和明代官民之家一律不得用四铺作（及以上）重栱造的规定[⑤]相比，无疑要宽松得多。

多方位模仿木构的砖雕壁画墓在金代达到了艺术顶峰，此后因遭蒙古侵略而不可避免地走向了衰落，终元之世也无法恢复，技术退化表现为仿木结构趋简、雕砖逐渐消失[⑥]，但绝对数量仍有不少[⑦]，作为一种丧葬传统大体被保留了下来。在诸如新绛寨里村元墓、襄汾南董村元墓和曲里村元墓等案例中，都发现了批量模制的雕砖[⑧~⑩]，这也证明了金代的传统并未完全断绝，且流行区域进一步向黄河下游渗透，在山东达到新的高峰[⑪]，其中最著名者当属2021-2022年发掘的章丘（元）济南王张荣家族墓。

在总共32座墓葬中，计有砖雕墓5座、石室墓9座、土圹墓18座，自北向南分排布置，墓向190°、墓室深5-7.5m不等。另发现与神道石刻相关的文物百余件，包括张荣神道碑（存碑首，刻“大元故济南公张氏神道碑铭”）、子孙谱碑的残块，以及石翁仲、石羊等。张荣墓（M83）位于墓地北端中部，由墓道、前门楼、前室、后门楼、中室、后室及五个侧室组成，通长34.2m、宽15.1m、深6.3m，墓道平面呈长梯形，台阶下接斜坡，门楼上部两侧设有翼墙，券洞之上做出仿木门楼；除前室为八边形外，其余各室均为圆形，直壁、穹隆顶，室内砖雕内容较少，仅在中、后室砌出枓栱和灯檠，而柱额、藻井等部分多用彩绘表达（图2.28）。从仿木手段看，张荣墓仍继承了五代以来高阶贵族墓重点装饰墓门、

① （明）黄淮，杨士奇.历代名臣奏议[M].上海：上海古籍出版社，1989.

② 忽必烈建政之初采用的是金《泰和律》，与《宋刑统》的体例、内容大体相当，至元八年（1271年）改国号为元并废止《泰和律》，直到二十年后才颁行《至元新格》，期间仅以蒙古部落习惯法《大扎撒》和诏令管理社会。

③ 秦大树，魏成敏.山东临淄大武村元墓发掘简报[J].文物，2005(11)：39-48.

④ 如焦作西冯封和老万庄元墓用四铺作，历城区港沟乡大官庄元墓北壁门楼柱头科为五铺作，章丘刁镇茄庄元墓墓门阁楼上檐为六铺作、四隅角科为五铺作，济南柴油机厂元墓西壁上的单檐歇山殿用五铺作。

⑤ 杨一凡（点校）.皇明制书（第二册）[M].北京：社会科学文献出版社，2013.

⑥ 袁泉.继承与变革：山东地区元代墓葬区域与阶段特征考[J].考古与文物，2015(01)：92-107.

⑦ 一些无明确纪年的蒙元壁画墓常被误认作金构，常使人低估了元代案例的绝对数量和相对质量，元之国祚不足百年，相对宋、金而言，案例的时间分布更为密集，因此仿木砖墓仍很流行，人们关于元代墓葬仿木技术陷入衰退的直观印象，更多的还是就其工艺（而非数量）得来。

⑧ 山西省文物工作委员会侯马工作站.山西新绛寨里村元墓[J].考古，1966(01)：33-35+10-12.

⑨ 陶富海.山西襄汾县南董村金墓清理简报[J].文物，1979(08)：24-25.

⑩ 陶富海，解希恭.山西襄汾县曲里村金元墓清理简报[J].文物，1986(12)：47-52.

⑪ 侯新佳.试析山东元代砖雕壁画墓[J].洛阳理工学院学报，2008(01)：81-85.

左起：张荣墓（M83）前、后门楼，M79门楼

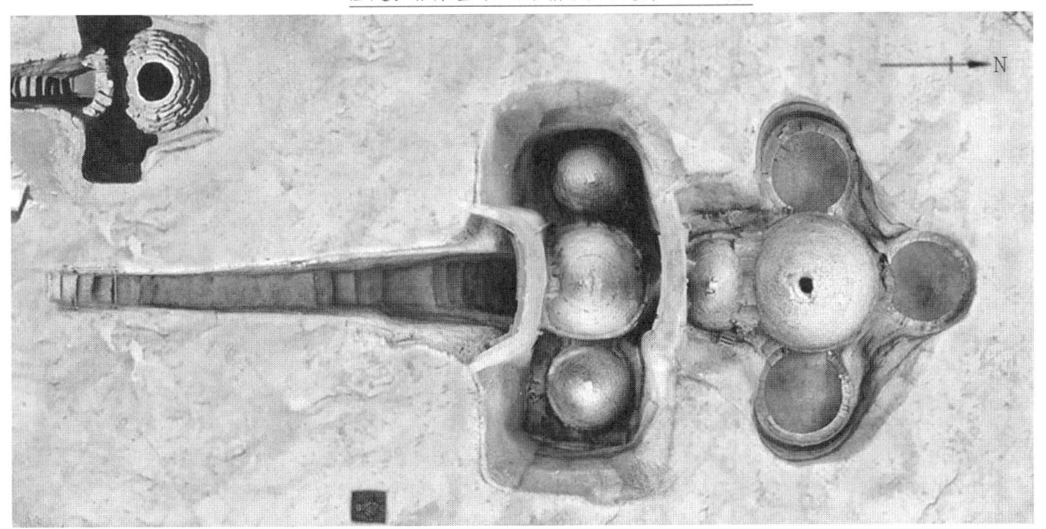

张荣墓总平面

张荣墓前、中、后室（南看北）

张荣墓中室东、西壁出行图及彩绘柱额

图2.28　元代济南张荣墓示意图

（图片来源：引自参考文献[216]）

室内偏重壁画的倾向，其子侄辈[①]的M79、M82（在张荣墓南侧一排）和孙辈的M78、M80（在更南一排）则采用单室砖雕墓，且在M79和M80中均设有高大的双层彩绘仿木砖雕门楼（前者立额上墨书“静安堂”，墓中出土“宣授淄州节度使”残碑一块）。

（二）仿木传统在明代的瓦解和孑余

明代开始，墓葬中的仿木要素迅速消解，除升仙图外，孝行、宴饮、启门等图像母题一时间隐匿无踪，已很难看出模拟居宅的意图[②]。张佳认为，长久形成的民俗不可能骤然转向，只有强大到无法抗拒的外力干预，才能导致人们在极短时间内放弃墓葬仿木的传统[③]。他将其归因于明初的严刑峻法，大量与房舍相关的法条[④]同时束缚着阳宅与阴宅的兴造[⑤]，而苛酷的匠户制度与“罪坐工匠”的处罚原则更是从根源上杜绝了“逾制”现象的发生，仿木壁画砖雕墓的衰微正是明代国家权力侵彻、干预基层生活的必然结果。张佳引《明实录》《大明令》《国朝典汇》等文献，将官府限制第宅的要点总结为控制规模、严禁装饰，相关规定囊括了雕刻、彩绘、壁画等各项内容，极为繁琐[⑥]。

自唐代木构技术成熟，历朝关于屋舍禁制的内容其实高度相似，只是辗转传抄而已，如宋代也曾规定“民庶家不得施重栱、藻井，及五色文采为饰，仍不得四铺飞檐”，但年岁一久管控便稍微松懈。朱元璋认为元代风俗“贵贱无等、僭礼败度”[⑦]，乃是前车之鉴，因此在

---

① 第二排为张荣六子之墓，分别是张邦杰（M82）、张邦直（M68）、张邦彦（M81）、张邦允（M79）、张邦孚（M77）、张邦昌（M74），张荣为金末蒙初汉人世侯中的代表人物，共有七子、四十孙，其中十四人在《元史》有传，张邦杰、张宏、张邦宪、张宓分别被追封为齐郡侯、齐郡公、济南郡公。

② 罗世平指出明清时期“以壁画装饰墓壁的做法渐渐被人们所遗忘”。（见：罗世平．古代壁画墓[M].北京：文物出版社，2005：239.）贺西林、李清泉也认为“进入明代以后，前后持续了大约一千五百余年的图圹画墓风气很快走向衰落”。（见：贺西林，李清泉．永生之维：中国墓室壁画史[M].北京：高等教育出版社，2009.）

③ 张佳．以礼制俗——明初礼制与墓室壁画传统的骤衰[J].复旦学报（社会科学版），2017（02）：102-109.

④ 如洪武元年颁布的《大明令·礼令》：“房舍并不得施用重栱、重檐……庶民所居堂舍，不过三间五架，不用科栱、彩色雕饰。……民间房舍，须要并依《令》内定式。其有僭越雕饰者，铲平；彩粧青碧者，涂土黄。其科栱、梁架，成造岁久，不须改毁。今后盖造违禁者，依律问罪。”见：杨一凡（点校）．皇明制书（第一册）[M].北京：社会科学文献出版社，2013.

⑤ 在《五车拔锦》《万用正宗不求人》《锦妙万宝全书》等明代民间日用类书里，造墓知识和修盖阳宅的技术常被放在一起，统归入《茔宅门》下。

⑥ 如《明太祖实录》卷二五记吴元年（1367年）金陵宫殿落成后，朱元璋命人在壁间抄写《大学衍义》，他认为“前代宫室多施绘画，予用此以备朝夕观览，岂不愈于丹青乎？”躬身表率以示淳朴。《国朝典汇》卷一一一记洪武三年（1370年）申令“凡服色、器皿、房屋等项，并不许雕刻刺绣古帝王后妃、圣贤人色故事，及日月、龙凤、狮子、麒麟、犀象等形。如旧有者，限百日内毁之”，严苛管制之下，墓中表现星象、畏兽、聚宝、神煞等内容的图像自然也成了违禁之物。《明太祖实录》卷一六九记洪武十七年（1384年）进一步禁止官民房舍施用藻井，像长治司马乡、文水北峪口、交城裴家山等处元墓中绘饰藻井的做法也被废止；同书卷二〇八记洪武二十四年（1391年）“三月丙申，礼部言：品官棺椁旧制，俱以硃红为饰，今定制禁用硃，请更之。诏文武官员二品以上，许用红硃饰，余以髹漆”，连葬具用色也一并限死。

⑦ 明实录·太祖实录·卷五五[M].上海：上海书店，1982.

《大诰》中严厉戒约，“民有不安分者，僭用居处器皿、服色首饰之类，以致祸生远近，有不可逃者……房舍栋梁，不应彩色而彩色、不应金饰而金饰，民之寝床船只，不应彩色而彩色、不应金饰而金饰，民床毋敢有暖阁而雕镂者，违《诰》而为之，事发到官，工技之人与物主各各坐以重罪”[①]，此后不断重申，直到正德元年（1506年），礼部和督察院还在申戒庶民房舍“不得过三间五架及用料栱彩绘”，违者“房毁入官”[②]。张佳提出，明代对于逾礼越制的惩罚不限于僭越者本人，还要罪坐工匠[③]，这是尤其酷烈之处[④]，为唐宋律法所无。正德、嘉靖之后，社会风气虽然再次趋向侈靡，但百余年的禁制使得仿木传统已基本断绝，丧葬重心已转移到丰富的陪葬品和繁琐的下葬仪式上，而不再着意于装饰圹穴。

这时的平民墓葬，即便偶有零星的仿木要素，大多也集中在墓门之类本就具有固定形象的构件上，或是向着牌坊、碑亭、墓幢等标识墓园界域的构筑物上转移。以2020年发掘的吕梁交口刘家庄宋氏家族墓为例[⑤]，两座石室墓的墓主分别为宋伦、宋虎父子，其中：M1（宋伦墓）墓门用拱券门洞、石版门，门扇上安有铁质门环，外侧包砌门楣、门框、门槛，门楼已遭破坏，石构件散落在地。墓壁由石条垒成，正壁上设有壁龛，内置符瓦，墓室内不用棺木，仅以两根石柱平行放置，限定墓主头、脚位置，形同棺床边缘。在墓室正后方、高于墓顶约1.53m处立有一座墓幢，在其东侧放置石供桌一张。M2（宋虎墓）在M1东侧，墓道位于墓室东南，尽端同样摆放墓幢和石桌，墓室呈长方形，原本应设有三重墓门，其中最北端之门已无存，仅留有仰莲宝珠望柱一对，第二道墓门处塌落有包括仿木檐椽在内的多种石构件（立颊、门额上满刻阴线缠枝莲），可知原初应砌有门楼，甬道两侧有方形立柱与框石（分别阴刻有卷云纹和盆栽牡丹），第三道门为券洞式，与M1墓门相同，西北壁上同样辟有壁龛，内装符瓦，墓底铺碳，不用棺木，骸骨散落在西南角。两座墓幢形制相同，分为幢座、幢身和幢顶三段，榫卯相接，幢座为方墩配素覆盆础，幢身为八棱柱（四大面刻文字、四小面刻云纹），幢顶由方形宝盖（四角出狮头）和两段石块拼成的悬山式顶组成（上段屋面刻出瓦垄、正脊、吻兽，唯脊刹遗失），幢上记载了造墓因由、墓主世系、下葬时间和“阴

① 杨一凡.明大诰研究[M].南京：江苏人民出版社，1988.

② 明实录·武宗实录·卷十四[M].台北：“中央研究院历史语言研究所”，1982.

③《大明律·服舍违制》条规定：“若房舍器物违式或僭用，有官者杖一百、罢职不叙，无官者笞五十、罪坐家长，工匠并笞五十。若僭用违禁龙凤纹者，官民各杖一百、徒三年；工匠杖一百，连当房家小起发赴京，籍充京匠。违禁之物并入官。首告者官给赏银五十两。若工匠能自首者，免罪，一体给赏。”转引自：张佳.以礼制俗——明初礼制与墓室壁画传统的骤衰[J].复旦学报（社会科学版），2017(02)：102-109.

④《皇明条法事类纂》卷二二《申明僭用服饰器用并挨究制造人匠问罪例》记，永乐七年（1409年）规定“服饰器用已有定制，如今又有不依着行的。恁说与礼部，着他将那榜上式样画出来，但是匠人每，给与他一个样子，着他看做。敢有违了式做的，拿来凌迟了”，暴虐程度远超《大明律》规定的笞罚，严刑峻法威吓之下，工匠自然不敢以身试法。转引自：张佳.以礼制俗——明初礼制与墓室壁画传统的骤衰[J].复旦学报（社会科学版），2017(02)：102-109.

⑤ 刘文杰，赵辉，刘吉祥，闫勇允.山西交口刘家庄明代宋氏家族墓[J].文物季刊，2023(01)：48-61.

阳生”“出字人”姓名[①]，明确记载两幢均立于嘉靖三十四年（1555年），M1幢系为宋伦“在世所作功德善录于后”而在“岁次乙卯躔律调月值南吕阏逢涒滩蓂凋七荚吉时立”，M2幢则写明“十一月初四日，宋虎，行年四十八岁，系戊辰相，八月十一日生，修立石墓一座”（图2.29）。

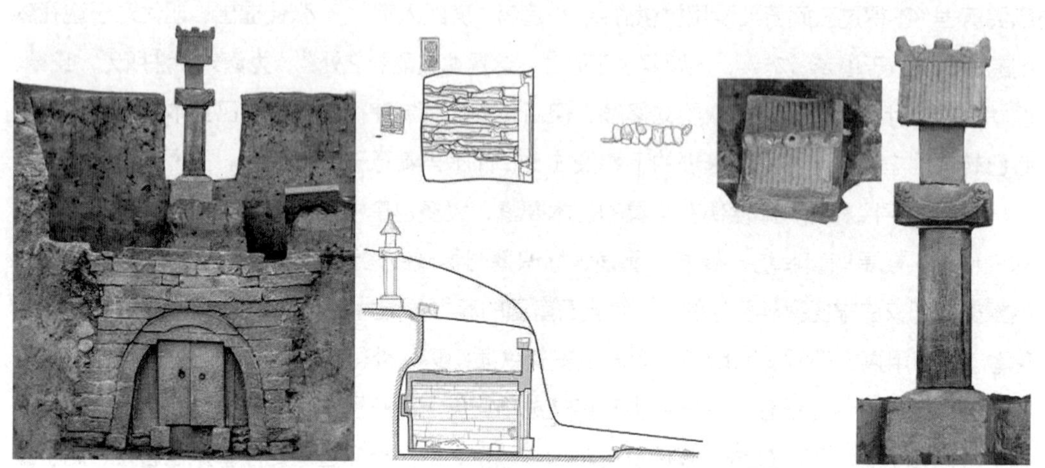

左起：M1墓门、墓幢正射影像及横剖面图，M2上墓幢正射影像

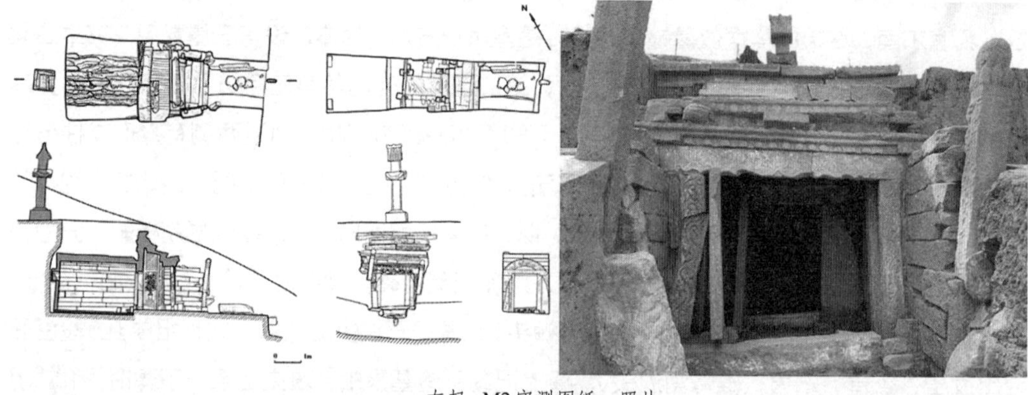

左起：M2实测图纸、照片

图2.29　吕梁交口刘家庄宋氏家族墓
（图片来源：引自参考文献[224]）

虽然明代墓葬的总体趋势是削弱、剔除仿木要素，但凡事总有例外，在特权阶层中，仍偶有逆时代潮流的个案出现。经杨爱国统计[②]，目前发掘出土、较为知名的仿木砖室墓包括：①邹县鲁荒王朱檀陵，②成都蜀世子朱悦燫墓，③蜀僖王朱友埙陵，④宁王朱权陵，⑤温穆

① 幢上另有“山西平阳府隰州嵩城里刘家庄建石墓记”“山西平阳府隰州嵩城里留木家庄建立”“稷山县下提里石匠甯现、男甯有廒、甯有仓”等字样，反映了工匠跨境承接工程的营造信息。

② 杨爱国指出：“到了明代，经过元末的动荡和元初的严刑峻法，人们对地下墓室建筑的重视程度又减淡了很多，除了少数砖室、石室外，考古发掘中常常遇到的是土坑木棺墓，稍讲究的人家有木椁。不过，一个有着广阔区域的王朝，总会有一些例外。明代在少数砖墓和石墓中，仍有少数人对墓室进行装饰，这些人从帝王到平民都有，说明古老的传统到这时还在被继承着。”见：杨爱国.明代墓室建筑装饰探析[J].贵州大学学报（艺术版），2013(01)：54-62.

王朱朝埨墓，⑥晋裕王朱求桂墓，⑦蕲国公康茂才墓，⑧东胜侯汪兴祖墓。除开国元从外，皆是各地藩王及其支系的墓葬（图2.30）。

图2.30 明代蜀王陵示意图
（图片来源：引自参考文献[226]～[228]）

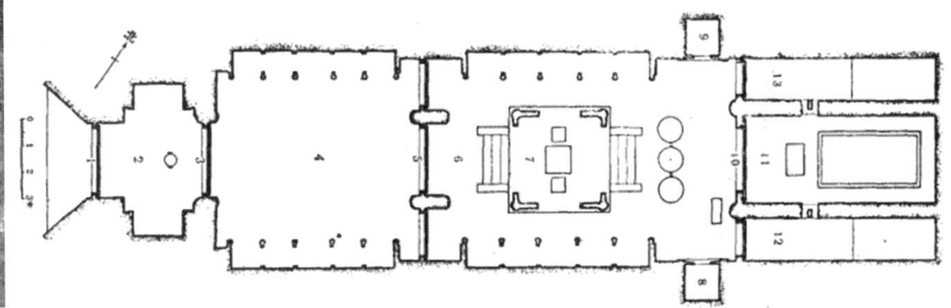

上排左起：四川成都凤凰山明墓（蜀世子朱悦燫墓）正庭右厢全景，正庭与正殿全景，中庭圜殿全景

下排：后殿中室全景，总平面图

左起：入口大门，正庭、前殿及前庭（自东北向西南），中庭、正殿和正庭（自东北向西南），中庭东侧厢房

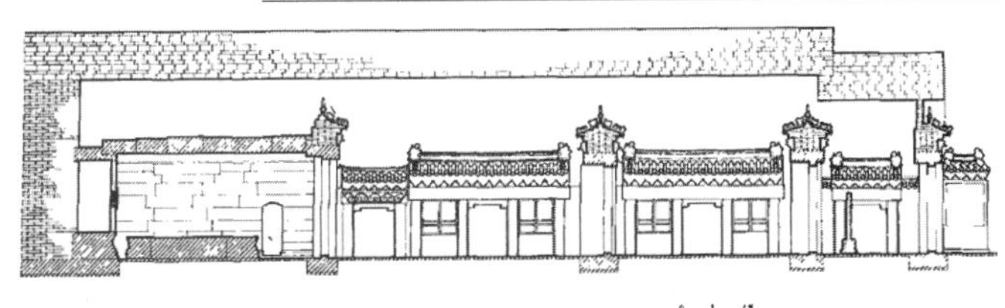

四川成都蜀僖王朱友埙陵地宫剖面图

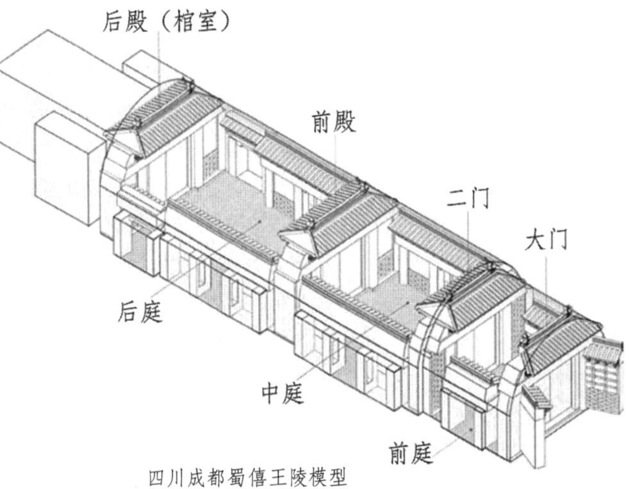

左起：枓栱做法；仿木柱、枋交接处小木拼贴做法

四川成都蜀僖王陵模型

其中，①朱檀陵建于洪武二十二年（1389年），在封门墙后的金刚墙上砌出绿琉璃瓦门楼一座[①]；②朱悦熑墓建于永乐八年（1410年），由三个砖砌纵列筒拱构成，全长11丈，仿木程度最高[②]；③朱友垠陵建于宣德七年（1432年），由两个纵列筒拱组成，长9丈，亦极奢华[③]；④朱权在正统七年（1442年）自营生圹，六年后过世入葬，墓长10丈，主要为青砖结砌，由前室、过室、中室、左右耳室、后室组成十字平面，仅后室墙上壁龛做成门楼样式[④]；⑤朱朝埨墓建于万历三十五年（1607年），为长方形单室墓，在前壁上砌出仿庑殿顶建筑[⑤]；⑥朱求桂墓建于崇祯年间，以砖起券砌出三座横列窑洞式墓室，连以砖券甬道，内安石门，墓壁上设砖仿木门楼，屋面及脊部用绿琉璃，左右列八字墙，嵌琉璃团龙、角花[⑥]；⑦康茂才墓三券三伏，四隅无柱，周壁设20根倚柱及多个门龛[⑦]；⑧汪兴祖墓三券两伏，四隅设柱，但总数减至16根，亦无门龛，级别略低于康墓[⑧]。

按臧卓美的总结[⑨]，明代藩王墓中普遍存在五个仿木特征：一是大量使用琉璃，二是喜用多室墓格局，三是将墓门当成装饰重点，而非环壁铺陈门窗、枓栱等要素，四是不再表现室内家具，五是出现时段主要集中在明初。弘治以后因宗室人口激增，财政支持难以为继，同时仿木装饰手段的潜能也已完全耗尽，即便亲王级别的墓室也大幅简化，开始流行无甬道的单室砖券墓，人们对身后“家园”的关注重点也从仿木象生转移到防腐护尸，千余年来装饰坟穴的热情终于冷却下来。

---

① 山东省博物馆.发掘明朱檀墓纪实[J].文物，1972(05)：25-36+67-69.

② 该构墓门自阑额以下石砌，共九排九列门钉，阑额以上原为砖砌门楼，已被盗毁；前庭两壁各砌硬山厢房一间，石额枋上承托六朵绿釉耙头绞项造、麻叶头耍头、龙纹勾滴；二门正庭内也是对砌厢房五间，阑额之下以虚柱架设欢门，满雕缠枝花，额上用绿釉枓栱十六朵；正殿三间、重檐庑殿顶，平板方以下均为石砌，以上用绿釉枓栱十八朵，明间安石地栿，上设榑柱、立颊承门额，当中装四抹头格子门两扇，槅心为六簇菱花毬纹；正殿后为中庭，当中建石砌方形圜殿一座，须弥座台基，前后踏道三级；后殿前檐装格子门三间，中室左右后三壁砌出须弥座，上结盝顶。除大量运用琉璃件外，其余部分刷朱涂金，且广泛模仿小木作，如正庭、中庭两厢与中庭左右耳室门上架设欢门，耳室门上砌山花蕉叶等，应是反映门罩、隔断罩一类物件。见：中国社会科学院考古研究所，四川省博物馆.成都凤凰山明墓[J].考古，1978(05)：306-313+366-370.

③ 该构石门外设八字墙，庑殿顶门楼上装设琉璃枓栱十朵，均为五铺作单杪单昂重栱计心造，脊上安筒瓦、脊兽、垂兽；前庭内两侧设硬山厢房各一间，前殿形制与大门略同，铺作样式也一致；正庭两侧为硬山厢房三间，正殿用五铺作绿琉璃枓栱十二朵，装双扇石板门，其后为中庭、后殿；后殿由中室与侧室组成，中室安双石门，两侧为格子假窗，额枋上用十二朵五铺作，均与正殿相同，墙壁下为须弥座式墙足，设砖照壁，覆盝顶，顶心为圆形曼陀罗图案。见：翁善良.成都明代蜀僖王陵发掘简报[J].文物，2002(04)：41-54+1.

④ 董新林.明代诸侯王陵墓初步研究[J].中国历史文物，2003(04)：4-13.

⑤ 杜卓，张妍妍，刘其山.原武温穆王墓墓室建筑与设计手法探析[J].中原文物，2017(04)：109-114.

⑥ 安瑞军，崔跃忠.山西榆次明代晋裕王墓清理简报[J].中国国家博物馆馆刊，2018(02)：80-89.

⑦ 周裕兴，顾苏宁，李文.江苏南京市明蕲国公康茂才墓[J].考古，1999(10)：11-17.

⑧ 李蔚然.南京明汪兴祖墓清理简报[J].考古，1972(07)：23+31-33.

⑨ 臧卓美.明代藩王陵墓中的仿木构现象[A].中国明史学会（编）.第十七届明史国际学术研讨会（暨纪念明定陵发掘六十周年国际学术研讨会）论文集.北京：北京燕山出版社，2018：851-858.

（三）仿木传统在清代的变奏

清代墓葬的仿木程度进一步下降，少量的仿木要素大多集中在牌坊、阴亭之类的构筑物上，“亡堂”是其中颇具特色的一类。

所谓亡堂，是指流行于长江上游、附着在陵墓石碑上的龛型门楼，它移植了屋形神龛的大部分结构和功能，是对家宅与祠堂的缩微模仿。亡堂的尺度一般不大，但细节极为丰富，如同一个精致的模型，通过对居宅空间和生活内容的多重再现，惟妙惟肖地反映了祠祭礼仪。匠师不厌其烦地在堂内雕出复杂的“宴饮场景”，既是对宋金“开芳宴”母题的忠实传续，也增添了巴蜀独有的地域趣味。亡堂一般被安置在墓碑顶檐下方，主要由额枋、倚柱、门罩等仿木构件围成，再在这个缩微的龛室中放置神主牌位或墓主雕像。罗晓欢按照结构、空间和图像组合方式的差异，将实例分为“内龛型”和“平面型”两类[①]：前者如光绪二十一年（1895年）建通江县陈俊吉墓，其墓碑被处理成五柱四间、层叠五重檐的庑殿建筑，而将亡堂设在八角攒尖顶下，占据了三到五重檐下居中的位置，工匠在栏板内刻出立柱，连以欢门，横挂匾额三道，再内为四柱三间厅堂，又于堂内雕出人物群像，仿拟出一个层层缩进的建筑空间，其构造样式与当地民居堂屋或祠堂神龛如出一辙；后者有何建海夫妇合葬墓（20世纪初），主要放置在由碑身、碑座、弧形碑帽组成的神主碑上，亡堂直接在碑身上开浅龛刻凿，几乎与墓碑外缘齐平，因此缺乏纵深，雕出的细节样式和人物活动一览无余，在这处八柱七间三重檐墓碑上，工匠于碑帽处浮雕一座六柱五间三重檐的门楼，并在明间和两次间内表现多人宴饮、在两梢间内展现戏子演剧的情景，在如此狭隘的空间内，尚能表现出主次差别（明间更广阔、地面升高一级，人物活动更复杂，且在帷幔下悬挂灯笼一盏以标识场景焦点），可谓“螺蛳壳里做道场”了。两种亡堂都充分利用了匾额、牌位、楹联等要素，直接诉诸文字表达情感，叙事方式甚为直观（图2.31）。

郑岩认为墓葬建筑无论如何“缩微”“简化”，“作为建筑的‘空间’却是必须得到强化的”[②]，历代墓葬或多或少都在模仿生人居所，“亡堂”的原型价值正是藉由模仿高等级的“门楼”“祠堂”来实现的，它既是墓碑的组成部分，自身也具有独立形态，其内雕饰的人物群像也表达出完整的空间场景和情感气质，因此既是“部件”也是“模型”。罗晓欢提出，“墓碑是现实理想化和礼仪性建筑的缩微和简化，亡堂又是墓碑建筑的再次缩微和简化，建筑一而再，再而三地出场，表明了一种基于实体结构的精神意象的建构和呈现过程”，房屋形象在亡堂中反复出现，使之成为一种代表社会伦理的符号，在人们的潜意识里，建筑（尤其是祠堂一类的礼制建筑）既提供了遮风避雨的场所，本身也象征着特定的礼仪和秩序，对于安

① 罗晓欢．四川清代墓葬建筑的亡堂及雕刻图像研究[J].美术研究，2016(01)：60-67.

② 郑岩．山东临淄东汉王阿命刻石的形制及其他[M]//郑岩（著）.从考古学到美术史．上海：上海人民出版社，2012：1-28.

四川通江谢家炳墓碑亡堂

四川通江陈俊吉墓（右为亡堂局部）

四川通江何建海墓碑（右为亡堂局部）

四川广元李澄升墓碑上部亡堂

图2.31 清代“亡堂”示例
（图片来源：引自参考文献[236]）

置了缩微牌位或墓主夫妇雕像[①]的亡堂来说，它当然称得上是一种立体的、新型的“开芳宴”载体，反映的仍是国人对于凝固“一家堂庆”意象的执着追求[②]。

诚如贡布里希所言，“任何一种工艺都证明了人类喜欢节奏、秩序和事物的复杂性”[③]，罗晓欢据此指出，增繁释巧是提升对象价值的最直接途径，这是亡堂兴盛的直接动因，她列举同治八年（1869年）建成的万源马三品墓为例，这座开放式亡堂的门柱上镌刻的楹联“曲传真面目，巧绘古衣冠”，正是对装饰内容和工艺的真实注解，匾额上雕出的十多个戏剧人物各自向着当中的帐案作揖，而案后的椅子却虚位以待，这种无人在场的“虚位”与宋墓中

---

① 如谢家炳墓碑亡堂，这类夫妇像大多垂坐在几案之上，具有显著的“非肉身”属性，功能相当于灵牌，这意味着墓主形象展示的并非日常起居场景，而是处在接受祭祀的礼仪进程中（与北朝壁画墓中的夫妇受祭图像相似），而侍从人像更是多至十余躯，使得亡堂内部发展为彻底的、动态的叙事展演，群雕的组构形式体现出传统伦理秩序，突显了家庭氛围，夹杂其间的孩童形象也反映了子孙满堂的情感诉求。见前引罗晓欢文。

② 李清泉指出：“先人之灵及其所在的墓葬成了‘家庆’的根源和积蓄地，后人则通过祭祀、行孝来获得祖灵的荫护。于是，先人的墓葬便被造成一座座掩埋在地下的所谓‘吉宅’‘庆堂’，成为地上家族兴旺繁昌的象征和保障。而与这类地下之‘家’共存始终的墓主夫妇对坐像，其所凝固下来的死者的音容笑貌及其与其他墓葬装饰内容共同营造的那种‘一家堂庆’意象，不唯是生者对已故双亲时思不忘、永久纪念的一种体现，更是生者冀望自己和后世家族福寿康强、兴旺不衰的一种象征……”见：李清泉.“一家堂庆”的新意象——宋金时期的墓主夫妇像与唐宋墓葬风气之变[J].美术学报，2013(02)：18-30+17.

③（英）E.H.贡布里希（著），范景中等（译）.秩序感——装饰艺术的心理学研究[M].长沙：湖南科技出版社，1999.

时常空置的“一桌二椅”一样，赋予子孙后代无限的想象空间。立于土冢之前的仿木墓碑已成为生死之间的界面，“它通过明间之内的墓主碑志以及亡堂内的雕像或牌位提供了一个‘为其所是’的家”，“对于墓碑这一特殊的建筑而言，对称性是为了突出‘中’；区隔性则是为了体现‘多’，而立面上的层次性则加强了‘深’。它们共同营造了一个对生者而言的祭拜之地的肃穆恭敬；对亡者而言，即‘神主’的灵魂居所的幽微深邃”。到了清代，墓藏、庙祭的传统已彻底融合，宗族的发达使得祠堂与墓地被纳入同一管理系统，在一些地区，两者的物理距离甚至都极为接近，这意味着将祠堂的部分功能让渡给墓地成为一种被普遍接受的做法[①]，诸如亡堂之类的特殊仿木类型也应运而生。

有趣的是，位处中国漫长墓葬仿木传统起点的，正是战国至两汉时在川、滇、贵一带率先兴起的房形石棺，即便是仿木砖墓的发展势头在明代整体式微时，逆时而为的仍是四川的藩王陵墓。或许是“番薯盛世”下劳力滋生、人工成本探底，社会内卷带来的畸形繁荣使得人们又能将对厚葬的兴趣转向建筑本身，才催生出审美趣味如同镂空牙雕的“亡堂”，川渝之地既是墓葬仿木现象的一处源头，又为其奏响了尾声，如同一个完整的轮回，颇为引人注目。

① 罗晓欢.川东、北地区清代民间墓碑建筑装饰结构研究[J].南京艺术学院学报（美术与设计版），2014(05)：114-117.

第三章

仿木砖墓的内容组织

3.1

基底与添缀——“仿木内容”的组织方式

若要将墓葬中的仿木传统当成一种“现象”考察，便需“回到事物本身”，这要求我们特别重视设计意图与营造手段间的制约关系，不满足于静态描述样式特征，而是动态地观察凝结了时人丧葬观念的“仿木”内容是被如何组织起来的。

在谈论仿木砖墓时，学者们常常按照木构“原型”的特质，将所仿对象分拆成大木作（柱额、枓栱）、小木作（门窗、桌椅）、瓦作（屋面、脊饰）、砖石作（台基、棺床）、彩画作等部分逐一描述。这种分类方式完全符合土木结构的材料和工艺属性，工匠依据建筑部品在受力性能、尺度规格、拼装方式、制作工具、度量单位等方面的区别，将其分别归入不同工种，以求科学区分承重、补强和围合性的构件，合理安排其生产、安装次序，快捷折算其所耗人工，便于现场分工配合。然而，这些优点在砖墓中却无一成立，不论壁上“仿作”出的是门窗、屋瓦甚至人像、刀剪，都是同质砖件按照不同方式叠垒的结果，它们只有数量和体廓的区别，而没有材质、受力、计功标准的不同。简言之，仿木所得的种种形象皆如水中波浪，无论汹涌或是宁谧，水质点都未曾移动，其作为水的本质也不会改变，所谓“亦如大海一，波涛千万异，水无种种殊，诸佛法如是。”[①]

“仿木”行为是对地面建筑信息（包括方位朝向、轴线、对望关系、环境、空间、形象、技术、文化等内容）的全面再现，即便仅论其中的“形象”一项，所仿蓝本也应是超越材质、工种的全部形象，凭“大、小木作”来区分对象类型未免以偏概全。阳宅五材并用，阴宅限于砖、灰，这也是两者互为镜像的一个重要依据，这就决定了工匠在构思仿木砖墓时，只能将重点放在如何借助有限的建材（及其砌筑手段）来形成尽可能丰富的物形轮廓上，这也意味着砖墓仿木本质上是一场诱发联想的视觉游戏，它更适于用图像学的方法分析，既然“仿木”手段可以约略等同于图形操作规则，那么不妨借用“图底关系”理论，将其解释为“仿木基底”和“仿木添缀”两个部分——前者是按条砖自身搭接逻辑砌出的墓壁、墓顶，后者是在前者幅面上刻意凹凸、修饰边缘后被识读为木构件的拼砖组合，这种分类方式更加扁平，可稍微修正套用木构分类方法来解释砖构营建规律导致的牵强之弊。

“仿木基底”并不等同于（无论是否仿木都必须存在的）砖壁，而是剔除壁面“仿木添缀”后的补余部分，其自身也携带了相当程度的仿木要素，具有类似“图框”的属性（图3.1）。因檐廊、台基、照壁等部分不断形成连续递进的平行面，这是空间透明性和流动性造成的[②]。

① 《大方广佛华严经》卷十三《菩萨问明品》.

② 陈易.室内设计原理[M].北京：中国建筑工业出版社，2006.

木构立面先天就具有景深关系，将这一特质投射到仿木砖墓中后，自然会发生“边框”与“版心”的分化，在直接对应于墓室结构的柱额、枓栱形象之外，工匠们常有余裕在壁体上铺砌小木作（如表达外立面的格子门和表达室内场景的一桌二椅）或（更小尺度的）抱厦、中堂之类，而正是这些被限定在柱框内的场景，成为前者（“仿木基底”）着力烘托的“添缀”。虽然“添缀”部分对于建立真实的墓室结构并无作用，但在型塑虚拟场域时却是至关重要的，这些显著小于人体尺度的门窗、抱厦，强烈地提示着“灵魂尺度”的存在，它们往往被视作连接幽冥世界的通道，彰示着古人关于魂魄、生死、通隔、显隐等成组概念的理解方式。

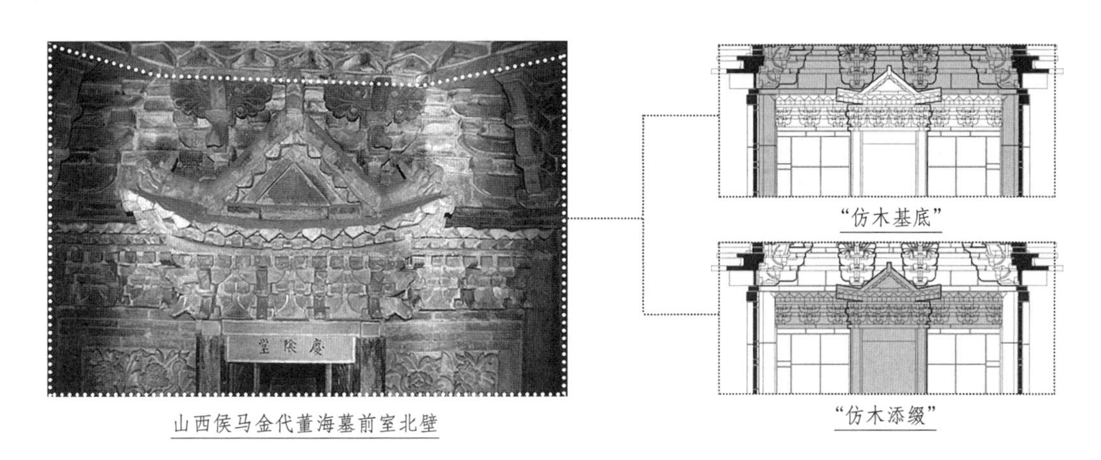

图3.1 仿木“基底”与“添缀”部分关系示意图（图片来源：作者自绘、自摄）

（一）“仿木基底”的类型

造墓匠师在模仿木构时总是有所取舍，建筑的四个水平层次（台基、柱框、铺作与屋盖）极少在仿木砖墓中完整出现，多数案例都会刻意省略其中的一两个部分，且墓顶部分也大多按照砖砌体自身的方式收束，仿木形象中的屋顶部分鲜有能表现屋脊的，大多只是卡到椽望，甚至只到铺作上段（指撩檐方、撩风槫之类）便告结束。统计40处测绘图纸完备的案例后发现，出土实例中尤其以“台基—柱框—铺作—屋盖”“柱框—铺作—屋盖”“台基—柱框—铺作”“柱框—铺作”及仅有“铺作”等五种（组合）方式最为常见（图3.2）。

1.“台基—柱框—铺作—屋盖”型

此类组合方式最为完整，在实例中占比也最高（16例），主要分布在晋南（尤其临汾、运城盆地），其中仅夏县上牛宋墓有明确纪年，从样式特征看建造时间大多介于北宋末至金初，而在壶关、沁县（长治盆地）一带更延续到金代中晚期（如沁县上庄金墓）。

2.“柱框—铺作—屋盖”型

此类组合省略了台基部分（7例），流行时段下迄蒙古国及元初，从冀西到豫西、晋南间皆有发现，向北可至忻州，属于较普遍的做法。

3.“台基—柱框—铺作”型

彻底省略了屋盖部分（7例），流行时段大致为宋末至金晚期（有靖康元年和大安元年纪

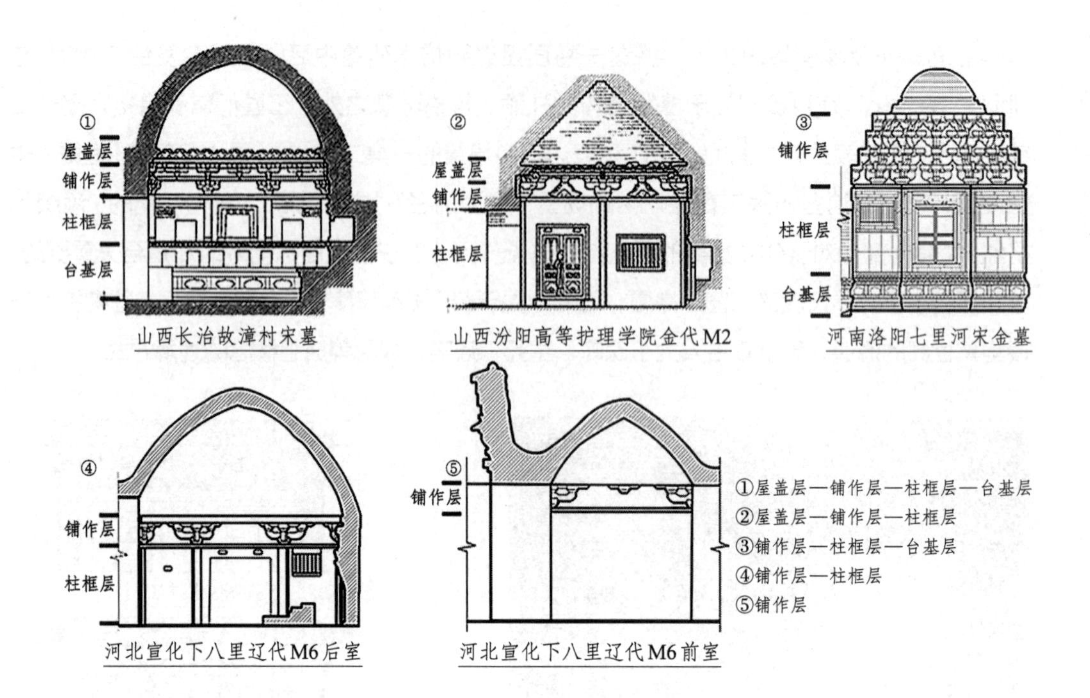

图3.2 “仿木基底”的组合类型示意图
（图片来源：改自参考文献[49][175][242][243]）

年墓），主要分布在河东、河内一线，这里自古便是联络长安、洛阳的孔道，沿河津渡众多，人员流动密集，技术传播迅捷。

4.“柱框—铺作”型

属于放弃表现建筑“上分”和“下分”的简化做法（7例），集中分布在太行北麓和南麓沿线，大体流行于辽乾亨四年（982年）至金大定二十二年（1182年）间。

5.“铺作”型

这种最省略的配置其实并不常见（3例），需要注意的是，案例中的台基、柱框未必被彻底抹去，而是极大地弱化或变形表达了，如在河北宣化下八里M6中，前室壁面上虽未砌出（或画出）倚柱，但仍涂绘了一道红色竖线，示意“此处应当有柱”，这种简略的标识方式显然无法被归为成熟的仿木做法，因此只能归入仅“铺作”的范畴。

综上可知，仿木砖墓中的纵向要素具有如下组合规律：①铺作是串联五种类型的唯一线索（公因子）；②柱框是位居铺作之后的次级要素；③是否表现台基和屋盖，体现出仿木程度的高低——前者常与棺床连成连续基面，具有建筑基座与家具底座的双重属性，后者完整与否决定了壁面上的仿木形象是自成一体还是上与天通，是评判工匠是否具有“建成环境”观念的重要线索。

显然，最具表现力的铺作既是最能示踪仿木意图的形象符号[①]，也是诱惑主家僭越第宅禁制、彰显哀荣的禁果，以及工匠展现技艺彼此争竞的一个“考题”，因此也具备了无

① 郑以墨.缩微的空间——五代、宋墓葬中仿木建筑构件的比例与观看视角[J].美术研究，2011(01)：32+41.

可替代的地位。相较而言，其他几种要素的存废已无关与铺作的配合，而是牵涉“空间折叠”“画中画与身外身”之类的复杂问题。

（二）“仿木添缀”的作用

“添缀”主要包括门窗、家具、檐廊之类，此外，在墓壁上单独砌出的抱厦（可能表现为帐龛、祭亭、舞楼等）也拥有完全不同于周圈壁面上仿木内容的比例尺度关系，它作为标识（未做出的）虚拟空间的特殊通道[①]，往往附带着一些特定活动和人物形象[②]，当然也应被归入“添缀”的范畴。就烘托墓室环境、强化“仿木”意象的目标来说，仿木添缀大概起到了如下作用。

1.丰富空间层次

首先需要说明的是，这里讨论的“空间”仅是被壁面围出的真实空间，而非藏匿在壁面形象后的想象空间，能有效作用于这类空间的添缀素材一般包括龛室、抱厦、檐廊等。

壁龛。不同于由完整壁体围出、上承墓顶、功能各异的耳室，壁龛单指在墓壁上开出的凹入空间，它不具备独立结构，也不支持人们进入，更像是一种突入壁内的“反向飘窗”。壁龛的形态简陋、不固定，它可以是如西安高陵区泾渭镇唐代李晦墓般设在天井处、埋藏三彩人俑的龛室，也可以简化成如大同智家堡唐代墓群中见到的、在墓壁上抠出砖块后放置生肖神将俑的孔洞，或是扩大成如前蜀王建墓在后壁上特意围出的御床，这些壁龛可以放置墓主遗骸或祭品（或两者兼具），某种程度上替代了葬具，大概是商代壁葬殉人传统的一丝折射，由于是真实存在的“虚空间”（相对于墓室而言），其精致程度远逊于暗示墓外“别有洞天”的半启版门或格子门（图3.3）。

抱厦。在考古报告中一般称作门楼，有时也写成“歇山顶式建筑”[③]。这种以独立体量强调入口的方式，在倾向于以“长身示人”的营造传统中并非常态，半个歇山顶与主体屋架丁字相交，也势必带来一些构造上的繁难之处，因此是一种费工费时的做法，只能在预算充足的高等级建筑中出现。应该承认，将抱厦称为“歇山”或“门楼”都是不准确的：前者的问题在于，“歇山”一词在元代文献中才正式出现，不宜以晚出名词指代早期实物，且所谓歇山，仅是描述以两坡顶压在四坡顶上、切出垂直山花面的做法，这种六面九脊的屋顶形态本身并未规定平面长宽和屋架正侧的对位关系，单说“歇山”是无法获得“山花朝外”这一关键信息的，用其形容墓中抱厦自然不妥；对于后者来说，“门楼”并无固定的样式规定，仅在砖砌门洞外侧插接一些仿木结构，从中无法得出“上戴歇山顶”的信息，且墓中抱厦往往与墓壁紧连，似乎在标示壁后尚有洞天，绝非单独的一座殿门，这也是两者意象不合之处。

---

① 丁雨.从“门窗”到“桌椅”——兼议宋金墓葬中“空的空间”[C]//中国人民大学北方民族考古研究所，中国人民大学历史学院考古文博系（编）.北方民族考古（第4辑）.北京：科学出版社，2017：203-212.

② 张鹏.勉世与娱情——宋金墓葬壁画中的一桌二椅到夫妇共坐[J].美术研究，2010（04）：55-64.

③ 郝建文，黄信，胡强，毛小强，原璐璐.河北井陉北防口宋代壁画墓发掘简报[J].文物，2018（01）：47-57.

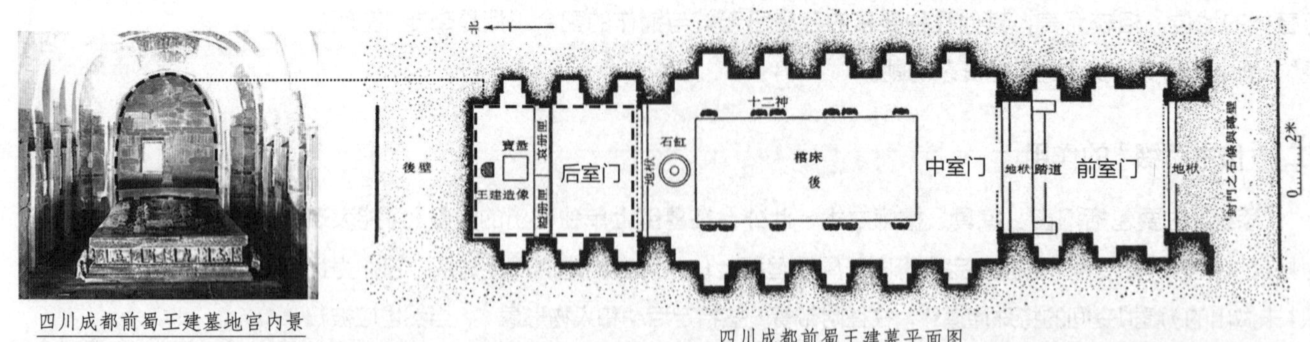

四川成都前蜀王建墓地宫内景

四川成都前蜀王建墓平面图

四川成都前蜀王建墓模型

陕西宝鸡汉代高等级墓葬壁龛

图3.3 “仿木添缀”之壁龛

（图片来源：王建墓平面图改自参考文献[246]，其余引自网络）

在东亚的传统墓葬（或祠祀）建筑中，抱厦本就是常用的形态，两宋帝陵上宫中的“攒殿”就是由横展的“献殿”和与之垂直穿插的“龟头殿”组合而成[①]，元、明时影响高丽、朝鲜王朝的王陵建置，在日本则成为德川幕府将军灵庙中随处可见的华丽破风（图3.4）。分析五处做出抱厦的砖墓案例后，发现存在一些共性做法，如：抱厦之内大多辟出双扇版门，而极少表现半启门之类母题[②]；抱厦枓栱与壁上用者形制相同，但尺度明显较小；令栱上多用替木过渡至檐椽，两端瓦垄斜向伸出后形成山花轮廓。当然，也存在截然相反的情况，如：山花架有的完全露明（如井陉宋墓与大同辽代许从赟墓），逐一表现叉手、蜀柱、替木、驼峰、槫梢等部件，也有的大部遮蔽（如稷山马村金代段氏家族墓），用肥硕的垂鱼、惹草遮蔽架内构造，甚至满封山花版（如宣化下八里M6），这些细节忠实反映了地面建筑中殿阁与厅堂处理山花面时的差异[③]。此外，抱厦的配置方式也是灵活多样的，既有像壶关下好牢宋墓和井陉宋墓一样分居南北轴线两端相向而设的，也有在作为主壁的西、北面上单独设置的，其铺作也未必在室内兜圈，大多情况下仅用在歇山屋面下，或向两侧延伸铺满一面墙后即告终止。

① （宋）周必大《思陵录》记高宗陵寝制度甚详细，如：“皇堂开通长三丈七尺六寸，通阔三丈二尺，深九尺……龟头皇堂石藏子一座……白石箱壁二重，共厚四尺，箱壁系九层双石头……”见：李光生.周必大研究[M].北京：中国社会科学出版社，2015.

② 较为特殊的是稷山马村4号金墓，其抱厦之内未设门户，而陈列墓主夫妇并坐像。

③ 喻梦哲，惠盛健.《营造法式》转角构造新探[J].建筑史学刊，2022(01)：22-35.

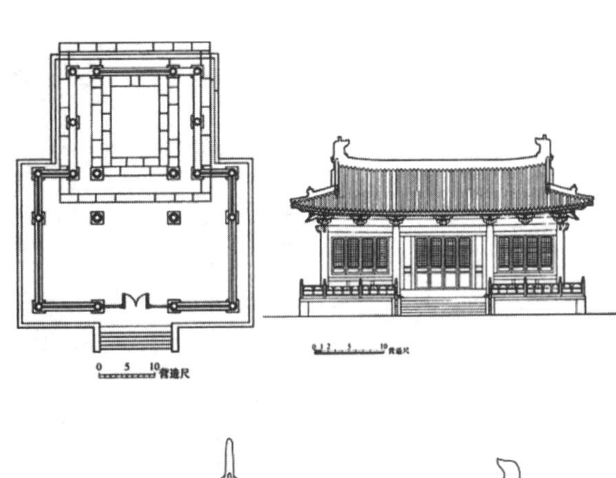

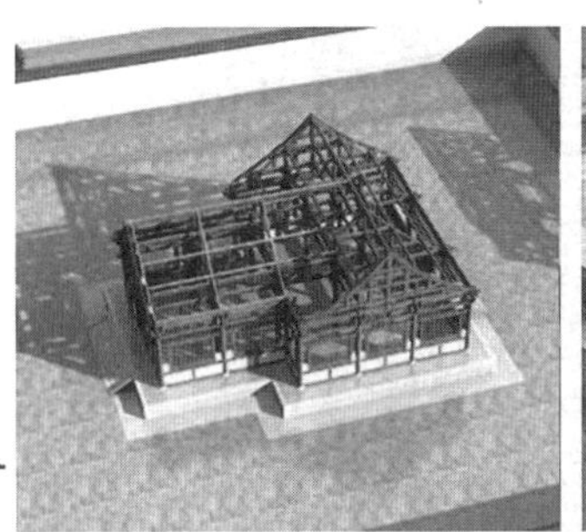

南宋帝陵一号陵园复原场景（高宗永思陵）

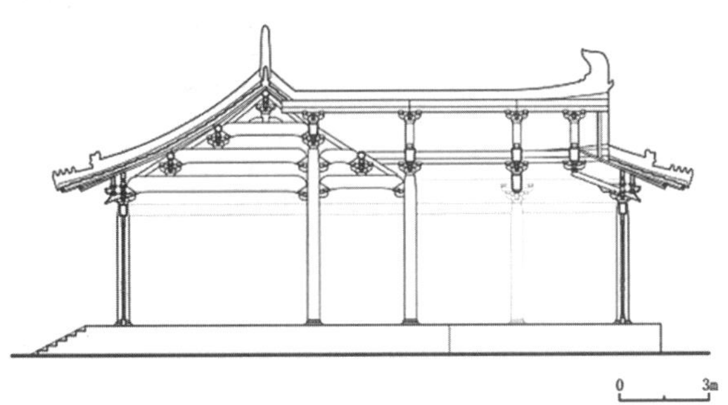

南宋帝陵龟头屋复原

日本东阳宫阳明门

山西大同辽代许从赟墓抱厦

图3.4 “仿木添缀”之抱厦
（图片来源：引自参考文献[17][250]～[252]）

檐廊或帐藏。在模制的砖雕墓中，偶有做出上下两圈檐口的情况，一般被解释为檐廊或小木作帐藏，以山西稷山马村段氏家族墓M1为例简述如下：该构在须弥座式台基上放置覆莲柱础，承托独立于壁体之外的讹角海棠柱，柱身下部穿有模制的镂花华版，上部则插接雕砖挂落，柱顶设普拍方，上托五铺作双昂计心造枓栱（昂及耍头斜出），心间单补间，用翼形令栱。工匠把这圈枓栱上方的砖皮外缘杀出枭混线，模仿通替木托撩风槫做法，在槫砖上又铺方椽与筒瓪瓦各一层，在此相对完整的“屋面”之上，又对位施用一圈双昂五铺作，造成重檐意象。在下层廊柱之内，贴着壁面砌出四抹头格子门，使得下檐虚实错落，为整个墓室平添玲珑剔透之感。如果说营构龛室是凿空壁面“实中求虚”的话，砌筑檐廊就是凌空架隔“虚中求实”，向本就拥挤的墓内再扩出一段“灰空间”，以造成更加丰富的界面层次，两种处理空间的手段恰是一减一增，截然对立（图3.5）。

2.明确空间秩序

北宋仿木砖墓中仍保有明确的“墓道—甬道—墓室”空间序列，当出现多室串联的情况时，轴线关系就变得极为醒目，且被重重门户逐段分隔，形成清晰的节奏变化。这条轴线延伸到墓室正壁上后仍未终结，而是通过砌出（或绘出）的半启半闭的版门形象，将人们的视线和思绪引向壁后的虚无，令轴线穿墙透壁，直抵想象力的尽头（图3.6）。此外，门的形态对于指示空间属性也具有一定意义，《营造法式》依照施用场合与构造做法的差别，将门细分出阀阅、版门、格子门等不同子类。一般来说，仿木砖墓在中轴线上用的都是版门，或至少具有版门边框（表达受力状态）、杂糅软门楅心（夸饰纹样细节）的“版框桯心”门，在条

山西稷山马村金代M1

图3.5 “仿木添缀”之檐廊
（图片来源：作者自摄、自绘）

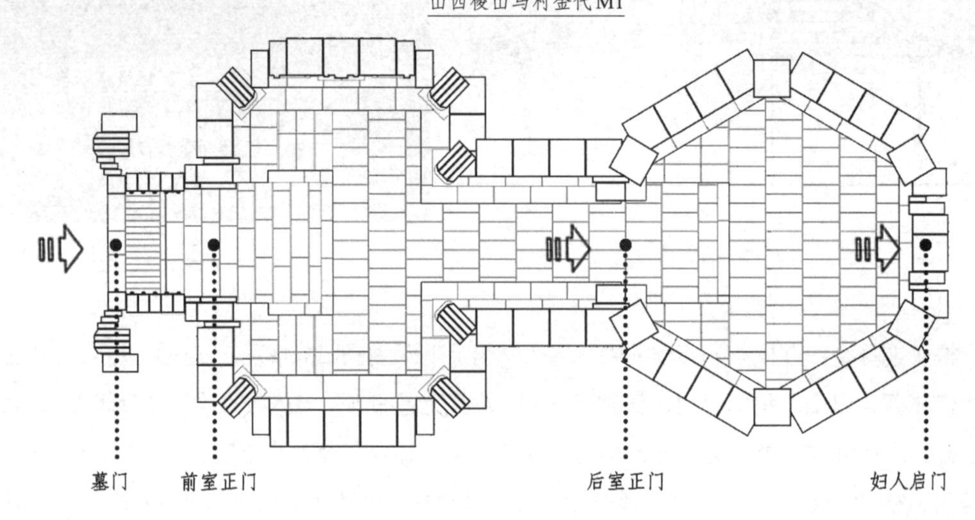

图3.6 白沙宋墓M1墓门分布与空间序列示意图
（图片来源：改自参考文献[112]）

件允许（墓主身份足够崇高）时，前门甚至会做成城门楼阙，而后门常表现启门、窥窗之类的母题，东西两壁上则尽情展示繁缛细腻的格子门，这也是对空间属性的间接暗示。

3.强调空间等级

仿木细节为区分墓穴不同部分间的主次关系提供了直观证据，“添缀”部分藉由彰显细节强化了所在空间的等级，一些看似增繁弄巧的“炫技”行为正是因此而发生。突出重要节点的方法大体分为两类：其一是在轴线序列上添置繁简有别的同类物件来点明主题，譬如白沙赵大翁墓在前、后室和过道中都用斜切边棱的立砖来表示覆斗天花的意象，但后室在峻脚椽下多出了一圈小铺作，空间层次和级别便立刻高出一等；其二是对称使用相似构件来形成向心布局，譬如在大同许从赟夫妇墓中，工匠在圆形墓室的各个正方位上附加了内容不同但形式相近的仿木“添缀”来强调东西轴线①，使之与南北轴线抗诘，这是草原民族

① 工匠在墓室北壁砌出版门，在南壁起拱券并安装木门（已朽坏），结合甬道、墓门、斜坡墓道，共同强化了南北主轴；与此同时，在东壁上辟出形制与之相近的砖版门（但门簪形制较低、门钉数量较少，以示区别），西壁上除版门外尚砌出抱厦一座（简报称为“影做门楼”），使得东西轴线亦富于“纪念碑性”。

尚东传统[①]与汉化后尊北思想冲撞融贯的体现。在北朝贵族墓葬中，墓主棺椁多有置于西偏者[②]，唐代几座“号墓为陵”的皇室成员墓（如章怀、懿德太子与永泰公主墓）也承袭了这一传统，这也佐证了宿白关于“北齐因袭后魏制度，隋唐又多采北齐之法”的观点[③]。

抵牾与调和——“仿木要素”的布置原则

（一）仿木内容

若只关注投影后的视面效果，则仿木“基底”与“添缀”在某种意义上有些类似大、小木作的关系，前者框定出确定的空间范围，后者填满这个框架并通过精美图案赋予其文化意义。因此，“基底”可以说是墓葬仿木的技术骨架，柱额如何装饰、枓栱是繁是简，这些内容只能是由工匠向主家提供既定的解决方案，供其选择；而“添缀”部分则更多地反映了丧葬文化和墓主意愿，不同于随壁面均匀分布、受构造逻辑严格制约的“框架”部分，其间填塞何种内容、如何分配位置，这些事项是相对个性化的，“添缀”的意义在于画龙点睛，自然不应过分拘束。工匠藉由在合宜的位置砌筑（或涂绘）出门、窗等通过性要素，来强调轴线、分割空间，并使得仿木要素与人物形象彼此契合，形成完整、明确的“如生”氛围。

（二）仿木功能

“添缀”在补足“基底”内容、使其形象更为丰满的同时，也带来了一些新的变数，使得墓内叠加多重主体，视线关系和场域属性复杂化。经典的仿木构图（用柱额、枓栱修饰壁面）虽能直接模仿建筑立面，为坚实封闭的墓壁带来深远透空的视错觉，从而刺激人们神游其中，拓展出“观想”的景深，但仿木形象即便再惟妙惟肖，也不能带来具体所指，我们只知道这是一处“房舍”、一个泛泛的建筑场景，它不附带文本的属性。当金代砖雕墓把抱厦处理成戏台（并置入演戏俑）后[④]，有效弥补了这一缺憾。以稷山段氏家族墓为例，其M1-M5、M8均在南壁入口旁侧砌出砖雕戏台与俑像，它们都居于壁面正中，直对棺床或供奉墓

---

① 《新五代史·契丹传》记其俗“好鬼而贵日，每月朔旦，东向而拜日，其大会聚、视国事，皆以东向为尊，四楼门屋皆东向。”见：（宋）欧阳修（撰），（宋）徐无党（注），陈尚君（修订）.新五代史[M].北京：中华书局，2016.

② 如平城的北魏琅琊王司马金龙墓、磁县的东魏茹茹公主墓、太原北齐东安郡王娄睿墓与武安王徐显秀墓，以及固原的北周李贤夫妇墓等。

③ 宿白.太原北齐娄叡墓参观记[J].文物，1983（10）：24-28.

④ 砖雕墓主要猬集在运城、临汾一带，河东自古富盐铁之利，是勾连河洛、关中与晋阳的交通枢纽，入金后，市井娱乐发达，富绅阶层的审美趣味进一步世俗化，这些都催生了墓中戏台。

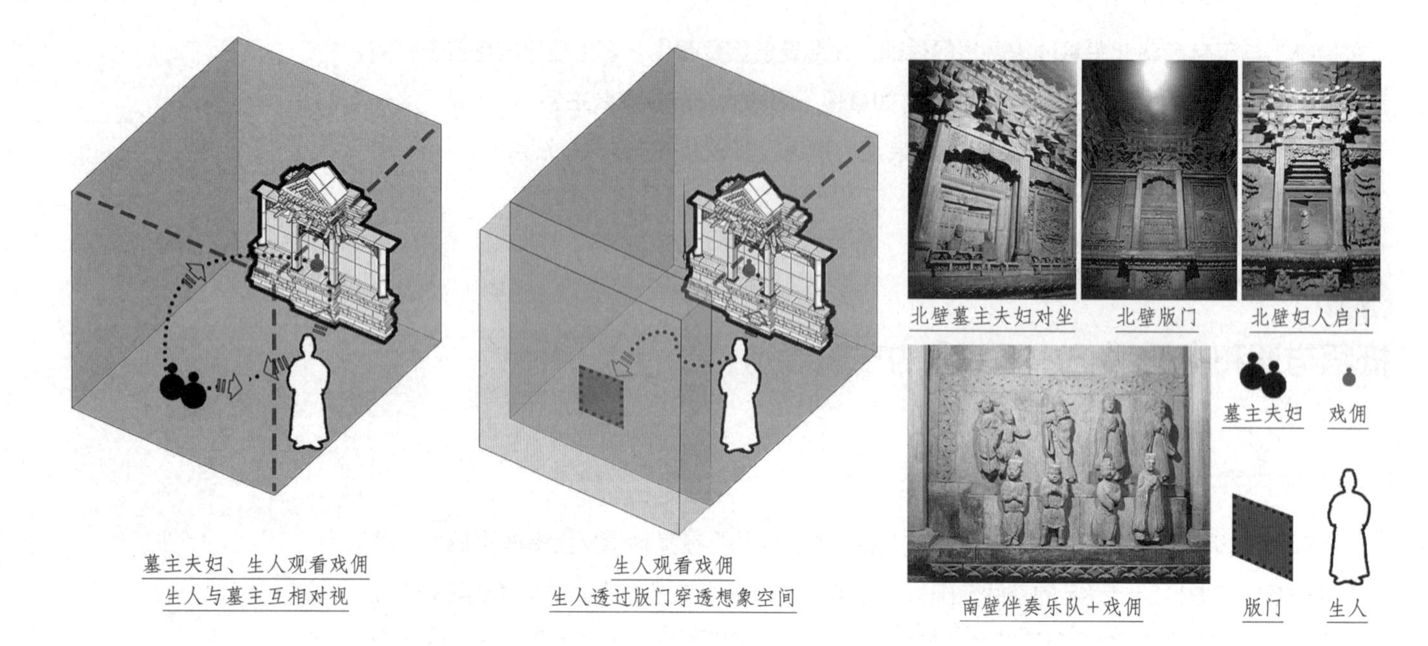

图3.7 稷山马村段氏家族墓M5戏台配置与观演方式示意图
（图片来源：作者自摄、自绘）

主“正位”的北侧小龛，可谓异常醒目。不同于秦汉帝陵中的百戏俑、舞蹈俑，这些经商业制作、售卖的俑人只是在墓中高处顾自表演，而非附庸于墓主的刍灵，一如它们的现世原型只是供奉技艺的和雇艺人，与墓主并无人身依附关系。除了墓主所在的北壁，东、西壁上也遍设廊柱、勾阑，形成与抱厦戏台衔接的两庑，人们当然也可以在这样的“灰空间”下驻留、观演[①]（图3.7）。此外，也有观点认为马村家族墓中的戏台更像是在表示祠庙布局，因此整个墓室都是在影射一个脱离日常居止、更具神性的祭祀空间[②]。

（三）仿木尺度

值得注意的是，工匠在布置仿木“基底”和仿木“添缀”时，未必将两者当作同一个系统处理，反而时常自顾自砌出满圈柱额、铺作、屋面后，才发现其尺度难以与门窗适配，这种结构性的矛盾难以避免，因而产生了种种“打断”现象。譬如，在2016年发掘出土的山西省运城市临猗县孙吉镇天兴村宋代砖雕壁画墓M1中[③]，其后室南壁上居中一段的普拍方与枓栱，就因与墓门位置冲突而被取消（图3.8）。

同样的情况也在单室的辽代许从赟夫妇墓中出现，其北壁上的额枋遭门窗打断（在东壁上却互不相犯），推测原因有三点：一是充分考虑尺度与等级的适配关系[④]；二是满足构图需

① 康方耀.晋南地区宋金仿木构墓葬装饰中的建筑特征分析[D].太原：太原理工大学，2012.
② 吴垠.晋南金墓中的仿木建筑——以稷山马村段氏家族墓为中心[D].北京：中央美术学院，2014.
③ 该例前室墓门西侧下方有墨书“熙宁八年□九□□”字样，见：薛野，白曙璋.山西临猗宋代砖雕壁画墓清理简报[J].文物季刊，2023(02)：46-52+132.
④ 许从赟夫妇墓东壁上的版门与柱额比例协调，可知仿木“基底”“添缀”是一并设计的，两者在北壁上相互抵牾，是因为工匠强调南北轴线而放大了此处的版门（额方是连续的，不会发生改变）。

左起：M1后室南壁、北壁、东壁

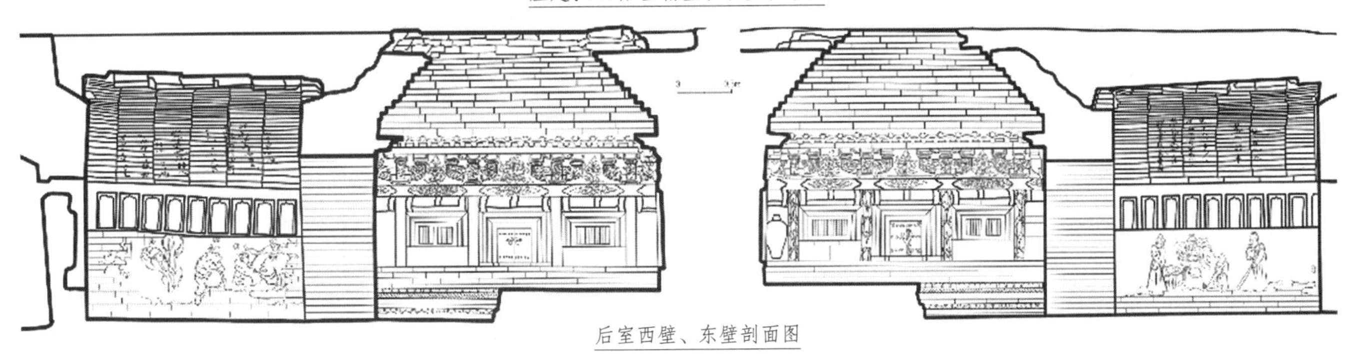

后室西壁、东壁剖面图

图3.8 临猗天兴村宋墓M1后门打断铺作层示意图（图片来源：引自参考文献[255]）

要[①]；三是为画匠提供施展笔墨的空间[②]。“添缀”与“基底”的尺度矛盾在砌筑抱厦时彻底激化，在隆兴寺摩尼殿之类的木构中，抱厦与殿身的铺作当然是连续的，平面轮廓的转折并不会改变排列枓栱的节奏，但在墓室中，抱厦却与周圈壁面割裂开来，两者檐下的枓栱在样式、尺度、标高和分配方式上都各行其是，在衔接处更是凿枘难容。许从赟夫妇墓西壁上的抱厦就是如此，它的屋脊与壁面间全无交代，只是一味压缩体量以求附着于壁面的仿木“基底”上，同时山花朝外的布置也打断了固有的铺作圈层，为使两者谐和，工匠舍弃了在其他三面墙壁上遍用的翼形栱，而是拉伸相邻铺作的横栱长，使之至少看上去能与凸出的抱厦适配（图3.9）。

墓室中多元尺度共存的现象，投射出时人关于“逝者在亡后不同阶段需要不同类型空间”的认识，按巫鸿总结的，墓主至少以三种形式存在（“在家族影堂中的公开肖像”“隐匿在棺木中的遗骸”以及“无形的灵魂”），体现墓主所处不同状态的标志物也尺度不一，在通过最为缩微的抱厦假门之后，“非物质的灵魂超越了墓室建筑材料的局限，只存在于人们的想象空间之中”[③]。

① 许墓在北壁打断额枋的棂窗两侧绘有侍女四人，各执物事服侍墓主，又在窗下画出一只耍玩绣球的狸猫，为了强调安宁闲适的氛围，特意将窗框位置抬高，使之远离狸猫，但这也使得窗上槛突破额方层。

② 许墓自地面至墓顶通高2.9m，墓壁净高2.3m，减去铺作层后素壁仅高1.5m，已略低于一般的观看视高（见：傅熹年.傅熹年建筑史论文集[M].北京：文物出版社，1998.），这不啻在墙裙上绘画，狸猫图的画幅不过0.3m高，距地面仅0.2m，要在如此局促的位置作画实在是极尽艰辛，因此适当抬升窗户标高，有助于画匠舒展筋骨、从容挥毫。

③（美）巫鸿（著），钱文逸（译）.“空间”的美术史[M].上海：上海人民出版社，2018.

山西大同辽代许从赟墓东北壁

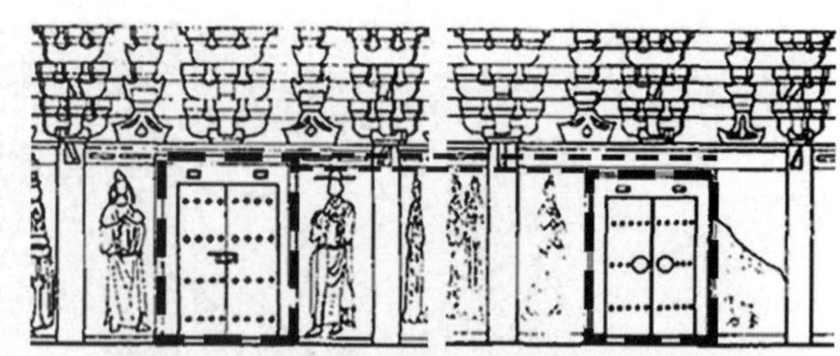
山西大同辽代许从赟墓北壁、东壁版门高度差异分析

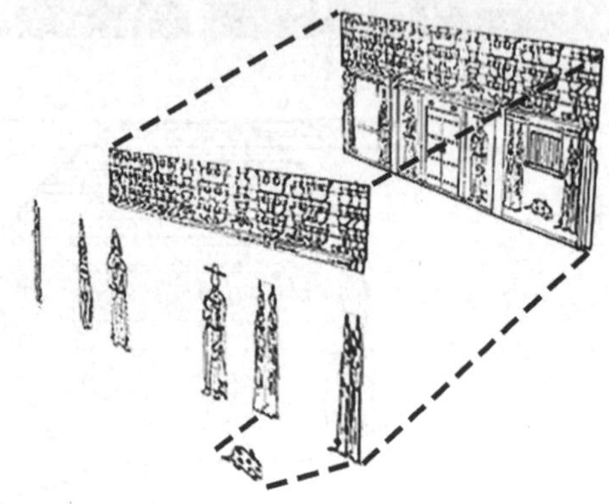
山西大同辽代许从赟墓空间景深分析

山西大同辽代许从赟墓铺作对比分析

图3.9 辽许从赟夫妇墓中的仿木"添缀"要素示意图
（图片来源：改自参考文献[17]）

3.3

涂彩与凿砖——"仿木语汇"的表达途径

按照所附媒材的区别，仿木的实现途径大体分成彩绘和砖砌两种。

（一）彩绘仿木

唐及以前的高等级贵族墓中常采用大幅壁画的方式来"象生送死"，表现的建筑构件多限于柱枋与铺作①，即3.1节所说的"D型"，永泰公主墓是其中较为典型的一例。大足元年（701年）九月，唐中宗李显第七女李仙蕙因"窃议政事"被武则天赐死，后追封"永泰公主"并附葬乾陵，该墓为典型的天井隧道式结构，分前后两室，壁上以朱红色涂出仿木构件，下部则以"横带"分出与地面的边界②。壁上未表达柱础，只从栌枓口中出素方一条，与阑额等宽，也画出七朱八白，而在白壁上绘制侍女像。其他初唐、盛唐大墓如长乐公主墓（643年）、太宗贵妃韦珪墓（665年）、懿德太子墓（706年）、章怀太子墓（706年）等，也都采用类似做法（图3.10）。

① 也有一些唐墓开始表达更上部位置的木构件，如韦贵妃墓和新城长公主墓的墓室顶部均绘有椽子形象。

② 因该段色带高度与上部额枋相差较多，应不是表现地栿或地覆，而仅仅是标示地面与壁面的界限。

陕西乾县唐永泰公主墓（706年）　陕西礼泉唐韦贵妃墓（665年）　陕西礼泉唐长乐公主墓（643年）

陕西礼泉唐新城长公主墓（663年）

陕西乾县唐懿德太子墓（706年）

陕西乾县唐章怀太子墓（706年）

图3.10　唐代“彩绘仿木”墓葬示例

（图片来源：引自参考文献[257]～[260]）

彩绘出的仿木“画框”简洁鲜明，框定人物形象后赋予其居处宫阙之间的意象，但因细节缺损较多、景深感贫弱，对于忠实再现地面建筑氛围是较为乏力的，平面化的表达方式难以有效唤醒观者的空间代入感，更像是一种投射墓主生平的舞台布景，画壁内外的世界彼此割裂，缺乏体量、阴影的交互，仍处在较为初级的仿木阶段。在这类墓葬中，“前朝/堂”与“后寝/室”各有侧重：前室在壁上绘出仿木构件，藉着将画框“建筑要素化”（尤其是表达开敞廊庑的意象）来模糊墓室的内外、虚实之别，虽然细节较为粗糙，但所仿构件的比例与真实建筑相当，并不会因墓主形象的“缺席”而影响场景的真实感；后室则往往放置尺度缩微但形态完整的房形石葬具，“房形椁”的本质是家具对建筑的拟形，其样式、构造细节都比绘出的柱额、枓栱丰富，本身已实现了完整的仿木意图，无需在壁上再做过多装饰。

一个值得注意的细节是，永泰公主墓中的柱头方整体突出壁面少许，已经体现出一定的“砌筑”倾向，而非单纯“涂绘”，这在章怀太子墓与懿德太子墓中也可看到。更早的长乐公主墓中，虽尚未将素方整体悬出，但已尝试利用菱角牙砖来界分壁面与墓顶，代表着新的风尚已然产生[①]，这种以水平线脚强调（仿木形象）结构分层的做法，肇始于隋代的砌塔实践[②]，它带来了仿木形象从二维转入三维、表达构件体量和交接关系的重要契机（图3.11）。

① 在贞观四年（630年）建成的李寿墓中，尚未见券顶与壁面间有牙砖分缝，北朝墓的墙面与券顶间也是以平滑过渡者居多（如北齐徐显秀墓、娄睿墓，北魏司马金龙墓以及北魏宣武帝景陵）。

② 如始建于隋仁寿元年（601年）的陕西周至仙游寺法王塔。

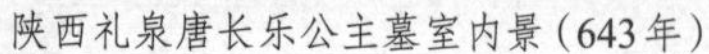
陕西礼泉唐长乐公主墓室内景(643年)

陕西西安唐大雁塔檐口及壁面阑额(652年)

图3.11 仿木技法"立体化"倾向示意图
(图片来源:李寿墓引自参考文献[261],大雁塔作者自摄)

(二)砖砌仿木

如果说唐墓中彩绘的柱额仍是延续汉魏以来墓壁"画框"传统的话,从五代、北宋开始仿木砖墓中的砌筑构件便与图像彻底分离(哪怕壁画中偶尔出现完整的建筑形象),相较于直接摹写柱额、枓栱轮廓,砌筑工艺涉及的问题更加复杂,它有些类似拼贴马赛克[①],通过反复调整砖件的摆放、组合次序,适度砍磨边缘、加工看面,来模仿木构件的体量和构造关系,是一个抽象再现与视觉诱导的过程。

"砖砌仿木"的困难之处在于,组成整幅"马赛克"的单元不够细微(最小基准为一或半个丁面,而砖厚至少也在2寸上下,这个基准对于至多不过数尺长宽的仿木构件来说无疑是过大了)。理论上,当"方拼"单元与所仿构件的比例足够悬殊时,再现的细部就会足够精确、边缘保持平滑,但这显然是砖砌体难以具备的品质(只有当雕砖技术成熟后才能有所突破),因此砌筑出的仿木构件(如柱)或组件(如铺作)难免粗略参差,比例失调,只能继续在砖件上彩绘纹样,稍作遮掩,以求将人们的注意力从(不妥当的)接缝关系转移到与真实建筑更为酷肖的装饰图样上(图3.12)。

盛唐之初便有砖砌仿木的尝试,如建于嗣圣元年(684年)的湖北郧县李徽墓,该例虽仍以彩绘仿木做法为主,但已出现确凿的砖砌仿木痕迹:各壁正中的倚柱图像上方都砌出了简略的仿木枓栱,当然,它仅是用三皮条砖粗略垒出的栌枓意象,莫说与宋金时期的砖枓栱对比,便是相较同期的砖塔(如建成于总章二年即669年的长安兴教寺玄奘塔)也远远不如,考虑到李徽家族所受的政治打击[②],倒是可以认为这未必能代表当时的较高水平(图3.13)。

① 郭强."方拼"马赛克图像构成研究[J].中国陶瓷,2011(01):41-43.

② 魏王李泰夺嫡失败后客死郧县,且家族成员也颇受株连:长子李欣于武后登基之初便暴死归乡途中;次子李徽虽受高宗加封,但也只是在"恬淡自居,清贞寡欲"中度过余生。

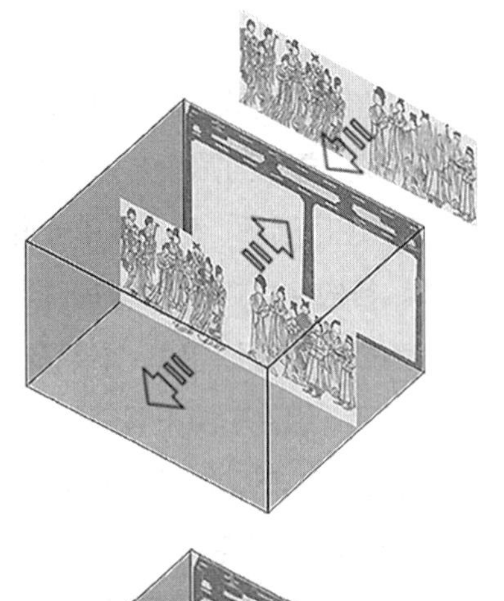

人物位置灵活
陕西乾县唐永泰公主墓

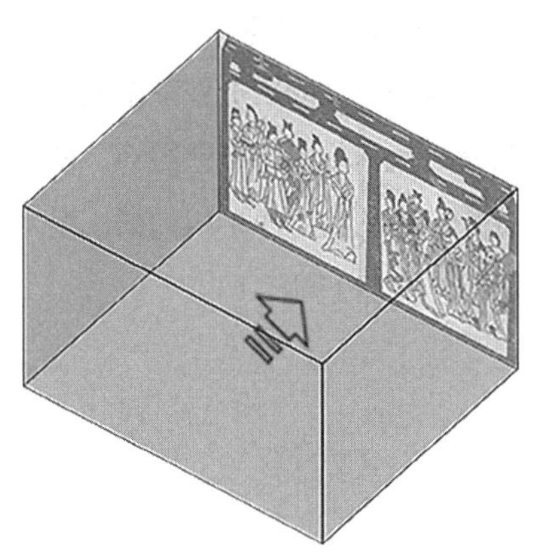

人物位置确定
山西稷山马村金代墓

图3.12 “彩绘仿木”与“砖砌仿木”比较
（图片来源：作者自摄、自绘）

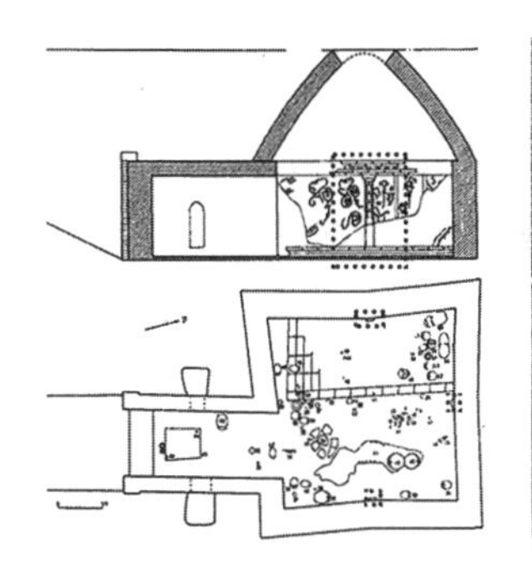

湖北郧县李徽墓（684年）仿木细节

陕西西安兴教寺玄奘塔（669年）仿木细节

图3.13 盛唐前期“砖砌仿木”墓葬示例
（图片来源：引自参考文献[263]、作者自摄）

营州一带的仿木砖墓分布集中、时段较早，常被认为是“砖砌仿木”技术的重要策源地之一，该地案例的特点是重视木构整体轮廓，而对单个构件的形态不甚在意。以龙城（今辽宁朝阳）一带发掘的几座唐墓为例，其中的师州录事参军陈英卒于麟德二年（665年），咸亨四年（673年）与夫人赵氏合葬于柳城西北九里外的七道泉子，该墓为圆形单室墓，南向辟券门，以条砖叠涩多层菱角牙子结顶，仅在东、西、北三壁上辟直棂窗，以立砌砖充边程，使窗框凸出于按三平一立顺序砌成的壁面之外，手法简明，形制朴拙。在更晚些的平民墓葬中，“砖砌仿木”显然有了新的进展。譬如，我们在河南安阳刘家庄北地M68中①，已能看到较为完备的柱额、枓栱要素，该墓与其左近的郭燧墓（M126，据出土墓志知建于大和二年，828年）形制略相近，都是由斜坡墓道—墓门—甬道—墓室组成，墓室为圆角方形，四隅各以三列竖砖砌出立柱一根，柱头施杷头栱，各柱间用两皮丁砖砌出阑额，额上置单补间，形制与柱头相同②，枓栱上方用撩檐方砖一皮过渡至穹隆墓顶，各构件均施彩色，并在枓栱之间画出驼峰托直枓的形象；南壁正中砌出抱厦一座，用彩色线条勾描出门扉、梁架及其他仿木构件的轮廓，以求弥补砖砌边缘难以从同质背景中快速显现、组件轮廓不够突显的缺憾。对比李徽墓不难发现，仿木技术在150年间取得了长足进步，仿木的对象从柱额等“画框”扩展至抱厦之类的“画面”，工匠完成了从单纯描摹仿木“基底”到整体规划“基底+添缀”的转向。河北鹿泉西龙贵晚唐墓M125中也可证明此点：这座南北向圆形单室墓的墙壁被砖倚柱分成八面，北壁砌出半启的版门，西北、东北壁各辟一扇直棂窗，东壁毁坏，西壁漫漶，东南、西南两壁较为狭窄，南壁开辟墓门，各柱头上均施杷头栱，于栌枓内伸出替木一道，再自其上叠起穹隆，仿木意识已较为明确，套路也已相当完备（图3.14）。

3.4 画格与叙事——“仿木文本”的配置逻辑

仿木构件与人物、器具等形象共同丰富墓内氛围，前者形同“画框”，美感来自独特的结构理性，后者则源于悠久的图像叙事传统，从主从关系来说，“基底”反而是服务于“添缀”部分的，两者的组合方式也一定程度上反映了仿木配置的普遍规律和仿木动机的细微差别。

（一）结构层面

1.竖向以层为序——间杂水平层次的影响

从仿木形象自身的完整程度看，据台基、柱框、铺作、屋盖的组合情况可大致将实例分成五类，这有别于按装饰题材分类的传统论述方式③，但两者并无本质矛盾，题材与形象的呼应方式既可以是“分散的”，也不乏“融合的”情况，譬如“孝行”类图像总是集中在壁

① 何毓灵，唐际根，申文喜，胡洪琼，岳占伟，牛世山.河南安阳刘家庄北地唐宋墓发掘报告[J].考古学报，2015(01)：101-146.

② 在木构建筑史的书写中，补间与柱头形态趋同是中唐以后的新趋势（即便在佛光寺东大殿中，补间虽也开始出跳，却仍较柱头少两铺，且不出昂，无疑要减弱许多），两者外跳部分的彻底同化更是迟至北宋才逐渐完成，但仿木砖墓中的枓栱级别一般不高，也很少出现这一问题。

③ 汪小洋.中国古代墓室壁画史论[M].北京：科学出版社，2018.

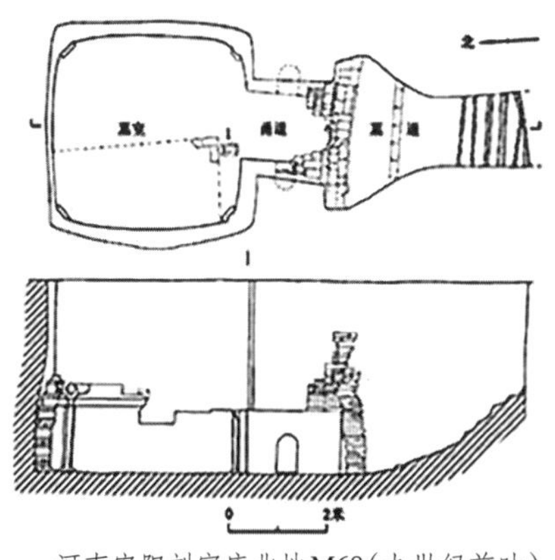

河南安阳刘家庄北地M68（九世纪前叶）

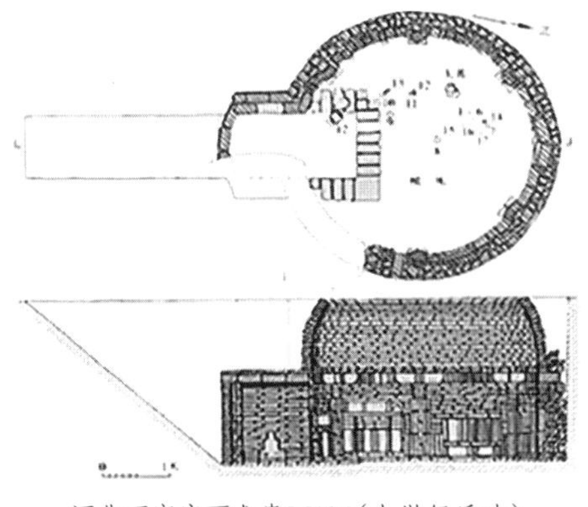

河北石家庄西龙贵M125（九世纪后叶）

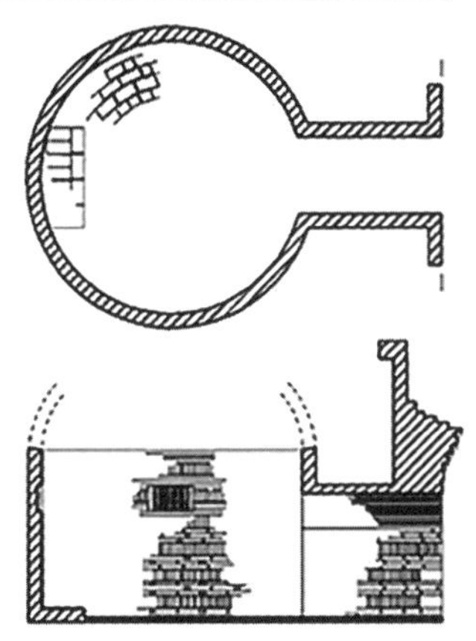

辽宁朝阳陈英夫妇墓（665年）

图3.14 唐代“砖砌仿木”墓葬示例
（图片来源：引自参考文献[264]～[266]）

上，被各种仿木格套围裹着，“天象”图则高居墓顶，与仿木形象隔绝，但又提示了一方缩微天地的存在，间接烘托了仿木屋宇的外部环境。仿作的屋盖层可以视作墓壁与墓顶的分界线，它的存在使得附在墓顶的“升仙”与“天象”类母题更符合人们预期的“仰观”方式①，

① 郑以墨.内与外，虚与实——五代、宋墓葬中仿木建筑的空间表达[J].故宫博物院院刊，2009(06)：64-77+157.

在此人造的“天穹”之下，壁上绘出的种种场景（如星散在柱额之间的庖厨宴饮、奉养孝亲等内容）才能得到一个具体的“所在”，但天界与人间只是由墓壁向墓顶的转折形成粗略分界，缺乏固定的配套样式。若要理解仿木要素的配置方式如何影响人们处理装饰母题，不妨观察“孝行”图像的变化。汉家以孝治天下，使得此类图像成为制式母题[①]，直到宋金仿木砖墓中仍很流行（多集中在豫北、晋南的雕砖墓中），且大多被安置在柱框间的“填充砖壁”上，有的雕绘在横枋外缘，也有少数单独嵌入台基正面的情况，基本上涵括了墓室中由下至上的不同位置。

将孝行图像放置在台基层的代表案例有长治故漳村宋墓。该例平面方形、南北向，四壁砌出须弥座，但并未将二十四孝雕砖嵌入其中（须弥座束腰壸门内用斗砖立砌，雕饰吉祥花卉，简报称“须弥座之上、四壁下部镶砌有二十四孝砖雕”），而是在其上另外砌出一圈后再起倚柱，这也间接抬高了仿木形象的起始分位，使之得以正对观者视线，成为充满视域的主要内容。

壶关下好牢宋墓[②]则是在柱框层内随宜雕饰孝子形象的典型。工匠直接在柱间砖壁上填嵌雕砖，使得孝行图位置进一步升高，但并未刻意将人物形象整合进桯窗之类的仿木“添缀”中去。为了解决两类图像各行其是的矛盾，工匠采取的办法是“偷换”仿木内容，使之失去真实的构造关系，退化成一种示意性符号，如在大定十五年（1175年）建成的晋城郝匠社区金墓中看到的[③]——其柱框层被大幅压缩，柱间已无填充门窗或开芳宴之类“添缀”内容的余地，而是直接镶嵌二十四孝砖雕，这使得柱间构造完全消解，分间数量也变得极其夸张，所表达的已非实际建筑，而是彻底变成了勾嵌图像的“屋形”边框。

在横方上（不限于额枋，也包括栱间版、障日版等）绘制孝行图的案例同样很多，相应的仿木要素也较前两种情况更加富集。以绘制在垫板上的长子南沟金墓[④]与长治魏村金墓[⑤]为例，其北壁上设有龛室与凹字形棺床，再在龛门两侧绘出居家、出行与蓄养图，其上环绕墓壁分布二十四孝壁画（仅在两个门洞处被打断），孝行图的位置较前述情况又有抬高，在整个壁面中的占比也更大，不仅大幅拉伸了枋间垫板，还被壸门边框界定为明确的单元格，从而深刻影响了墓壁的划分比例（图3.15）。

2.横向以间为格——重复要素单元的影响

仿木“基底”的特征在于单元重复，柱子、枓栱等要素排列各有节奏，而在这些内容之

---

① 段鹏琦.我国古墓葬中发现的孝悌图像[A].中国社会科学院考古研究所（编）.中国考古学论丛——中国社会科学院考古所建所40周年纪念文集.北京：科学出版社，1993：463-471.

② 王进先.山西壶关下好牢宋墓[J].文物，2002(05)：42-55.

③ 霍宝强，霍东峰，程勇，王瑞，冀瑞.山西省晋城市郝匠M1发掘简报[J].文物季刊，2022(02)：74-85.

④ 海金乐，张光辉，杨林中，杨小川，宋小兵，陈泽宇，安根，耿鹏.山西长子南沟金代壁画墓发掘简报[J].文物，2017(12)：19-34+1.

⑤ 王进先，朱晓芳，崔国琳，张斌宏.山西长治市魏村金代纪年彩绘砖雕墓[J].考古，2009(01)：59-64+109-112+114.

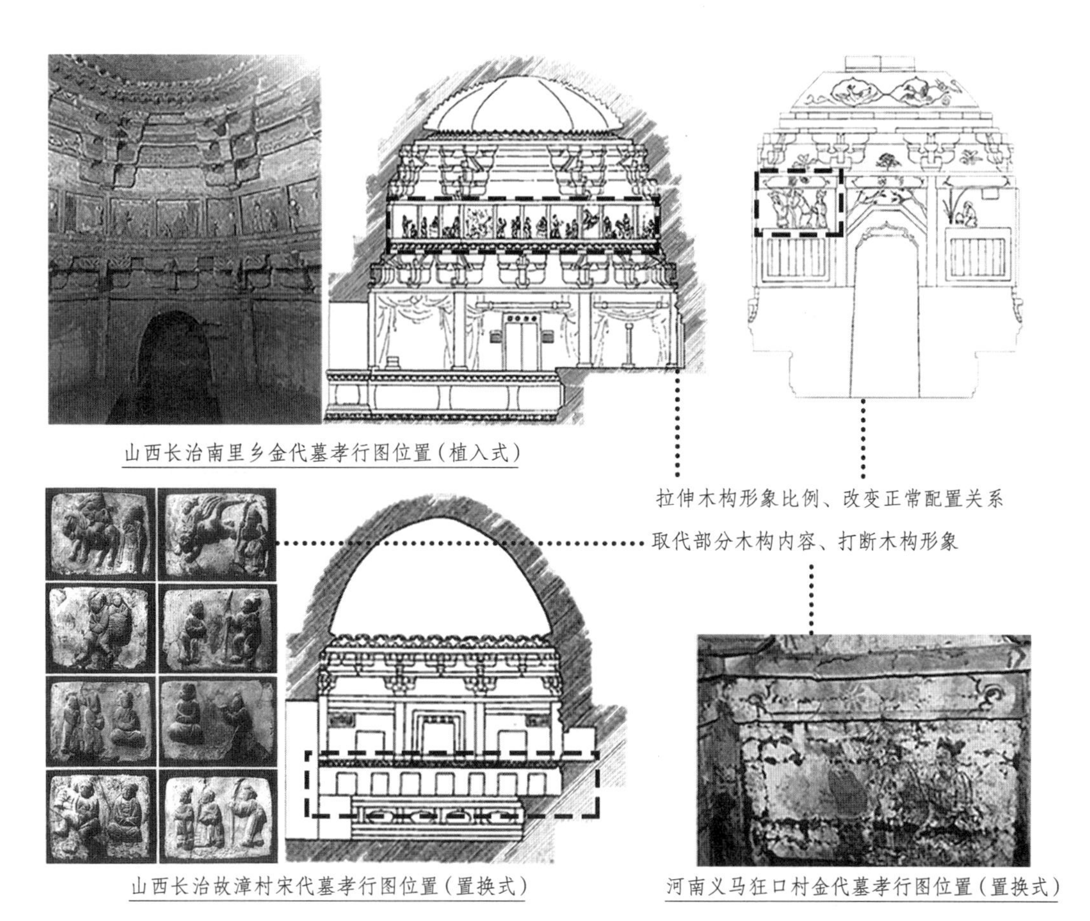

图3.15 孝行图像分布及其影响仿木内容的方式示例
（图片来源：引自参考文献[20][175][272]）

间，留出的空白即可安放“添缀”或其他图像，使得整幅壁面可被看作由立柱、横枋反复截割后的分格画框。巫鸿在分析中晚唐壁画《降魔变》时提到：“像北周壁画那样，画卷的设计者十分注意这一超长画面的内部分割，整个画面由若干‘格’组成，这样随着画卷的逐步展开，其不同的场景就会一段接一段地展示给观众。……画中若干棵树的作用，并非与故事内容直接相关，而是用来将画面分为六个部分，每部分表现一次斗法。”① 这种处理长卷的手法同样被用在墓壁装饰中，逐段均匀排列的柱额为画面提供了“分镜”效果，而连续的铺作层、屋盖层又将不同“故事”汇装成“册”，便于连续阅览，由此形成了一种粗略的叙事模型：以“基底”围出格框，以“添缀”点明版心重点，其间填充以雕砖、壁画表现的人物形象，形成完整情节。

（二）叙事层面

砖墓中的仿木形象可以用于揭示设计意图，这种审视在一定程度上甚至可以是定量的，为此需关注两点：其一是壁面中仿木形象与人物场景两类要素的占比，它反映了造墓人更侧

① （美）巫鸿（著），郑岩等（译）. 礼仪中的美术——巫鸿中国古代美术史文集[M]. 北京：生活·读书·新知三联书店，2016.

重“容器”还是“内容”；其二是单元的种属及其配置方式，由立柱、横枋等仿木构件框出的“画面”更具独立性，最终形成何种格套，是非常具体和个性化的历史选择，但仍能从叙事图像在仿木框幅内的分布方式揣测古人是如何权衡的。

1.北朝壁画墓的“叙事模式”

北朝墓葬中的仿木要素尚较零散，壁面绘饰的内容大多展现墓主生平，或夸示仪卫，同时所有图像均呈现出强烈的向心性，共同指向墓主之位。以2000年发掘的太原徐显秀墓为例①，墓主为北齐成帝朝武安王，墓制颇高。斜坡墓道连接甬道后通向弧方形墓室，壁上满绘图画：北壁为宴饮图，画中帷帐高悬，墓主夫妇执杯端坐在床榻之上，伎乐执盖捧杯侍立一旁；西壁为备马图，家将执旗、捧印、持扇、佩刀，张罗伞盖牵拉骏马；东壁为备车图，侍女、丁仆簇拥在轩篷牛车前后；南壁正中辟墓门并封砖，两侧为东、西壁上内容的延续。几处壁面自成场景，但也彼此呼应——墙上为“北风”卷掣的王旗跨越了东南、西南角隅后延展如一，以示室内“风月同天”；而弥漫于人物间隙、随风翻覆的天莲花也在周壁顶部围出一道闭合的饰带，同样强调了不同画幅间的呼应关系。巫鸿在解析敦煌（晚唐）第196窟“劳度叉斗圣变”时称，画匠在分割超长幅面时，除利用母题之“格”外，也时常借助一些“相当先进的视觉手段，如在接近每部分的末尾总有一两个人物转过头去面向下一个场景”②，来人为划分段落。在徐显秀墓中，则是借助各壁上的人物动作、眼神来造成跨界联动，譬如西、北壁上对望的仆从、侍女及守望东壁仪仗队伍的黄衣人物等，正是这些画中人物的目光汇聚出解读图像的直观线索，它与有形的王旗、天莲花一道，将所有图像连缀成整体，使得叙事连贯、氛围统一。而在建造年代相近的朔州水泉梁北齐墓③中，工匠已不满足于像徐墓一般，仅以连续长卷的形式表现近景（迫近视野以突出“现场感”，从而突出空间“一元性”），而是“在墓室壁面和甬道壁面的空白处绘制五六人一组的远景马队仪仗”④，这反倒使得“主体人物和远景马队搭配，主次分明，相得益彰”，显然，人眼会因壁面上兼有远、近景而将其自动识别为具有景深的立体影像，与徐墓相比，此墓在观者与图像间又“隔了一层”，且在图像外缘绘制封闭的红色线框，而非直接将画卷贴敷壁上，边界更为明晰，视觉层次更为丰富，这都进一步强化了它的“图绘属性”（图3.16）。

巫鸿在《黄泉下的美术》中详细阐明了传统墓葬中如何标识墓主的二元存在（形骸与灵魂），大抵来说，棺椁之类的葬具占据了大部分平面空间，而灵座、牌位、影真等“魂器”则主要集中放置在立面上（也包括了为表现灵魂“在场”而制造的仿木“添缀”内容，它们

① 常一民，裴静蓉，王普军.太原北齐徐显秀墓发掘简报[J].文物，2003(10)：4-40.

② (美)巫鸿(著)，郑岩等(译).礼仪中的美术——巫鸿中国古代美术史文集[M].北京：生活·读书·新知三联书店，2016.

③ 渠传福，刘岩，霍宝强，张慧敏，王丹，厉晋春，王瑞华，张海源，孙文俊，王啸啸，王保金，孙先徒，尚珩.山西朔州水泉梁北齐壁画墓发掘简报[J].文物，2010(12)：26-42+1.

④ 简报的解释是“因受墓葬等级等因素的限制，在墓道中并未绘制大型的仪仗队伍”。

山西太原北齐徐显秀墓壁画展开图（局部）

山西朔州水泉梁北齐墓壁画展开图（局部）

图3.16 北朝壁画墓“叙事模型”示例
（图片来源：引自参考文献[274][275]）

指向一个穿墙透壁直达幽冥的深向空间，留在壁面上的仅是其投影）。更进一步解读的话，魂、魄各自的呈现方式还代表了墓室中的虚拟与真实空间：棺床和葬具自然是放置在墓室中的三维实体，壁面上的仿木形象则具有从实在向虚无过渡的无限可能（如启门、窥窗之类的图案本就是为了引发对无尽空间的联想，而柱额、枓栱等仿木构件所欲表达的建筑“原型”，也是一个内里空虚的框架结构），这当然引发了向壁后继续延展的空间假设与视觉张力。由此看来，徐显秀墓的场景选择和人物刻画透露出画里画外同处一个维度的意味，壁面如同一层玻璃，人们观看图像的同时也在被画中人审视，这个镜像空间是没有层次差别的，整个墓室处于一种视线相互渗透的混沌状态。相较而言，无论初衷如何，水泉梁墓在添加了远景仪仗后，都使得图像自身形成了一个完备的三维空间，那么它与墓室的关系自然被区分开来，壁面如同一幅荧幕，幕中别有洞天，双向的看与被看关系变成了单向的表演与观看，用粗线模仿柱额涂出的封闭画框更是阻绝了画中与画外的视线交流，观者如同躲在暗处窥探另一个世界，而具足圆成的“片中人”只是在永恒中凝固了身姿，并不关心被谁看到。

2. 隋唐壁画墓的"叙事模式"

宿白在为长安周边的贵族墓分期时，依据墓室布局和壁画主题析为五个阶段，仿木壁画墓在第二、三期集中出现：从阿史那忠墓以立柱横枋组成"画框"，到李凤墓在框上加绘重栱，再到李寿墓在影作柱框间加入仆侍、花草图案……伴随着仿木形象与其间人物场景的不断丰富，壁画的叙事重心也在不断调整。以1971年发掘的懿德太子墓为例①，前后墓室均为弧边方形、各面三柱两间，自下而上绘出地栿、立柱、阑额、铺作、撩檐方等构件；前室西壁北侧绘有持物侍女七人、其余拱手，南侧与之内容相似，东壁南、北侧亦各绘出七名侍女；后室内石椁贴靠西壁，仅在东、南、北壁上绘画，其中东、南壁各绘侍女九名（南壁上有三人为着男装伎乐），北壁则与前室相近；甬道两侧混合了侍奉与伎乐图像。这种构图方式与同期的章怀太子墓、永泰公主墓②及稍早的韦贵妃墓基本相同，具有如下共通点：①相较北朝大墓中以众多人物环绕墓主肖像、营造弘阔场景的传统，唐墓壁画更倾向于表现人数较少但身份更亲密的多组侍者，以细致表示墓主丰富多彩的地下生活；②壁面的主流处理方式，也从北朝连续绘制的"长卷"转为以影作柱框分隔的"册页"，同时导致壁画内容发生改变（封闭画框利于表现人物组团，不利于展开大幅场景）；③唐墓中限定画幅边缘的"线框"在整个画面中的占比越发重要，在被赋予木构外观后，又获得了额外的标示空间场域的功能，突显了墓室的"宅院化"特征；④北朝墓室壁画因构图连续，画中侍从多呈现端坐、伫立的静止姿态，占据合适位置以拱卫墓主（这与身形朝向或步履动作无关，主要是指人物间的呼应关系），而唐墓壁画"图幅"增多，画框"仿木"化后促使人物形象处于流动态势，似乎延续了生前为墓主奔走的样貌（墓主形象缺席也使得人物姿态"多中心化"）。

要之，北朝墓中的两种观看传统在隋唐壁画墓中继续发展，只不过画框从抽象的纵横线条演化为具象的仿木杆件，而仿真程度的激增又刺激着观者不断地具身感知，加之墓主"缺席"而随侍"在场"，这种矛盾性将墓室彻底变成一处"意识迷宫"，虚位以待的主壁、栩栩如生的"间架"、行走其间的人物，都带来了不可抗逆的代入感，进入墓室后的视觉体验已从单幅静态图像变成多帧连续动画（图3.17）。

3. 辽宋金仿木砖墓的"叙事模式"

在墓葬仿木的漫长历程中，以构件"影射"空间的做法是一种早熟的传统（如曾侯乙墓棺椁用门窗形象暗示其与房屋同构），但这些构件形象零散、孤立，难以表达复杂节点，也未能如唐墓中的彩绘柱额般形成连续、全套的饰面要素，"木框架/空间+独立人像/行为"的叙事模式自然无从谈起。唐末五代以后，随着砌筑技艺的飞速提升，装饰壁面的趣味逐渐向拼砖、雕砖仿木的方向转移，且不乏在精密拼装的砖壁上加覆彩绘，以求进一步模拟

① 李重润为唐中宗李显嫡长子，大足元年（701年）因非议武后遭杖杀，时年十九，神龙二年（706年）追封为懿德太子，陪葬乾陵。见：陕西省博物馆，乾县文教局唐墓发掘组. 唐懿德太子墓发掘简报[J]. 文物，1972（07）：26-32+70-71+75-76.

② 王策. 从唐永泰公主墓室壁画谈起[J]. 美术，1962（01）：51-52+70-72.

山西忻州九原岗北朝壁画墓

陕西乾县唐永泰公主墓壁画

图3.17 北朝与唐墓壁画“流动性”比较
（图片来源：改自参考文献[257][277]）

木构（彩画与帐幄）的实例，这也促使工匠在表现“仿木框架”和“填充内容”时都取得了长足进展。

就“仿木基底”来说，唐墓（及大多数早期辽墓）尚且只能粗略做出立柱、横枋和简单（不出跳）铺作，大多数情况下还不会模仿椽、瓦，只是用菱角牙砖示意性地模拟出檐部分，而从北宋开始，工匠已具备足够的能力和意愿去进一步细化檐部与屋盖细节，出现了模仿椽飞头与筒瓪瓦的特制砖件，仿木对象的上部形态终于发育完全，这也使得砖壁的主次和“内外”关系彻底明确[①]，且促使仿木要素在整个立面范围内扩散，实现了对台基、柱框、铺作与屋盖的完整表达。至于“仿木添缀”，除了增添更趋细致的门、窗、桌椅外，人物形象的绘制也回归北朝传统，夫妇像再次出现（虽然用途已发生改变），柱间“等身”的侍从也被更丰富的场景（如散宝、添灯等）取代，生活情趣更为突出，墓室“地下居所”的意味更趋完整，写实的建筑形象和传神的人物行为丝丝相扣，共同构成栩栩如生的彼岸场景。

从上述案例中，我们或可管窥北朝至宋金间砖墓叙事模式的大概脉络：早期的墓葬重在表现墓主对生产生活资料的占有，绘出被部曲侍从簇拥的形象是为了在墓中“永受祭享”（如在北齐娄睿墓、徐显秀墓中所见），是否单独表现“画框”则反映了不同的营墓导向，无框时令人感到身临其境，用框时则拉开了情感距离，形成更复杂的视觉关系；入唐后，画框从装饰性色带变成柱额枓栱，使得木构形象与砖砌空间彼此融合，回应了既要“事死如生”又需“死生有别”的诉求，且仿制的木构建筑具有多个开间，将原本包覆周壁的大幅图像分解成四处“游走”的动态场景，将众星捧月的群像也分散到不同开间之内，促使“单一叙事”向着“协作叙事”的方向发展。要之，唐宋砖墓饰壁要素的极大丰富，不仅意味着仿木意图日渐明确，也与仿木“基底”“添缀”及叙事图像在壁面中的占比增减紧密关联，三者的主次关系始终随着观念替转、人事代谢而参差变幻（图3.18）。

① 仅凭绘出的柱额和铺作尚难以区分所欲表达的到底是建筑正面还是侧面，尤其在等级较低、只用耙头栱时，更是缺乏出跳构件判断墓室空间对应于室内或是室外，在加入屋檐后空间意旨变得更加明确，一方面壁面只能与建筑外立面挂钩，另一方面山花等内容的加入也明确了四壁孰为正面。

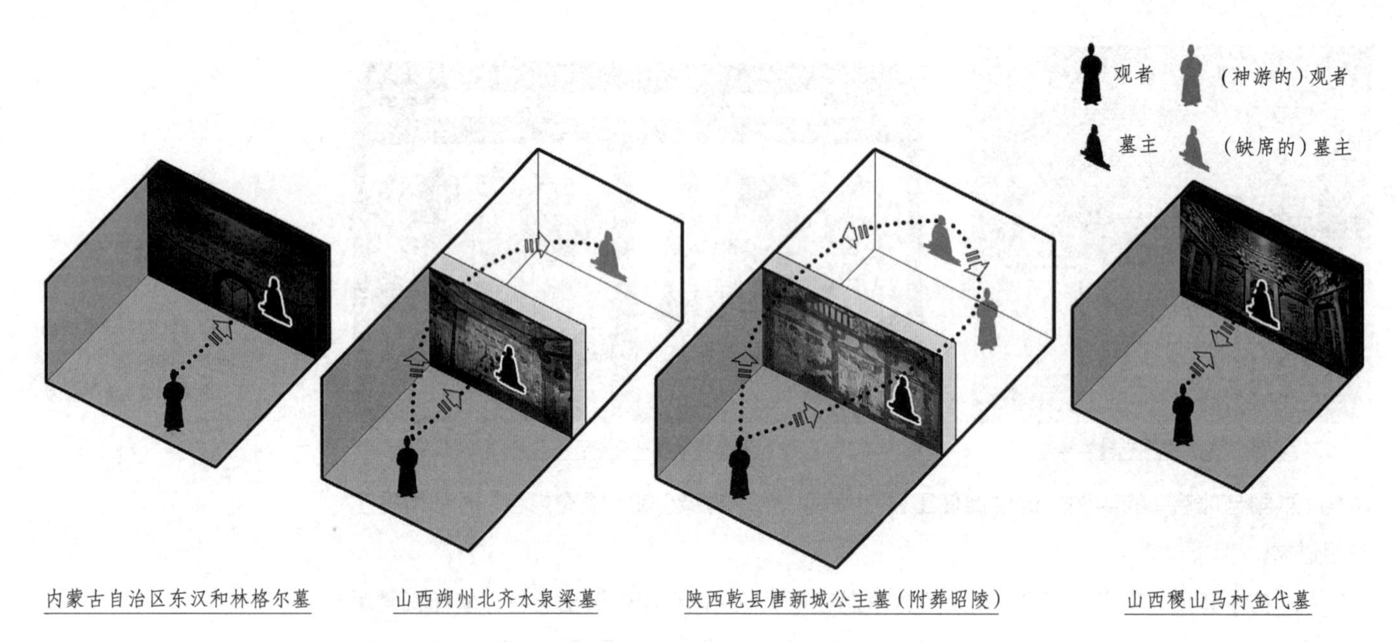

图3.18 汉魏至唐宋墓内“观看”关系演变情况示意图
（图片来源：作者自绘）

3.5 变形与修饰——“仿木误差”的矫正机制

（一）仿木形象的纵向错动——壁、顶面过渡

从“仿木基底”的类型可知，壁面上的木构形象存在两种分布方式：其一是以墓壁为限，分层附着在垂直面上；其二则越过壁面上段，继续向上延至墓顶（图3.19）。在实例中，前者无疑更为普遍，后者因需做出屋盖形象（哪怕是局部的），故较为少见。影响仿木要素越过壁面向顶部延展的要素大概有如下几点：与棺床匹配的需要、特定母题饰面砖上移的需要、物形控制（整体比例）的需要以及（要素自身）竖向分层的需要。

1. 棺床的影响

棺床的特殊性在于，它被实砌成不可移动的一块区域，往往与壁面下部的仿木台基连为整体，从立面形象中扩展出立体体量，使得“仿木基底”的下部形成连续的水平分层，而留给上部的“画幅”更加捉襟见肘。在平面分间幅度相对固定的前提下，唯有向上方拓展界面，将充作仿木基底的铺作、屋檐、屋面等内容上延至墓顶，才能保证仿出的建筑比例不致过于失真。除了在墓室地坪上单砌出台基，使得仿木形象被动上移、仿木要素“溢出”壁面（如新安宋村北宋墓）的做法外，也不乏截断棺床与壁上台基关联、使之无需共动的例子（如洛阳关林庙宋墓）。

仅附着在壁面上
山西繁峙南关村金代壁画墓剖面图

向上延展至墓顶
山西长治南沟金代墓北壁

图3.19 选例中墓室仿木基底附着方式占比与例举
（图片来源：改自参考文献[278]）

2. 孝行图像的影响

装饰性的雕砖往往自成体系，特出于“仿木基底”之外，它在墓壁上的位置同样影响到仿木形象的上移趋势，最典型的便是孝行图。这类母题多被处理成规格统一、排列有序的组图形式，环绕壁面形成闭合饰带，在壁面上切割出一条与建筑形象无关的水平层。以沁县南里乡金墓为例，因周圈使用仿木台基，其建筑形象已被上抬至超过壁、顶交界处，在上、下檐间额外插入一圈孝行图后，这种“超限”的趋势愈发明显。当然，越过壁面的限制后，上檐内容获得了更广阔的空间，得以施用较下檐更加高级的五铺作与双重椽，从而真实再现了木构建筑上檐较下檐枓栱多一跳、用材高一等的规定。在另一类案例中，工匠选择了不同的安放策略，如在元祐二年（1087年）建成的壶关南村宋墓中，二十四孝雕砖被打散后分配到壁面门窗两侧，从而在“仿木基底”内部（确切说是在柱框层间）消化了原本完整的“饰带”，也就化解了建筑形象被整体抬高或切割的问题。相似做法也在长治故漳村宋墓中出现，工匠将“饰带”镶嵌进了棺床正面，同样化解了竖向构图遭到“非建筑”的孝行图像打破的困局（图3.20）。

3. 仿木形象的影响

墓壁与墓顶上的仿木形象往往各行其是，前者表现的“建筑立面”是扁平、局部悬出的，基本是以平砖为主砌出；后者则需起券或叠涩，呈现出扁壳面或多重方井内收的样貌，很难彻底融汇，能够合理过渡已属难得。举新安宋村北宋墓为例，该构平面方形、隅部砌出抹角砖柱，除柱头外，每面再出正、斜补间三朵，总计十六组枓栱的挑出部分皆指向顶心，连撩檐方后即得八角井（此鬭八为几何放线求来，而非按照勾股比算得），其上以菱角牙子接叠涩砖十余层后封顶，仰视时颇有仿木枓栱逐渐抽象后延伸为顶的感受，算是壁面与墓顶

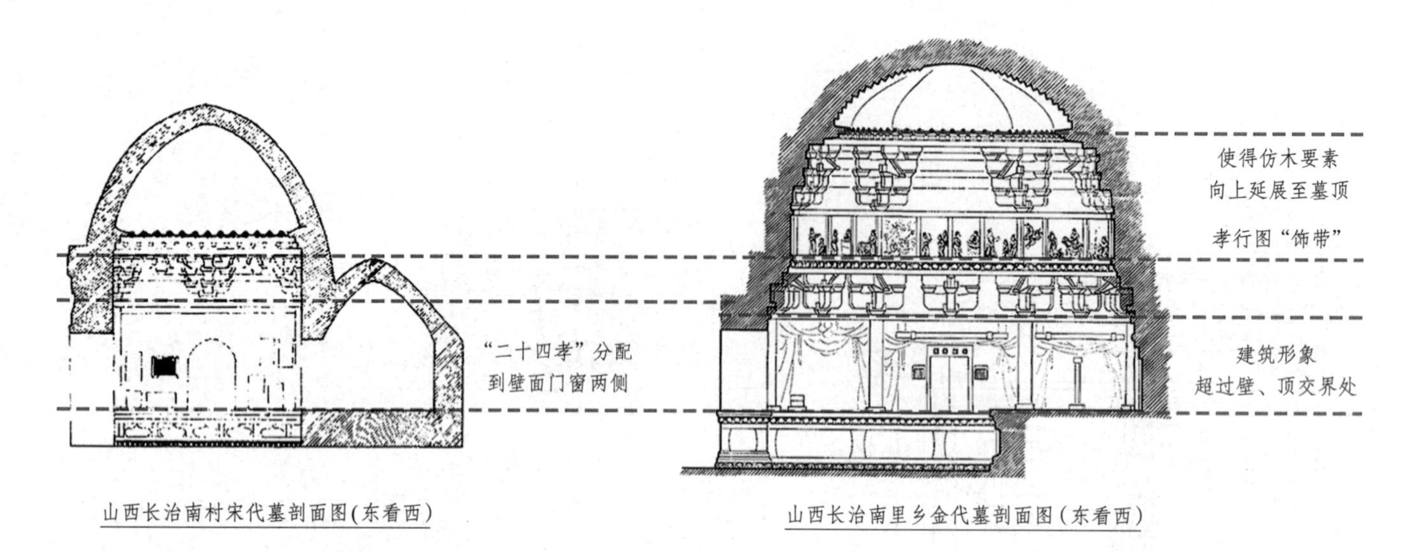

图3.20 孝行图“抬升”仿木形象示例
（图片来源：改自参考文献[20]）

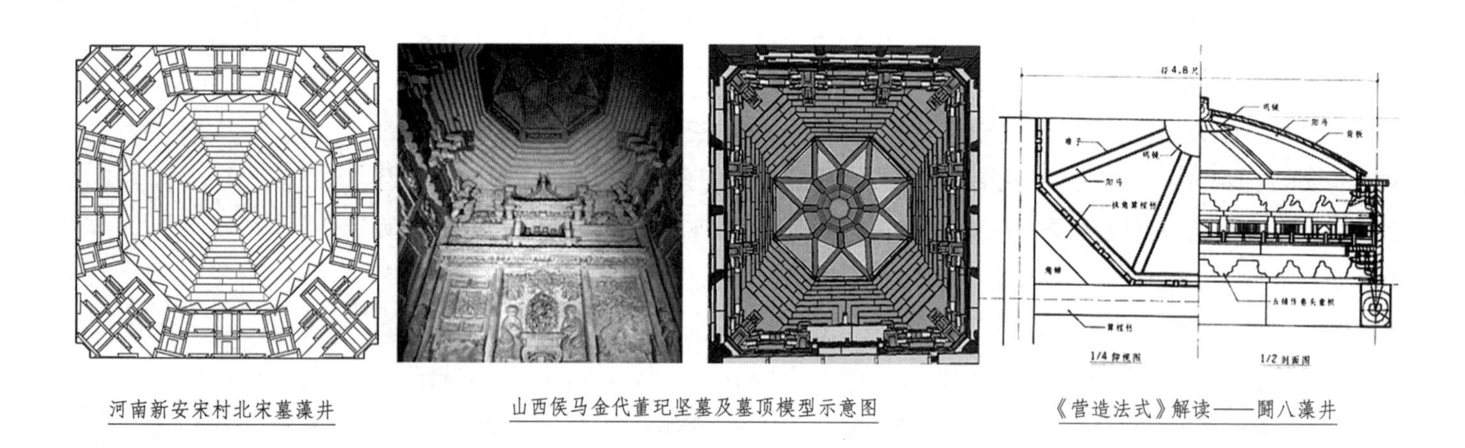

图3.21 仿木铺作“跨越”壁、顶边界示例
（图片来源：宋村墓藻井引自参考文献[108]，鬭八藻井引自参考文献[279]，其余作者自绘）

自然过渡的一个佳例。在此意义上说，仿木构件的纵向分层方式也能成为促使“仿木基底”跨越壁、顶边界的一个原因（图3.21）。

（二）仿木形象的横向延展——壁、顶面转折

1.设转角铺作的情况

墓道、墓门、甬道、墓室之间，基本保持着对位（或局部错缝）关系，这就形成了明确的轴线，当轴线旋转或平移后，墓壁便具有了对称性。当然，正多边形墓室中的各处壁面天然地具有高下之分与相互配合的需要，而门窗形制、枓栱等级之类的形象要素更放大了这种差异。北宋的仿木砖墓大体包含直方形、多角形、圆形、弧方形与船形五种墓室形状①，其

① 赵明星.宋代仿木构墓葬形制研究[D].长春：吉林大学，2004.

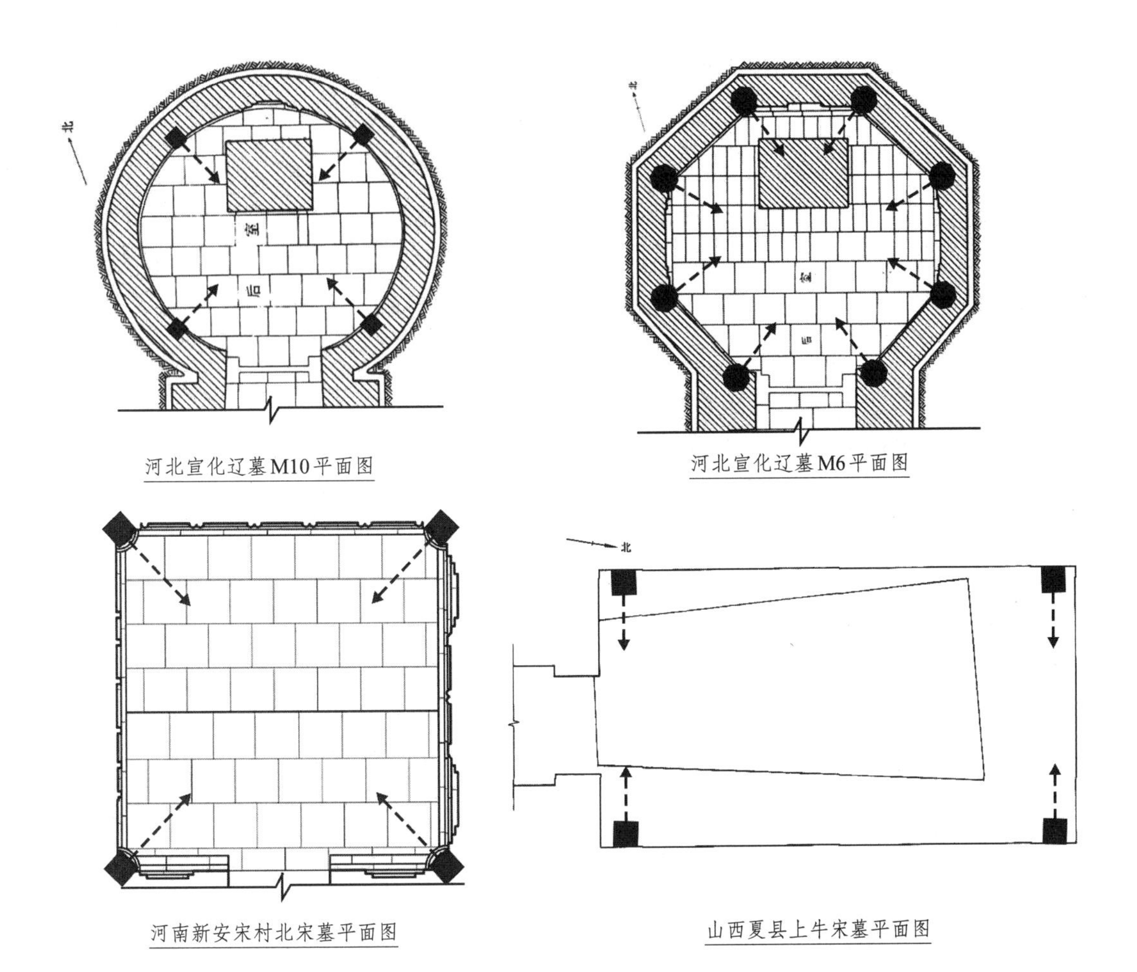

图3.22　以转角铺作控摄墓室的情况
（图片来源：改自参考文献[16][108][118]）

中：圆形墓室无需分间[①]，附于壁上的仿木内容无论怎样布设均可环形闭合；而对于多边形或直方形墓室来说，就要面临如何定位角柱、调配长短边比例的问题，只有预先确定角部法线走向，才能保证平面设计合理、适度。当工匠在相邻墓壁的折缝处敷设转角铺作时，自然要保持木构转角处三向出跳的特质，这就使得枓栱突破了壁面的制约，获得了真正支配三维空间的"立体性"——与仅垂直于单面墓壁的补间枓栱（或仅顺着墓壁展开扶壁栱、不沿法线出跳的柱头枓栱）不同，角柱头铺作已能连续控制相邻两壁，且向其夹角延伸，已是三面成体、能够深度呼应墓室的空间格局，也足以确保各道壁面在任意视角下都能维系"仿木基底"的完整性（图3.22）。

2.不设转角铺作的情况

在一些墓室中，或因空间局促，或怕砌筑麻烦，总之基于不同的原因，工匠刻意避开了角柱头铺作，如夏县上冯一号金墓，其平面长方形，坐东朝西，东壁被双倚柱分作三间，

① 实际营造时当然会借用绘制或隐出的柱额来表示"间"的概念，但其分配方式是灵活的，并不受壁面转折关系制约。

柱头置双昂五铺作（西壁已毁，配置应相同），南、北壁则利用门窗而非立柱分间，以普拍方上的三朵单杪单昂五铺作将通面阔匀分成四等分，已无法判断表达的是“中柱分两间、各用单补间”，还是“双柱分三间、仅心间用单补间”，抑或就是“不分间、用三补间”的意象。无论如何，相邻两壁的结合处既未设角柱，也没有转角铺作衔接过渡，显然在设计时并未将四处壁面视作必须接续的整体，而是各自为政，仿佛在表达四座彼此分开的两坡屋（图3.23）。

山西夏县上冯一号金代墓东壁枓栱

山西夏县上冯一号金代墓室内景

山西夏县上冯一号金代墓东壁立面图

图3.23 无转角铺作、墓壁不相连属的情况

（图片来源：引自参考文献[118]）

（三）仿木空间的轴线建构——“方位感”的赋予

营造工作始于辨方正位，而“择中”又是组织轴网的首要原则[①]，在同组建筑或同一建筑的不同部位间，居中者的体量、形制、材等势必高于两侧，墓室中的仿木形象亦不能自外于此规律，其主动配合因应轴线展开自我调节的方式颇多，姑举两例说明。

1. 对开间分配的影响

间数与间广是彰示建筑等级的重要指标，不同于木构建筑，仿木砖墓的开间是人为标识的，并非结构上的必然（整幅壁面的构造关系并不会因外观分间而改变），其中一些“异常”的表现更能反映独特匠心。以义马狂口村金墓为例，该构坐南朝北，长方形墓室的东、西壁长2.55m，南、北壁宽1.65m，南壁虽较窄迫，却被处理为四柱三间，明显超过三柱两间的东、西壁，这意味着在标示壁面主从关系时，间数的权重超过了间广，以此违反视觉和谐的做法来强化墓室的主要朝向（图3.24）。

2. 对构件形制的影响

枓栱是最具“样式敏感性”的构件，是建筑等级变化最有效的风向标之一[②]，同一案例中不同枓栱的样式分化，颇能反映工匠对于各处空间等级高下的认识。在井陉北防口宋墓中[③]，仿木倚柱将圆形壁面分作六段，位于轴线末端的北壁间广超出其余各面，对应的瓦垄数量也更多，主从关系分明；同样的，虽各柱头均为重栱造，各处补间翼形栱却存在区

图3.24 轴线关系影响开间分配的情况
（图片来源：改自参考文献[272]）

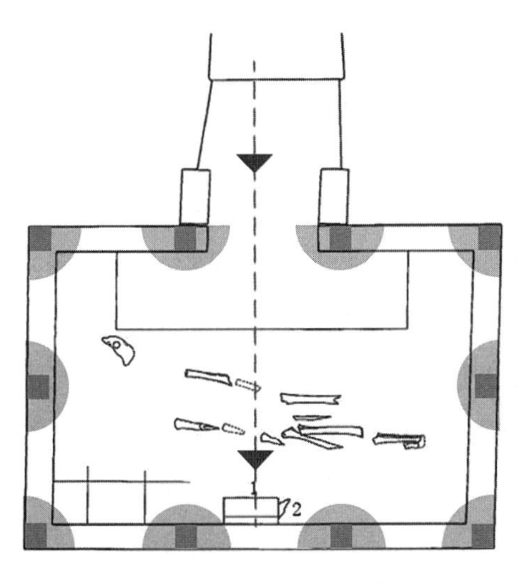

河南义马狂口村金代墓平面图

河南义马狂口村金代墓南壁立面图

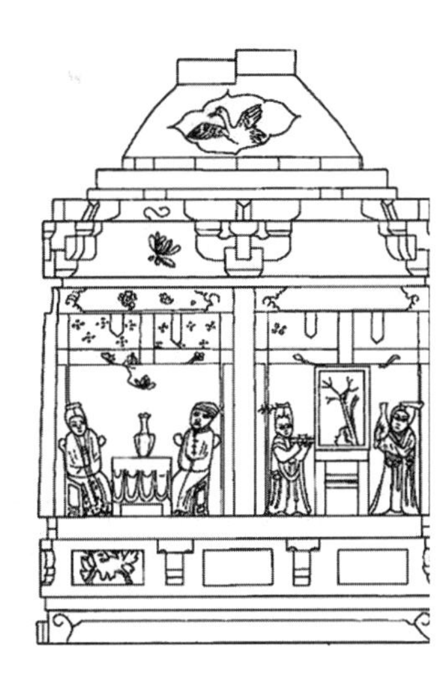
河南义马狂口村金代墓西壁立面图

① 如《吕氏春秋·审分览·慎势》称“古之王者，择天下之中而立国，择国之中而立宫，择宫之中而立庙”，《尚书·禹贡》从中央向四方划分五服，《管子·度地》主张“天子中而处之”，无不将关键要素置于中央。

② 徐怡涛.文物建筑形制年代学研究原理与单体建筑断代方法[A].王贵祥（主编）.中国建筑史论汇刊（第贰辑）.北京：清华大学出版社，2008：487-494.

③ 郝建文，黄信，胡强，毛小强，原璐璐.河北井陉北防口宋代壁画墓发掘简报[J]文物，2018(01)：47-57.

别[①]，使得北壁的中心性再次突显。在元祐二年（1087年）建壶关下好牢宋墓中，东、西壁上各用两朵柱头、一朵补间单杪四铺作，北壁虽仅以单栱素方充补间，但两侧柱头用到五铺作单杪单昂，显然有强化主立面的设计意图（图3.25）。

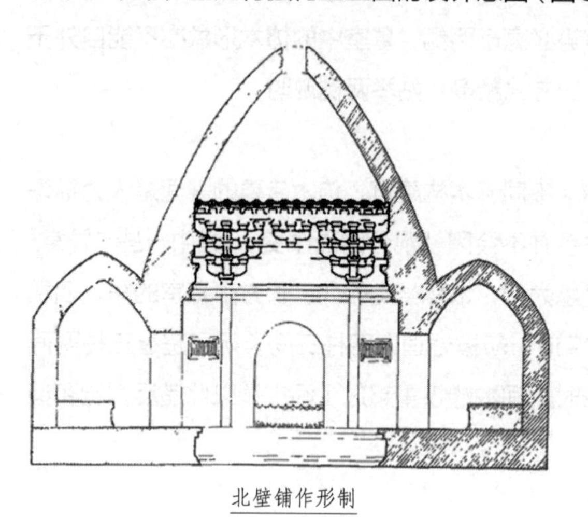

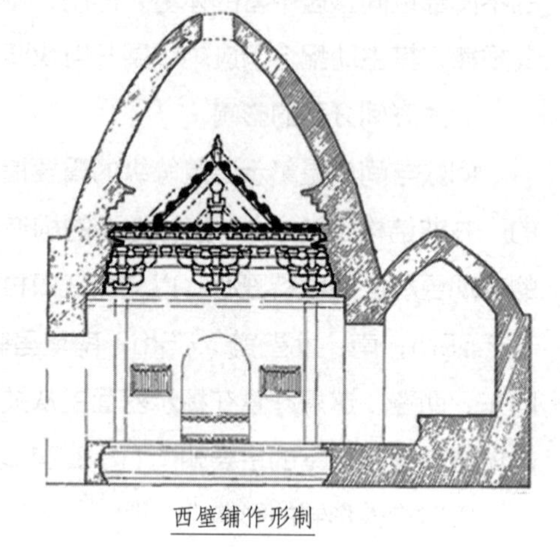

图3.25 构件形制标识空间主次的情况（山西壶关下好牢宋墓）
（图片来源：改自参考文献[269]）

（四）仿木形象的景深建构——单元的连续性问题

站在形式分析的立场上，空间关系可被看作视觉感知的内涵（以及图像再现的手段），即所谓“视觉空间”对于错视效果的深入认识和透视技术的发明，都使得图像不断突破维度桎梏，这种从平面向空间的景深转化，正是“仿木基底”装饰墓壁的作用机制。巫鸿举宣化辽代张文藻夫妇墓为例[②]，提出墓壁上“似木非木”的做法象征了墓主从生到死的转变，仿木装饰使得墙体从粗砺、封闭的结构基面超脱出来，成为一种细腻的“开放”立面，为墓室空间提供了额外的、想象的深度。

在墓室的（出）入口处，壁面上的仿木形象与墓室空间呈现出剧烈的尺度冲突，这里也是周壁仿木要素产生种种变异和打断关系、继而造就景深感的关键位置。为便于讨论，统一将墓道尽头以门楼形式呈现的入口称作“墓门”，而将甬道与墓室衔接处的入口称作“墓室门”。因牵涉具体的下葬方式，这几种尺度间是彼此关联的，考察门、道、壁面的尺度与仿木内容的比例关系，即可大略窥知工匠是将墓穴与仿木形象视为有机整体，抑或彼此独立的拼合单元。具体来说，若“仿木基底”与墓室门的尺度、样式保持一致，则可视作同套大、小木组合；反之，若墓室门打断了壁面上连续的仿木形象（尤其是铺作、额枋之类横向展开的要素），则可视作互不相关、各成一体。实例中两种情况都可看到：后者如大同许从赟夫妇墓，其拱券甬道的末端被辟作墓室门，门洞宽度等同于一个完整开间，高度也越过了砖砌

① 北壁自下而上表达“皿板－栌料－替木－散料－翼形栱－散料”，其上缘与柱头铺作齐平，其余各壁上补间却止于下层散料，较前者缺少上层翼形栱与散料，高度较低。

②（美）巫鸿（著），钱文逸（译）.“空间”的美术史[M].上海：上海人民出版社，2018.

（仿木圈层被甬道洞口打断）

山西大同辽代许从赟夫妇壁画墓M1剖面图

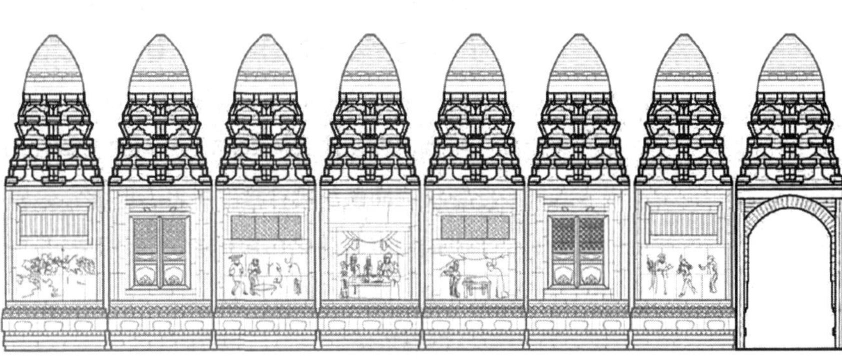

（仿木铺作抬升至墓顶层，避免被墓门打断）

河南新安北宋宋四郎砖雕壁画墓

图3.26 以构件连续性突出景深的情况

（图片来源：改自参考文献[280]）

的门户形象，这导致原本连续、闭合的仿木圈层被实用性的甬道洞口打断，工匠显然没有通盘考虑构造与装饰的关系，未能有效调整仿木基底使之适应开洞的功能需要；前者则如新安县石寺李村宋四郎墓，由于墓室门较高，为避免与壁上砖砌铺作相犯，工匠干脆把铺作整体抬升到墓顶中下部，这样做既保证了铺作、额枋的连贯，又维系了墓室门与其他影刻门户的尺度统一，还造成了铺作向前悬挑伸出的动势，可谓一举三得①（图3.26）。

（五）立面调控与视线引导

当我们谈论墓室的空间实质时，主要谈论的是其“虚实”“内外”关系。简单来说，前者相互渗透，主要藉由门窗等通过性要素暗示；后者同构对立，需提取壁面信息、确定观看者与被看对象的位置关系后确定。

1. 屋盖完整性调控

“大屋顶”素来被视作我国古代建筑的基本特征之一，辽、宋、金遗构的屋盖层几乎能占据建筑总高之半，但在同期的仿木砖墓中，这项取值却极少超过5%（远低于北朝石窟浮雕及壁画中的殿宇形象），甚至过半的案例都没有主动表现屋盖的意图。这种对屋面的极端削弱还体现在构造信息不完全上，如缺失屋脊与吻兽。总的来说，墓葬中的屋盖形象可分为三种情况：

（1）弱而不绝

此时，屋盖要素齐全，尺度却极为失真。郑以墨在讨论仿木砖墓的空间表义方式时提出“画工通过仿木建筑与星象图、升仙图的组合，巧妙地实现了仿木建筑与穹隆顶的自然衔

① 墓室门势必打断壁面仿木形象中的台基部分，因此在谈论相关尺度时，仅考察其与壁面上诸门户的上皮是否齐平、横宽是否相近。

接”[①]，从构图角度解释了仿木形象与墓葬结构的顺应关系。舍此而外，也应认识到前者横向分割界面的能力，这对于理解工匠如何展开空间分层操作是至为关键的。巫鸿认为：“在穹顶成为室墓的主要特征之后，这一建筑形式和星象图相得益彰，一起表现了中国古代天文学中对天穹的独特体察——‘盖天’。”[②]将屋顶视作对天界的暗示，工匠完整再现并极限压缩屋顶，是为了在灵魂居所与高不可问的天穹间划出一条“边界”。墓葬蕴含的不同界域间并非舍此逐彼，而是兼收并蓄的关系，因此，分界的“线条”是必要的，却也不宜太过泾渭分明，工匠借用经过弱化（形象完全而比例失真）的屋盖充当人间与天上的边界，或许也有这方面的考虑，是为“弱而不绝”。

（2）存而不全

这是对前一种情况的修正与补充：作为整个屋盖层中最典型的线形要素，屋脊为观看者提供了连续分割界面的视觉动力，它在隔绝仿木形象与穹隆天幕方面的作用是绝对的、无可取代的；也正因此，当屋脊与其两端的吻兽消失无形，屋面形象也就随之获得无限延展的可能，从而更加自然地消融于墓壁“背景”中，直至与墓顶衔接，而连续平行密布的瓦垄、檐椽则强调了竖向构图，带来如哥特教堂般升腾向上、与天为党的态势。通过局部地消隐、削弱屋盖完整性，强调墓主与天的连接，或许是“升屋招魂”“羽化登仙”之类观念的下意识延续，这是“存而不全”。

（3）消弭无踪

这种做法服务于空间翻转的需要。当在壁面上刻画屋盖时，整个仿木形象无疑已被定义为外立面，这使其围合的墓室空间成为一处“院落”。反之，当屋面消失时，墓室的空间指义也就转向了室内。“说到中国建筑，大屋顶是令人难忘的，台基也是令人难忘的”[③]，屋盖、墙壁与台基在结构功能之外，同样肩负着调整立面构图、调度空间体量、调配等级秩序的作用，若将房屋的上、中、下分对应三才，那么墓壁上对标天、地要素的屋盖、台基形象消失，只能意味着观者进入了彻底为人而设的室内空间（图3.27）。

视线引导的方式也可粗略分成纵向、横向两途讨论。

2.构件高度调控

按《营造法式》规定，“立基之制，其高与材五倍”，又“柱虽高，不越间之广”，在较为正式的双补间时，每间的标准长度在300~375分°，约合台基高的4~5倍。但考察实例后发现，仿木形象中台基与柱子的高度比集中在1-1/4区间，与木构“本法”相去甚远，因此，要么是台基被大幅拉高，要么是柱子被极度压缩，或者兼而有之，而枓栱与台基的铺砖层数基本相当，这意味着整个立面构图中最先发生变化的当是柱子。以修武大位金墓为例，

---

① 郑以墨.五代墓葬美术研究[M].台北：花木兰文化出版社，2014.

② （美）巫鸿（著），施杰（译）.黄泉下的美术：宏观中国墓葬艺术[M].北京：生活·读书·新知三联书店，2016.

③ 侯幼彬.台基[M].北京：中国建筑工业出版社，2016.

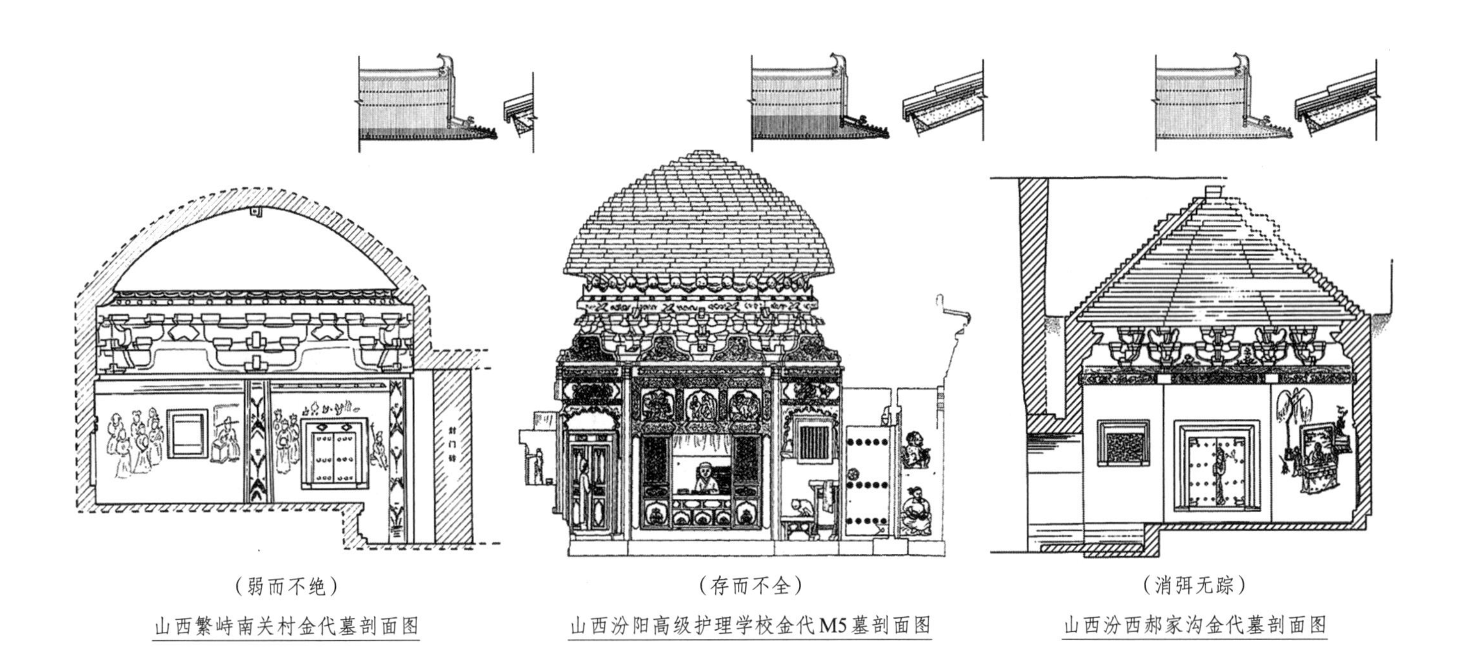

（弱而不绝）
山西繁峙南关村金代墓剖面图

（存而不全）
山西汾阳高级护理学校金代M5墓剖面图

（消弭无踪）
山西汾西郝家沟金代墓剖面图

图3.27 仿木砖墓中处理屋盖完整性的方式示例
（图片来源：改自参考文献[68][243][280]）

其壁面上的须弥座式台基共分15层、高0.74m，约占仿木建筑总高之半，而抹角倚柱仅高0.32m（即便将普拍方算入后也才0.37m），只占立面高的三分之一不到。工匠在分配各部时完全违背了木构建筑正常的竖向比例关系，背后必然存在强烈的动机，一个可能的解释是为了与杂剧内容匹配——墓中的伎乐与侍从像均浮雕在300mm×150mm×45mm的砖身上，可视作一种特殊形式的“墓俑”，它们被置于壁面倚柱框定的单元之内（假设参谒者平均视高为1.6m，则嵌于柱间的杂剧砖雕像大都处在30°的最佳视域范围内）。从紧凑的布置方式看，这些墓俑或许反过来决定了其外缘构件的尺度权衡，柱、额、地栿、门楣更多地担负着画框边线而非建筑杆件的作用，因此需大幅压缩以迁就墓俑形象。这样做还有一些额外的好处：一是确保柱框层较为低矮、与之匹配的填充内容（主要为各种雕砖）可以不经复杂的砌筑关系就顺势安放到位；二是留出足够的竖向空间分配给更具表现力的台基和铺作；三是确保铺作也位于最佳视域内（其完整性甚至优于柱框层间的浮雕墓俑，尺度设计也与柱子完全脱钩，两者近乎等高）。重新调整后的竖向构图关系，使得全墓的核心内容能被更便捷、舒适地观看。

夸饰枓栱的现象在仿木砖墓中非常普遍，反映了两宋之际平民阶层争取更高社会地位的努力。《唐会要》规定“庶人所造屋舍，不得过三间四架，不得辄施装饰”，《宋史·舆服志》进一步细化为“凡庶民之家不得施重栱、藻井及五色文采为饰，仍不得四铺飞檐”，但门阀士族宰割天下的时代毕竟一去不返，富贾乡绅在生前虽不敢僭越，死后却不惮大肆铺扬以慰生平。仍以修武大位金墓为例，其柱高虽被压缩，却未等比收小铺作，反而彻底放下了顾忌，采取五铺作的违禁形制。由此可见，墓主（或其家人）在营构坟穴时，与第宅禁制的决裂是彻底的，所仿照的总是同时代的高等级建筑形制，而不愿再采纳柱梁作、单枓只替、耙头绞项、枓口跳等简略克制的选项。

在宣化下八里M6中，原本应用砖砌出的立柱被单条红线替代，这表明工匠已意识到柱子占据了过多的壁面面积，干扰了其他仿木内容的呈现，因此大胆约简。从现场看，彩绘应是导致柱身遭到横向压缩的主要原因：M6前室周壁绘出乐舞、出行、奉茶、访友等内容，这些动态场景中人物众多、道具精细，对于画幅的宽度要求甚高，若如实砌出倚柱，难免会喧宾夺主打断画面，故代以弱化的红线。类似做法在张世卿墓（距M6东北18m，系同族墓）中也可看到，考古报告称其“壁面四角无角柱，只在1.75m处画复盆柱础，上承托普拍方，再上四角为柱头铺作”。该墓壁画内容更加丰富，南壁宴饮，东壁侍奉，西壁妇人启门、持盂温酒，北壁当中彩绘双凤门，左右门吏执杖警跸，画中人物多有（姿态和视线的）互动，更需避免被倚柱截断，因此仅画出柱础示意“此处有柱”，并特意设在人物上方以免造成歧义。尤为精彩的是，工匠并未在础上勉强画出压短的柱子，而是以凿壁成龛的方式表现了立柱“存在”的意象，未留蛇足（图3.28）。

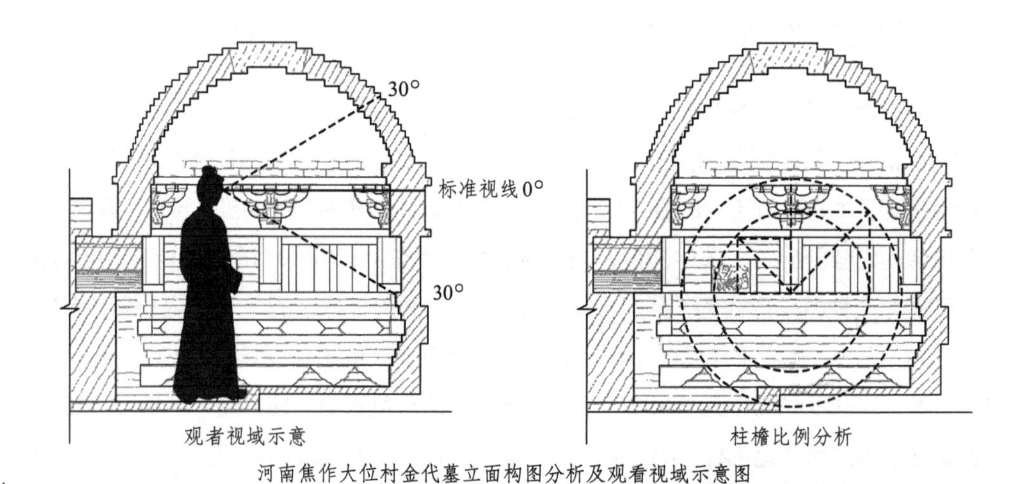

河南焦作大位村金代墓立面构图分析及观看视域示意图

河北宣化下八里金代M1（张世卿墓）纵剖面图（由东向西）

河北宣化下八里金代M1（张世卿墓）南壁壁画

图3.28　仿木砖墓中调控竖向构图的方式示例
（图片来源：改自参考文献[242][282]）

第四章

仿木砖墓的空间营构

俗话说“人死不过三尺地”，无论仿木砖墓如何模拟“广厦万间”，其实质仍是安放遗骸的“三尺卧榻”，这就难免造成建筑形象与实际尺度的矛盾，不妨借助成对的概念（如“内外”“虚实”“缩放”“魂魄”“礼俗”“男女”“真伪”“多寡”“繁简”等），在不断的比较中去芜存菁，更立体地理解墓室的空间内涵。

墓室空间牵涉多重主体，生者（子孙亲朋与造墓工匠）、逝者（分离的形骸与魂灵）、预计的使用者（生前自营坟茔的墓主或留待死后迁葬的眷属）、永恒的旁观者（“启门”“窥窗”之妇人、仆从侍婢、演剧俑像）……不同的人、不同“阶段”的人、不同身份的人、不同“角色”的人，在看待坟穴空间时的立场总是各不相同，因此，在践行“总体艺术”理论时，尤须重视确保观察视角的全面性。质言之，墓室是一个丧葬空间还是祭祀空间[①]？墓内是无终永夜还是别开洞天[②]？墓主是无知无觉长眠泉下还是宴饮如常永生寿堂[③]？决定我们如何认知墓葬空间的永远是独特而具体的死亡观念[④]，郑以墨征引了一些唐宋笔记小说材料，从“虚拟空间与真实空间的连接”及“仿木建筑、室内装饰与人物活动场景的结合”两方面入手，讨论了“实在的”墓室与“想象的”壁面建筑形象间的辩证关系[⑤]。当然，静态观察媒材的维度差别只是一方面，以“过程主义”的视角解释其何以发生同样重要，“眼观”和“心受”的区别到底是观念差异导致的，还是营构方式使然？只有系统梳理过墓室的空间营建观念后，才能更充分地揭示工匠的操作手段。

4.1 轴线与朝向

仿木即仿“生”，受限于人力、物力、财力，丧家只能择取少数代表性要素移入地下，通过“搬用”“复制”或“模拟”“创造”[⑥]等手法，在墓中重组出一方本自具足的缩微天地。相应的，

① 汉代起已在墓内引入祭祀功能，如旬邑百子村东汉墓壁上有“诸观者皆解履乃得入”题记。见：尹申平.陕西旬邑发现东汉壁画墓[J].考古与文物，2002(03)：76+97.

② 庄蕙芷，陶金.虚实之间：石室、洞天与汉晋墓室[J].美术大观，2022(12)：38-44.

③ 袁泉.生与死：小议蒙元时期墓室营造中的阴阳互动[J].四川文物，2014(03)：74-82.

④ 巫鸿认为：“通过表面上是木构但实际上不是的墓室空间，这个墓葬建筑象征了从生到死的转换，并为使用绘画和器物进行同样的转换提供了具体的场所。”见：(美)巫鸿(著)，钱文逸(译).“空间”的美术史[M].上海：上海人民出版社，2018.

⑤ 郑以墨.内与外，虚与实——五代、宋墓葬中仿木建筑的空间表达[J].故宫博物院院刊，2009(06)：64-77+157.

⑥ 按郑岩的观点，“搬用”系将墓主生前使用的器物直接移至墓中，“复制”和“模拟”是将人物、器具做成明器后埋入，“创造”指将无形的概念转化为感官艺术形式，如升仙图。见：郑岩.逝者的面具：汉唐墓葬艺术研究[M].北京：北京大学出版社，2013.

仿木工作也就囊括了模拟自然环境、比附构造逻辑、组合样式外形和权衡尺度规律等四方面内容。古人在规划城市、经营宫室时，首先便是“相土尝水、辨方正位”，墓葬既是一类建筑，又是地面屋宇的“镜像”，工匠营圹时当然也要遵循这一步骤，先确认方位、划定坐标，才能赋予地下幽室空间秩序，使之与外部世界建立联系。举凡墓道的朝向、葬具的摆放、墓室各边的长度关系与仿木要素的分布原则等，都应在正确认识规画意图的前提下展开阐释。

（一）坐标系的建立

古人观察、模仿自然运行之规律，以求卜筮吉凶、沟通神灵①。新石器时代已尝试在墓葬中再现宇宙图景②；汉墓于墓顶或墓壁上端绘制星象、神瑞图像以象征仙界，与中、下部的人间形象彼此配合；晋以后方形穹隆顶墓室定型，以隅部三角弧面延伸结顶，正如四维擎天，在穹顶上仿拟星空，更添几份理性色彩③，也符合时人对原始“盖天说”的新阐释④；隋唐墓室中的四神位置发生变化，不再统一绘在穹隆下部或四壁上部，而是流行在墓道前端东、西两壁绘南向的青龙、白虎，在墓室中棺床南、北两面绘朱雀、玄武，星图也更加写实（如阿斯塔那—哈拉和卓墓群中的中唐65TAM38号墓⑤和临安晚唐钱宽墓⑥）。

墓室深处九幽，缺乏外部参照，古人难免心忧“泉下有知”的先祖陷入永寂，不识四向，不辨晨昏，为此便须模拟地上世界重塑秩序。“秩序”亦作“秩叙”，尤言次序，也泛指人、物所处位置，含整齐规则之意，可知包括两层含义，一是分别主次，二是区别方位，分别反映为轴线与朝向两个要素，又结合日、月、星的运行轨迹而获得了时间属性。

古代的营造活动中存在两种方位体系，一种是以正交四方为主、用于都邑宫观的官式体系，另一种则是以二十四方位阴阳吉凶为主、用于堪舆地理的民间体系。从唐代中后期开始，方位观中的吉凶禁忌所占权重逐渐上升，风水理论逐渐成熟，定朝向时不再一味提升定位精度，而是更多地考虑趋避问题⑦，如成书于唐代的《黄帝宅经》已详细界定了阴、阳宅二十四方位的吉凶性质，按其规定，“是东面为辰南，西面为戌北之位，斜分一条，为阴阳之界”。当然，此处提到的阴、阳宅，主要是指生者居宅周围环境的差异，强调工匠应按现

① 按《史记·日者列传》载：“夫今卜者，必法天地，象四时，顺于仁义，分策定卦，旋式正棋，然后言天地之利害，事之成败。”见：（汉）司马迁.史记[M].北京：中华书局，2022.

② 冯时引河南濮阳西水坡新石器时代晚期遗址45号墓为例说明墓葬反映的星象观念，该墓平面南圆北方，表现天圆地方，并以蚌壳堆出龙虎和斗勺图案，四神与北斗形象意味着古代恒星观测体系已初具雏形。见：冯时.中国天文考古学[M].北京：社会科学文献出版社，2001.

③ 李星明.北朝唐代壁画墓与墓志的形制和宇宙图像之比较[J].美术学，2003（06）：79-84+98.

④《晋书·天文志》云：“天似盖笠，地法覆盘……三光隐映，以为昼夜。”见：（唐）房玄龄.晋书[M].北京：中华书局，1996.

⑤ 李征.吐鲁番县阿斯塔那—哈拉和卓墓群发掘简报（1963-1965）[J].文物，1973（10）：7-27.

⑥ 陈元甫.浙江临安晚唐钱宽墓出土天文图及“官”字款白瓷[J].文物，1979（12）：18-23.

⑦ 国庆华.中国古建筑定向方法及使用问题辨析[J].建筑史（第43辑），2019：1-13.

实情况调整建筑坐向①，但这类择地经验还是下探到墓穴之中，譬如唐代贵族墓中的房形石葬具基本上也是按此原则放置——墓门多开在南侧偏东（与“阴地”上的住宅相同），作为墓主屋舍的石椁也放在墓室（相当于宅院）偏西壁处，遗骸头南脚北放置，使得西南角成为整个墓室中最尊贵的方位，正合《尔雅》“西南隅谓之奥，尊长之处也”的解释。

由此观之，宋金仿木砖墓的定向问题不仅受到量测水平的影响，同样也反映出当时营宅的风水理念。实例所见，北朝至唐初的墓道多有1°~25°的偏转（尤其倾向东偏）；唐以后则更倾向于正南北向，但若有偏转，偏角往往集中在12°~19°（且偏东、西者持平）；周汉时取正定平的技术已然成熟，按《考工记》用日景表和望星筒组合观测日影长度之法取得的定向误差一般不超过3°，远小于这些墓葬的偏移角，因此不宜理解为工程能力不足，而更可能是故意为之——程建军在统计古代朝向不居中的建筑案例后发现，偏转角往往以15°为率叠加，他将这一现象归因于罗盘的择向操作②。唐代墓道的倾斜值也多在15°上下浮动，或许正是受到罗盘定向的影响所致。

（二）葬具安置方式与身体意识

古人相信亡故后魂魄两分，因此墓室中的方位关系也是“双重”的，针对身体和灵魂的坐标建构可以并行不悖。传统建筑营造崇尚“居中建极”，从规划设计到施工都极其强调中线概念，但实例中的轴网错位、偏折现象却时有发生，从二里头宫殿选址到成都庭院画像砖、唐大明宫前朝部分莫不如此，虽然外因各异，普遍的倾向却是令南门向东偏移，强化西南角的“奥”位③。门本是内外交界，为各种要素流通交汇之处，寝居之地自然要与之错缝，以避免受“冲”，干扰主人憩息。在近年出土的一些平城、洛阳北魏墓葬中，房形石葬具大都垂直于墓道，横展放置以突出轴线，墓室、墓道、葬具的中轴重合，与东汉青州墓园中石祠堂的摆放方式相似。葬具上以对称布置的夫妇并坐像为中心，整体构图均衡，营造出庄重、排他的礼仪氛围，参谒者只可正对观看，不宜走近绕行。到了唐代，房形椁却被翻转为东西朝向，僻处墓室一侧与墓道平行④，一般认为天井土圹墓中的葬具稍微偏离轴线是为了避免冲犯，同时利于屏障视线，除此之外，或许也存在形象驱动、技术限制与功能变革的解

① 大略来说，山之东、南，水之西、北，街之东、北为阳地，建造宅邸时应坐亥北朝巳南，在南或西侧开辟宅门；而山之西、北，水之东、南，街之西、南为阴地，造宅时应坐巳南朝亥北，宅门开在南或东侧。

② 程建军认为，在三百六十周天、一百二十分金、六十甲子中，只有丙子旬和庚子旬的四十八个方位可用，即二十四山每山五个3° 中仅有两个是可用的，这决定了建筑朝向的偏转角规律。见：程建军.中国古建筑朝向不居中现象试析[J].华中建筑，1999(02)：129-130.

③ 上古之民采掘狩猎，返回时顺手将重物置于入口之东（房屋南向、惯用右手），久之东南隅成为贮藏之地，西南隅向阳温暖，就成为寝卧之室。人在睡眠时最缺乏防备，也就更要强调遮蔽和隐匿，而“奥”有深秘、隐蔽之意，故西南称为“奥”位。

④ 隋李静训墓代表了这一关键转折的到来，由于在石棺之外附椁，且在下葬后填实墓室，重新回到了汉早期的井椁墓模式。

释——由于墓室沿南北向展开，葬法也要求遗骸头南脚北，而隋唐房形椁总是转过90°后平行于墓道放置，人们在墓门处已无法（如观看北魏房形石葬具般）见到其正面，于是稍作挪移错过中轴，既让开空间引导人们进入墓室后侧身察看，也进一步规范了参谒流线。另一方面，不同于北朝时将石葬具逐件分拆后再在墓室内重新组装的做法，隋唐的房形椁是在地面拼成整体后自墓道一次送入的，进入墓室后已没有足够的操作空间来二度旋转，故只能保持与墓道顺向（实例中的墓道仅略宽于椁身侧面）。最后，隋唐墓中是存在设祭空间的，以隋李静训石棺为例，除了将棺件侧面制成歇山前檐、刻凿门窗外，工匠在直面墓门、甬道的前挡位置也刻出大门一所、门吏二人，这是耐人寻味的操作，因真实殿堂极少在山面开门，故李梅田将重复辟门的现象归因于棺具侧置，认为是葬礼要求葬具提供一个类似正面的形象去正对帷帐和哭送队列，这才出现仿木石棺两面开门的现象[①]。

轴线的调整也涉及性别和族群意识。14个北朝至隋的房形石葬具中，有四例是女性单人墓[②]，四例为夫妇合葬墓，其余几例并非原址出土，已无从了解葬法信息，总之没有见到男性单独使用的情况。这种以墓室为庭院、葬具为房舍、棺木为床具的三重套筒空间塑造了更加封闭的内寝意象，正好契合男外女内的空间规训。至于朝向，则更多地受到族属和葬俗影响[③]，对鲜卑人来说，死者头部一般应朝向西或西北[④]，拓跋氏建政之初，仍在长方形竖穴土圹墓中按东西向埋葬逝者（头朝西北）[⑤]，平城时期已充分吸纳汉地传统，将墓室改作南北向，令房形石葬具前檐对南，墓主仍按传统头西脚东安放。此时，遗骸的头部朝向是整套葬式中的核心要素，由其决定葬具朝向，进而影响主要装饰面，墓道则成为灵活调节的可变量。粟特人普遍按头东脚西安置逝者[⑥]，并要求避开被视作不祥的北方[⑦]。至于宋金时期的仿

---

① 李梅田.再读隋李静训墓及其葬仪[J].华夏考古，2021(05)：85-90.

② 即张智朗墓、邢合姜墓、云波路M10、尉迟定州墓，其中尉迟定州墓的墓主也是女性，仅因封门石上的买地券中出现经办人（应系墓主直系后代）名字而暂按此称呼。

③ 张桢统计北朝至隋代房形葬具中的墓主种族，能确定者不足半数，如尉迟定州、库狄迴洛、智家堡北魏墓主为鲜卑人，宁懋、李静训为汉人，史君与国博藏石堂主人为粟特人，虞弘为稽胡人（按墓志所记，虽为鱼国人，但因长期任职“检校萨宝府”，与粟特人交往密切，石椁图像也呈现出浓厚的萨珊波斯风格）。见：张桢.北朝至隋唐时期入华胡人石质葬具的研究[D].西安：西北大学，2009.

④ 张同杰.北朝丧葬礼俗研究[D].兰州：西北师范大学，2022.

⑤ 黄河舟.浅析北朝墓葬形制[J].文博，1985(03)：44-45.

⑥ 关于祆教葬俗，最常引用的一条记载来自《通典·卷一百九十三·边防九·西戎五》引韦节《西蕃记》所载西域康居国葬俗：“俗事天神，崇敬甚重。云神儿七月死，失骸骨，事神之人每至其月，俱著黑叠衣，徒跣抚胸号哭，涕泪交流。丈夫妇女三五百人，散在草野，求天儿骸骨，七日便止。国城外别有二百余户，专知丧事，别筑一院，院内养狗。每有人死即往取尸，置此院内令狗食之，肉尽收骸骨，埋殡无棺椁。”昭武九姓之一的康国人流行琐罗亚斯德教的天葬，粟特人虽采取类似葬法，但附有装饰建筑形象的纳骨瓮，这也是他们入华后选用房形石葬具的原因。

⑦ 琐罗亚斯德教徒认为各种危险与邪恶均来自北方，南方则被视为吉祥之地，在《辟邪经》中，阿胡拉·马兹达告诫信徒，人去世后恶魔即会立从北方袭来，附着在尸体上带来严重污染，越正直则污染越重。《闻迪达德》规定需以犬视仪式（将四眼黄狗或黄耳白狗带到死者旁）驱离尸魔，使之化作苍蝇飞回北方。见：林悟殊.波斯拜火教与古代中国[M].台北：新文丰出版公司，1995.

木砖墓，因墓室多模拟居宅取南北坐向，方位关系与地面建筑已基本无异了。

（三）墓主像显示的主位变化

美国学者洪知希在统计52处宋金仿木壁画墓（主要位于山西、河南，少数位于河北、山东）后发现，墓主肖像的分布规律存在较显著的演变线索[①]——虽然11至13世纪的墓葬多是南北向的，但自南侧甬道、墓门进入后，早期（北宋河南案例）墓主像却大都分布在西墙上，少数画于东墙，而晚期（金、元山西案例）则习惯在北墙上绘制。由于魏晋南北朝贵族墓中的尊像多位于南墙[②]，这种阶层下沉（宋金仿木砖墓主要在小地主富绅间流行）后的变化被解释为取自家庙制度，即宋代程颐提出的“士大夫必建家庙，庙必东向，其位取地洁不喧处，……以太祖面东”，稍后的士人进一步修正了此观点，如宋人刘垓注《家礼》时提出：“庙向南，坐皆东向。伊川于此不审，乃云‘庙皆东向，祖先位面东’……其制非是。古人所以庙面东向坐者，盖户在东，牖在西，坐于一边，乃是奥处也。”依据《仪礼》，室内最深远也最受尊敬的西侧奥位应被用来安置墓主遗像。北宋的士大夫阶层广泛使用影堂，宋代司马光《书仪》也认可在堂中祭祖的做法，程颐甚至主张“庶人祭于寝……如富家及士置一影堂亦可”[③]。概言之，肖像在墓室中的位置，是对灵座在影堂中位置的直接模仿，最具说服力的例子是白沙宋墓M1——赵大翁夫妇遗骸被安放在后室，但画像却设置在前室，祭与葬是严格分离的。而到了其子侄辈的M2、M3中，前室已被省略，画像转移到六边形墓室的西南墙上，形成“坟墓+影堂”的集约空间和一种“简化的模仿”。其后的梁壮墓和李村宋四郎墓不再秉承这一传统，墓主夫妇肖像向南旋转45°后，分东西对坐观望墓门，墓室内已没有任何存在“观看者”的暗示，墓葬与影堂的同构关系正式瓦解，重新成为一个专为逝者服务的空间。金代墓葬大都处在这样一种“纯粹”的状态中，墓主肖像只是为了给墓室标定主位，已与影堂中的祭祀环节或下葬仪式无关。

---

① （美）洪知希.“恒在”中的葬仪——宋元时期中原墓葬的仪礼时间[A].（美）巫鸿（编）.古代墓葬美术研究（第三辑）.长沙：湖南美术出版社，2015：196-226.

② （美）洪知希指出，2世纪以来墓葬中通过非具象要素（如华盖下的空位）象征灵魂“在场”，具象的肖像画大概在3世纪早期出现，7世纪以后逐渐消失，宋金元才再度盛行，且其正对的墓壁上往往表现演剧奏乐或奉食等场景，宿白曾将其释作对墓主生前场景的视觉记录或来世想象（见：宿白.白沙宋墓[M].北京：生活·读书·新知三联书店，2017：48-49.）。近期的研究则已放弃寻找单一主题，转为关注具体情境下的图像原型，如秦大树与袁泉都认为逝者肖像服务于子孙祭祀活动（见：秦大树.宋元明考古[M].北京：文物出版社，2004.袁泉.从墓葬中的“茶酒题材”看元代丧葬文化[J].边疆考古研究（第6辑），2007：329-349.）。易晴则通过对影堂的联想，指出绘制肖像是为了标注出逝者的灵座（见：易晴.宋金中原地区壁画墓“墓主人对（并）坐”图像探析[J].中原文物，2011（02）：73-80.），这种现象不见于唐代壁画墓，与砖雕仿木形象盛行一样，是11世纪非士人精英群体的创新。

③ （宋）朱熹.二程遗书.二程外书[M].上海：上海古籍出版社，1992.

4.2 通透与隔绝

（一）墓内空间中的“透明性”问题

柯林·罗和罗伯特·斯拉茨基在1964年撰成的《透明性》中提出，“透明性（transparency）可能是物质的固有品质，如玻璃幕墙，也可能是组织的固有品质。为此，人们可以区分物理上的透明和现象上的透明”[①]，前者指视线穿过某一界面看到后部空间（空间的组织关系是清晰和一览无余的），后者则是指人们通过同时观察不同空间片段造成的认知“多解性”。若要营造出具有“透明性”的空间，就要充分意识到格式塔心理学的存在：当我们看到事物的多个片段时，会自动想象和补全其整体；当收到多组信息时，会自动识别并分别设想其完整形象，由此导致的结果，就是任一观察面上的信息都会尽量富集且彼此冲突，以便于人们“脑补”出不同的空间意象。

无疑，这一概念有助于解释仿木砖墓所欲表达的空间意涵，正如林伟正所总结的，中国墓葬的“建筑空间”自有其发展脉络，无论宏阔如秦始皇陵还是卑微的平民坟穴，墓的实质都是被“墙”围出的封闭空间，它有内而无外（或者说外立面被压合在墓壁内部），工匠将不同的建筑形象“碎片化”地拼贴起来，通过诱发想象来建构起一个远大于实在空间的观念空间[②]。

墓葬的“透明性”是藉由一些相互平行、或实或虚的“界面”形成的，壁画、雕砖、葬具……这些要素各自表述某种相对独立的“仿木”意象，它们支撑起的丰富、驳杂的对位关系为墓室带来了空间层化结构，叠加不同参照系带来了多重解读的可能。人们在咫尺洞天中，在各种维度与尺度的媒材间不停切换着主客体“视线”，仿佛身处一座铺满镜子的房间，在画中看画、屏上绘屏的重复中让神识挣脱了形骸束缚，在昆仑芥子间自在游骋。

当然，宋金仿木砖墓中大巧不工的空间操作经验[③]并非一蹴而就，在漫长的发展过程中，处理空间关系的原则也是几经转折。先秦墓葬仅强调“藏”的概念[④]，考虑椁室时仍是实

---

① （美）柯林·罗，罗伯特·斯拉茨基（著），金秋野，王又佳（译）.透明性[M].北京：中国建筑工业出版社，2008.

② （美）林伟正.试论“墓室建筑空间”——从视觉性到物质性的历史发展[A].（美）巫鸿（编）.古代墓葬美术研究（第四辑）.长沙：湖南美术出版社，2017：34-52.

③ 不同于现代主义建筑师，古代工匠在“经营”坟穴空间时并不具备复杂的操作手段（如抽取、留空或插入某些界面的局部，使之相互连接，形成新的空间关系，增加空间深度，并使不同空间彼此渗透、重叠），而是利用更为直观的图像（包括砌出的立体“影像”），利用其并置、叠加、遮蔽关系来获取类似效果。

④《礼记·檀弓上》国子高曰：“葬也者，藏也；藏也者，欲人之弗得见也。是故，衣足以饰身，棺周于衣，椁周于棺，土周于椁；反壤树之哉。”

用为先，只有当人俑取代殉人之后，留有余裕的椁室中才萌生了“藏”之外的意味，出现了供实施假想礼仪的“场所”，如马王堆一号汉墓北厢中乐俑正对着的空出的“主位”。在林伟正看来，椁室上的门、窗、屋顶形象还只是对建筑符号的幼稚搬运，只有在满城汉墓这样的案例中，只有当人们于崖洞之内分置出具有足够尺度的耳室、在墓室中安放木结构的瓦顶房屋（以及石板屋和帷帐），只有这种“在空间之内以完整建筑形象再造空间”的叠床架屋的努力，才代表着仿木意识的彻底觉醒。两汉文献中不乏“玄门”“梓宫”“便房”之类的语汇，密县打虎亭汉墓在各个墓室中遍用门、柱等建筑要素，都反映了当时仿木做法的成熟。另一方面，在和林格尔汉墓、新莽金谷园汉墓等砖室墓中，工匠采取了另一种策略，通过在墙壁上绘制毫无结构作用、仅是“看似”承重的“影作仿木”构件，施工效率得到了大幅提升，这些画出的结构在“造就了墓室的建筑空间的同时，也混淆了壁画内外的空间关系，模糊了实际墓室空间与壁画内图像建筑空间的界限”，墓室空间由此突破墙壁的限制，向着虚无、广袤的画中世界不断延伸。这种“视觉性建构”的尝试无疑事半功倍，因而在魏晋南北朝时期成为主流，一度如实模拟地面建筑的墓室迅速简化成单室墓或纵列双室墓，随着诸多耳室的功能（如贮藏车马、庖厨、甲杖）被集聚到画面之上，空间得以大幅归拢（图4.1）。

图4.1 秦汉墓葬的“建筑空间”发展情况示意图
（图片来源：引自参考文献[274][306][307]）

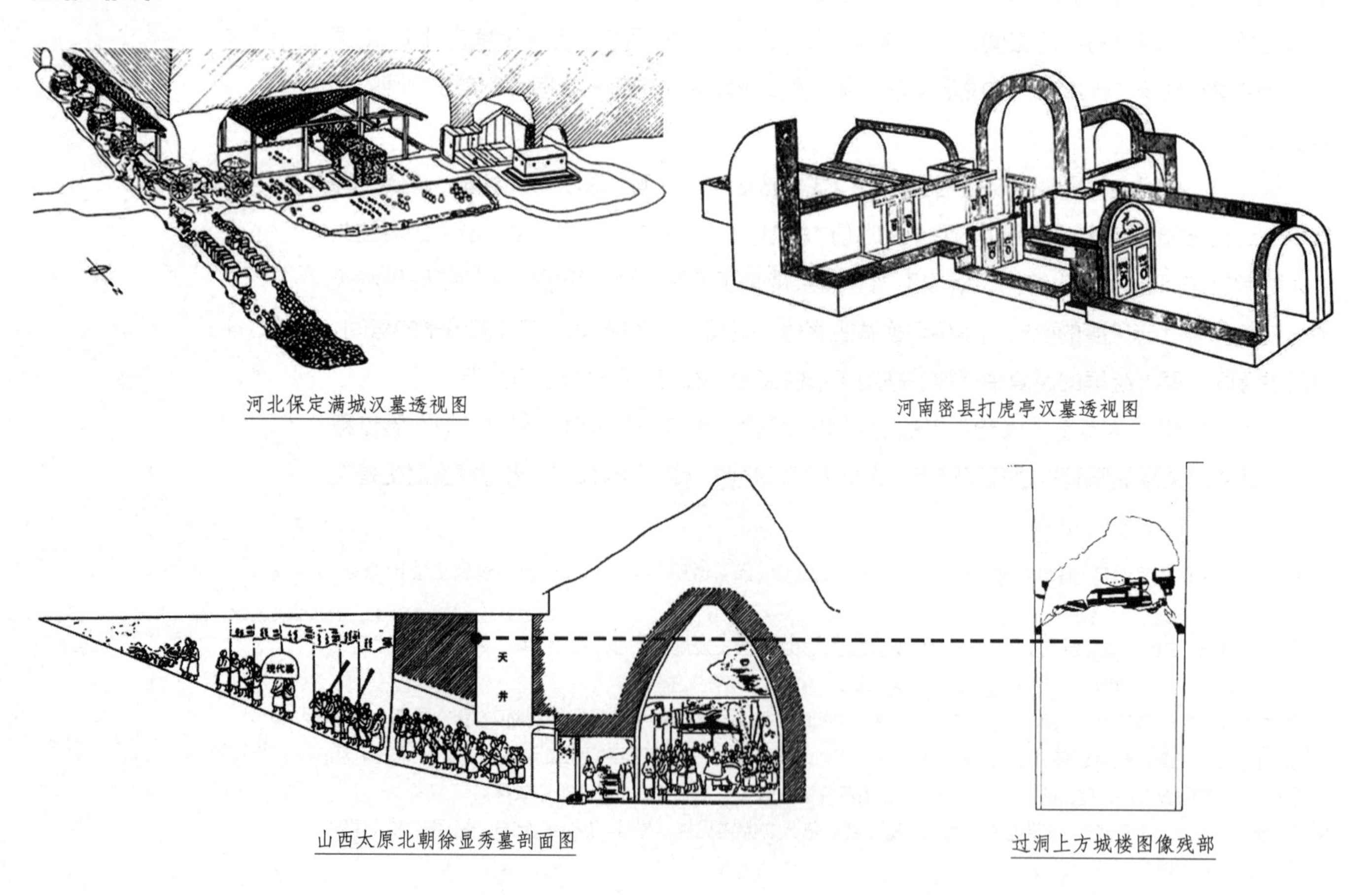

汉魏以前忌讳在墓中图画逝者形象①，自南北朝开始，墓主样貌逐渐出现在墓壁上，即或不用图像，也有替代性的要素填充正“位”（如石葬具或题刻），这种“在场”与“缺席”此后又几经反转，譬如唐代贵族墓中虽常绘有多位等身侍从②，却不表现墓主，因此整个墓壁装饰都是“被墓主审视”（而非“与墓主一同被审视”）的，棺室代表着墓主无形的存在，“墓门深锁之后，这个视觉性的墓室建筑空间成为只为墓主人所见而长存的虚拟世界”③。五代以后，墓室的空间属性逐渐从“一元的”“参与性的”转变成以墓壁为界区分内外的“二元的”“旁观性的”状态④，参谒者与墓主的视线不再重合，而是与其对视。从仿木内容来看，虽同样是在描绘建筑场景，仿木砖墓向室内伸出的下昂、檐椽、瓦当等构件却使其“更像是木构房舍从‘室外’向内反转包围起来的‘室内’空间”⑤，观看者似乎被阻绝于院落之中、屋舍之外，无论壁上的假门窗刻画得如何细腻，都永远不得其门而入，使人“陷在这个既非室外又非室内的矛盾空间中”。

要之，唐墓中画出的柱额枓栱和其间白壁（多绘有侍从）营造了一种可供视线穿透的深远空间，仿木的对象更像是开放的廊庑和一种结构性的景框。墓主像的缺席诱导着观者“设身处地”地神游其中，获得某种“代理满足”感，可说是因“无我”而“处处有我”，这种空间是单纯服务于墓主“永生”需要，无内外别、无人我别的。而在五代、辽、宋、金、元的仿木砖墓中，因墓主夫妇总是位居正壁⑥，且原本空旷、绘有侍从的开间位置已被精美的槅扇门窗填实，如此一来，无论柱额、铺作是绘出或是砌成的，其围出的已不再是纵深推进的透空远景，而是在墙上画“墙”带来的重复隔绝。可以说，唐、宋两类仿木砖墓的主要差别是由“观看主体”决定的，它是“依附于”墓主的视线？还是与之对视？这既是造成空间“透明性”的原因，也是墓室“祠堂化”的结果⑦。随着墓主像重新成为一种必备要素，墓中同时出现了“墓室的”和“墓主人所在的”两套尺度系统，林伟正概括为“形成一个以‘侍

---

① 郑岩.逝者的面具：汉唐墓葬艺术研究[M].北京：北京大学出版社，2013.

② 在新城公主墓中，甚至刻意令等身侍女像与彩画柱子彼此遮蔽以创造视错觉，使得木构架更像真实的廊庑，而墙壁的封闭属性被极度削弱，画内空间与墓室空间最大限度地连为一体。

③（美）林伟正.试论“墓室建筑空间”——从视觉性到物质性的历史发展[A].（美）巫鸿（编）.古代墓葬美术研究（第四辑）.长沙：湖南美术出版社，2017：34-52.

④ 李星明.唐代墓室壁画研究[M].西安：陕西人民美术出版社，2005.

⑤ 郑以墨.内与外，虚与实——五代、宋墓葬中仿木建筑的空间表达[J].故宫博物院院刊，2009(06)：64-77+157.

⑥ 五代、北宋早期的“正壁”是垂直于墓门的西壁，洪知希将其归因于富绅阶层对士大夫家庙“影堂”制度的模仿，即程颐提出的“士大夫必建家庙，庙必东向，其位取地洁不喧处，……以太祖面东”（《二程遗书·二程外书》），刘垓注《家礼》时进一步解释为“古人所以庙面东向坐者，盖户在东，牖在西，坐于一边，乃是奥处也”。士人将祖先灵座安置在室内最深远也最受尊敬的西侧奥位，成为庶人模仿的对象，因无权立庙，故改在墓中以真像替代灵位。见：（美）洪知希.“恒在”中的葬仪——宋元时期中原墓葬的仪礼时间[A].（美）巫鸿（编）.古代墓葬美术研究（第三辑）.长沙：湖南美术出版社，2015：196-226.

⑦ 李清泉.“一家堂庆”的新意象——宋金时期的墓主夫妇像与唐宋墓葬风气之变[J].美术学报，2013(02)：18-30+17.

奉’墓主夫妇为目的的‘缩微建筑环境’，生人无法进入；而墓室整体的仿木建筑空间，却是生者可以进入‘供奉’、祭祀墓主夫妇的空间”，产生这种缩放的原因是观念性而非视觉性的，代表着室墓与椁墓[①]传统进入了新的发展阶段。

墓中的建筑形象（无论完整的、缩微的宫观楼阁，还是影作的构件轮廓）既依存于墓壁结构，又内在含化着突破壁面的视觉张力，“框架承重”和“墙承重”是两种对立的结构体系，它们总是一刻不停地争夺主导权[②]，甚至试图抹杀彼此。仿木砖墓本身是一个形（框架承重）与实（墙承重）相互背离的矛盾体，当前者（框架的形象）占优时，墓室空间呈现出通透的、一元化的视觉特征，参谒者的视线仿佛受到引力拉扯，情不自禁地向深远蔓延；而在后者压倒前者时，一切便反转过来，一种对抗的、压迫的氛围弥漫在墓室中，二元对立的视线关系带来切实的压力，似在无声地训导人们恪守规矩，不得突破生死边界。以下举“似闭实通”的抱厦和“似启实封”的格子门为例，讨论这对微妙的空间通、隔关系（图4.2）。

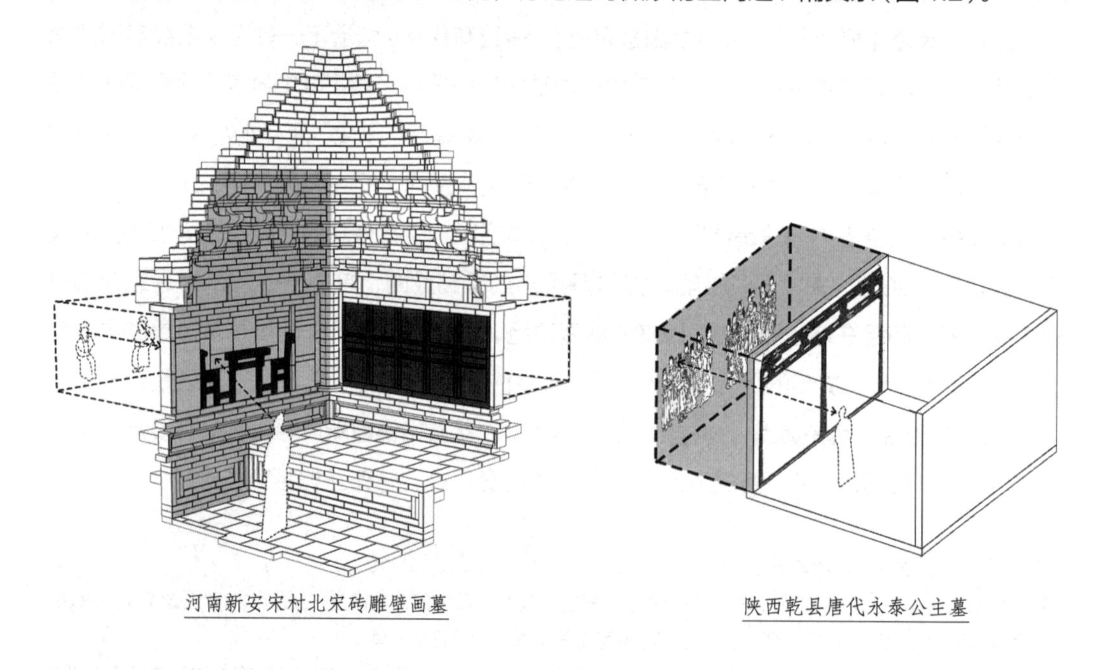

图4.2　唐宋墓室空间及视线主体比较
（图片来源：新安宋村墓为作者自绘，永泰公主墓改自参考文献[257]）

（二）向虚旷延展的空间意识：穿墙透壁的抱厦

“抱厦”特指在前、后檐处与正脊丁字相交、垂直伸出山花面的小屋（在主屋左右者称挟屋，在前后者称对垒，局部伸出者称龟头屋），在明初文献中已有所见[③]。从构词方式看，

① 黄晓芬最先提出“椁墓”“室墓”的概念，用以界分下葬方式、边界空间均不相同的竖穴墓与横穴墓。见：黄晓芬．汉墓的考古学研究[M]．长沙：岳麓书社，2003.

② 即便在混合承重结构中也是如此，譬如在总结中国古代建筑特点时常被提到的“墙倒屋不塌”，也可以理解为墙已丧失了结构功能，仅起到围护、分隔作用。

③ 如明代曹端在洪熙元年（1425年）作《霍州颁书阁记》载：“新大成门，作讲堂、抱厦。”见：网络版《四库全书·山西通志》卷二百六。

是指房屋主体部分居中“抱着”一个局部的“厦两头造”，利用动宾组合生动阐明了主、从部分的构造关系。更早的名称“龟头屋”则是纯粹拟形，宋人描写楼阁时常说“龟首四出”，周必大《思陵录》也记载了“龟头石藏子”一类物件。总之，抱厦呈现出一种繁丽华美且与主体部分垂直的、侧身扭转的意象。

在仿木砖墓中，抱厦主要以两种形态出现，其一是辽墓中且砌且绘的壁面门楼，往往居于北壁，附以假门；其二是金代砖雕墓中南、北壁上对做的舞亭与内寝。前者的尺度明显小于墓壁上其他仿木要素（如周壁的门窗、柱额、铺作等），但缩微程度又不够被视作明器；后者则与周壁上的仿木形象基本等大。考虑到宣化、大同一线的农牧边界带同样是北朝壁画墓和房形石葬具的主要出土区域，仿木抱厦或许与其存在某种亲缘关系。

北朝壁画墓中，充担画框的要素大抵经历了从抽象线条①到具象构件②的转变。辽墓中的抱厦虽非直接脱胎自“边框”，却也受到这一绘制传统的影响，呈现出“界格”的自觉——从完整程度看，抱厦总是优先于壁面上的“浅表”形象，两者交汇时总是为了确保前者“凸出”在外而打断后者，这意味着抱厦被定义成更接近观者的“前景”，富含重要内容的视觉焦点，而非一般性的、线性延展的“后景”，在空间关系上更为优先。

巫鸿在叙述仿木砖墓内隐的尺度层级与变化规律时提出了“三级缩进”说③：第一级是未经缩减的墓门，供生者进出、逝者下葬；第二级赋予壁面上的仿木形象折算“规则”，如白沙宋墓M1的后室地面较前室抬高1尺，导致柱额、枓栱尺寸都要经过重新设计，在前、后室间制造区别；第三级则围绕棺床后壁上的假门窗做文章，其半启半闭的“状态”暗示着门后尚有内寝向着土圹深处延伸④，急遽缩小的尺度（如白沙宋墓M1后壁上的半启门仅高0.6m，远低于前室墓门）则意味着这种想象的空间旨在服务灵魂而非形魄。按照这一理论，我们可以具体地理解尺度递减的意义：既然前室象征着祭祀的影堂、后室模仿了纳尸的棺椁、壁后的虚拟内寝则被当作居神之所，那么它们也就相应地代表着逝者的三重形象，即永存于子孙心中、社会伦理意义上的等身肖像，凡俗（mortal）的个体生命，以及无从把握、只可隐喻的不朽（immortal）灵魂。若从建筑模度考虑的话，不妨认为三级尺度反映了人们在立、坐与卧姿下所需的空间——墓主在“通过”墓门时的高度与常人无异；而以坐像姿态附着在正壁上后，仍需“高高在上”以便子孙瞻仰，因此头顶标高至少应与观谒者视高大体齐平；进入后室的墓主已倒卧在棺床之上，但抬高的基座和壁画下部的散宝、狸奴等形象也

① 如朔州水泉梁北齐壁画墓在墙上以红线勾边。见：渠传福，刘岩，霍宝强，张慧敏，王丹，厉晋春，王瑞华，张海源，孙文俊，王啸啸，王保金，孙先徒，尚珩．山西朔州水泉梁北齐壁画墓发掘简报[J].文物，2010（12）：26-42+1.

② 如太原南郊第一热电厂壁画墓以砖砌倚柱充当画框。见：山西省考古研究所，太原市文物管理委员会.太原南郊北齐壁画墓[J].文物，1990（12）：1-19.

③（美）巫鸿.无形的微型——中国艺术和建筑中对灵魂的界框[A].（美）巫鸿（编）.古代墓葬美术研究（第三辑）.长沙：湖南美术出版社，2015：1-17.

④ 李清泉.空间逻辑与视觉意味——宋辽金墓“妇人启门”图新论[J].美术学报，2012（02）：5-25.

标识出一个更低的“床下场景”，至于壁后“想象”的内寝，则需将魂灵平躺在葬具上送入，小小的抱厦正是连通虚实的通过性节点。

《礼记·郊特牲》称“魂气归于天，形魄归于地”，死亡后只有魄留伴在尸骸之旁[①]，至于灵魂何往？只能说是“泥上偶然留指爪，鸿飞那复计东西”了。巫鸿引用克劳德·列维·斯特劳斯的观点[②]，认为墓葬用具或空间的微型化向人们暗示了灵魂的存在，而微型化又常伴随着抽象化和概念化（图4.3），“微型模型并无其自身的独立价值，因为它们总是在指涉、构建和隐喻作为人之本质的灵魂，将其定义为地下礼仪空间中的一个‘无形的微型’”。人们普遍认为灵魂隐藏于躯壳之下，因此尺度更小，这是一种跨文化的“共识”。巫鸿举例说，爱丽丝饮用特质药剂将身体缩小到10英寸（约为0.254m）后，穿过小门与窄道“漫游仙境”，邯郸道上的卢生同样在吕翁给他的青瓷枕上一梦黄粱[③]，枕上的孔洞“既分隔又连通了不同的时空界域”，甚至被具象化为半启的缩微门户，如徐州后楼山一号汉墓出土的屋形镶玉铜枕[④]、上海美术馆藏宋代瓷枕，它们延续了灵魂自孔隙进出的传统（图4.4），枕具与葬具上同源的孔洞设计也证明了汉代王充关于睡梦、昏迷与死亡彼此关联的观点[⑤]，代表着当时的“常识”。

唐代已开始在正对墓门的主壁上砌筑或绘制假门窗，此后逐渐发展成半身妇人像掩映于后的“成法”。丁雨认为，无论妇人是在“启门”还是“闭门”都无关宏旨，关键在于揭示门

图4.3 “微型化”与“概念化”的屋形脊刹示例
（图片来源：作者自摄）

山西新绛北池稷王庙

山西汾阳太符观

河南洛阳潞泽会馆

① 如在西魏文帝乙弗皇后葬礼中，“凿麦积崖为龛而葬，神柩将入，有二丛云先入龛中，顷之一灭一出，后号寂陵”，暗示着皇后魂魄在葬礼后的分离。

② “它通过引入理性尺度而补偿了对感性尺度的放弃。”见：Claud Levi-Strauss.The Savage Mind[M]. Chicago：University of Chicago Press，1966：24.

③（唐）沈既济《枕中记》：“其枕青瓷，而窍其两端，生俯首就之，见其窍渐大，明朗，乃举身而入，遂至其家。”见：鲁迅（校录）.唐宋传奇集[J].北京：人民文学出版社，1956.

④ 庚建军，孟强.徐州后楼山西汉墓发掘报告[J].文物，1993(04)：29-49.

⑤（汉）王充《论衡·纪妖》载：“人之死也，其犹梦也。梦者，殄之次也；殄者，死之比也。人殄不悟则死矣。案人殄复悟，死从来者，与梦相似，然则梦、殄、死，一实也。”见：（汉）王充.论衡[M].上海：上海人民出版社，1974.

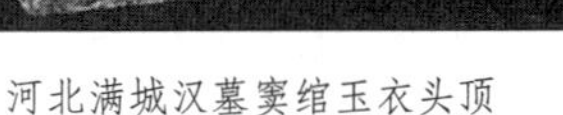
河北满城汉墓窦绾玉衣头顶

上海美术馆藏宋代瓷枕

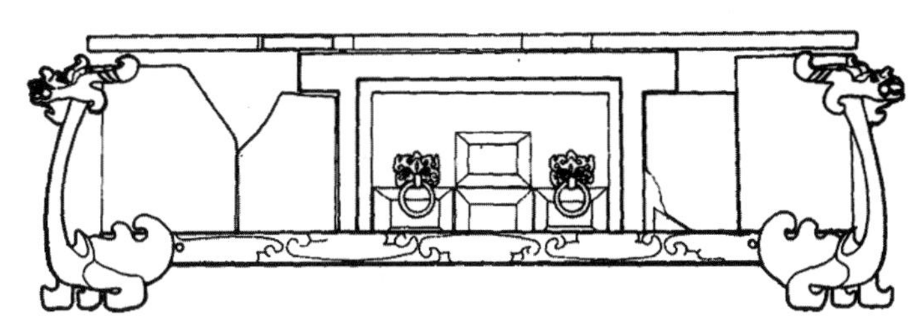
江苏徐州后楼山一号汉墓屋形镶玉铜枕

图4.4 枕具上的“灵魂通道”示例
（图片来源：引自参考文献[314][315]）

后的隐藏空间[①]——“内寝”或开阴闭阳的通仙之途[②]，它反映了装饰重点从题材内容转向题材形式的过程[③]，象征着一度消失的耳室[④]。在一些真正“打开”的门后，砌出的耳室里放置着棺床（如壶关上好牢村M1），或仅是空置着、等待一场未必能够实现的合葬（如附有棺床的宣和五年建壶关下好牢村墓和不附棺床的元祐二年建壶关南村墓）。这些假门都不附带门头屋面的形象，表达的是室内隔门而非区分室内外的入口门，这是与抱厦最大的不同。

当然，墓室中仿作抱厦的内涵已远离其原型：木构建筑中的抱厦外朝院落、内通殿身，但在砖墓中，抱厦却是直面封闭墓室、内接实心墓壁，一般来说，隐藏在壁后、代表内寝的“虚拟耳室”理应狭小，若配合抱厦加以复原的话，难免被放大到极夸张的程度。因此，墓中抱厦表达的非止是一处建筑局部的意象，而更像是一个穿墙透壁后向着虚无世界纵向延展的符号。我们只有将抱厦想象成垂直（并深埋）于正壁内的棺木的前和部分，才能理解为何没有相应的殿身主体与之配合，这种以缩微的建筑“模型”装饰葬具前端的做法，与南唐、契丹的棺前木屋（小帐）颇为相似。

我们知道，天宝以前的隋唐高阶贵族墓中常伴有房形椁出土（长安、洛阳周边发掘35例），这些东园秘器皆出自帝王恩遇，本非制度所允许[⑤]；宋承唐制，同样严格限制屋形石棺的使用（至少四京地区甚少发现官员逾矩的情况）[⑥]。一方面是唐宋之际仿木石葬具快速消失，与之同步的是仿木砖墓的日益兴起，再加上杨吴、南唐、契丹等政权的高层人物间一度盛行的棺前木屋，这些葬式上的演替与创新集中在较短时间内发生，颇为引人瞩目，尤其是棺前

① 丁雨.浅议宋金墓葬中的“启门图”[J].考古与文物，2015(01)：81-91.

② 梁白泉.墓饰“妇人启门”含义蠡测[A].王廷信(编).艺术学界(第六辑).南京：江苏美术出版社，2011：63-73.

③ 郑岩.论“半启门”[J].故宫博物院院刊，2012(05)：16-36.

④ 刘未.门窗、桌椅及其他[A].(美)巫鸿(编).古代墓葬美术研究(第三辑).长沙：湖南美术出版社，2015：227-252.

⑤ (唐)杜佑《通典·礼四十五·棺椁制》载：“大唐制，诸葬不得以石为棺椁及石室，其棺椁皆不得雕镂彩画，施户牖栏槛，棺内又不得有金宝珠玉。”(宋)《天圣令·丧葬令第二十九》也规定：“诸葬：不得以石为棺椁及石室。其棺椁皆不得雕镂彩画，施方牖栏槛。”

⑥ 少数例外如安丘胡琏石棺、滦平县石棺、滦南县石函等的出土位置较为边远，孟津崇宁五年(1106年)张君墓石棺、巩县宣和七年(1125年)王二翁墓石棺、洛阳宣和五年(1123年)王十三秀才墓石棺则建造年代较晚，总之并非主流。

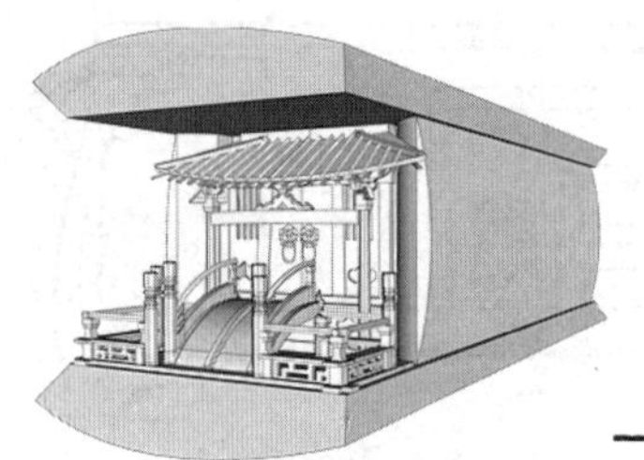

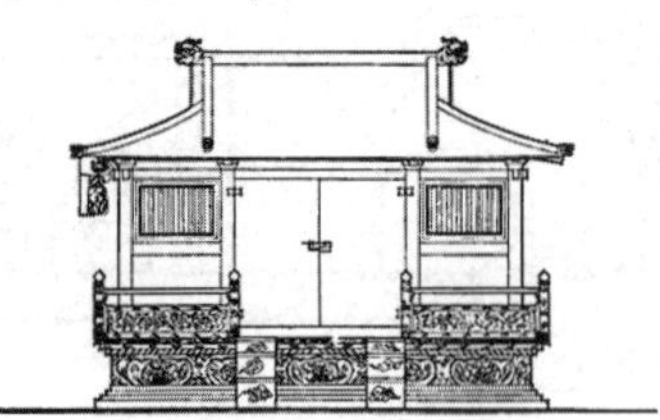

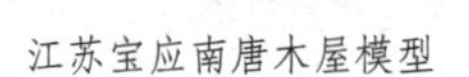

江苏宝应南唐木屋模型　辽宁沈阳叶茂台辽墓小帐　甘肃敦煌莫高窟第431窟　内蒙古通辽吐尔基山辽墓棺床

图4.5　棺前木屋与木质窟檐举例
（图片来源：线图及照片引自参考文献[156][320][323]，模型图作者自绘）

木屋（在木棺的前和部位放置一件殿宇模型，且常配属一座拱桥），这种以浅窄立面装饰深远空间的做法，与五代、北宋时的几座敦煌木质窟檐如出一辙，或可视作新的空间范式在不同媒材上的趋同演化。由于相关案例在砖壁仿木技术发展后迅速湮灭，令人不禁遐想前述事实（房形石葬具衰微、棺前木屋兴起、辽墓中出现缩微的歇山抱厦形象）间是否存在因果关联（图4.5）。

之所以特别关注棺前木屋，是因其展现了一种仿木要素“正在”从葬具上抽离的“进行时态”。木屋的尺度构成已基本游离于墓主形骸之外，但仍未完全摆脱葬具的控制（却也仅是对位放置，已可单独取出）。不同于房形椁，棺具仿木时主要将建筑要素（线刻门窗与基座之类）积聚到头、尾处展示，刻画重点已从侧面转至正面。受面积限制，缩小后的门窗形象甚至小于随葬墓俑，这种不稳定性使其成为一处象征性的通道、一种标识形神边缘的界面。在葬具上的仿木形象逐渐向壁面转移的过程中，用缩微的抱厦来象征已不复存在的石椁是可以理解的：它凝固了（想象中的）将葬具插入墓壁、送进（未曾砌出的）棺室的瞬间，基本等效于一座经过扩放的棺前木屋（的局部）。它显著大于壁画城阙（代表参谒者的想象尺度），又小于墓壁柱额（现实尺度），因此只能象征概念化的葬具（过渡性尺度），或许可以看成房形椁的替代品（图4.6）。

相较而言，金代砖雕墓中的抱厦与其他仿木内容已更加谐和，很少特意强调尺度差别，我们更常看到的是一套连续且富于变化的建筑形象，这也有助于解释稷山马村M1何以采取满室重檐做法——作为形、神两套空间的接口，抱厦必须保持形态完整，且因在用作舞亭时需放置俑像，存在精确控制建筑与人体缩尺关系的动力，不能一味扩放，在这些因素叠加之下，工匠干脆简化了尺度的层级差别，直接令两壁上仿作的屋舍与抱厦兜圈，不再区分二者大小，此时若采取单檐方案未免过于低矮，故处理成重檐形象，这也更符合实际工程中常在庙宇倒座戏台背后起立高大门楼的事实。此外，假门砌法同样折射出缩微观念的相对性，有些案例在假门上方表现抱厦，为确保其形态完整，就要更剧烈地压缩整体尺度（如焦作刘智亮墓），有些则更在意门扇细节，而要清晰表达槅心图案与边程线脚，就必须将假门做得足够大，而这样一来，往往不能完整表达抱厦山花（如焦作宋翼闰墓）。总之，对于非模制砖墓来说，工匠总是要在门窗细节与抱厦整体间做出抉择，鱼与熊掌势难两全（图4.7）。

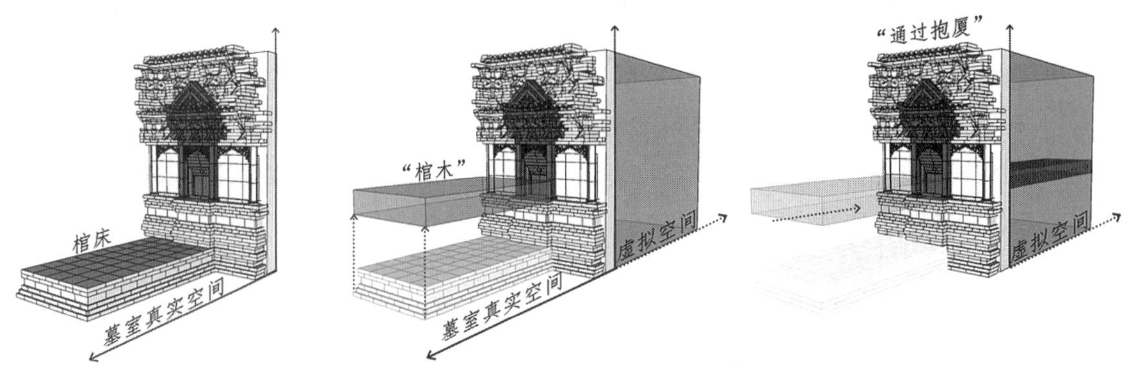

山西稷山马村金代M1棺床与壁面空间示意图

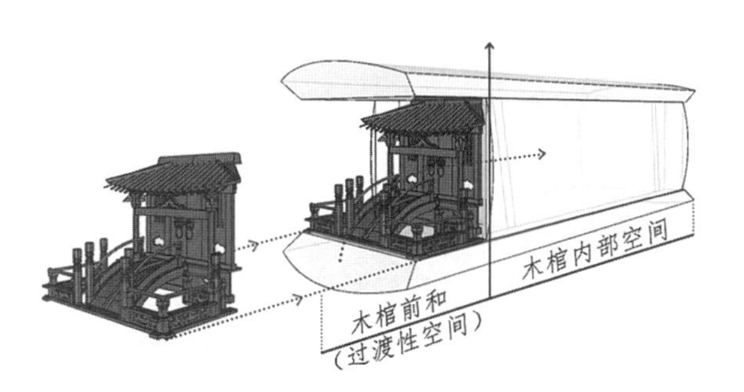

江苏宝应南唐棺前木屋（1号）

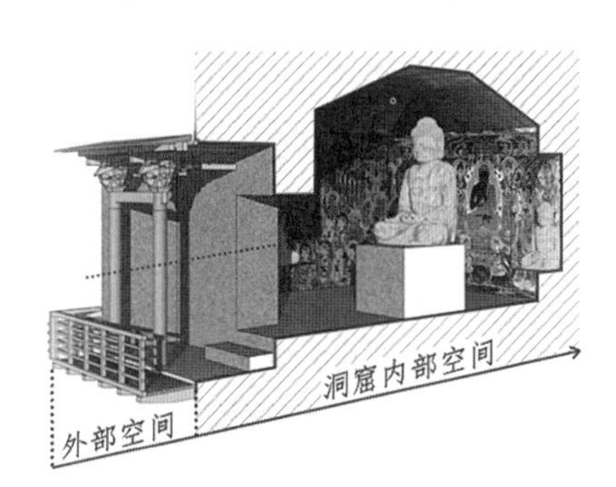

甘肃敦煌莫高窟木质窟檐配置示意图

图4.6　墓内抱厦、棺前木屋与石窟木檐的指义关系
（图片来源：作者自绘）

河北张家口宣化辽墓M7抱厦

山西稷山马村金代M3抱厦

河北武邑崔家庄
宋代M2抱厦式碑亭

河南新乡丁固城村宋代M44北壁假门

河南焦作北宋刘智亮墓北壁假门

河南焦作宋代宋冀闰墓北壁假门

图4.7　墓中不同尺度关系的抱厦形象示例
（图片来源：引自参考文献[36][51][321]～[323]）

元墓中仍可见到类似的、将棺床推入"想象空间"的视觉操作，如在涿州李仪夫妇壁画墓中，绘出的帷幔将北、西北、东北、东、西五壁连成整体，却不包括东南、西南壁上的孝子图像，这就人为区分了逝者与谒者的空间，北侧三壁上的仿木要素尺寸都是随着放在其前端的砖棺而定的，其余五壁则不同，导致"从墓室入口看，砖棺看似被置于帘幔之下，就像是伸入了此图像空间"①。

（三）拒人界外的空间意识：仅供观瞻的壁面帐藏

坟穴由墓壁支撑②，各种形象信息大多依附其上，晚唐开始已在壁上砌筑、图绘生活用品，用以标识墓主的"日常起居"或界分性别空间，随着门窗、家具、人物形象逐渐滋生，墓壁终于浓缩成一幅展示生活场景的"环绕荧幕"。装饰内容虽是琳琅满目，展现的空间意识却很简单：从唐代开放且"引人入胜"的融合式构图，到北宋以后闭锁的、可旁观不可共情的对立式布置，发生这种反转的内因值得深思。

宋金富绅并无什么高贵身份可在泉下继续招摇，随着堪舆之风盛行，人们对墓葬"社会功能"的关注迅速聚焦到荫庇子孙上。门阀衰落、科举盛行，家族命运更多取决于子孙个体的贤愚，不确定性的加大驱使人们向生气感应说寻求慰藉，墓室在地下居所的身份之外，更多了一重家族祭堂的意味。既然要"供养蒙荫，垂佑后嗣"，自当在细节处也严尊卑、别亲疏③，体现在壁面的表义内容发生改变，变得精致而封闭。

仍举稷山马村段氏家族墓M1为例，其壁上的建筑立面过于精致，有夸饰过度之嫌，因此也有将其视为小木作帐龛的观点④，论据包括以下几点。

①须弥座源自僧侣坐卧时铺垫的敷具"尼师坛"，可以叠加多层，在承托塑像、密檐塔（等同于放大、异形化的佛像）或佛道帐时，仍取其周圈闭合的本来意，但用作建筑台基时，则应设置踏道供人上下；马村M1做出了双层须弥座，却无法上下，一方面是强调高贵⑤，另一方面则是想要表达从属于墓壁的下层座托起形态完备的天宫楼阁（以上层座为台基）之意。

②从立面构图来说，双重檐对应双层须弥座，形成了镜像关系，加之台基、柱框、铺作

① （美）林伟正.试论"墓室建筑空间"——从视觉性到物质性的历史发展[A].（美）巫鸿（编）.古代墓葬美术研究（第四辑）.长沙：湖南美术出版社，2017：34-52.

② 墓顶只能内观仰视，和壁体一样"有内无外"，若借木构屋盖"第五立面"的概念，则基本与墓壁等效。

③ 袁泉举侯马明昌七年（1196年）董海墓前室北壁墓门题款"庆阴堂"（典出《汉书·礼乐志》，"灵之至，庆阴阴"，即降神祭祀之所）与尉县张氏镇元墓墓门"时思堂"（取自《孝经》"卜其宅兆而安厝之，为之宗庙以鬼享之，春秋祭祀以时思之"句）为例，说明金元墓葬兼有祭祀功能，且形成了相对固定的表现格套，表现了当时"奉茶进酒"的四时祭仪。见：袁泉.生与死：小议蒙元时期墓室营造中的阴阳互动[J].四川文物，2014（03）：74-82.

④ 吴垠.晋南金墓中的仿木建筑——以稷山马村段氏家族墓为中心[D].北京：中央美术学院，2014.

⑤《礼记·礼器》："有以高为贵者：天子之堂九尺，诸侯七尺，大夫五尺，士三尺。"见：（汉）戴圣（编）；胡平生、张萌（注）.礼记[M].北京：中华书局，2017.

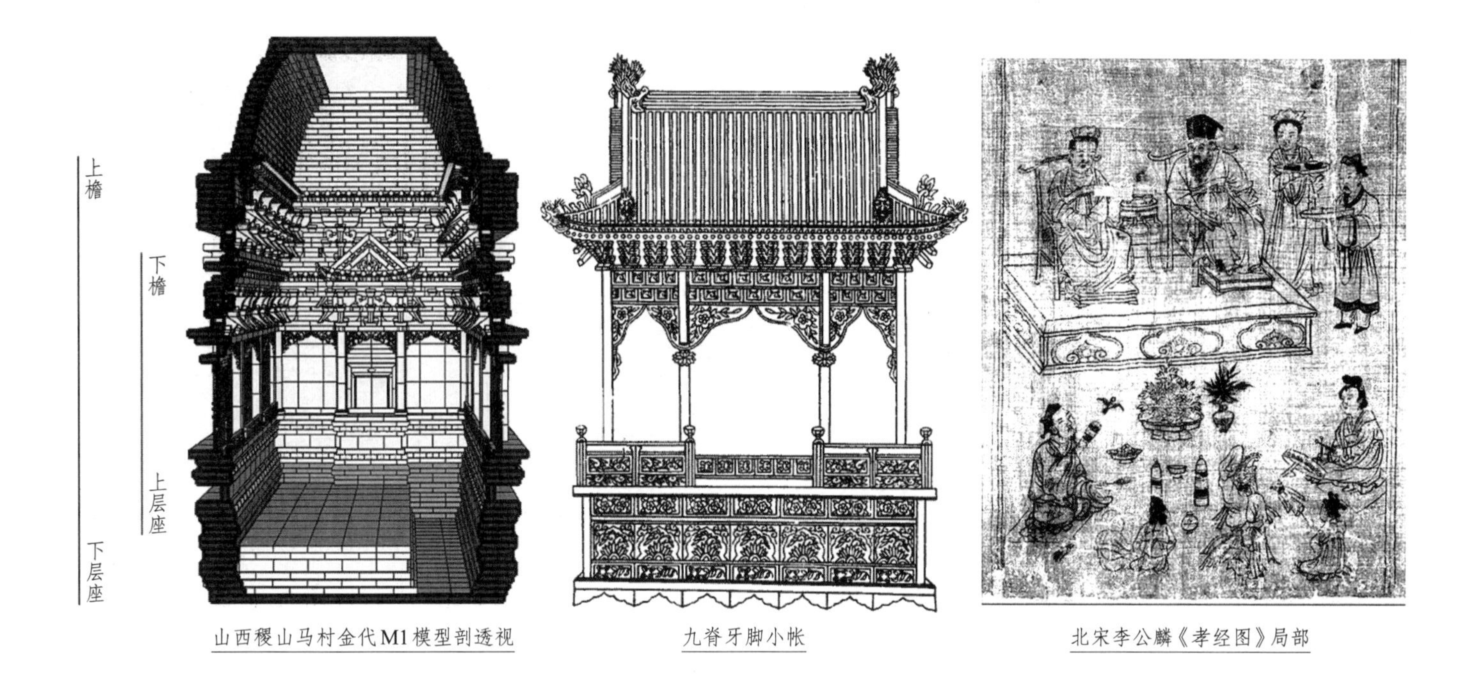

图4.8 稷山马村M1须弥座意象及其诠释方式示意图
（图片来源：引自参考文献[67][324]，模型图作者自绘）

屋顶三段大体等高，这就便于设计、划线，工匠先将砖壁竖向分段，再于各段内安排细节，主次明确便于施工。这种内外封闭、上下对称的布置原则正与李公麟《孝经图》相合，祖考端坐榻上，儿孙在下侍奉，是对伦常关系最直观、形象的表现，是为尊卑秩序直接划定场域的做法。可以想见，段氏子孙进入坟穴祭祀供养时，行为动作也将受到须弥座的限制，无论其上的亭台楼阁如何美轮美奂，也只属于壁面之后、“可望而不可即”的黄泉幽都，终究是人鬼殊途不可攀临（图4.8）。

③东、西两侧满雕格子门窗，但每间对应的槛数与真实建筑不符。稷山马村M1在侧壁上放置倚柱，将壁面分作三间，这相较一些同期不分间的墓葬来说是个巨大的进步，至少解决了直观印象中的建筑规模问题，但新的矛盾也随之产生——受墓室总体丈尺制约，分间后每间内仅能纳入两扇格子门，反而在某些八角形墓室中[①]，不分间的壁面却能塞进六扇格子门，可知间数合理与槛数准确不能双全。格子门的尺度紧随人体，变动幅度不大，在正常的民居中，每间也以安置四到六槛为宜，少至两槛说明对应的已非正常间广，属于梢间窄迫时的权宜之计[②]，绝非可“推而广之”的常态。若像马村M1般将三开间都作此处理，得到的显然不是真实厢房的立面，而更接近转轮经藏（或帐顶天宫中按芙蓉瓣数密布的殿身、茶楼与角楼）一类的形象（图4.9）。

① 廖子中，曹岳森.河南新安县宋村北宋雕砖壁画墓[J].考古与文物，1998(03)：22-28.
②《营造法式》小木作制度二“格子门”条小字旁注：“如梢间狭促者，只分作两扇。”

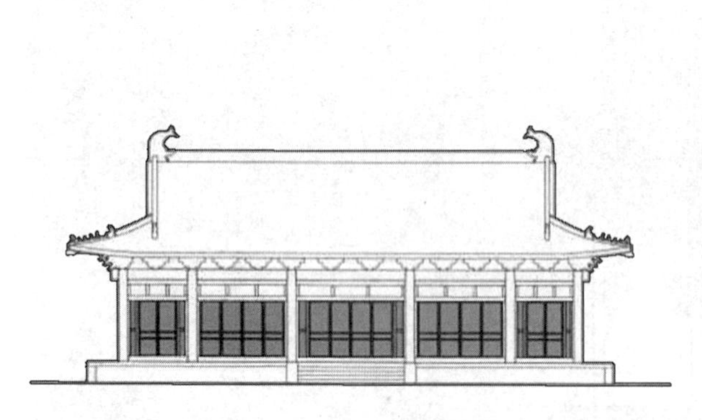

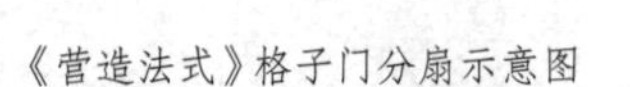

《营造法式》格子门分扇示意图

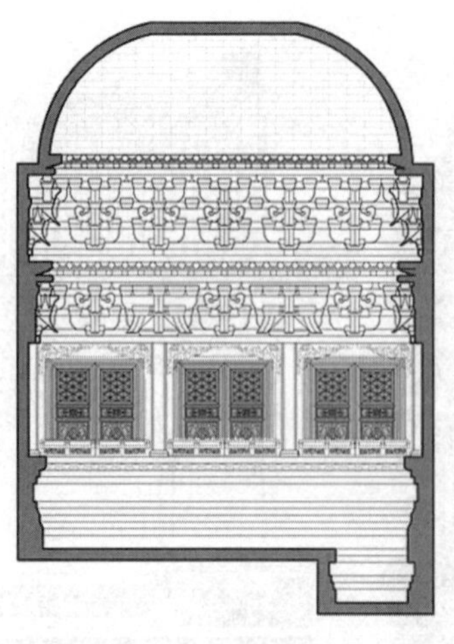

山西稷山马村金代M1侧壁上仿木形象

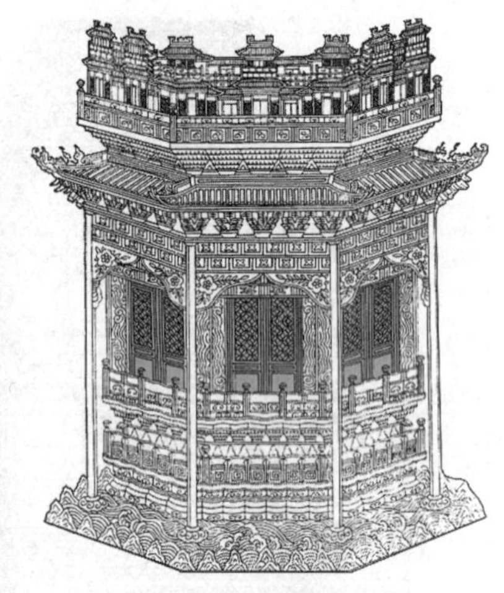

《营造法式》转轮经藏

图4.9 稷山马村M1每间格子门桯数过少问题示意图
（图片来源：引自参考文献[67][279]，其余作者自绘）

山西侯马金代董氏一号墓东壁

河北正定隆兴寺转轮藏垂柱

山西稷山马村金代M1欢门帐带

图4.10 稷山马村M1立面表现小木作意象证据
（图片来源：引自参考文献[51]）

此外也不乏正面证据，如插接在柱额间的欢门帐带，与邻近的侯马董氏墓、晋光药厂墓中频繁出现的落地罩、山花蕉叶、虚柱一样①，都属于小木作名件（图4.10）。由此可见，这些“建筑”形象应是直接取法自小木作匠师，模仿当时在祠宇内置放帐龛的祭祀空间②，而帷帐居神，作为帐藏时，墓壁区分生死的屏障属性就更加突出。如此看来，人们正是借鉴了庙内酬神演剧的传统，在南壁设置祭祀性的戏台和乐舞俑，为祖先献上永恒供奉，《宋史》虽专门批评过此类行为③，却也反证了它的流行程度。

模仿小木作的尝试，甚至会一路向墓顶蔓延，如在冀中南地区的一些墓葬中，偶尔会附

① 谢尧亭．侯马两座金代纪年墓发掘报告[J]．文物季刊，1996(03)：65-78．

② 如宿白引用《安次县祠垡里寺院内起建堂殿并内藏碑记》：“堂殿方成……更于殿内复建内藏一所，再擢大匠，碎剪良材……”见：宿白．白沙宋墓[M]．北京：生活·读书·新知三联书店，2017：117．

③ 宋史·卷一百二十五·志第七十八·礼二十八（凶礼四）士庶人丧礼服纪：“举奠之际歌吹为娱，灵柩之前令章为戏，甚伤风教，实紊人伦。”见：《宋史》[M]．郑州：中州古籍出版社，1998．

河北井陉柿庄宋代M3墓顶照片

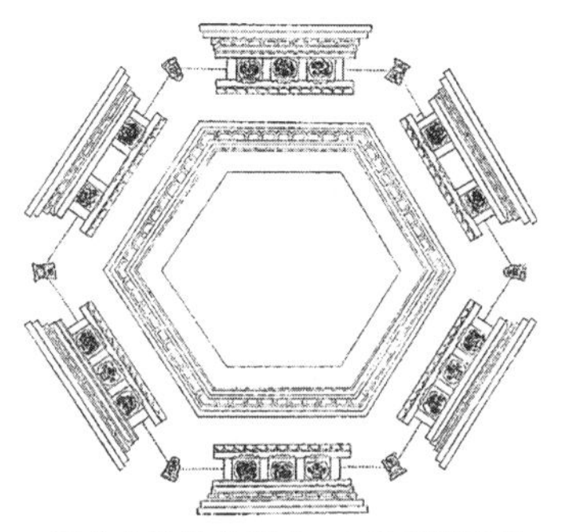
河北井陉柿庄宋代M3墓顶须弥座俯视及展开图

河北井陉柿庄宋代M9墓顶须弥座俯视及展开图

河北井陉柿庄宋代M4墓顶照片

陕西户县公输堂天宫楼阁

山西应县净土寺天宫楼阁

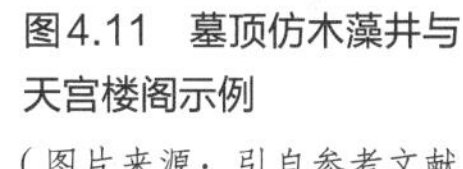
图4.11　墓顶仿木藻井与天宫楼阁示例
（图片来源：引自参考文献[205][326]，作者自摄）

设所谓的“墓顶须弥座建筑”①，实际上也是在表达鬪八、鬪六藻井与天宫楼阁意象；在六边形墓室的井陉柿庄M3中，工匠于墓壁上方砌出须弥座，每边开壶门两个，内饰缠枝化生和迦陵频伽、各色花卉；方形平面的柿庄M9又在座下多出一道龟脚，角部用力士支顶，束腰内开壶门两至三个不等，隐刻蝠纹，再雕砌瓶栽莲、盆栽牡丹等（图4.11）。

4.3 缩微与扩放

人们在重构死后世界时，必须先明确灵魂的存在方式，它到底是不可言说的“至大无外，至小无内”？还是像三尸神一样大小可知？测算回魂日子时使用的魂头高（一般在九尺到一丈八之间）并不代表灵魂的真实尺度，墓葬相较于阳宅的缩放比例也不是绝对精确的，更常见的办法是将灵魂抽象成一个小而不可见的主体、一个“质点”，再随宜布置俑像、明器、镇墓兽、壁画等要素来间接暗示其大小，但总的来说，墓中的一切仍是对地上世界的凝

① 张立文.河北西路与河北东路宋代墓葬研究[D].郑州：郑州大学，2021.

缩，这就是巫鸿提出的“无形的微型”①。

“重塑天地”的尝试既可以发生在塔式罐等器皿上，也能在墓室中进行，在较大的比例尺范围内，人们可以模拟墓园中的封土与祠堂，如郑岩举的东汉王阿命刻石例子②，或是在魂瓶上堆塑罐口，捏出碑、阙、重楼等墓园要素（如故宫博物院藏绍兴西晋魂瓶③）。在墓室中也存在同样的空间压缩现象，巫鸿举随县擂鼓墩一号墓（曾侯乙墓）和信阳长台关一号墓为例，提出以俑像替代殉人是触发“缩微”趋势的关键原因：在随葬了21位女侍、乐师的曾侯乙墓中，一共在15.72m×19.7m的面积内分出四间椁室；长台关一号墓略晚半世纪建造，但因只用俑人，故可在总面积减少到8.95m×7.6m的情况下将椁室数目加到七间，对空间的利用更加精细、高效。在马王堆一号墓北侧椁室中，工匠在灵座后树起一道微型屏风，直观展现了时人关于“灵魂较形骸收缩”的认识。沂南北寨墓的厕坑只有真实尺寸的1/3左右④，反映了画像砖石墓也遵守同样的“缩比”原则。

在仿木砖墓中，收放关系变得更为复杂，建筑形象不再整体缩小，而是允许不同局部、构件各自随宜拉长、压短，即变形的比率和速率不同步。这方面的研究都是基于实证展开的，如郑以墨在以《营造法式》六等材数值核对李茂贞夫人墓端门、冯晖墓门楼、白沙宋墓M1门楼后⑤，提出“工匠在制作仿木砖雕时基本是按地上木建筑的规制进行等比例缩小的”，但唐末、五代的仿木技术不成熟，使得“构件的宽度如枓栱、间广等均偏大，高度均偏小”，到北宋中后期以后“各部位构件及间广的比例逐渐规范，大体看来，均按地上木建筑规模的二分之一等比例缩小，只是枓栱的尺寸在构件中稍显突出”。随着更多案例的勘测数据依次发表，此前总结出的一些比例异动规律也应随之修订，木构建筑虽有可能以三、六等材作为常用标准，但直接认定砖构模数尺度照搬木构、以所谓“标准材等”无差别换算，甚至任意倍增实测份数自圆其说的做法，都还不足以完整、准确地揭示仿木设计中的尺度构成规律。虽然个案的复原结果千差万别，但也存在一些共性内容，譬如：枓栱在墓室中的占比很大，相形之下，间广、柱高数据都经过了大幅压缩，受其约束的门窗部分也难以舒展（或大幅减

① （美）巫鸿.无形的微型——中国艺术和建筑中对灵魂的界框[A].（美）巫鸿（编）.古代墓葬美术研究（第三辑）.长沙：湖南美术出版社，2015：1-17.

② 郑岩.山东临淄东汉王阿命刻石的形制及其他[M]//郑岩（著）.从考古学到美术史.上海：上海人民出版社，2012：1-28.

③ 巫鸿认为魂瓶（也称堆塑罐、谷仓罐、神亭壶）源自五联罐，五小罐环绕大罐代表着五行生克观念下以元素集合象征完整宇宙的做法。2世纪以后，因罐口完全装饰化而丧失了用作实用器的可能，罐身常留出小孔，并在空隙外捏出鱼、蛇、龟等水族形象，以示罐内即“黄泉”，又在罐肩、罐顶堆塑建筑，譬如该260年造魂瓶就在肩上竖圭形碑（刻书“永安三年时，富且洋，宜公卿，多子孙，寿命长，千亿万岁未见央”），碑后立双阙、重楼，完全与墓园无异。见：（美）巫鸿.无形的微型——中国艺术和建筑中对灵魂的界框[A].（美）巫鸿（编）.古代墓葬美术研究（第三辑）.长沙：湖南美术出版社，2015：1-17.

④ 曾昭燏等.沂南古画像石墓发掘报告[M].北京：文化部文物管理局，1956.

⑤ 郑以墨.缩微的空间——五代、宋墓葬中仿木建筑构件的比例与观看视角[J].美术研究，2011(01)：32+41.

少椪数）。总之，檐下和柱框部分各行其是，并不强求比例的谐和。

墓葬是相对静止的，但其中的种种缩放关系却带来了“运动着”的假相，而运动又以时间和空间作为自身的存在形式，时间是物质运动过程的持续性和顺序性，空间是运动着的物质的广延性，两者与物质运动不可分离。简言之，仿木形象的种种变形表现，都应该先从时空关系的角度展开解释。

（一）压缩空间以凝滞时间

我们常将建筑比喻成“凝固的音乐”，选择何种艺术形式是由感官功能决定的，建筑是空间的艺术，而空间是流动和富于韵律的，因而可以类比于音乐，也可以“凝固”。对于墓葬这种特殊的建筑类型来说，“凝固”的主要是“不舍昼夜”时间，所谓“千年吉宅、百载寿堂”，最重要的还是能够耐受时光冲蚀。除了物质上务求坚固外，艺术内涵也需尽量丰富，以便墓主在漫长永夜中安享荣华。因此，观察仿木砖墓中的种种尺度盈缩现象，就等同于窥测古人的时空观念，毕竟时间既是人脑认知过去、未来的感性线索，也是描述物体移动的理性刻度，即便不知相对论为何物，也不妨碍人们时而感慨白驹过隙、时而哀叹度日如年，心境变化才是时间长着两幅面孔的根由所在。

对于长眠的墓主来说，既然“运动”表面上停止了，时间当然也是停滞的，但这种“静”终归是相对的，任谁也无法真正打破成、住、坏、空的循环，所能做的无非是减缓整个过程，而窄小的墓室、压缩的空间往往意味着更加放慢的时光流逝，可说是因“缩微”而“静止”、因“静止”而“永恒”了。

至于“压缩”的对象，主要有“构件”和“空间”，前者体现为轮廓的变异，后者则是位置关系的解构重组。唐宋之际墓壁上的仿木内容从示意室内场景改为表现外观形象，空间翻转之后，压缩的对象和方法也随之转变，从“拼贴不同局部以取代完整场景”变为“无视间距和院落，将建筑立面压合成彼此衔接的形式符号”。这两种策略都带来了新的矛盾：砌筑墓总在连续墓壁上重组本该被切割的室内环境，模制墓则以“单体”构造模仿“群组”意象，目的与手段都是相互背离的，操作起来自然难度不小。

以稷山马村M1为例，因其墓门较为高耸（自底至顶高2.6m），参谒者在墓道中观看门顶时的视角大概在40°，已超出正常视域范围，平添肃穆之感，有效弥补了墓室尺度狭小、威仪不足的缺憾，使其观感远较真实体量伟岸。墓室内虽空间局促，但墓壁较低，观察铺作等仿木形象时仍能将视角保持在30°左右的舒适区间，可见工匠对“观看”问题早已做好安排，确保处处皆可“以小见大”（图4.12）。

在以标准条砖拼成的墓室中，壁面上的仿木要素分布均匀、构图连续（如各处间广与朵当等长、不区分铺作形制、假门窗对称布置之类），可以视作同一建筑的室内或其展开立面。在更繁复的模制砖墓中，设计意图更接近于拼合庭院，如马村M1四壁上的建筑分别表达了门楼、舞亭、厢房意象，墓室成为受其围合的一方庭院，这时各处壁面上的形象天然地不能

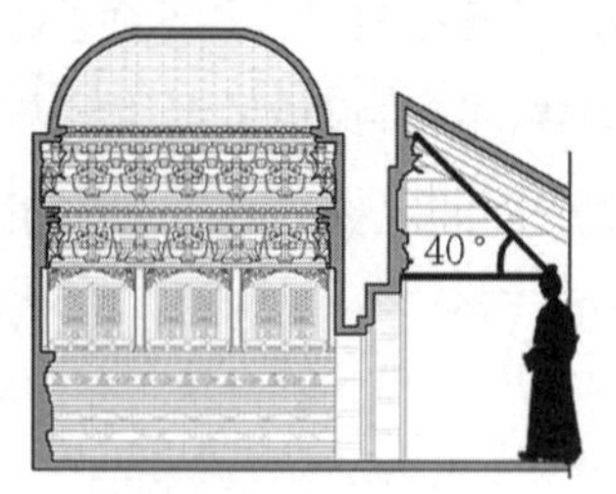

墓门顶部仿木构件视线分析

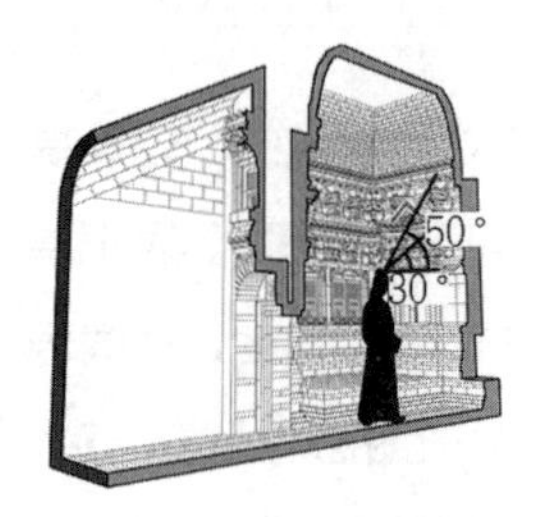

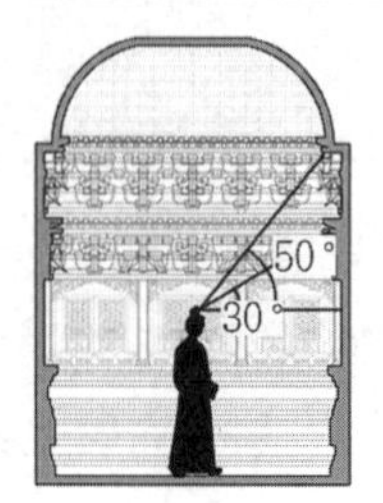

墓室北壁枓栱视线分析

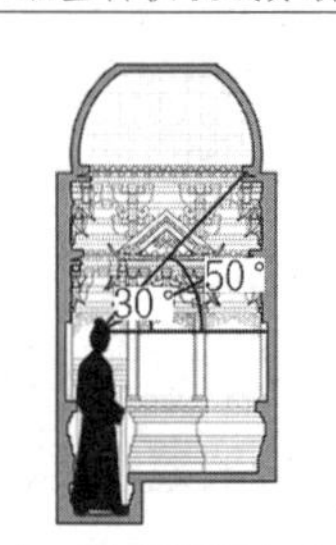

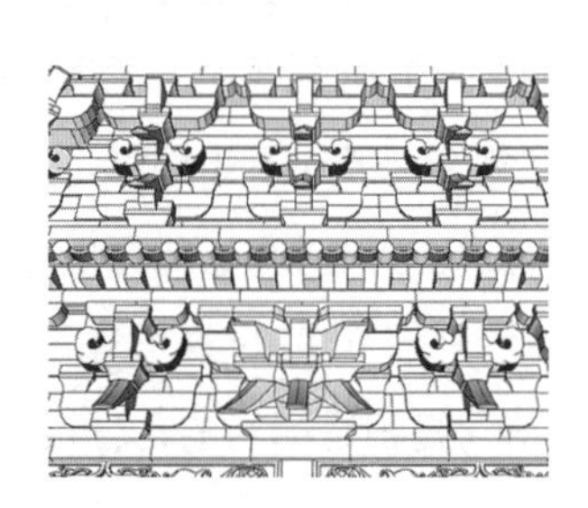

墓室东西壁枓栱视线分析

图4.12 稷山马村M1视线关系分析
（图片来源：作者自绘）

保持“匀质”（如次要的长边上密布格子门，主要的短边安排歇山抱厦），但这有悖于墓壁连续闭合的根本属性。为妥当拼接大量规格各异的模制砖件，最合理的办法是按照水平分层依次嵌入，这需要尽量控制各种铺作的规格和标高，使之基本一致。然而，这样就不能再模仿木构建筑利用铺数、材等差异来严格区分主次位置、等级秩序的做法，使得所仿形象不易拉开身份差距。更麻烦的是，庭院中的几座建筑本应彼此分离，至多以廊庑、院墙相连，但在砖砌墓室中没有足够空间，只能使其彼此衔接，并在角部增添倚柱（搭配向内斜出的转角铺作），以其收窄的里跳部分模仿放宽的外跳部分；在地面院落中，这里本应是正屋与厢房边角相邻的空地，却没有任何立柱，这就使得空间关系更加暧昧不清，造成了空间压合的既定事实（图4.13）。

另一条值得注意的线索是仿木部品的绝对尺度，从中同样可以窥得工匠压缩墓室空间的手段。譬如，《营造法式》卷二十一在为不同样式的格子门计量造作、安卓功限时，分别以“四斜毬纹格子门一间四扇，双腰串造，高一丈、广一丈二尺……四直方格眼格子门一间四扇，各高一丈、共广一丈一尺，双腰串造……”举例，可知标准做法是先定下“间内基本取方”的立面构图原则，再按槛数分配门扇宽，门高则基本控制在一丈左右为宜（也便于比量增减、计算差额）。当然，3m左右的门高适用于大型官式建筑，若按卷七的记载，“造格

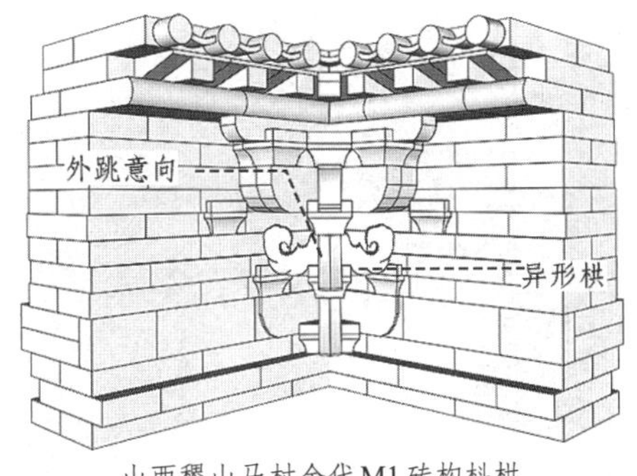

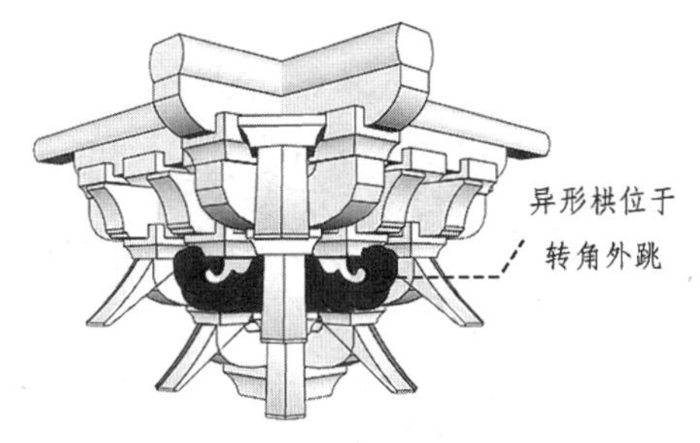

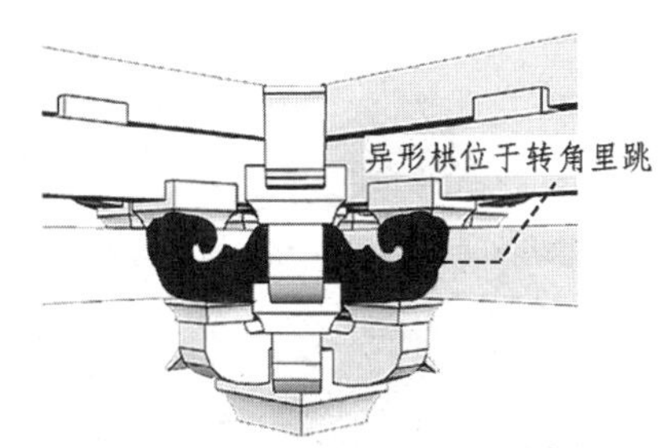

图4.13 稷山马村M1上檐转角铺作砌法及其木构原型示意图
（图片来源：作者自绘）

子门之制……高六尺至一丈二尺，每间分作四扇（如梢间狭促者只分作二扇），如檐额及梁栿下用者或分作六扇造，用双腰串（或单腰串造）”，则将高度下调至2m余会更贴合人体尺度。无论实高几何，门扇的宽高比取1:3至1:4总是合适的（檐额下用六扇、梢间用两扇是因为间广增缩，不牵涉单扇比例），故规定“每扇各随其长，除程及腰串外，分作三分，腰上留二分安格眼，腰下留一分安障水版”，即槅心、障水版分别占据总高的约1/2与1/4，腰华版及程木等一共占据剩余的约1/4。由此看来，在稷山马村M1之类的案例中，格子门形象总体来说过于方正，高宽比偏小，可知竖向上遭受了过度的压缩。同样的情况也出现在配套的勾阑部位（柱础则受限于砖件规格而被横向压缩），因系单块模砖制成，其外廓方正，高度天然不足，长宽比拉大，与格子门相比显得更加低矮。这表明各处节点因所需砌砖数目不同，变形程度和限制因素也存在较大差异，使得各个仿木细部不能按照统一的比例拉伸压缩，而是各自为政，在砖室的整体尺度权衡和细部造型设计上彼此脱钩，营造的连贯性、整体性皆不如采用材分模数制的大木作传统（图4.14）。

图4.14 稷山马村M1格子门、勾阑、柱础与其木构原型比较
（图片来源：作者自绘）

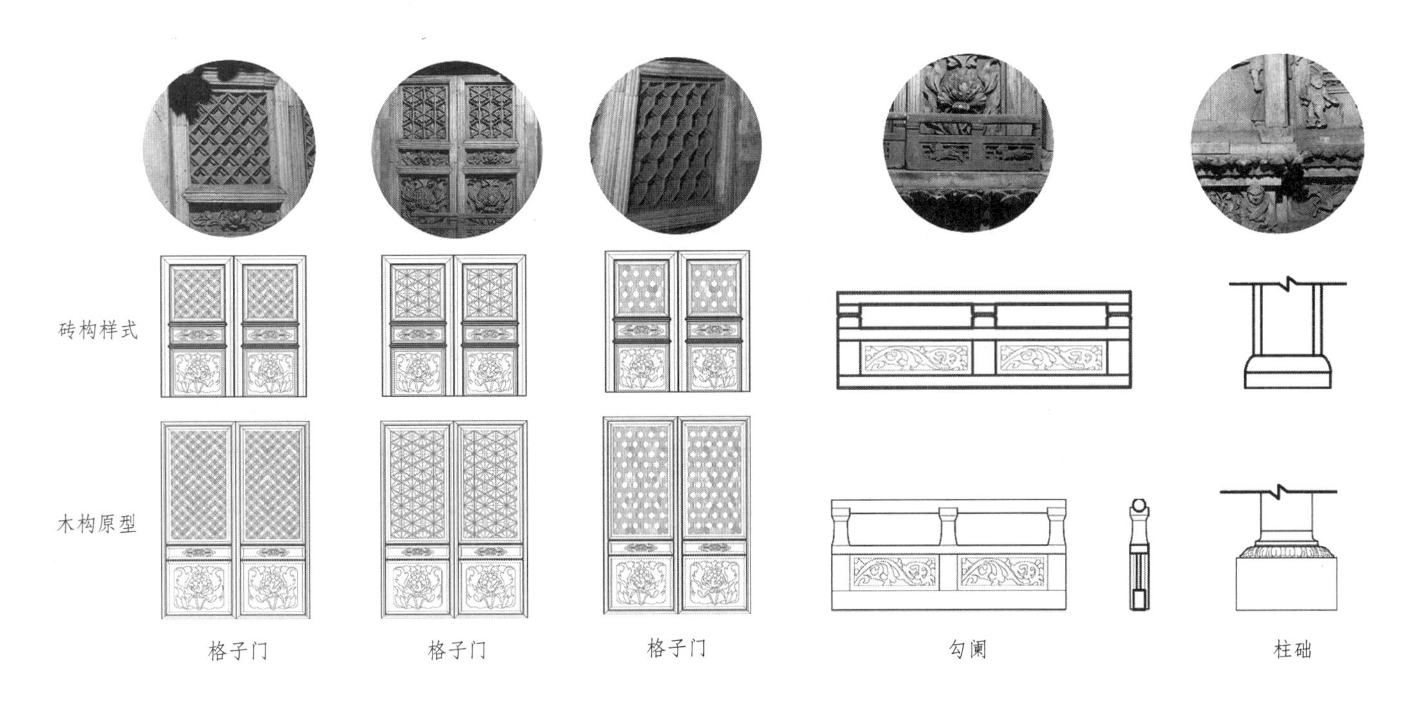

河北武邑崔家庄宋代M2

陕西西安化觉巷清真寺碑亭

陕西西安荐福寺碑亭

图4.15 砖墓中的“墓志碑”“仿碑砖”现象示例
（图片来源：引自参考文献[321]、作者自摄）

此外，也有更改仿木载体以求进一步缩小建筑形象的情况，典型的例子是碑楼。为保护碑体，古人常建造木构碑亭以藏石碑，或以砖砌碑楼包裹碑身。有趣的是，在宋代河北路的一些墓葬中，出现了以单砖充当的所谓“墓志碑”，工匠再将条砖侧面朝外略加雕饰，包住充当碑碣的立砌斗砖，就在壁面上砌出了惠而不费的“碑楼”形象。以邢台熙宁十年（1077年）墓为例，其“碑身”两侧设三间小殿，两角柱头用枓口跳、两平柱头用单杪四铺作，上承屋檐；又有更简陋的武邑崔家庄M2，在碑身两侧设砖柱（侧砖立砌）、上设抱厦式屋顶、下插一块凿成赑屃头的丁砌顺砖，寥寥数笔已是形神兼备。这种将墓志处理成缩微碑碣、再配合条砖模仿碑楼的做法，可以说是成套系地将碑和碑亭“明器化”，缩微幅度堪称剧烈（图4.15）。

（二）模拟星空以申明时序

若说墓壁的装饰原则在于压缩空间、以小见大，让时间“缓慢”下来与长眠的墓主“同步”，那么工匠在修饰墓顶时要做的工作就恰好相反，是在幽泉之下再造星空，施展补天之手为墓中带来独立的日月行次，以金乌玉兔等符号标明方位，在混沌之中重新建立时空坐标。古人在营构房屋时，首先要做的就是确定方位，如《营造法式》“看详”部分在简单介绍数学基础（“方圆平直”“取径围”）和管理规则（“定功”）后，直接以工程测量（“取正”）和场地平整（“定平”）问题开篇，其中的“取正”条总结了“经史群书”中广为记载的测望

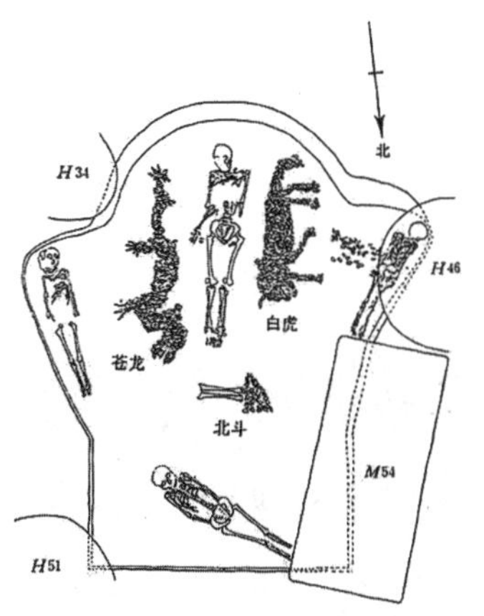

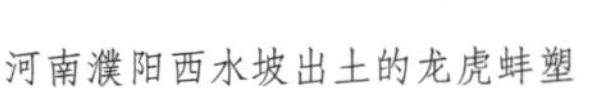
河南濮阳西水坡出土的龙虎蚌塑

湖北随州曾侯乙墓漆箱盖上四神、星宿

图4.16　原始社会至战国墓葬中的星象图案示例
（图片来源：引自参考文献[331][332]）

之法[①]，立景表测日影长短，既为辨东西，亦可明晨昏；诸星环绕北极周旋，用可以旋转仰合的望筒（三点成线）昼、夜两次对准观察，再将筒端投影到地面，连线即可得南北方向[②]。在墓中标识星体，目前已知较早的实例有濮阳西水坡出土的龙虎蚌塑[③]，冯时、李学勤都将其视作二十八宿观念的最早源头[④][⑤]，发展至战国时已完全成熟（如在曾侯乙墓漆箱盖上所见）[⑥]（图4.16）。

从秦始皇陵开始，在墓内再造宇宙的尝试也被记录下来，西汉出现了凿石为室、穿山为藏的石室墓，如汉文帝元年（前179年）徐州铜山楚元王刘交墓、建元四年（前137年）永城芒砀山柿园汉墓等[⑦][⑧]，且在阶层下移后影响了砖室墓的形制[⑨]；到新莽与东汉时，墓顶逐渐凸起为穹隆，墓壁图像也出现从天界到人间的垂直分层[⑩]，暗示着升仙的旅途。长安周边出

① 《营造法式》看详“取正”条记：“《诗》：定之方中；又：揆之以日。注云：定，营室也；方中，昏正四方也。揆，度也，度日出日入以知东西；南视定，北准极，以正南北。《周礼·天官》：唯王建国，辨方正位。《考工记》：置槷以悬，视以景，为规识日出之景与日入之景；夜考之极星，以正朝夕。……看详：今来凡有兴造，既以水平定地平面，然后立表测景。望星，以正四方，正与经传相合。今谨按《诗》及《周官·考工记》等修立下条。取正之制：先于基址中央，日内置圆版……”

② 同前，“昼望，以筒指南，令日景透北；夜望，以筒指北，于筒南望，令前后两窍内正见北辰极星，然后各垂绳坠下，记望筒两窍心于地，以为南，则四方正。”

③ 孙德萱，丁清贤，赵连生，张相梅. 河南濮阳西水坡遗址发掘简报[J]. 中原文物，1988（03）：1-6.

④ 冯时. 河南濮阳西水坡4号墓的天文学研究[J]. 文物，1990（03）：52-60.

⑤ 李学勤. 西水坡“龙虎墓”与四象的起源[J]. 中国社会科学院研究生院学报，1988（05）：75-78.

⑥ 随县擂鼓墩一号墓考古发掘队. 湖北随县曾侯乙墓发掘简报[J]. 文物，1979（07）：1-24.

⑦ 徐州博物馆（编）. 徐州北洞山西汉楚王墓[M]. 北京：文物出版社，2003.

⑧ 郑岩. 关于墓葬壁画起源问题的思考——以河南永城柿园汉墓为中心[J]. 故宫博物院院刊，2005（03）：56-74.

⑨ 俞伟超. 汉代诸侯王与列侯墓葬的形制分析[C]//中国考古学会第一次年会论文集. 北京：文物出版社，1980.

⑩ 信立祥. 汉代画像石综合研究[M]. 北京：文物出版社，2000：59-65.

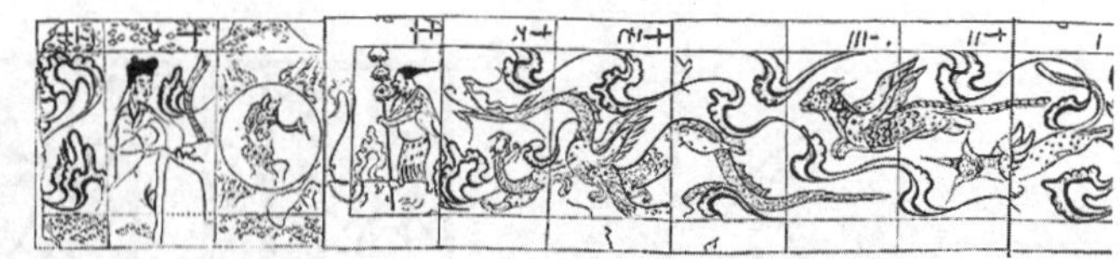

河南洛阳西汉卜千秋墓主室脊顶升仙图

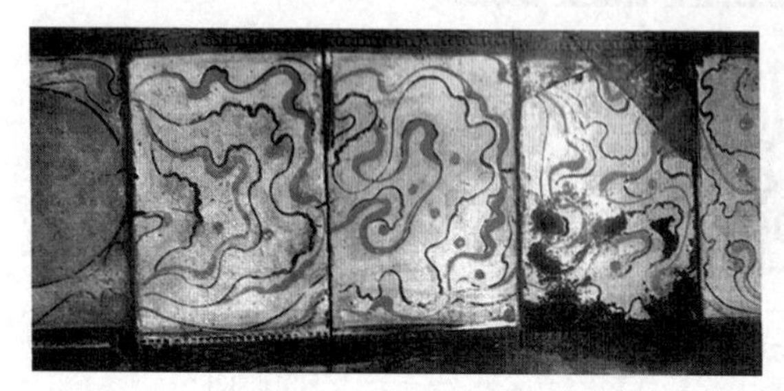

河南荥阳烧沟汉代M61墓顶星云图与梁上“天门”

陕西定边郝滩汉墓二十八宿

图4.17 东汉墓葬中的星象图示例
（图片来源：引自参考文献[138][338][339]）

土的西汉墓多为“甲”字形平面、砖券顶，图像以天象、云气为主，如西安曲江翠竹园墓①、西安交通大学壁画墓②等，同期的洛阳壁画墓则多用平脊斜坡顶。到了东汉，星象图多用来配合、呼应引魂升仙的壁画内容，如定边郝滩汉墓在券顶绘出环绕风伯雨师旋转的二十八宿，作为墓壁上仙人朝觐西王母图像的背景。此时的天体常以拟物形态呈现，如荥阳烧沟卜千秋墓的升仙队列中即以伏羲、女娲、青龙、白虎、黄蛇、奔兔、猎犬、蟾蜍、日、月等形象示意星体，同处发掘的西汉墓M61同样在脊顶满绘日月、云气、星辰，但颇为抽象③，无法确认是在指示日月五宫、天汉、十二星次，还是司赏罚四守（紫宫、轩辕、咸池、天阿）（图4.17）。

魏晋南北朝墓葬中的天体形象更趋精致，往往以斜贯墓顶的色带表示银河，且星座位置完全写实，甚至可以反推到具体的摹写时日——以北魏孝昌二年（526年）建孟津县向阳村元乂墓为例④，其穹隆上绘出一条横贯南北、蓝色波纹的星河，在色带间点出三百余颗星辰，并用线连接亮星，使得大多星宿皆可辨识，它反映的已非笼统、示意性的形象，而是正月或七月真实的星空⑤。此外，东魏武定八年（550年）建磁县茹茹公主闾叱地连墓⑥、西魏大统十年（544年）建咸阳侯义墓⑦中均附有星象残片，北齐武平元年（570年）建太原娄叡墓主室穹隆上绘有26m²的星象图，银河自东北向西南贯穿墓顶，东绘日中金乌，西绘月中玉蟾，

① 王保平，陈斌，呼安林，王志宏，罗丹，程林泉，张翔宇，翟霖林，郭永琪.西安曲江翠竹园西汉壁画墓发掘简报[J].文物，2010(01)：26-39.
② 雒启坤.西安交通大学西汉墓葬壁画二十八宿星图考释[J].自然科学史研究，1991(03)：236-245.
③ 黄明兰，郭引强.洛阳汉墓壁画[M].北京：文物出版社，1996.
④ 洛阳博物馆.河南洛阳北魏元乂墓调查[J].文物，1974(12)：53-54.
⑤ 姚传森.中国少数民族星图[J].广西民族大学学报（自然科学版），2009(15)：10-13.
⑥ 朱全升，汤池.河北磁县东魏茹茹公主墓发掘简报[J].文物，1984(04)：1-9.
⑦ 孙德润，时瑞宝.咸阳市胡家沟西魏侯义墓清理简报[J].文物，1987(12)：57-68.

星色分为红、白、黑，甚至表现了众多拖尾亮星①（图4.18）。

有趣的是，汉末开始盛行的“天门”概念在南北朝继续发展，庄芷蕙认为这种将冥界入口逆转成天国大门的观念正与道教洞天信仰中的“玄窗”相似，她通过梳理《真诰》文本，得出了“墓穴”“太阴”“洞天”三个概念彼此等同的结论②，认为墓室“被圣化为一处生命的度化（initiation）之所”，“墓室、石室与洞天是同一个空间、同一个概念下的不同名词。它们虽然出现在不同的时代与语境当中，但以诠释学角度来看，客体（object，在此可当作升仙的空间）、符号（sig）与诠释（interpretation）之间是不断互相推进、转换的：西汉中晚期开始普及的砖石结构墓葬设计，即与升仙的石室互相参考”。

洞天与墓穴的同构性揭示了另一种尺度观念，正如《启示录》将天堂想象为一个边长四千里的正方体（城高144肘、每边开三门），南朝陶弘景校注《真诰》时也将幽处茅山之下的华阳洞天规定为东西四十五里、南北三十五里、中央隆起至一百七十丈、四周稍低至一百丈的巨大洞穴，其内自有日月临照、仙官统率，因而具足时空，“日月之光，既自不异，草木水泽，又与外无别，飞鸟交横，风云蓊郁，亦不知所以疑之矣”，在洞室的中心是高达百丈之“金坛”，正对其上便是飞升所经的玄窗，这与墓内设祭、前堂后寝、摆放祭台的汉墓③颇为相似。$220km^2$的用地面积已不啻于再造一个小型生态圈，只有先接受“芥子可纳须弥”的相对主义尺度观，才能从墓穴之小与洞天之大中跳脱出来，理解两者的同构关系。《庄子·则阳》说触氏与蛮氏争于蜗角，追亡逐北尚需月半方返，其空间既属荒谬，时间也未

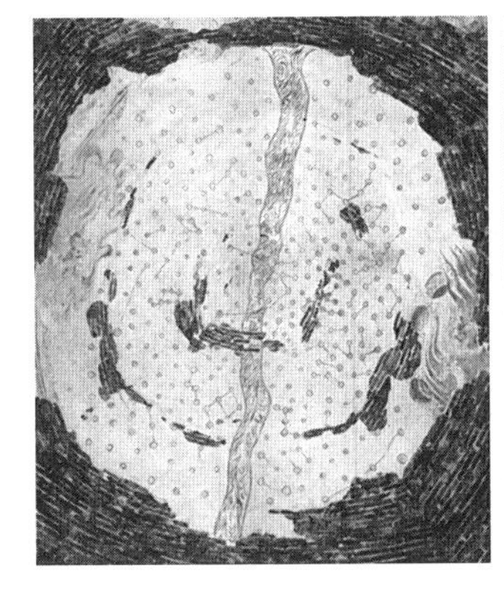

河南洛阳北魏元义墓星象图

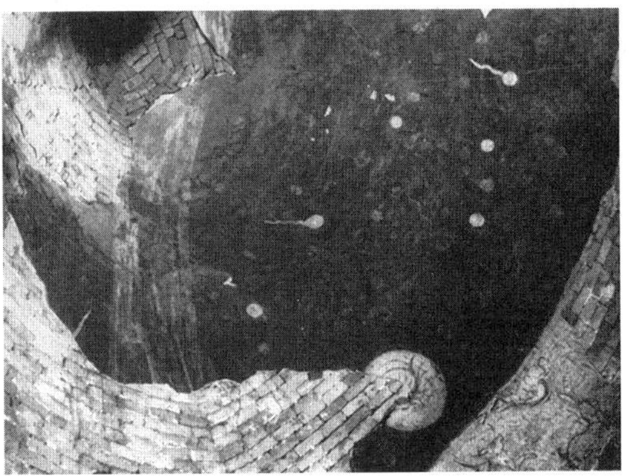

山西太原北齐娄叡墓星象图

陕西咸阳西魏侯义墓星象图

图4.18 北朝墓葬中的星象图示例

（图片来源：引自参考文献[340][343][344]）

① 山西省考古研究所，太原市文物管理委员会.太原市北齐娄叡墓发掘简报[J].文物，1983(10)：1-23.

② 庄蕙芷引《真诰》记“汉时尚书郎”（同时也是华阳洞天仙官）范幼冲故事，他自称：“我今墓有青龙秉气，上玄辟非，玄武延躯，虎啸八垂，殆神仙之丘窟，炼形之所归，乃上吉冢也。”这说明至迟在东晋兴宁年间，“神仙丘窟（石室洞天）”“太阴”“墓冢”三个概念已相互等同。支持这一观点的证据甚多，如重庆江北县龙王洞乡崖墓题刻“阳嘉四年三月造作延年石室”、简阳城东逍遥山崖壁题刻“汉安元年四月十八日会仙友”、北齐莱州赵氏墓志更提到“洞房石室，珉床雕户，庶毕天地，永旌不朽。”见：庄蕙芷，陶金.虚实之间：石室、洞天与汉晋墓室[J].美术大观，2022(12)：38-44.

③ 刘尊志.汉代墓内祭祀设施浅论[J].中原文化研究，2019(01)：55-62.

必真实，石室洞天又何尝不是一个活转来的“终极”墓室，奉道之人在“太阴”中炼形复质、尸解登仙[①]，这番历程正满足了亲族对逝者入葬后经历的想象。由此可见，汉魏北朝墓中绘出的日月星相、穹隆天门，都是为了帮助墓主登仙，而这需要藉着将幽闭坟穴扩放成“太阴”“洞天”才能实现，因此在墓顶再造天穹，不仅明确了泉下的时空秩序，更是为了折射出一方广阔天地供墓主安憩。

到隋唐五代，墓顶上的星象图沿袭了对角式构图，如潼关税村隋代壁画中东北、西南走向的银河，将赤日、银月隔在两角，用白灰点出星宿[②]。类似的还有阿斯塔那墓，其在月旁绘出残月以象征朔望，表现了不同月相的叠加[③]；冯晖墓则将银河改成从西北斜向东南[④]。唐代墓葬中出现了与星图配合的生肖神将俑像，用以象征天干，使时间观念从年月精确至时辰。随着天文学的持续发展，三垣四象七衡六间之类要素也逐渐在星图上出现，如临安吴越国马王后墓顶绘出三圈同心圆，或是表达太阳在冬夏至、春秋分的周年轨迹，图中绘出四组星座、182颗星体，正与《步天歌》吻合[⑤]（图4.19）。

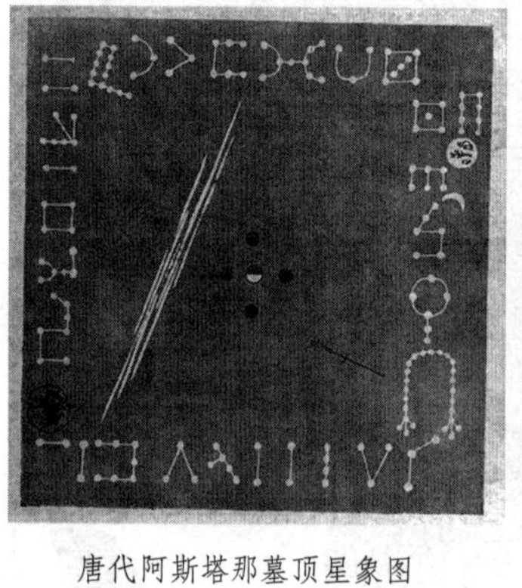
唐代阿斯塔那墓顶星象图

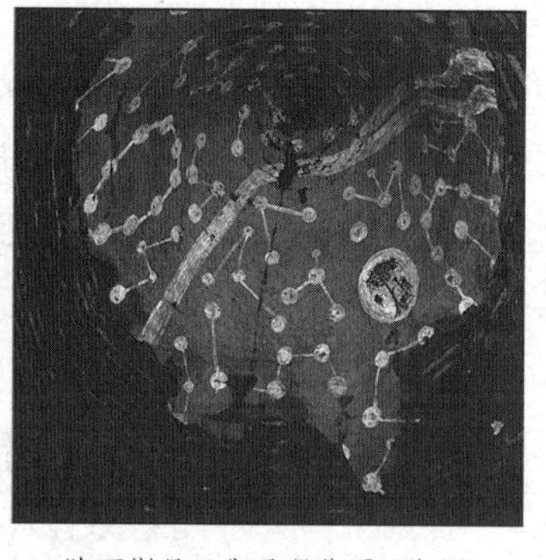
陕西彬县五代冯晖墓顶星象图

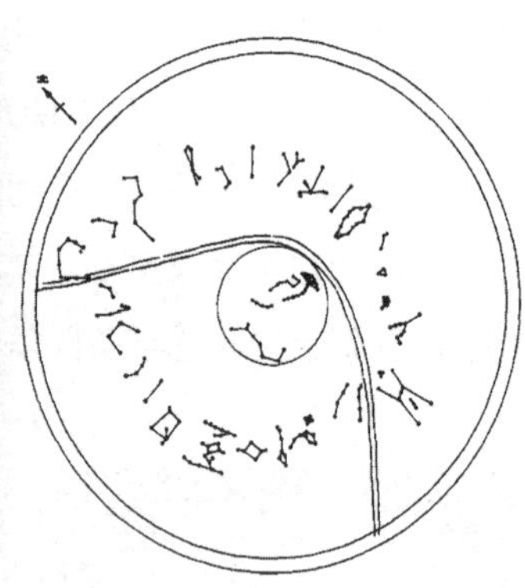
吴越临安马王后墓顶星象图

图4.19 唐五代墓葬中的星象图示例
（图片来源：引自参考文献[117][347][348]）

辽宋时期的墓顶星图已受到西方影响，出现了黄道十二宫形象，其另一个特点是顶心的装饰趋于繁丽，既有倒挂垂莲者，也有安置明镜的情况，前者意味着阴阳反生、以覆为载的镜像构图理念，后者则象征光明，是进一步抽象化、概念化的日月形象，有驱邪禳灾的意味，这表明人们对亡故后的命运关怀已从登仙转向安居。1974-1993年在宣化下八里发掘

① （南朝）陶弘景《真诰》中描述了奉道者的死后历程：“若其人暂死适太阴，权过三官者，肉既灰烂，血沉脉散者，而犹五藏自生，白骨如玉，七魄营侍，三魂守宅，三元权息，太神内闭，或三十年二十年，或十年三年，随意而出。当生之时，即更收血育肉，生津成液，复质成形，乃胜于昔未死之容也。真人炼形于太阴，易貌于三官者，此之谓也。”

② 刘呆运，李明，刘占龙，卫超，葛林，王立鹏，靳振斌，翟建峰，张明惠．陕西潼关税村隋代壁画墓发掘简报[J].文物，2008(05)：4-31.

③ 李晓．新疆阿斯塔那—哈拉和卓墓群所出织锦联珠对称纹样的文化与宗教因素[J].西北美术，2021(03)：138-143.

④ 咸阳市文物考古研究所（编著）．五代冯晖墓[M].重庆：重庆出版社，2001.

⑤ 蓝春秀．浙江临安五代吴越国马王后墓天文图及其他四幅天文图[J].中国科技史料，1999(20)：60-66.

的九座辽代张氏家族墓中，有七座配有彩绘星象图[①]，其中M1（张世卿墓）、M2（张恭诱墓）、M3（张世本夫妻合葬墓）、M5（张世古墓）、M6、M7（张文藻墓）、M10（张匡正墓）的穹隆顶部皆配有星图周匝的莲花藻井：东南组的M3、M6、M7和M10只绘出外围散花的日月星辰，西北组的M1、M2和M5则多出黄道十二宫（张世卿墓画有北斗、三垣、四仲中星、两分两至、十二宫等内容，最为精致），由九曜、十二辰、二十八宿组成的星图非深知天文历法者不能设计，目前的研究成果也颇为丰硕[②~⑤]。除宣化辽墓外，法库叶茂台墓[⑥]、陈国公主驸马合葬墓[⑦]、大同（十里铺、新添堡、卧虎湾）墓群[⑧]、朝阳木头城子墓[⑨]等都有星象出土。相较而言，宋、金、元墓葬更突出金乌玉兔的艺术形象，蕴藏天文知识的连线星图反而较少，元德李后陵和井陉柿庄M6（日上绘三星相连，月侧亦绘两组星宿）是较常被提及的例子（图4.20）。

元墓中的天文图像也很常见，在千佛山齐鲁宾馆、平阴李山头和内蒙古沙子山元墓中均有日月龙凤图像，长子碾张村元代壁画墓墓顶藻井四周绘有二十八宿，东西两壁彩绘日月、祥云、玉兔。2022年发掘的阳泉高新区大德十年（1306年）建M15和M11中，也在穹顶部位绘出三足金乌、捣药玉兔和彩云星辰（图4.21）。

此外，尚有更为简约的做法，如天水市清水县出土的三十余座宋金砖雕墓中，不乏在八角穹隆顶正中悬挂铜镜以代替日月者[⑩]，如上邽乡苏山墓、天水王家新窑大观四年（1110年）墓、镇原宣和五年（1123年）墓等。方形墓室与圆形（八角形）墓顶的组合，呈现出天圆地方的观念，墓主仰躺在棺床之上，生命已陷入永寂，不再有观览尘世日升月落的机会，而只能寄望于面容被金井上的铜镜照耀。宋墓中悬挂铜镜是普遍现象，如隆德宋墓、合肥马绍庭夫妇墓，襄阳基山宋墓中出土的镜子，都有曾被悬挂在墓顶的痕迹[⑪]，这与《营造法式》造藻井之制中的记载相合，宋代周密《癸辛杂识》中更曾明确提到："世人大殓后，用镜悬棺，盖以照尸取光明破暗之意。"较之动态、具象的日月图像，静态、抽象的明镜更能反映出一种富于想象力的审美倾向。

---

① 河北省文物研究所（编著）.宣化辽墓1974-1993年考古发掘报告（下）[M].北京：文物出版社，2001.

② 李清泉.宣化辽墓：墓葬艺术与辽代社会[M].北京：文物出版社，2008.

③ 夏鼐.从宣化辽墓的星图论二十八宿和黄道十二宫[J].考古学报，1976(02)：35-58.

④ 郑绍宗.宣化辽壁画墓彩绘星图之研究[J].辽海文物学刊，1996(02)：46-61.

⑤ 冯恩学.河北省宣化辽墓壁画特点[J].北方文物，2001(01)：36-39.

⑥ 辽宁省博物馆，辽宁铁岭地区文物组发掘小组.法库叶茂台辽墓记略[J].文物，1975(12)：26-36.

⑦ 孙建华，张郁.辽陈国公主驸马合葬墓发掘简报[J].文物，1987(11)：4-24+97-106.

⑧ 边成修.山西大同郊区五座辽壁画墓[J].考古，1960(10)：37-42.

⑨ 张克举，孙国平.朝阳县木头城子辽代壁画墓[A].中国考古学会（编）.中国考古学年鉴（1988）.北京：文物出版社，1988：143.

⑩ （明）陈仁锡《潜确居类书》记："昔黄帝氏液金以作神物，于是为鉴凡十有五，采阴阳之精，以取乾坤五五之数，故能与日月合其明，与鬼神通其意，以防魑魅，以整其病。"

⑪ 韩小囡.图像与文本的重合——读宋代铜镜上的启门图[J].美术研究，2010(03)：41-46.

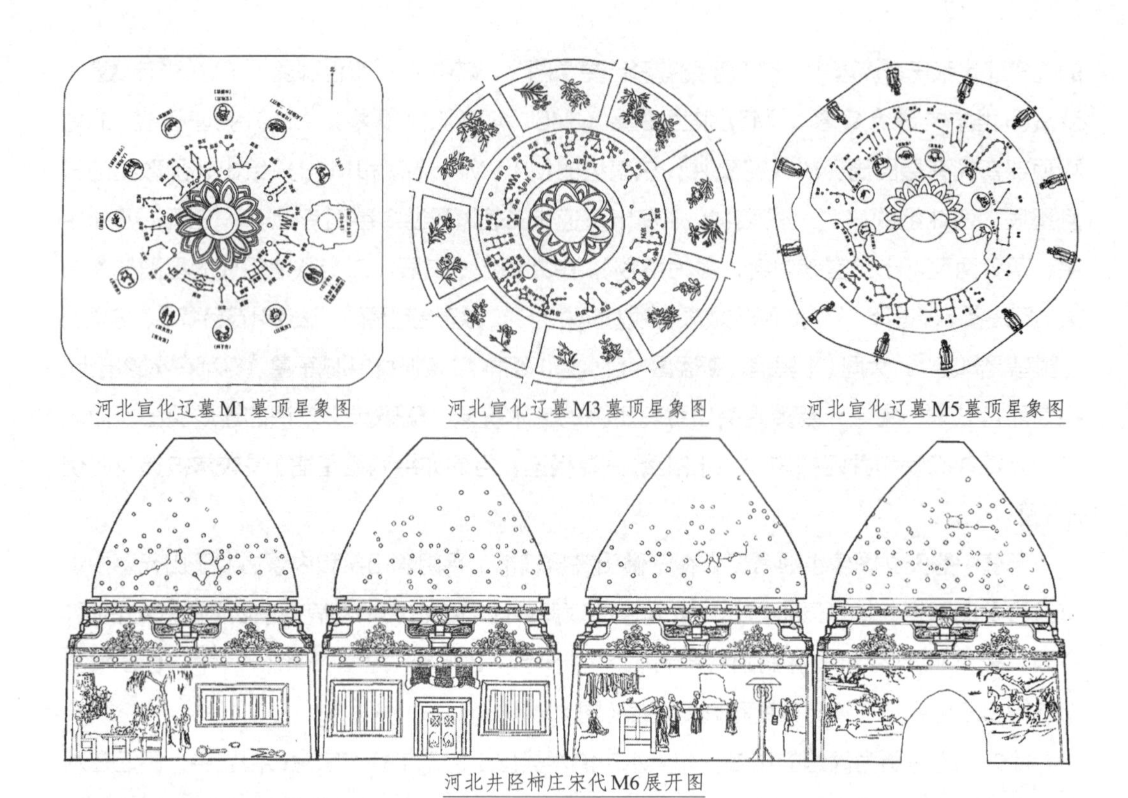

河北宣化辽墓M1墓顶星象图　河北宣化辽墓M3墓顶星象图　河北宣化辽墓M5墓顶星象图

河北井陉柿庄宋代M6展开图

图4.20　辽宋墓葬中的星象图示例
（图片来源：引自参考文献[16][205]）

M11墓室内景　M11墓室穹隆顶星象图

M15墓室内景

M15墓室穹隆顶星象图

图4.21　阳泉高新区元大德十年砖雕壁画墓
（图片来源：引自参考文献[355]）

4.4 虚实与内外

当我们探求砖室墓的空间意涵时，总是同时面对砖壁环绕的“实在空间”和壁上隐喻的“想象空间”，对此“虚实”关系的讨论引发了关于仿木砖墓中建筑形象“内外”性质的争辩，可以说“虚与实”“内与外”“动与静”三组矛盾，构成了理解仿木意图的关键锁钥。

（一）墓壁“内”“外”属性的灵活翻转

墓室空间与房屋内部同构，却不具备外部环境，无法如真实建筑般被从内、外同时感知，因此，在其“以外为内”的形象营造、“以内（墓室）为外（庭院）”的空间营造和“内归内、外归外”的构造真实之间，便不可避免地产生了诸多矛盾。美术史领域的学者对此问题极其敏感，相关研究已很充分，但总的倾向是尝试寻得一种统括性的“终极”解释，这些努力往往被层出不穷的反例削弱。

无论仿木形象被处理得多么空灵通透，其后都不存在真实的建筑空间，这导致内外关系彻底翻转：完整的建筑立面环绕墓壁展开，将观看者“驱赶”到墓顶下的“露天庭院”中，将事实的室内变成想象的室外，这种翻转始于魏晋墓葬中的门吏配置，正是伫立在仿木门窗两侧的人物立像为观者提供了一套直观的比例基准、一个隔空对视的界面、一种被牵入画中的具身冲动。宋金时期的“夫妇对坐”或“观演”类母题则与之相反，无论是坐在帘帷之下、屏风之前、被侍婢环绕的墓主[①]，还是在戏亭内表演供奉的杂剧艺人，这些场景的发生位置都确凿无疑，而制造出的空间意象如此具体，已完全独立于当下的墓室之外，墓主以“此在”（dasein）的姿态活灵活现地暴露在观者的视线之下。由于观者的参与方式更接近看电影（审视墓主身前身后场景）而非参与舞台剧（寻找墓主），这就使得观者被隔绝在“屏幕”前方，无法摆脱“局外人”（étranger）必然背负的疏离感。

要之，越是“可见的场景”越能在想象与现实间筑起高墙，反而是“不可见的场景”具有开放的、便于共动的特质，能模糊生者与逝者的边界，仿写的形象越形象、人物活动越具体，生者的身份就越从参与者转向旁观者，只远眺墓主在彼岸的永生场景。

另一种解释则是墓室与房舍同构。由于门窗槅扇的内外立面相同，在没有屋檐、下昂、台基等旁证的情况下，将墓室看作室内空间亦无不可（对于墓顶砌出藻井天花的案例来说尤

① 如工匠在汾阳金墓中并未表达屋顶与台基，但柱框与门扇的限定表明主人宴饮场景与观者所处的墓室并非同一处房间，这就引出小木作的标识作用：当不隐刻门窗时，意味着仿木柱框之内的空间绝对通透，此时判明空间层次的责任便由隔障类型决定，一般而言，门窗划分、区隔空间的能力最强，纱橱帐座次之，再次为虚挂边角的挂落，帘帷帐幕等织物最弱，而令空间保持连贯的能力刚好与上述排序相反。

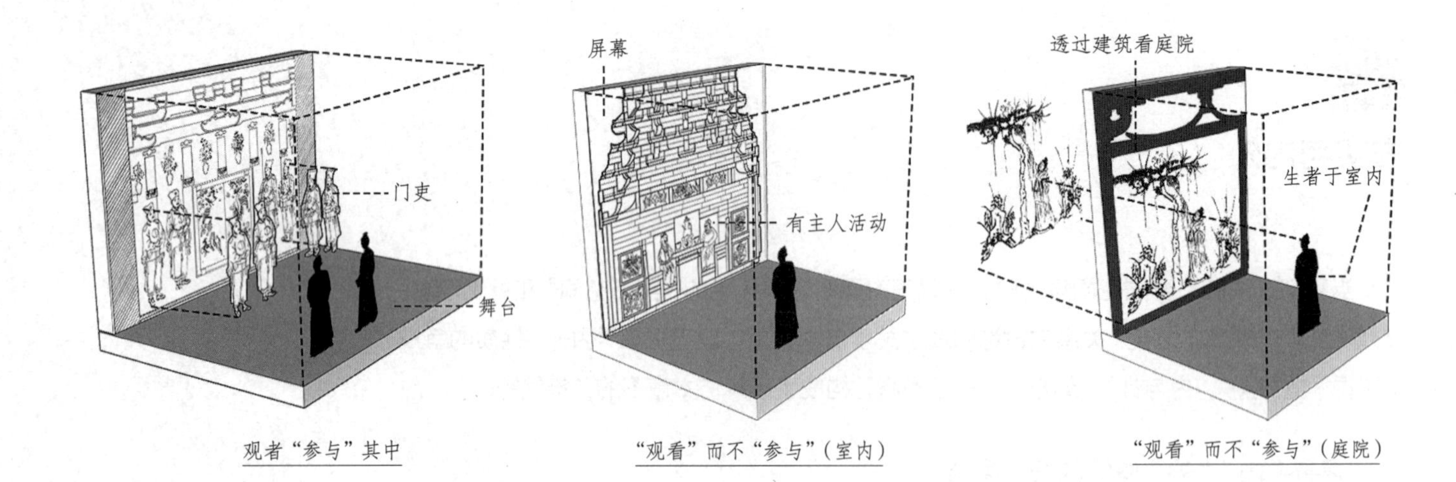

图4.22 仿木细节与观看方式的辩证关系示意图
(图片来源:作者自绘)

其如此)。此时壁面上刻绘的人物场景也存在两种可能:其一是“自室内看室内”,譬如在夫妇并坐母题中,桌椅、灯架等物件既不可能被放置在外檐下(即观者视线自室外“穿入”室内),墓主也不可能倚门窗而坐(即观者所处位置比墓主更深远,从室内“越过”桌椅看向室外),人们如同步入了墓主的居室,随意浏览延伸后的虚拟场景;其二是“自室内看室外”,虽仍是夫妇并坐,但在其身后加入了屏风或树木等要素,此时壁面表达的已不再是一味内延的屋室,而是望穿墙壁后的庭院(即观者从室内“穿墙透壁”看向下一进院落中坐于“室外”的墓主),壁面也因此虚化成透明的“景框”(图4.22)。

实际上,墓壁上映照的空间到底是“内”还是“外”,经常是有足够弹性的①,不同细节的并置往往赋予同一案例多重解释,在单室墓中通过大、小木作的组合可以形成“既内且外”的视觉效果,多室墓则可借助墓门分界来造成“一体两面”的体验。

前者是基于空间“透明性”获得的特殊体验,当工匠将不同景深、不同遮蔽关系的景象打碎重组、拼贴到同一壁面上时(如下段表达自室内方可得见的一桌二椅、仆从狸奴,中段为内外无差别的槅扇门窗,上段又变成建筑外部的铺作屋面),自“室内看室内”“室内看室外”“室外看室内”的各种场景被剪切、叠加,这也从侧面证明了林伟正提出的墓葬内、外界面可以共存的观点②。越来越多的证据表明,壁面如同一帧叠加多重视野后被重复曝光的照片,这种认知方式完全符合古人“散点运动”“纪录片式”的图像观念,若非如此,我们很难解释表达外立面的屋檐、椽瓦、铺作、门窗,是如何与只能自室内向室外(或继续向更

① 工匠在定义墓室内、外属性时,既可以在墓顶描绘星象图来将墓室指认为露天院落,也可以设置天花、藻井、平棊之类的形象,将其下空间完全界定成室内。见:唐云明.河北井陉县柿庄宋墓发掘报告[J].考古学报,1962(02):31-73+124-153.

② 林伟正认为不应按现实中的空间逻辑去推测墓中的视觉呈现,墓葬本身就是一个经由想象创造出来的空间,内、外可同时共存。见:Wei-Cheng Lin. Underground Wooden Architecture in Brick: A Changed Perspective from Life to Death in 10th through 13th Century Northern China[J]. Archives of Ancient China,Volume 61,2011,pp.3-36.

深的室内）观看的桌椅、灯架、仆从并置一处的。甚而，在金晚期建造的汾阳东龙观南区王氏家族6号墓中[①]，甚至分层砌出了安置墓主夫妇的浅龛，形成直观的、不依赖想象的空间深度。王玉冬认为这些建筑元素“创造出一种视窗的效果，以便借视觉表现方式来拓展墓室内部的实际空间”[②]，正是这些门窗、龛室所具备的“内观”的可能性、引发想象与移情的能力，大大增加了空间的实际纵深（图4.23）。

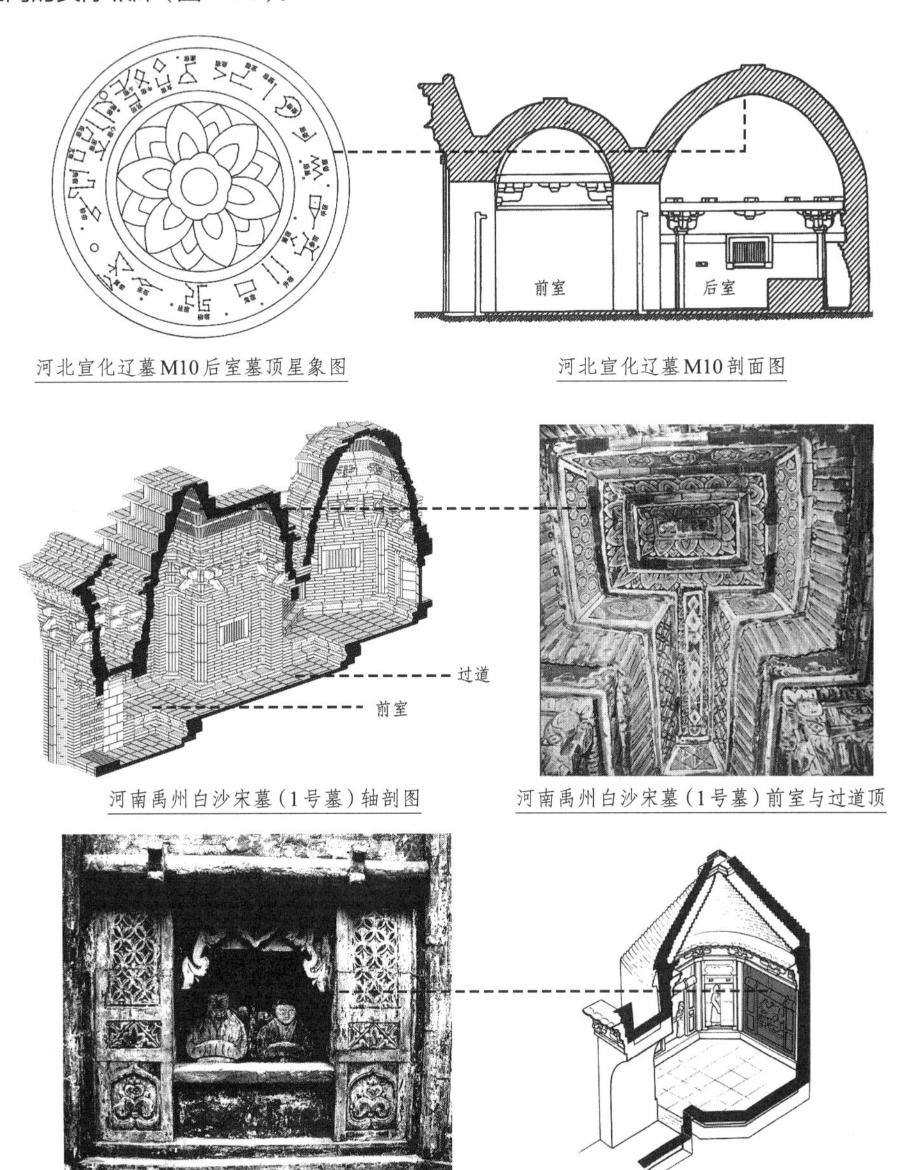

河北宣化辽墓M10后室墓顶星象图

河北宣化辽墓M10剖面图

河南禹州白沙宋墓（1号墓）轴剖图

河南禹州白沙宋墓（1号墓）前室与过道顶

山西汾阳东龙观宋金M6南壁雕龛

山西汾阳东龙观宋金M6轴剖图

图4.23　仿木砖墓墓室空间“内外”属性标示方式示意图

（图片来源：引自参考文献[16][109][112]、作者自绘）

① 山西省考古研究所，汾阳市文物旅游局，汾阳市博物馆.汾阳东龙观宋金壁画墓[M].北京：文物出版社，2012.

② 王玉冬.蒙元时期墓室的“装饰化”趋势与中国古代壁画的衰落[A].（美）巫鸿（主编）.古代墓葬美术研究（第二辑）.长沙：湖南美术出版社，2013：339-357.

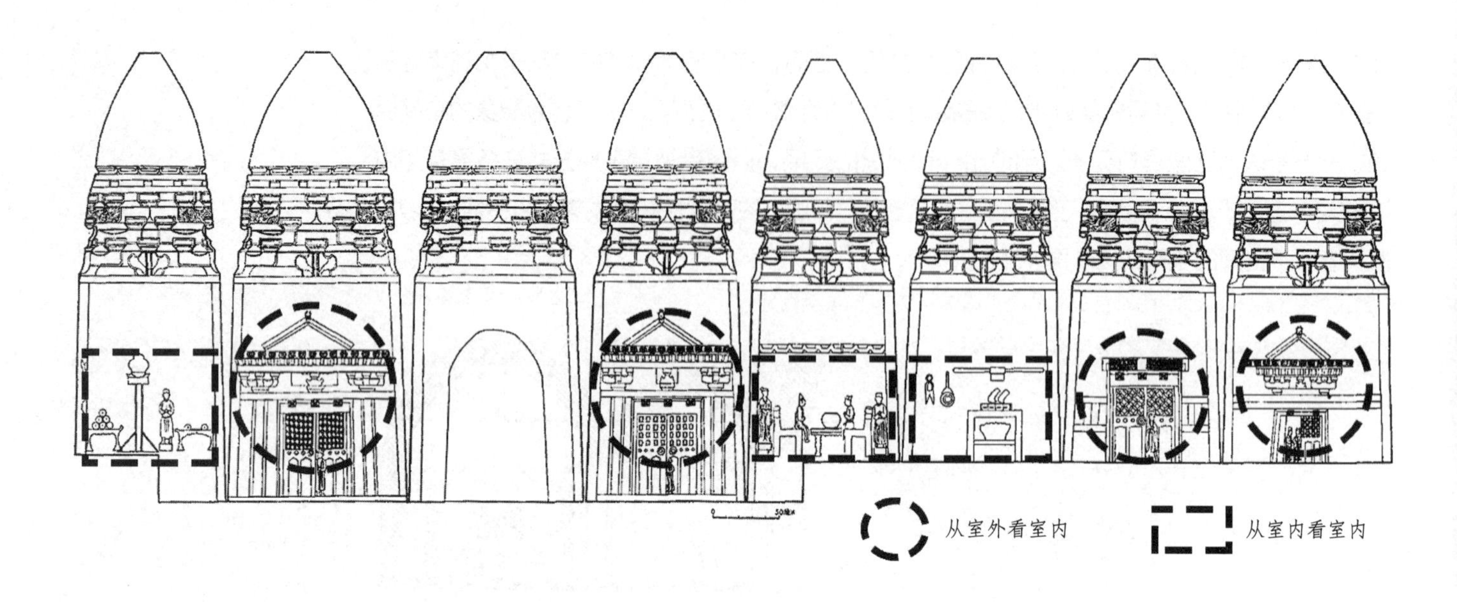

图4.24 从井陉柿庄四号墓看仿木砖墓壁面内容的“内外之别”
（图片来源：改自参考文献[205]）

此外，不同的装饰母题往往配属于特定的视觉朝向，有些尚且彼此冲突，譬如启门图意味着观者在从外部窥看室内，而一桌二椅（及更具象的夫妇并坐）则只能从室内观察。当然，也存在一些糅合两者的尝试，如闻喜夏阳宋金墓即在北壁正中砌出版门，两侧各绘一桌二椅，大定十四年（1174年）建成的长子小关村金墓后壁门侧分别绘出男、女主人，各具屏风一座。这种家居意象使得壁上反映的室内外关系趋于复杂，铺作、门窗、抱厦等内容都是从屋外看到的外立面，桌椅、灯架、侍从则无法自外透视，而所有器物暗示的性别空间又进一步区分出墓主夫妇各自掌控的场域边界①（图4.24）。

明昌七年（1196年）建成的侯马董海墓则属于后一种情况，该墓分前后方室，辟有前室正门、前室后门、后室正门，后两道门间以过道相连。两室壁上均砌出交圈铺作，其上

① 巫鸿指出，匠师常以器物象征墓主性别，在墓室中营造更为细腻的男女性空间，如同光二年（924年）建王处直墓的东耳室内画有山水屏风、长案，案上放置帽架、展脚幞头、盒、镜架、箱、扫帚、葵口瓶，西耳室绘花鸟屏风，案上放置盒子、镜架、箱、瓷枕、细颈瓶、大奁、圆盒和饰花小盒，分别是墓主夫妇生前所用之物，或性别象征符号，同时壁画“山水”与“花鸟”也有特定的性别指代（见：(美）巫鸿．中国墓葬和绘画中的“画中画”[A]．上海博物馆（编）．壁上观——细读山西古代壁画．北京：北京大学出版社，2017：304-333.）。邓菲也指出，剪刀、熨斗、直尺之类器物在唐宋之际的仿木砖墓中高频出现，此类母题具有典型的地域、时代特征，最初见于晚唐、五代的冀南与豫北地区砖室墓，北宋早中期扩展至豫中、晋南地区，随着墓葬工艺、格套的传播，剪熨组合的象征性意涵在北宋后期逐渐消解，转而发展出包括梳妆、盥洗、侍婴等场景在内的图像题材，对于表达内寝意象更为直观。此外，此类物件的出现体现了富民阶层对于女性扮演家庭角色的期待与规训，表达这些器物的砖件皆为预制，并搭配家具（如衣架、衣柜、妆台、镜架、灯台）与梳妆器（如篦剪、鐎斗、妆盒、针线笸箩）形象，寓意女红与女容。唐、辽墓葬中最初只使用实用器或明器的铁剪、铜镜组合，晚唐开始变为浮雕形式（如故城西南屯晚唐墓），且随葬品与壁画、砖雕内容间互为补充、呼应，它们表意目的相同，彼此替代而不重复出现，以像代物的墓壁装饰具有与明器相类似的属性，物与像共同建构起墓内的场景内涵（见：邓菲．“性别空间”的构建——宋代墓葬中的剪刀、熨斗图像[J]．中国美术研究，2019(01)：16-25.）。

抹斜叠涩八角顶，普拍方下侧砖顺砌，逐块刻出卷帘。进入前室后折身反顾，可见正门的门头被处理成卷草欢门样式，上方高悬一幅买地券，两侧也未砌出槅扇棂窗，而是用平砖立砌、大面浮雕盆花狮子，门楣上以力士顶仰莲骨朵，由于整片壁面都未表达木构细节，更像是在表达自三合院中回望院门背面的场景。两侧壁上用四抹头格子门与枓栱配合，形成厢房意象。前室后壁则在普拍方下砌出一圈小型枓栱，于当中门洞上砌出歇山抱厦一座，额书“庆阴堂”。由于这圈铺作明显小于施用在墓壁上方者，而人们又确实可以穿过这道门扉进入后室，因此难以简单地将其视作室内装修，一种可能的解释是：前、后室所欲表达的空间是不同性质的，工匠为了彰显差别而刻意制造了一道标识性的界面，在抱厦之外的是“建筑围合的庭院”，穿过通道后，后室正门虽同样处理成欢门上夹买地券的组合，两侧却配属有直棂窗，正壁上的夫妇并坐像和西壁的骑马出行浮雕也都表明此处是不折不扣的室内空间，这意味着分隔前、后室的孔道（尤其是其前端的抱厦）扮演了一种具有缩放与翻转功能的边界，自其下穿过后，人们便从“院中”进入“室内”，观看重点也从屋宇形象变成人物行为（图4.25）。

图4.25 从侯马董海墓看仿木砖墓中的“前外后内”模式
（图片来源：作者自绘、自摄）

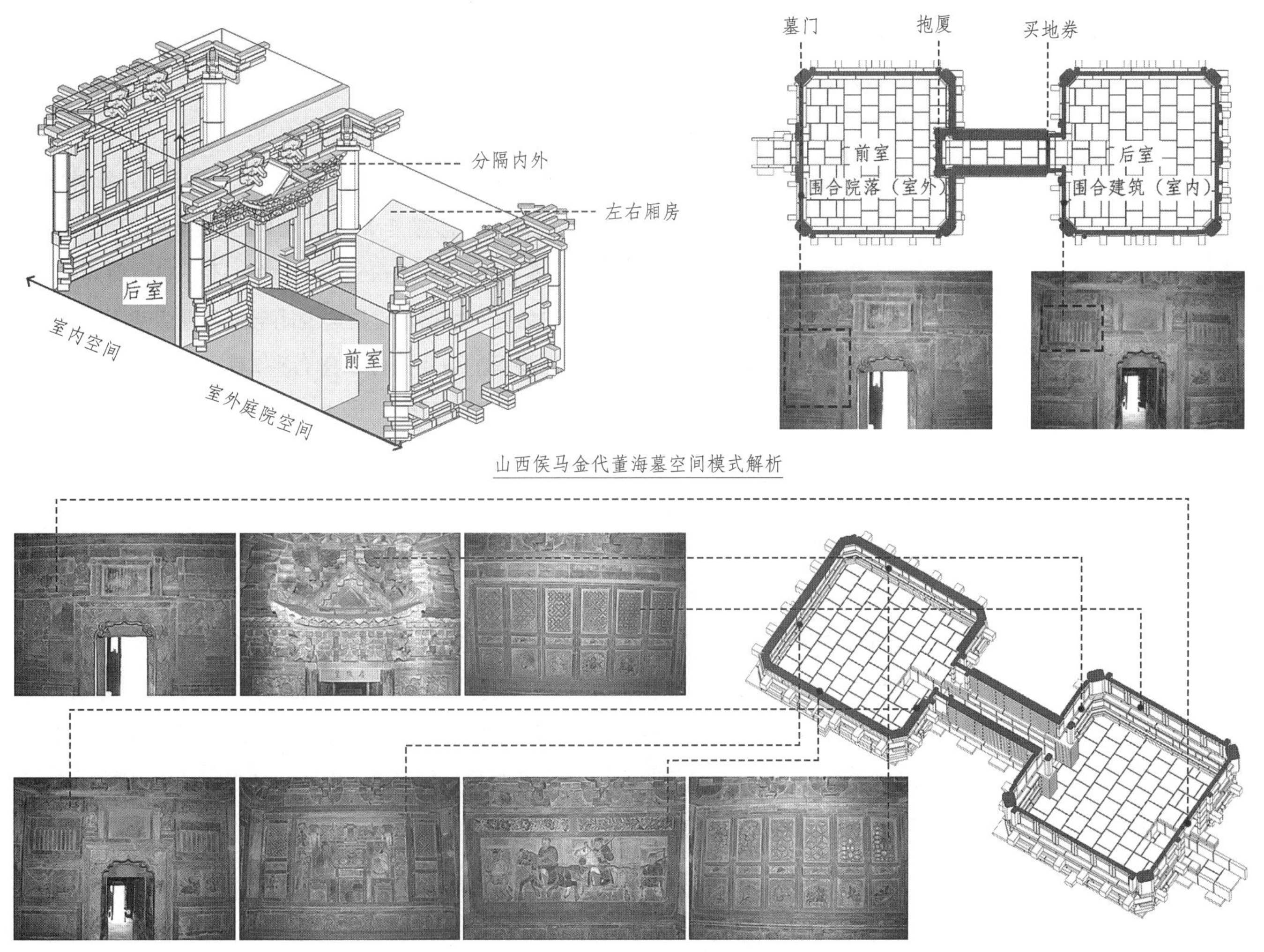

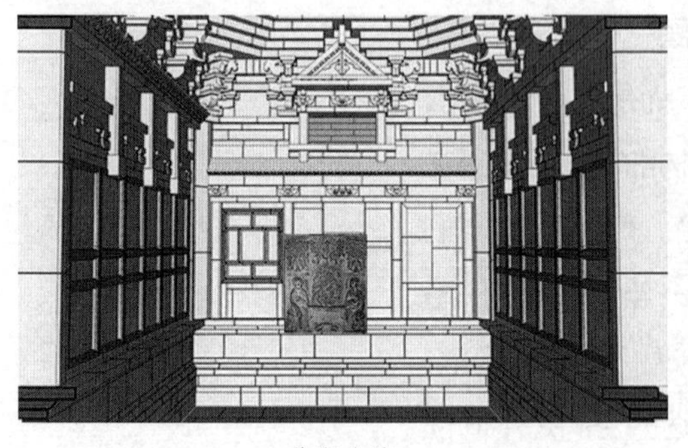
墓室北壁

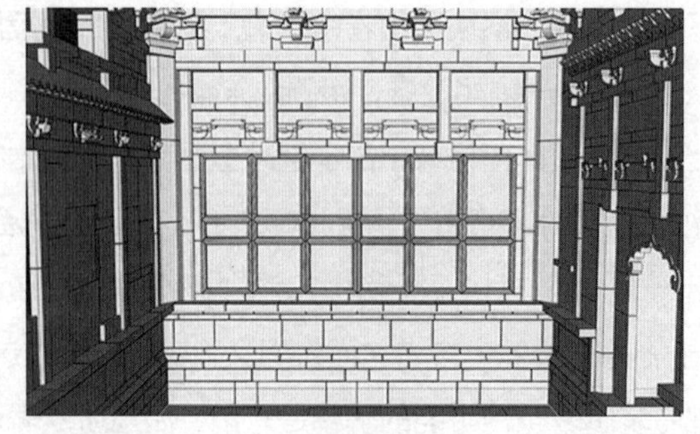
墓室东壁

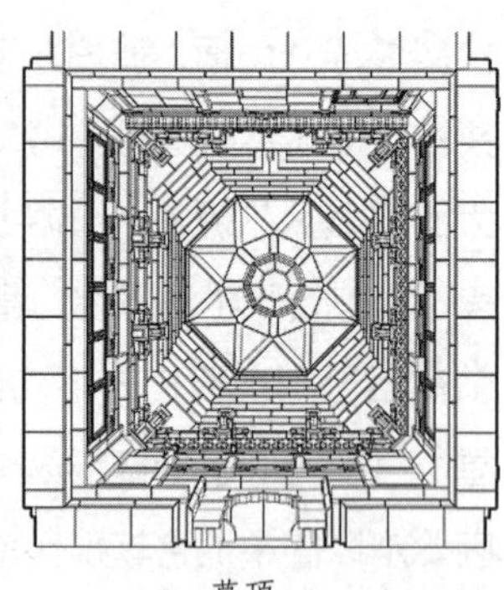
墓顶

图4.26 侯马董玘坚墓室内情况
（图片来源：作者自绘）

同处、同期建成的董玘坚墓则表现了另一种被反复穿透的室内空间意象。这座精致的方形单室墓顶戴高耸的鬪八藻井，向心性十分突出，墓室北壁的中、下部砌出屋檐覆盖下的夫妇对坐像，其上悬出缩微的戏台与戏剧俑，在南壁欢门造墓门，东、西壁格子门上方又做出一圈山花蕉叶帐（于仰阳版上雕饰花草，在虚柱间连以月梁形阑额和丁头栱），加上室内须弥座兜圈（仅在南壁正中留出一段缺口供人出入）却未设台阶，故而推测周壁仿木形象应是在模仿小木作帐藏。结合墓主像可知，工匠整体上是在比附祭祖的影堂，橱帐之内或许放置着祖先神主与椟、函之类物事，墓室表达的显然是室内场景（图4.26）。

然而，围绕在墓主像周边的"缩微"建筑形象（柱、额、耙头栱、槛窗）却很难被解释成同一套系的小木作，原因包括：①墓主画像一般被挂于壁上，并不需要与特定家具配合；②该铺画面中反复出现庭栽与盆栽的花木，且正壁与东、西壁夹角处还伫立着斜对中轴的仆役（若表现室内场景，侍从无需推至边角处，推得足够靠边说明与观者视点的斜距应足够远）。这都说明雕像表达的是远在下一进院落的墓主夫妇本身（而非其挂在祠堂中的画像），因此其外圈建筑形象之所以缩微处理，更可能是在反映"近大远小"的原则。另一个有趣的细节是夫妇像正上方的戏台与戏剧俑，若认为墓主夫妇"恰"位于北壁上，则供其欣赏的演剧形象无论如何都应放置在南壁处，断无令其仰观之理，除非认为夫妇所处的房屋与戏台都更在壁面之后（且彼此保持恰当的距离），眼下所见仅是两者被投射到北壁上的叠合影像，如此才能解释这种乍看之下有违常情的布局方式（图4.27）。

伴随着情感的代入，虚旷的墓室内部与实砌的壁面相互融贯，无论是"脱壁"的神鬼[①]，还是"点睛"之苍龙，都反映出古人关于"观看"主、客体间边界可以被突破的共识。工匠在仿木时为了分辨详略而做出的种种微调，为参谒者带来了"景物渗出"或"共情融入"等不同的神游体验，空间内外不断反转，虚实关系持续渗透，形成一种主客关系反复易位、常看常新的空间结构，可谓精妙。

①《酉阳杂俎》有"风雨将逼人，神鬼如脱壁"句。见：（唐）段成式（撰），曹中孚（校点）. 酉阳杂俎[M]. 上海：上海古籍出版社，2012.

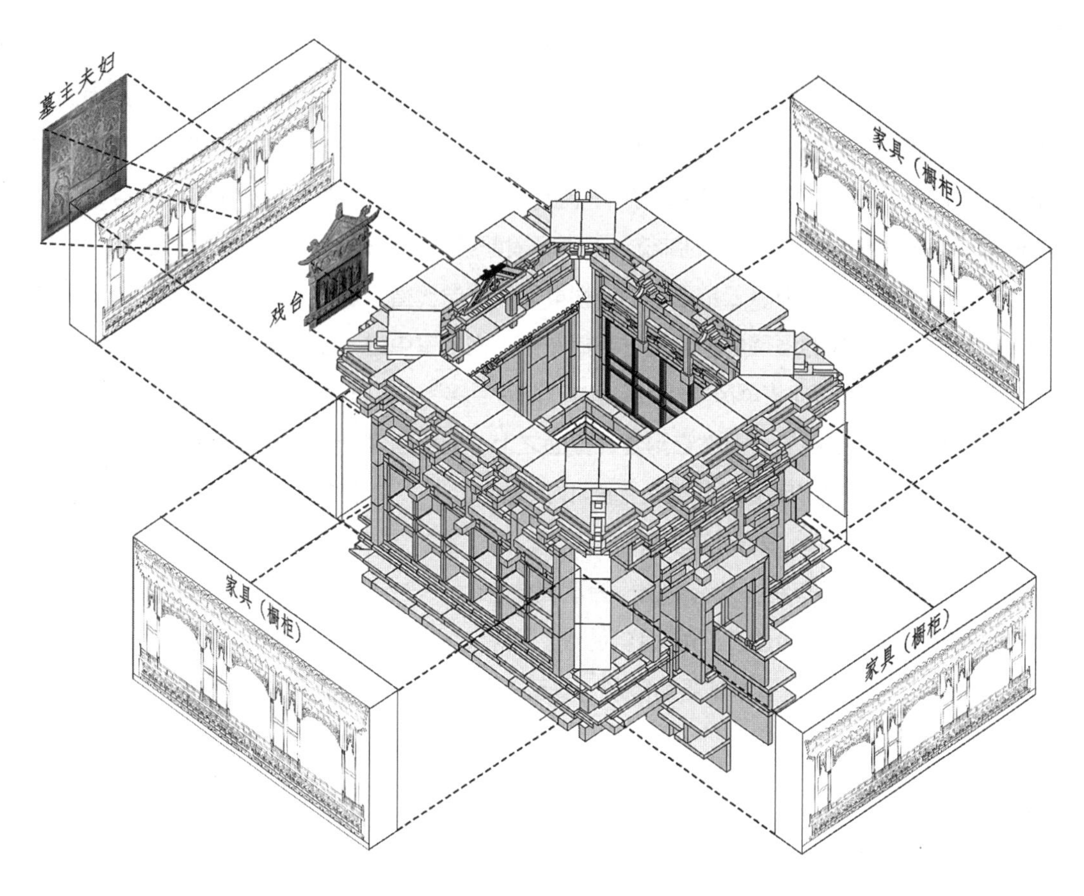

图4.27 从侯马董玘坚墓看仿木砖墓中的“由内向外”模式
（图片来源：作者自绘）

（二）墓主形象的“显”“隐”变化

唐代开始出现影作的一桌二椅，到了宋代逐渐添加墓主形象，形成夫妇对坐、并坐的范式，金、元以后则从侧壁转移到后壁，与围屏、床榻成组表现，铺砌在墓室后部的棺床也成为墓壁图像的延伸，同样代表着墓主的“在场”①。这体现了巫鸿总结的“位”的概念：“‘位’代表一个祭祀场合的供奉对象，其不在于表现外在形貌，而是一种礼仪环境中主体地位的界定。”②

随着北宋中期以后墓主像从代表“奥位”的西壁转移到正对墓道的北壁，墓室的祭祀氛围越发浓厚，然而，平民墓室的直径（或边长）一般不超过一丈，除去棺床后所余无几，不能容纳亲族长期停留，且葬礼结束之后仍需封砌墓门和天井，墓室终归会成为一处狭小、幽闭的黑暗空间，本质仍是用于纳尸而非祭祀。仿木砖墓的一大特点，是利用桌椅、人物等图像营造出完整丰富的舞台布景，但却缺乏作为演员与观众的孝子贤孙，丁雨认为这和彼得·

① 有时，壁面上的题记、神主也可以替代墓主形象，如新绛吴岭庄元墓分别在后室西北、西、东壁上题写祖孙三代姓名，并将三人遗骨分别放置在相应题字下的地面上。见：杨富斗.山西新绛南范庄、吴岭庄金元墓发掘简报[J].文物，1983(01)：64-68.

②（美）巫鸿.无形之神——中国古代视觉文化中的“位”与对老子的非偶像表现[A].（美）巫鸿（著），郑岩等（译）.礼仪中的美术——巫鸿中国古代美术史文集.北京：生活·读书·新知三联书店，2005：509-524.

布鲁克“空的空间”的戏剧理论[①]完全相反；按照詹姆斯·弗雷泽的理论，在墓中祭祀的行为符合顺势巫术中的“模拟律”[②]，即墓室通过模仿影堂的形态和构成要素，获得了本应由后者承担的“沟通阴阳”的功能[③]。后壁装饰题材从桌椅到夫妇对/并坐的变化体现了时人对墓室空间性质的普遍认识，它削弱了前、后门（墓门与正壁上假门）正对的传统，墓室中单余墓主形象却失去了参与者（子孙）的踪迹，使得场景断续，无法构成完整的祭祀场景。

夫妇对坐像也可以被燕云金墓中的帷幔屏风类图像代替，这或是北魏围屏石榻传统的延续。此类三面环绕式的通壁屏风或围屏卧榻图像，在墓室中进一步分割出前与后、显明与隐匿的空间[④]，李清泉因此将屏风阐释为墓室中“前堂后寝”的分界[⑤]；袁泉则认为这些屏风画是与其下的棺床配套使用的，虽然它附着在壁面之上，但仍与实砌的棺床配套使用，故是同组器物，两者组成的围屏床榻形象兼有平面和立体特征，“以墓室棺床为中心的通壁联扇大屏风和带围挡的床榻图像，表现的均是围屏环立下的墓主之位”[⑥]。正如陈祥道《礼书》“屏摄”条所说：“会有表，朝有着，祭有屏摄，皆明其位也。……韦昭曰：屏，屏风也；摄如要扇。皆所以明尊卑，为祭祀之位。”[⑦]屏风作为标定“尊者之位”的道具，通过与墓主像的配合进一步烘托了气氛，并使得墓壁装饰更为复杂、多元，也促使“内外”“虚实”关系更加含混多解。

4.5

延展与截断

墓室空间服务的对象主要是墓主与亲族，两者的存在方式各不相同。西汉早期墓葬中已

① “空的空间”理论强调摆脱场景，仅凭演员的表演和观众的观赏，在想象中完成演出。见：（英）彼得·布鲁克（著），刑历等（译）．空的空间（外国戏剧理论丛书）[M]．北京：中国戏剧出版社，2006.

② （英）詹姆斯·弗雷泽（著），徐育新（译）．金枝[M]．北京：中国民间文艺出版社，1987.

③ 丁雨提出：“在众多墓葬的壁饰中，我们既能看到子孙通过孝行图对长辈的‘孝’，又能从东仓西库的营建看到福荫子孙的‘慈’。封门砖的垒砌既表达了阴阳的隔绝和墓室的封闭性，墓门和假门的营造又隐喻着地下空间的开放性。丧葬仪式要用多次痛哭来表达内心的悲戚，而墓葬壁画中又用伎乐杂剧来营造‘乐’的氛围。即便具体到壁饰现实层次的壁画内容，我们也能看到内与外、宅与庭等种种相对的概念。这些表面看似矛盾的概念，集中出现于狭小黑暗的墓室之中，表达出时人对丧葬的多元理解和多重寄托。这使得在很多时候，我们在内容功能意义上的解释，无法达成一致的结论。”见：丁雨．从“门窗”到“桌椅”——兼议宋金墓葬中“空的空间”[C]//中国人民大学北方民族考古研究所，中国人民大学历史学院考古文博系（编）．北方民族考古（第4辑）．北京：科学出版社，2017：203-212.

④ （美）巫鸿（著），文丹（译）．重屏——中国绘画中的媒材与再现[M]．上海：上海人民出版社，2017.

⑤ 李清泉．宣化辽墓：墓葬艺术与辽代社会[M]．北京：文物出版社，2008.

⑥ 袁泉．物与像：元墓壁面装饰与随葬品共同营造的墓室空间[J]．故宫博物院院刊，2013(02)：54-71.

⑦ （宋）陈祥道．礼书·卷四五．“屏摄”条（文渊阁《四库全书》本，第130册：274）.

明确展现出墓主具有“双重存在”的特质，如马王堆一号墓中兼有装殓尸骸的彩绘木棺与表现无形魂魄的灵座。在宋、金仿木砖墓中，棺床与壁面台基形象无疑延续了这一传统：前者承载着墓主遗骸，后者则与其上的建筑形象一道暗示着魂灵居所。两者所处的维度、尺度与精度均不相同，“功能性”的棺床居于墓室正中，必须满足人体尺度，“装饰性”的壁面台基大体与之等高（多数情况下也彼此连接），环绕其外形成边界，且总是缩微的（以确保与之配属的仿木形象能在狭窄墓室中完整呈现）。除却墓主的“形”与“神”，参加送葬或致祭的生者同样与墓室空间息息相关，因此，以生者、遗骸与魂灵分别对应的墓室地面、棺床与壁体台基为对象[①]，观察其组合方式，有助于我们更清晰地认识仿木砖墓的空间层次。

（一）墓室中的形神、离合关系

墓室中涉及“死亡”的场域感多以棺床为中心，延展至壁面结束，而由壁面上仿木形象引发的关于“无尽”“永生”的空间联想则如涟漪般继续外扩。棺床与壁面台基从内、外两端约束了人们在墓室中的移动方式，反映出工匠对形、神关系的理解。

1.形、神分离的情况

表现为“床台叠置”“有台无床”两种组合方式。

所谓“床台叠置”，即在棺床上方或旁侧单独砌出环绕墓室内壁的台基形象，再于其上用雕砖拼嵌柱额、铺作、门窗。此时棺床侧面或保持素平，或砌出与壁面台基不同的图案，两者或上下分层，或彼此隔断，绝不连接成连续立面。这类做法在实例中运用得最为广泛，主要分布于宋金之际的豫西、晋南地区。棺床与壁面相互分离的意图突显出满溢的张力，似乎暗示了一个撕扯开形、神空间的强势界面。对于“凹”字形平面的棺床来说，因其几乎铺满墓室，故床、台间的隔离是绝对的，两者侧立面的形象与砌法差异也是本质的；而对于“一”字形棺床来说，因其体量较小，往往只倚靠一侧壁面，进而在床、台间产生了某种程度的连通（至少是并置），因此隔离效果是相对的，离心倾向较弱，偶有台基甚至柱子直接落地的情况。当棺床的侧面和台基都被处理成须弥座式时，两者的砌筑方法和装饰题材可同可异，这也反映出一些初始的设计意图。举洛阳七里河宋墓为例[②]，其台基竖向分成三段，上、下两段只是错缝顺砌两层平砖，中段则以丁砌侧砖作为隔身版柱，将每面分作三栏，其内再用侧砖顺砌雕砌图案；棺床则除南侧面用两排方砖错缝铺砌外，其余各面皆用条砖按

① 董新林提到学界对多室墓各室名称尚缺乏明确规定，因此本文在阐述案例（含括单室、多室等不同情况）时，概以正室为准来判别台基与棺床有无，并统一规定正对中轴的墓室为正室，若轴线上有多重墓室，则将其中设有棺床且面积最大者称为主室。见：董新林.辽代墓葬形制与分期略论[J].考古，2004(08)：62-75.

② 彭明浩，李若水，莫嘉靖，黄雯兰，杭侃，徐怡涛.洛阳涧西七里河仿木构砖室墓测绘简报[J].考古与文物，2015(01)：45-52.

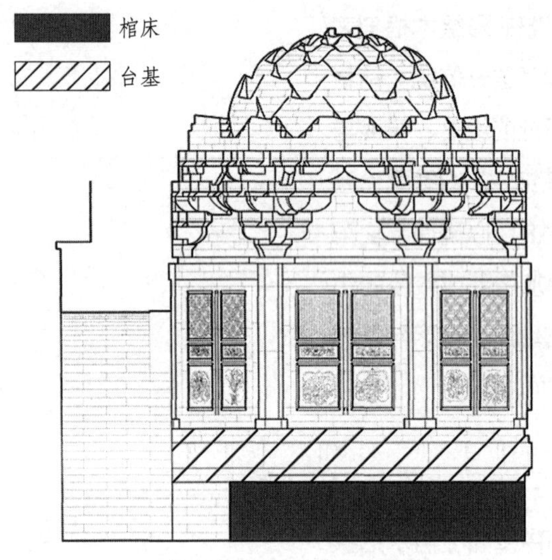

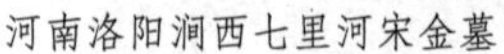
河南洛阳涧西七里河宋金墓

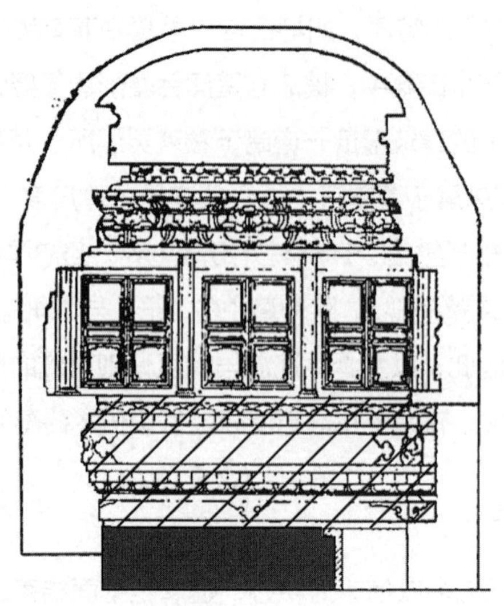
山西稷山马村三号金墓

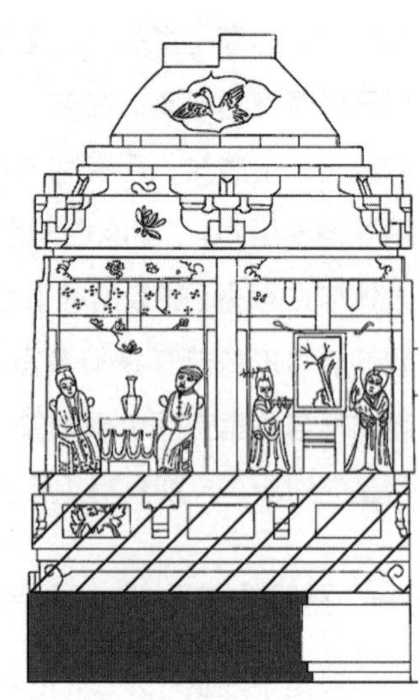
河南义马狂口村金墓

图4.28 “床台叠置”关系之“凹”字形棺床示例
（图片来源：改自参考文献[49][272][369]）

一顺两丁砌出，与台基迥异[①]。稷山段氏家族墓则是以形式来区分床、台差别[②]，以墓群中的M3为例，其台基自下而上砌有混肚、牙脚、卷牙、合莲、束腰、卷涩、覆莲砖各一层，壶门柱子砖三层及仰莲砖一层、方涩平砖一层，壶门间以力士柱或云盘线柱分隔，内雕刻各式花卉、跑兽。虽然底层混肚砖的规格与棺床用砖无异，仅起过渡作用，但其上精致繁复的雕刻图样却远非后者可比。较之砌法，形象差别对于区分床、台关系更加有力，类似做法在义马狂口村金代砖雕壁画墓中也有所体现[③]（图4.28）。相较而言，“一”字形棺床与壁面台基间的隔绝程度不甚显著，棺床侧面形象往往得以辐射到壁面上，产生某些形式关联。以新安宋村北宋墓为例[④]，其棺床与台基虽竖向错位，并无顺延关系，但两者侧面的结构层次和样式细节仍高度相似，故仍可三面围出特定空间。修武大位金墓更是采用特制花砖砌出台基牙脚，强调其与棺床间的界限，并利用素面砖铺地来标明属于生者的活动空间[⑤]（图4.29）。

对于“有台无床”的情况则需区别考察，因其在单室墓与多室墓（包括另开壁龛的单室墓）中的表现大不相同。对前者而言，棺床缺席意味着遗体直接降至地面高度，生者落脚之处与死者安卧之处已无标高区别，相对于周壁“影砌”出的台基，形骸位置更低，等于是被

① 即便如此，也必须承认棺床正面的结构设计与台基的三段式划分存在关联，区别是相对的，目的仍是在床、台间造成视觉的联系，以追求整体视效的统一。洛阳道北金代砖雕墓与伊川金墓同样如此处理床、台间的形象关系，前者令棺床正壁形象与其上台基立面保持统一，而后者则将内凹一周的棺床上表面全做方砖平铺，使其侧面“侧砖立砌”的纵向排列在转过顶面后全部转成横向，与其上壁面隐砌台基相一致。见：张建文.洛阳道北金代砖雕墓[J].文物，2002(09)：21-29.

② 杨富斗.山西稷山金墓发掘简报[J].文物，1983(01)：45-63+99-102.

③ 史智民，胡焕英.河南义马狂口村金代砖雕壁画墓发掘简报[J].文物，2017(06)：41-49+2.

④ 廖子中，曹岳森.河南新安县宋村北宋雕砖壁画墓[J].考古与文物，1998(03)：22-28.

⑤ 马正元.河南修武大位金代杂剧砖雕墓[J].文物，1995(02)：54-63.

埋葬在仿木建筑的室内地坪以下，这就将“形”隔绝于为“神”而设的厅堂形象之外。此类做法在河东一带的金代墓葬中比较常见，如夏县上冯①、闻喜下阳②与襄汾侯村金墓③。至于多室墓中的棺床，与其说是被“消解”了，毋宁视作“后移”了，譬如在泽、潞一带发掘的宋末金初墓葬中，普遍有在壁上开龛或另设耳室收置遗骨（或骨灰）的情况，且不乏合葬、多次葬的情况。以壶关下好牢村宋墓为例④，该构南北向、方形主室，室内仅置经幢一件，南壁辟墓门，余下三壁皆于台基上影出木构形象，并藉着开通耳室的契机，将原本供人想象的壁后“虚拟空间”实体化，再在其中砌起棺床放置骨灰。类似做法在距离不远的沁县南村宋墓⑤与长治魏村金墓⑥中亦可见到（图4.30）。

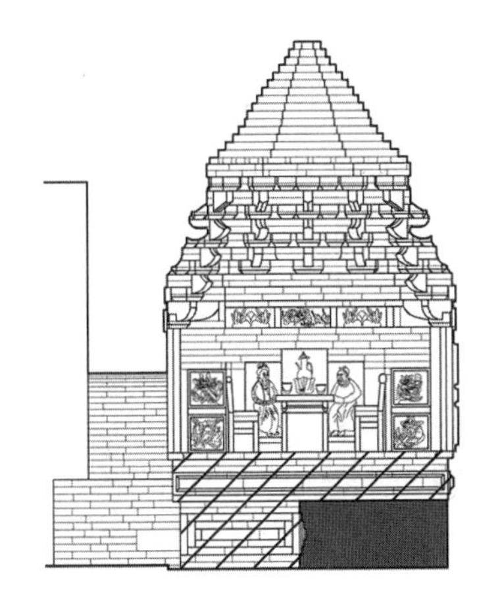

河南新安宋村北宋墓

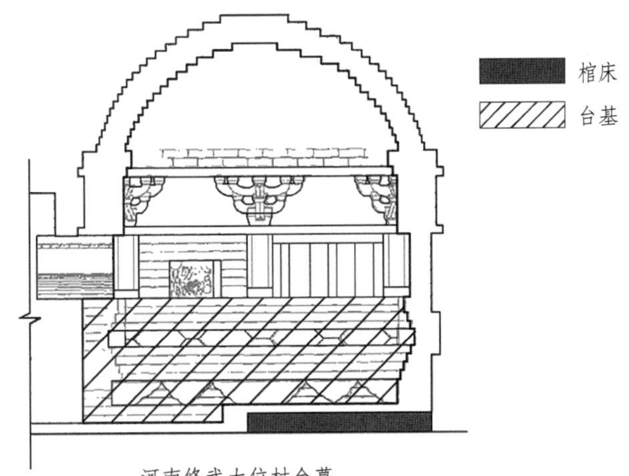

河南修武大位村金墓

图4.29 “床台叠置”关系之“一”字形棺床示例
（图片来源：改自参考文献[108][282]）

山西夏县上冯一号宋金墓墓室空间属性分析

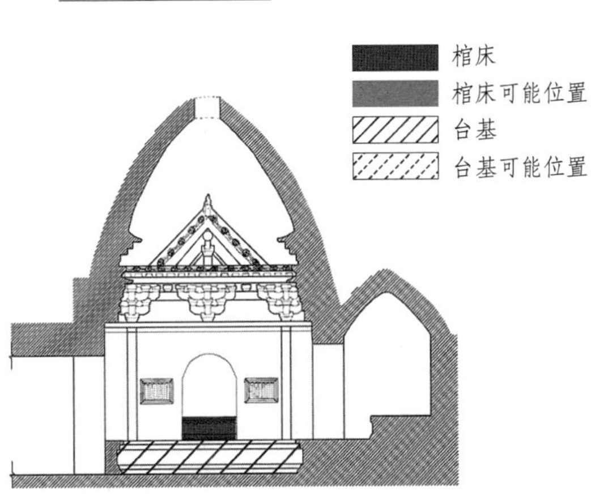

山西壶关下好牢宋墓墓室剖面图

图4.30 “有台无床”关系示例及空间分析
（图片来源：改自参考文献[118][269]）

① 邹冬珍.山西夏县宋金墓的发掘[J].考古，2014(11)：54-71.

② 李全敖.山西闻喜下阳宋金时期墓[J].文物，1990(05)：86-88.

③ 李慧.山西襄汾侯村金代纪年砖雕墓[J].文物，2008(02)：36-40.

④ 王进先.山西壶关下好牢宋墓[J].文物，2002(05)：42-55.

⑤ 商彤流，郭海林.山西沁县发现金代砖雕墓[J].文物，2000(06)：60-73+1.

⑥ 王进先，朱晓芳，崔国琳，张斌宏.山西长治市魏村金代纪年彩绘砖雕墓[J].考古，2009(01)：59-64+109-112+114.

2.形、神合一的情况

呈现形骸与魂灵空间彼此融合的方式有三种，分别为“床台平齐”“有床无台”与“无床无台”。拉平棺床与台基，使之上下边缘对齐的做法，往往促使两者侧边延展接续，形成统一的立面，造成棺床体块自壁中伸出的态势。以沁县上庄金墓为例[①]，其墓壁下部的台基与“凹”字形棺床上下齐平，直接在床顶面上砌出柱框层，俨然是把棺床当作台基的一部分了。这种做法带来三点影响：视觉上，棺床与壁面台基的水平界限完全模糊；空间上，遗骸与魂灵的分布范围趋于融合；观念上，墓主的形神复归一统。此时，棺床也兼任了与之相接壁面上的台基功能，我们可以将之看作上部隐砌“二维”形象（自柱框算起，不另刻台基）向室内伸展出的“三维”部分，或认为棺床的前侧面被正投影到后壁上，与柱框以上的仿木建筑叠加。总之，这种空间混融使得形、神界域彼此渗透成为可能（图4.31）。

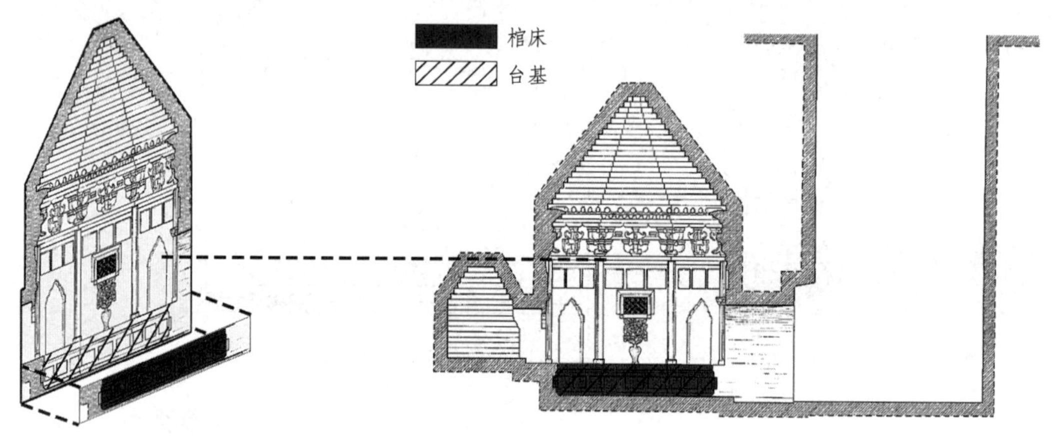

图4.31 “床台平齐”关系示例
（图片来源：改自参考文献[372]）

床、台连通并不意味着前者必然地融入后者（因墙壁转折而获得）的连续界面，上述情况只在两者立面形象显著趋同时才成立，这也是“床台平齐”关系的核心内容。当与棺床顺身平行的一侧壁面上并未表达台基形象时，可以认为棺床是被当成“家具”而独立在周壁“建筑”立面之外的，墓室的空间结构也就简化成被建筑形象包裹的、含有家具（棺床）的纯粹室内，形神关系也随之回归一元。“有床无台”的实例可以参考安阳新安庄宋墓M44[②]，其棺床为“凹”字形，仅以两层青砖铺成，侧面素平，壁面上也不表示台基，只是令倚柱落地并触及棺床边缘，这里显然只存在一种空间维度，棺床形象无法向台基转化（图4.32）。

“无床无台”的配置反映的则是室内、外翻转的空间关系。以汾阳金墓M2为例[③]，其倚柱直接落在墓室地面上，而无任何细节表示台基，棺下也同样不设棺床垫托。由于建筑不可

① 张庆捷，白曙璋，冀保金，武德强，宋少红，畅红霞，杨小川，耿鹏.山西沁县上庄金墓发掘简报[J].文物，2016(08)：38-46+1.

② 唐际根，郭鹏.河南安阳新安庄西地宋墓发掘简报[J].考古，1994(10)：910-918.

③ 马昇，段沛庭，王江，商彤流.山西汾阳金墓发掘简报[J].文物，1991(12)：16-32+103-105.

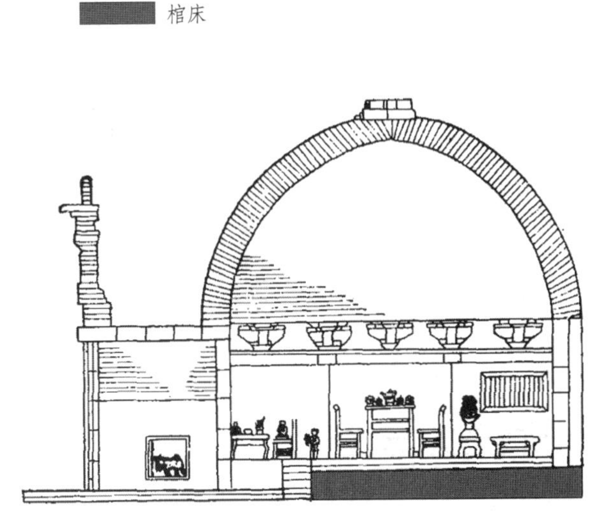

河南安阳新安庄西地宋墓M44剖面图（东看西）

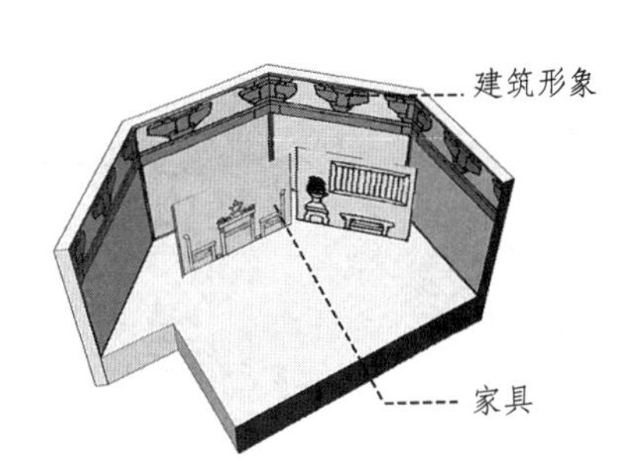

河南安阳新安庄西地宋墓空间意象

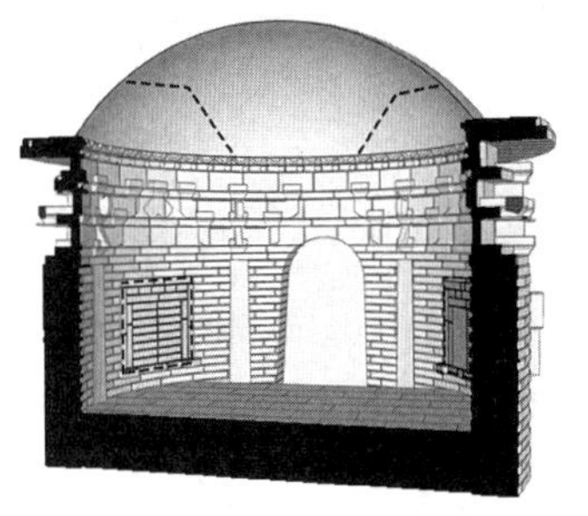
山西繁峙南关金墓空间意象

图4.32 “有床无台”关系示例
（图片来源：改自参考文献[373]，其余作者自绘）

能没有“下分”[①]，工匠省略台基却又忠实表达柱框以上部分的做法显得不合常情，只能理解为预期视点位于室内，人们观看的建筑形象都是经过反转的内界面，这从其他仿木内容中也能得到佐证：该墓共六处壁面中有三处表达了门槛形象，正壁更是层层缩进强调空间分割，壁上雕出的床榻、卷帘无不明白显示此处为“家宅中称为‘寝’的私人居室”[②]。就形神而言，已进入借后者统率、表征前者的阶段。在同处出土的M4与M6中，更加频繁地利用槅扇、卷帘等软装来替代M2里的版门、棂窗，其指示的虚拟空间已跨越了内外立面翻转的阶段，进入标识室内不同空间的复杂状态（类似情况在宣化下八里辽代M5、M6中也能看到）[③]（图4.33）。可以说，当标示墓主形、神的空间从分隔走向融合后，虚拟空间也随之淡化，逐渐从属于实体空间，后者则进一步分化为服务生者送葬与逝者陈尸的两个部分，并引发关于空间用途的讨论。

（二）空间分配反映的生死、聚散关系

基于礼仪行为探讨墓室的空间属性，是一种行之有效的观察方式，如袁泉在辨识蒙元时期墓葬壁画图像与随葬器用后指出的：“通过营坟治葬活动来表达对逝去祖先的祭奉行为，

① 《梦溪笔谈·技艺》载：“造舍之法，谓之《木经》，或云喻皓所撰，或云屋有三分：自梁以上为上分，地以上为中分，阶为下分。”见：（宋）沈括.梦溪笔谈[M].上海：上海书店出版社，2003.

② 李清泉.空间逻辑与视觉意味——宋辽金墓“妇人启门”图新论[J].美术学报，2012（02）：5-25.

③ 刘海文，王继红，寇振宏，王鹏，祝庆欢，杨贵富，宋海.河北张家口宣化辽金壁画墓发掘简报[J].文物，2015（03）：12-24+1.

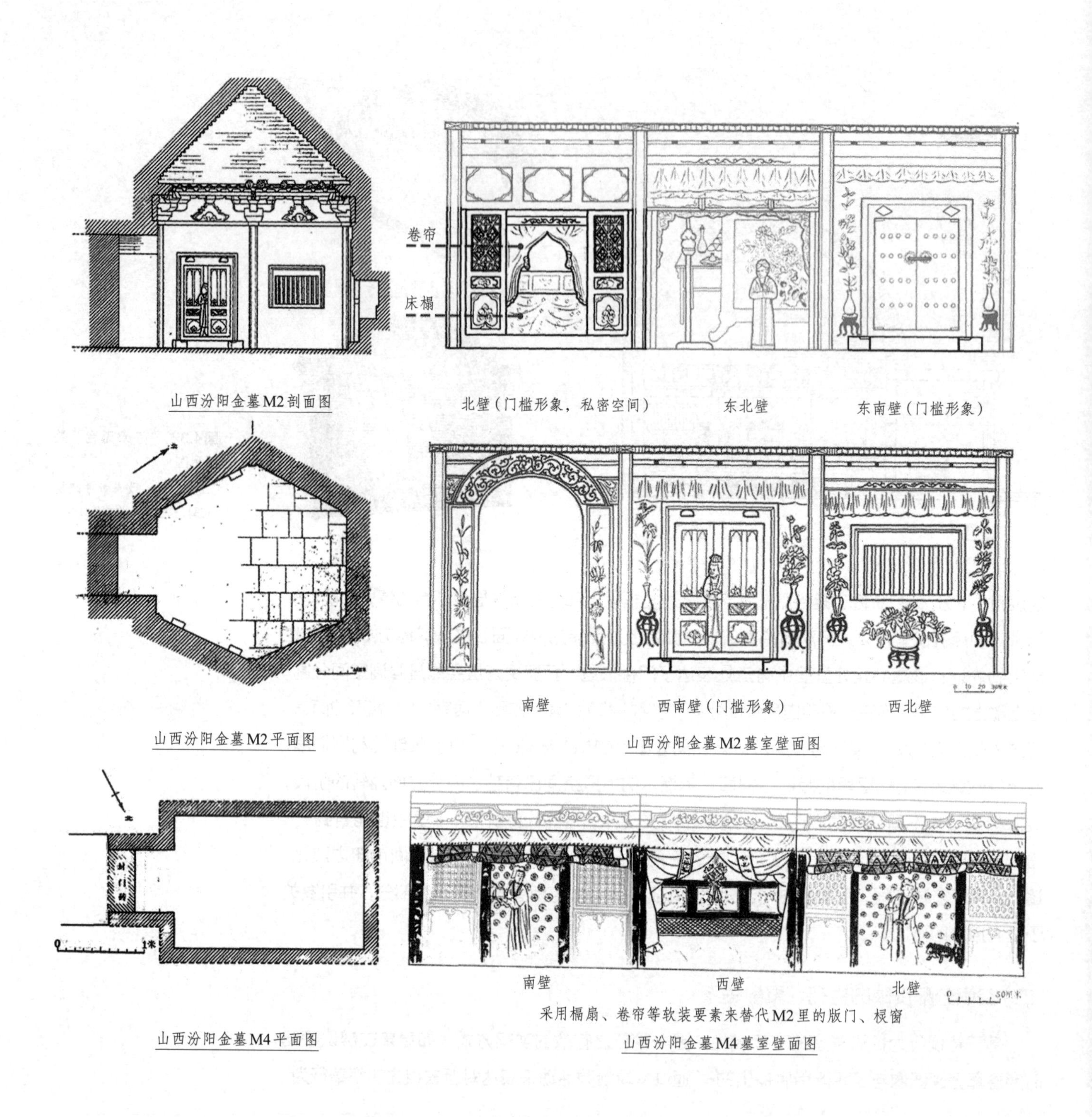

图4.33 “无床无台”关系示例
（图片来源：引自参考文献[243]）

实际上反映出祖先与子孙、死者与生者以墓葬为媒介所进行的‘互酬性’沟通”[①]，通过祭祀去分析牵系于其两端的生者与逝者的关系，这提示我们应重视生者在墓葬中扮演了怎样的角色，生死双方的互动从观念拓展至行为，最终影响到空间塑造。墓室空间因其预期服务的对

① 袁泉.生与死：小议蒙元时期墓室营造中的阴阳互动[J].四川文物，2014(03)：74-82.

象（生者与逝者）不同而有所区别，直观体现为棺床在整体中的占比关系，实例大致分成三类：满铺、少半与过半。

"满铺"的情况有新安石寺李村宋四郎墓[①]。因棺床占据了整个墓室，生者活动完全被推到室外，甬道也分成前后两段，前段为墓门的延续（两者图像主题一致），后段则连通墓室，自棺床端头向甬道延出的斜坡也加速了室内外空间的连通。"少半"（即棺床深度不及墓室之半）的例子相对较少，以长治故漳村宋墓为例[②]，可以推测出现这种情况是因送葬需要导致的，作为多次迁葬的家族墓，该例辟出了多个龛室安置遗骸，并围绕墓壁设置环绕式棺床，属于"形""神"空间开始交融但仍未定型的阶段性产物[③]，鉴于合葬墓需多次"纳新"置入后逝者，就不难理解为何要预留出相对宽敞的隙地了（当然也提供了墓内致祭的可能）。"过半"的情况则主要是为了满足下葬的基本需要，此时剩余的空间已难以支持移棺之外的复杂活动，工匠于是局部切割原应满铺的棺床，使之呈现"一"字形或"凹"字形平面，以提供最低限度的腾挪空隙。

1. 生死分离的情况

"生死有别"的观念是根植在人类文明中的共性基因，在居宅中排斥逝者的遗体，在墓穴中则明确主、客的边界。要在墓室中彻底地分割生、死空间，需满足两个条件：一是为生人提供专属空间，杜绝其"侵犯"死者场域的可能；二是将死者空间细分成形、神两套系统，如此才能确保生、死双方均完全"在场"且意义完整，空间分配条理分明，不致含混交织。这两个条件中，前者以墓室的可进入性为标志，即棺床不可铺满地面，后者则需令棺床与壁面台基共存（两者分别代表服务于形骸与灵魂的空间）。因此，前节所述形、神分离（即床台叠置）且棺床为"一"字形的案例必然符合此种情况，至于在墓室中占比较大的"凹"字形棺床，则是比例越高、生死分离的程度就越低，空间性质就越含混，这就逐渐走向了事物的反面，即空间趋于融合。在"床台平齐""有床无台"甚至"无床无台"的仿木砖墓中，无论生人进出与否都无法影响空间性质，墓室结构从多元多维步入多元单维，空间不再被定义成"为谁服务"，生死差异逐步瓦解，空间多义性遭到削弱，通用性得以加强。

2. 生死杂糅的情况

生、死双方绝对的"离""合"只是表述墓室空间关系的两个极端，更多实例仍呈现出介于两者之间的过渡状态，表现在床、台装饰上又有两种情况：其一，将墓壁倚柱直接落到墓室地面上；其二，"有床无台"。后者相对来说表义更加明确，当代表死者与生者的棺床和台基一个"在场"一个"缺席"，形与神、生与死的成组概念就不再完整，相应的空间

① 俞莉娜，张剑葳，于浩然，朱柠，杭侃，徐怡涛. 新安县石寺李村北宋宋四郎砖雕壁画墓测绘简报[J]. 故宫博物院院刊，2016(01)：71-87+161.

② 王进先. 山西长治市故漳金代纪年墓[J]. 考古，1984(08)：737-743+775.

③ 类似的案例还有沁县上庄金墓，其于棺床之上设置的随葬器物保存完好，可弥补故漳宋墓受到扰动导致的信息缺失。

也就无法完全分离或融合，而只能当作折中的产物。譬如，在繁峙南关金墓中①，我们看到“一”字形棺床占据了墓室大部，有效地隔离了生者与逝者，与此同时，对应于棺床高度的壁面部分并未刻出相同的台基形象，这意味着壁上的多数影砌柱子都落在了棺床顶面上，仅在靠近墓门处因棺床中断才令倚柱直接落到墓室地面，从而造成了一种“生者空间”与代表逝者魂灵的壁面台基局部融合、却与代表逝者形骸的棺床完全隔离的混杂状态（图4.34）。

图4.34 墓室空间“生死杂糅”的关系示例
（图片来源：剖面图改自参考文献[278]，模型作者自绘）

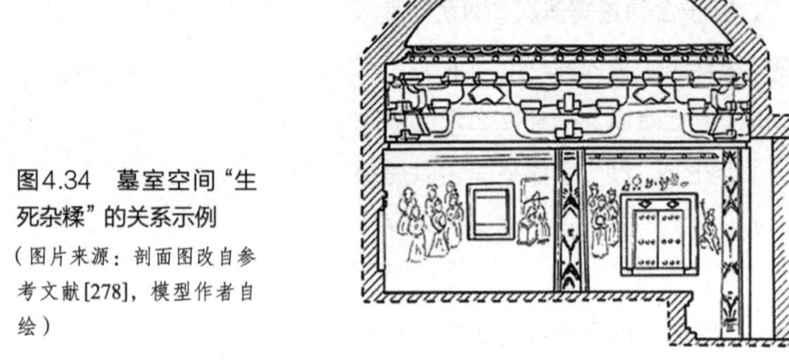

山西繁峙南关金墓剖面图

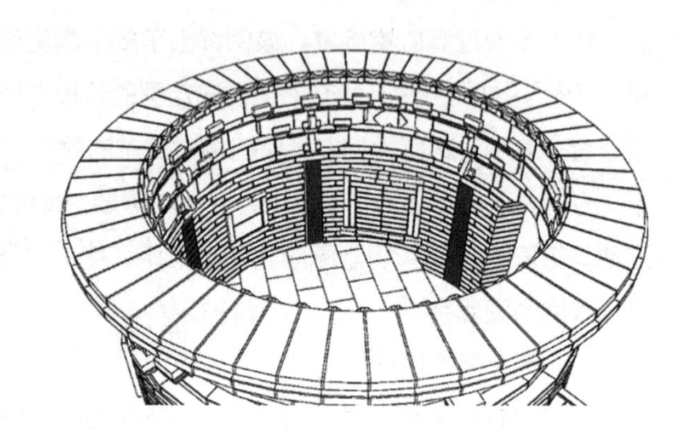

壁面柱柱脚位置差别示意图

① 刘岩，商彤流，李培林，张所廷，袁泉，尚珩，张志伟，厉晋春.山西繁峙南关村金代壁画墓发掘简报[J].考古与文物，2015(01)：3-19+61+2+131.

第五章

仿木砖墓的设计思路

5.1

模数设计

仿木砖墓的营造总是受到主家意愿和工匠技能的双重限制，任何制成的形象都是意与匠相互拉扯、糅合的结果，壁面同时具有图像载体和砌块基层的两面性。宋金时期很多墓砖的三向尺度呈现出1:2:4或1:3:6、1:2:6的简单比例[①]，且得益于灰缝灵活调节砖间距的能力，可以比较快捷、准确地仿制出木构件轮廓，且局部的组装方式也有相似之处。然而，砖砌体的基本逻辑毕竟是“积部分而成整体”，且这些“部分”之间并无层次之别（至多是摆放方向和切割细节不同的单元），与“整体”的关系高度扁平化，这又不同于样式规格、转配方式各不相同的木构件，遑论后者强调的是“先定整体而后分局部”，砖与木的底层思维相互悖离，有必要细究“仿木”形象与其原型的生成机制有何差别。

砖墓中的“仿木”形象总是依附在壁体之上，即便按照“基底”“添缀”之类的概念做出人为区分，也改变不了工匠无法在砌筑完整体结构后再去添附这些内容的事实，实际上，仿木素材自身就是对墓室结构内外关系的有力标示，而结构又从内部限定了仿木行为的发生范围和力度，工匠在动手之前，脑中已明了应在何处“立柱”、何处“辟门”，而放线时也是按计划转弯、收顶。要之，附着在墓壁上的复杂仿木形象只能与壁体同步成形，这需要精密的筹划，预先打好腹稿。即便是“彩绘仿木”的案例，也不大可能将筑墙和涂彩两个步骤截然切割，试想工匠若不事先算好仿木图案的尺度和细节，而是顾自砌完墓室后再埋头折算，那又如何规避壁面和图像比例不协调的风险？若只会按照一定之规，在或大或小的壁面上画出同样的柱额、枓栱，又如何保证构件高、宽与空间远近谐和？若不能在动工之前便考虑门窗洞口大小、屋架距地远近，又该如何控制墓室总高、墓圹总深？若无统一筹划，只是事到临头生搬硬套的话，势必手忙脚乱、事倍功半。合理的推测是工匠在长期实践中总结出一套凝练了仿木巧思的“粉本”，在不同工地上可据之增减，快速拟订方案，而非事事都要临时措置，徒添仓皇。

仿木砖墓要在极小的土圹范围内表现尽可能丰富的内容，营构咫尺洞天是极为复杂的工作，这要求施工队伍必须具有高度的专业技能，正如邓菲指出的，“除非丧家对图像内容有明确的要求或规划，否则在很大程度上，墓葬内容并不一定是丧家意志的直接表达，而是在

① 砖件三向尺度形成整洁比后利于堆砌，如我国标准砖为240mm×115mm×52mm，顺、丁、斗三面各加上10mm黏结层后便形成4:2:1的砖+缝单元。按《砌体结构手册》（Masonry Construction Manual）的说法，德国计划委员会在1852年指定“特大型”砌块砖为250mm长、120mm宽，400块砖除掉损耗后恰可占据1m^{3}的体积。

该时该地葬俗、礼仪、信仰影响下，工匠设计创作的结果”[①]，无论营坟工作“几分归匠”“几分主人”，砖砌仿木的技术终归掌握在工匠手中，某种程度上他们才是真正的“能主之人”，墓主（及其亲族）所能做的，无非在工匠提供的几个方案中作出选择而已。又因为再复杂的仿木形象也需顺应砖材“规格化”“模数化”的基本特征，其间存在大量程式化的操作手法，这意味着砖砌仿木的“实现机制”是可以被逐项、逐步解明的，故而本章主要从四个专题（①栱件的组合方式与长度限制，②朵当权衡与栱端相犯的调节措施，③补间铺作朵数与间广的联动方式，④方形与八边形平面的计算依据）切入，探讨砖墓“积微以成像”的具体手段。

不同于木构中存在大量可随宜拉长、截短的“杆件”，砖的长度是相对固定的。一方面，长宽比不可太大（黏土砖强度有限，若长度过大不仅易受切断裂，且会拉低制坯、入窑时的成品率）；另一方面，为提高砌筑效率，大多数砖块需要能够单手持握，而人的一拃长基本在五寸左右，这便成为绝大多数砖件的宽度上限（若以其为长，则砖件太小，制造效率太低，若以之为厚，则砖块过重）。因此，依靠比例固定的砖块来模拟长度可调的木杆，势必带来两个问题：①砖砌体中的最小模量是砖厚，与木构中虚拟的最小模数单元“分°”相比，它在整个构件中的占比要大得多。换言之，砖砌体的“像素点”远大于木构，如果不能极大地增扩前者的总体体量的话[②]，就只能忍受其形态与后者似是而非的缺憾；②层间搭接方式不同，计量单位和算法也都发生了变化——木构的材、栔断面均以其最小公约数“分°”为单元聚集而成，因而互为相似形，构造上则因枓件咬合栱件而反映为相间、相补（合为足材）关系，这在砖仿木枓栱中已无法成立，拼砖只能依靠丁砖合掌立砌或横身叠置来模仿单材或足材，但它显然无法任意延展，始终受到三向固定比例的严格限制[③]，而丁头单元远大于材栔模数中的“平方分°”格，这进一步降低了它的调节余地（图5.1）。

当然，采用不同的模数单元并未改变砖铺作中栱上叠枓的基本逻辑[④]，若比附于木构中“以材为祖”的模数原则[⑤]，不妨暂将砖构定义为“以砖厚为祖”，考察实例可知，砖铺作中的

---

① 邓菲.试析宋金时期砖雕壁画墓的营建工艺——从洛阳关林庙宋墓谈起[J].考古与文物，2015(01)：71-81.

② 实际上当然不可能将砖仿木构件做成超出木构原型的尺度，譬如做出一个长、高各一丈的砖仿木枓栱的话，其边缘一定能处理得非常圆滑，比例也一定能与木构极度趋近，但这并无意义，因为造价不允许，砖的受弯能力也不允许它模仿木构大幅挑出。

③ 刘大可按工匠加工习惯，将砖件端面称“头”，大面称“面”，侧面称“肋”；顺砌长面朝外称“长身”，丁砌小面朝外称“丁头”，转角两面朝外称“转头”，立砌大面朝外称“陡板”，砍刨切削部分称“包灰”。见：刘大可.中国古建筑瓦石营法[M].北京：中国建筑工业出版社，1993.

④ 两者未必忠实于木构中的咬合关系，但材、栔递变的意象仍需被表达，砖砌枓、栱往往以相同或不同层数的砖件叠出，即或立砌，砖宽也常取砖厚的整倍数，以确保“枓层”和“栱层”的上、下皮能够随时对齐。

⑤《营造法式》大木作制度“材”条规定，“凡构屋之制，皆以材为祖；材有八等，度屋之大小，因而用之”，而每个标准截面皆为长宽比3:2的矩形，“各以其材之广，分为十五分，以十分°为其厚。凡屋宇之高深，名物之短长，曲直举折之势，规矩绳墨之宜，皆以所用材之分，以为制度焉”，即以二级模数分°量度细微尺寸，两材之间所垫枓之受压部分为栔高，合6分°，单材与栔高之和为足材21分°。

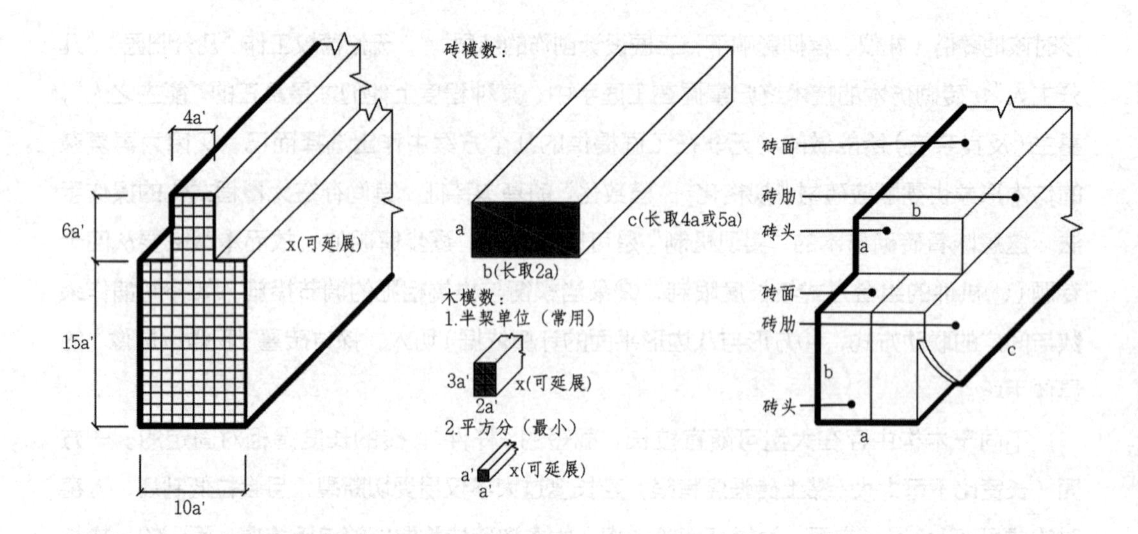

图5.1　砖、木料栱中的模数单元示意图
（图片来源：作者自绘）

材、栔比例关系大概存在四种情况。

不同材栔比例的使用情况可以分为以下四种。

1.材栔比1:1

此类案例多集中于宋末金初的晋南、豫西一带，燕云辽墓中也时有发现，其小料不开槽口、不留料耳，上置横栱，模数格网可视作“材+材”或“栔+栔”的组合，尤以长治故漳宋墓[①]与大安元年（1209年）建成的义马狂口金墓[②]最为典型。前者正南北向、方形平面，每壁四柱三间，柱头用单杪单昂五铺作，单补间耙头绞项作（与柱头慢栱分位齐平），除栌料外，各层料、栱均以一层平砖砌出，故材栔等高。后者与之相似，唯壁面分间不均，南北三间、东西两间，无补间，柱头用五铺作，以双层砖平砌出料、栱（上一层不作处理，下一层砍削两端杀出斗欹与卷头），所得形象更加贴近木构比例。

2.材栔比2:1

这种情况最为普遍，案例的时空跨度也最大（入金后尤多，如昔阳松溪路金墓与繁峙南关金墓），因其比例与木构（5:2）更为接近，故成为砖料仿木的通行做法。其实现方式，一种是局部剔凿砖料，使之与砖栱间由“平置”转向“咬合”，如洛阳道北金墓[③]；另一种则保持料、栱间平砌，但调整上下层构件大小，令人产生构件交织的错觉，如嘉祐元年（1056年）建成的夏县上牛宋墓[④]。前者八边形平面，每壁不分间亦不用补间，仅在角柱间用砖砌阑额连接，上铺普拍方一层，柱头为单杪四铺作，泥道栱与慢栱以两皮条砖平砌，小料用两块相同规格的条砖磨成，相当于“耳+平=欹=1/2材广”，上下层间虽系叠加，却形同咬合，

① 朱晓芳，王进先，李永杰.山西长治市故漳村宋代砖雕墓[J].考古，2006(09)：31-39+99+102-103.

② 史智民，胡焕英.河南义马狂口村金代砖雕壁画墓发掘简报[J].文物，2017(06)：41-49+2.

③ 张建文.洛阳道北金代砖雕墓[J].文物，2002(09)：21-29.

④ 邹冬珍.山西夏县宋金墓的发掘[J].2014(11)：54-71.

栔高等于枓欹，材栔比可视为2:1（枓高同材广）。后者虽将东西两壁分作三间（逐间用单补间），但其上仿木形象的体量与等第均低于作为主看面的北壁（前者耙头绞项作，后者单杪四铺作）。工匠为突出正面，特意加大了北壁上的泥道栱和华栱，用两皮平砖顺砌栱身[①]，虽为了修饰枓、栱、耍头而切削了端部，但三者仍为平叠而非咬接关系。这样一来，在主要的北壁上，四铺作下半部分（交互枓与华栱/泥道栱）的材栔比仍保持2:1，而上半部分（交互枓/三小枓与耍头/令栱）及其余三面墙上则呈现为1:1（图5.2）。

3.材栔比3:1

在个别案例中，枓件与栱件各自由若干皮砖叠成，其间某一到两层通用，导致上下层横栱间距较其“材广”进一步缩小，如洛阳关林庙宋墓[②]。该构八边形平面，逐间施单补间，凡柱头皆用单杪四铺作，托翼形令栱绞耍头，补间恰与之相反，改泥道栱为翼形并倒置卷头与爵头，使得墓内铺作周回，形象依次错动，实与晋祠圣母殿、隆兴寺摩尼殿外檐枓栱相间错列的韵律同趣。其栌枓、泥道栱与令栱均为三皮砖平砌叠出，交互枓与三小枓则由两皮砖叠成，在栌枓与泥道栱、交互枓与令栱之间，各自有一皮砖的重合部分，横栱坐入小枓之深为其广的1/3，同时也是小枓高之半（耳+平），此时以枓欹充栔高，故材广达栔高3倍（图5.3）。

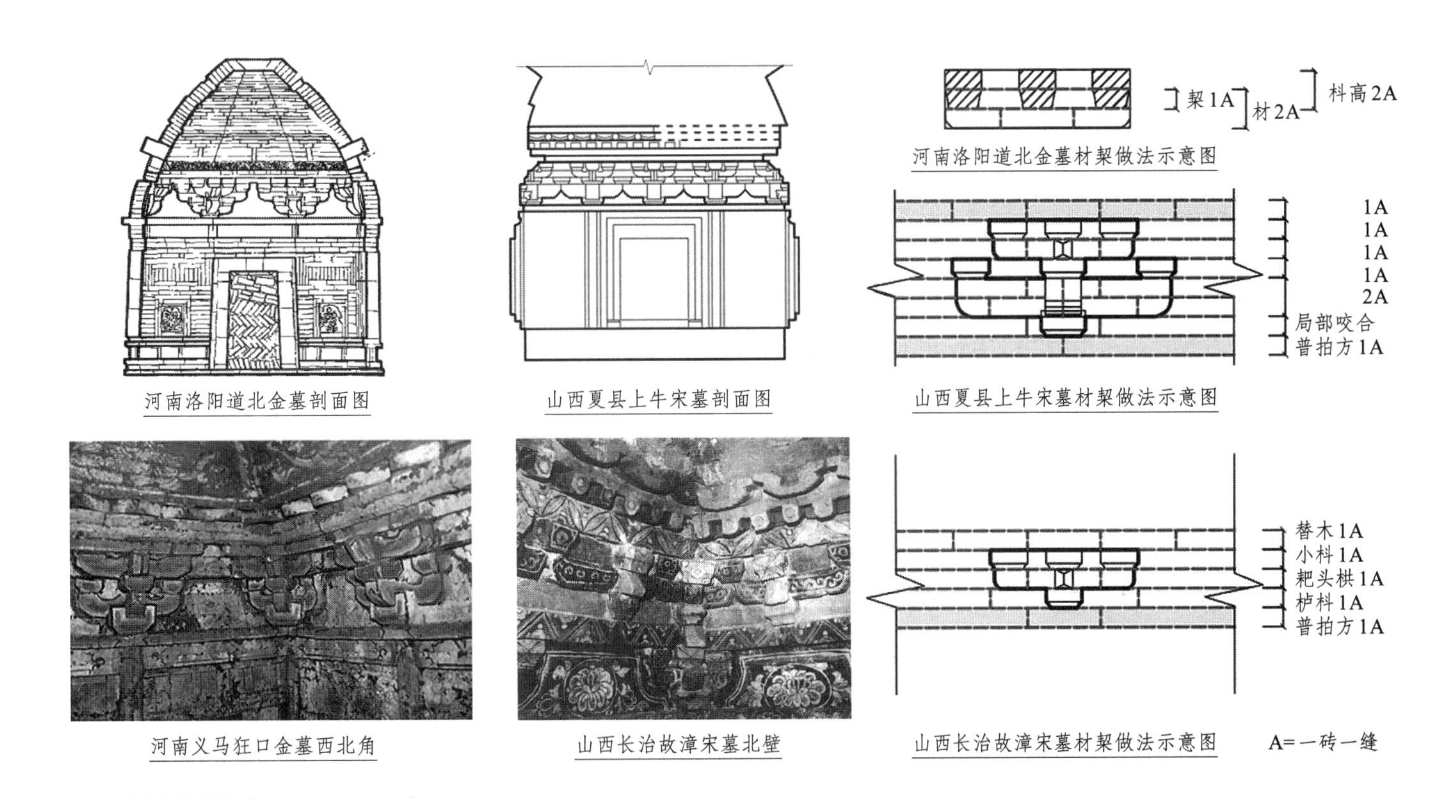

图5.2 砖构材栔比1:1与2:1的情况示例

（图片来源：底图及照片引自参考文献[19][118][272][368]，其余作者自绘）

① 其上用一皮顺砖平砌出交互枓与令栱、耍头；另三侧的耙头绞项作中，栌枓、耙头栱与三小枓均由一皮砖平摆后，局部砍出。

② 张瑾，胡小宝，胡瑞，杨爱荣，马秋茹，高虎，周立.洛阳洛龙区关林庙宋代砖雕墓发掘简报[J].文物，2011（08）：31-46+1.

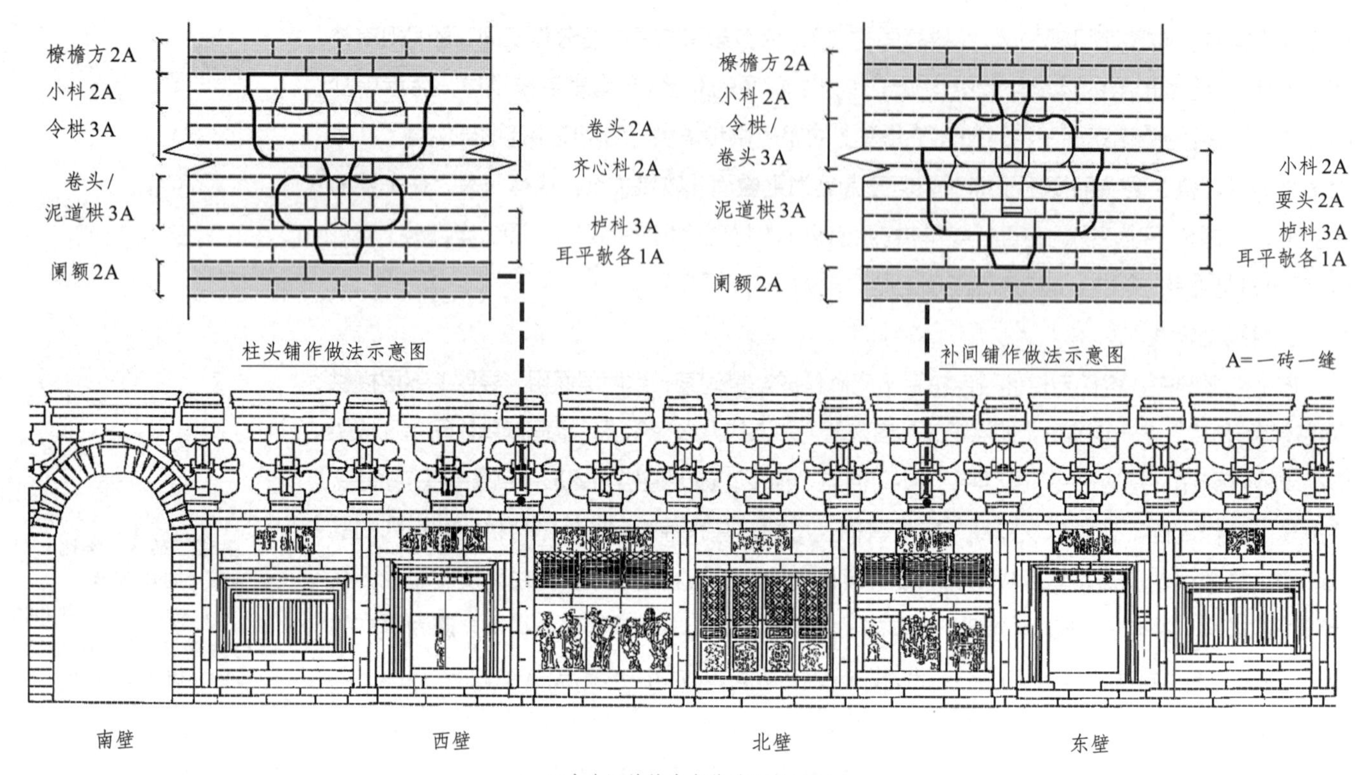

图5.3 砖构材栔比3:1的情况示例

（图片来源：改自参考文献[377]）

4.混合比例

上述做法在某些案例中同时出现，又分下述三种情况。

（1）同一墓葬不同墓室中的材栔关系相异

如禹县白沙宋墓M1，其前室方形，逐边单补间、（平出）单昂四铺作计心造[①]，横栱由两皮条砖平砌，与枓件等高，两者拼嵌深度约当枓身之半（一皮砖厚），材栔比2:1；后室六边形，因间广急剧缩小，为避免相邻铺作横栱相犯，刻意缩短了栱长，与此同时栱高（尤其是泥道栱）却被增大到三皮条砖厚，小枓规格仍保持不变，使得材栔比增至3:1。

（2）同一墓室中的材栔关系相异

实例如前述夏县上牛宋墓，兹不赘述。

（3）同一朵铺作中的各层材栔关系相异

如夏县上冯金墓M2，周壁均用双昂五铺作计心造[②]，泥道栱、瓜子栱及素方上的隐刻慢栱均用两皮条砖平砌（令栱则以卷草形模制砖充任），耍头内凹，昂头下卷，均在外缘起棱出峰。泥道栱与瓜子栱上散枓同样是两砖丁头朝外平砌叠出，因开有枓口，栔高被压缩到一皮砖厚，材栔比保持2:1；各处隐刻慢栱上的小枓则直接托在上层素方下，高尽两皮砖厚，

① 宿白.白沙宋墓[M].北京：生活·读书·新知三联书店，2017.

② 邹冬珍.山西夏县宋金墓的发掘[J].2014（11）：54-71.

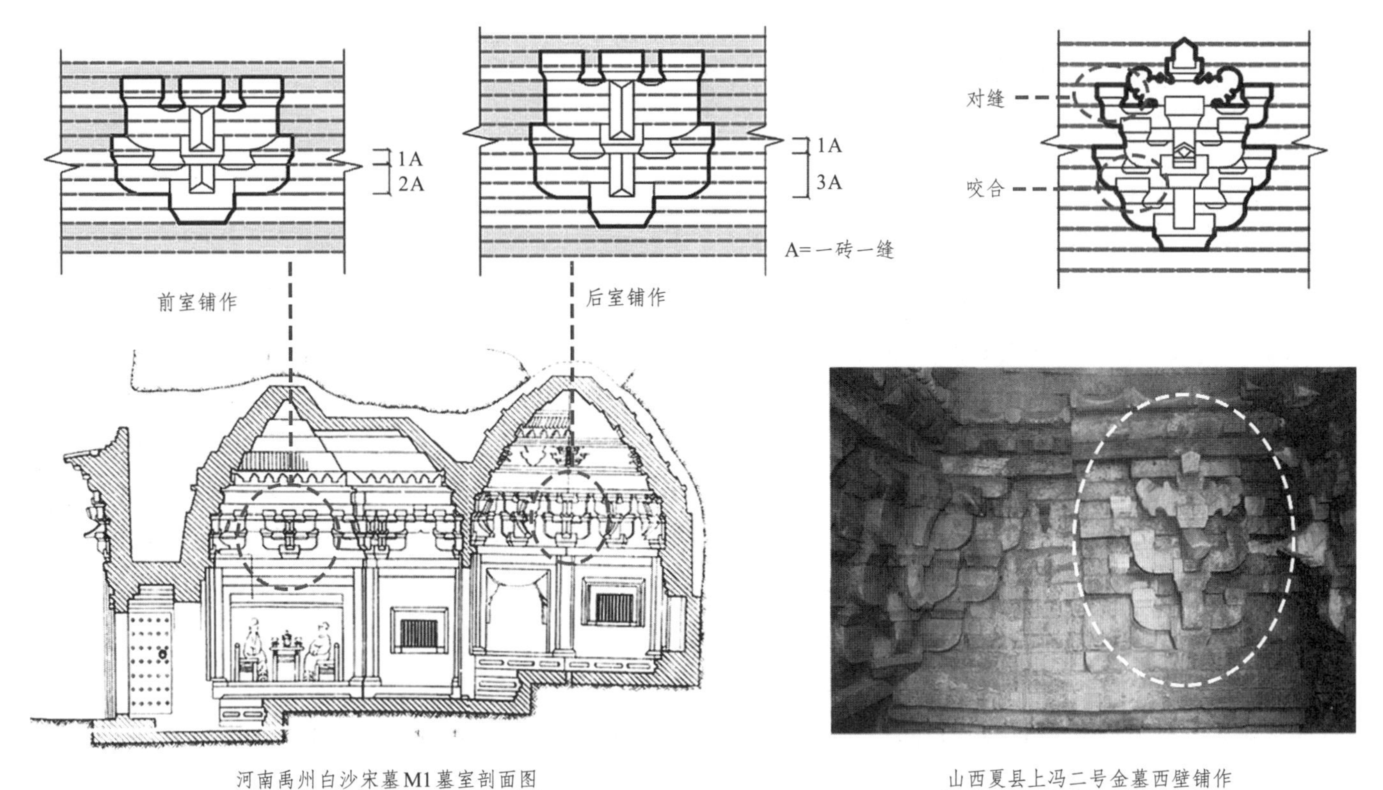

图5.4 砖构材栔混合比例的情况示例
（图片来源：改自参考文献[112][118]）

且未切割枓口，使得材、栔等高，各处枓件错缝，从而造成近似于《营造法式》中下昂造铺作因各跳头高度递降而内外遮蔽的效果（图5.4）。

按照所用砖料的不同类型，亦可将“仿木思路”继续细分为“砌筑仿木”与“模制仿木”，尤其后者可在单块砖件的一面上雕凿出完整的木构件形态（前者尚需用多块砖拼嵌后达到类似效果），甚至敢使用开出槽口的模制小枓，使得枓、栱的搭接关系由平置转向咬合，是对于木构的彻底模仿。这种技术进步的结果，就是工匠在固有的叠砖逻辑之外，新增了完全再现材栔咬接关系的考虑，“仿木行为”也从纯粹模拟外观转向了穷究构造之“理”，营造活动中蕴含的工程思维已发生了质变。

然而，基于砖料规格形成的模数系统终归是不精确和多解的，因砖件规格各异，三维比例也不尽相同，拼接方式更是层出不穷，当枓、栱均为多皮砖叠成时，自然会出现各种材栔组合可能[①]，它先天不具有木构的确定性。

① 譬如，在预先规定两皮砖为材广、一皮砖为栔高后，两者仍可按需继续增减层数，这虽然使得材栔比例不定、枓栱形态变幻，但技术上是完全可以实现的，拼法中并没有能够阻止这些可能性的强制因素。

5.2 铺作设计

在仿木砖墓中，台基、额方、屋盖等水平铺展的部分均以条砖顺摆出特定轮廓，而门窗多采用模件，槅心图案与边程线脚都在砌块自身一次成型①，真正依靠砖件拼装组合实现“仿木”的，主要是铺作部分，它始终尝试让砖件在三维方向彼此悬挑、遮掩、叠压，以求得与木构形似的一切可能。不同的材料为达成相同的仿木意图，所采取的“动作”是截然不同的，譬如在“铜殿”“铁塔”上，工匠依靠“以虚为实”的模、范工艺来制造金属铸件，再逐块、逐段铆接成型；而拼装石经幢、房形椁一类器物时，则需“以底为图”、减地显像，砌砖的要点则是充分利用视知觉规律，令少数砖件以斗、丁、顺三面相互组合，从整面壁上局部挑出，形成凹凸关系以暗示木构件轮廓……

砖仿木的途径主要分为砌筑和模制，前者系多块砖件拼成，所仿节点尺度较大，单元基准（砖厚）亦较大，无法生成精密的外观；后者则以特制砖件来与木构件一一对应，由于是按所仿对象的外形来切削砖块边缘，生成的形象十分细腻逼真，当然砖的规格种类也极为繁琐，按精致程度又可以细分成全模制与半模制两种情况②。

（一）“砌筑仿木”的要点

整体成型的仿木方式在辽宋砖墓中较为常见，举乾亨四年（982年）建成的大同许从赟夫妇墓③为例阐述其仿木原理：该墓周壁用350mm×175mm×55mm的条砖丁、顺相间平砌为主，局部侧砖立砌而成，用褐色黏泥勾缝；北壁每用丁砖平铺一层，其上便立砌侧砖一列（每块丁砖可承三块侧砖，连着约10mm的灰缝在内可视为一组单元A），以中线为界，据图量得倚柱宽1A、壁画宽3A、门宽3A（其中立颊宽1A、门扇宽2A），柱框之上用一层砖（按一丁一顺）砌出阑额，两层砖砌出由额，两者俱被版门打断；东壁与之相同，唯额方完整，位于版门之上；东北、西北壁砌法亦与之近似，前者以两列侧砖立砌模仿木窗之立颊、棂条，后者局部砍出所仿“衣架”的斜边；东南、西南两壁基本未作仿木处理（仅隐出

---

① 如抱框、棂条等以条砖立砌或错角以仿破子棂，或砍削、打磨条砖丁面后充作椽飞，或施彩绘掩盖灰缝。

② 一般认为全模砖系指砖形与所仿构件外观完全一致的情况，半模砖则仅将凸出壁面外的部分制成木构样式，埋入壁内的部分仍为普通条砖，另外也有按模制砖和标准条砖在墓室中的使用占比情况作为区分依据的观点。见：彭明浩，李若水，莫嘉靖，黄雯兰，杭侃，徐怡涛.洛阳涧西七里河仿木构砖室墓测绘简报[J].考古与文物，2015(01)：45-52.

③ 王银田，解廷琦，周雪松.山西大同市辽代军节度使许从赟夫妇壁画墓[J].考古，2005(08)：34-47+97-101+2.

灯架一个），墙体逐层按一顺一丁砌成并抹灰涂彩；西壁图画与边框各占2A，在抱厦上分别立砌两列丁砖以隐出壁柱和立颊同，柱、门间的墙宽占1A，门扇外缘立砌三块丁砖以充抱框，平砌三皮丁砖以充门额，再于其上画出各厚一皮砖的阑额、由额（图5.5）。

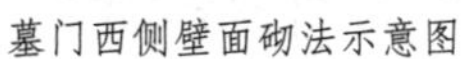

图5.5 辽代许从赟夫妇墓壁面砌法示意图
（图片来源：改自参考文献[17]）

正壁上的补间铺作安勘顺序为：先在“阑额”之上平铺三层条砖（各层按“丁—顺—丁”摆砌）以仿栌枓，顺砖凸出壁面约10cm后，将三面砍出“斗欹”；第二层以两列丁砖合掌立砌以仿华栱，于其两侧各平砌上下错缝的整、半丁砖一组，充作泥道栱，并砍磨端部模仿卷杀；第三层以两层丁砖横铺后挑出壁面，模仿三小枓，各枓间空隙亦以丁砖缩回壁内填塞；第四层另以两皮丁砖藕批合掌伸出26cm后斜截上角以模仿平出的批竹昂头；第五层与第三层同；第六层为表达“令栱”的长度变化，以两层“丁—顺”砖平砌后隐出栱端折线；第七层除三小枓外，尚额外隐出替木形象。整个铺作边缘皆施彩勾描，以突出轮廓。在此过程中，工匠综合运用了“加法”与“减法”两种操作方法。

1.“加法”

这种思路强调砖件间的丁、顺组合变化，利用头、面、肋间的数值比例关系拼出所仿构件的边缘。许从赟夫妇墓五处完整壁面（西南、东南面缺壁柱围合，正南被券洞打破）中，每面设两朵柱头和一朵补间铺作，又在栱眼壁间隙内隐出翼形栱与直枓各一组，这些砖件规格统一（350mm×175mm×55mm），普遍顺身平砌。为控制铺作横宽，工匠选用了单砖丁面来模仿小枓长身看面（若以顺身面充枓看面，长为丁面3倍余，将诱发栱身讹长，导致墓室空间不足以安放铺作），此时其高宽比（1/3）与习见的木枓比例（5/8）相去较远，故需再叠丁砖一皮以尽量趋近[①]，这样也便于单独砍削下皮砖的外缘以模仿斗欹凹势。栌枓和横栱高分别合小枓的2倍与1.5倍，换算成四皮与三皮砖厚，这导致仿木枓栱的总高不断累积，在保证单个构件形态趋于准确的同时，却无法避免铺作的整体高宽比被竖向拉长、失真（图5.6）。

① 按《营造法式》，木枓看面高宽比为0.625或0.714，两丁砖叠砌后则为0.629，且可借助灰缝继续调整。

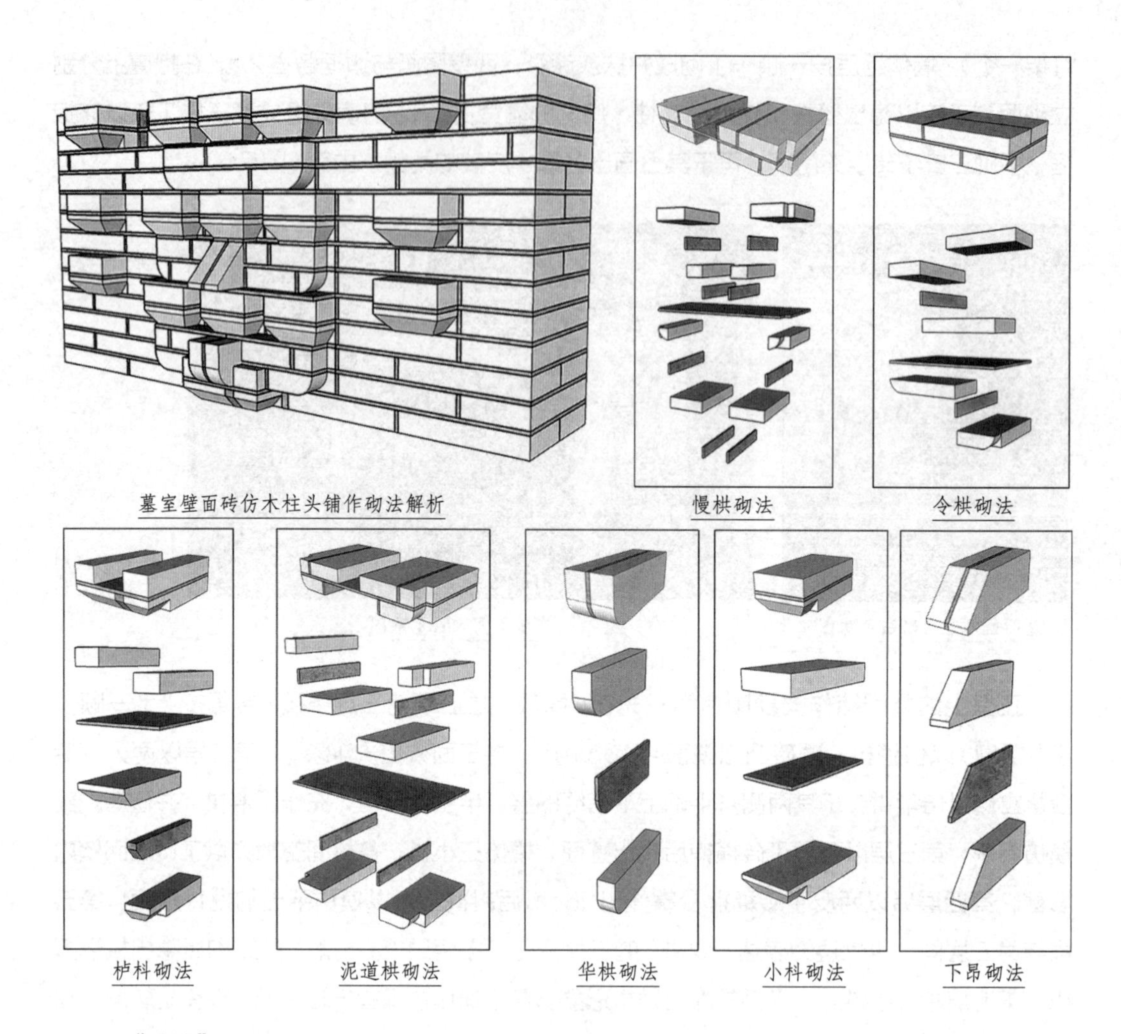

图5.6 辽代许从赟夫妇墓中的铺作"加法"示意图
（图片来源：作者自绘）

2."减法"

受制于自身三向比例，非模制的砖块难以达到木料的加工精度（如栱长中的2分°尾数即无法体现），也没有办法杜绝层间出现通缝的可能性，这就需要工匠结合彩绘、隐刻等手段，人为地混淆灰缝与栱端外缘的位置关系，以解决很多情况下砖缝与构件边线不能重合的问题，即所谓"减法"思维。按此办法，工匠可以在砖层基底上随宜调整仿木形象的边缘位置，相当于在砌体上直接"隐出"物形，令结构与形象的边缘线彼此脱钩，这和木构中在素方上隐刻栱形是一个道理。许墓壁面上同一标高的任意一层砖"带"都被视为一个整体单元，无论"带"上砖件的具体砌缝在何处，都可以在灰面上人为定义所仿构件的边缘位置，在进一步剔凿掉栱端卷杀折线或斗欹凹面下的多余部分后，构件轮廓自然浮现（图5.7）。

3.拼砖中的"倍斗取长"传统

用砖砌出的横栱同样要向木构"规范"的长广比（泥道栱、瓜子栱近似4，令栱近似5，慢栱为6）尽量靠拢，以确保仿作结果能被迅速识别和普遍接受。又因木构中小料的看面长（14分°或16分°）与横栱高（15分°）相近，故可认为两者约略相等，取后者为基准量A，倍增A后即可得到栱长B（A的4、5、6倍，相当于密排小料形成栱长）、铺作高C（铺数 ×A× 1.4

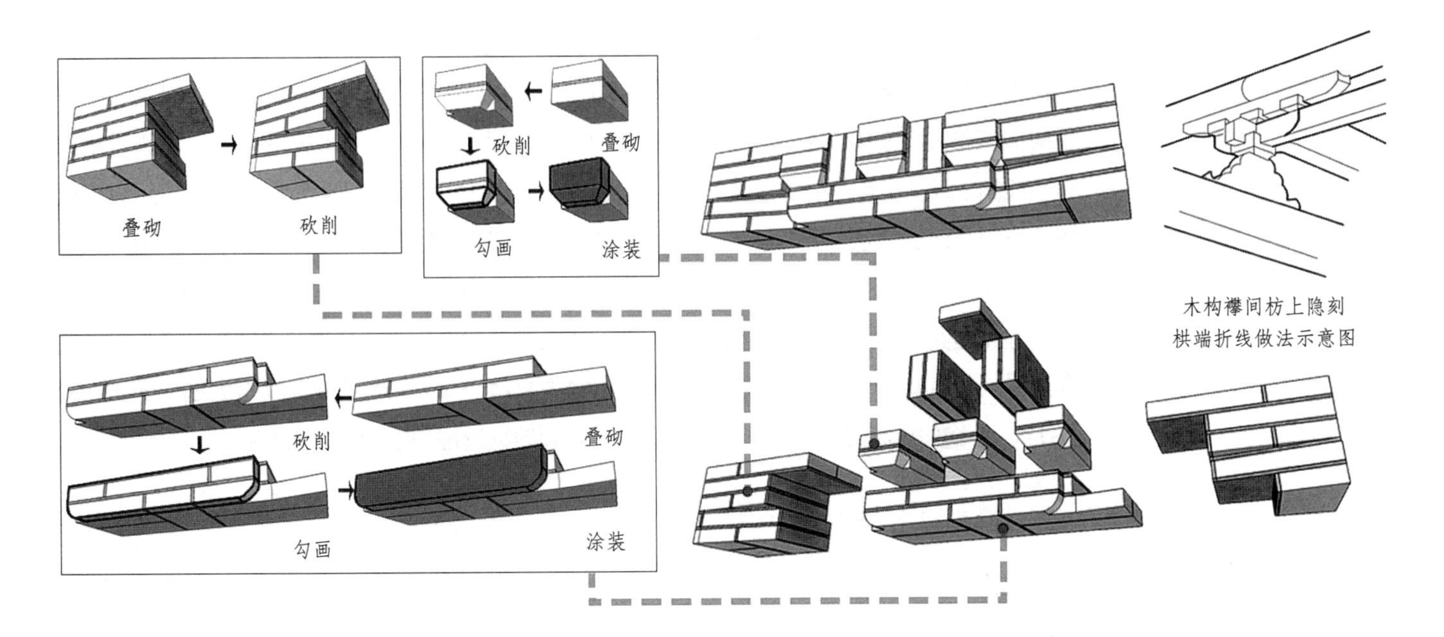

图5.7 辽代许从赟夫妇墓中的铺作"减法"示意图

（图片来源：作者自绘）

倍）①，甚至朵当、间广等更多数据，是为李诫在《营造法式》中提到的"倍斗取长"之法。

这种利用"突出的标记或特征而唤起人们对这一复杂实物的回忆"②的手段在砖砌铺作中十分常见，如许从赟夫妇墓中，横栱长普遍取小枓长的3.5倍（较木构比例有所压缩，以避免相邻铺作栱端相犯），被出跳华栱或耍头打断后的两端剩余部分则为小枓的1.5倍，从尾数可知，工匠在该构中取枓宽之半作为度量枓栱水平向数据的基准长A。又如汾阳高级护理学校的金代M5，据简报称③，该例采用三种规格的墓砖（300mm×145mm×45mm的标准条砖、300mm×300mm×45mm的铺地方砖，以及在条砖基础上加工的模制砖），砖件仿出的栱高（单材广）约合两倍栔高（单皮砖厚+灰缝），故足材广为三倍栔高（由《营造法式》规定的6/21微增至7/21，此处栔高a取55mm、足材广为3a即165mm），若按木构中的长广比例，泥道栱应是栔高的10⅓倍、足材广的2.95倍，在本例中折为570mm或487mm，后者理论上可以用条砖按"一顺四丁"砌出，但工匠实际上是直接按9a定泥道栱长（实测值495mm）④。栔高模数同样积极参与了对铺作竖向尺度的调节，如在汾阳高级护理学校M5中，其北壁⑤上倚柱高与间广同取1440mm，按唐宋建筑中常见的"柱、檐高度比取$\sqrt{2}$倍"规律，推算的"理想铺作高"应为1440mm×0.414=596mm，但实测的铺

① 排除掉下昂造六至八铺作交互枓降高的因素后，其他基于卷头造逐铺叠加的枓栱，通高基本为铺数×21分°，而宋官式体系下的单、足材比值为1.4，故铺作高可简略表示为"铺数×A×1.4倍"。

② （美）鲁道夫·阿恩海姆（著），滕守尧、朱疆源（译）.艺术与视知觉[M].北京：中国社会科学出版社，1984.

③ 马昇，段沛庭，王江，商彤流.山西汾阳金墓发掘简报[J].文物，1991（12）：16-32+103-105.

④ 为避免额外的砍刨工序，理论上应略调整泥道栱的高宽比，使栱长取值"理想化"为10a，但这会导致相邻慢栱间的交叠部分过多，不能匹配其上的共置料，同时令栱过长也不美观，故减低为9a。

⑤ 墓主夫妇对坐雕像位于北壁上，故视之为"正位"，其尺度构成规律应最能反映设计意图。

作高为605mm，两者仅相差9mm，可认为基本满足了木构的比例特征。如果进一步分析砖构自身限制因素的话，不妨如此理解：由于M5中的栔高增大为单材广之半，以之为基准生成的铺作总高势必较其原型高且窄；对于木构来说，“铺作”即“逐铺作事”中的常量部分（即去除直接参与叠铺、出跳的栱、昂后剩余的栌枓平欹高、耍头和衬方头，但后者在计量铺作总高时更应被位于外侧、更为直观的撩檐方取代）合计高12分°+21分°+30分°，即3倍足材广，在M5中就是9a、495mm，这段距离已超出耙头栱高，但配合四铺作（12a、660mm）的话又会使其与柱高比例不和谐（枓栱部分过高，突破柱檐$\sqrt{2}$关系），因此可供选择的样式极为有限，只能将撩檐方高（在木构中合两倍单材广，在M5中折为四倍栔高）减去1a，令铺作总高降至605mm，以求最大限度地贴近理想取值（98.51%）。

（二）“模制仿木”的要点

“模制砖”的优势在于一次成型，单个构件尺度可控，组装后的比例关系也更为精确，这种刨削砖件外端用于饰面的工艺，在宋代已较为发达，《营造法式》卷二十五“诸作功限二·砖作”中称作“事造剜凿”，即刨出光面后，雕凿“地面鬬八、龙、凤、华样人物、壶门、宝瓶之类”形象，继而打磨、填灰、起线，最后将成品砖粘接、嵌砌或勾挂于壁面上，模砖工艺的成熟标志着技术发展至新的阶段，砖饰面得以细分作拼砌与贴面[①]，以下分别举洛阳涧西七里河宋金墓[②]和稷山马村段氏家族墓M1为例[③]一窥全豹。

1.半模砖仿木

发掘于1958年的七里河墓并无明确纪年信息，一般认为是宋末金初建成，墓南北向，八边形墓室、穹隆顶，内铺凹字形棺床，周壁建筑形象中，除台基与额方为条砖砌出外，其余均用模制砖。在模制的八边形柱础上，以三段大型模砖叠出立柱，柱间填嵌两皮平砖作为阑额，再在斜边卷杀的柱顶上以一皮平砖充普拍方，上承一圈单杪单昂重栱计心造五铺作，其中：栌枓以两皮平砖砌成，上层砖划线表达斗耳、斗平分界，下层砖斜砍出斗欹凹面，自斗口内伸出（垂直于壁面的）全模制华栱、悬出（平行于壁面的）半模制泥道栱，泥道慢栱、瓜子栱与下昂汇集于交互枓口处，昂头上再叠一层交互枓以承托耍头、令栱，其上砌交圈撩檐方，向上收进为墓顶。各间内双扇格子门中，均以两至三层条砖平铺出门额、地栿，以单砖立砌模仿立颊，而格眼、腰华版、障水版等部分均为专门雕磨的模制砖，其上刻出条径、花卉、壸门（图5.8）。

2.全模砖仿木

在一些河东金墓中，使用全模砖的比例急剧提升，仿木形象也更趋生动，构件预制化程

① 中国科学院自然科学史研究所（编）.中国古代建筑技术史[M].北京：中国建筑工业出版社，1985.

② 彭明浩，李若水，莫嘉靖，黄雯兰，杭侃，徐怡涛.洛阳涧西七里河仿木构砖室墓测绘简报[J].考古与文物，2015(01)：45-52.

③ 吴垠.晋南金墓中的仿木建筑——以稷山马村段氏家族墓为中心[D].北京：中央美术学院，2014.

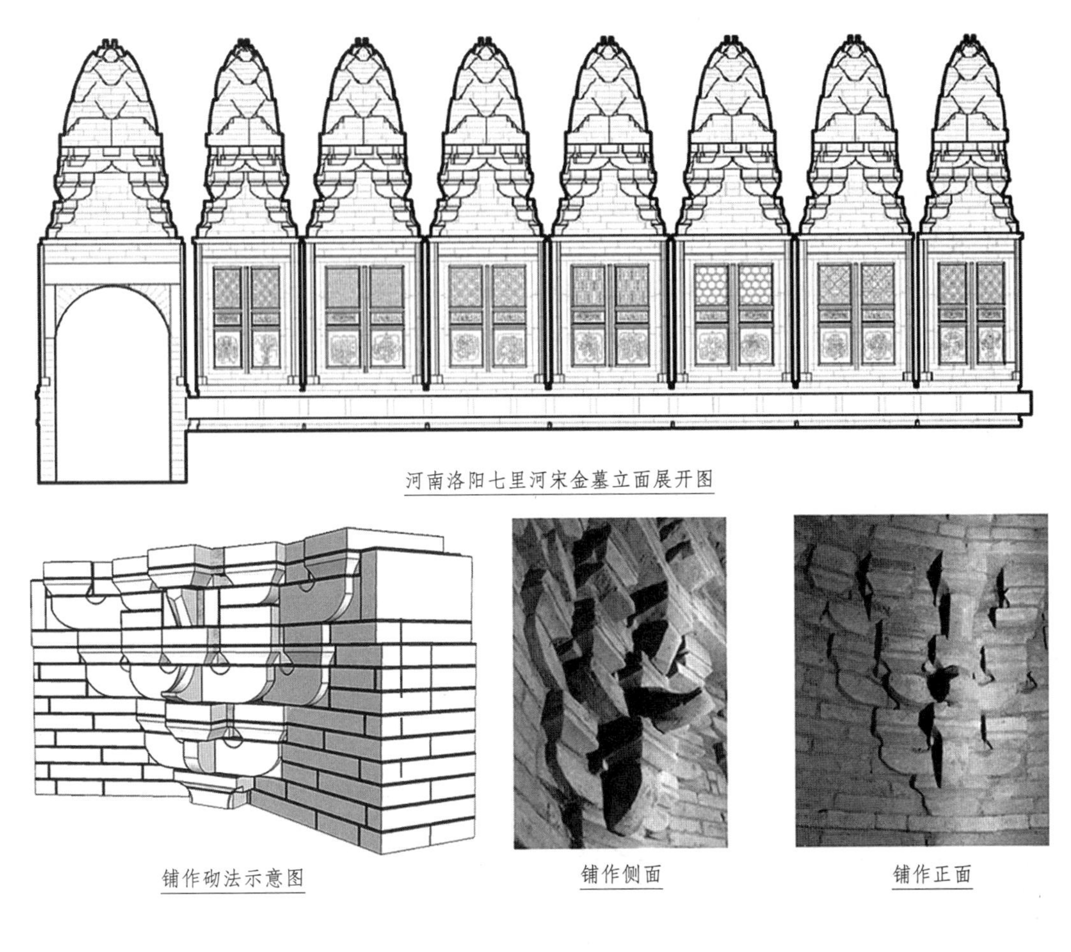

图5.8 洛阳七里河宋金墓半模砖砌法示意图
（图片来源：改自参考文献[49]）

度的加深当然有利于提升施工效率。在稷山马村段氏家族墓M1中，壁面上的建筑形象已具备双层台基和屋盖，较之辽宋时仅截取柱框与铺作区间来构成立面的做法，显得更加完整、细致，且因广泛使用模制砖，无论须弥座上的牙脚、束腰、壸门、仰莲、力士，抑或檐廊中的覆莲柱础，乃至柱间的勾阑阑版、挂落及格子门窗、屋盖上的檐椽瓦垄，均雕饰得极为精美，砖件的压砌面也都修削平整，接缝严密细腻。逐一模制砖块也带来了更加复杂、真实的枓栱形象——工匠在柱头上砌出单昂四铺作，另沿45°缝出斜昂两道，补间则用翼形令栱，使得枓栱形象更具"雕塑感"①。全模砖在表现小木作门窗时更加有利②，工艺的进步使得构件外部形象更为立体、精审，在表现力上取得了质的飞跃。相比于"砌筑仿木"，逐块雕磨砖

① 扶壁上诸名件如栌枓、泥道栱等系从条砖斗面上模出；散枓、华栱与下昂则是雕磨砖头、砖肋后得到，并压在交互枓上；各横栱均是将扶壁上的顺砌砖拉出、侧悬后再砍削两端制成。这使得各层砖料间仍保持着叠涩关系，同时反映了木构层层挑出的意象，设计手法较辽宋时期案例更加精巧。

② 如稷山马村M1东西两壁各分为三间，逐间砌四抹头格子门一盒，外以额、栿、立颊围出边框，内以竖桯、腰串分隔，其间填嵌槅心、裙版与腰华版，分别雕饰写生花与簇六填华纹样。相较前举洛阳七里河宋金墓仅以棱部抹斜处理砖砌边框的初阶手法，它已通过模砖实现了"四桯通混出双线""四桯破瓣双混平地出双线"等复杂的枭混线脚。此处的版门、格子门均是预先分件制作、试摆，再在砌好壁面后取出支模，一次嵌入勾缝完成；其桌椅家具也不再以砌块仿作，而是直接以模砖雕饰，成为夫妇对坐图像中的经典道具。

件虽耗费更多人力，但在安装时要便利得多，也更利于表达斜栱、抹斜栱、上卷昂、菱形枓等富于装饰性的“非标准”构件，体现了晋南独特的营造传统；同时，更高的预制化程度也利于优化工序管理、便于经验推广，因此，若文明未遭打断，以“模制仿木”迭代“砌筑仿木”本应是必然趋势（图5.9）。

3.细部修饰

木材的天然形态是截面呈圆弧形、立面端梢细而根尾粗，又为加强抗弯能力，在用作梁、檩等承重构件时，常做出向上反折的样子（一说是为了附加预应力以延缓下挠趋势），无论是檐口上翻、柱间生起、正脊外端高企的昂然姿态，还是生头木、子角梁一类的具体构件，都在反映木构“反宇上扬”的力学与美学追求。在更微观的层面上，为了避免相互搭接的杆件过于僵直，工匠常在主要部材端部削出连续折线，以求形成近似弧面的外观，使之望

山西稷山马村金代M1墓门

转角铺作细部

格子门细部

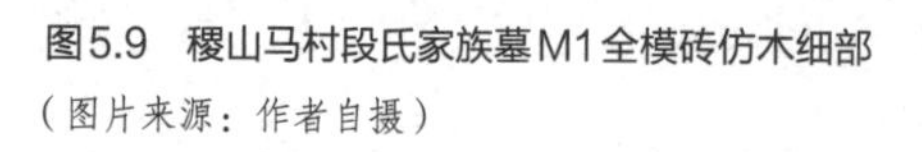

图5.9　稷山马村段氏家族墓M1全模砖仿木细部
（图片来源：作者自摄）

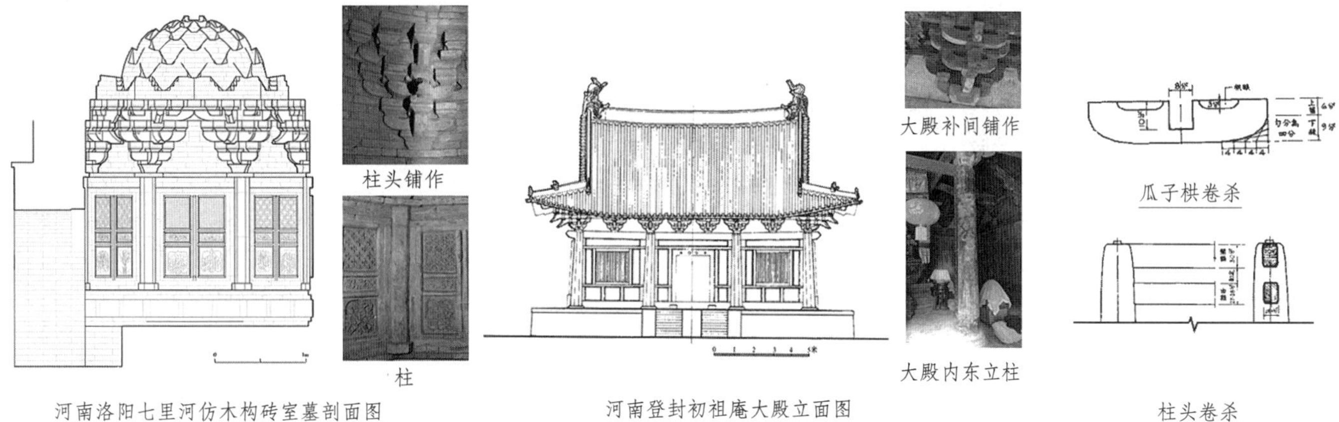

图5.10　卷杀做法示意图
（图片来源：引自参考文献[49][250][379]，部分引自网络）

去生动有力，称为“卷杀”。《营造法式》中可供卷杀的部件众多，如栱①、梁②、阑额③、柱④、角梁⑤、飞椽头⑥等皆然。概括来说，“杀”是动作，砍去直棱边角使得“其势圜和”；“卷”是结果，无论构件边廓还是建筑轮廓（如屋架举折、檐部曲线⑦）都变得柔美而富弹性，“卷杀”之法正是中国传统建筑中形成折线、弧面等丰富细节的基本手段（图5.10）。

在仿木砖墓中，工匠较为重视对栱端做出卷杀处理，在其他部件上则常用彩绘等方式变相表达，譬如洛阳七里河宋金墓中的八边形角柱虽系三块模砖垒成，顶上一段却明显较矮，且在距柱头30mm处向内折入了15mm，这个斜面应是对柱头覆盆卷杀的模仿⑧。而在许从赟夫妇墓中，透过东北角侍女图与北壁门吏图剥落破损的位置，亦可观察到两根立柱端头的卷杀迹象。此外，尚有画出卷杀折线的做法，如繁峙南关金墓壁面上以朱色粗线勾出檐柱轮廓，内里用黑、橙、青三色叠晕绘出五至六层大叶荀纹，并在上部明确折杀收

① 《营造法式》卷四《大木作制度一·栱》条：“凡栱之广厚并如材。栱头上留六分°，下杀九分°；其九分°匀分为四大分；又从栱头顺身量为四瓣。各以逐分之首与逐瓣之末，以真尺对斜画定，然后斫造。”

② 《营造法式》卷五《大木作制度二·梁》条：“造月梁之制：明栿，其广四十二分°，梁首不以大小，从下高二十一分°。其上余材，自枓里平之上，随其高匀作六分；其上以六瓣卷杀，每瓣长十分°……”

③ 《营造法式》卷五《大木作制度二·阑额》条：“造阑额之制：……两肩各以四瓣卷杀，每瓣长八分°……凡由额……出卯卷杀并同阑额法。”

④ 《营造法式》卷五《大木作制度二·柱》条：“凡杀梭柱之法：随柱之长，分为三分，上一分又分为三分，如栱卷杀，渐收至上径比栌枓底四周各出四分；又量柱头四分°，紧杀如覆盆样，令柱头与栌枓底相副。其柱身下一分，杀令径围与中一分同。”

⑤ 《营造法式》卷五《大木作制度二·阳马》条：“大角梁……头下斜杀长三分之二。或于斜面上留二分，外余直，卷为三瓣……”

⑥ 《营造法式》卷五《大木作制度二·檐》条：“凡飞子，如椽径十分，则广八分，厚七分。大小不同，约此法量宜加减。各以其广厚分为五分，两边各斜杀一分，底面上留三分，下杀二分；皆以三瓣卷杀……”

⑦ 《营造法式》卷五《大木作制度二·檐》条：“造檐之制……其角柱之内，檐身亦令微杀向里。不尔恐檐圜而不直。”

⑧ 因砖件砍削时容易劈裂，不如加工木件便利、精确，故难以做出多段连续卷杀，所得斜面也更为粗犷，等如只做出单瓣卷杀。

山西大同辽代许从赟墓东北壁仿木内容与细节

山西繁峙南关金墓南壁仿木内容

图5.11 仿木砖墓中柱头卷杀细节举例
（图片来源：引自参考文献[17][278]）

窄至与栌枓底皮同宽（图5.11）。

4.辩证看待"砌筑"与"模制"手段的优劣

"砌筑仿木"做法因砖型统一，在备料阶段极为便利，但在施工阶段却要付出额外的代价：其一是精度与尺度上的，因其"积少成多"的拼嵌思路，导致所仿形象容易失真，若要解决基准单元（砖件丁面）在整体中占比过大的问题，又容易走向另一极端，即体量失衡，这对矛盾永远存在，无法自内部解决①；其二是二次修型带来的额外负担，拼砖本身较为粗

① 以砖厚为基准来调动不同砖件、拼嵌枓栱的办法相对粗糙，基准长每有细微增减都将大幅改变铺作的立面比例，"砖厚模数"的不稳定、不精密都会导致仿木形象容易发生剧烈变形。

糙，拼装过程中难免要临时砍削、填嵌，使其合于设计意图，按《营造法式》砖作功限记载，除了铺砌工作外，尚有大量劳动被计入斫事、添补、透空气眼、事造剜凿等事项，以解决粗坯边缘毛糙、搭接不牢等问题，这就像瓦匠需先在地面完成撺窠、解墻等工序，试装妥帖后再正式上屋敷设一样，增加了不少的现场工作量，拉长了流程、工期。

“模制仿木”的优缺点恰与之相反，它将大量工作前置到打磨砖件的阶段，设计、备料颇为耗费时间，而一旦集齐砖件，现场拼装反而极其迅捷，通过采用特型砖的办法，简化了复杂的拼装工作，省略了二次加工的诸多环节，以预、定制的方式解决现场施工烦难的问题。无论是用特制模具制成复杂的砖坯，还是在规格繁多的砖块上雕磨砍刨出各种细节，模制出的昂嘴、耍头、翼形栱、门扇榻心等内容都能够更精致地再现木构装饰细节，仿得的形象无疑也更加生动（图5.12）。

山西沁县南里乡金墓

山西稷山马村金代M1

砌筑仿木　模制仿木

河南新安宋村北宋墓

江苏苏州网师园雕砖门楼

图5.12 “砌筑”与“模制”枓栱形象差异示例
（图片来源：引自参考文献[108]，作者自摄）

5.3
朵当设计

在砖墓中设计朵当需考虑两个难点：一是如何避免朵距不匀或过于空泛，二是如何避免接邻铺作相距过近彼此干扰。对于第一个问题，工匠一般采取砌出倚柱划分壁面（使之模拟木构多个开间）的办法解决，当一段墙壁被定义为三间立面时，通过调节心间与次间广的比例，或选择各间补间铺作朵数，可以较为轻松地获得多种组合方案，进而有效地调节外观效果；第二个问题的产生原因和解决方案则比较复杂，在内向的墓室空间中[①]，砖铺作相互干扰的情况又可分为“平面相犯”与“空间相犯”两类，其解决方法也各异。

（一）解决“平面相犯”的办法

“平面相犯”指的是相邻铺作间同一层影栱过于接近、彼此冲突的情况。受葬制和物力制约，仿木砖墓的直径大多数情况下不超过1丈，若采取八角、六边形平面，则每面墓壁的绝对长度更小，再分出若干间后，实际间广无非几尺而已，但其上铺砌的枓栱却并未同步缩小，等如是将与木构体量相近的铺作直接迁移到尺度缩小了好几倍的砖墓空间，这时若还要保持横栱传统的长广比例，就极易突破朵当控制，与相邻铺作撞到一处，而在实例中见到的化解方法，大致可归纳为“控制数量”与“调整做法”两途。

1.“控制数量”的措施

首先是控制开间的数量。在规模相当时，减少每壁上分出的间数自然可从根本上解决铺作朵数过多产生的问题。同样的壁面上，去除倚柱就等同于横向拉伸了间广，在不增加枓栱的前提下，更大的朵当间距也赋予铺作更多余裕，这一点通过比较昔阳松溪路宋金墓[②]与上冯一号金墓[③]即可见。前者墓室为不等边八角形（斜边长1250mm、正边长875mm），每面不辟倚柱，仅作一间，亦不表现补间枓栱，因此相较于柱额门窗等部分，柱头上的单杪四铺作虽比例硕大，却无需面对横栱相犯的困境（泥道栱彼此悬隔，慢栱被拉长、连隐后也不显突兀）。相形之下，与之尺度近似的后者（边长1300mm）却因每壁分作三间而使得倚柱头的双昂五铺作逐间密布，形同每壁上施用双补间，这使得空间过度逼仄，以至于工匠自泥道栱起即已鸳鸯交首，“素方”上也无处可供隐刻慢栱，实属蹇迫异常。由此可见，减少壁面上人为分出的间数正是釜底抽薪之法（图5.13）。

其次是控制补间铺作数量。实例中凡是较为真实地反映了木构横栱长高比例者，大都考虑了栱端相犯的问题。经作图模拟可知，无论看上去疏阔与否，采取无补间或单补间方案的墓葬确实都已没有继续增加补间铺作的空间，这在修武大位金墓[④]与沁县南里乡金墓[⑤]中可见一斑。前者六边形平面，各壁不分间，柱头用单昂四铺作，无补间，横栱长短各异，虽开

① 砖仿木塔转角处外向，正身缝枓栱伸出后与角缝间夹角较大，彼此冲突的可能较低；砖仿木墓室中内转角缝沿两墙夹角法线伸出，与自身正缝或接邻铺作相犯的概率远甚于前者。

② 刘岩，史永红，王继平，张银才，王东升，耿彦亮，张海斌，李晓东，梁冰雪，刘彦青，袁泉，石永红，畅红霞，张志伟.山西昔阳松溪路宋金墓发掘简报[J].考古与文物，2015(01)：20-33.

③ 邹冬珍.山西夏县宋金墓的发掘[J].2014(11)：54-71.

④ 马正元.河南修武大位金代杂剧砖雕墓[J].文物，1995(02)：54-63.

⑤ 商彤流，郭海林.山西沁县发现金代砖雕墓[J].文物，2000(06)：60-73+1.

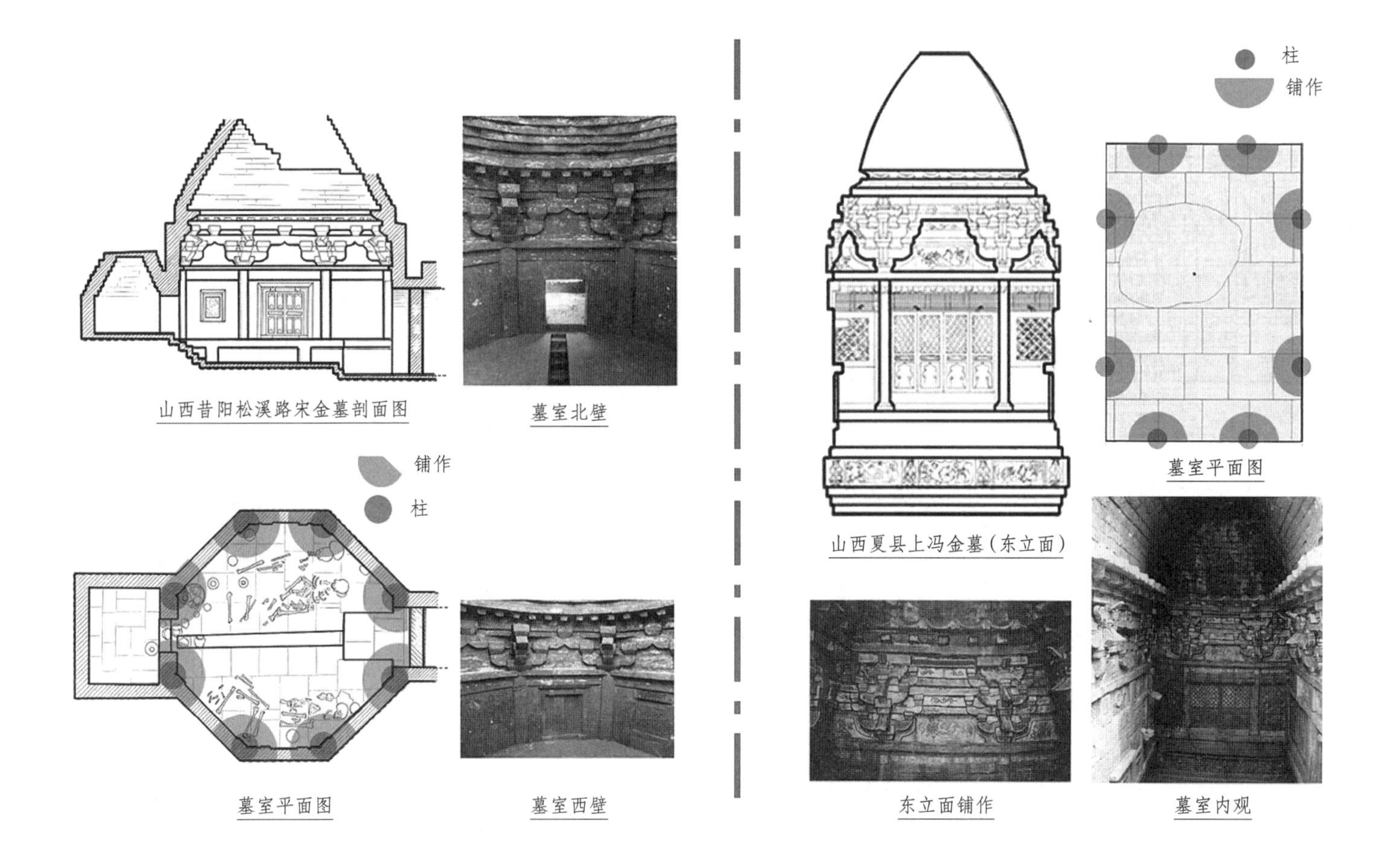

图5.13 “控制间数”示例
（图片来源：改自参考文献[118][380]）

间看似空松（每面长900-950mm），若在其中安置补间铺作的话，仍会使得慢栱彼此相犯，徒增事端。后者间广尚略大于前者（每面近1000mm），但逐壁设置单补间后，下檐朵当急剧缩小，只好一方面降低铺作等第以避免出现慢栱[①]，另一方面加大泥道栱的高宽比，将其横向压短，才将将避免了干扰（图5.14）。

又次是控制铺作层数。到了北宋中后期，重栱计心造在华北已成为较主流的做法，这意味着铺作每出一跳即累积栱方一组，同样间隔下构件数量急剧增多（相较单栱偷心造传统），檐下枓栱彼此冲突的可能性已不容忽视。因此，在“仿木时”一定程度上回归“古制”、控制铺作的复杂程度，亦可有效规避“相犯”风险，义马狂口金墓[②]与长治魏村金墓[③]便是明证。前者墓室2250mm×1650mm，倚柱将东西壁各分成两间、南北壁分成三间，各间内不用补间，柱头用单杪四铺作，横栱由两皮顺砖砌出，工匠舍弃了泥道慢栱，在扶壁上保留了单栱叠素方的早期特征，使得“栱眼壁版”更加窄长、完整，枓栱形象也较为匀称、妥

① 改用斗口跳加替木，舍去交互枓而以昂形耍头伸出。
② 史智民，胡焕英.河南义马狂口村金代砖雕壁画墓发掘简报[J].文物，2017(06)：41-49+2.
③ 王进先，朱晓芳，崔国琳，张斌宏.山西长治市魏村金代纪年彩绘砖雕墓[J].考古，2009(01)：59-64+109-112+114.

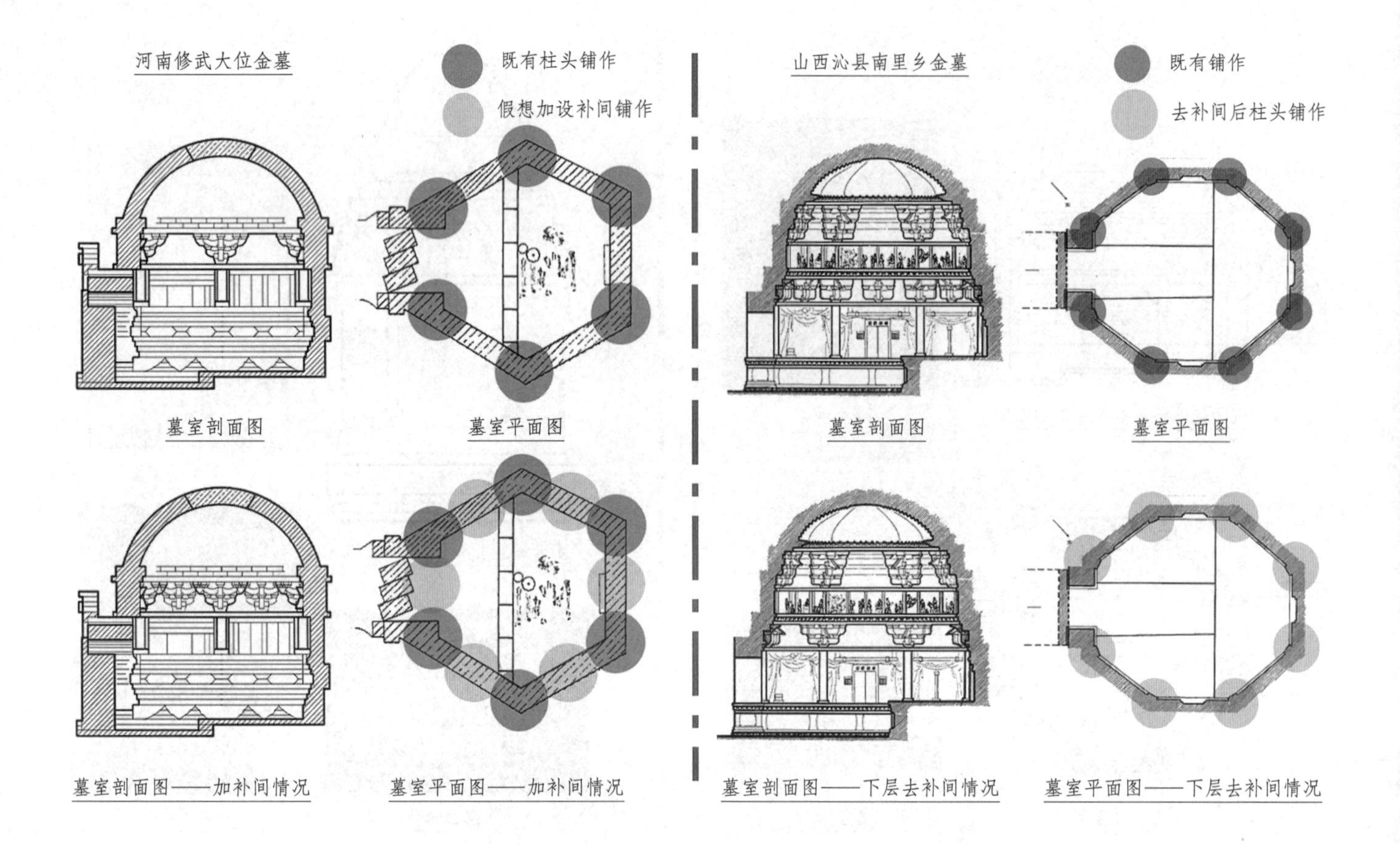

图5.14 “控制补间朵数”示例
（图片来源：改自参考文献[20][282]）

当；后者的空间体量、分间方式、铺作“用材”均与前者近似，但柱头使用单杪单昂五铺作，扶壁上表现了宋金之际华北地区流行的重栱叠素方做法，导致柱缝与跳头横栱间较为局促，以致只能跨“跳”共用一枓，显然不如前者舒朗（图5.15）。

再次是控制铺作“用材”等第。砖仿木铺作大多用砖厚的整倍数作为“单材广”，这要求砖层数既不能过少（否则枓、栱不能分型），也不宜太多（否则为保持横栱长宽比近似木构，会导致所仿铺作尺度过大），寻求一个恰当层数的“单材广”对于妥善处理各部间的比例关系是至关重要的。仍以前举河南修武大位金墓与山西昔阳松溪路宋金墓为例，两者壁面宽度近似（分别是950mm和875mm），均不分间且不设补间，柱头亦皆用单杪四铺作，横栱的长广比例也都贴近《营造法式》规定；不同之处在于，前者朵当宽裕（饰有彩画），后者则较局促（慢栱交首并合用散枓）。究其原因，大位金墓以一皮砖厚充材广、一层平砖叠于其上充作散枓；松溪路金墓则将枓、栱各自扩充为两皮砖厚，这导致两者的材栔比分化为1:1和2:1，材广较大者横栱也需随之拉长，这样积少成多，体现到壁面上的“误差”就已不容忽略。显然，枓、栱的纵向比例关系越趋精确，铺作体量就越大，与其他仿木对象的比例就越失衡，与相邻铺作发生冲突的风险也就越高。因此“酷似”与“合宜”，始终是砖仿木工艺中一对此消彼长的矛盾（图5.16）。

最后是控制横栱长度。为避免横栱相犯，最直接的调节方法是放弃《营造法式》规定的

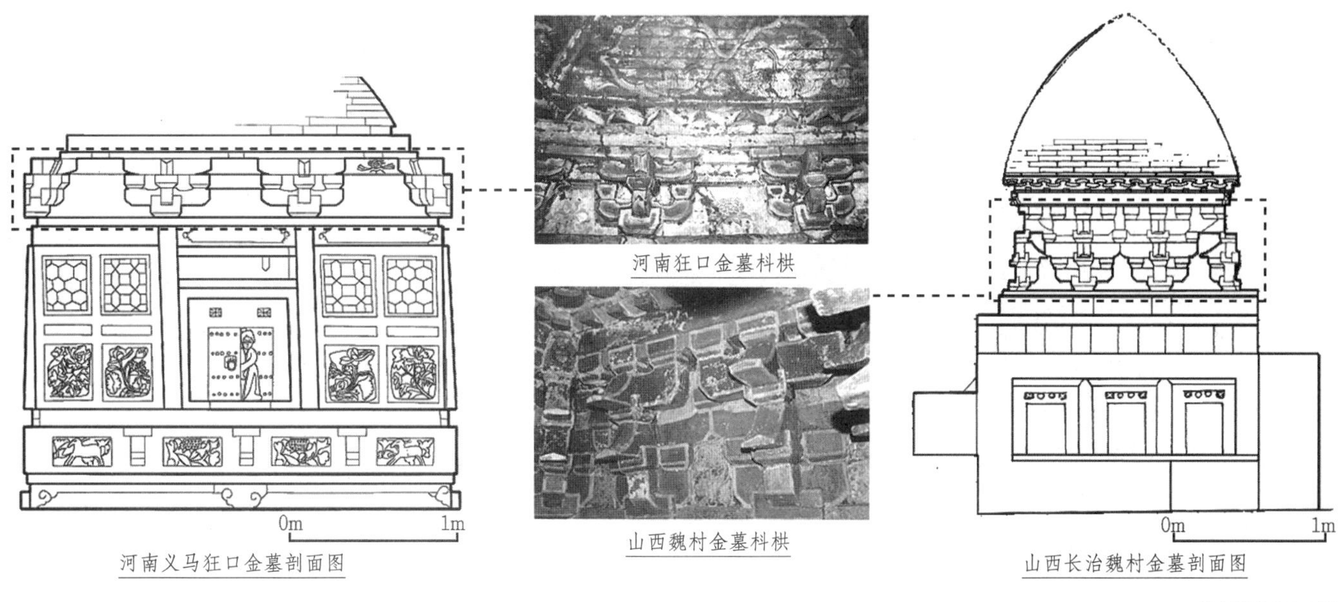

河南狂口金墓枓栱

山西魏村金墓枓栱

河南义马狂口金墓剖面图

山西长治魏村金墓剖面图

图5.15 “控制铺作规模”示例
（图片来源：引自参考文献[93][272]）

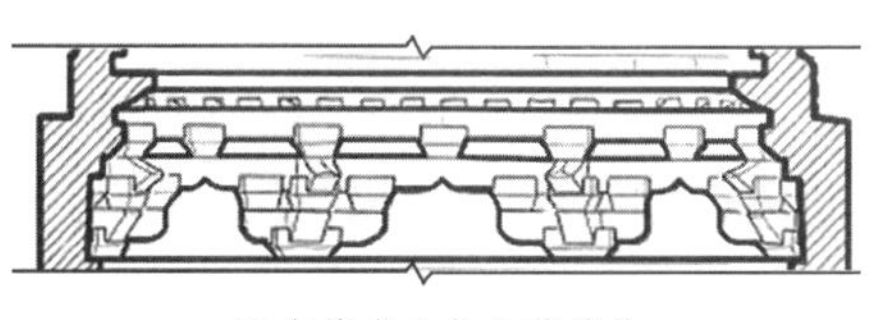

河南修武大位金墓铺作

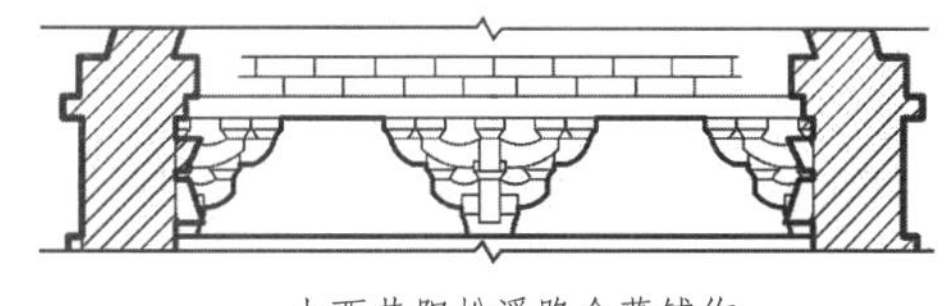

山西昔阳松溪路金墓铺作

图5.16 “控制用材等第”示例
（图片来源：引自参考文献[282][382]）

固有份数，规定新的份数使之短促合用，典型实例有长治故漳宋墓①、新绛三林镇一号宋墓②和汾西郝家沟金墓③。其中，故漳宋墓转角铺作的令栱极为短小，近角补间的泥道栱也在靠近角缝一侧遭到压缩，以致两端长短不均。三林镇一号墓与之类似，唯补间泥道栱未作左右不等长处理。郝家沟金墓为八边形平面，每壁不分间，补间用单杪四铺作一朵，柱头铺作的令栱被处理成极短小的翼形栱④，补间则保持正常（图5.17）。

2.“调措端部”的措施

其一曰模仿木构“连栱交隐”。《营造法式·总铺作次序》规定，“凡转角铺作，须与补间铺作勿令相犯；或梢间近者，须连栱交隐”，即把相邻两栱交叠的部分定为一个散枓的底端横宽，使横栱即便“连做”后仍能保持形象完整与尺度正常，但又彼此局部重合，节省空间以化解“相犯”问题。这也是砖仿木的一个重要细节，实例如前述汾阳高级护理学校M5：

① 朱晓芳，王进先，李永杰.山西长治市故漳村宋代砖雕墓[J].考古，2006(09)：31-39+99+102-103.

② 杨富斗.山西新绛三林镇两座仿木构的宋代砖墓[J].考古通讯，1958(06)：36-39+12-13.

③ 谢尧亭，武俊华，程瑞宏，郑明明，林聪荣，卫国平，厉晋春，梁孝，耿鹏.山西汾西郝家沟金代纪年壁画墓发掘简报[J].文物，2018(02)：11-22.

④ 其令栱较泥道栱更短，若将泥道栱的实长定义为62分°的话，将令栱复原至其1.16倍（72分°）时将导致相犯问题。

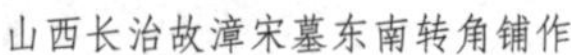
山西长治故漳宋墓东南转角铺作

山西汾西郝家沟金墓铺作

图5.17 “控制横栱长度”示例
（图片来源：引自参考文献[19][68]）

该构为南北向土圹砖室墓，平面呈不等边八角形，每面不分间，壁上嵌门窗桌椅人像等素材，四正壁补间位置上各施一朵单杪四铺作，四斜壁上无。铺作以两层平砖充材广、以一层平砖为栔高，正壁上相邻各组慢栱端头交隐；有趣的是，四斜壁上虽无补间，本无相犯问题，工匠却还是刻意拉长慢栱，令其端部交首以呼应正壁，可见惯性思维之强大。

其二曰“栱端、枓畔相对”。这也是《营造法式》明确收录的减跳做法，卷四“栱”条记称“（华栱）两卷头者，其长七十二分°……若八铺作下两跳偷心，则减第三跳，令上下跳交互枓畔相对……”，即通过缩短里跳长度（缩至上、下层交互枓的内、外侧边缘对齐），减少材耗并留出更多空间敷设平棊天花；在铺作正面，重栱造的长、短栱每侧相差15分°，也非常接近小枓横长（散枓的放置方向南、北方有别，可14分°，亦可16分°），因此瓜子栱与慢栱上的散枓也可视作近似“枓畔相对”。这种取齐原则在砖墓中被扩展至相邻铺作的横栱之间，“交手”后的栱上居中共用一枓或贴边各用两枓，典型例子有洛阳七里河宋墓、昔阳松溪路宋金墓和长治魏村金墓，但造成“栱端相对”的原因各不相同——七里河宋墓为八边形平面，每边长1170mm，不分间亦不设补间，柱头用单杪单昂五铺作，其材广合两皮砖厚，扶壁上连续施栱三重①，其中的上道栱明显讹长（超过慢栱），与相邻铺作同道横栱端头相抵后共承散枓，这就违背了木构建筑于柱缝上长、短栱交错施用的原则，推测是工匠难

① 一种可能是在表达扶壁单栱素方交叠后，于下道素方上隐出慢栱的意象；另一种可能是相应的木构原型真的在柱缝上连续出短、中、长栱各一层后再叠素方，这在关中地区的明代官式建筑（如西安钟鼓楼、城隍庙、东岳庙大殿上可见）。

以在砖件有限的悬挑距离内表达跳头与柱缝上栱方的位置关系，故索性将其拉长，连带枓件一并呈布在同一水平面上。松溪路宋金墓和魏村金墓则是受壁面间距所限，导致相邻铺作的横栱齐边贴靠，属于形象因应空间限制的情况。至若“散枓相贴”，则更可能是工匠在设计阶段缺乏准备、草率施工所致，如夏县西阴金墓与长治故漳宋墓——西阴金墓平面长方形，四壁均分作三间，仅柱头用单昂四铺作，因南、北壁朵当间距狭小，横栱互相抵实后其上散枓不得不紧贴，观之极其局促；故漳宋墓的施工痕迹更加粗犷，砖件边缘对缝草率，这种随宜截断横栱后贴置散枓的做法在同区木构中也很常见（如长治东邑龙王庙），颇有些顾前忘后的意思，或许是匠作水平低下的表现（图5.18）。

图5.18 解决“平面相犯”问题的方法示例
（图片来源：引自参考文献[19][49][93][118][243][380]）

（二）解决“空间相犯”的办法

“空间相犯”的问题主要发生在转角与近角补间铺作之间，错开跳头横栱、使之互相避让是工匠的根本目的，由此可归纳出三种解决方案。

1. 控制结角构件的数量与尺寸

主要有三种手段：一是改用偷心造以祛除横栱，即在复杂的转角铺作上尽可能避免大量栱、方计心相列，杜绝彼此冲撞的风险，这种思路在木构中比较容易实现，但在砖仿木构中，偷心造往往意味着需要单独悬挑砖件，这与其受力性能相悖，反而是叠涩多层横砖后能较为便利地模拟计心造形象，因此这种“偷心为主”的做法并非主流，较典型的例子有长治魏村金墓①。二是给角缝和正身缝设定不同的出跳值，以便相邻铺作同一高度分位的栱、方彼此前后错开，不致相犯。这么做的依据，是因为砖料不耐剪，仿木时的“跳距”远小于木构标准的30分°，也无法自“心”算起，而只能按华栱外端边到边粗略计算，实例有夏县西阴金墓②。三是彻底省略转角铺作，一劳永逸解决问题，例如夏县上冯一号金墓③。

2. 改变墓室形状

宋、金仿木砖墓的主室多采用方形（及其变体、六边形、八角形或圆形平面），仿木内容在折角处最为集中。当铺作等级较高且采用计心造时，随着边数增多，壁间夹角加大，相邻铺作间距拉远，自角平分线向两侧延展栱方后与壁面上原有的柱头、补间铺作相犯的可能性亦随之降低，当平面取圆时，调节枓栱位置的灵活度达到最大④。

3. 调整铺作层与墓顶交接方式

仿木砖墓的“铺作层”位于直立的壁面与内收的墓顶之间，其自身标高及上部是否继续敷设椽、瓦、屋盖等内容，都间接决定着相邻枓栱间是否会出现相犯问题。以山西沁县南里乡金墓为例：其壁上砌出重檐殿宇形象，下檐逐间设单补间，使得对径达 3200mm 的八角形平面也颇显紧凑，上檐则用双杪计心造五铺作，由于上圈壁体的周径已全面缩小（便于起拱结顶），分配给每朵铺作的“弧长”也随之减少，故干脆不再设置补间。类似思路在山西

---

① 魏村金墓用单杪单昂五铺作，令栱绞昂形耍头，其柱头及近角补间铺作均头跳偷心，转角铺作连续两跳偷心，以角华栱托假昂、由昂、角神，由于其昂形耍头与由昂只是叠加层数而未曾真正挑出，有效避免了转角与近角铺作上令栱相犯的可能。

② 西阴金墓每面分作三间（南壁上未砌倚柱，但同样施两朵枓栱），各柱头用单昂计心造四铺作，转角与接邻的柱头铺作上泥道栱连栱交隐、共用一枓，极为拥挤，缩短角缝跳距后，其缩小的翼形令栱与柱头外跳令栱里外错缝，进一步规避了两者相犯的风险。

③ 上冯一号金墓的平面为东西向长方形，东壁较窄、分作三间，为避免干扰而去除了两朵转角铺作，仅余倚柱上的两朵双昂五铺作，同时放大心间广以缩小柱头铺作与南北两壁间距，以求弥补因转角铺作缺席导致的视觉不适。

④ 相犯问题主要出现在层数多且用计心造的铺作上，若单补间或单栱偷心造，则不论墓室平面如何变化，对相邻铺作都几乎没有影响，实例如汾阳金墓M2、M4、M6。

长子南沟金墓中也可见到：该构南北向方形平面，每面不分间、居中设单补间，与柱头一样采用单杪单昂重栱造五铺作，其栌枓上逐层隐出泥道栱、慢栱、令栱，再在素方上砌出一圈“撩檐方”，其上密铺砖雕椽头后铺盖瓦垄，叠涩收顶，最后以一片“顶心石”盖住金井，由于整个铺作层的起始位置已在墓顶之内，各层周长（及能分配到的朵当间距）都随着墓顶的收分而迅速变窄，相邻铺作间横栱相犯的可能也随之激增，工匠采取的对策是及时放弃“传统”栱长，主动缩短横栱长度并在局部采用两栱合托一散枓的做法（图5.19）。

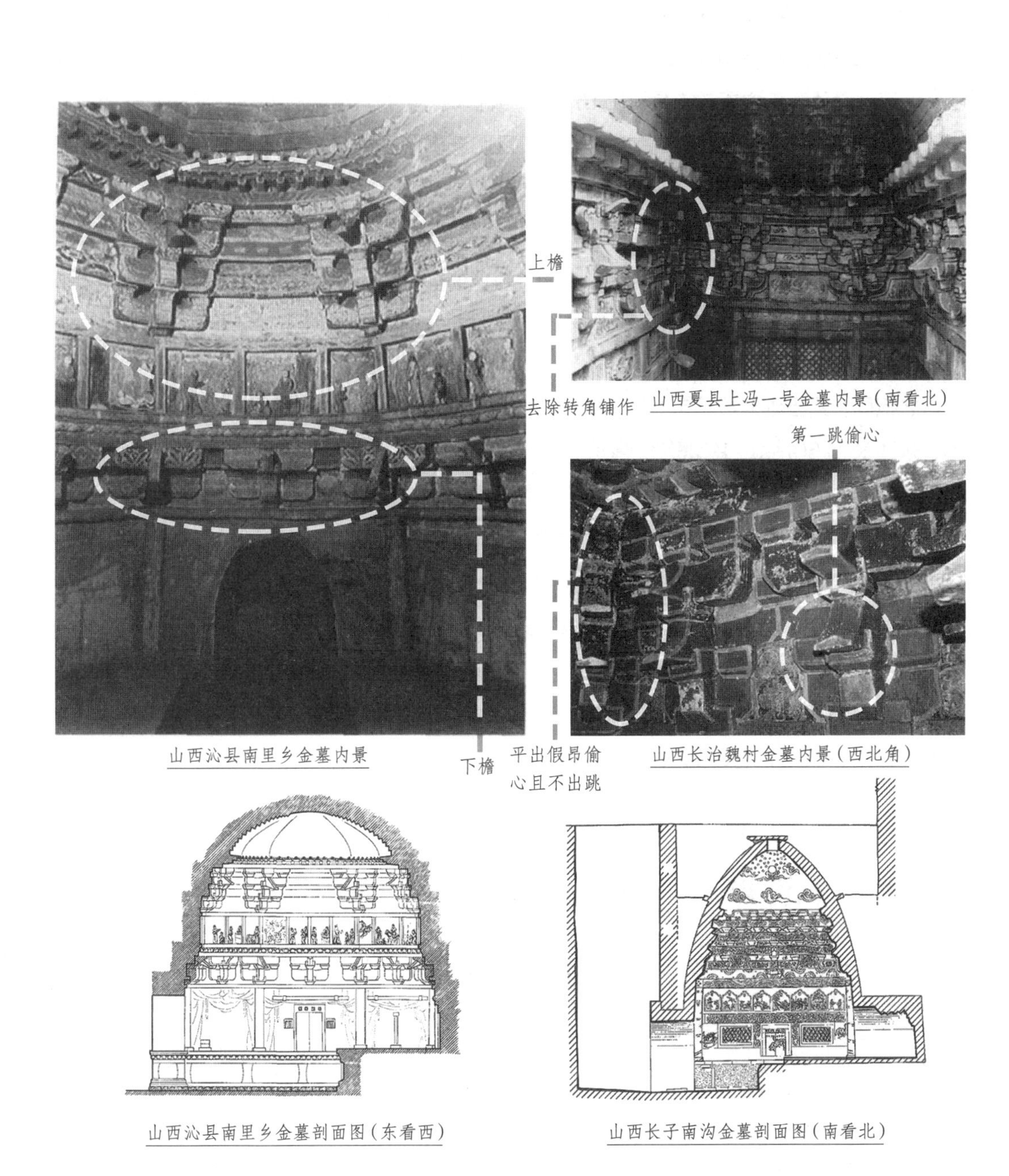

图5.19 解决“空间相犯”问题的方法示例
（图片来源：引自参考文献[20][93][118][271]）

5.4

间广设计

中国古代木构建筑的设计方法，经历了从整体决定部分到部分支配整体的转变过程，补间铺作的成熟与增殖为之提供了契机，平面的生成原则也由早期的“分割开间得出朵当”，逐步发展至晚期的“斗口、朵当重复阵列形成开间”，其度量方式亦随之由营造尺转为模数尺[①]。这一趋势在仿木砖构中是否仍旧成立？或者说，砖瓦匠师与大木匠师是否遵守相同的设计法则？这需要详细验证实例才能辨明，且所选例子不能是无补间或单补间的配置（否则无法暴露整体与局部间的矛盾）。经统计发现，逐间设双补间的案例极为稀缺——仅宜阳西赵村北宋墓[②]、长治魏村金墓[③]及襄汾侯村金墓[④]等寥寥几处，且分为“墓室各面均合整尺，朵当不匀”与“墓室单面合整尺，朵当不匀”两种情况。前者如宜阳西赵村宋墓，该构采用竖井式墓道、方形墓室，每边长2480mm（合8尺，尺长310mm），室内方砖墁地，上置石棺，每面墓壁均是两柱一间，间内辟出一门两窗，柱顶普拍方上托单杪计心造四铺作，补间与之相同，朵当则明显不匀。后者如长治魏村、襄汾侯村金墓：魏村墓南北向，平面近方形，东西长1750mm、南北宽1990mm，周壁每面一间，双补间俱为单杪单昂五铺作，华栱上端头偷心，仅在昂上置令栱，扶壁上重栱相叠，柱头则改用双杪偷心造五铺作，泥道上用单栱叠素方，但差值相对较小；侯村金墓平面八边形，逐间双补间，双杪五铺作，朵当同样不匀，这两构都只有一面能折合成整尺（图5.20）。

这促使我们思考墓室壁面分间的数理依据——在方形平面中，它体现为遵循《营造法式》卷四《总铺作次序》中“或间广不匀，即每补间铺作一朵，不得过一尺”的规定，即相邻朵当的差值不可过大，以保证“其铺作分布，令远近皆匀”；在八边形平面中，则涉及其角蝉[⑤]直角边在整个外接方边长中的占比。

（一）个案分析：大同辽代许从赟夫妇墓

作为“大同市已发掘的50余座辽墓中规模最大、内涵最为丰富的一座”，许从赟夫妇

① 张十庆.古代建筑的设计技术及其比较——试论从《营造法式》至《工程做法》建筑设计技术的演变和发展[J].华中建筑，1999（04）：3-5.

② 常书香.宜阳发现一北宋砖雕壁画墓[N].洛阳日报，2016年1月18日第6版.

③ 王进先，朱晓芳，崔国琳，张斌宏.山西长治市魏村金代纪年彩绘砖雕墓[J].考古，2009（01）：59-64+109-112+114.

④ 李慧.山西襄汾侯村金代纪年砖雕墓[J].文物，2008（02）：36-40.

⑤ 角蝉为八边形与其外接方形在角部切出的等腰直角三角形，《营造法式》卷八《鬭八藻井》：“八角井：于方井铺作之上施随瓣方，抹角勒作八角。八角之外，四角谓之角蝉。”

山西襄汾侯村金墓剖面及转角铺作

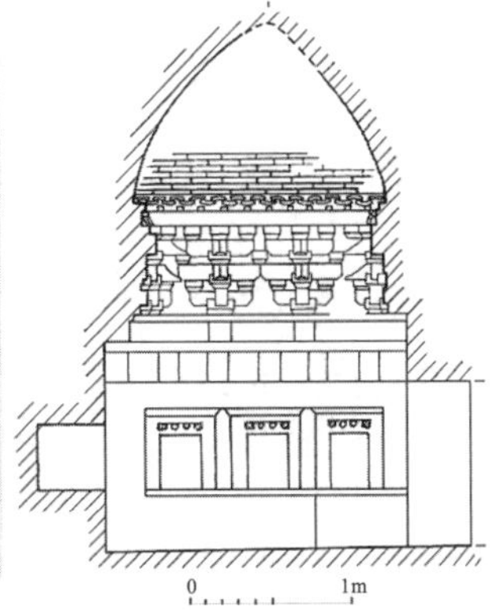

山西长治魏村金墓剖面及墓室西北角

河南宜阳西赵村宋墓内景

图5.20　使用双补间的宋金仿木砖墓示例
（图片来源：引自参考文献[93][110][382]）

墓反映了晋北一带最高的工艺水平，展现出辽代工匠掌握的成熟视觉诱导手段（包括模数设计、拼切工艺及图形辨识等方面）。

许从赟，字温毅，后唐云州守将。清泰四年（937年）降辽后累官至大同军节度使，应历八年（958年）逝于燕京，乾亨四年（982年）遗骨迁回云州，与六年前离世的妻子康氏合葬于云中县权宝里，即今大同市西南郊新添堡村南。许墓发现于1984年，发掘简报认为其中的仿木内容"对于完整地了解唐宋之间我国木构建筑的演变具有重要意义"。该墓南北向，由墓道、墓门、甬道和墓室组成，单室、近圆形平面，仿木形象集中于墓门门楼与墓室周壁。门楼两侧以条砖砌出方柱，门额上置有三朵枓栱，仅当中一朵为单杪双下昂重栱计心造六铺作，两侧两朵皆不出跳；墓壁上方叠砖起穹隆顶，下半部分则用倚柱分为八段，在每面正中绘制门窗、衣架、侍女等壁画形象，并在西壁上砌出一座精美抱厦。每面墓壁上亦用三朵补间，当中一朵与柱头同为条砖砌出的单杪单下昂五铺作（除施于抱厦上者偷心外，皆为单栱计心造），两侧两朵则在刷饰成素方的砖带上绘制或削出驼峰、枓子、翼形栱等表示隐刻补间做法的物件（图5.21）。

考古报告虽称许墓中的仿木形象"反映了辽初木结构建筑的真实面貌"，但各处细节仍是精粗有别，实际上，我们在衡量砖砌体与其所模仿的木构形象有多"相似"时，评价标准总是多元和相对的，仿木工作"真实"与否，有时基于构件轮廓比例的精准程度，有时又取

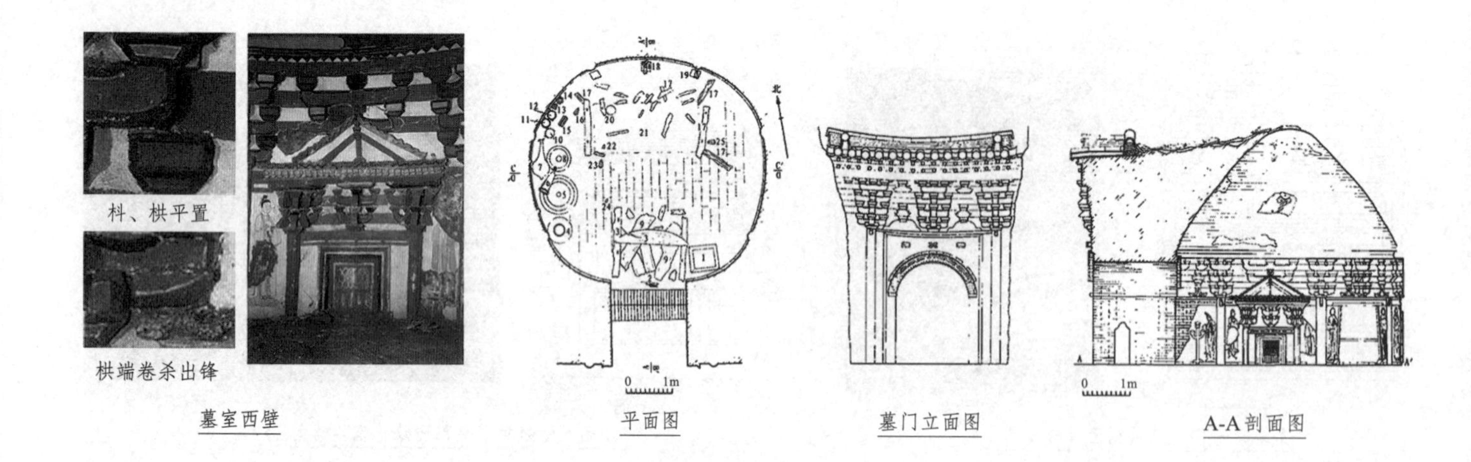

图5.21 辽代许从赟夫妇墓概况
（图片来源：引自参考文献[17]）

决于交接关系是否合理（如有些案例会模仿木构中阑额收肩入柱的细节，将其与柱子的接面向内侧切削一段）。与一般的预期相反，似乎并不存在统率整个“仿木”工作的至高法则，设计施工环节中并不缺乏各自为政的现象，譬如许墓的壁柱高宽比例非常合适，但放在整个墓室中看，柱高却接近两倍间广，完全突破了这一时期“柱虽高不越间之广”的定则；又如，工匠虽传神地再现了柱头卷杀、栱面抹斜等装饰细节，却也彻底忽略了更加根本的枓、栱咬合关系。鲁道夫·阿恩海姆提出，“从一件复杂的实物身上选择出的几个突出的标记或特征，仍能唤起人们对这一复杂实物的回忆”①，这意味着只需抓住某一事物最突出的特征，就能模仿其神髓，而在何为“最突出特征”的问题上，建造许墓的工匠又是如何考虑的呢？

双重轴线是许从赟夫妇墓的一个重要特点，在墓室的北、东壁上都砌出墓门，西壁上筑有抱厦，南壁则开辟券洞（按报告推测，洞前散落的朽木应为原装门扉），这意味着该墓同时具有东西、南北两条轴线，其中前者偏侧象征意义，后者则承担着度分主轴的从属功能，这与汉长安城的规划布局模式有着异曲同工之妙。我们知道，秦汉时有“尚东”的传统（如秦始皇陵以东门为正门、远隔数千里以对渤海碣石宫，形成横跨全国的巨大轴线），这是古人视日出入以定朝夕的计时需求决定的。与此同时，东西轴线仅用于粗略地厘定方位，揆日之外尚需瞻星，使用仰观天文得来的南北轴线（如自子午谷跨过王莽礼制建筑群遗址、穿越长陵与吕后陵、直抵三原天脐祠的汉长安城超长建筑基线），结合地物坐标将主轴精确分割成若干线段后，才能取得城市轴网的定位依据。许墓中在东、北壁上同时开辟墓门以“辨方正位”的做法，或许便是辗转承继自这种以东西轴因应自然环境、以南北轴定位建筑群组的规划传统。当然，门的丰富形态也为连续壁面标出了观看重点，暗示了不同方位的主从秩序，各段壁面彼此接续的拐角部分虽富集了柱子、枓栱之类的仿木要素，其重要性却还是无法与代表中轴的门户形象抗诘，且不同样式的门也将壁面打断成互不统属的段落，魏晋以来在周圈壁面上绘制“共时性”画面的传统已于焉终结（图5.22）。

① （美）鲁道夫·阿恩海姆（著），滕守尧，朱疆源（译）. 艺术与视知觉[M]. 北京：中国社会科学出版社，1984.

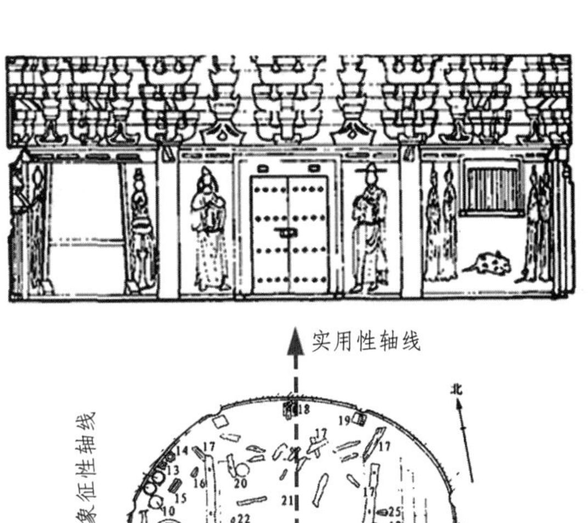

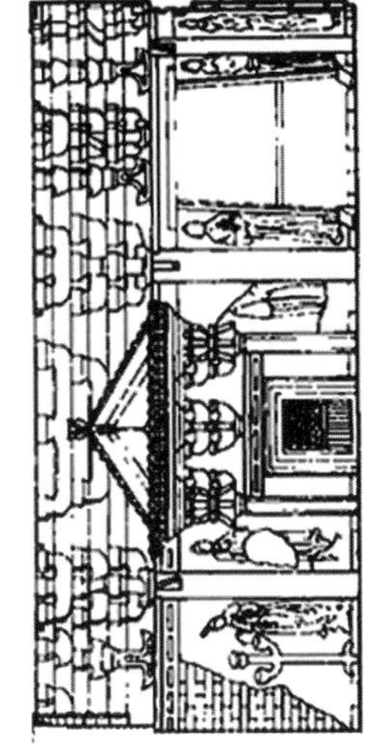

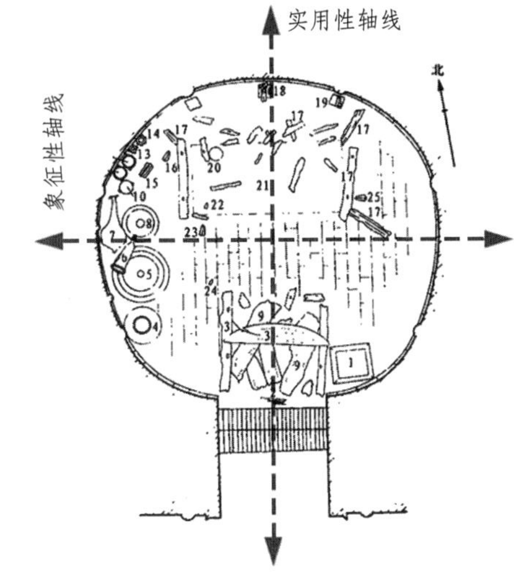

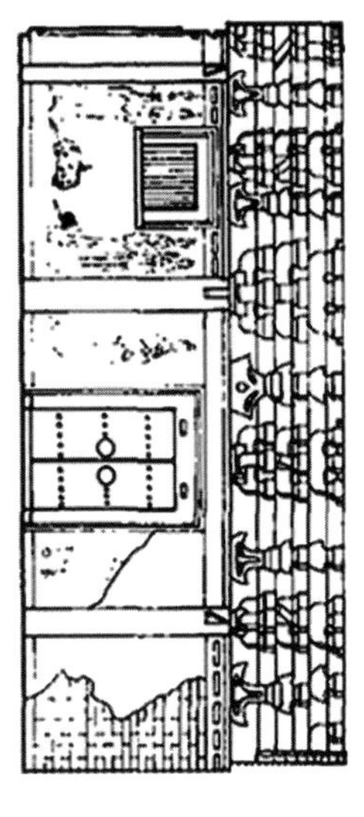

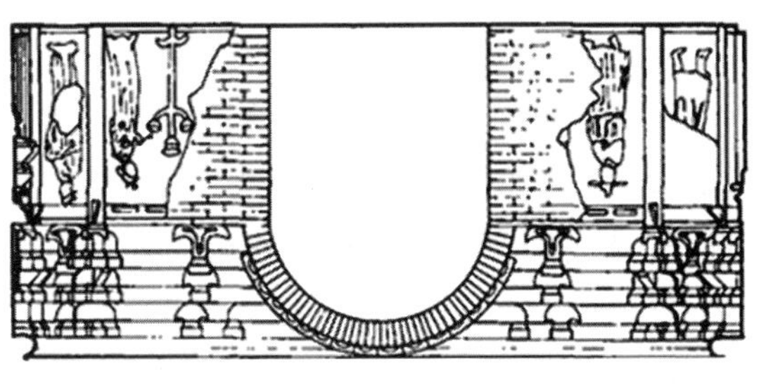

图5.22 辽代许从赟夫妇墓双重轴线示意图
（图片来源：引自参考文献[18]）

许墓的间广并不平均分配（北壁最大，东、西壁次之，东北、西北又次之，再次为东南、西南，南壁最窄），这当然不宜单以施工误差来解释，而更像是为了区分主、次轴向导致的。结合随葬器物与绘饰母题，各段壁体所欲表达的"功能定位"都相当明确，其中：北壁作为全墓的背屏自然汇聚了视线焦点，石棺和棺罩的存在也突显了正位在此的事实（图5.23），相应的，这段壁体上的仿木要素也大、多、全（如人字栱及门簪、门钉的体量、形制、数目均多过同样做出版门的东壁）；东壁上的仿木内容略同北壁，而等级次之，西壁抱厦更是精美，东西轴线上的随葬品也十分集中，这当然反映了契丹民族"好鬼而贵日，每月朔旦，东向而拜日"的旧俗①；相较而言，在不强调引魂升仙的情况下（墓主采用了烧身葬法，受佛教影响较深），南壁就显得无足轻重，因而分得的间广最窄。这样的主次关系也暗

① （宋）欧阳修（撰），（宋）徐无党（注），陈尚君修订.新五代史·卷七十二·四夷附录第一[M].北京：中华书局，2016.

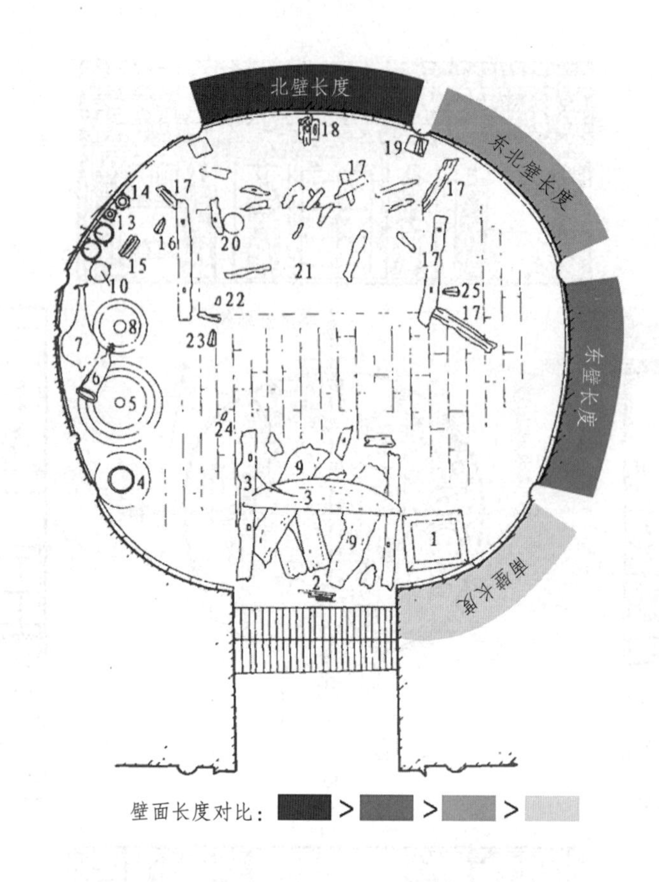

图5.23 辽代许从赟夫妇墓的间广分配规律
（图片来源：改自参考文献[17]）

示了各段壁面的施工顺序：自北向南逐渐收窄的各幅壁面标明，这个八角形平面显然不是从方形中切角或按勾股比分配边长后再连线的结果，而是工匠在圆形边界内凭经验逐段割出，南壁既然被用来消解之前各壁的累积误差，自然是最后砌筑也最无关紧要的，因此极为窄促，工匠干脆不设壁柱[①]，以免出现柱高与间广比例失调的窘况。

间广分配完毕后，便需考虑各间的立面比例，首先要确定仿木部分的高度，先据“柱高不越间广”的原则给定上限，再依次隐出地栿、版门、横钤立旌和倚柱来分割界面。在许墓中，引发空间联想的仿木形象与陈述永生愿景的壁画图像平分秋色，工匠在组织壁面内容时有着清晰的规划，譬如北壁上的绘画内容约占一半间广（其余各壁犹有过之），此时若按上限（即间广值）定柱高，则在加宽泥道版“割让”壁面以供描画后，剩余部分必然难以满足《营造法式》对版门“广与高方”的要求，工匠的对策是先均分开间，再取当中两份做方正版门，余下两份留予壁画，随后以所得门高为准，协调额方、地栿等构件尺寸后决定柱高（图5.24）。辽宋存世木构中檐柱的高径比大概在1/10–1/7，以此反推许墓的合用柱径，求得尺寸恰为墓砖的丁面宽，这也旁证了比例控制的存在。

① 许墓南壁两侧甚至不愿影出壁柱，去除券洞后壁面已所余无几，我们出于视觉习惯才将其看作一个墓壁“单元”，与其他各壁并列。美国学者程大锦在《建筑形式空间秩序》中认为，“由于我们通常在自己的视野中寻找规律性和连续性，因此我们倾向于将看到的物体规整化处理或忽略那些微小的不规则因素”，此处情况正是如此。

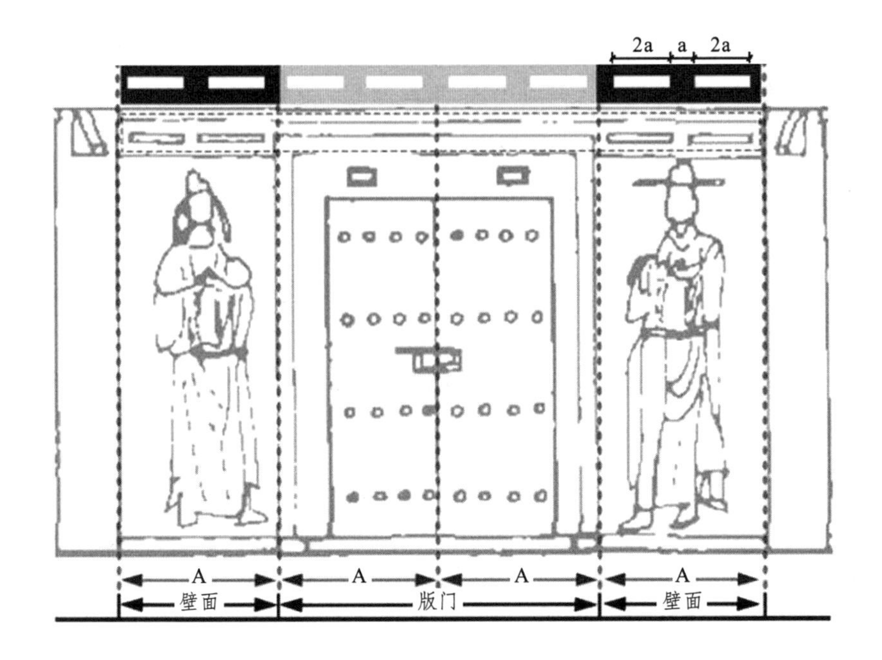

图5.24　辽代许从赟夫妇墓北壁的内容分配

（图片来源：引自参考文献[18]）

需要注意的是，虽然墓室四面正壁上均表达了门户形象，但它们并不受同一套尺度系统控制，以壁绘侍者形象为标尺，发现东、北、南门基本与人物大小相符，但西壁抱厦版门几乎仅有前者的三分之一强，远远无法适配人像。这种多元尺度共存（或者理解为空间逐段缩微）的现象并不罕见（图5.25），巫鸿认为是对逝者不同“位格”的反映，墓主“在家族影堂中的公开肖像”“隐匿在棺木中的尸体遗骸”以及最后“无形的灵魂”理应拥有与之对应的、尺度各异的标识，只有在穿过了最为缩微的假门之后，才会使“非物质的灵魂超越了墓室建筑材料的局限，只存在于人们的想象空间之中”。[①]

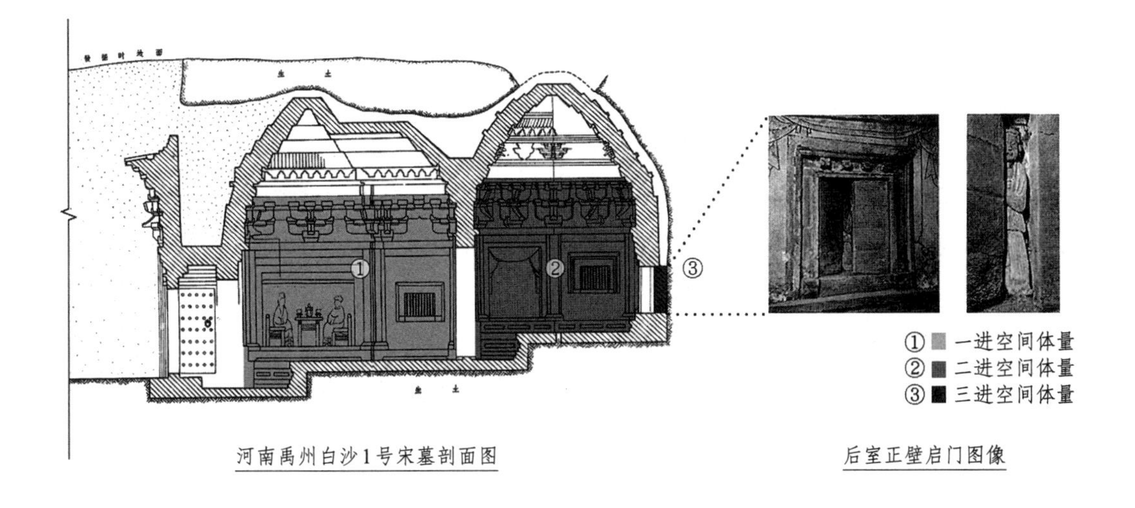

图5.25　辽宋墓葬中空间与人物尺度的逐段缩微现象示例

（图片来源：改自参考文献[112]）

① （美）巫鸿（著），钱文逸（译）．“空间”的美术史[M]．上海：上海人民出版社，2018.

接下来要确定铺作高度、权衡补间配置。唐宋时期木构建筑的铺作总高可取到柱高的1/3至2/5，在许墓中，这个比例上升到1/2，究其原因，是叠砖时无法如所仿木构般让枓、栱咬合导致的，在铺数相同且默认砖砌栱高等于单材广的前提下，“材＋栔交叠”的构造关系被异化为“砖厚＋砖厚堆叠”的新形式（图5.26），枓栱的整体轮廓被急剧拽高，此时若欲维持檐柱与铺作的固有比例，只能增加柱高，这又将进一步打破壁面均衡、废除已形成的柱高间广关系，引发连锁反应使得情况进一步恶化，因此工匠在两害相权后不得不放弃铺作与柱高的惯常比例，而优先保障壁画面积充足、版门形象合宜，维系柱高不越间广的基本原则。同时，铺作被竖向拉伸意味着充当“栱间版”的壁面面积相应增大（等效于朵当在间广中的占比相对下降），这为工匠增添补间铺作数量提供了可能，按《营造法式》的规定，心间用双补间时，次、梢间可减为一朵，陈明达释为单补间对应的间广取值在200-300分°、双补间在300-450分°，许墓北侧正壁的间广接近三倍补间铺作宽，若仅施单补间难免有零落空旷之憾，故特意加设两条翼形栱，使得配置紧凑（图5.27）。

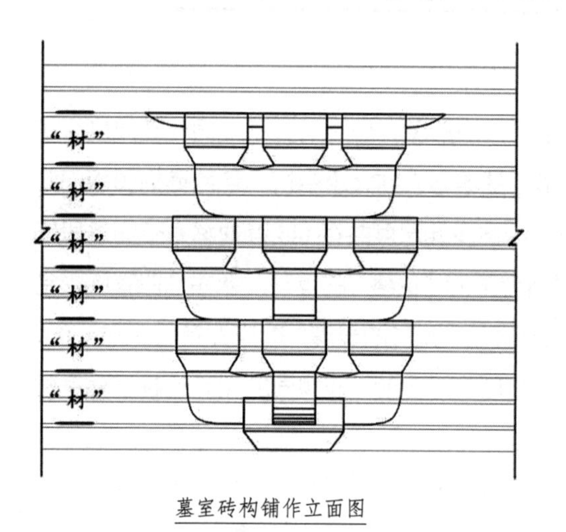

墓室砖构铺作立面图

基于砖构材广所得木构转译图像

图5.26　辽代许从赟夫妇墓砖、木铺作纵向构成方式比较
（图片来源：作者自绘）

权衡完各部尺度后，仍需仔细考虑室内的视点、视角是否合宜。仿木内容同时服务于逝者与生者，既要满足前者长生于地下的祈愿，也要说服后者相信祖先得到妥善安置、能福泽后人，因此这种视线设计必然是要考虑双重主体的。营穴事关家族兴衰，圹室建造完毕后当然要接受遗族审查（甚至墓主“预营寿穴”时还要躬亲体验），郑岩曾指出，亲友送葬时对于墓室的第一印象“其实不是那些复杂的升仙图像，而是一座高楼的轮廓”[①]；郑以墨也认为“观者的视线使作品产生了存在的意义”[②]。仿木的实践是否成功，更多还是仰赖观者的评价，视线设计必须符合人体工学，就如傅熹年在谈论寺庙内的塑像陈设时所说的，“30°

① 郑岩.魏晋南北朝壁画墓研究[M].北京：文物出版社，2002.

② 郑以墨.缩微的空间——五代、宋墓葬中仿木建筑构件的比例与观看视角[J].美术研究，2011(01)：32+41.

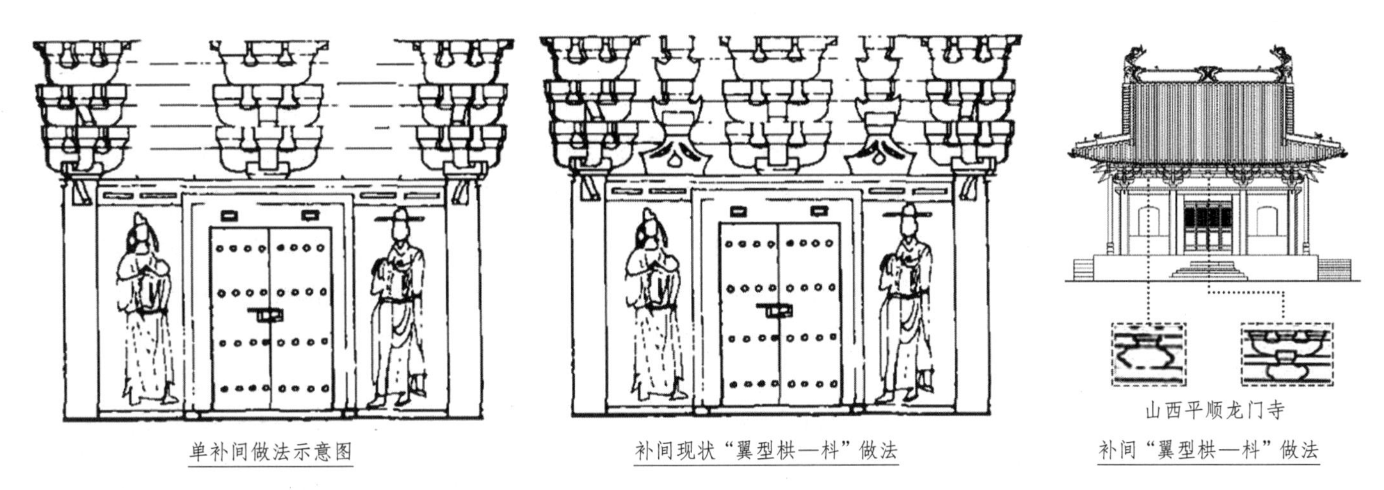

图5.27 辽代许从赟夫妇墓北壁配置方式示意
（图片来源：改自参考文献[18][383]）

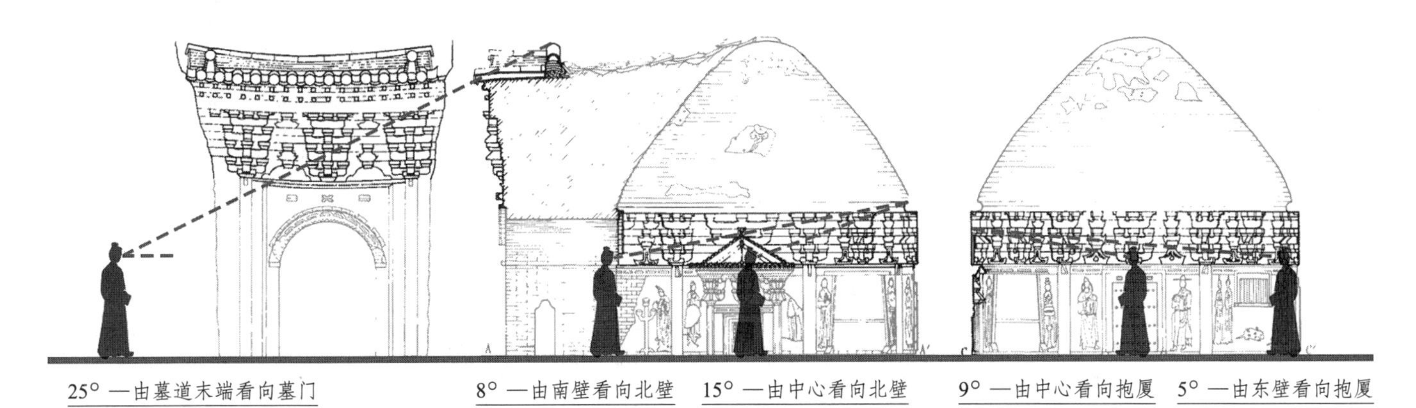

图5.28 辽代许从赟夫妇墓各部分观看视线分析
（图片来源：改自参考文献[18]）

仰角以内是人平视时可以较自然而舒适的视物范围。观者处在建筑的特定位置，并以这一视角总能看到建筑内部装饰的精彩部位或佛像的全貌”①，许从赟夫妇墓也部分符合这一规律：截止到替木位置，壁的仿木形象通高2260mm，若将视平线定在1600mm高处，则在南门处观看正（北）壁时的视仰角约为8°，在移步到墓室中部时扩为15°；西壁上的砖抱厦高约2033mm，在东壁与室中观看其屋脊上皮时的视仰角分别为5°和9°；墓门楼虽高达4955mm（算至正脊上皮），工匠却已将墓道地坪起点至墓门的间距加长到5970mm，确保人们拾级而下时仍能在30°的合适视域内欣赏门楼全貌；除墓门外，其余部分的观看角度偏低，已近于平视，这是墓葬空间微缩、人体相对建筑被拉高的结果（图5.28）。

① 傅熹年.傅熹年建筑史论文集[M].北京：文物出版社，1998.

墓中有一处值得注意的细节，在北壁上的门窗并未被设置在额方之下，而是“嵌入”阑额，打断了连续的七朱八白图案（图5.29），在东壁则居于正常位置。由于门的大小可调，其上皮本不应该冲破阑额，只能理解为刻意错置，目的是通过“重叠”与“遮挡”形成景深关系，模拟透视效果。类似意象至迟在和林格尔东汉壁画墓中已经发端：其前室南耳室的西侧壁画“木柱”同样被近景马匹打断（远景马却被柱隔开）（图5.30），崔雪冬认为这是为了“明确指示出马与柱的前后关系”①，可见当时的画师已能在“画面中绘出明确的空间远近效果，前景、中景、远景空间层次也较清晰”。

图5.29　辽代许从赟夫妇墓中的门、额“打断”现象

（图片来源：改自参考文献[18]）

图5.30　和林格尔东汉壁画墓中马与柱间的“打断”现象

（图片来源：改自参考文献[384]）

门户与阑额的打断关系暗示了壁体上存在“想象的景深”，许墓中除了饰有门户形象的四面正壁外，余下各壁主要用绘画装饰，就像巫鸿提到的，“不同壁画在功能相对统一的语境下所具有的相关性”②，无论被柱、额分割成多少单元，这些画面都拥有相对统一的主题，

① 崔雪冬.图像与空间：和林格尔东汉墓壁画与建筑关系研究[M].沈阳：辽宁美术出版社，2017.

② （美）巫鸿（著），郑岩等（译）.礼仪中的美术——巫鸿中国古代美术史文集[M].北京：生活·读书·新知三联书店，2016.

再配合壁面上部连续排列的铺作，自可串联成多个“生活场景”，刺激观者“驰目游神”，体会营造匠心。在此过程中，“观者的目光再次消解了不同壁面的界限，此时我们会惊奇地发现，对画面延续性的强调使得壁画似乎具备了手卷的特征……”[①]，许墓近圆形的平面柔化了壁间转折，使视觉体验更为连贯、自然。程大锦也曾提出，“把一个圆放在场所的中心将增强其内在的向心性。把圆形与笔直的或成角的形式结合起来，或者沿圆周设置一个要素，就可以在其中引起一种明显的旋转运动感”[②]，若将许墓的内壁视作一幅“环幕”，不难发现门户形象与壁画内容交替出现，其空间叙事可被大致归纳为：墓主魂灵在重重门户间穿行，于此过程中完成不同的起居场景，圆形平面使得这些活动昼夜交替、周而复始。

按图像内容可以推知，叙事始于“主位”所在的北壁，之后按成例沿顺时针旋转[③][④]：墓门旁侧首先是一扇棂窗，有两名侍女在窗边展步言笑，分别捧持小壶、温碗、拂尘、毛笔，一般认为是在表现“侍学”的主题[⑤]。窗下狸猫的动势和侍女视线引导人们继续向右看去，只见一位侍者注目券洞外侧好似杳渺的虚空（券洞右侧对应的画像已残缺，推测姿态相同）。券洞连接甬道、墓道，常有“沟通室内空间和想象中的室外空间”之意[⑥]，许墓券洞前的木门残片与铁锁也强化了通道意象，确保了环绕墓壁的图像形成闭环，结合作远望状的侍者，可知画的是“迎送”图。需要注意的是，墓顶上绘出的日月形象与真实的东西方向吻合，并非随手示意，这意味着墓室空间是内蕴着时间要素的，它不仅指明了月亮对应的西壁属于入夜后的场景，也为西南壁上紧接着“迎送”图绘出的“添灯”图提供了环境[⑦]。越过抱厦后，故事进入尾声，手持衣架、盥盆的侍女点明了“侍寝”主题[⑧]，墓主生前的起居内容在地下循环重现、永无尽时（图5.31）。

（二）个案分析：汾阳高级护理学校五号金墓

1990年5月，在山西汾阳高级护理学校发现一处金代早期墓群，其中编号M5者规模最大，“结构、砖雕及装饰艺术最为复杂”[⑨]，试以之为例探讨八角形墓室的设计规律（图5.32）。M5西北—东南朝向，为土圹砖室墓，正边长于斜边，各面皆不分间，在壁面上雕出门窗桌椅及夫妇对坐、妇人启门等图像，仅在四正边的普拍方上各砌出一朵补间铺作，四斜边上空

① 郑以墨.五代王处直墓壁画的空间配置研究——兼论墓葬壁画与地上绘画的关系[J].美苑，2010(01)：72-76.
② （美）程大锦（Francis Dai-Kam，Ching）（著），刘丛红（译）.建筑形式空间秩序[M].天津：天津大学出版社，2018.
③ （美）巫鸿，郑岩.超越“大限”：苍山石刻与墓葬叙事画像[J].南京艺术学院学报，2005(01)：1-8.
④ 郑以墨.五代王处直墓壁画的空间配置研究——兼论墓葬壁画与地上绘画的关系[J].美苑，2010(01)：72-76.
⑤ 李清泉.宣化辽墓：墓葬艺术与辽代社会[M].北京：文物出版社，2008.
⑥ （美）巫鸿（著），钱文逸（译）.“空间”的美术史[M].上海：上海人民出版社，2018.
⑦ 复旦大学文史研究院编.图像与仪式：中国古代宗教史与艺术史的融合[M].北京：中华书局，2017.
⑧ 当然，“侍寝”图也可以解释成“侍起”图，成为整个叙事的起点，这时需要倒转观看顺序。
⑨ 马昇，段沛庭，王江，商彤流.山西汾阳金墓发掘简报[J].文物，1991(12)：16-32+103-105.

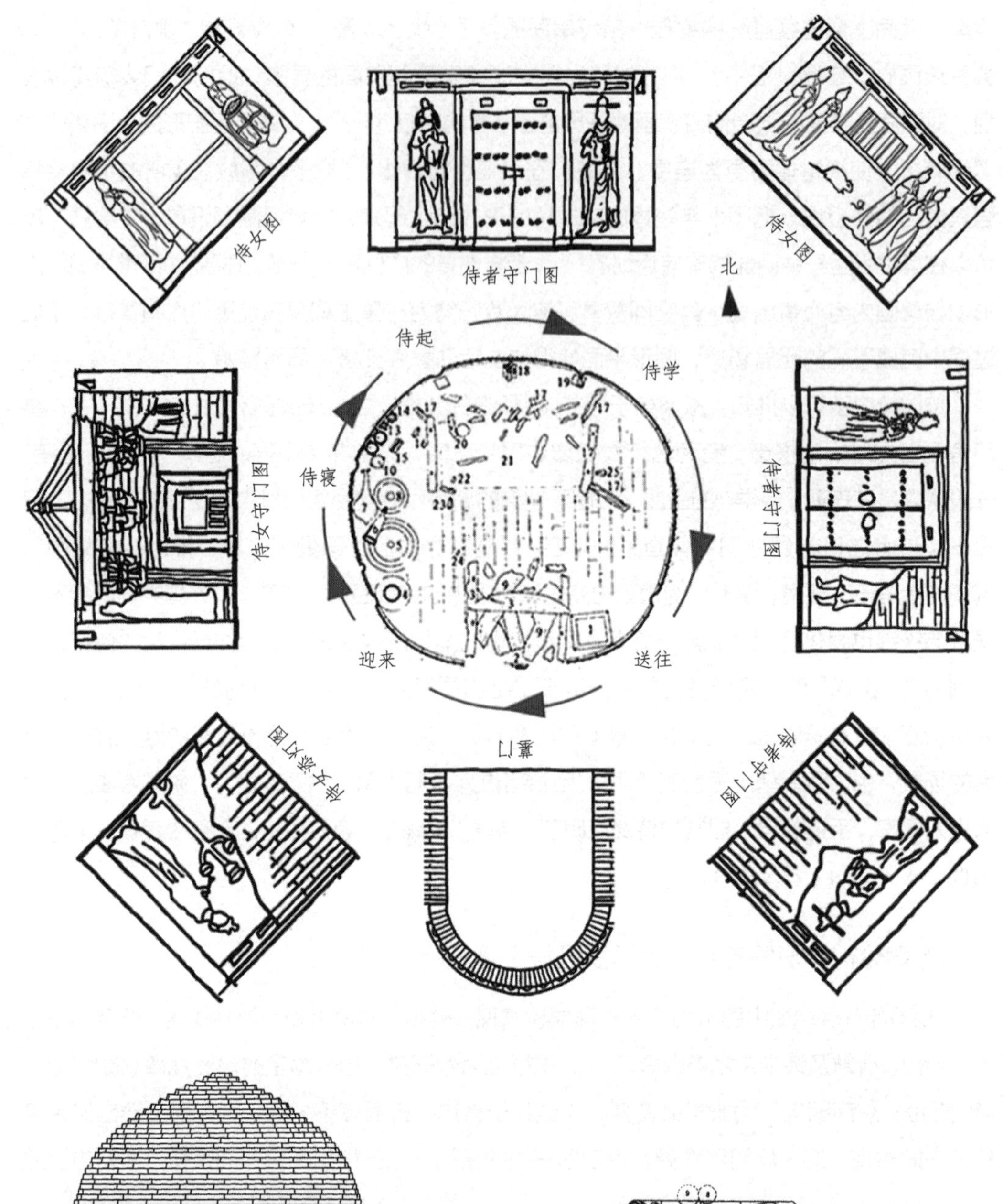

图5.31 辽代许从赟夫妇墓的空间叙事示意图
（图片来源：引自参考文献[18]）

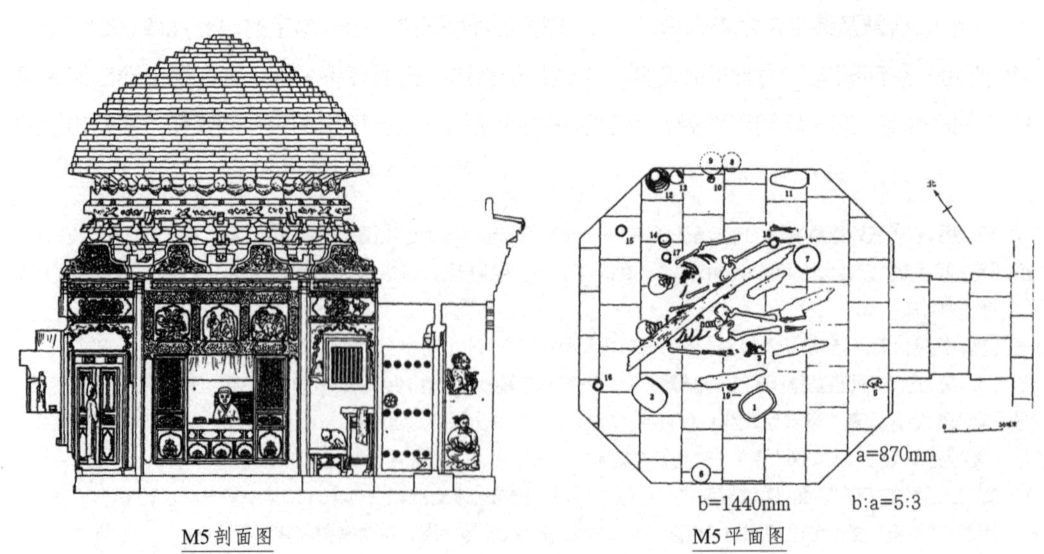

图5.32 汾阳高级护理学校金墓M5
（图片来源：引自参考文献[243]）

置，加上柱头共计施用十二朵单杪四铺作，自撩檐方之上砌出椽、瓦、屋盖，叠涩多道后收成穹隆顶。墓中，北—西北—西南三段壁面构图连续，应是在表现三开间的屋宇，其正、斜边的长短差别则被理解成对房屋心、次间广的模仿，这些内容虽然“一望即知”，但工匠在开展尺度设计时依据了怎样的数学知识，仍是一个值得关注的问题。为此，我们提出“折法”与“切法”两种假设[①]来复盘其平面生成过程。

1.平面生成方式蠡测

（1）“折法”的逻辑

这种平面操作方法要求工匠像折纸一样，直接将表示房屋立面的“纸片”沿着平柱缝旋转一定角度，变成三段折面，斜边实长直接反映原型的次间广，其投影面相较心间进一步缩短，更易于形成向心汇聚之感。在汾阳金墓M5中，斜、正边实长分别为870mm和1440mm，基本符合3:5的简洁关系（99.31%）。镜像此折面后再平移一个心间广，连接两者即可围出八角形墓室。此时，墓室内壁等于表现四座房屋的外立面，墓室则代表被围出的院落。按320mm的复原营造尺长反推，则该墓正边长4.5尺、斜边长2.7尺、直径8.5尺，若认为墓室与原型间存在简比缩放关系，则工匠想要表达的或许是一个心间15尺、次间9尺、通面阔33尺的厅堂[②]。“折法”的指代关系明确，难在实操放线[③]：中国古代工匠缺乏成熟的角概念[④]，

① 两种假设中，八角形墓室的四正边都对应木构原型的当心间，差别在于次间，“折法”与“切法”分别以四斜边实长、八角直径（对边中垂线）与正边长差值之半来表达。

② 此时，木构尺度为砖仿木墓室的10/3倍，若继续放大至5倍时，同样可使尾数取整，但所得复原方案（心间22.5尺、次间13.5尺）间广过大，实际建造的话需使用大檐额，在民居中并不常见。当按比例放大后，木构建筑不应维持次间无补间、心间单补间的状态（否则檐下过于空疏，与建筑发展的史实不符），而应变成次间单补间、心间双补间的状态（此时心、次间朵当相差0.5至0.75尺，尚能符合《营造法式》的规定），推测砖、木构的铺作信息不符是因为墓室狭小，不足以容纳砖枓栱，只能省略朵数导致的。

③ 按《周髀算经》，“万物周而圆方用焉，大匠造制而规矩设焉。或毁方而为圆，或破圆而为方。方中为圆者，谓之圆方；圆中为方者，谓之方圆也”。圆方即方形内切圆，方圆即圆形内接方。按元代赵友钦《革象新书》所记割圆术，若外接圆径10寸，则内接正八边形边长为3.8寸。

④ 张旻昊.从角度概念欠缺看传统营造的若干现象[D].杭州：浙江大学，2015.虽然前辈学人如钱宝琮大多认为“中国古代不知利用角度”，“在后世数学书中，一般角的概念没有得到应有的重视”，但中国古代并非完全没有角的概念，只是以不同形态隐含在各种语境之下，譬如《考工记》以“倨（钝）勾（锐）”来泛指夹角关系，已近似于普遍意义上的角度，其中《磬氏》篇记“为磬，倨勾一矩有半”，即磬的两边缘夹角为135°，更为人熟知的是《车人》条记载的特殊角间换算关系，“半矩谓之宣，一宣有半谓之欘，一欘有半谓之柯，一柯有半谓之磬折”，即宣、欘、柯、磬折迭相以1.5倍递进，分别是45°、67°30′、101°15′、151°52′30″。此外，也有借等分圆弧来暗示圆心角的表述方式，如《筑氏》条记“合六而成规”，《弓人》条记“为天子之弓，合九而成规；为诸侯之弓，合七而成规；大夫之弓，合五而成规；士之弓，合三而成规”之类。天文中的“度”概念，则是以弧长量天、定时，即《后汉书·律历志》所谓“日之所行与运周，在天成度，在日成历”，是长度而非角度单位。《周髀算经》虽已在地面画圆分度，但并没有因此产生一般角的概念，古人一开始只知直角（称为“隅”，原意为房屋角部，引申为直角，如《论语·述而》“举一隅不以三隅反”），对非特殊角的认识尚停留在“尖锐”“汇集”的感性阶段，如《汉书·律历志》说：“角，触也，物触地而出，戴芒角也。”直到唐代李淳风注《周髀》时提到“自然从角至角，其径二尺可知。……更从觚角外畔围绕为规……”数学著作中才出现广义的角概念。至宋代沈括《梦溪笔谈》讨论隙积术时，称“刍童求见实方之积，隙积求见合角不尽，益出羡积也”，说的已是立体角了。

利用规矩作图求正八边形（八棱）是非常简单的，仅需自方形各边中点引垂线交于外接圆上，再连接八个圆弧等分点即成[①]。在实际工程中，工匠更是将几何作图问题转化成一系列勾股数，利用固定数值比例来约定正八角形外接方上的各段长度，以便迅速求解出近似比例[②]。按张十庆的研究，辽宋时期的工匠采用的数学模型是“其径60为内接圆直径，斜65为外接圆直径。这是根据勾股弦定理中的5、12、13的5倍值关系而得到的比例形式。此八棱数字比例形式简洁易记，在建筑设计和施工中的运用十分便利”[③]。汾阳金墓M5的平面虽然并非正八角形，折出的正、隅面间夹角却恒为45°，因此只需确定外接方边长与心、次间比例，仍可轻易求得。

（2）“切法”的逻辑

按这种算法，先作出八角形墓室的外接方形，以四个“角蝉”部分（边缘三角形）的直角边作为木构原型的次间广，即墓室直径与正边长（“心间广”）差值之半，这等如直接切出两个次间，再将其折过45°后形成斜边（长度a增为原初设计值a_1的$\sqrt{2}$倍），墓室被看作整体缩减木构后再裁去四角的结果，各壁皆成为所仿建筑的内立面（或翻转后的外立面），墓顶则是在表现室内天花，简报中提到曾在墓顶装配的铜镜（“墓壁从高2.7m处开始叠涩成穹隆顶，以27层条砖砌成，顶端以一块方砖封盖，内原悬一面铜镜，已脱落……”）也只能被理解为在模仿木构中的藻井[④]。

《周髀算经》通过勾股三角形来表达直角和方形面积概念，“得成三、四、五。故折矩，以为勾广三，股修四，径隅五。既方之外，半其一矩，环而共盘”，故商高答周公用矩之问时称：“平矩以正绳，偃矩以望高，覆矩以测深，卧矩以知远，环矩以为圆，合矩以为方……方数为典，以方出圆……是故知地者智，知天者圣，智出于勾，勾出于矩。夫矩之于数，其裁制万物，唯所为耳。”用矩可以将一切坐标问题转化成一系列的垂直关系，便于几何定位[⑤]。因此，按汾阳M5墓室直径8.5尺、正边长4.5尺反推，不难求出角蝉部分的直角边长（2尺）和斜边长（2.8尺），这当然是一个经过缩微的取值，按4倍放大还原后，得到

---

①《营造法式·看详》：“诸作制度，皆以方圆平直为准；至如八棱之类，及攲、斜、羡、陊，亦用规矩取法。”

② 如《营造法式·取径围》规定：“今谨按《九章算经》及约斜长等密率，修立下条：……八棱径六十，每面二十有五，其斜六十有五……”

③ 张十庆认为：“在擅于代数计算的中国古代，传统八棱作图根据勾股弦原理，以简单的数字比例方法，确定八棱构成的竟是关系，形成八棱构成模式，从而达到便利建筑设计和施工的目的。”见：张十庆.《营造法式》八棱模式与应县木塔的尺度设计[J].建筑史（第25辑），2009：1-9.

④《营造法式》卷八《小木作制度三·鬬八藻井》：“造鬬八藻井之制……于顶心之下施垂莲，或雕华云卷，皆内安明镜……”同卷《小鬬八藻井》与之相同。

⑤ 因此，陈良佐曾提出：“直角三角形对应边成比例是从矩形面积得来的。勾股定理所有的命题都是直接与勾股形有关。面积甚至体积问题都是直接或间接与勾股形有关。总之，古代中国几何学所有的问题，没有一个不直接间接与勾股形有关，或者处理这些问题时利用了勾股形，勾股形可以说是古代中国几何学的核心。”见：陈良佐.《周髀算经》勾股定理的证明与“出入相补”原理的关系——简论中国古代几何学的缺失和局限[J].汉学研究，1989(01)：255-281.

的三间厅堂（心、次间广分别为8尺、18尺，通面阔34尺）空间较为合宜，此时无法转译成心间双补间、次间单补间的标准状态[①]，而只能忠实遵照墓中心间单补间、次间无补间的状态[②]。

两种不同算法下，汾阳金墓M5复原方案也呈现出不同状貌，由于有效的朵当测值仅正壁上一种（720mm，合2.25尺，100%），按“折法”算出的次间广应为870mm（合2.7尺，99.31%），而按“切法”核得的次间广可取640mm（合2尺，100%），后者朵当关系略佳，而前者间广较为合宜，只能说各有利弊（图5.33）。

2.度量基准问题

在仿木砖墓的内立面设计中，权衡各部比例（尤其是约度铺作部分）最为关键，砌砖是本质，木构样式是表象，如何组织砖件来模仿材栔是需要着重考察的。

（1）砖料规格“比附”材栔关系

按简报数据，汾阳金墓M5的标准砖为300mm×145mm×45mm（以及对剖前的标准方砖300mm×300mm×45mm、在条砖基础上砍削成型的模制砖），其铺作保存完好，泥道栱、泥道慢栱压盖栌枓，华栱托令栱绞平出昂形耍头，其上承齐心枓托替木绞翼形衬方头，最上以撩檐方收顶。整组铺作基本以2砖2缝（110mm，灰缝均宽10mm）充单材广、1砖1缝（55mm）充栔高，其材栔比小于《营造法式》规定的2.5，可以认为是压缩了材广（或拉长了栔高）；足、单材广之比也随之从1.4提升到1.5。工匠能够利用的最小模数已是砖厚，勉强能够比附于大木作中的材的辅助模数“栔高”[③]，而不及下沉至二级模数“分°”，这意味着砖仿木时并非“以材为祖”，而是“以栔高为祖”。

辽宋木构实例中，足材的取值往往合于简单尺寸，且在各个局部都较为稳定，而单材则有大有小、变化幅度较难控制（比如在正面、受力较集中处取值较大，在侧、背面等无人关注之处则可能缩小以节材），这种波动只涉及单材和栔高的分配问题（而不影响两者之和即足材广），因此在《营造法式》颁行之前，并没有统一的栔高标准，它只是一个为了灵活调节单材广的人造概念，并没有对应的实物（条状的“暗栔”极为罕见）。在砖室墓中，所有仿出的铺作形象都是砖块层层实拍得来，不可能真的照搬木构“以实（材）定虚（栔）”的原则，而只能采取变异的“以小实（一层砖厚表现栔高）定大实（两到三层砖厚表现材广）”策略，逐渐将砖件的“材”“栔”高度调整到适合拼装的2:1，使之成为便于衡量其他部分的

---

① 《营造法式》卷四《总铺作次序》规定：“凡于阑额上坐栌枓安铺作者，谓之补间铺作，今俗谓之步间者非。当心间须用补间铺作两朵，次间及梢间各用一朵，其铺作分布，令远近皆匀。若逐间皆用双补间，则每间之广，丈尺皆同。如只心间用双补间者，假如心间用一丈五尺，则次间用一丈之类。或间广不匀，即每补间铺作一朵，不得过一尺。”若将8-18-8尺的各间广调配成单、双补间相间，则两种朵当分别取6尺、4尺，相差已超过1尺，不符合“令远近皆匀”的规定。

② 单补间与不用补间的情况下不存在朵当拥塞问题，心间朵当9尺、次间广8尺，相邻铺作的间距变化反而较为平缓，差值未过1尺，看着较为疏阔、协调。

③ 材、栔同级，材、分跨级，分°作为二级细分模数存在。

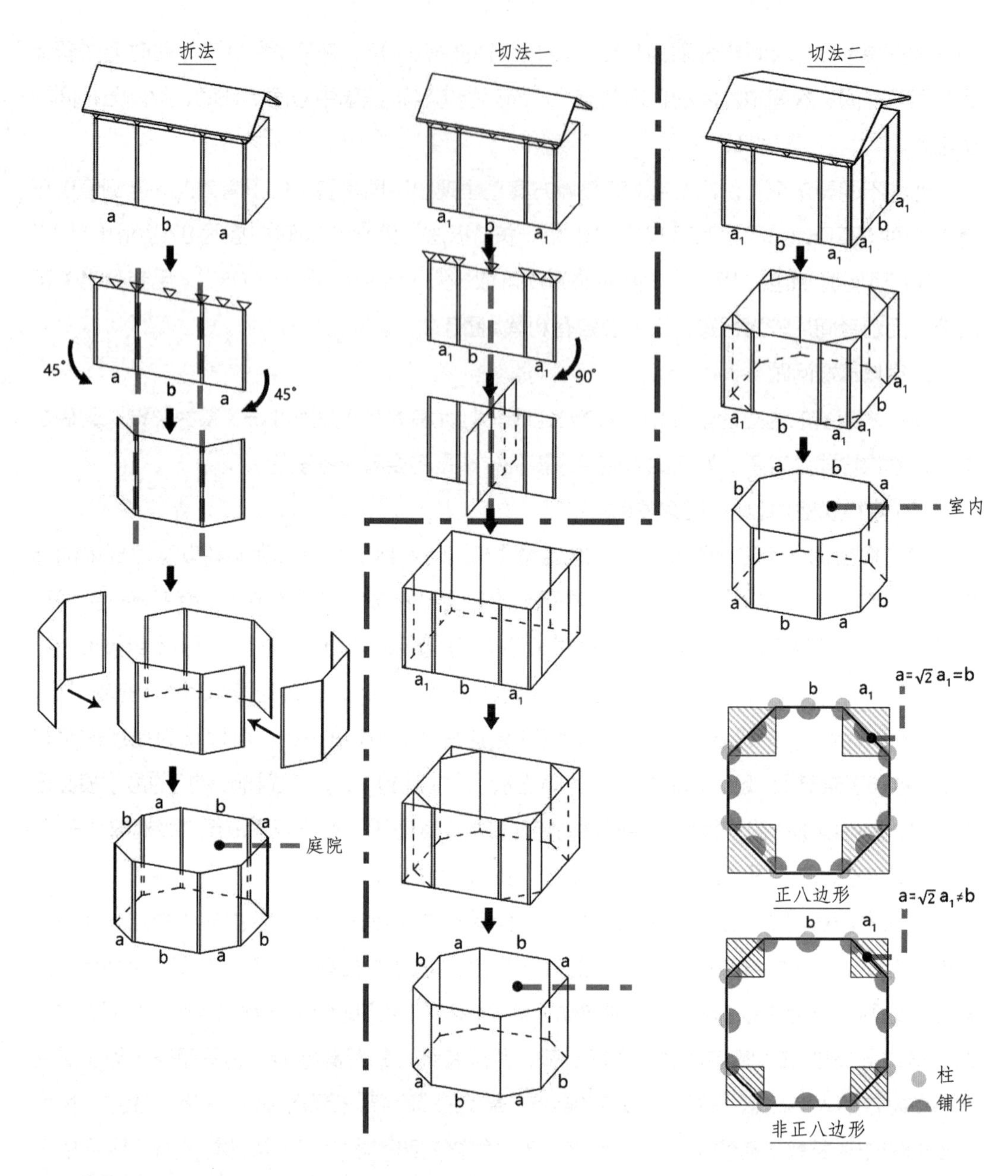

图5.33 汾阳高级护理学校金墓M5平面生成过程推想
（图片来源：作者自绘）

比例基准，各个仿木局部的“变形”情况本质上均源于此处。简言之，砖仿木时不可能下沉到分°的精度，但可以约略借用木构各部之间的分值比例，套用到最接近的砖件组合方式上去。当然，中国唐以后的建筑模数制度经历了从较原始的材栔组合向更复杂的材分关系演进的历程，后者的成立前提是材、栔各自的广厚比例确定，且拆解成份数后数值简洁，这在砖室墓中是无法实现的。譬如同样在“以材定分”的原则下，仿木华栱可能由两皮立砖藕批合掌组成，也可能是三皮横砖丁头朝外叠成，前者展现出的“单材”广厚比是“1砖宽/2砖厚”，后者则是“3砖厚/1砖宽”，在标准砖三边长取1:3:6时，同样的华栱断面却呈现出3:2和1:1的不同样貌（若取1:2:4或1:2:6时，分别得1:1和3:2）。材截面既然随动于砌法与砖件丁面长宽比，自身就极不确定，也就难以固化成设计标准，而只能按照拼法临时决定铺作中各个部分的比例关系。

（2）“材分法”与“比例法”的验算结果

已知汾阳金墓M5在权衡仿木形象时系“以栔高为准”，按照材分制的计算原则，姑且假设砖铺作“栔高”（即砖厚与一道灰缝之和）为6分°，相应的砖栱高（单材广）和一铺枓栱高（足材广）就是12分°、18分°①，折算下来1分°相当于9mm。

《营造法式》规定慢栱长92分°，算两侧散枓悬出的斗耳部分在内共宽96分°，再加上替木后，重栱造的间距以不低于100分°为宜。代入本例中，每面墓壁在不用补间时（即四斜面上情况），只需确保两端柱头上各出的半个栱臂彼此分开即可，即间广≥100分°、900mm，实测数据（870mm）也确实接近此值；若用单补间（即四正面上情况）且慢栱及栱端散枓彼此分开，则间广至少应取200分°、1800mm，而若令横栱鸳鸯交首、两栱共用一枓，则可再省下一个枓长，即正壁长度的理论取值下限为1440mm，与实测值完全相同②。若按照前述“折”“切”两种模型计算，则据共同的心间广1440mm可分别推出870mm和640mm的次间广，后者数值上更接近算得的次间广/朵当理想值（720mm），显得更“匀”，但不足以容纳两个柱头铺作上折过的栱臂，因此实际砌筑时为稳妥起见刻意“放宽”了斜面长度。

另一种办法是不预设“份数”，只单纯依比例缩放。由于标准慢栱的立面长宽比为6.13，汾阳金墓M5中的砖栱高110mm，按木构比例计算则栱长应取675mm、枓长取117mm，散枓外皮应凸出栱端2分°，可知两组铺作相犯的临界值（即朵当下限）应为（半个慢栱臂长+枓长1/8）×2，即675+117/4≈704mm，对应到墓室中，便是四正面边长≥1408.5mm、四斜面边长≥704mm，这与实测值较为接近，工匠放线时在此标准上略微放宽（正面边长1440mm，吻合率97.81%，斜面边长870mm，吻合率80.92%），可知借助比例法亦可明确各边下限，再结合枓栱长度调增至合宜尺寸，以宽汽地控制平面生成。当然，砌砖时要考虑到接缝问题，并不能一味依靠比例放样，实际砌出的枓、栱长度无法精确复现设计值，加之最为基本的材栔比尚无法固定，使得砖砌枓栱分件终归不能如木构般具有规范的比例。总括来说，本例依据“材分法”推导出的铺作数据更接近实测值，据其求出的间广值与“切法”逻辑更加契合，可知这种方法对于把控空间疏密关系颇为有效，而比例法的优势区间则集中在塑造构件形态方面，两者各擅胜场，但难以同时兼顾。

① 若优先认定单材广15分°，则栔高与足材广分别是7.5分°、22.5分°，但分°已是最小单位，除少数剜刻线脚外，取半分°单位并无实际意义，故以下仍按前述数值计算，两者折算比例并无差别。

② 南、北方对于慢栱两端散枓的放置方式各有不同，若按照华北地区的传统，采取顺纹开槽方案，则其看面长16分°、深14分°、斗耳宽2分°、底边长12分°，这就是相邻两条慢栱的“交首”长度，此时朵当取值即是两截慢栱栱臂（外边至中线，恰合为一个整栱长92分°）与交隐部分（12分°）之差，正壁与斜壁的理想长度为160分°和80分°，合1440mm、720mm，正壁的理想长度与实测值完全相等，斜壁与实测值相差半尺。

3. 构件形态的调节机制

汾阳金墓M5中，除小枓的高宽比偏离《营造法式》规定外，其余皆较为真实地还原了木构形象，其跳头令栱与散枓皆为模制，栌枓与泥道栱或为半模制（朝外部分亦未见拼缝），试解析其造型机制如下。

（1）横栱

《营造法式》规定泥道栱长62分°，长广比为4.13，本例中的栱高为110mm，若要保持木构中的长广比，则栱长应取455mm，约为1.5倍条砖长（300mm）或10倍条砖厚（45mm），直接一丁一顺砌筑即可；但在模仿讹长至72分°的令栱时，就需用条砖砌出长528mm的横段，最接近10倍“砖厚加灰缝”（550mm），但连排十块丁砖显然太过靡费，若组合丁、顺面也很难取得近似值，因此，工匠在实际建造时不再区分泥道栱与令栱，而是统一以9倍砖厚（495mm）定短栱长，虽仍需特别砍凿，但度量方法已足够便捷。

（2）小枓

砖仿木时难以精确分出三种枓型，可将一字开槽的散枓与齐心枓归为同类。本例中的小枓均由两皮丁砖叠成（下一皮砍出凹面表现枓𣝔），高宽比为（45+10+45）mm/145mm ≈ 0.69，略窄于《营造法式》规定的0.625（按顺纹开枓、斗耳宽2分°计算）。此外，砖枓竖向分段也不同于木枓的2:1:2，而是1:1:2，呈现出显著的“高斗欹”特征。

（3）铺作层数

本例的北壁上饰有夫妇对坐像，因此最为尊崇，测其柱高、间广皆为1440mm（约合4.5尺），按照唐宋金元时期木构建筑发展的一般规律，理想的立面比例应首先满足“檐高：柱高 = $\sqrt{2}$”的原则①，即铺作总高以取柱高0.414倍（596mm）为宜，实测数据也正在600mm出头，推测其权衡步骤如下：工匠在铺砌枓栱时，其栌枓平欹部分、耍头、撩檐方是立面中不变的部分，按《营造法式》的规定，三者分别高12分°、21分°与30分°，合计为63分°、三足材。具体到本例中，三者均为3a（a即一皮砖厚加一道灰缝，宽55mm）、合计高495mm；此后每添一铺即加一足材（在本例中相当于3a），若选用四铺作，则算得总高12a、660mm，达到了理想值的1.1倍，砌筑出的铺作形象会稍显壮硕，而若改成更简易的耙头绞项作，则又将过于低矮，总之调节余地十分有限。最终，工匠还是坚持了四铺作的基本形态，但重新定义了撩檐方的高度，将其从木构规定的两单材（在本例中合4a）减去一皮砖，铺作总高也从12a调减为11a，再略微削薄各层灰缝，使之尽量趋近596mm的理想取值（99.33%）。

① 王贵祥．唐宋单檐木构建筑平面与立面比例规律的探讨[J]．北京建筑工程学院学报，1989（02）：49-70.

第六章

仿木砖件的加工方法

讨论过砖墓中一般性的仿木原则后，有必要继续考察工匠如何加工、摆放砖件，将其拼贴成复杂的仿木形象。在宋金时期的中原、华北实例中，壁面中、下段常被填充连续的须弥座和重复的“格子门”，是最为直白的仿木手段。工匠利用砖件侧面勾圈，围合出抱框、边桯、倚柱、阑额、地栿等“结构性”的外框，再以特别模制的斗砖大面朝外充当槅心，分组装饰，这种做法能尽可能真实地模仿木构门窗的构造特征和纹饰细节，令仿木效果事半功倍。在其上部，砖砌枓栱以仿拟四、五铺作者居多，且受构造限制，仅能在侧边刻削昂嘴斜线，表达的都是假昂意象，其砌筑方式中缺少了材、栔相互咬合的部分，只能视作枓、栱的逐层叠加。对于更上方的屋面的再现却总是选择性的，它与虚拟的天际此进彼退，当墓室模拟院落时，往往会刻意减弱甚至忽略墓顶，直接通过叠涩菱角牙砖的办法从仿木立面过渡到穹隆墓顶，这就赋予了壁面内、外皆可的双重义解，人们在面壁时既可想象自己位于室内，看到的是格子门窗内侧与铺作里跳，也可认为自己立身庭院之中，看到四面房屋的外部——毕竟真正刻画出屋面乃至屋脊的案例屈指可数，且无不经过大幅的压缩、抽简，确保了墓壁内容的所指可内可外，保留了对墓室空间性质解释的灵活性。

工匠在处理标准砖时，经常使用八种摆砌关系（条砖的三面各有立、卧砌法，方砖铺地时又分对缝、错缝两种，立砌时与条砖相同，不单独计算），赋予各种砌面填充图案后，可在模型中便捷呈现拼装规律（图6.1），以下选择了十一处典型案例，尝试从砌法角度探讨古人独特的营建智慧。

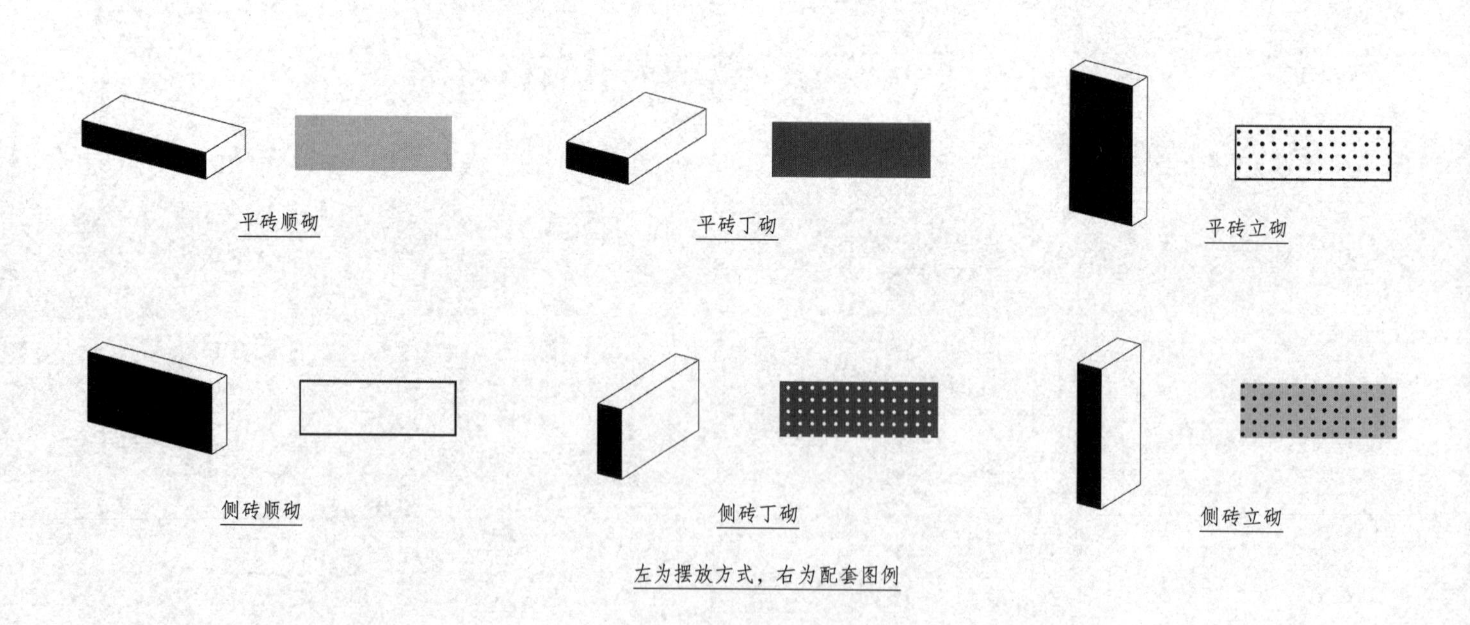

图6.1 砖仿木墓葬条砖拼砌方式示意图
（图片来源：作者自绘）

6.1

案例一：禹州白沙宋墓M1

（一）发掘及研究过程

该例又称颍水第119号墓，位于河南省禹州市白沙镇。白沙三面环山，扼颍水东流之谷口，处在自洛阳、登封前往许昌的交通要道上，北宋时正是商旅辐辏、物阜民丰之地。为根治淮河水患，1951年开始在此处修建水库，发掘出土新石器时代至战国的数十处遗址，以及战国至明代的三百余处墓葬。当年11月，在库区工地颍东墓区中部偏北位置发现了一座壁画砖雕墓；次月，中国科学院考古研究所白沙发掘队将墓室中的淤土清理完毕，并记录、临摹了墓内壁画；翌年1月，该一号墓发掘工作基本完成，因其过道东壁下方存有题记“元符二年赵大翁……”，后室地券中也有“大宋元符二年九月十日赵某……”字样，故称之为赵大翁墓。同时，在其西北向20m、东北向16m处又陆续出土与之形制类似的同期墓葬两座，分别命名为白沙二号、三号墓。因地处库区，无法原址保存，经国家文物部门批准，1952年3月将M1、M2分件编号后迁送至北京、武汉，本计划按原形制就地复原，后未能实现（目前M1分件仍储存于故宫博物院文物库房内）；1957年，宿白撰成考古报告《白沙宋墓》并交文物出版社出版，该书向来被奉为建筑考古学的经典著作，2002年4月再版，2017年11月由生活·读书·新知三联书店重版（图6.2）。

（二）墓葬结构概述

据《白沙宋墓》所述，赵大翁墓北偏东15°，墓道在南、墓室在北，总长13.01m，现存墓道长5.75m，端部留有长3.8m的11级阶梯，每级高220-320mm、宽960-1340mm。墓室外部土圹与墓顶间留有90-100mm的空隙，自墓门起，经甬道、前室、过道、后室，总计长7.26m的部分均利用310mm×150mm×46mm的条砖做出仿木处理，其中：

墓门通高3.68m，正面砌出仿木门楼一座，上施单杪单昂五铺作（补间用一朵），门内填嵌封门砖三层，背面自屋脊以下贴砌横砖，未加雕饰。

自墓门后接有一条长1.26m、宽0.91m、高1.5m的甬道，地坪较前室低下2皮砖，道内东西两壁各砌出一扇高1.17m、宽0.52m、厚0.02m的版门，门上以横砖叠涩收顶。甬道尽头砌出券门，穿过后即进入前室。

前室长1.84m、宽2.28m、高3.85m，围绕三壁砌起高0.37m的棺床，床身沿着过道向北延伸至后室，外缘砌出叠涩座，留出0.48m×0.57m的地面供人站立。室内用单栱计心造单昂四铺作，其上接抹角素方一条，然后承托扁方形的盝顶天花，并于宝盖下另设单砖雕出的一圈小型铺作。

图6.2 禹州白沙宋墓所在区位及研究过程示意图（图片来源：引自参考文献[112]）

连接前、后室的过道长1.2m、宽1.43m、高3.15m，过道内的东、西壁上各砌出窗户一扇；另据现场照片可知，北壁正中砌有单补间，其下辟有已损毁的过梁式门洞。过道顶部同样做成盝顶天花，但在山花帐头之上内收三层，省去南斜面后直接与前室北坡“丁字”相接。

后室平面为六边形，每面内侧宽1.26-1.3m，高2.6m，前室棺床穿过入口后延伸到后室，形成0.55m×1.06m的“立足之地”，周围又砌出高0.4m的第二层棺床，直迄北壁。室内东南、西南二壁图绘彩画，东北、西北二壁当中砌窗，北壁正中辟假门，铺作之上随瓣内收，砌出山花帐头和内收三层的宝盖，上接六瓣攒尖顶（图6.3、图6.4）。

（三）仿木砌法分析

1.墓门铺作

墓门合计使用三朵枓栱，均为单杪单昂五铺作。因砖件悬挑能力有限，无法如木构伸出足够距离，故将第一跳头处理成偷心造，交互枓上以素方绞平出批竹昂头，并在方上连隐出交首慢栱、端部置散枓，其上再铺砌两皮平砖表示素方，这部分表达的应是“扶壁单栱造、承多道素方并在方上隐慢栱以模拟重栱造”的做法。第二跳昂头上则以耍头绞令栱，其上承托两皮“替木”砖、抹角“撩风槫”砖，而后是椽砖、小连檐砖、飞子砖（做出端头收杀之势）、大连檐砖各一层，两层瓦砖（分别在端头剔凿出下半圆和上半圆，拼合成勾头形状），以及示意屋面的四层反涩砖和三层屋脊砖。若将一皮砖厚（46mm）与灰缝（6mm）之和定义为一个基准长a，则栌枓高3a、敷高（斗平、欹之和）2a，以最上一皮充斗耳，耳、

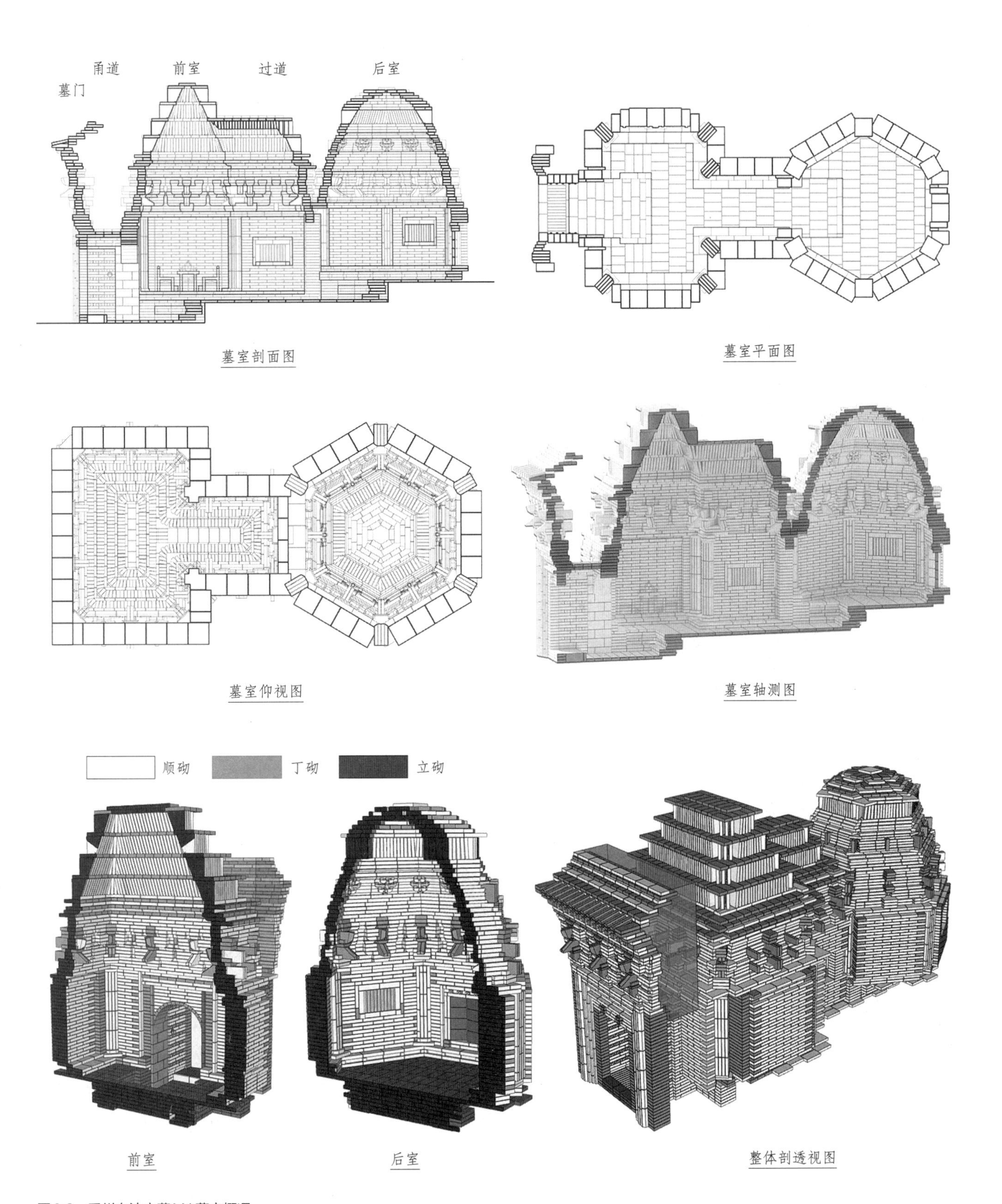

图6.3 禹州白沙宋墓M1墓室概况
（图片来源：据参考文献[112]数据自绘）

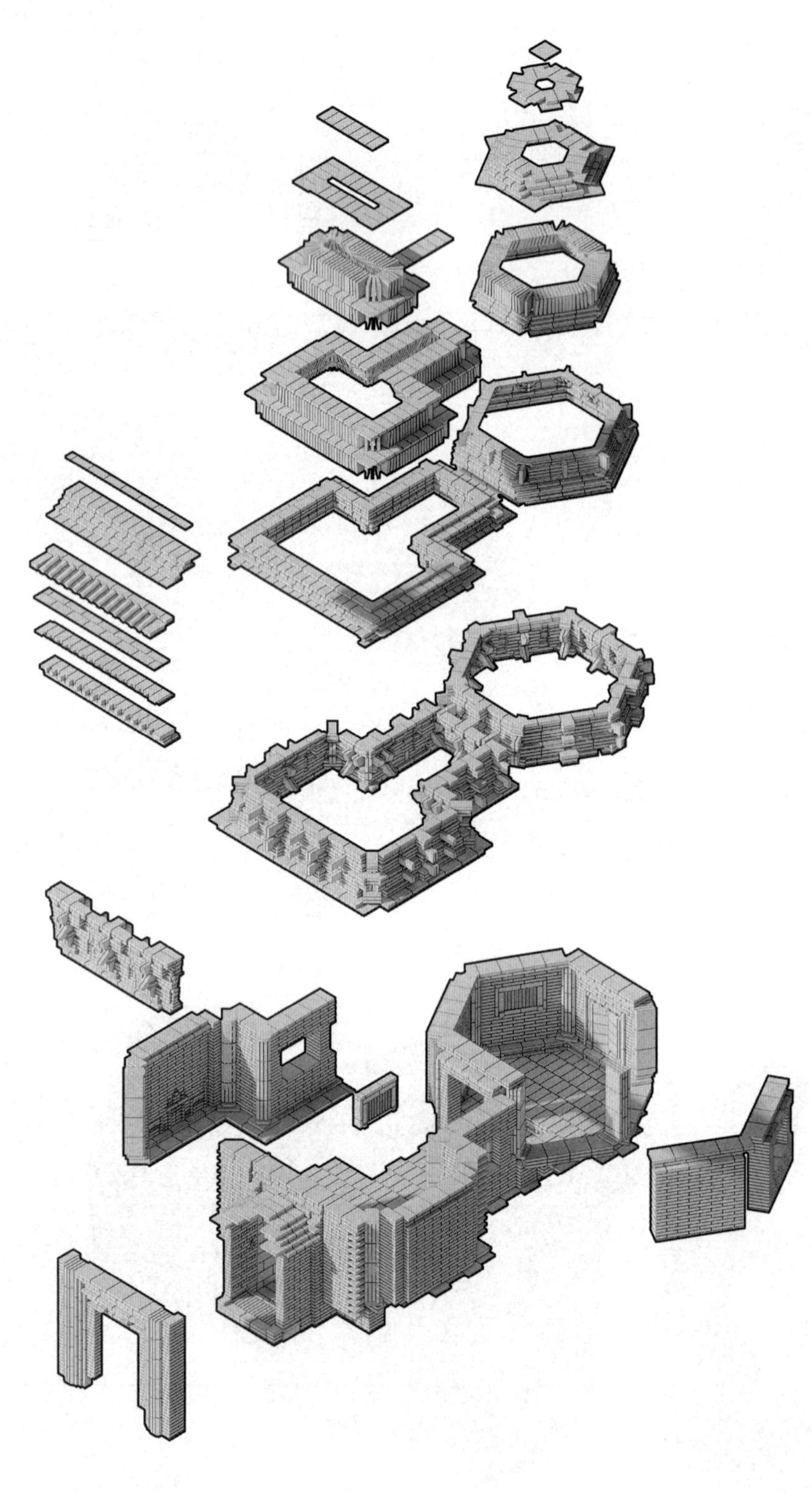

图6.4 禹州白沙宋墓M1分层拆解示意图
（图片来源：作者自绘）

平、欹按1:1:1分配。泥道栱、令栱和隐刻慢栱各高三砖两缝（即单材广150mm），其上、下皮与合掌丁砌的华栱、假昂、耍头齐平；交互枓、散枓各高两皮平砖，上道为斗耳、斗平，并与所“咬”横栱的最下一皮砖共线，下道为斗欹，与栔高（1a、52mm）相等（图6.5）。

墓门上的枓栱大体可分成三段：下段由栌枓、栱眼壁、华栱、泥道栱组成。其中：栌枓为三皮平砖顺砌叠成，下一皮砖两端切出内顱弧面，当中一皮砖充作斗平，上一皮砖可破成两条斗耳贴附在上层出跳构件两侧，也可保持完整，与下开口的上层构件扣合（后者的可能性较大）。此时华栱由两块侧砖藕批合掌拼成，外侧下端卷杀折线，并在里侧砍削出约1/3宽的豁口，以便搭接在栌枓整砖之上。泥道栱与栱眼壁上部连续叠砌三层平砖，下道砖与栌枓上道砖对齐，挤到“斗耳”外侧，中、上道砖继续向内伸出，贴至华栱两侧，而在泥道栱下方又顺砌两道（充当栱眼壁的）平砖。三皮砖中，在上两皮端部开出直角（以竖线模拟栱端“上留”部分），下一皮则凿剔出折线（以模拟“下杀”部分），这使得栱端的直线、折线部分，从木构的2:3变成砖构的2:1。中段由泥道栱上的三个小枓、假昂、隐刻慢栱等部分组成。其中，假昂同样是用切削角部后的两皮侧砖合掌丁砌组成，开刻下部后搭压在交互枓上。小枓的拼法分成两种：凡是单独或居中使用的交互枓、齐心枓，都是纵叠两皮丁砌平砖后，再将下道砖的外侧丁头部分砍凿出斗欹的内顱弧面；而对于对称布置的散枓，则是用两皮平砖顺砌后再砍削下道砖的两端，留出当中部分充当斗欹，这样就可以

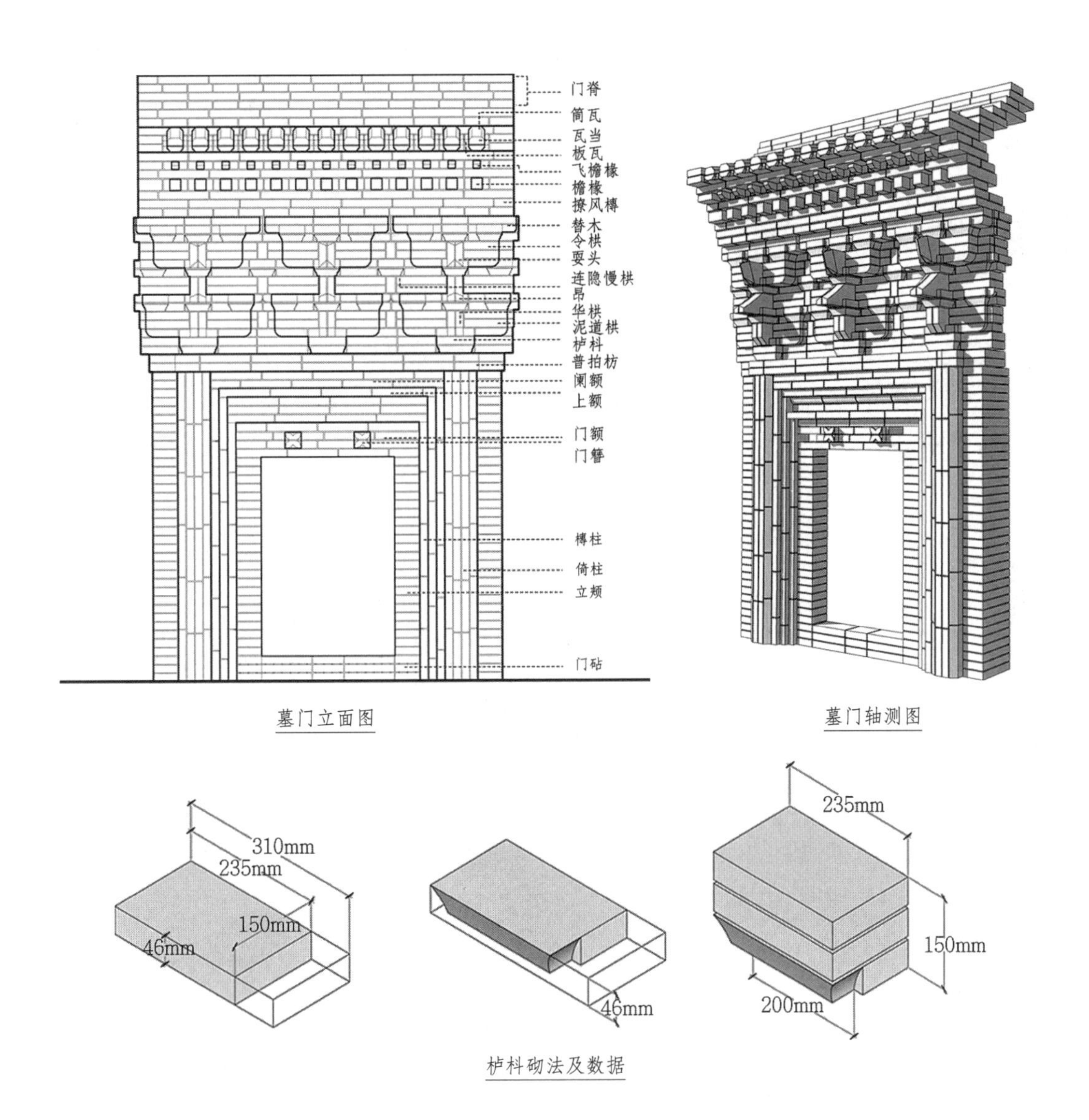

图6.5 禹州白沙宋墓M1墓门砌法及砖件尺寸示意图
（图片来源：据参考文献[112]数据改绘）

在一块砖的侧面同时表示斗面、栱眼和栱间版等内容。上段由耍头、令栱、替木及三小枓等部分组成。耍头同样由侧砖丁砌（藕批合掌）形成，令栱为三皮平砖顺砌，其余部分做法同前（图6.6、图6.7）。

2. 前室与过道内铺作

在前室和过道内的所有柱头、补间枓栱，皆用四铺作单假昂、单栱偷心造，砌法与墓门上的基本一致，其枓件内顣、栱头卷杀、昂形饰作琴面、华头子伸出、耍头斫为蚂蚱头，样式细节都与《营造法式》的规定相近，而令栱合十倍栔高，且短于泥道栱，反映的还是横栱分型初期的长度关系，与官式规定恰相反。

前室北壁与过道相接处的转角铺作颇为复杂，因其与相邻的内转角铺作距离过近，为避免相犯，后者将栌枓扭转45°安放，前者则扩放栌枓，以便同时承托正缝伸出的两道假昂和斜缝伸出的角华栱，并在角华栱、角耍头上各用一皮斜置的顺砌平砖模拟平盘枓，以便于托

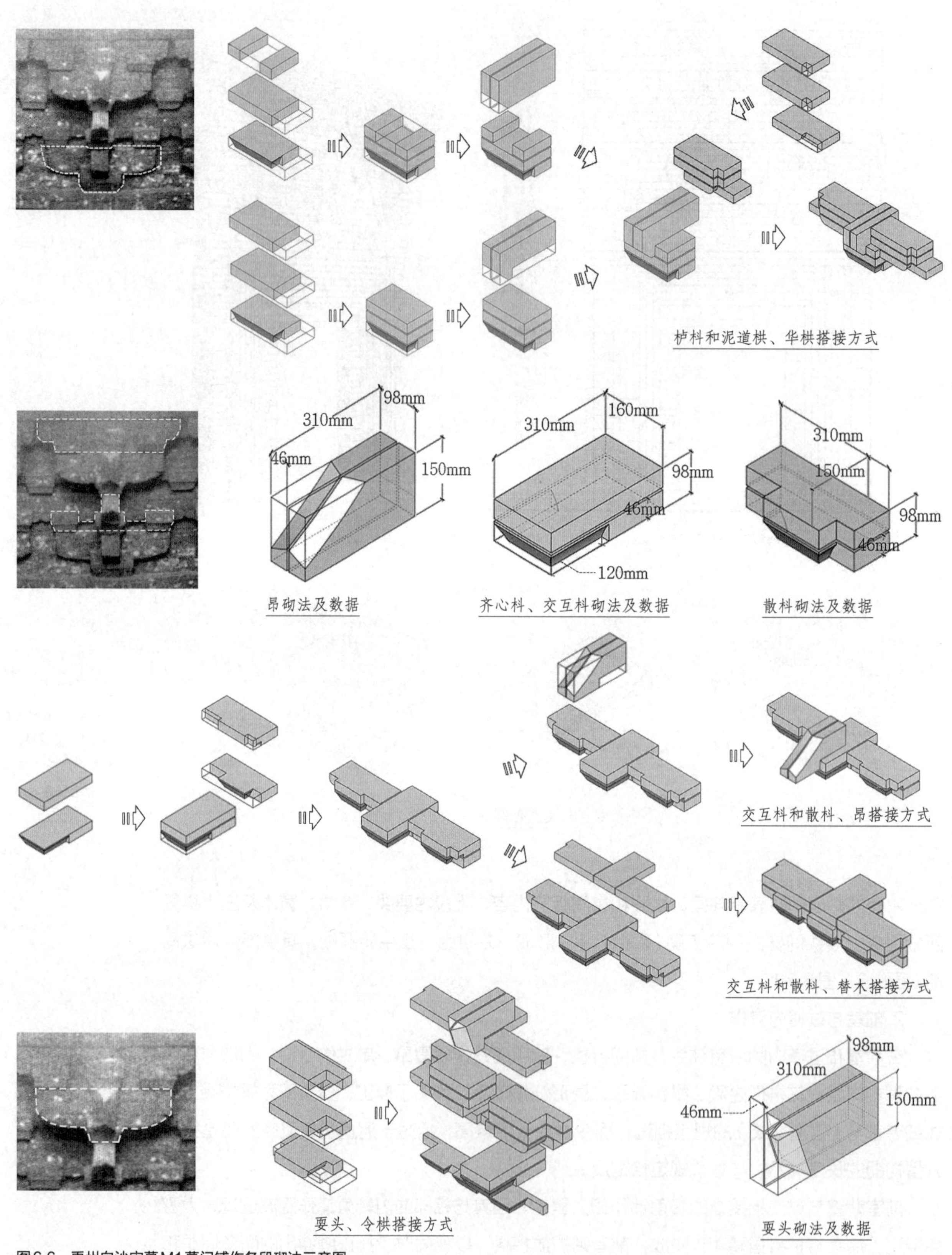

图6.6 禹州白沙宋墓M1墓门铺作各段砌法示意图

（图片来源：照片引自参考文献[112]，其余作者自绘）

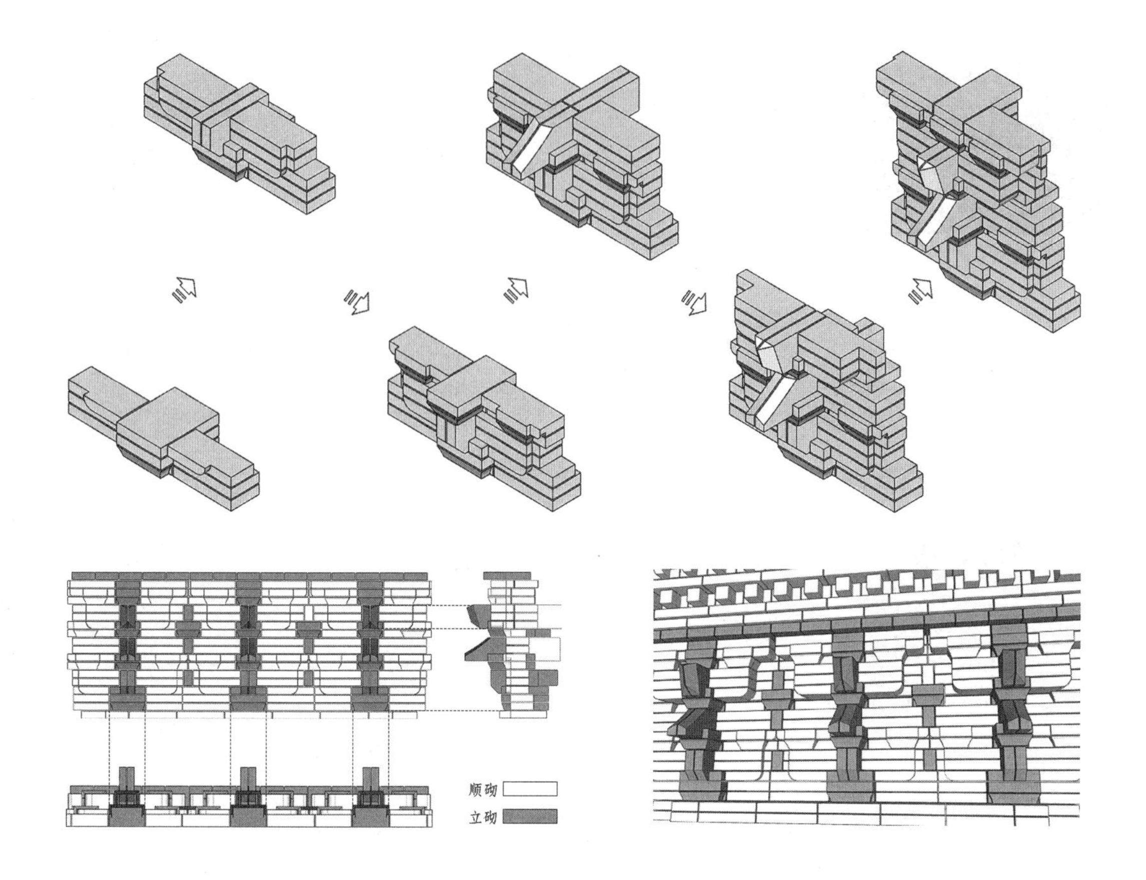

图6.7　禹州白沙宋墓M1墓门铺作拼砌过程示意图
（图片来源：照片引自参考文献[112]，其余作者自绘）

举出跳相列和交圈的诸多构件（图6.8）。

3.后室铺作

后室的六个壁面上各放置一朵补间铺作，整体尺寸略小于用在前室者，形制与砌法则略同。值得注意的是，工匠在铺作素方之上又砌出两层内收的随瓣方，在其上又砌出尺度远小于“檐下”铺作的转角、补间各六朵，且都处理成更复杂的五单杪单昂铺作、重栱偷心造，它像是在模仿藻井之类小木作上的贴络枓栱，具体砌法为：居中侧身立砌一块条砖，顺其长边自下而上凿刻出栌枓、华栱、第一跳头交互枓、假昂、第二跳头交互枓、耍头等构件的外端形态；夹持此立砖，在其两侧分别叠放五皮顺砌平砖，自下而上分别是：垫平栌枓平、欹及下段栱间版的半层砖，隐出泥道栱和中下段栱间版的砖，隐出泥道栱上散枓、慢栱下段和中上段栱间版的砖，隐出慢栱上段、栱上散枓下段和上段栱间版的砖，隐出慢栱上散枓上段和令栱的砖，最后居中压盖一块侧边隐出令栱上三小枓的平砖，以总计五层半平砖完成整个五铺作的搭建，高度恰为下方墓壁上四铺作（用十一皮平砖垒成）之半（图6.9）。

4.棺床基座

工匠自前室入口处起即环绕壁面砌出高370mm的棺床，仅留出570mm×480mm的间隙供人行动，床之侧壁砌成叠涩座式，顺着过道两边向后延展为后室地面，再于其上砌出

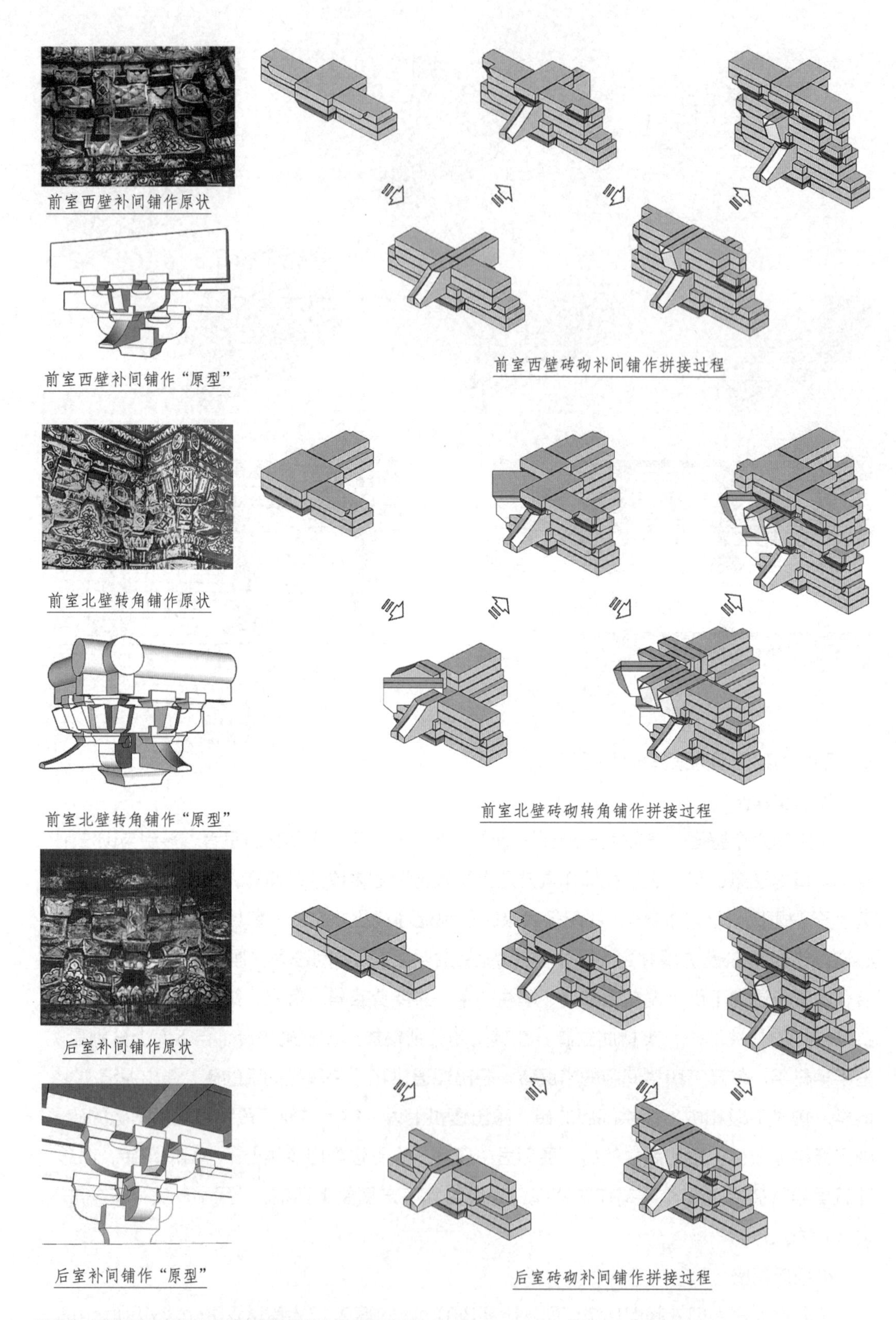

图6.8 禹州白沙宋墓M1中砖砌铺作与其木构原型对比

（图片来源：照片引自参考文献[112]，其余作者自绘）

	上宽	下宽	耳高	平高	欹高	总高	附注
栌料（cm）	6	4.5	2.2	0.8	1.8	4.8	斗欹内凹
散料（cm）	5	3	1	0.8	1.5	3.3	斗欹内凹。交互料、齐心料略同

	泥道栱	隐出慢栱	令栱	替木	昂	耍头	第一跳	第二跳
长（cm）	20	33	19	31	6	6	3.3	0
附注	栱端卷杀	栱端卷杀	栱端卷杀	替木两端卷杀	琴面	蚂蚱头		

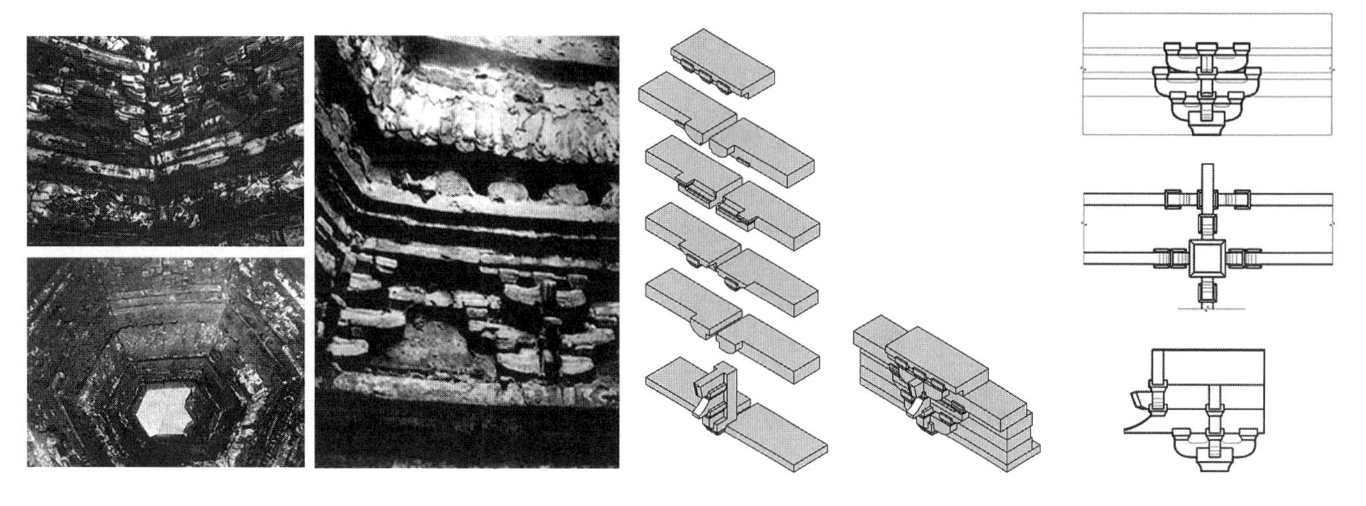

图6.9　禹州白沙宋墓M1后室上部“缩微”五铺作拼法示意图
（图片来源：照片引自参考文献[112]，其余作者自绘）

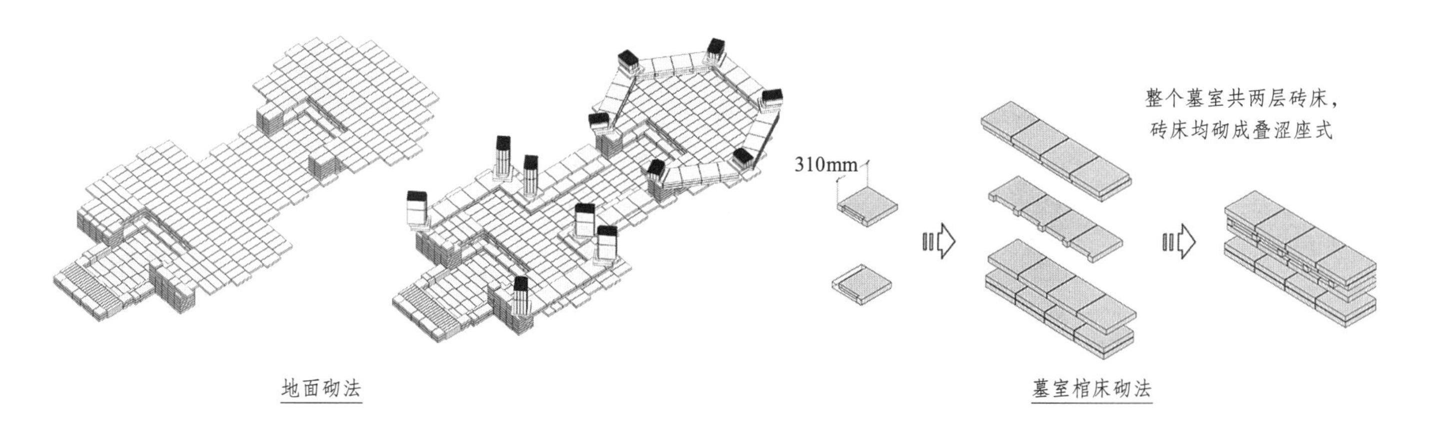

图6.10　禹州白沙宋墓M1地面及棺床砌法示意图
（图片来源：作者自绘）

高400mm的第二层棺床并直迄北壁，床中留有100mm×60mm的扁方形小孔一个，下通生土，南缘也砌成叠涩座式（图6.10）。

5.门窗

甬道东、西两壁各砌出高1170mm、宽520mm、厚20mm的版门一扇，其上砌出七排门钉，每排五个，并雕出门环一具。版门之上，自东、西、南三面用平砖叠涩收顶，最上部用图绘方胜等纹样的砖块压盖。过道之内，单以一道券砖（不用伏砖）码起扁券门洞，以凸出壁外的侧砌条砖充当门框，并在两壁居中位置各砌出一扇直棂窗，将条砖切削至合适规格后，立砌或顺摆出上额、榑柱、窗额、立颊、腰串等分件，再影作子桯一圈，桯内并立九道竖砖、将砖肋斜切棱面后充作破子棂条，再在下串两端各伸出窗砧一枚。

工匠在后室北壁之上涂绘绛幔、蓝绶，并于其下砌出赭色假门，门扇上画出门环一具、门钉五路（每路五个），在两块顺砖侧面剔凿出四个柿蒂形门簪（皆黄心赭晕），假门半阖半启，缝中露出一位垂髻少女，宿白认为："就其所处位置观察，疑其取意在于表示假门之后尚有庭院或房屋、厅堂，亦即表示墓室至此并未到尽头之意。"（图6.11）

6.屋面及墓顶

墓门铺作的撩风槫上砌出方形断面的檐椽和飞椽，其上摆列十三垄砍成瓶、瓪瓦形状的

图6.11 禹州白沙宋墓M1墓顶、券洞、版门、棂窗砌法示意图

（图片来源：照片引自参考文献[112]，其余作者自绘）

砖块，上下合扣模拟瓦当，再于当沟瓦上顺砌五层平砖充当正脊。前室铺作上部砌出抹角素方一圈，其上叠涩出扁方形的盝顶宝盖，山花帐头的组成方式为：自下而上砌出混肚方、仰阳版，版上安授花蕉叶，再上为四层内收盝顶，顶上用一圈丁头抹面后倾斜密排，模仿宝盖下的垂旒，最上为砌成扁方形的盖心。后室同样在铺作上方随瓣内收，砌出山花帐头和宝盖，砌法与前室略同，唯宝盖内收三层，并将盝顶改为截头的六瓣攒尖顶（图6.12）。

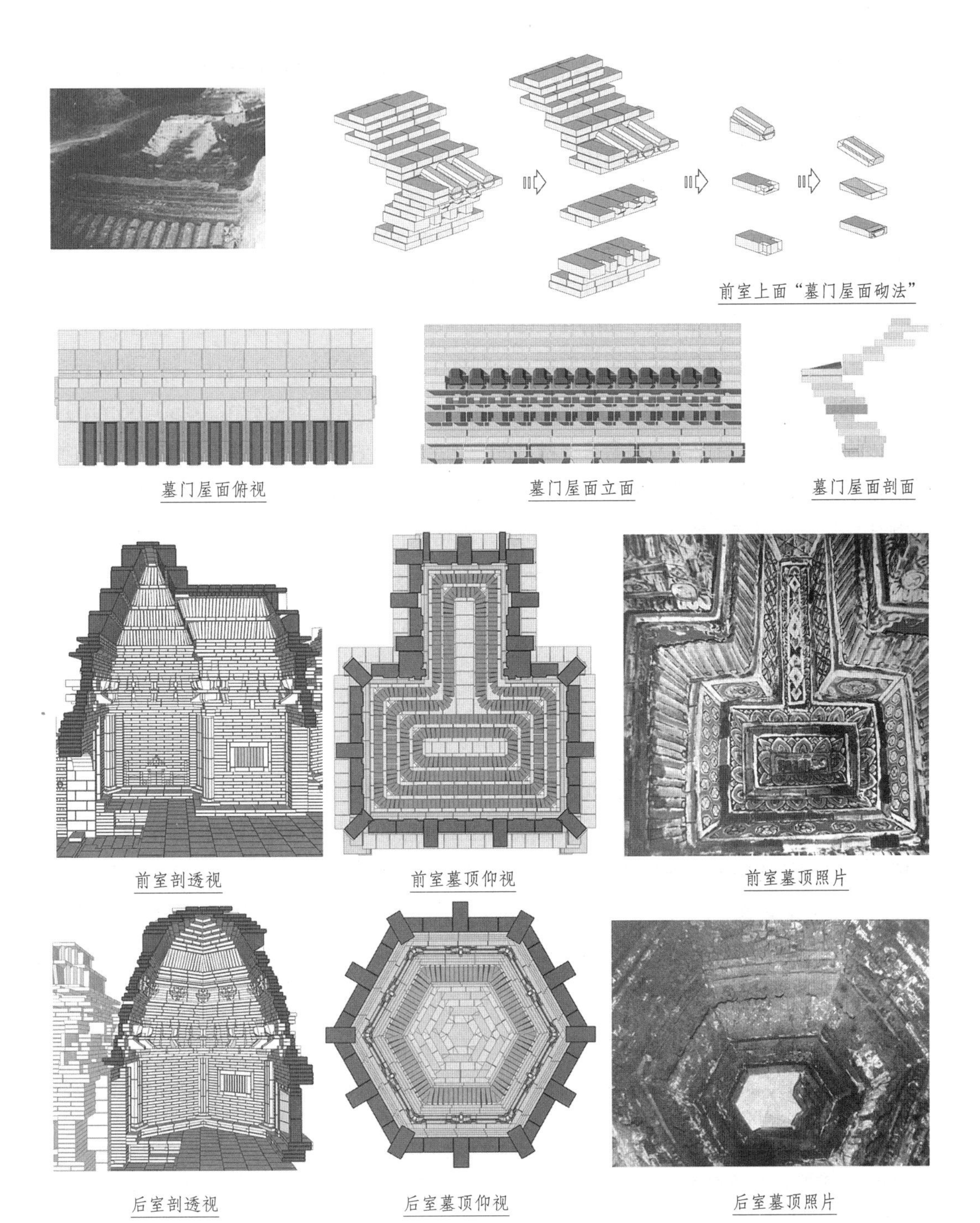

图6.12 禹州白沙宋墓M1墓门屋面及前、后室墓顶砌法示意图
（图片来源：照片引自参考文献[112]，其余作者自绘）

6.2

案例二：洛阳七里河宋金墓

（一）发掘及研究过程

该例发掘于1958年7月，公布有清理简报①，后迁移至洛阳古代艺术博物馆保护展示，目前有彭明浩等人执笔的《洛阳涧西七里河仿木构砖室墓测绘简报》（下称《测绘简报》）②，“重点记录了墓内仿木构形制及其加工砌筑方式”。按该文介绍：墓坐北朝南，甬道外缘宽1.8m、内边距1m、高2.16m，由38层平砖错缝顺砌而成，壁面垂高1.21m、起券高0.45m。墓室八边形，宽2.51m、深2.46m，正对甬道的凹字形棺床高出地面420mm，留出宽1.19m、深0.4m的一块隙地供人立足。棺床南侧用两排方砖（300mm×300mm×55mm）错缝铺砌，其余床面、地面用条砖（350mm×180mm×55mm）按一纵二横铺设。自棺床向上，壁面砌出基座、柱框、铺作三个水平层次，分别高0.38m、1.24m、0.77m，再上即筑起高3.65m的穹隆顶（壁面与墓顶用砖规格长310-320mm、宽145-150mm、厚50-55mm）。

该构料栱雄大，几乎与立柱等高，故柱间已无余地安放补间。各柱头上施单杪单昂五铺作、重栱计心造，令栱托撩檐方擎檐③，《测绘简报》据砖型与所仿构件的相似程度，将组成出跳华栱、下昂与耍头的砖归类为“全模制”，而将平行于壁面、构成横栱与小料的砖归类为“半模制”，其突出于壁外的部分模仿木构件形态，砌入墙内的部分则不再砍削，便于与壁上标准砖对缝砌实。

（二）仿木砌法分析

1. 铺作

栌料以2皮经过砍削的条砖叠成，下道为平砖丁砌，在丁面两侧切出料欹曲线，上道为平砖顺砌，砍出斗平与上半段斗欹，两层砖拼出高斗欹的平盘料形象（通高130mm、上宽245mm、下宽180mm）。若按《营造法式》规定的平盘料高12分°为准，折算出的方栌料上、下边长分别为22.6分°、16.6分°，小于木构的32分°、24分°（若不考虑斗耳缺失，将砖栌料视为20分°高的标准料，则边长合为37.7分°、27.7分°，较为接近木构）。若以

① 刘震伟. 洛阳涧西金墓清理记[J]. 考古，1959（12）：690+710.

② 彭明浩，李若水，莫嘉靖，黄雯兰，杭侃，徐怡涛. 洛阳涧西七里河仿木构砖室墓测绘简报[J]. 考古与文物，2015（01）：45-52.

③ 彭明浩（等）认为该墓未施替木或撩檐方，直接自料栱上起券顶，笔者倾向于将三小料之上、莲瓣之下的两层砖视作撩檐方。见：彭明浩，李若水，莫嘉靖，黄雯兰，杭侃，徐怡涛. 洛阳涧西七里河仿木构砖室墓测绘简报[J]. 考古与文物，2015（01）：45-52.

宽为准（华栱、昂、耍头均为单砖砌成，横宽80mm），则每分°合8mm，折算出的栌枓高16.25分°、上宽30.625分°、下宽22.5分°，都更接近木构取值。由此可知，以出跳构件横宽作为基准时，折算出的枓件尺度更符合一般认知。

泥道栱下皮与栌枓上皮对齐，但华栱下皮却越过栌枓上皮，向下对到斗平、斗欹分体线上，呈现咬合之势。每侧的泥道栱臂均由一块砍削了下杀折线（不分瓣）后的标准条砖凸出壁面后侧砖顺砌（砖件通高90mm，卷杀线距离边棱25mm，栱身上隐出宽80mm、高深各30mm的抹斜栱眼），华栱则为侧砖丁砌（通高125mm，自栌枓外皮悬出11mm）形成。此处显示出工匠对于大木作制度的熟稔——华栱与泥道栱的高差，应是在刻意表达单、足材广之差，若按《营造法式》份数换算，则每分°恰为6mm（按此分°值算得栱眼深5分°，深于规定值3分°，第一跳折为18分°，短于规定值30分°）。小枓同样高2皮砖（110mm），下道砖为半模制，刻出斗平（20mm）和斗欹（35mm），上道为普通方砖，充当斗耳。自栌枓向上，第一跳总计高4皮砖（200mm），按每分°6mm折算得33分°，大于木构单材广与小枓高之和25分°，这主要是枓件讹大导致的（本例折算后的横栱高15分°，与木构规定完全吻合；小枓高18分°，则偏离过半）。当然，若仍以“材厚”为准，则每分°合8mm，则砖砌铺作中华栱对应的足材广减少到15.625分°，泥道栱对应的单材广更是降至11.25分°，小枓高与出跳值同为13.75分°，这些重要数值都远离《营造法式》的规定且离散方向不一，由此可知，据材广测值折算仿木铺作的竖向数据应是较佳的选择。

瓜子栱为侧砖顺砌、斗面横置朝外，其上三个小枓皆为2皮丁砌平砖叠成。昂则为全模制的侧砖丁砌而成，加工精致，其前端平卷，当中起棱，昂嘴呈五边形截面（宽80mm、侧边高20mm、棱高45mm），昂底刻单瓣华头子，卡住其下交互枓口外缘，它与耍头俱高135mm，比华栱多出10mm，宽度均为80mm。这个截面若按材厚10分°反算，则每分°折合8mm，对应的足材广仅取到15.625分°—16.875分°，显然过于扁平；而若按足材广21分°计量，则每分°折合6—6.4mm，则材厚可取到12.5分°—13.33分°，显然，在以单皮砖充当章材时，砖“材”比例较木“材”更为敦厚。此外，《测绘简报》也提到砖砌铺作出跳短窄的问题，认为昂“较第一跳华栱并未向外出跳，昂上交互斗与其下华栱交互斗竖向几乎对齐，因此整个枓栱虽正视尚符合规制，但侧视则极为压缩。同样，由于下层华栱出跳长度有限，其上所承瓜子栱没有拉开与泥道慢栱的距离，两栱紧贴在一起。这些都是砖砌结构在挑出能力不如其所仿木构的表现”，受砖件受力性能制约，逐层拍实是最为合理的选择，这也导致工匠在表达重栱计心造形象时无法如实再现材栔之间、柱缝与跳头之间的虚实关系，只能利用栱端边廓在紧邻砖件上以投影叠合的方式略作示意。

耍头绞令栱与泥道慢栱①，两者各高2皮砖，其上小枓亦然，耍头上齐心枓向外挑出，已

① 实际上较柱缝上第二层慢栱更长，类似山陕地区明代建筑中常见的扶壁三重栱做法，最上道的长栱已与相邻铺作栱端相对，共托散枓，近似连栱交隐。

不与令栱上散枓共线，一直顶到耍头前端并对齐穹隆最下层方砖，利于承托墓顶（图6.13）。

按《测绘简报》表1“枓栱各部件形制及尺寸”所附数据，折算枓、栱等构件份数后（出跳值除外），发现无论标准分°值是按华栱足材广（125mm）还是下昂、耍头足材广（135mm）折算，对应的枓、栱长度都远超规定，而以砖厚对应材厚时，泥道栱、令栱与小

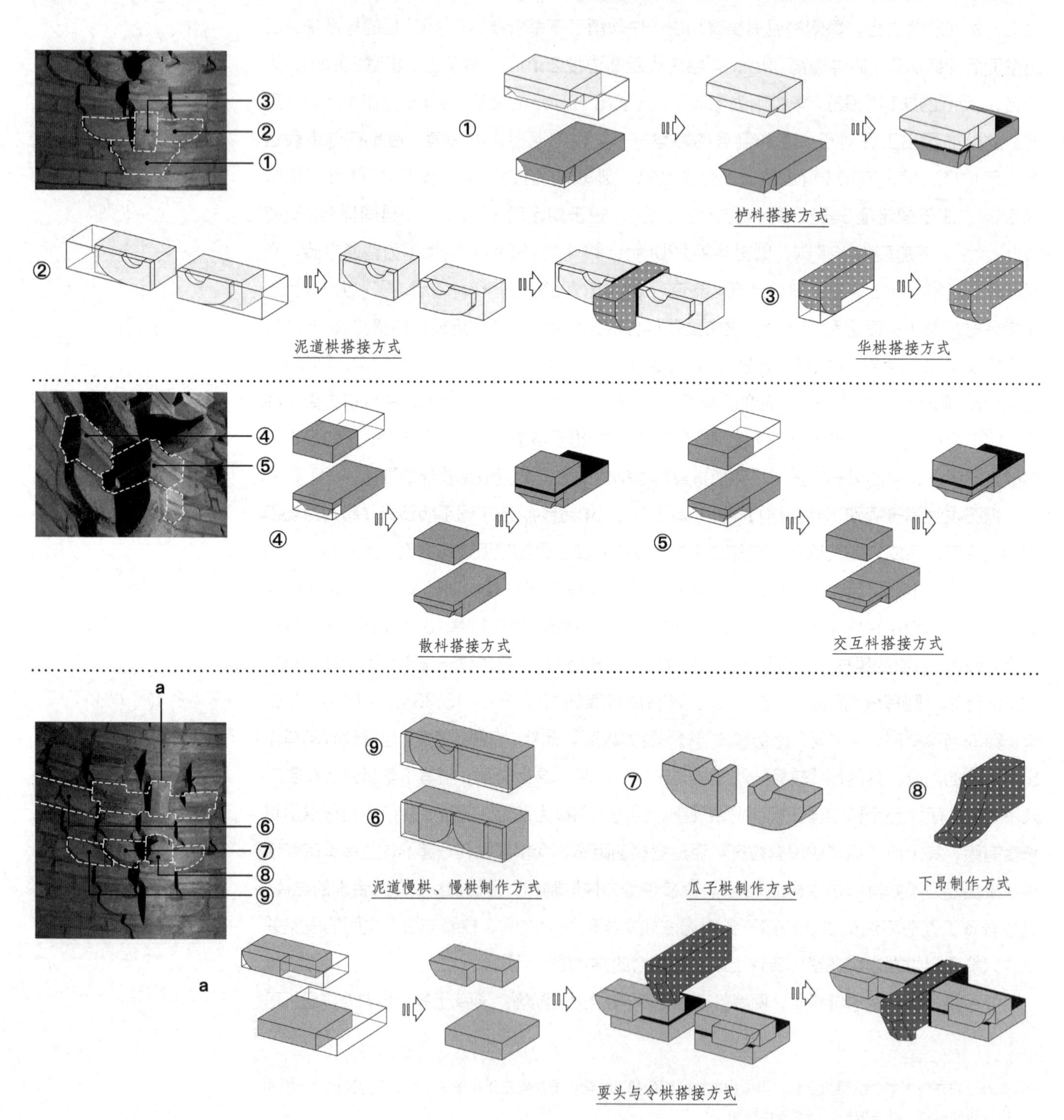

图6.13 洛阳七里河仿木砖墓柱头铺作各部分砌法示意图
（图片来源：照片引自参考文献[49]，其余作者自绘）

枓长才能贴近《营造法式》规定。这意味着观察铺作立面时，若以栱方高度为准，核得的构件显著讹长，体现出一种不设补间、直接以横栱长度分尽间广的夸张做法；而当以栱、昂横宽为准时，部分名件的长高比例又趋于正常，追根溯源，这仍是砖件自身广厚比值小于《营造法式》标准（3:2）而引发视觉修正的结果（图6.14、表6.1）。

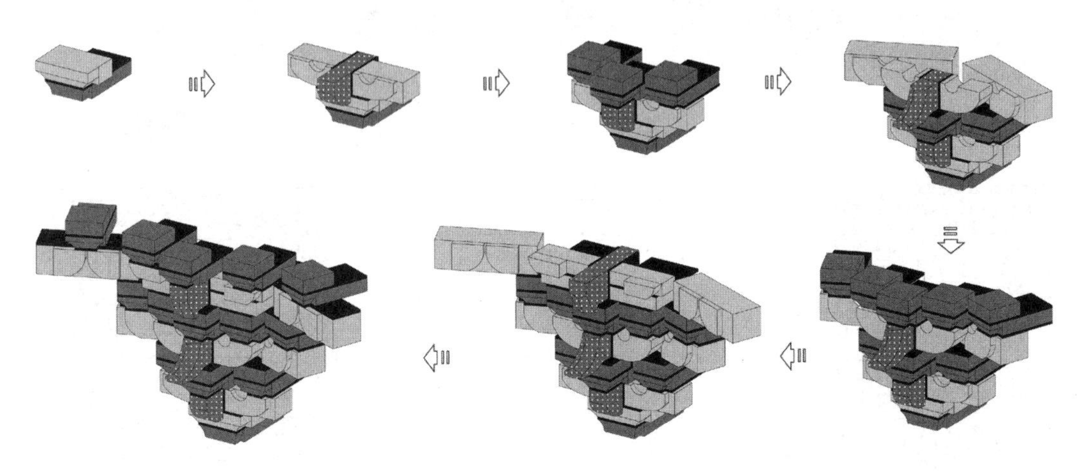

图6.14 洛阳七里河仿木砖墓柱头铺作搭建过程示意图
（图片来源：作者自绘）

洛阳七里河仿木砖墓枓、栱构件长度折合份数情况　表6.1

构件	泥道栱	瓜子栱	泥道慢栱	慢栱	令栱	散枓	交互枓
实长	52cm	79cm	86.6cm	41cm	57cm	15cm	15cm
法式规定	62分°	62分°	92分°	92分°	72分°	14分°	16分°
按华栱材广折（每分°0.6cm）	87分°	132分°	144分°	68分°	95分°	25分°	25分°
按昂和耍头折（每分°0.64cm）	81分°	123分°	135分°	64分°	89分°	23分°	23分°
按材厚折（每分°0.8cm）	65分°	99分°	108分°	51分°	71分°	19分°	19分°

2.基座、门窗、柱额加工

按《测绘简报》所记，该墓台基为三段须弥座式，上、下部各以2皮平砖错缝顺砌，每面用3.5块条砖，通长1060mm，每层叠涩悬出30mm，中部束腰以侧砖立砌作隔身版柱，将每面分作三档，其内以素面侧砖顺砌，凹入20mm。台基上各角置础立柱，均为模砖，其中柱础八角形（宽235mm、高70mm），柱身以三段立砌而成（下两砖各高480mm、宽180mm，两侧抹角宽45mm；上道砖高160mm，卷杀部分高30mm、折入15mm），顶部平铺一层条砖表示普拍方。八面壁体上，除正对甬道处外，各间均设有两扇格子门，门额、地栿、立颊各用3、2、1层砖砌出，边桯与腰串为1皮砖，不起枭混线，但边棱抹斜，槅心、腰华版与障水版均是模砖制成①（图6.15）。

① 槅心内以条桱分划，各门分别采用了四斜艾叶间毬纹、四直方格珊瑚枝万字与拐子万字、三绞格子艾叶龟背纹、串胜斜亚口、四斜毬纹与四斜艾叶等纹饰；腰华版内雕饰写生莲与写生牡丹；障水版内先雕壶门，其内饰有盆花与写生牡丹，形态各不相同。

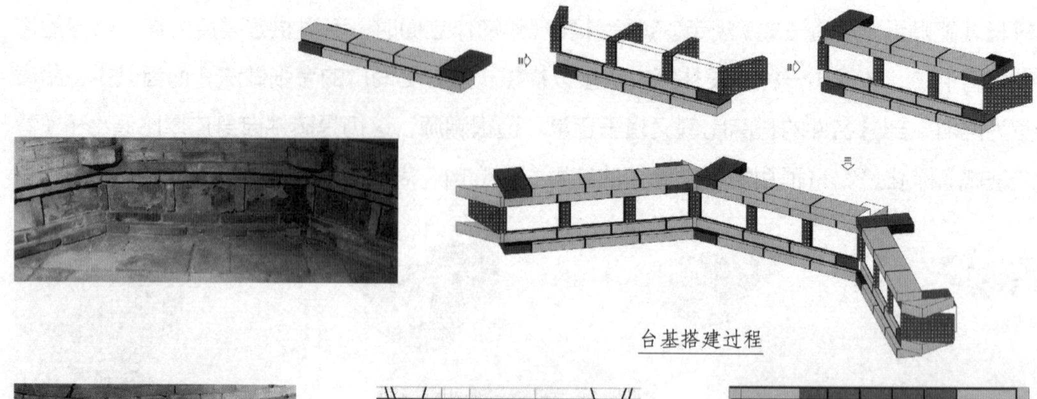

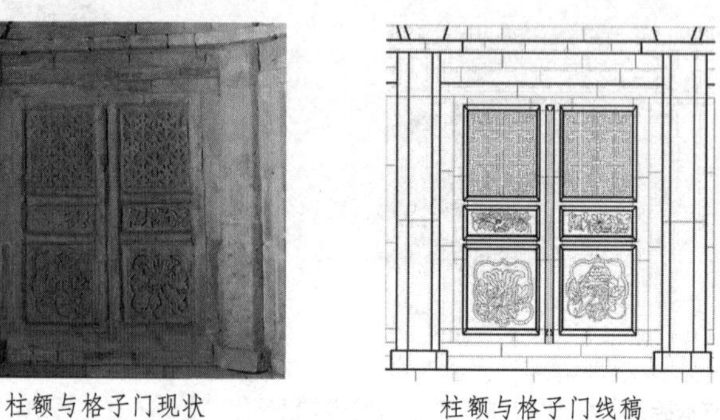

柱额与格子门现状　　柱额与格子门线稿　　柱额与格子门砌法示意图

图6.15 洛阳七里河仿木砖墓台基搭建过程与门窗拼合方式示意图
（图片来源：照片引自参考文献[49]，其余作者自绘）

该构墓顶形式较为特殊，仰观如莲瓣盛放，穹隆共分七层、每层八瓣，逐层递收直至莲心，最后以两块条砖拼出方形，外缘以六皮丁砖侧砌围出外接圆，以圆套方，形同花蕊。《测绘报告》提到在铺作向屋面过渡的部分，于转角处使用了夹角为135°的燕尾形模砖，用于卡定各边，认为这是一种专为修筑八边形墓室而特制的砖。自此砖之上开始合拢穹隆，隔层相错砌出外凸莲瓣（位于底层的八瓣正对铺作中缝），其砌法为：每瓣由三层平砖铺成，自下而上分别为单块平砖丁砌（宽145mm）、单块平砖顺砌（宽225mm）、两块平砖丁砌（宽305mm），形成逐次拓宽的倒梯形凸块，再将各层砖件两端砍斫抹圆，使得边缘流畅，模拟弧形莲瓣。一至五层莲瓣高3皮砖，六至七层缩为2皮，而后收至顶心（图6.16）。

6.3 案例三：新安宋村北宋墓

（一）发掘及研究过程

1994年底，洛阳市文物工作队在河南新安县城关镇陈家洼村北的背阴台地上发掘出该墓，由廖子中、曹岳森执笔撰写了发掘简报（以下简称《发掘简报》）[①]；此后该墓整体迁移至

① 廖子中，曹岳森.河南新安县宋村北宋雕砖壁画墓[J].考古与文物，1998(03)：22-28.

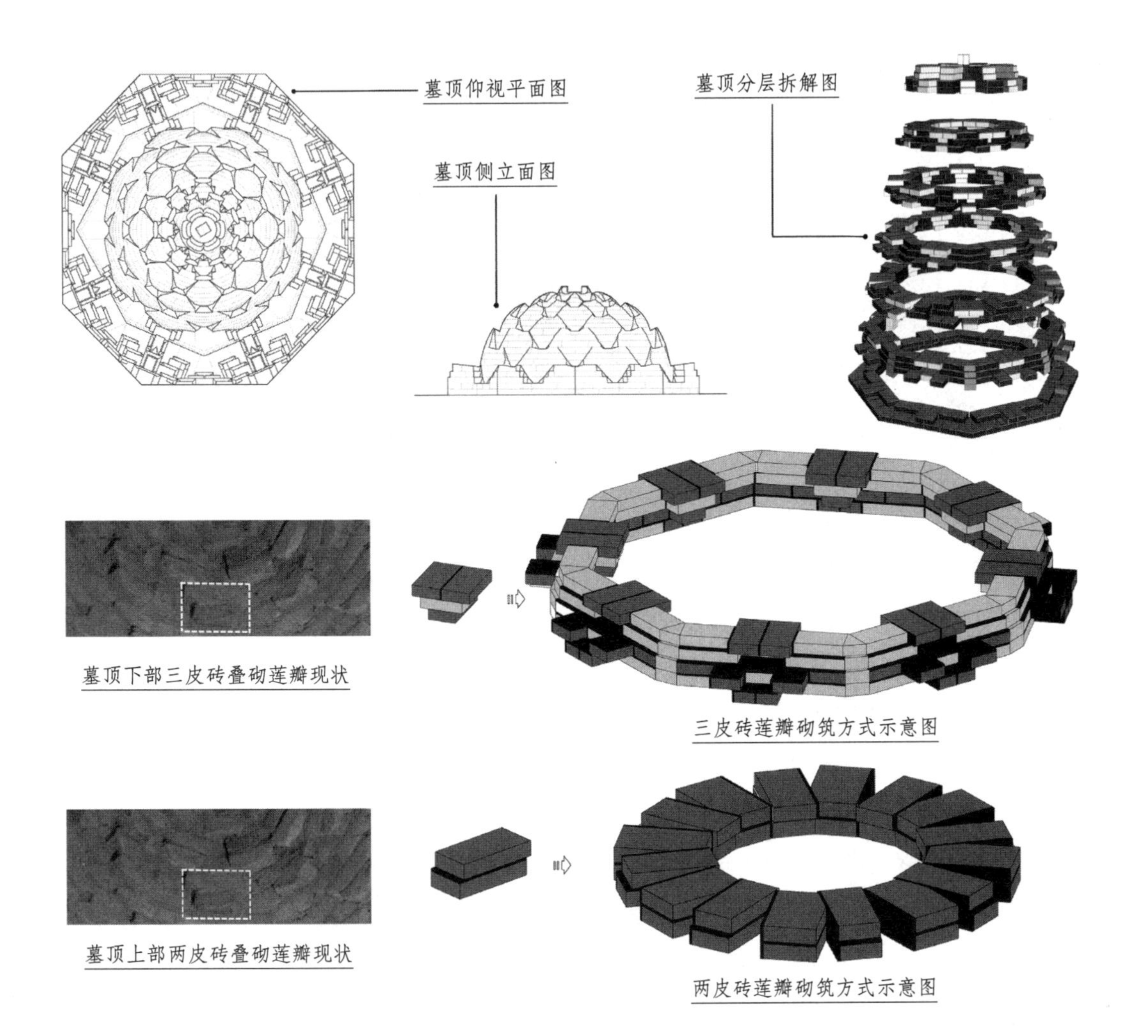

图6.16 洛阳七里河仿木砖墓顶部砌法示意图
（图片来源：照片引自参考文献[49]，其余作者自绘）

洛阳古代艺术博物馆，王书林等人撰写了《新安宋村北宋砖雕壁画墓测绘简报》（以下简称《测绘简报》），这是截至目前关于该例的研究情况①。由于墓志漫漶，已无法判断该构的确切年代，墓内留有成人骨架四具、儿童骨架一具，系经多次葬入，出土铜钱四枚，分别为“至道元宝”“开元通宝”“皇宋通宝”“元丰通宝”，研究者据装饰风格综合推测为宋神宗、哲宗朝建成的乡绅家族墓。

据《发掘简报》称，该处“阶梯式斜坡墓道砖券洞室墓”由墓道、过洞、天井、甬道、墓室组成，南北向且各段轴线略微错缝，总长10.05m。其中：墓道长4.95m，计有台阶17级，两侧设护阶斜坡，末端为深0.8m、高1.74m的过洞，穿过后进入长1.5m、宽0.7m、高5.26m的竖穴式天井，西壁掏出长方形侧室（以350mm×75mm×55mm的条砖封砌，室内与三面壁体上以295mm×295mm×45mm的方砖铺砌）。天井北侧为长0.5m、宽1.12m、高1.5m的甬道，再北即为宽0.67m、高1.5m、深0.97m的券洞式墓

① 王书林，王子奇，金连玉，徐怡涛，朱世伟.新安宋村北宋砖雕壁画墓测绘简报[J].考古与文物，2015(01)：34-44.

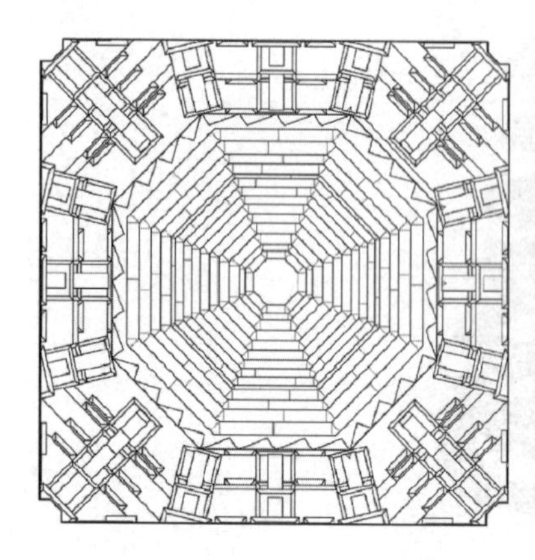

图6.17 新安宋村墓铺作墓顶过渡方式及铺作配置方式示意图
（图片来源：照片引自参考文献[108]，其余作者自绘）

门（以手印砖封堵）。墓室方形平面，边长2.22m，地面至墓顶通高3.96m，后半部分砌出高0.5m、宽1.2m的棺床，在棺床以南的壁面及棺床上方0.4m处砌出周圈须弥座，四角先砌出柱础，再叠出高0.9m的抹角方柱，上砌阑额、普拍方以承托铺作，“转角枓栱之间的四壁又各砌出三朵枓栱，均为单抄四铺作式。中间一朵砌制端正，结构也较侧旁两朵复杂。侧旁两朵均做有角度相同、方向相反的整体运动，这样全部枓栱形成呼应，在平面上构成八边形状，层层内收，替出枓栱上部八边形墓室顶部”，其上过渡到八角叠涩墓顶（图6.17）。

《测绘简报》对迁建后的描述已与《发掘简报》不同，该文称：“各柱顶均向墓室内45度方向出七铺作单杪三下昂，计心造，上承爵头状耍头以承撩檐枋。其中，昂作琴面，底部上卷，耍头鹊台为竖直面。柱头铺作上撩檐枋的方向即为墓室45度抹角。两柱头铺作间扶壁位置依次叠花砖层（由花砖一层、条砖一层构成）、普通砖层（条砖两层）、素枋层（条砖两层）。素枋以上作三朵补间铺作，皆为五铺作单杪单下昂计心造，昂上承爵头状耍头以承撩檐枋。补间铺作上撩檐枋的方向与墓室四壁平行，且与柱头铺作上之撩檐枋相交，形成八角顶。撩檐枋上叠一层菱角牙子，然后按八边逐层内收，以15层砖叠涩形成墓顶。”两文对于铺作层数的认识存在分歧，从现状照片看应以《测绘简报》为准，补间较柱头减铺是中唐至宋初通行的做法，七铺作与五铺作的配合在佛光寺东大殿等处都能看到，工匠营造此墓时活用了这一传统，避免了因间距过窄导致邻近铺作横栱相犯的难题，不仅区分出主次，且为“栱眼壁版”留出了足够长度来浮雕壸门与缠枝花，起到了良好的装饰效果。当然，刻意区分柱头、补间铺作（三补间中两侧两朵“向壁面中心旋转13度左右出跳”），也是由方形墓室转向八角屋顶的构造需要决定的。俞莉娜曾举该构为例，讨论“半模砖”技术的优劣①，“该墓仅出跳方向构件使用模件砖，则材广与栔高仍依标准砖厚度，材厚实现自由取值。而该墓扶壁及跳头方向均依赖条砖叠涩制成，且不表现栱端轮廓，是较七里河墓更为初始的一种条砖、模件砖的混合做法。”

① 俞莉娜．“砖构木相”——宋金时期中原仿木构砖室墓斗栱模数设计刍议[J].建筑学报，2021（S2）：189-195.

（二）仿木砌法分析

整个墓室的拼砖方式，可按墓顶、铺作和墓壁分别描述。墓顶先由平砖顺砌叠涩，再斜置后拼出菱角牙子；铺作中的横栱均为平砖顺砌，枓件分平砖、侧砖顺砌两类，华栱、昂以及耍头均为侧砖丁砌。以下分别观察补间与柱头铺作的具体砌法（图6.18）。

1. 每壁居中正出之补间铺作

栌枓由两层顺砌平砖叠成，下道砖下段切出内？弧面，充当斗平、斗欹部分；上道砖存在两种可能：要么以两块碎砖模拟斗耳，配合仅卷杀端头的丁砌华栱，要么将华栱下端砍出

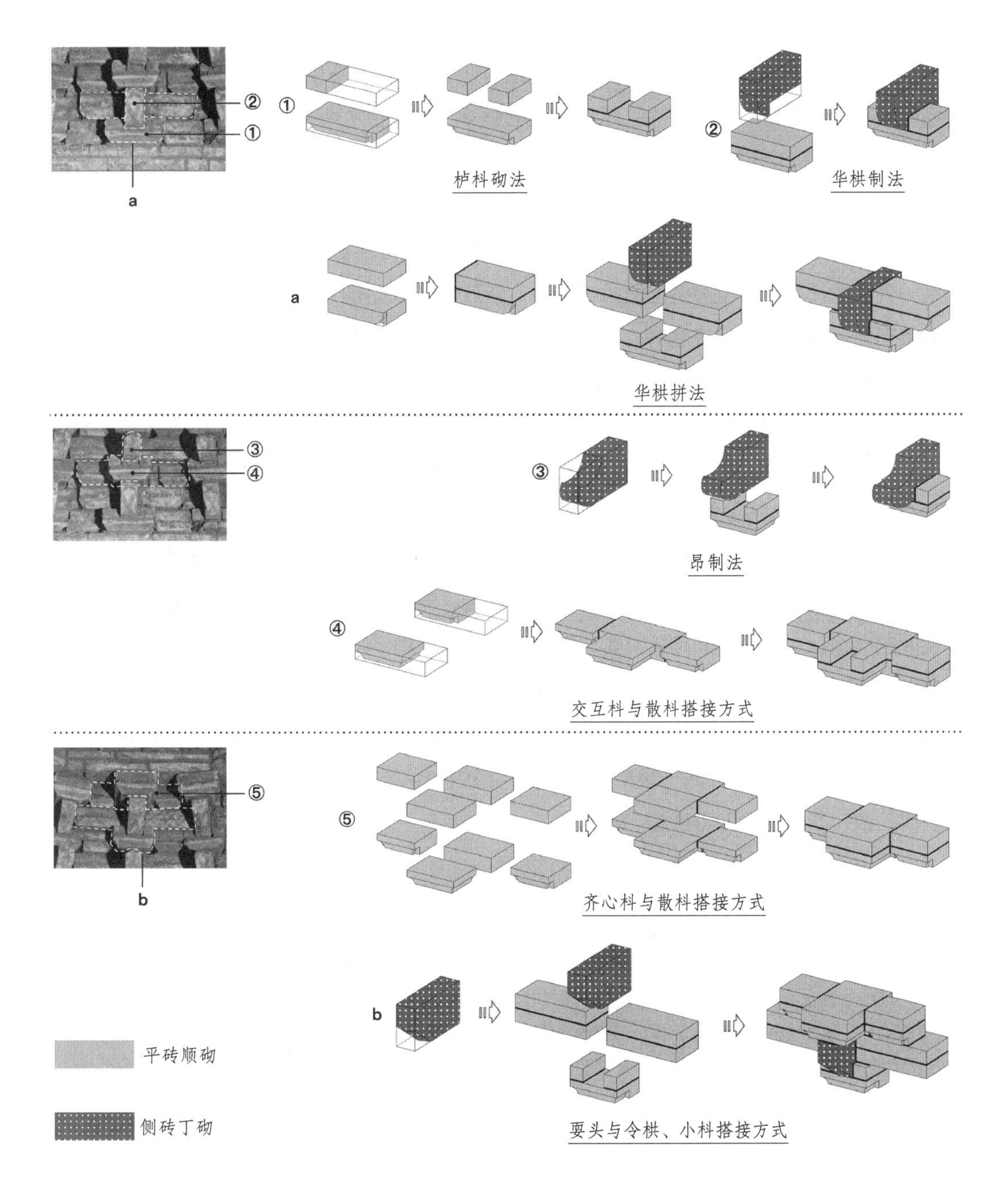

图6.18　新安宋村墓补间铺作砌筑方式示意图
（图片来源：照片引自参考文献[108]，其余作者自绘）

盖口，咬合完整的斗耳砖。从砖件的材性特征看，后者是更加稳妥的做法。

泥道栱由两皮平砖顺砌后叠压在栌枓斗耳之上、紧贴华栱两侧，分别模拟栱身的上留、下杀部分，但仅在砖面浅表剔凿出折线，并不向内开透，栱砖内侧仍保留完整条砖以便拼接，这和唐辽殿阁中常见的方头泥道栱（外刻卷杀内敷灰泥）做法颇为相似。

正如《测绘简报》提到的，该墓仿木形制的一个特点是“昂底上卷，与至迟北宋中期晋西南地区出现并流行的昂形相似”，昂与耍头都由侧砌的丁砖组成，其外端被切削成平滑圆润的昂嘴，正是早期上卷昂的固有特征，与在平凉武康王庙、万荣稷王庙、韩城庆善寺等处见到的情况一致。

以砖仿木导致的一个普遍结果就是枓件讹大，由于只能以砖块最小的丁面充当枓件看面，枓、栱的比例直接转化成砖头与砖肋关系，在《营造法式》中，条砖、走趄砖、趄条砖等名件的长宽比多在1.91至2.18，以取2倍者居多[①]；而在木构中，即便取最小栱长62分°与最大枓宽18分°，两者仍相差3.44倍，在更多情况下，中等栱长72分°和长栱长92分°合得标准枓宽16分°的4.5-5.75倍，这都远远超出了单块砖的顺（充栱面）、丁（充枓面）面长度比例（鲜有超出3:1者）。新安宋村墓并未刻意区分栱长，其原型只能理解为单栱计心造，为了承托上一层略微挑出的昂或耍头，交互枓也相应推出，不能与散枓取齐，因此其后侧接有一皮略微凹入、充当齐心枓的素砖，三个小枓之间呈“品”字形错落布置，跳距则较木构原型缩减了一半，直接紧贴在缩后的齐心枓上。

《测绘简报》提到该构的耍头样式“与爵头式耍头似而不同”，较之《营造法式》的规定[②]，其折杀方式更加简略，且为了承托交互枓（直接与耍头外缘齐平）而未留出鹊台，同时改为在底面起棱出锋，这就模糊了耍头和华栱的形象边界，看上去颇有些似是而非。为了与相邻斜出的补间紧贴，直接叠合未加处理的两皮素砖充当令栱，枓底也未能与栱端取齐，这样做的好处是三小枓与相邻补间的交互枓彼此密接，伸缩有度，令栱也刚好填嵌了相邻铺作华栱间的缝隙，令整个壁面砌筑紧实，但形象上却与木构传统相去甚远，若能在两皮素砖上沿着散枓底端凿刻出令栱卷杀折线，无疑将更加精致，但如此惠而不费的手段，工匠却弃之不用，似乎在处理大量斜出补间时，仍抱有按偷心造处理出跳栱以避免发生讹误的保守心态（图6.19）。在每面墓壁上的三朵补间铺作中，当中一朵与壁体垂直伸出，按前述方法逐层砌出枓、栱、昂、方后即可拼成（图6.20）。

---

①《营造法式》卷十五《用砖》条记：“殿阁、厅堂、亭榭……以上用条砖，并长一尺三寸，广六寸五分，厚二寸五分。如阶唇用压阑砖，长二尺一寸，广一尺一寸，厚二寸五分。行廊、小亭榭、散屋等，……用条砖长一尺二寸，广六寸，厚二寸。城壁所用走趄砖，长一尺二寸，面广五寸五分，底广六寸，厚二寸。趄条砖，面长一尺一寸五分，底长一尺二寸，广六寸，厚二寸。牛头砖长一尺三寸，广六寸五分，一壁厚二寸五分，一壁厚二寸二分”。《井》条也以“用砖：若长一尺二寸，广六寸，厚二寸条砖”举例计算层数与用砖数。

②《营造法式》卷四《爵头》条记：“造耍头之制：用足材自枓心出，长二十五分°，自上棱斜杀向下六分°，自头上量五分°，斜杀向下二分°（谓之鹊台）。两面留心，各斜抹五分°，下随尖各斜杀向上二分°，长五分°。下大棱上，两面开龙牙口，广半分°，斜梢向尖（又谓之锥眼）。开口与华栱同，与令栱相交，安于齐心枓下。”

西北地区平出上卷昂实例

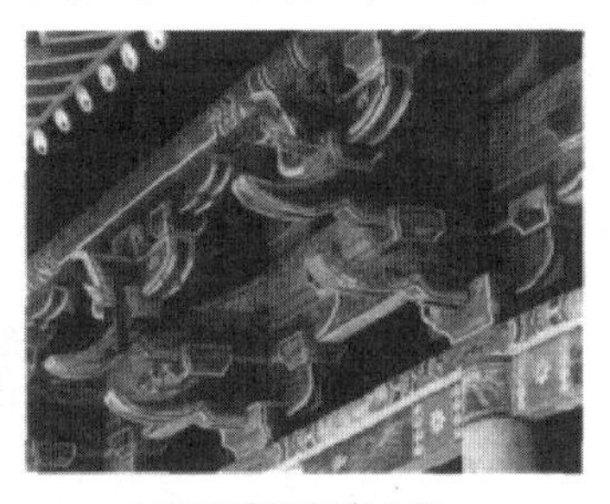
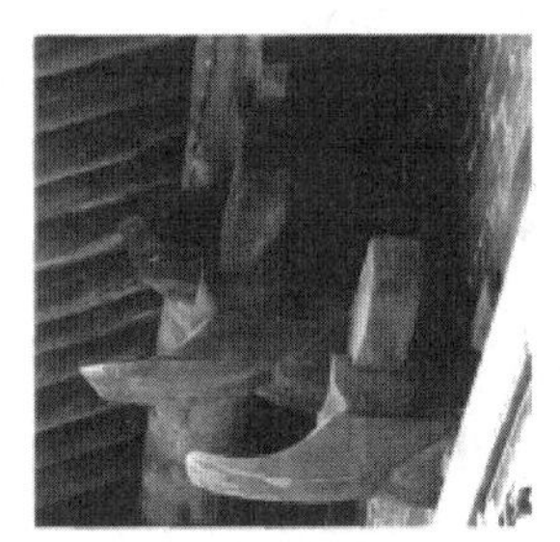

甘肃平凉武康王庙寝宫　　山西万荣稷王庙大殿　　陕西韩城庆善寺准提佛母殿

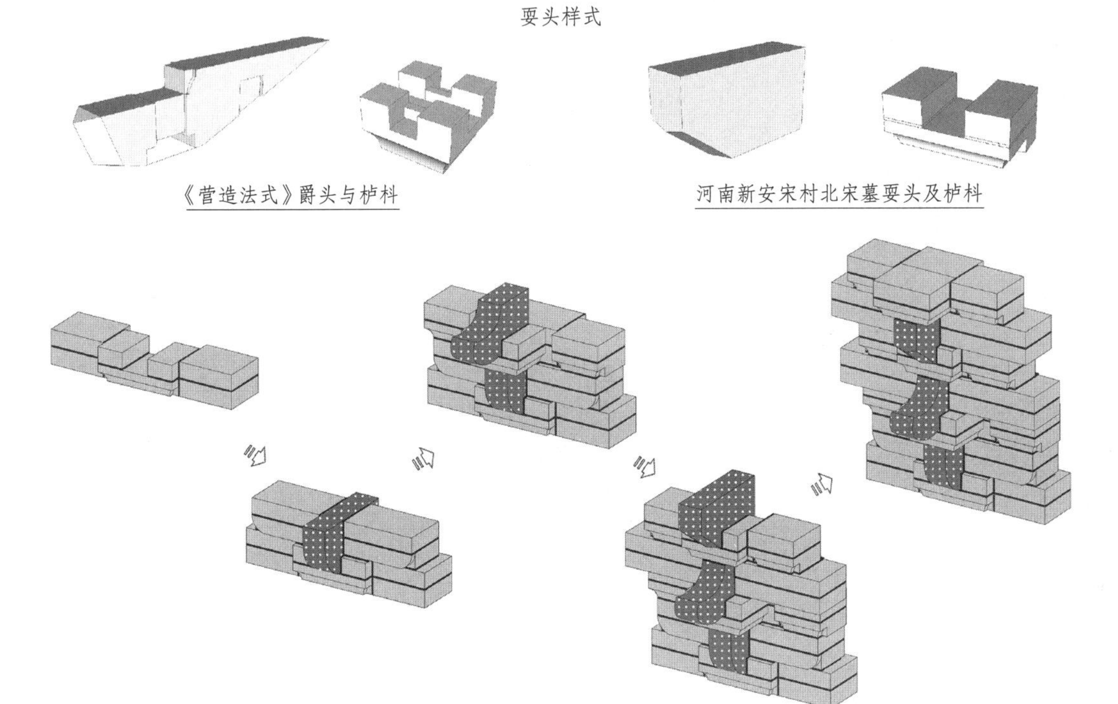

图6.19　新安宋村墓耍头及昂样式细节示意图
（图片来源：照片引自参考文献[394][395]，其余作者自摄、自绘）

图6.20　新安宋村墓当中一朵补间铺作砌筑过程示意图
（图片来源：作者自绘）

2.每壁两侧斜出之补间铺作

这些向两侧斜伸夹角的补间皆为偷心造，也均未隐出细节，在斜切壁面砖后，华栱、昂、耍头与栌枓都能嵌入墙中。以居右侧者为例，除与栌枓及出跳栱昂相交的壁面砖不用扭转方向外，其余砖件均左旋13°后与当中补间相接，这种砌筑方式使得每壁上的三朵铺作均产生强烈的向心簇拥之感（图6.21、图6.22）。

3.角柱头铺作

角柱头用单杪三下昂七铺作，与各壁上当中一朵补间共同构成四隅四正的“米”字网格，两者间再每组置入一朵斜出补间，将方井的内切圆十六等分。当然这些斜补间的扭转角度并未达到22.5°，而是更偏向角柱头的45°斜缝，使得过渡趋势更加缓和，这样一来，枓栱用砖与壁面间的夹角较小，就更便于切削处理，且偏闪后的交互枓恰位于八根算程方（若将墓室视作院落则为撩檐方）的绞角拐点处，正好承托折出角蝉后的鬭八屋面，以保障方形“地盘”能够平顺流畅地转向八角形“天盘”（图6.23）。

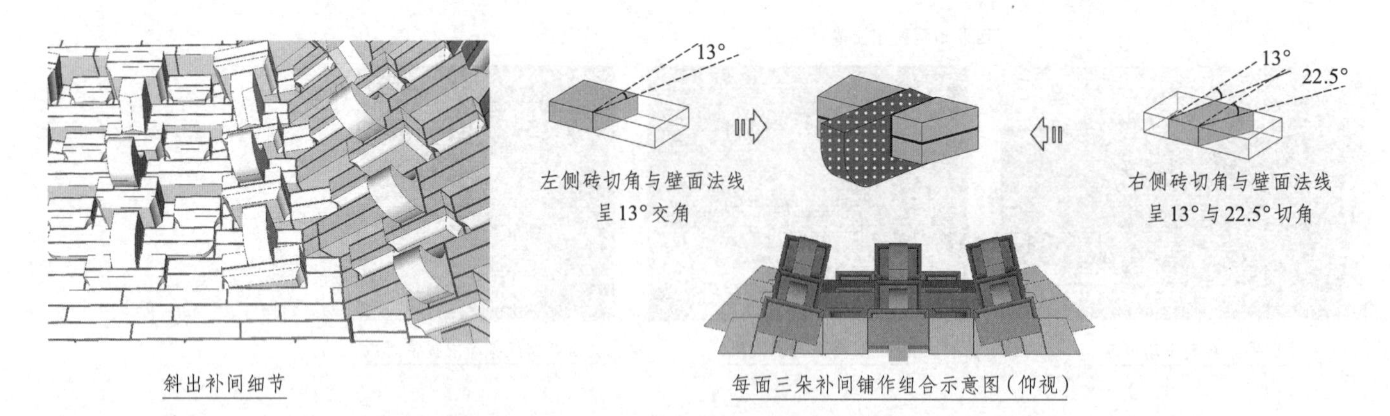

图6.21 新安宋村墓斜出栱间的折角关系与搭接细节示意图
（图片来源：作者自绘）

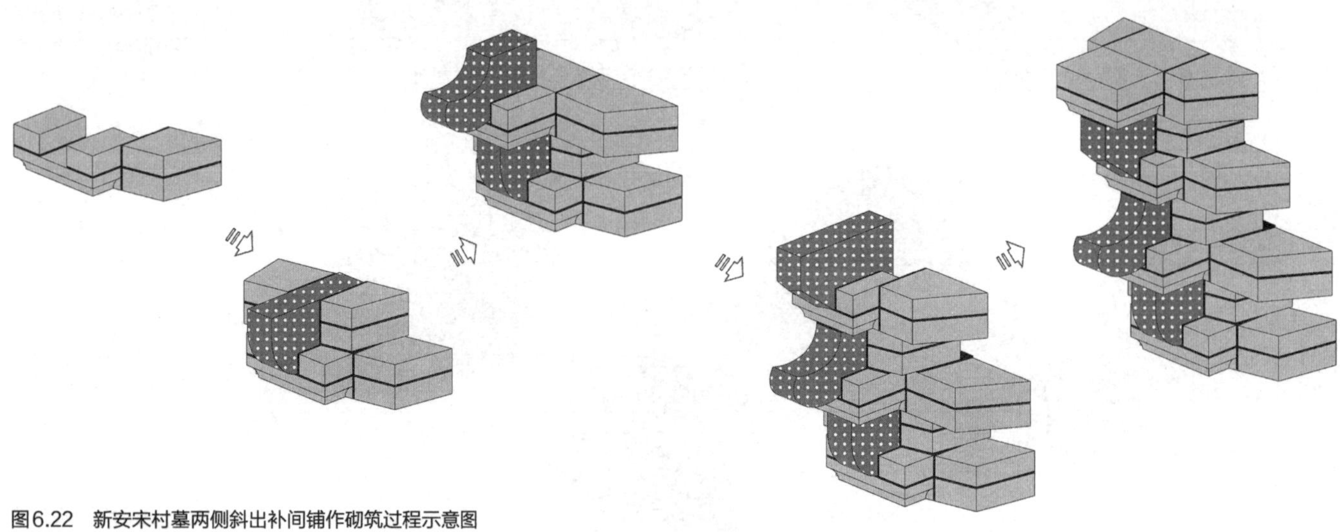

图6.22 新安宋村墓两侧斜出补间铺作砌筑过程示意图
（图片来源：作者自绘）

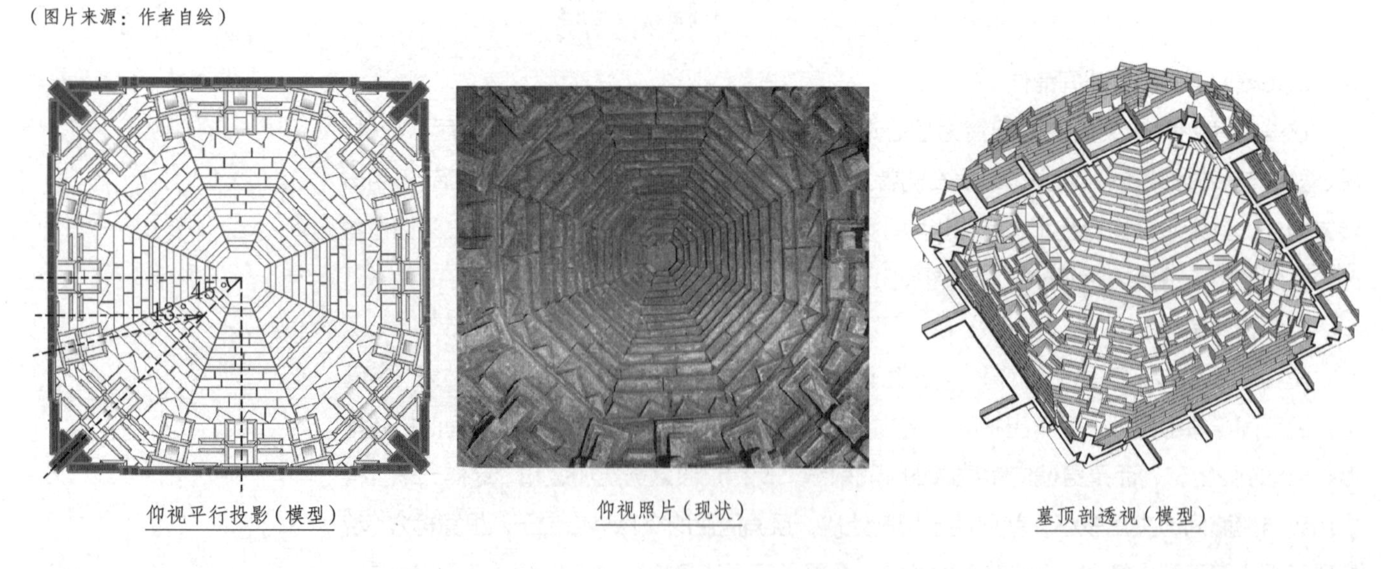

图6.23 新安宋村墓屋面砌筑方式示意图
（图片来源：照片引自参考文献[108]，其余作者自绘）

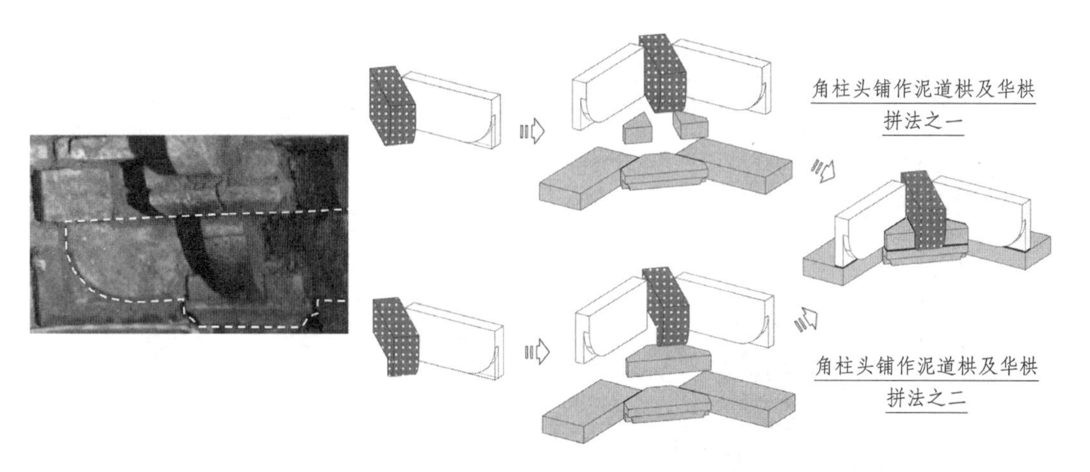

图6.24 新安宋村墓角柱头铺作栌枓、泥道栱及华栱砌筑方式示意图
（图片来源：照片引自参考文献[108]，其余作者自绘）

角柱头铺作上的栌枓、泥道栱、华栱皆分上下两层砌出，其中：栌枓的下道砖充担斗平、斗欹，以枓腰为界，纵高分配从4:6变成5:5，显得斗欹受压缩短；因用在角部，出跳砖件与两侧壁面各夹45°角，若考虑铺作受力的合理性，应当破掉墙砖而放过枓砖，但从砌墙的整体稳定性考虑则恰相反。第二层的斗耳砖同样有整、破两种可能，在角部的处理逻辑与正面不同——相比划线砍斫华栱底部，破掉斗耳更为便捷（图6.24）。

除第一层栌枓、泥道栱及其上小枓随壁面转折外，其上的三层下昂与一层耍头均垂直于栱身，直接斜切过墓室平面法线，逐层栱、昂间则是按“品”字形布列的三小枓，共计8层、16皮砖（图6.25、图6.26）。

4.基座、门窗、柱额

《发掘简报》谈到室内满布彩绘时说：“大幅壁画用多块方砖先雕后拼而成，拼合严整、平齐，小幅画则用单块方砖雕成后，嵌入墙面……墓门外两侧，在白底上绘有黑色圆形门钉，横竖排列有序，做成假门扇。”南壁墓门两侧绘出人像，门上是分拂左右的黑色幔帐，人像之外砌有破子棂窗，分出上额、砖柱、窗额、立颊、腰串，串上置棂条六枚，窗下分作两格，上格左侧透雕四瓣柿蒂，右侧素平，下格雕盆栽牡丹，窗上三段阑额及普拍方间均浮

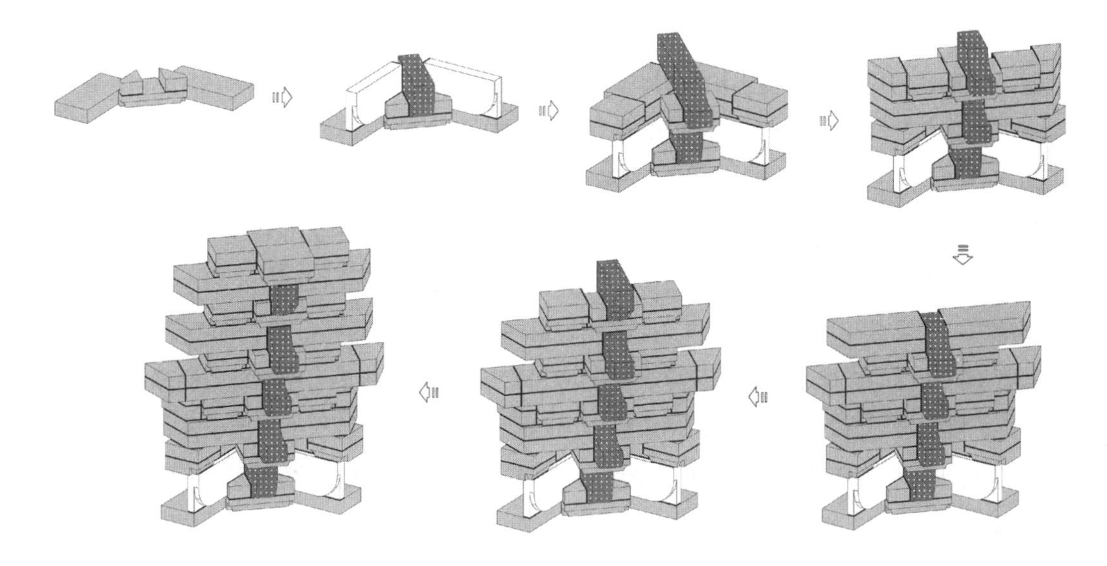

图6.25 新安宋村墓角柱头铺作砌筑过程示意图
（图片来源：作者自绘）

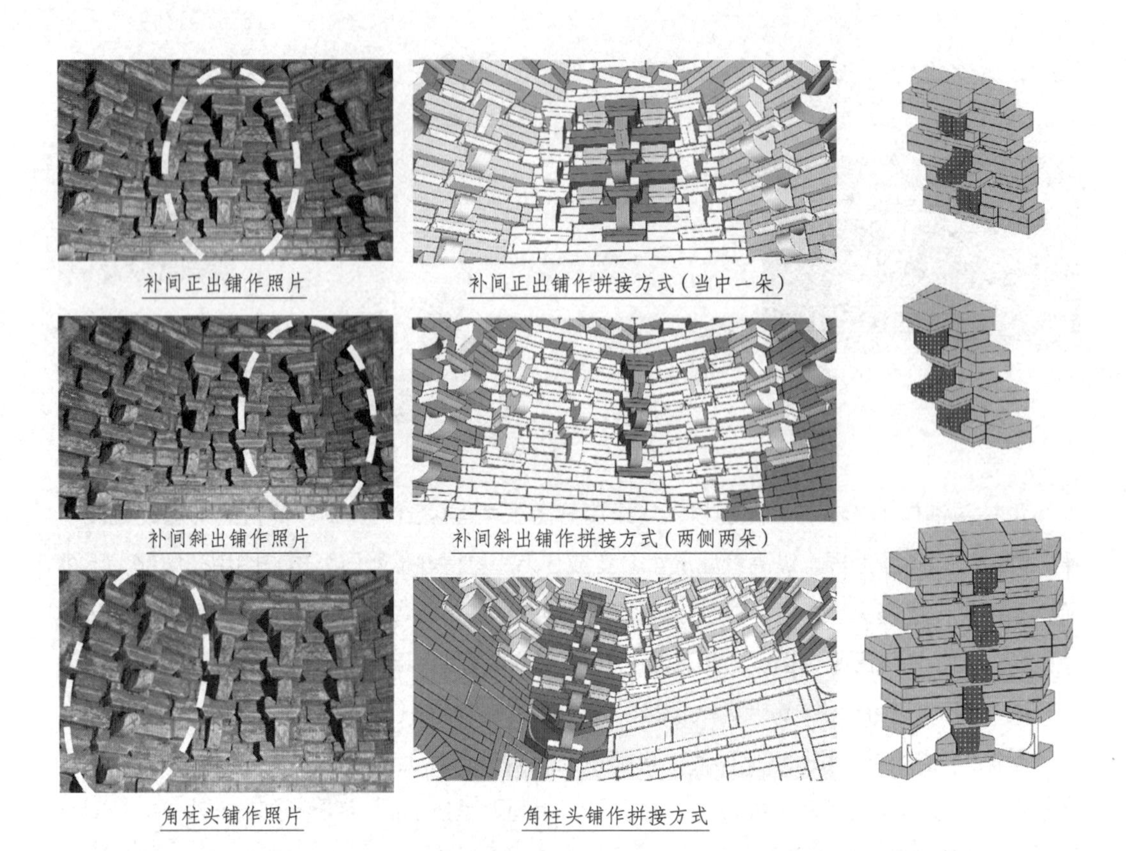

图6.26 新安宋村墓不同位置铺作拼接方式示意图
（图片来源：照片引自参考文献[108]，其余作者自绘）

雕牡丹。东壁假门额上雕出两枚门簪，地栿两端各砌出一块门砧，版门的上、中部透雕有四层四瓣柿蒂，下部则浮雕牡丹。北壁砌出五面格子门，下部腰华版内浮雕折枝牡丹，上部槅心图案（自两边向中间分别）为五方联规矩纹、方孔圆钱纹和柿蒂纹。西壁浮雕拼嵌墓主夫妇“开芳宴”图像，椅后侍立仆妇。

《测绘简报》对迁建后的情况做了更加细致的描述，从中可以看到一些后期修复造成的改变。譬如，券门砌法“是隔行分别自左右两侧以整砖起砌，终端以半砖找齐；以丁砖起券，券两侧以一块平砖和一块侧砖找齐”；墓室内棺床下部为九层砖叠砌的须弥座，“从叠涩至束腰都是方角的层层支出和收进，以束腰中心的砖最大，尺寸达47×8.5厘米，束腰砖上没有雕刻”，棺床上部壁面的须弥座“样式简单，仅施枭混、方涩等，以六层砖分别砌出牙脚（一层）、下枋（半层）、下枭（半层）、束腰（一层）、上枭（半层）、上枋（半层）及顶部条砖（两层）”，在此层须弥座四角砌出圆形柱础，其上立八角柱承托枓栱。对于四壁砖雕图样的解读也更加详实：西壁一桌二椅，夫妇分北、南对坐，椅下设脚床子各一具，桌上置直颈鼓腹注子及莲花形温碗各一只，圆口高足盏两个，壁上砖雕海石榴、荷叶写生等花卉；北壁五扇格子门的边桯、腰串用破瓣双混平地出双线，当中一扇槅心用透雕四瓣柿蒂，腰华版素平，障水版雕海石榴花，两旁两扇槅心用四斜毬纹重格眼（毬纹上采出条径、毬纹间刻方孔），障水版分别用牡丹与海石榴，边上两扇槅心用透雕斜串胜，障水版纹饰同前；东壁当中用两扇格子门，当中两桯用破瓣双混平地出双线，斜方形门簪上下抹棱、内凹，门上格眼四角用斜串胜，当中用四直毬纹，腰华版素平，障水版壶门内设朵花；南壁正中辟砖券门，门侧上部砌破子棂窗、下部雕盆栽牡丹。该文在统计十二组雕砖图案后提出，一些砖件的花卉图案极为相似，构图与主题一致但线条并不雷同，应存在特定粉本，再按雕饰手艺的优劣，按照西、北壁＞东壁＞南壁的顺序分配①，对于空间主次的认识也反映在各处仿木细节上②，这种重点部位详加装饰、次要部位适度简省的营造原则与金元时期区别处置地面建筑前后檐的传统吻合，反映了整个时代的设计风尚（图6.27）。

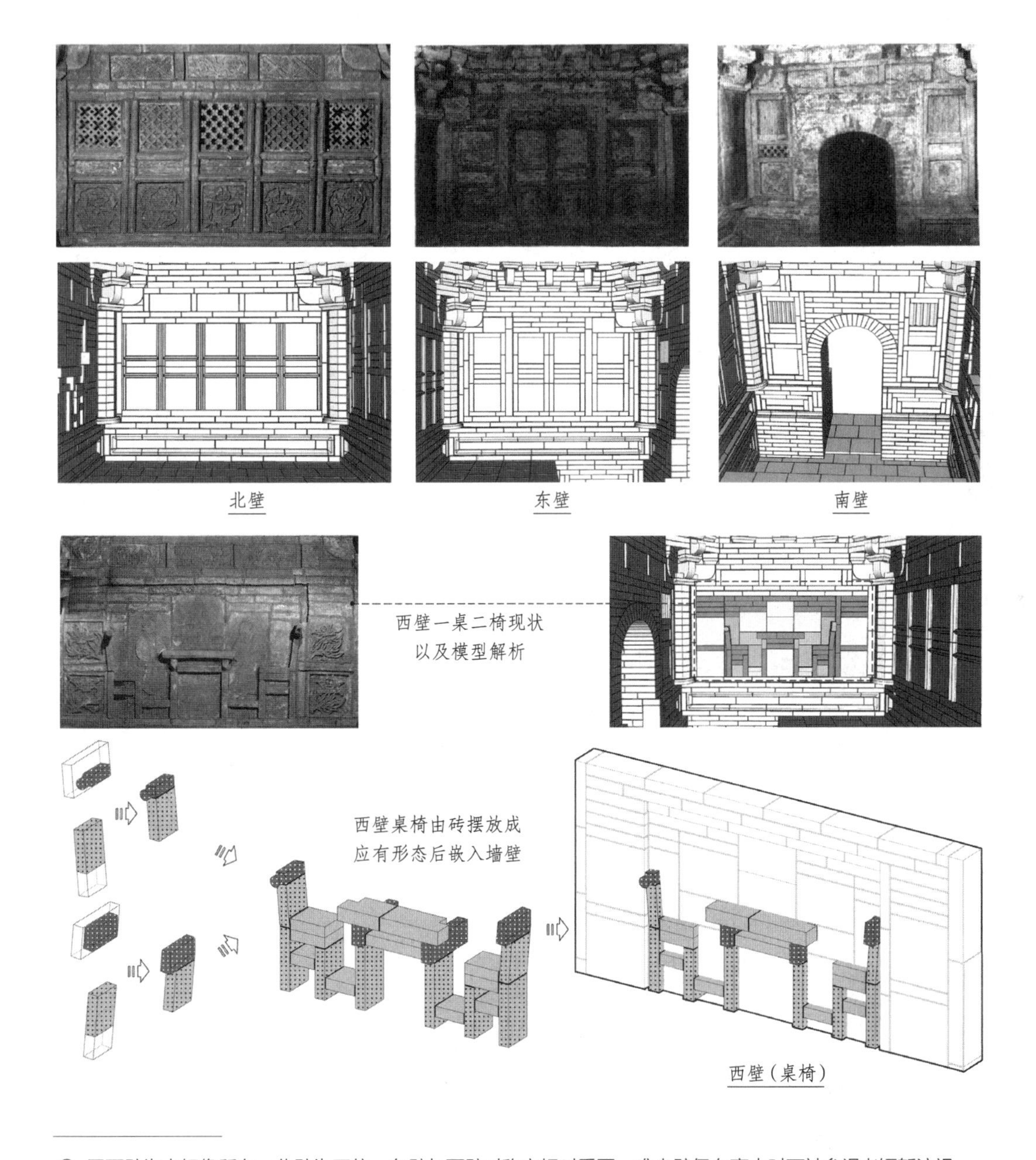

图6.27　新安宋村墓四壁上仿木砌法示意图
（图片来源：照片引自参考文献[108][325]，其余作者自绘）

① 因西壁为夫妇像所在，北壁为正位，东壁与西壁对称亦相对重要，唯南壁仅在离去时可被参谒者短暂注视。

② 如仅南壁底部不施须弥座、南壁的六块雕砖数量逊于其余各壁的十块、南壁两端柱础相较北壁上者缺少内收覆盆的处理等。

墓壁上的仿木内容包括桌椅、门窗、墓门及须弥座，相邻两扇门窗的边程为同块侧砖立砌而成，在肋上凿出混线，槅心与障水版为大型方砖斗面朝外立砌雕成，腰华版则由两皮平砖顺砌叠出。门窗槅扇形象以位于北壁者最为精美，南壁相对简略（其门上开出扁券且未列伏砖，与常乐宝塔等渭南金代砖仿木塔上见到的情况一致），西壁砌出夫妻对坐、一桌二椅，目前绘像已漫漶失色，但家具的剪影效果仍极突出。须弥座在四壁上贯通，从棺床上兜圈后托起四根角柱，以确保仿木形象不被打断，其自身却在南壁被券门破开，地面与棺床表面皆错缝铺砌边长一尺的方砖（300mm×300mm×50mm）（图6.28）。

5. 屋面、墓顶

在方形墓壁的顶端，先以一层菱角牙砖来代替瓦件，示意仿木部分的终结，再由阳马将

图6.28 新安宋村墓墓门、券砌法及地面铺装示意图
（图片来源：照片引自参考文献[108]，其余作者自绘）

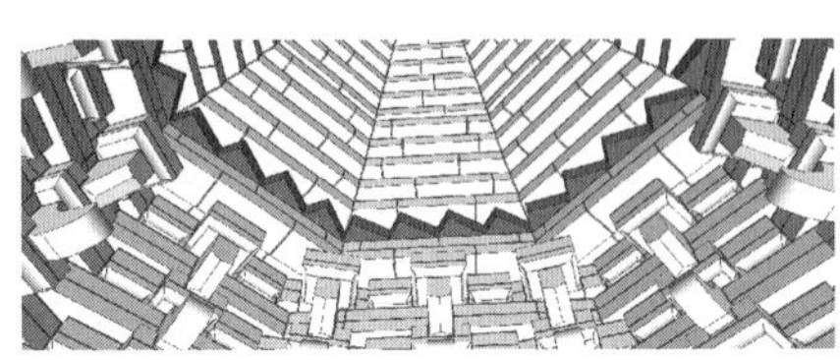
菱角牙子做法

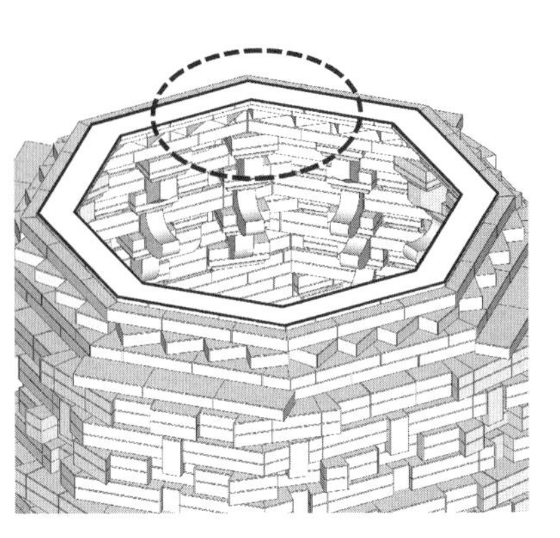
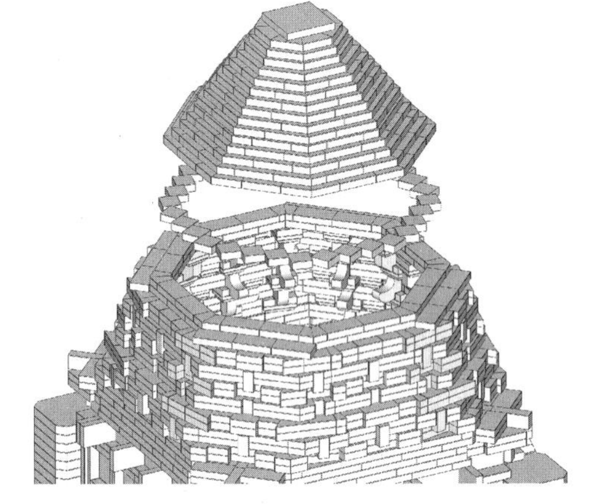
墓顶叠涩砌筑方式分层拆解图（均为平砖顺砌）

图6.29 新安宋村墓顶部砌筑方式示意图
（图片来源：照片引自参考文献[108]，其余作者自绘）

墓顶分作八面，用十五层平砖叠涩收顶后以一面方砖压涩，此砖平滑醒目，有些类似《营造法式》鬪八藻井中的明镜[①]，可谓以小示大，模拟日月之行于天穹（图6.29）。

6.4

案例四：洛阳关林庙宋墓

（一）发掘及研究过程

墓位于洛阳关林庙东南、伊河以北，2009年发掘出土，2011年刊载发掘简报[②]。此外，邓菲亦曾以之为例讨论了宋金砖雕墓的营建工艺问题[③]，这是截至目前的研究情况。

该墓正南北向，由墓道、甬道和墓室组成。墓道为阶梯式斜坡道，填土内杂有大量卵石；甬道方形平面，南接墓门（以三层席文砖封堵，至起券处改为平砖错缝顺砌），上砌四枚门簪（两侧圆形、当中方形）；墓室平面八角形，底部直径2.8m，距地面7.2m，残高2.06m，棺床居中安置，东西向（长2.12m、宽1.1m、高0.42m），四边均不与墓壁相接，其束腰部分雕饰莲花、牡丹，棺床与甬道间设有砖砌长方形祭台一座（长0.5m、宽0.4m、高0.42m）。转角处各砌出一根倚柱，除南壁外，各面墙上均设单补间，周圈总计使用单杪

① 《营造法式》卷八《鬪八藻井》条规定："其名有三，一曰藻井，二曰圜泉，三曰方井，今谓之鬪八藻井。造鬪八藻井之制，共高五尺三寸，其下曰方井，方八尺、高一尺六寸；其中曰八角井，径六尺四寸、高二尺二寸；其上曰鬪八，径四尺二寸、高一尺五寸。于顶心之下施垂莲或雕华云捲，皆内安明镜……"

② 张瑾，胡小宝，胡瑞，杨爱荣，马秋茹，高虎，周立．洛阳洛龙区关林庙宋代砖雕墓发掘简报[J]．文物，2011（08）：31-46+1．

③ 邓菲．试析宋金时期砖雕壁画墓的营建工艺——从洛阳关林庙宋墓谈起[J]．考古与文物，2015（01）：71-81．

计心造四铺作十五朵，普遍以丹粉（料件、耍头等）、土黄（栱件）刷饰，阑额上嵌有二十四孝砖雕（目前缺南面，共10件、23幅）。东南、西南两壁上各设破子棂窗一盒，东、西两壁上砌出版门（西侧作妇人启门），东北、西北两壁阑额下设卷帘，嵌砖雕图三幅（东北壁为散乐、备宴图，西北壁为杂剧图），北壁砌格子门四扇（槅心为方格网，腰华版饰跑狮、牡丹，障水版壶门内饰童子攀枝或衔牡丹狮子）。

（二）仿木砌法分析

1.铺作

栌料高三皮砖，斗耳被华栱打断（由两皮侧砖合掌丁砌，约合三皮平砖厚，端部砍成爵头形，耍头端部则简化为两段折线）。柱头铺作泥道栱高三皮砖，隐出栱臂边廓，散料亦从壁上隐出，与交互料同样高两皮砖，直接托翼形令栱绞耍头，两侧不隐出散料；补间铺作的横栱选形恰与之相反，下道用翼形栱而上道用卷杀栱，两者毗邻配合高低错落，富于节律（图6.30~图6.32）。

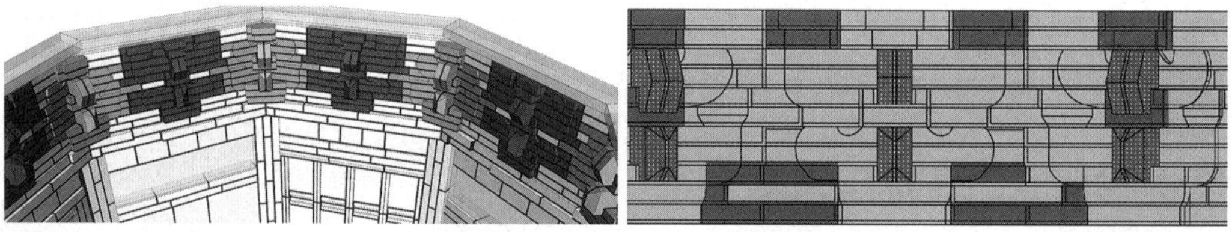

图6.30 洛阳关林庙宋墓柱头、补间铺作配合方式示意图
（图片来源：作者自绘）

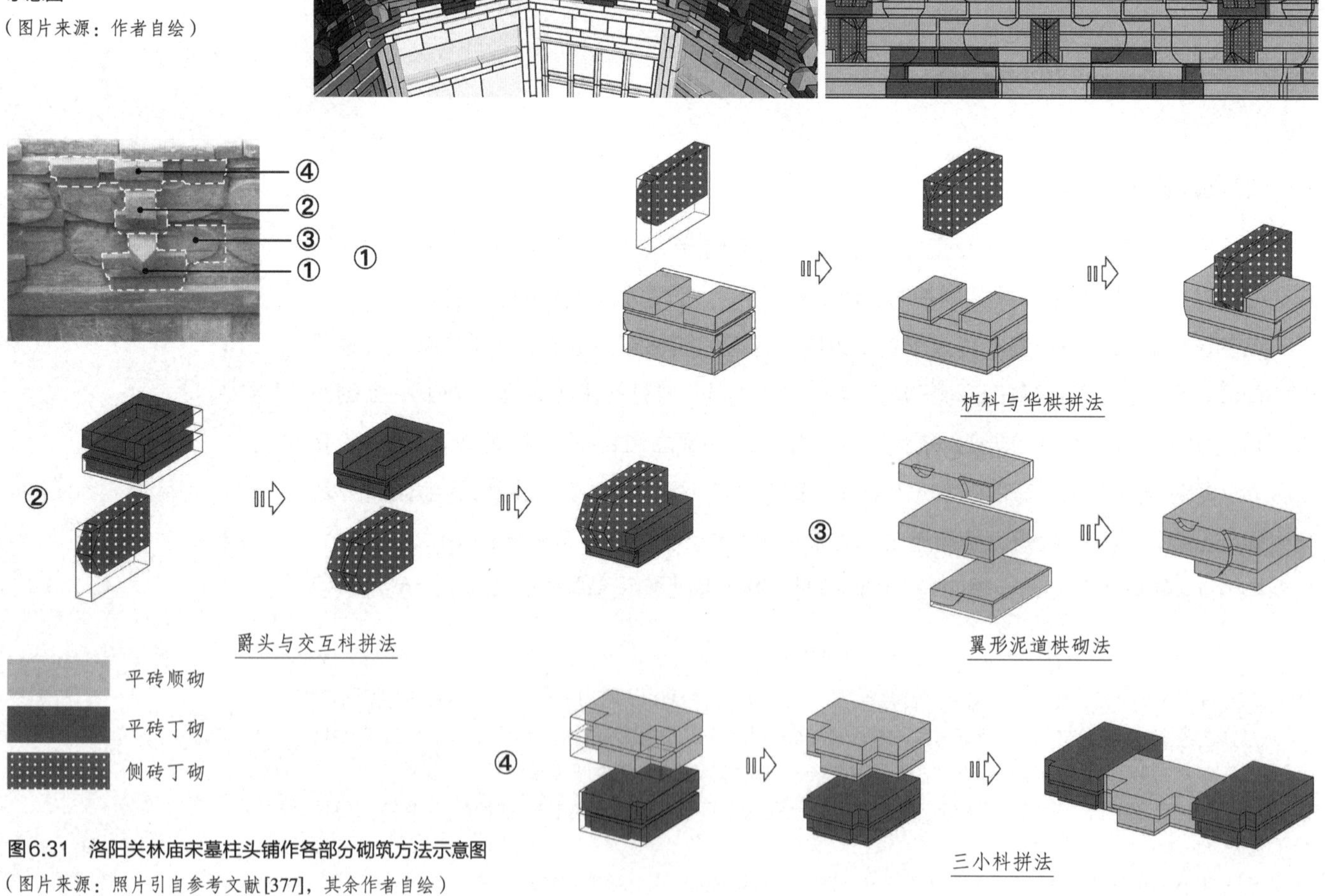

图6.31 洛阳关林庙宋墓柱头铺作各部分砌筑方法示意图
（图片来源：照片引自参考文献[377]，其余作者自绘）

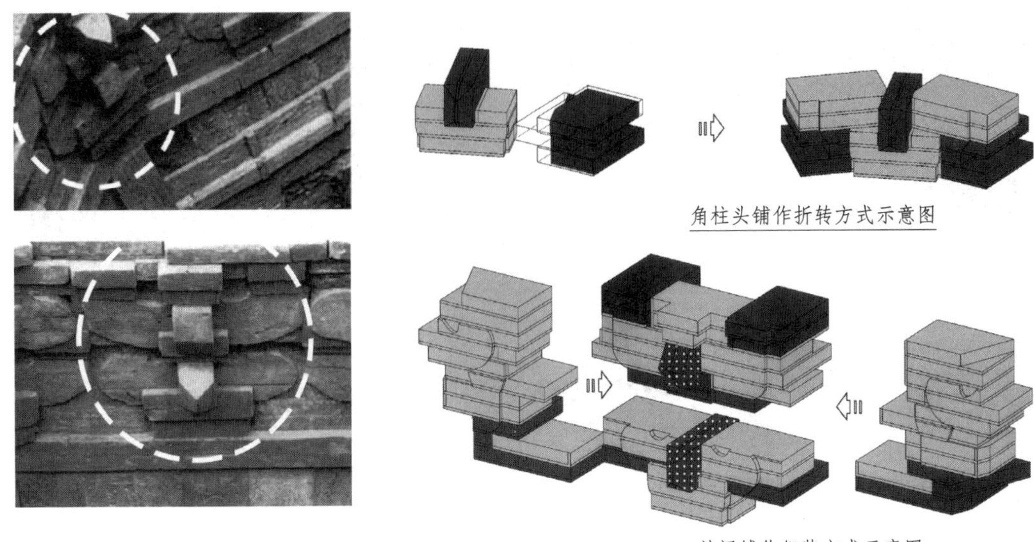

图6.32 洛阳关林庙宋墓角柱头与补间铺作砌法示意图
（图片来源：照片引自参考文献[377]，其余作者自绘）

2.基座、门窗、柱额

倚柱以三条侧砖错缝立砌而成；普拍方逐层向内收进，在柱头上留出空隙（方宽小于柱径），恰与木构做法相反，但利于防止铺作内倾，且显著区分了铺作层与柱框层；阑额与由额之间用侧砖顺砌，拉大了整体高度，便于嵌入孝行图砖雕。各壁上为突显门窗抱框，常在砖面上砍出线脚，甚至模仿榫头凸起（图6.33、表6.2）。

3.屋面、墓顶

因曾受盗扰，墓顶塌毁，形制不明。

关林庙宋墓砌法信息汇总　　表6.2

仿作构件名称			样式类型	分布特征	砖砌方式	砖皮数
大木作	枓栱	正身铺作	四铺作单杪	中间一朵	平砖顺砌，平砖丁砌，丁砖立砌	27
		转角铺作	旋转式	/	平砖顺砌，平砖丁砌，丁砖立砌	25
	柱		四边形	/	斗砖立砌	/
	普拍方		方形合脚	柱头上部	平砖顺砌	2
	阑额		方形入柱	普拍方下	斗砖立砌	/
小木作	门	类1	券形门洞	南壁	平砖发券	/
		类2	版门	东西壁	斗砖顺砌	/
		类3	格子门	北壁	斗砖顺砌	/
	窗	类1	破子棂窗	西南、东南各一	斗砖立砌	/

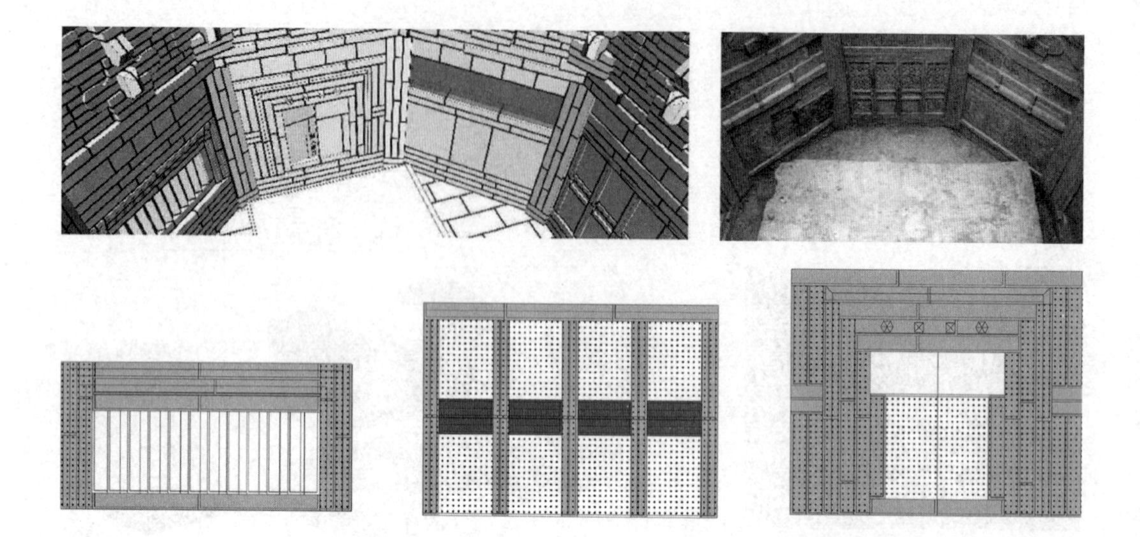

图6.33 洛阳关林庙宋墓各处壁面及门窗砌法示意图
（图片来源：作者自绘）

6.5 案例五：壶关上好牢村宋金墓M1

（一）发掘及研究过程

该墓曾遭盗掘，2010年经山西省考古研究所晋东南工作站、长治市文旅局、壶关县文体广电局等单位联合调查、发掘，由杨林中等执笔发表《山西壶关县上好牢村宋金时期墓葬》（以下简称《简报》）[①]。此后，俞莉娜等又发文探讨其仿木形制与设计方法（以下简称《研究》）[②]。在上好牢村同期发掘出三座南北向墓穴，其中M1、M3为仿木构砖室墓（三号墓内砖雕已遭盗取），M2为竖穴土洞墓，按《简报》数据梳理前两者基本信息如下。

M1由墓道、前室、后室、西侧室构成，其中：墓道为竖穴土坑式，墓门内封以条砖，以甬道连接前后室，墓壁主要由330mm×160mm×55mm的条砖顺砌，地面墁砖边长330mm。前室方形平面、穹隆顶，长2.65m、宽2.53m、高3.6m，底部砌出0.25m高的须弥座，刻仰覆莲，当中砌出壶门束腰，其内素平；每壁在须弥座上砌出两根1.28m高的倚柱，将壁面分作三间，当中辟拱券门洞或砌出假版门，门旁再砌出一对破子棂窗，枓栱之上做出檐椽与屋瓦。南北壁上均为双杪五铺作（北壁用斜华栱），东西壁上减跳至单杪四铺作，并修饰山花，露出叉手、蜀柱。后室长方形平面、攒尖顶，长2.08m、宽1.5m、

① 杨林中，王进先，畅红霞，王伟，李永杰．山西壶关县上好牢村宋金时期墓葬[J].考古，2012(04)：48-55+109+102-108.

② 俞莉娜，李路珂，杨林中，熊天翼．山西壶关上好牢M1砖雕壁画墓仿木构形制及设计研究[J].文物，2022(04)：80-97.

高2.1m，横砌须弥座式棺床一座，基本占满室内。西侧室同样为攒尖顶，尺度与后室相当（长2.20m、宽1.48m、高2.1m），其内亦满铺棺床。室内仿木构件上遍用彩绘：倚柱用红底黑束莲；东西壁上阑额涂白底朱圈，普拍方白底、端头平涂黄黑色；铺作部分则以丹黄涂底、黑白线勾边；檐榑用黄地黑线笋纹；叉手、蜀柱外缘以红色勾边，内用黑色、土朱涂饰卷草。南壁之上，柱头栌枓白底黑线勾卷草或几何纹，华栱、泥道栱以土朱与黄色交替涂地，令栱以橘黄色为底、黑线卷草勾边。北壁上额方为白底配黑、青、黄色卷草、团花纹饰，柱头华栱分瓣处涂橘黄色，栌枓与泥道栱白底黑边；补间栌枓黄地，华栱、泥道栱以黑色勾半柿蒂与几何纹，令栱勾卷草纹，令栱、耍头上画鬼脸，栱眼壁内五彩晕染平涂。前室绘有多幅壁画：南壁上为拴马、提水、舂米图，东壁为题诗、演剧、王祥卧冰图，北壁为耨夫、管鲍、巢父饮牛、许由洗耳图，西壁为孟宗哭竹、推碾、相扑图与题诗；后室与西壁则全面绘制挂轴条幅式神仙像。

M3由斜坡墓道（22级台阶）与墓室组成，墓长方形（2.5m×1.9m）平面、穹隆顶，四壁底部做成须弥座，于南壁当中辟拱券式墓门，其余三壁上做法相似，均在当中砌出版门，每扇绘门钉三行、每行四枚，门楣上用方形门簪四个，两侧砌出破子棂窗，四角在须弥座上砌出0.8m高的倚柱，柱头用单杪单昂五铺作，每壁上再加设两朵双杪五铺作补间，檐榑上压盖方椽、圆筒瓦，收券起顶，四壁上砖雕董永、曹娥、老莱子等孝行图像。《简报》将两墓的年代定为北宋晚期或金初期（图6.34）。

《研究》基于2015-2018年清华大学建筑学院和山西省考古研究院合作的测绘图纸，更加精准地判定了墓葬年代，分析了该例的设计模数，探讨了砖、木材质间的模拟、转译关系。文章按照大木作、小木作、屋檐三个部分重新梳理了上好牢村M1的砌砖方式，提出：主室采用了单杪四铺作（用于东西两壁柱头及补间位置）、单杪单昂五铺作（用于南北两壁柱头，跳头重栱计心造）、双杪五铺作（用于南壁补间，跳头同上）、双杪出斜栱五铺作（用于北壁补间）等多种形制，共有样式特征为斗欹底部下撇出锋、扶壁上单栱承素方、跳头横栱及散枓抹斜（昂身琴面起棱，被看成是受河南影响的新变化）。在综合比对晋东南纪年仿

图6.34　壶关上好牢村宋金墓M3概况
（图片来源：引自参考文献[396]）

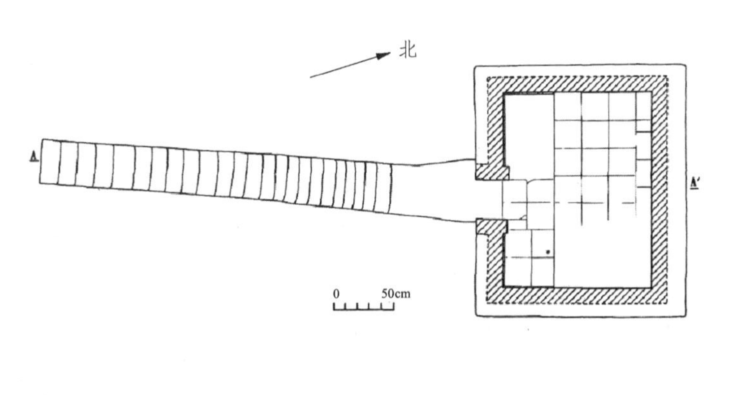

M3平面

北壁剖面图

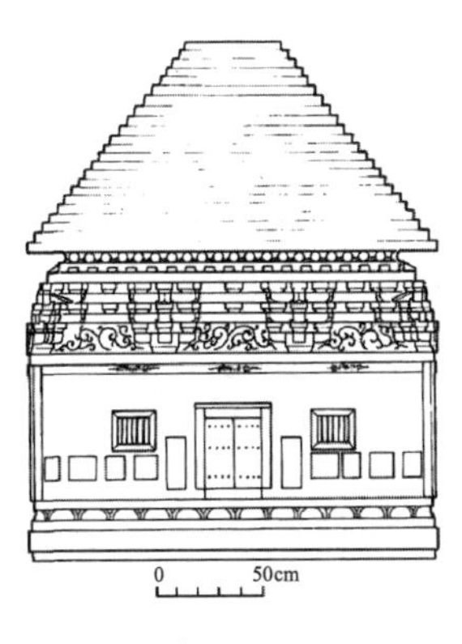

南壁剖面图

木墓的样式细节后，《研究》认为上好牢村M1与下好牢村宋墓、南村宋墓在布局、装饰与模制技术方面高度一致，推测系同批工匠所作，将其建造年代进一步精确到徽宗朝（1101-1125年）。该构铺作间距900mm，栱眼壁内顺砌两块平砖，直接以砖件的厚度60mm充所仿大木作材广（横栱、素方、华栱、替木、耍头皆取单砖厚），而不再区分单、足材，栔高则取40mm，相当于单材广的2/3，占比远大于木构（2/5）。仿木手段包括标准砖砌筑、模砖仿形和彩绘三种——匀质的线性构件（如壁柱、普拍方、撩檐方、屋脊、假门抱框等）均用条砖在壁上凹凸砌成，局部在端头切削出构件轮廓（譬如在条砖肋面砍出椽头、瓦当形状）；形态较复杂的单个构件（如枓、栱、昂、耍头、替木、椽、飞、勾头、滴水等）则直接使用模砖表达；剩余要素借彩画呈现。模数控制方面，横向栱方广厚相等，均为60mm（小枓高亦取此值），出跳栱昂加厚至70mm，四铺作跳距90mm，五铺作两跳分别长88mm、85mm。

一些构件的高度与标准砖趋同，如散枓长约当条砖的1/3，应是后者一解六的结果，又如泥道栱与抹斜栱臂长等于条砖之半，可将后者四分后剖得；长度若超出条砖则需拼嵌，如替木为三块丁砖并砌。此外，三向尺度均超出标准砖者（如栌枓、下昂、北壁补间斜华栱和令栱等）都被认为是特制的模砖。《研究》认为在上好牢村M1的全部仿木构件中，“直接使用标准砖砌筑或对标准砖仅做细微加工的占32.05%，在标准砖基础上分解、加工制成的占62.95%，特制加工的占5%”。

由于栔高取2/3砖厚，故五铺作总高7皮砖厚[①]，“在出跳方向以标准砖长度为限安排出跳方向构件的尺度，在立面方向以标准砖厚2/3 作为栔值，使得五铺作枓栱的总高与标准砖厚的整数倍相合”。《研究》探讨该例所用份数时，分别以单材广15分°和近似足材广20分°折算砖厚60mm（同时也是材广、材厚），前者（按分°值4mm计算）折出的份数与《营造法式》的规定不符，按后者（按分°值5mm计算）折得栌枓高、宽、耳平欹取值及耍头份数则与《营造法式》基本一致。此外，泥道栱与令栱的长度比、一二跳华栱出跳比亦较为接近木构的规定，因此认为材份制度及其对应的比例关系已渗透至仿木枓栱设计之中，而支配了最多仿木构件的条砖厚，最有可能是工匠采用的主要模数，至于受砖件长、宽制约的构件长度则是次要模数，据足材广1/20推出的“分°值”可度尽栌枓、耍头的细部，应为“隐形模数”。

按《研究》提出的观点，有利于快速建构起对上好牢村M1的整体认知，但也存在过度解读的潜在风险。由于砖件规格较为齐整，其三向比值（1:3:6）可以转成一套以砖厚60mm为边长的格网，覆盖包括铺作在内的全部壁面。此时，基准长（砖厚）已足以便捷、准确地度量全部构件的实体尺度与空间距离，并不存在继续细分模数层级的必要。更重要的是，这套“换算方法”仅是针对有限对象（仿木砖墓）的地域性匠作经验，它既非行业通

① 算法为：栌枓平欹取1皮+四材取4皮+三栔取3皮×2/3=7皮砖厚。

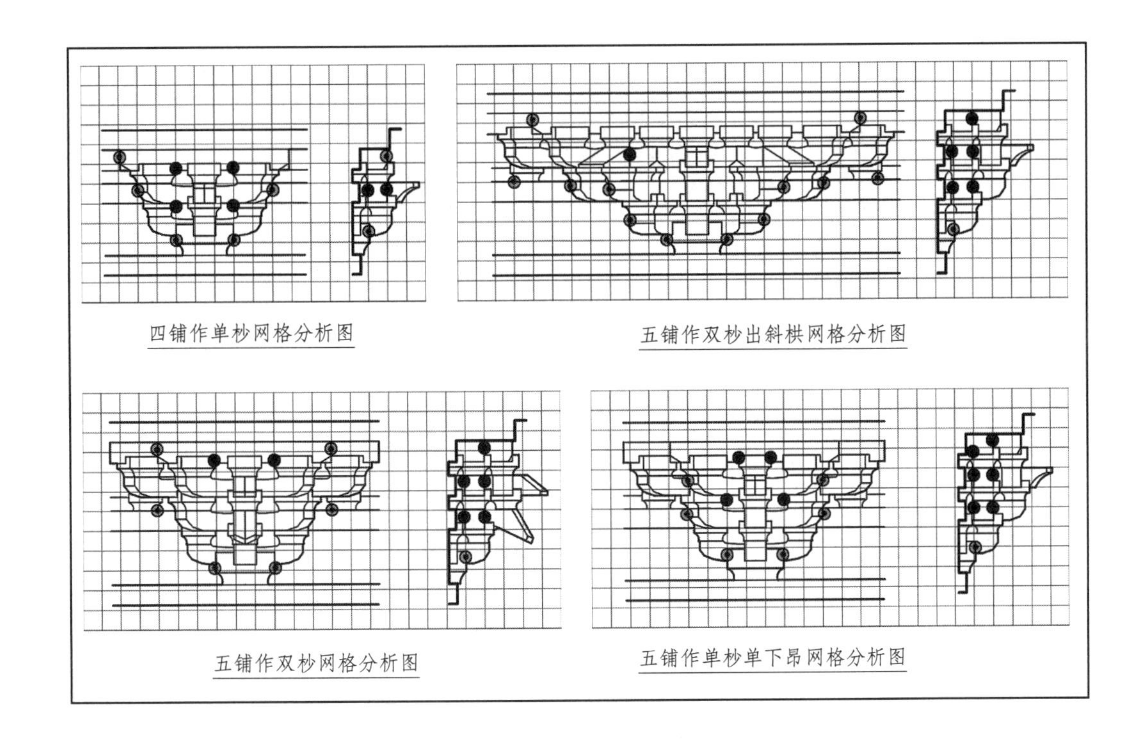

图6.35 壶关上好牢村M1枓栱受2寸网格控制情况
（图片来源：据参考文献[95]数据改绘）

规，也不直接勾连人体尺度，更不存在分级变造的可能，无法与一般意义上的模数制度等量齐观，将其比附为《营造法式》的八等用材制度是不确切的。此外，砖的烧制、砍磨精度能否满足分°值要求也很令人怀疑，《营造法式》常用材等中的最小分°值为3分、100mm左右（按北宋营造尺长305-315计算），砖的加工误差显然较治木时更加剧烈，很难想象反而能用到更精细的刻度（1分°合4-5mm）。北宋中后期的仿木砖墓中是否已受"材分制"控制？从工具和工艺的发展情况来看是值得商榷的。最后，材分模数制的一个特点是对于建筑构件截面与空间比例关系的控制统一而彻底，若推导的分°值仅能满足少量部件合得的份数简洁，就很难确证材分制的存在。因此，也存在这样一种可能：造墓工匠在营造之初并未抱持明确的模数原则，而是直接向木匠讨教约定俗成的高宽比值来修定仿木部件的整体形态，化简比例后照搬到砖墓之中，这同样可以快速获取相对"写实"的砌砖形象，而无需假借复杂的"分°"概念来精确计算（图6.35）。

（二）仿木砌法分析

1.单抄四铺作

这类枓栱主要配合抱厦使用（图6.36），其栌枓以半模砖充担（与条砖等长，宽度与厚度略超出），前端砍出斗欹弧面，后端完整砌入墓壁。泥道栱由平砖砍削下部后顺砌而成，被华栱分割成两条栱臂，留出栱眼后搭在栌枓之上。交互枓高一皮砖，可从一块条砖中解出三只；散枓与之同高，以平砖丁砌后砍削端面而成；令栱上的斜散枓则自条砖中一剖二解出，后方砍出楔头伸入壁体。耍头同样是对剖条砖后顺砌得来，且不卷杀端部；平砖顺砌、

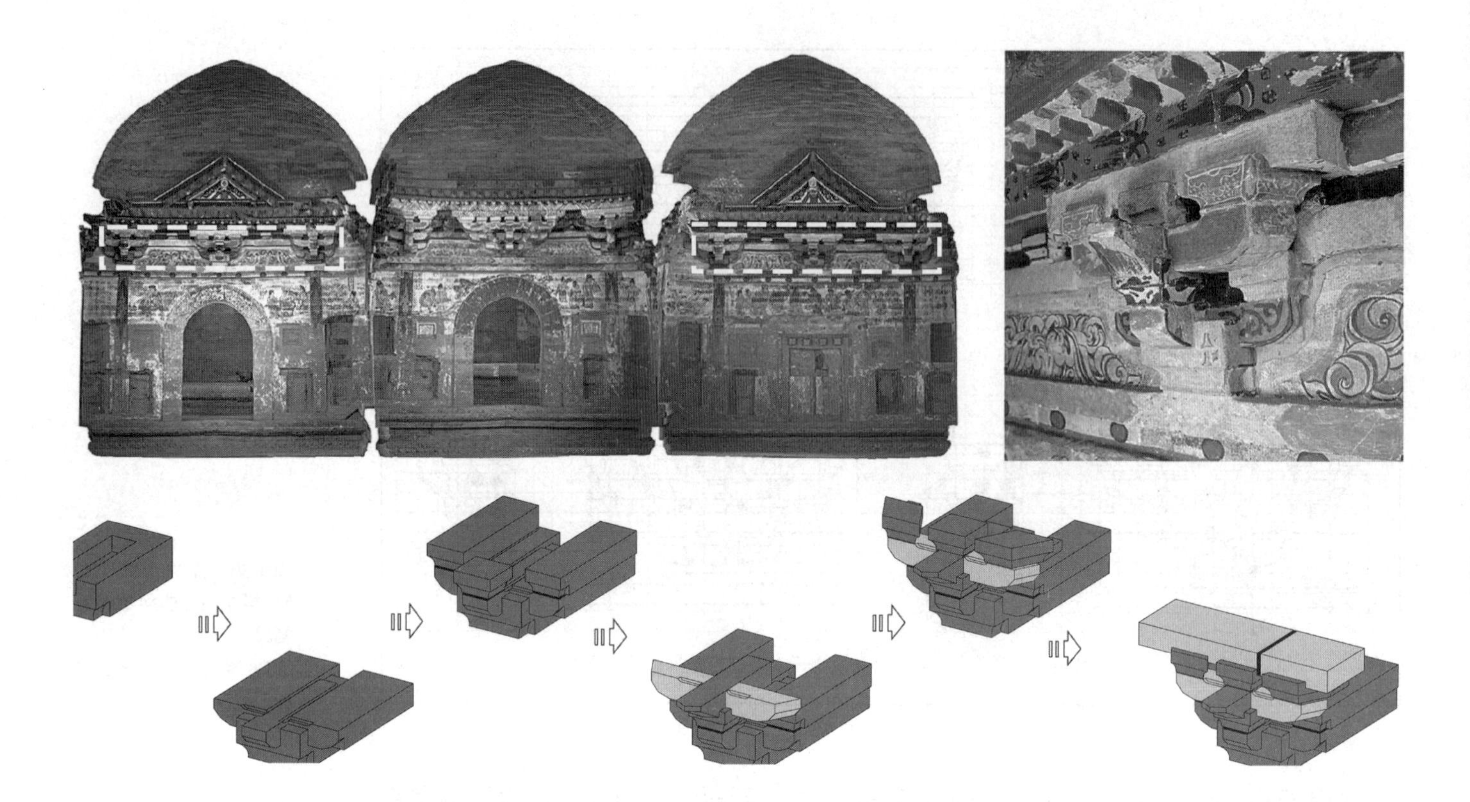

图6.36 壶关上好牢村M1四铺作分布位置与砌筑过程示意图
（图片来源：照片引自参考文献[95]，其余作者自绘）

抹角后形成令栱；再以条砖下开盖口、压住令栱上斜散枓后做成替木，其上用外端抹圆的条砖模仿撩风槫，再上砌出特制的椽、飞砖，逐层铺装以承墓顶（图6.37）。

2.单杪单昂五铺作

栌枓与第一杪做法与四铺作相同，昂为特制件，前端搭在泥道栱、交互枓上，后端入壁，慢栱为一砖对剖解得，下部接散枓处砍削加工，端部抹斜（图6.38、图6.39）。

3.双杪出斜栱五铺作

用在北壁补间位置（图6.40），栌枓及第一跳上的正出华栱、交互枓、散枓、耍头做法与单杪四铺作相同，齐心枓与单杪单昂五铺作相同。第一跳斜出华栱与泥道栱连做，系从条砖中按照交斜解造原则剖出，砍削下端后接入栌枓；第二跳正出华栱为对剖条砖后丁砌砍成，斜出华栱与瓜子栱连做，宽度略超过条砖，砍削下端接交互枓处后将尾部插入墓壁。慢栱栱臂也是从条砖中切出，其端部抹斜，后半部分插入壁中，令栱、耍头亦是如此，但都分作三段：当中一段耍头是对剖条砖后解得，两侧斜耍头与当中的令栱连做，略宽于条砖，砍削下方以纳入齐心枓；令栱两端同样是从条砖上砍出，外侧抹出卷杀并模仿晋南、豫北一带的栱端抹斜做法（图6.41）。

4.基座、门窗、柱额

墓壁主要用平砖顺砌，替木、撩檐方、须弥座等部位用则平砖连续丁砌，二十四孝浮雕砖则主要由立砌的侧砖构成。由于各壁上表现的建筑形象如实仿写了院落中的正房、厢房关系，彼此的台基标高各不相同，须弥座亦不兜圈（北壁高7皮，其余三面4皮），柱框略呈

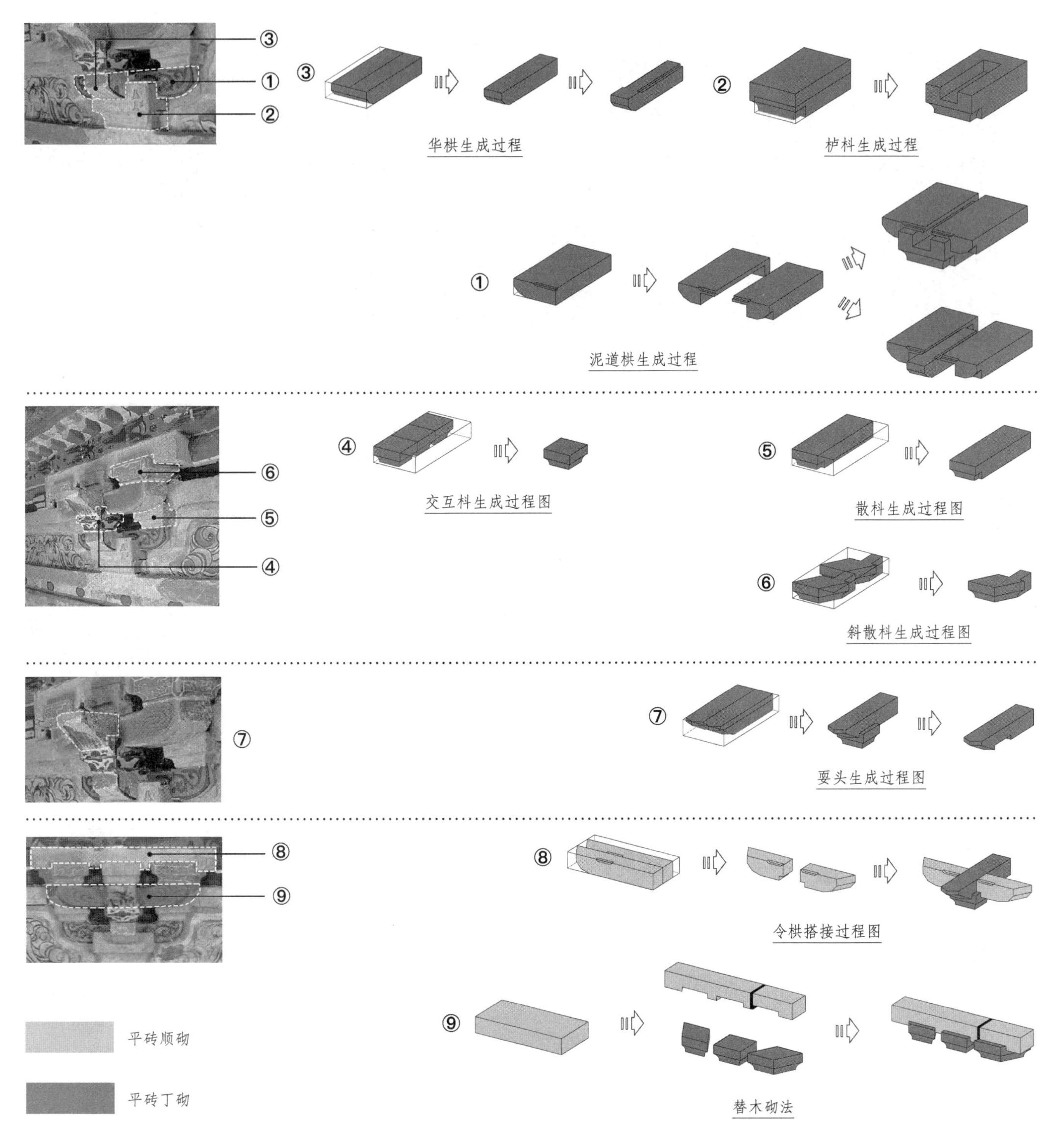

图6.37 壶关上好牢村M1四铺作各部分砌法示意图

（图片来源：照片引自参考文献[95]，其余作者自绘）

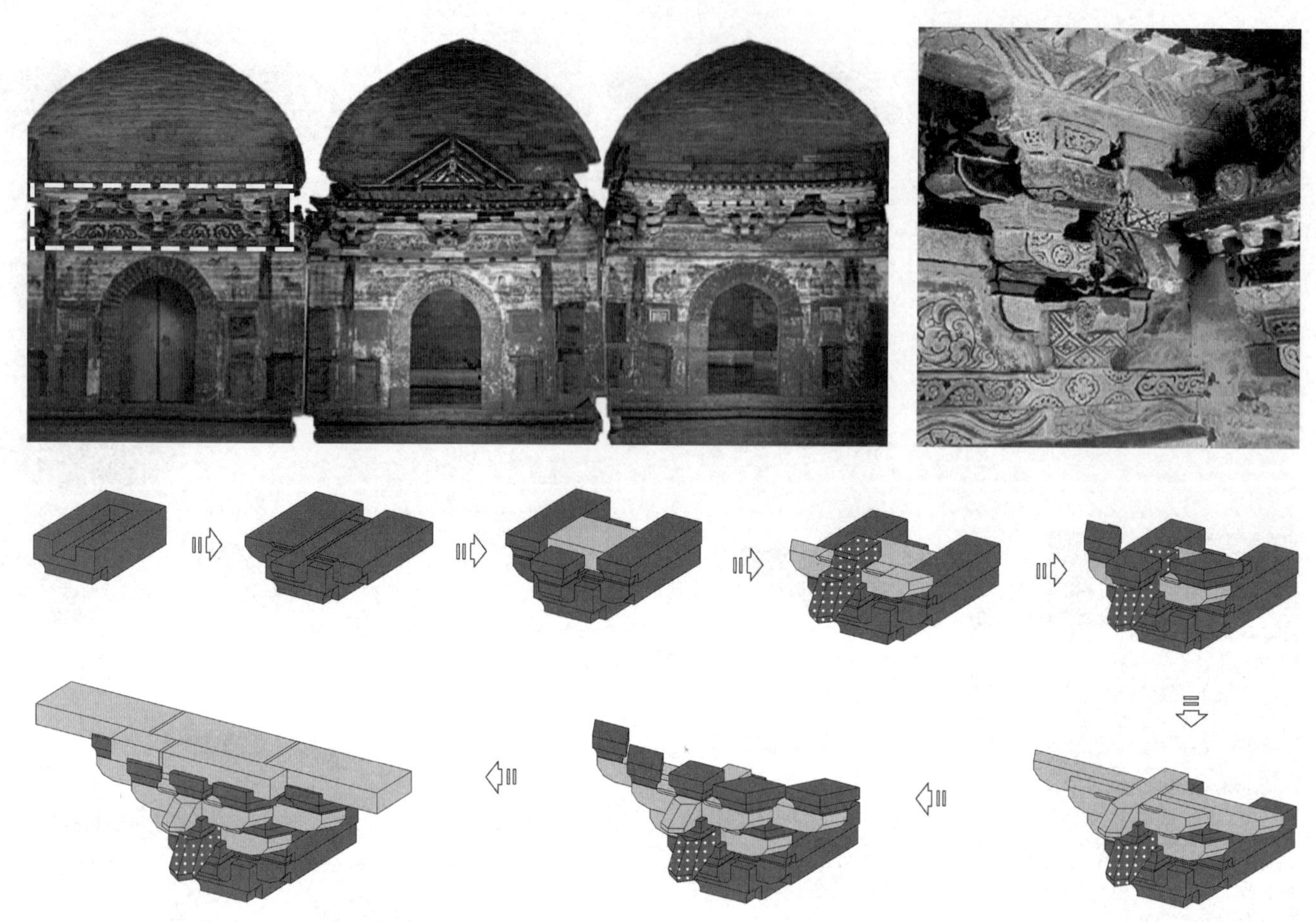

图6.38 壶关上好牢村M1单杪单昂五铺作分布位置及砌筑过程示意图
（图片来源：照片引自参考文献[95]，其余作者自绘）

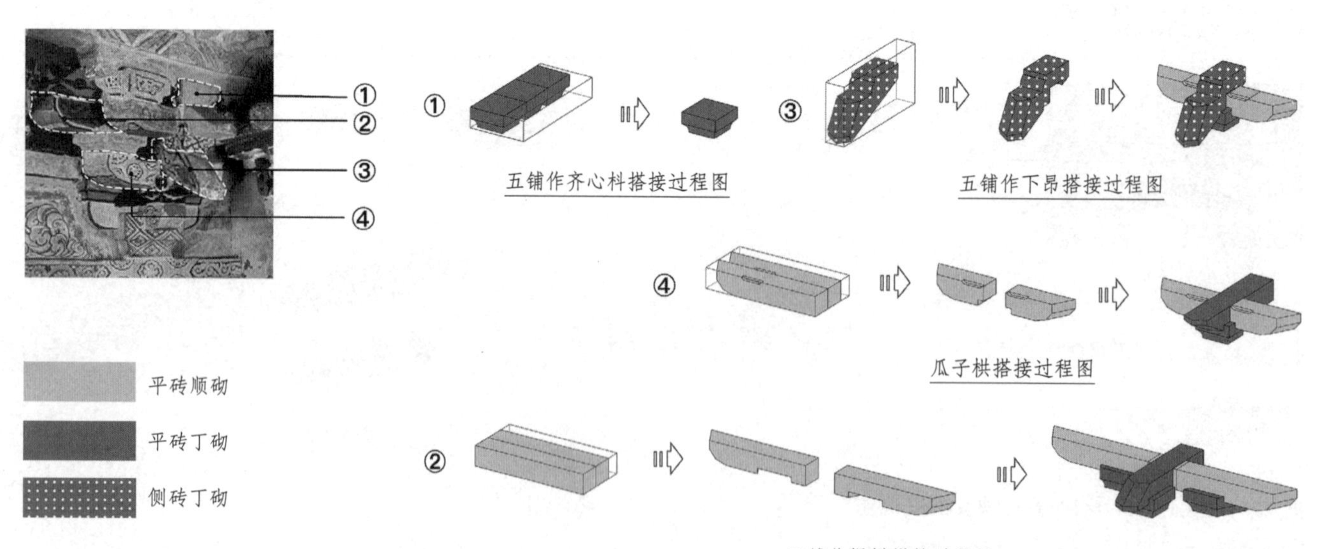

图6.39 壶关上好牢村M1单杪单昂五铺作各部分砌法示意图
（图片来源：照片引自参考文献[95]，其余作者自绘）

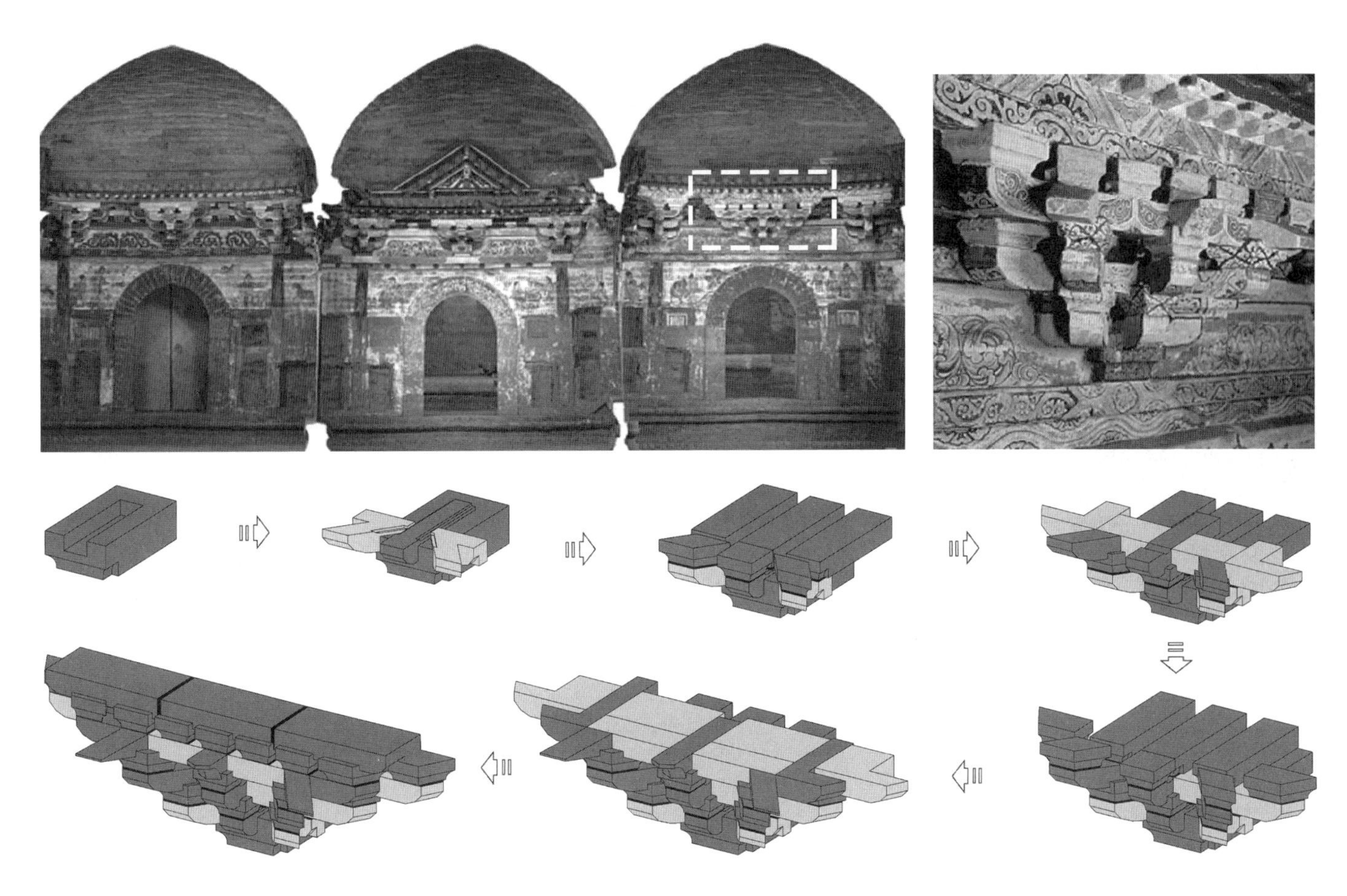

图6.40 壶关上好牢M1双杪五铺作分布位置及砌筑过程示意图
（图片来源：照片引自参考文献[95]，其余作者自绘）

2∶1的横长方形（图6.42）。

5. 屋面、墓顶

《研究》提到上好牢村M1各壁上替木的处置方式皆不相同（北壁均卷杀分瓣，东壁补间斜杀一道、柱头截直，西、南壁上均截直），其上承撩檐方托椽、飞砖（方椽圆飞与《营造法式》制度相反），再上为一皮仿小连檐砖，托柿蒂纹筒瓦和盆唇板瓦。南、北壁上于檐瓦与墓顶间用条砖砌出正脊，东、西壁则额外砌出搏脊、戗脊、搏风版、排山勾滴、垂脊等山花构件，并“露明”山面构架，在蜀柱上以单斗只替承脊槫，配叉手、顺脊串等。四壁屋檐上下交错，北高于南，南又高于东、西，这显然是在模拟院落中正房、厢房与倒座的主次关系。考察细部可知，撩檐方为一皮平砖顺砌；椽砖略短于标准条砖，应是砍凿边缘的结果，每砖侧面做出三椽三当，其上模拟小连檐；瓦垄砖亦为一皮平砖顺砌，每侧自当中至两侧分别刻出坐中仰瓦一个、筒瓦两个、居边仰瓦各半个；山花面则由平砖丁、顺组合填充（图6.43）。

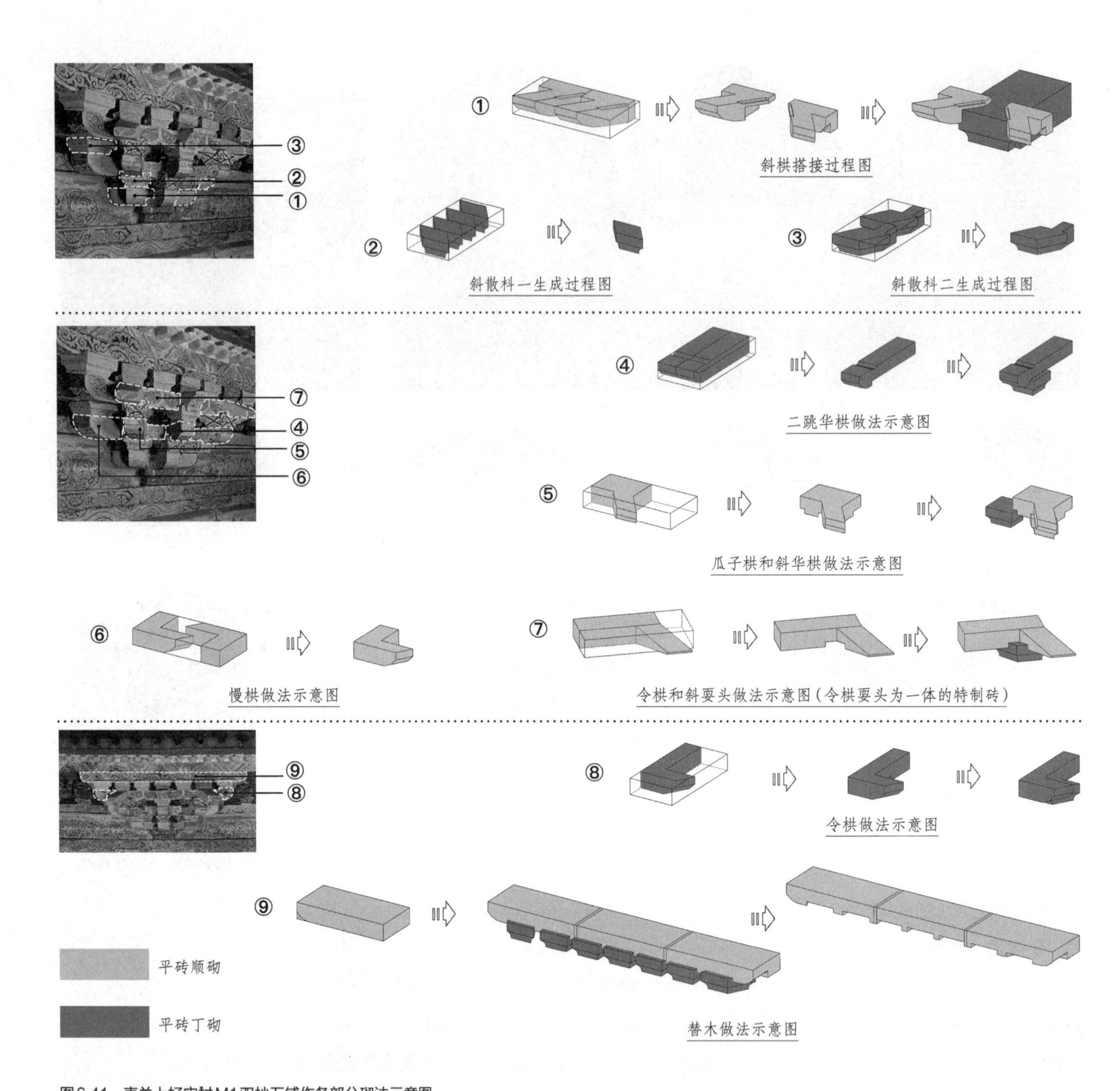

图6.41 壶关上好牢村M1双杪五铺作各部分砌法示意图

（图片来源：照片引自参考文献[95]，其余作者自绘）

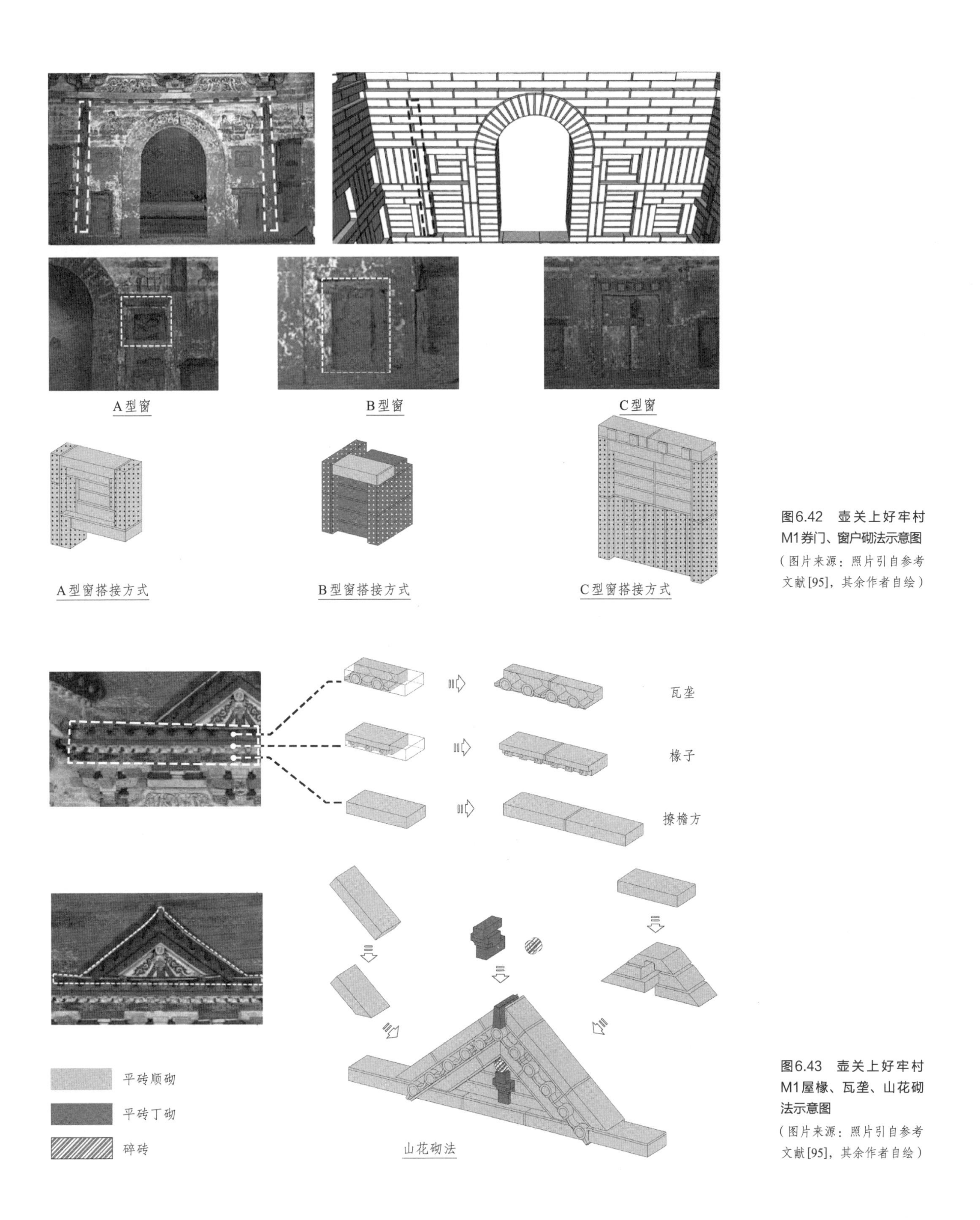

图6.42 壶关上好牢村M1券门、窗户砌法示意图
（图片来源：照片引自参考文献[95]，其余作者自绘）

图6.43 壶关上好牢村M1屋椽、瓦垄、山花砌法示意图
（图片来源：照片引自参考文献[95]，其余作者自绘）

6.6

案例六：稷山马村段氏家族墓M1

（一）发掘及研究过程

马村段氏家族墓建于金大定、泰和年间，位于山西省稷山县城西南5km的汾河北侧台地上，毗邻元代青龙寺，1973年当地群众掘出仿木砖雕墓三座，随后省文管会前往清理，1978年秋、1979年冬两次深入普查后又发现砖墓十一座，至今总计发现十四座、发掘九座，杨富斗曾撰文深入论述了稷山金墓的整体情况（另包括化峪的五座墓和苗圃金墓）①，胡冰也以段氏家族墓群为对象撰写了硕士论文②。

《山西稷山金墓发掘简报》（以下简称《简报》）据规模大小、雕饰繁简之别，将稷山金墓分作甲、乙两类，其中甲类墓由墓道、墓门、墓室构成，除马村M3、M8墓门在墓室正南、呈丁字形布置外，其余诸墓皆在墓室南壁东侧辟门，平面为刀形。M1为竖穴式墓道，长2.82m、宽0.46m、深4.6m，土圹外壁包砖，墓顶开天窗，墓内多用360mm×160mm×60mm的条砖，佐以方砖，“仿木构部分的柱、额、枓栱、勾头滴水、脊兽及装修部分的门窗格扇等，多为模制构件。也有少量是用特制的砖精雕而成。施工时，砖的压砌面修削较薄较短，内施稀泥黏合，露明面皆水磨合缝，表面光洁。外露面如用砖单表，其外部则附砖加固。墙外皮与土洞之间的空隙施黄土与碎砖充填”。M1墓门为砖券洞，外口雕作壸门，饰以缠枝花边并砌出仿木门楼。墓室内西侧砌出棺床，南部未顶头，与壁体间留出一条夹道，最初发掘时墓内地面与棺床面皆不施砖，杨富斗认为符合古代地理家对“穴”的理解。墓壁上的仿木内容则被诠释为“由四座房屋的外檐建筑构成前厅后堂、左右厢房式的四合院”，M1与M2、M3、M4、M5、M8等六墓均在“四面檐下周砌回廊，并置勾阑，形式特别，结构精巧”，尤其M1为“重檐屋顶，气魄雄伟”，壁下部用双层须弥座，“自下而上砌混肚砖一层、牙脚砖一层、罨牙砖一层、合莲砖一层、束腰砖一层、罨涩砖一层、覆莲砖一层、壸门柱子砖三层及仰莲砖一层、方涩平砖一层。壸门间以力士柱或云盘线柱分隔，束腰部分与壸门内均雕刻牡丹、莲花等花卉或天马、仙鹿、山羊、狮子等跑兽，形制与《营造法式》‘须弥座’之制基本相同”。各墓四壁皆以四柱分作三间，周围砌出十二根配有宝装莲柱础的抹角方柱，M1在普拍方下设雀替取代通长阑额，两替相交形似欢门（《简报》记为“壸门”），装饰缠枝卷草以模拟帐带。铺作方面，M1下檐用单昂四铺作，上檐增至双昂五铺作，《简报》认为其“枓栱较粗大，又用45°斜昂，比例不当，排列拥挤。斜昂在柱头铺

① 杨富斗.山西稷山金墓发掘简报[J].文物，1983(01)：45-63+99-102.
② 胡冰.山西稷山金代段氏砖雕墓建筑艺术[D].太原：山西大学，2015.

作或补间铺作交替使用，有的少出一跳，形制不够规格，但大小相同，极富装饰性”。铺作上为替木、撩风槫，“槫上雕方椽，并列勾头滴水……屋顶坡度较小，瓦垄不到头”（M1仿瓦砖为素面，不若M3、M4、M8中模制的瓦面细腻繁丽）。屋顶为覆斗式，“即于屋顶之上四面砌券，斗合而成”。墓室之内，一般都在北壁正中砌出门楼一座，基座凸出，上施两根抹角方柱以撑持山花，门楼内再砌出一盒版门，M1作妇人启门图，其余诸墓多紧闭；北壁两侧则雕刻孝悌故事各一幅（左为“赵孝舍己救弟”，右为“蔡顺拾椹奉亲”）；南壁雕砌舞台一座，与门楼相对凸出，其上置有圆雕模制杂剧人像五躯，舞台后壁又浮雕伴奏者六人，“左上角为大鼓，右上角为拍板，中间一笛一觱篥，前面左右两边有二腰鼓，演奏者一击一拍，且步且奏，六人五器统一在一个画面上，呈梅花桩式”。舞台“高耸挺拔之势，与亭相似，可谓‘舞亭’”（M3与M8的舞台则因“基座未向外突出，且中辟墓门、前后相通，上下两层形似楼阁，可谓之‘舞楼’”。而M4与苗圃M1的南壁“其下为须弥座式台基，上砌单檐屋顶，……面阔三间，中间特别宽大，上施大额枋，枋下两次间之由额插入中间，形成雀替。另外柱头科栱用材较小，且少出一跳，与左右两次间具有比较明显的区别。这个舞台与‘舞亭’或‘舞楼’不同，其台面宽阔，高广适宜，形似厅堂，可谓‘舞厅’”）。这种对不同建筑类型的再现极为传神，意味着酬神娱人的内容已从祠庙渗入墓室，屋宇等第限制被彻底突破[①]。杨富斗关于舞台多元形制的辨析极富前瞻性，意味着对仿木形象的认识已从构件样式扩展至空间态势的层面。M1南壁舞台两侧装饰内容也有所不同，东侧墓门上方留有无字方牌一道，西侧雕砌牡丹栏与两小儿骑竹马嬉戏。东、西壁则分作三间，每间雕出一盒格子门。M1曾遭扰动，葬式不详[②]，出土有景祐元宝、熙宁元宝各一枚。段氏家族墓自北向南分作三排，总体呈扇面状，其中砌有《段楫预修墓记》的M7正在最南一排[③]，由是可知这些砖雕墓的下限不超过金大定二十一年（1181年），而从铜钱看上限不早过宋大观间（1107-1110年），基本代表了金前期晋南富绅阶层的墓葬风尚。

（二）仿木砌法分析

马村段氏家族墓M1形制繁复，内壁处理成重檐形象，上、下层又各自分作柱头、补间。

---

① 《宋会要辑稿·舆服》记仁宗景祐三年（1036年）八月三日曾颁诏：“天下士庶之家，凡屋宇非邸店楼阁，临街市之处，毋得为四铺作、闹鬬八；非品官，毋得起门屋；非宫室寺观，毋得彩绘栋宇及朱黝漆梁柱窗牖，雕镂柱础。”见：（宋）徐松（著），刘琳，刁忠民，舒大刚，尹波等（点校）.宋会要辑稿[M].上海：上海古籍出版社，2014.

② 马村其余诸墓均为夫妻合卧于棺床上，不施棺椁，一次葬入，头北向或东向。

③ 马村M7北壁嵌有45cm×35cm的砖刻小牌一方，题铭为《段楫预修墓记》：“夫天生万物，至灵者人也，贵贱贤愚而各异，生死轮回止一。予自悟年暮，永夜不无，预修此穴以备收柩之所。楫生巨宋政和八年戊戌岁，至大金大定二十一年辛丑，六十四载矣。修墓于母亲坟之下位，母李氏，自丙午年守姑，至辛巳岁化矣。楫生祖裕一子，一女舜娘，长二孙泽、译二人，二女孙。故修此穴以为后代子孙祭祀之所。大定二十一年四月日。段楫，字济之，改灏字……”

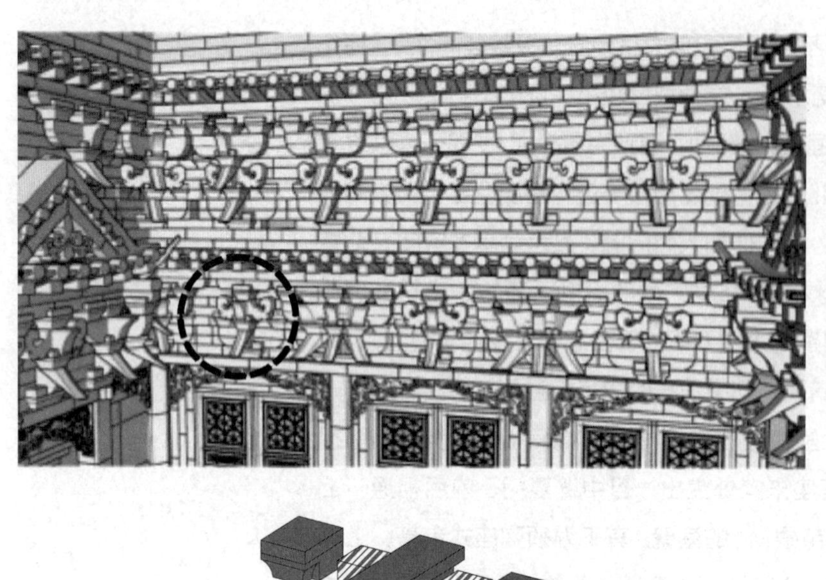

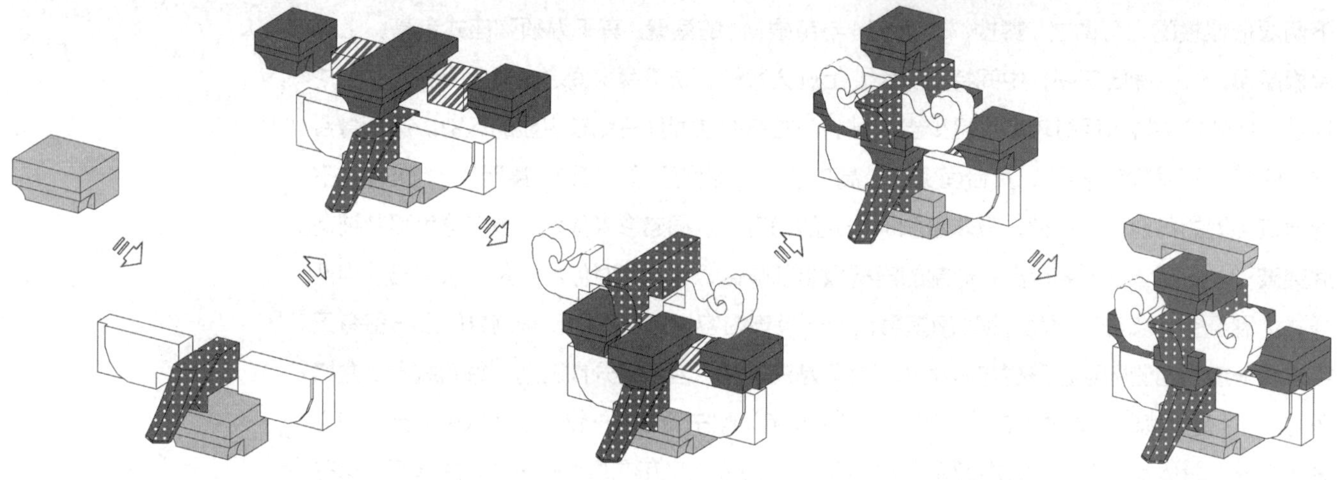

图6.44 稷山马村M1下檐补间铺作分布位置及砌筑过程示意图
（图片来源：作者自摄、自绘）

1. 下檐补间单昂四铺作

栌枓由二皮平砖顺砌而成，下道砖充斗平和斗欹，上道砖充斗耳。为尽量贴近木料的竖向比例，刻意削薄了斗耳部分，使其不足标准砖厚；斗欹为半模制，后半部分保持完整，前端杀出内顱曲面，斗耳与华头子、插昂、两片泥道栱臂相互咬合，现场未见斗耳边缝，推测应是由整砖充当，在插昂华头子和泥道栱砖上开出盖口搭压而成，这与木构在枓上开槽容纳完整栱、昂组件的做法恰好相反，却更符合砖件的受力性能。泥道栱由两块侧砖直接顺砌，砍削两只栱臂下角后相向搭扣栌枓而成，其测得高度略低于标准砖宽，与插昂一样经过“斫事”[①]，两者上下皮齐平，共同表达单材广（图6.44）。

散枓由二皮小砖叠砌，其中充斗耳的上道砖是将条砖切除多余部分后，沿着顺面（砖肋）划十字线后剖得，故高度仅为半个砖厚，下道砖则基本按1:3分配平、欹高度，使得全枓的竖向构成近似0.5:0.25:0.75（4:2:6），略微呈现出高斗欹的倾向。仅凭现场粗略观

① 插昂、华头子连做，以砍边后的侧砖丁砌而成，并模仿木构做法，在平出假昂的侧面隐出斜线，模拟插昂。

察，尚无法确定下道砖的横向砌法，它可能是将条砖匀分成三块近似方坯后分别砍出䫜面，也可能是直接以一块条砖平身顺砌，在做出枓件下段后再将剩余约2/3部分向内砍削，以形成连做的、素方之下栱眼壁版之上的条状扶壁栱。齐心枓同样高二皮，为平砖丁头向外砌成，下道砖充平、欹，三面砍出内䫜后再向内斩斫，与第一跳上暗栔连做，整砖砍作“甲”字形，既防止了单砖悬挑的外翻风险，也便于与两侧砖件拼嵌，同时保持了十字开槽枓的完整形象。斗耳部分难以观测，因其高度恰为条砖厚之半，故存在两种可能，一是斩去多余部分后再沿砖肋一剖四，呈扁方形搭在下道枓砖上；二是直接将条砖横向一剖二，搭压在“甲”字形下道砖上，后尾插入墓壁。

令栱为侧砖大面朝外顺砌而成，边缘砍磨成卷云形以模仿翼形栱，其整长已超出标准砖规格，而高、宽又与标准砖相同，应是分成两只栱臂分别制成（若为整件特制砖，则绞耍头时切除部分过多，难以保障砖件强度）[①]。耍头同样是用砍削过边缘的侧砖丁砌充任，其长、厚与条砖一致，而宽度略低，工匠应是以条砖宽作为足材，切削露头部分后表现单材。替木为平砖顺砌，《营造法式》规定替木端头卷杀的上留、下杀部分按2:1分配，正与栱件2:3的主次选择相反[②]，马村M1的替木上留少而下杀多，并未采用宋官式的比例。

泥道栱、插昂华头子、耍头与翼形令栱皆为侧砖丁砌，这使得主要的纵、横向构件上下边缘自然对齐，相较以平砖顺砌充横栱的做法更加简明、直白，避免了柱缝顺砌而出跳丁砌时可能产生的两向不等高问题。同样的，工匠主动砍削砖件边缘来区分单、足材，说明其仿木意识已进展到刻意靠拢具体比例关系的境地，模制砖的盛行必然建立在砖匠娴熟掌握木作知识的前提上。在整个铺作体系中，唯一完全契合条砖厚度的是各枓的平欹部分（即下道砖），斗耳则同时与斗平、砖厚成倍、分关系（斗平=1/2斗耳=1/4砖厚），它最有可能成为度量铺作整体与局部的基准，可以视作砖材中最接近木构“分°”概念的度量单位（图6.45）。

2.下檐柱头单昂四铺作

栌枓以一皮特制砖（长度大于条砖）顺砌表示，仅做出斗平和斗欹部分，整体较扁。正、斜向伸出的三缝插昂及其下华头子均为模制的侧砖丁砌而成，其昂嘴纤薄、当中起棱出锋、琴面内卷柔和，并在连接单瓣华头子处刻出一道模拟真昂下皮的斜向分体线。为令正缝插昂形态完整，工匠砍削了斜缝昂里侧，使其彼此贴合；同时，为使相并后的三砖各自仍能占据足够宽广的接触面，确保铺作底部受力稳当，采用了特制砖充当平盘栌枓，以便安放三向伸

① 因现状拼缝过于紧密，对此翼形栱的造作方式仅为推测，上下各作半榫时压扣较为稳固，但砍削工作较多；若不分栱臂，用整砖下开口做出单条令栱，则剔凿部分过多易发生断裂，同样不甚可取。

②《营造法式》卷五《柎》条规定：“造替木之制，其厚十分°，高一十二分°。……凡替木两头，各下杀四分°，上留八分°，以三瓣卷杀，每瓣长四分°。若至出际，长与榑齐。”而卷四《栱》条则记：“凡栱之广厚并如材。栱头上留六分°，下杀九分°；其九分匀分为四大分；又从栱头顺身量为四瓣。各以逐分之首（自下而至上），与逐瓣之末（自内而至外），以真尺对斜画定，然后斫造。”

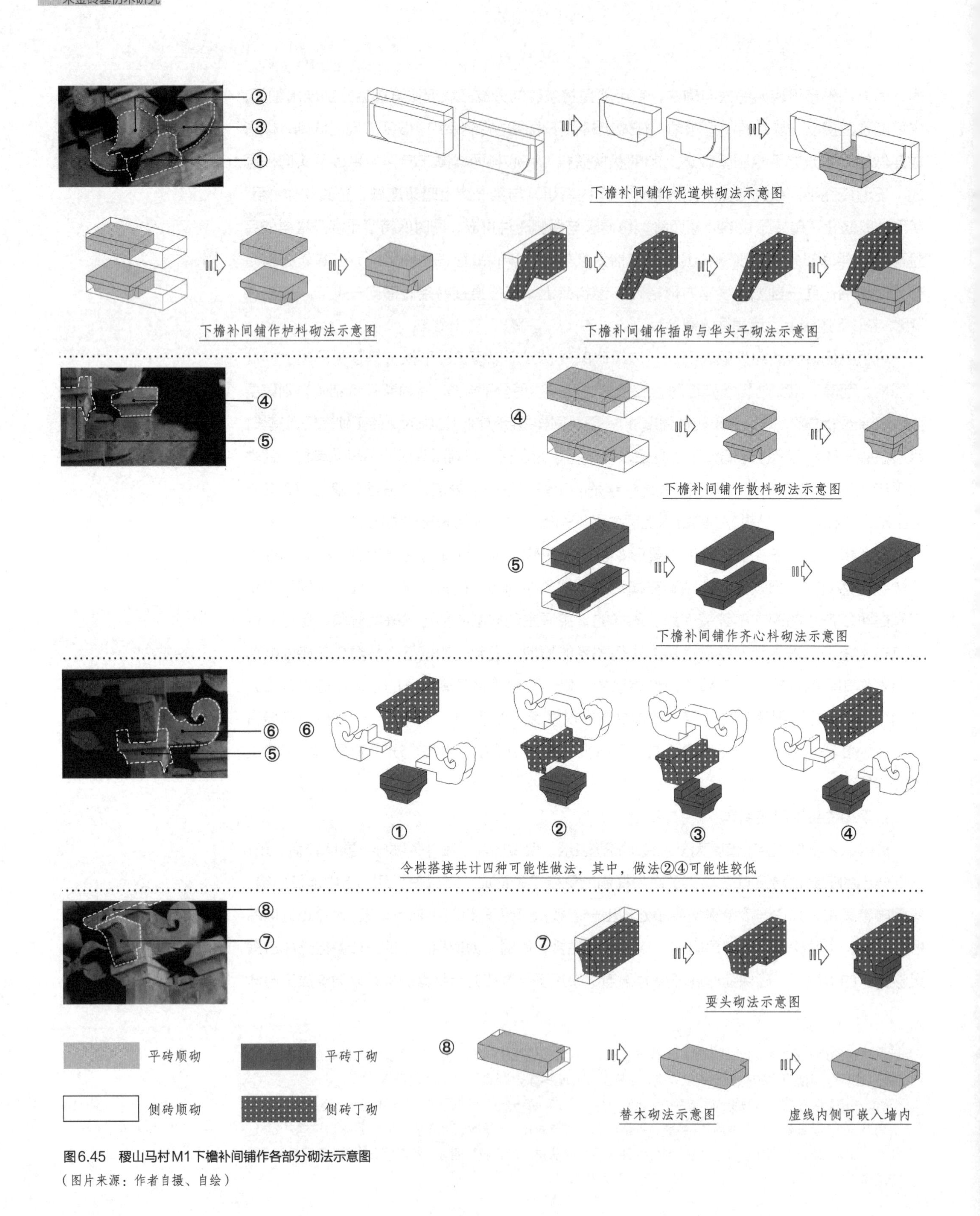

图6.45 稷山马村M1下檐补间铺作各部分砌法示意图
（图片来源：作者自摄、自绘）

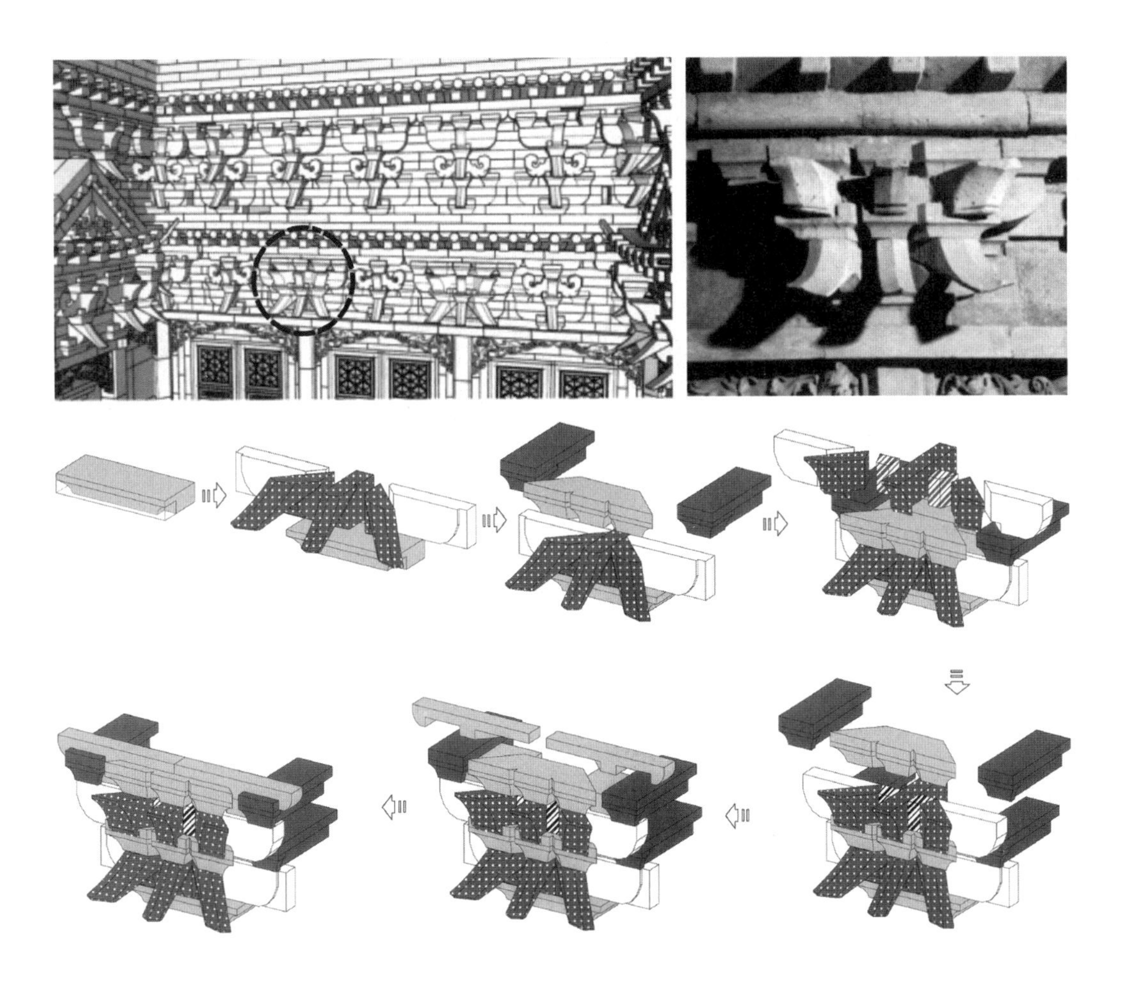

图6.46 稷山马村M1下檐柱头铺作分布位置及砌筑过程示意图
（图片来源：作者自摄、自绘）

出的昂件。泥道栱分两块拼组，自条砖上砍去栔高部分后，将内侧切成斜面便与斜缝插昂拼接紧密，且在外端隐出栱端卷杀（图6.46）。

三缝昂上的交互枓各高二皮砖，上道充斗耳、斗平，下道充斗欹。由于正、斜缝联系紧密、交接关系复杂，若用标准条砖分别砍削各枓后再摆放齐整，将大幅提高施工难度，实际制备时只是在较长的特制砖肋上连续刻出枓形，此时工匠仅需斜切砖头边缘以模拟斜缝上交互枓，并在当中砍出三枓间分体棱面即可。耍头为一块侧砖砍去栔高部分后丁砌而成，其外端被砍成反凹形鹊台，正面同样起棱出锋、底部刻线模拟“下随各斜杀向上二分°、长五分°”的斜面，三根耍头贴合后夹出的锐角则被以碎砖填充抹平。耍头之上，同样在平砖肋部连做出正、斜向齐心枓三个，并在耍头外侧拼嵌两段令栱，做法与泥道栱相同，在其端头再以平砖丁砌出两枚正放的散枓，五枓相连共承替木（平砖顺砌，下开口让过枓砖，并填嵌枓间空隙），其上经一层撩风槫砖过渡至屋面层（图6.47）。

3. 上檐补间双昂五铺作

马村M1下檐铺作兜圈，互不干扰，东、西壁上三朵体量较大的柱头斜栱与三朵刻意收敛的补间翼形栱穿插搭配，节奏鲜明；南、北壁上除角柱头铺作外，仅砌出抱厦檐下的三朵铺作。上檐东、西两壁不再隐出倚柱，当中五朵铺作全部处理成与下檐补间同质的双昂单栱

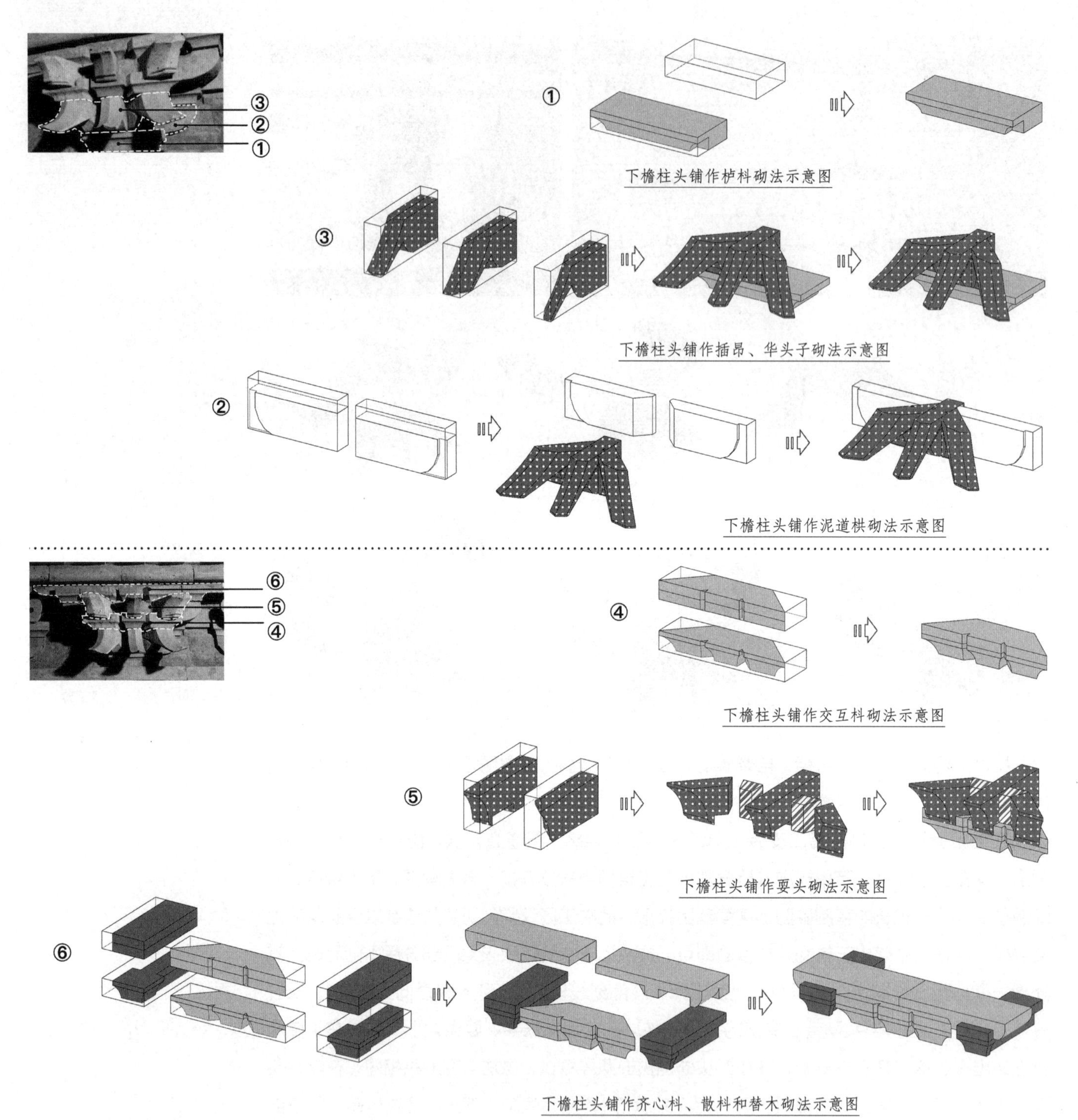

图6.47 稷山马村M1下檐柱头铺作各部分砌法示意图

（图片来源：作者自摄、自绘）

计心造形式，唯将翼形栱自外跳头转移至第一跳头，而将令栱重新处理成卷头形；南、北壁因受山花遮蔽，仅沿着抱厦柱头缝，在墓壁上方添缀补间铺作两朵（用于北壁上者有表达慢栱的意象，其余壁面皆无），正对抱厦正脊处反而空出（图6.48）。

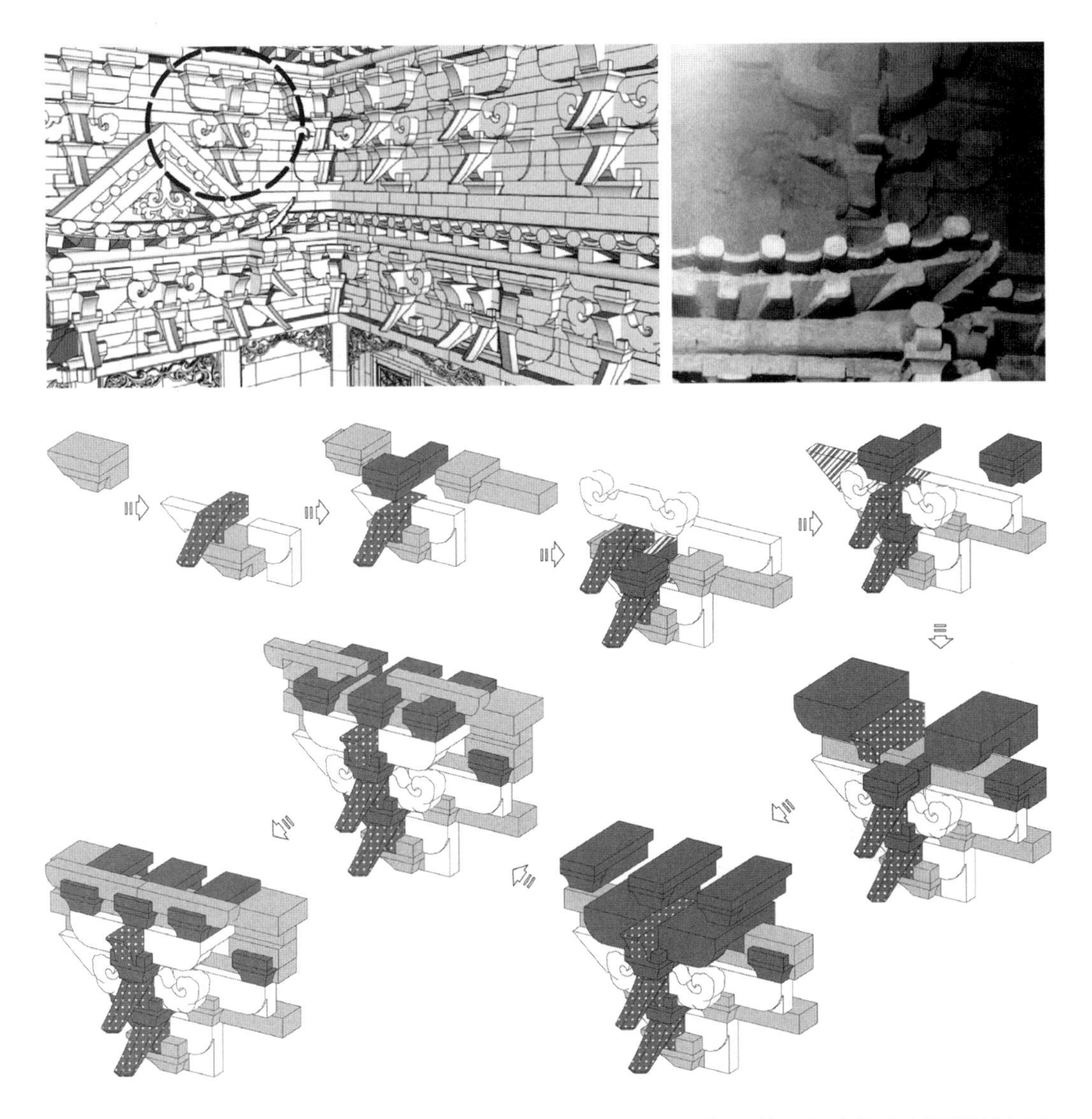

图6.48　稷山马村M1上檐补间铺作分布位置及砌筑过程示意图
（图片来源：作者自摄、自绘）

上檐补间铺作的栌枓做法基本同前，不同处仅是在靠近抱厦的四组上切出斜面以让过山花。折下式假昂及其下单瓣华头子都由整皮连做的侧砖丁砌而成，长、厚与条砖相同，砍过肋面后宽度略短。泥道栱用整块侧砖顺摆，不再切削边缘区分单、足材广，分成两段扣压栌枓并留出空间让过下道折下式假昂后，将原本用条砖填垫的栱间版下部与泥道栱整体连做。小枓、耍头、替木制法与下檐补间铺作相同，兹不赘述。慢栱与翼形栱皆为两块条砖砍削边缘后侧身顺砌而成，前者在外缘隐出卷杀折线，后者下开口让过交互枓并搭压在假昂之上。令栱以两块模制的平砖丁砌形成栱壁，每砖前端开刻栱形、中段砍凿凹口以象征跳头与扶壁间空隙、后部切出斜角内收，这样不仅可以突显其悬挑在外的空间关系，还能有效扣压耍头与慢栱，深入墓壁以加强整体稳定性（图6.49）。

4. 上檐角柱头双昂五铺作

上层角柱头铺作向内出角缝昂、耍头，模仿内转角枓栱承托窝角梁、天沟以令屋面合角的做法，受砖件规格限制，无法如木构般开出正、斜三向槽口，又因相邻铺作逼仄，无法做

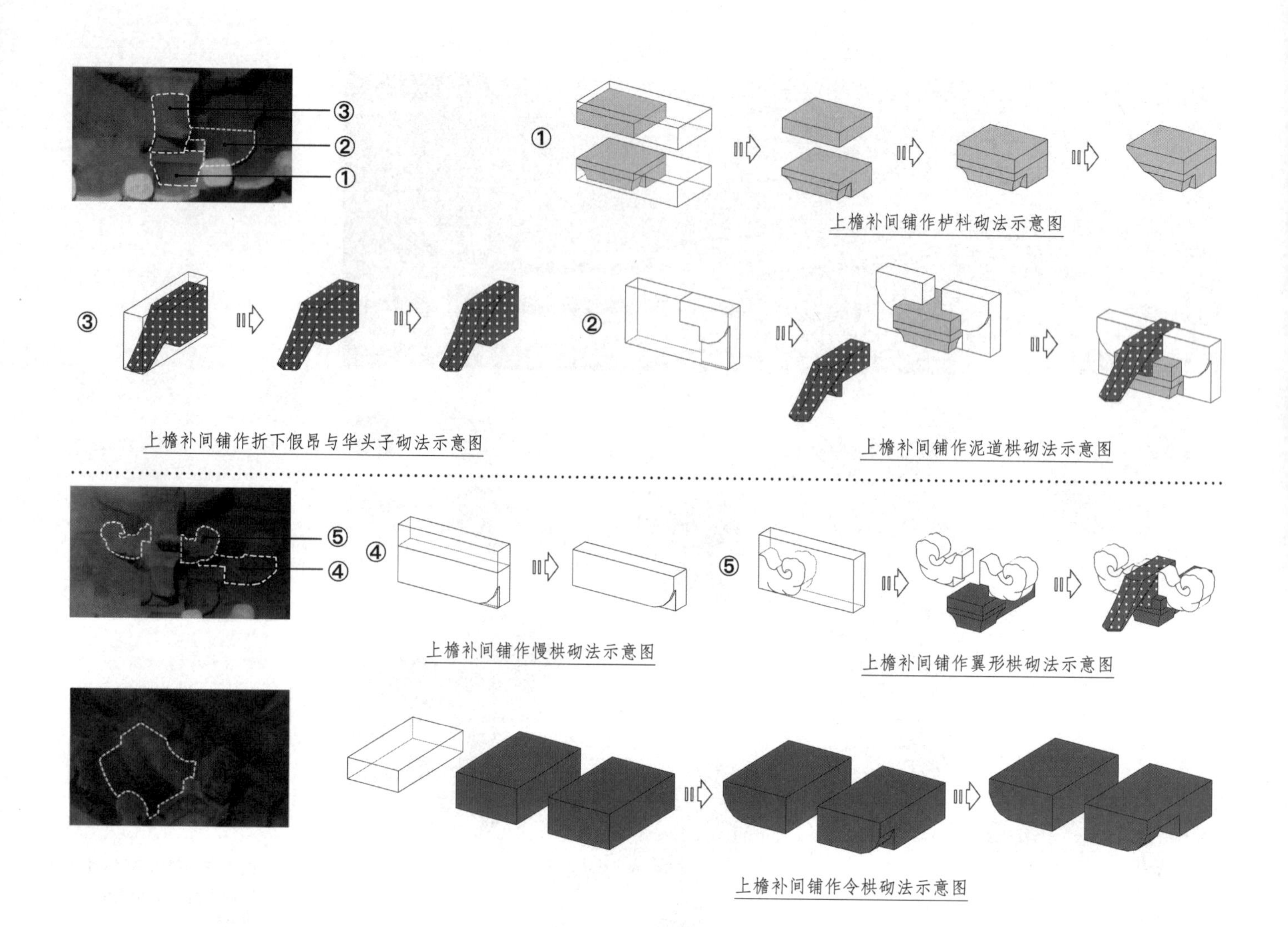

图6.49 稷山马村M1上檐补间铺作各部分砌法示意图
（图片来源：作者自摄、自绘）

出附角枓，故直接将栌枓也扭转45°，配合同样与之平行的第一跳头上翼形栱，在铺作下段局部造成抹角效果。到了上部，令栱仍出跳相列，并承替木绞角托榑。经量测，泥道栱与瓜子栱长度小于其他各组铺作，以此突出泥道慢栱形象[①]，其在北壁上完整刻出，在东、西壁上仅以散枓暗示存在（图6.50、图6.51）。

5.基座、门窗、柱额

马村M1中的砖柱只在上部见到砌缝，下部被灰浆抹平，按尺寸推测应为三块特制方筒砖竖叠而成，宽度略小于条砖而长度较大，四角抹出斜面。

门分两类，东、西壁上用格子门，北壁为版门。其中，格子门制备精细，皆为四抹头，四道横桯通混出双线或破瓣双混平地出双线，桯心与障水版约占整扇门高的2/3，其余分配给门额、地栿、边程、腰华版等，桯心内用簇六填华、三交六椀菱花、龟背锦等纹样，腰华

① 若均按规定长度表达，易与相邻补间冲犯，故先大幅缩短短栱，再小幅缩短长栱，使其整体收缩，但局部突显。

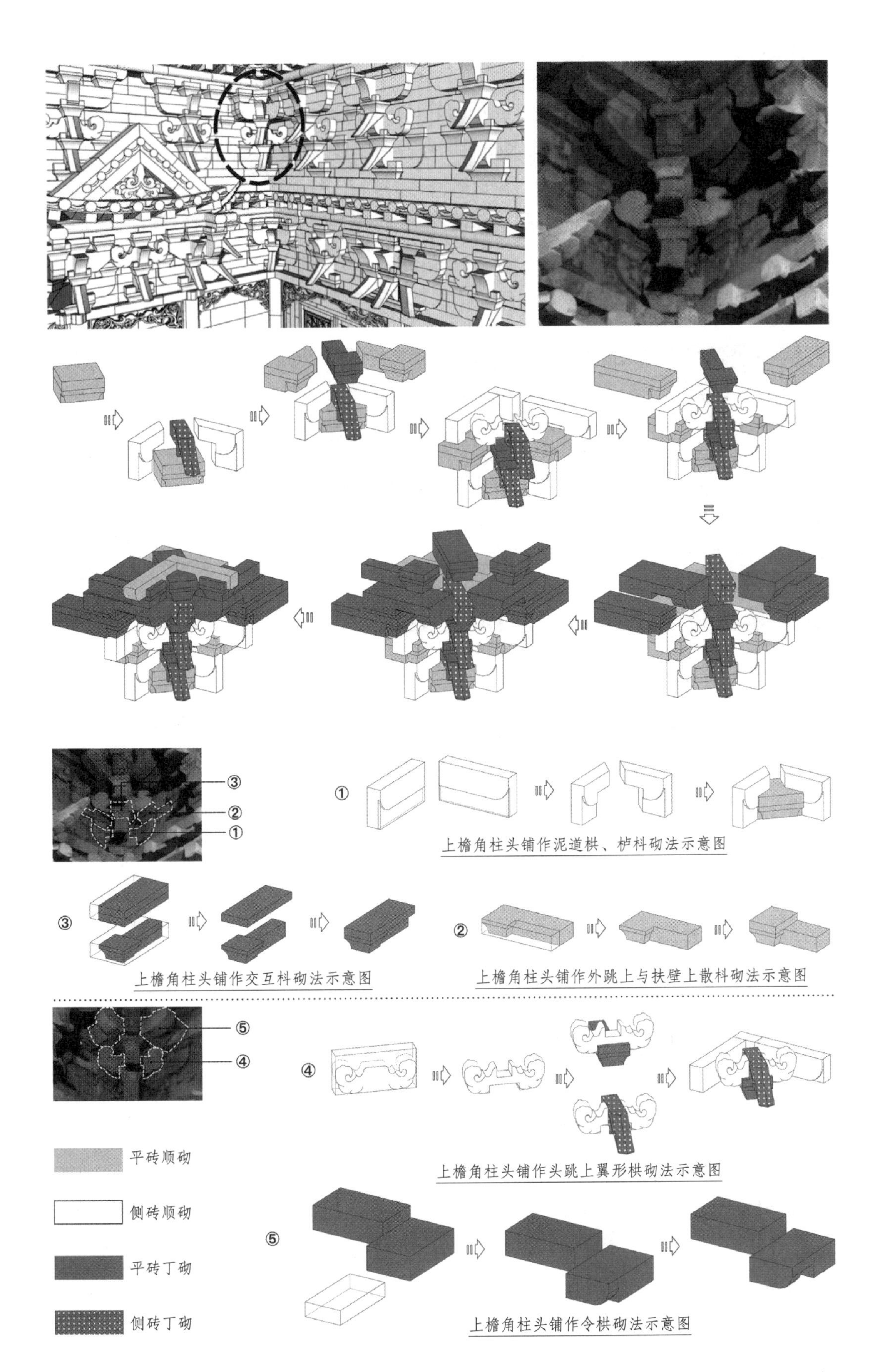

图6.50　稷山马村M1上檐角柱头铺作分布位置及砌筑过程示意图
（图片来源：作者自摄、自绘）

图6.51　稷山马村M1上檐角柱头铺作各部分砌法示意图
（图片来源：作者自摄、自绘）

版内雕缠枝花，障水版多以壶门围簇牡丹、海石榴等；版门外圈置有抱框、门额、门砧、立颊、槫柱、门槛等，额上加门簪一个，门洞760mm×730mm，符合《营造法式》的比例限定①。这些部件中，腰华版、障水版等皆以方砖斗面朝外充当，至于门框、腰串等边缘部分，则先将条砖依次刻削出枭混线，再按设计长度砍斫连接，尤其是拼嵌交角的砖件，可在条砖中段沿45°缝“交斜解造”②，解开后不会产生单另的切角部分，造成浪费（图6.52）。

马村M1中仅西壁做出预制的华版单勾阑，摆放在回廊前沿，下压地栿，上撑盆唇、寻杖，中施托柱，版心图案丰富，勾阑整体方正，其长、宽尺寸恰与条砖相当，也没有明显的

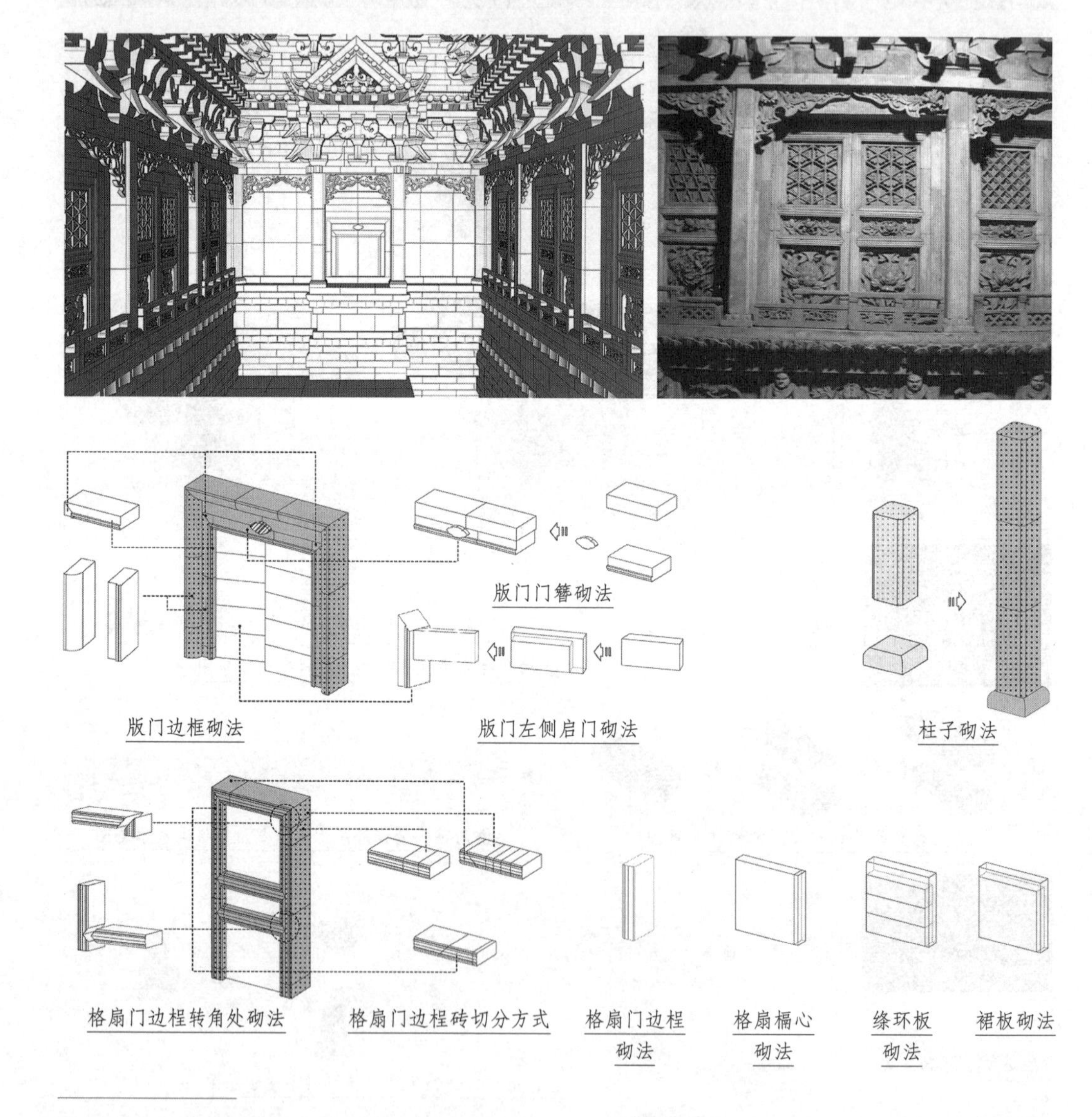

图6.52 稷山马村M1柱框、门窗部分砌法示意图
（图片来源：作者自摄、自绘）

①《营造法式》卷六《版门》条：“造版门之制：高七尺至二丈四尺，广与高方（谓门高一丈，则每扇之广不得过五尺之类）。如减广者，不得过五分之一（谓门扇合广五尺，如减不得过四尺之类）。其名件广厚，皆取门每尺之高，积而为法。”

②《营造法式》卷五《檐》条：“凡飞魁（又谓之大连檐），广厚并不越材。小连檐广加栔二分°至三分°，厚不得越栔之厚（并交斜解造）。”

接缝痕迹，但因版上图案各异、线脚精密，若系逐一制模压坯烧制，成本未免过高，更可能的做法是先在砖件上分出区块，粗略烧制后再手动二次雕凿。勾阑虽系整体制备，但其中各个细部的尺度仍与标准砖间存在简洁比例关系，至少在设计、划线的阶段，是有可能存在类似于网格法的控制手段和度量基准的。详细来说，寻杖长度略短于条砖，宽度与条砖厚相等，而厚度恰为条砖的1/8，它当然是按条砖的整分数来权衡自身比例的。现场可以看到大量断裂的寻杖，显然，无论它是从整砖上抠挖空洞留出的，还是劈分成细条后施药黏接的，都因过于纤薄而难以久存。之所以出现这种情况，可能是模砖成熟后，工匠有了极限追求木构通透效果的技术手段，做出的精巧雕砖反而违背了砖的材料天性，试想当时若满足于抠刻、隐出撮项，而不将寻杖以下部分开透，便不至于出现细部大量垮塌的问题。至于撮项部分，因其厚度与条砖相当，而高度与宽度仅为后者的1/4和1/8，故可从一块条砖上32等分得来；同样的，蜀柱高与条砖厚相等，宽、厚略等于砖长的1/5和1/4，大概是二十解一的关系。至于各类普拍方、撩檐方等交圈构件，则或绞角造，或合角造，前者需将角部两砖沿法线裁割，端部出瓣后两两拼组，后者则至角斜解后合拢内角或直接垂交即可（图6.53）。

6.屋面、墓顶

马村M1的撩风槫由一皮局部削出弧面的顺砌平砖表达。椽子砌法因位置不同而有所区别，用在下檐四壁上者在砖肋上砍出两椽两当（椽当处削出斜面，使砖件不易破损）后顺砌接成；用在上檐及抱厦处者则在砖头上居中砍出一椽，两侧各留出半个椽当，与接邻砖件拼成整当后连续平砖丁砌，近角者则改为一椽一当[①]。椽子与角梁同层，后者以剖半的丁砌平

图6.53 稷山马村M1勾阑尺度与额方砌法示意图（图片来源：作者自摄、自绘）

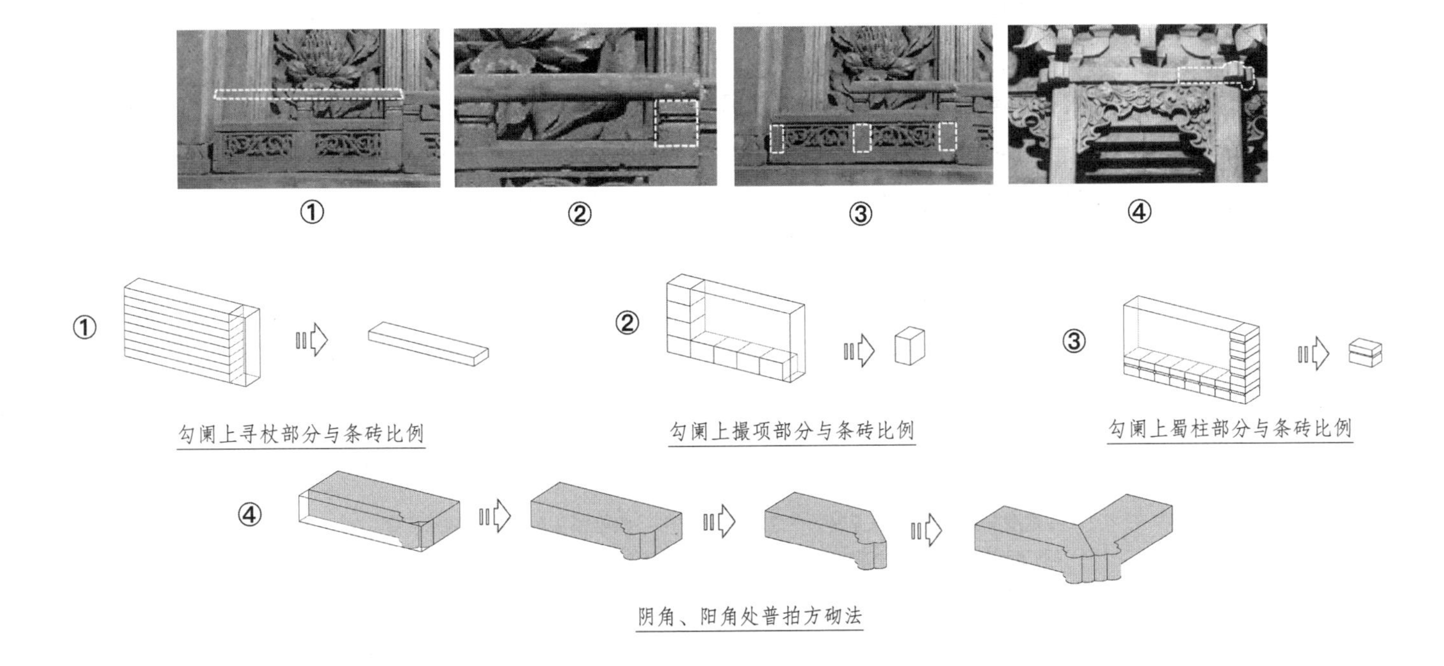

① 椽在内、当在外，这样即便要模仿木构放射布椽、角部升起，使得近角诸砖倾斜摆放，仍可利用彼此的空当相接，便于调试，不至于因椽子在边而过度错缝，造成视觉不适。

砖摆出，椽砖沿45°切角后直接撞上其外侧交止。

瓦垄为平砖丁砌，于每砖丁头上做出筒、瓪瓦各一道，为便于搭接稳固，将筒瓦截面处理成抹角方形而非圆形，同时令仰瓪瓦前后通宽，也不表示垂尖华头等细节。角缝上天沟瓦同样是丁头朝外，不同之处在于顺身砍窄，不再表达筒瓦部分，宽度略小于条砖，为保持完整性而砍削了与之相交的两侧瓦垄，产生的空隙以碎砖填垫。

抱厦山花的正脊由一皮砖顺砌搭成，华废[①]与垂脊间以一块横砖丁头朝外分隔，由于它并未带来任何构造上的便利，故推测工匠是想表达曲阑博脊的意象。华废由平砖丁头朝外挨个斜上搭砌，每件表达一椽一当，与山面瓦间的空隙以碎砖填充；华废之内以平砖按人字形顺砌堆出搏风版，下侧砍削缺口放过瓦垄，上侧切出斜面彼此合掌；华废之上以同样的方式砌砖一层，同时表达了屋脊与屋面；垂鱼部分则由切削边缘、“透空气眼”[②]后大面朝外安放特制方砖构成（图6.54）。

6.7 案例七：汾西郝家沟金墓M1

（一）发掘及研究过程

该墓在2015年发掘，由谢尧亭、武俊华等撰写了《山西汾西郝家沟金代纪年壁画墓发掘简报》（以下简称《发掘简报》）[③]。据其介绍，墓在山西省汾西县永安镇郝家沟村北山梁上，属黄土高原残垣沟壑区地貌，开口距现地面0.4m，墓内堆土0.5m，下有0.02m厚的薄淤土。M1为八边形砖仿木单室墓，叠涩顶正中砌有藻井一座，墓室略向西偏离墓道，轴向208°。长方形竖井式墓道深4m余，北壁下掏出生土过洞，东、西壁上各有五个脚窝。墓门以15层条砖错缝平砌、高0.9m，拱券高0.44m，门底平砌条砖，门洞以大石板封堵。甬道长方形平面、券顶，长0.65m、宽0.81m、高1.34m。在直径3.5-4m的近圆形袋状直壁土圹内砌出正八边形墓室，内宽3.1m、深3.05m，棺床靠北壁铺设，长2.4m、高0.29m，与墓室等宽，自床面至墓顶高3.7m。墓壁基座高0.32m，以5层条砖平砌出棱，

① 《营造法式》卷十三《垒屋脊》条：“垂脊之外，横施华头甋瓦及重脣瓪瓦者，谓之华废。常行屋垂脊之外，顺施瓪瓦相垒者，谓之剪边。”

② 《营造法式》卷二十五《砖作》条记有斫事、粗垒条砖、事造剜凿、透空气眼、刷染砖筒基阶、甃垒井、淘井等事项，透空气眼的操作对象是神子、龙凤华盆（方砖）及壶门（条砖）之类，而事造剜凿的对象是制作“地面鬪八、龙凤花样人物、壶门宝瓶之类”，差别或在于凿透还是剔地、压地。

③ 谢尧亭，武俊华，程瑞宏，郑明明，林聪荣，卫国平，厉晋春，梁孝，耿鹏.山西汾西郝家沟金代纪年壁画墓发掘简报[J].文物，2018(02)：11-22.

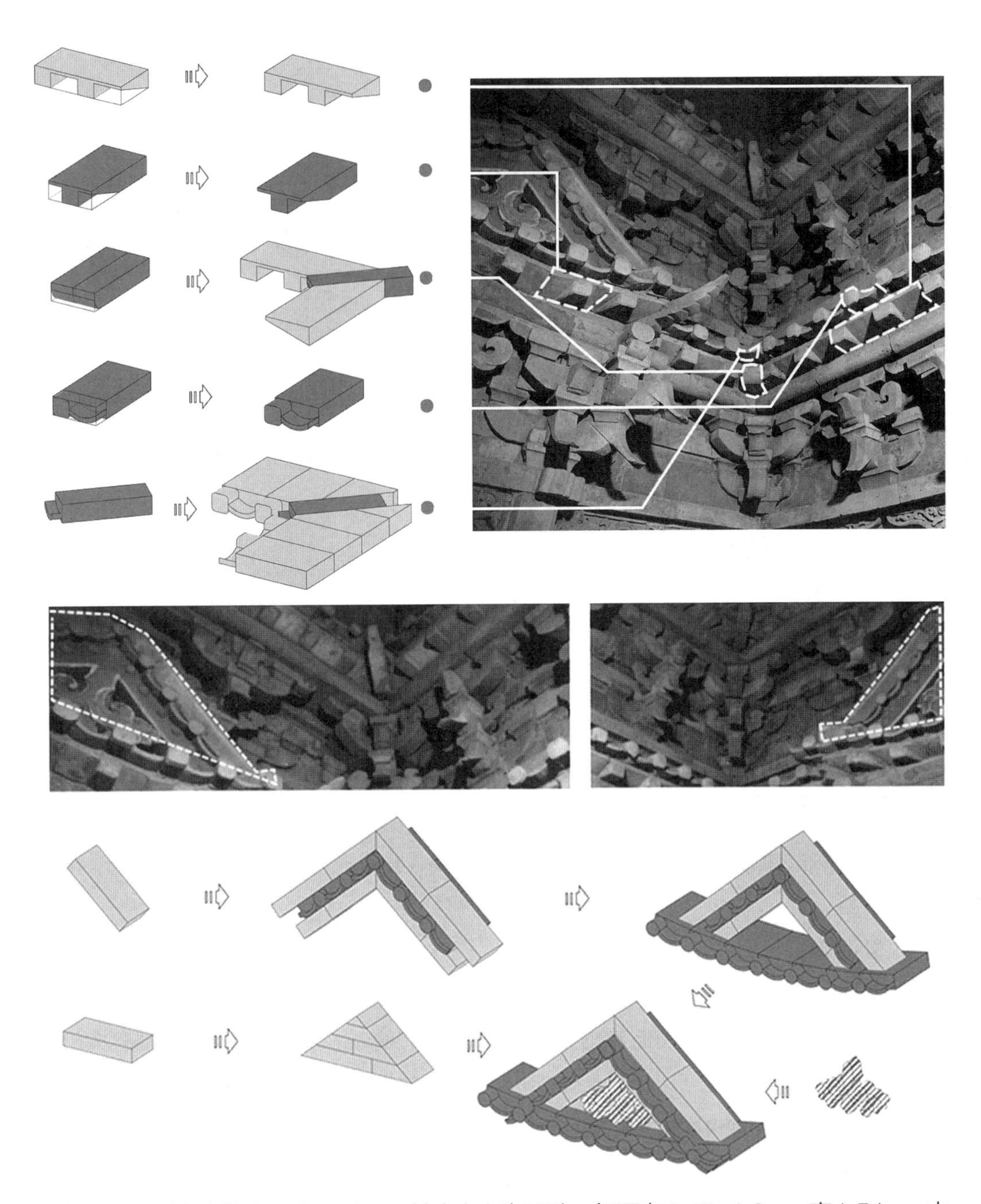

图6.54　稷山马村M1屋面砌法示意图
（图片来源：作者自摄、自绘）

绕墓室一周，高出棺床顶面0.03m。基座之上为画壁，每面宽1.15-1.3m、高1.54m，由25层条砖错缝砌成，北、东、西壁在第3-19层砖上雕假门，东南、西南壁在第11-19层砖上砌花窗，东北、西北壁绘画，南壁接甬道。墓内主要用330mm×330mm×55mm的方砖铺地、用320mm×160mm×60mm的条砖砌墙，部分特制砖件加宽、加厚使用。墓中出土买地券一件，尺度与方砖相同，自左至右、自上向下以朱砂涂写券书，共9行、满行14字，下葬时间为“大定廿二年后十一月十二日”。汾西位处临汾盆地通往吕梁山区的交口、孝义一线古道上，该构为临汾北部山区首次发现的金代纪年砖雕壁画墓，体现了当时河东南路平阳府一带较为富裕、安定的社会状况（图6.55）。

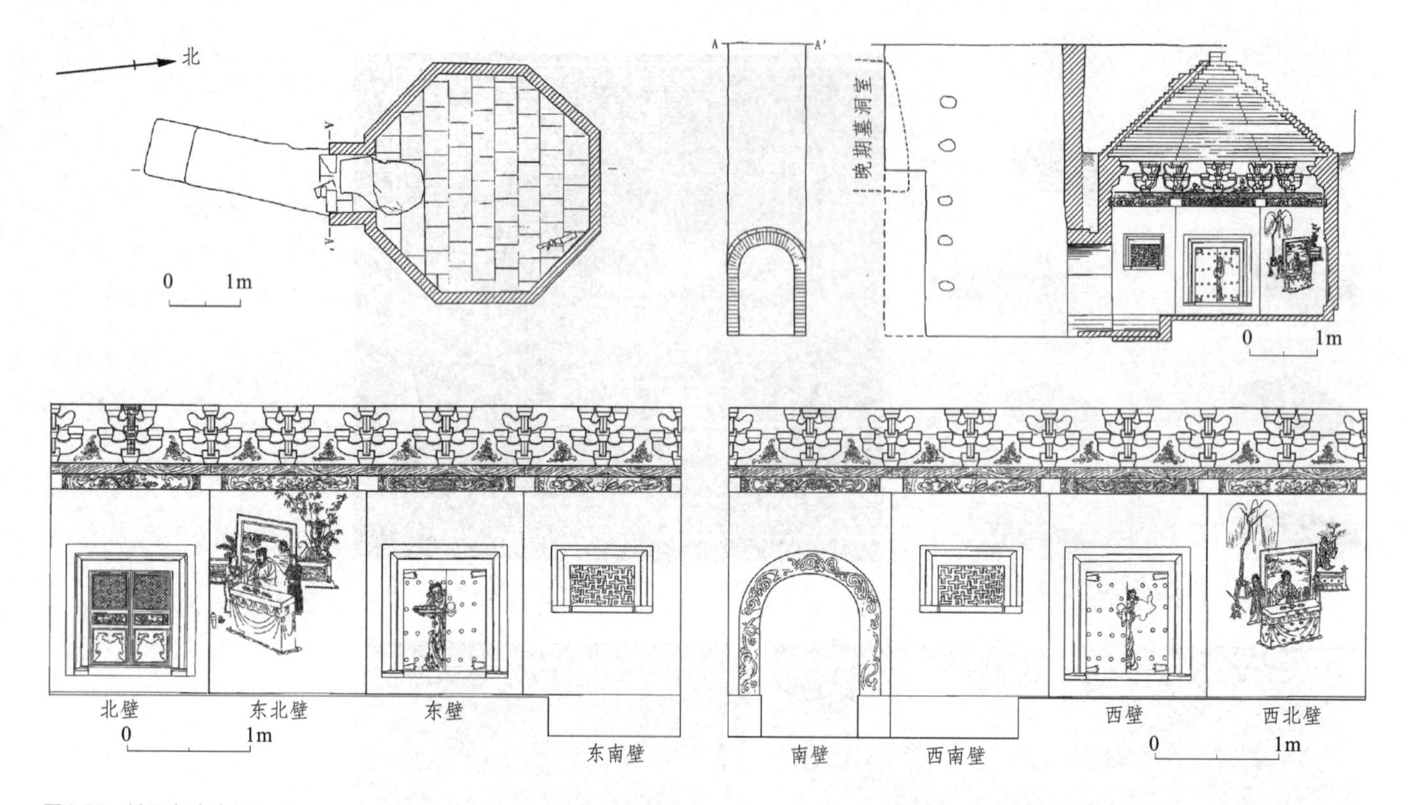

图6.55 汾西郝家沟M1平、剖、展开立面图
（图片来源：引自参考文献[68]）

（二）仿木砌法分析

郝家沟M1在撩檐方与普拍方间砌筑铺作，柱头、补间各八朵，皆为单杪计心造，用蚂蚱头形耍头。

1.补间铺作

相邻铺作间以两层平砖顺砌和一层侧砖丁砌出栱眼壁，柱头方高二皮砖，撩檐方则以方砖平铺，每面三块。华栱用特制砖充当，厚度从标准砖的60mm加至96mm，端部砍出折线后侧立在栌枓上，两侧各以标准条砖砌出泥道栱臂与之夹持。小枓皆用丁砌的平砖充任，第二层上的齐心枓与散枓紧贴，应是用三块平砖丁头朝外密集排列，或是在顺砖肋面侧下方砍出连续斗欹曲面制成的（图6.56、图6.57）。

2.柱头铺作

此处以翼形栱取代令栱，不设散枓，与补间铺作形成韵律变化，且跳头横栱（柱头之翼形栱与补间之令栱）皆讹短，长度均不及泥道栱（跳头与柱缝上散枓外皮相错约半个枓长）。又因需顺八棱墓壁旋转，角柱头铺作上的横栱皆向内偏转22.5°，应是保留整砖未予截短，仅切削了边缘，量得的栱身实长要大于补间铺作上的对应栱件，这样在折角后剩余的投影长度仍能与其保持一致（图6.58、图6.59）。

3.基座、门窗、柱额

据《发掘简报》描述，郝家沟M1内壁以泥浆抹平接缝后用白灰刷饰出基层，再涂抹彩

图6.56　汾西郝家沟M1铺作配置方式示意图
（图片来源：照片引自参考文献[68]，其余作者自绘）

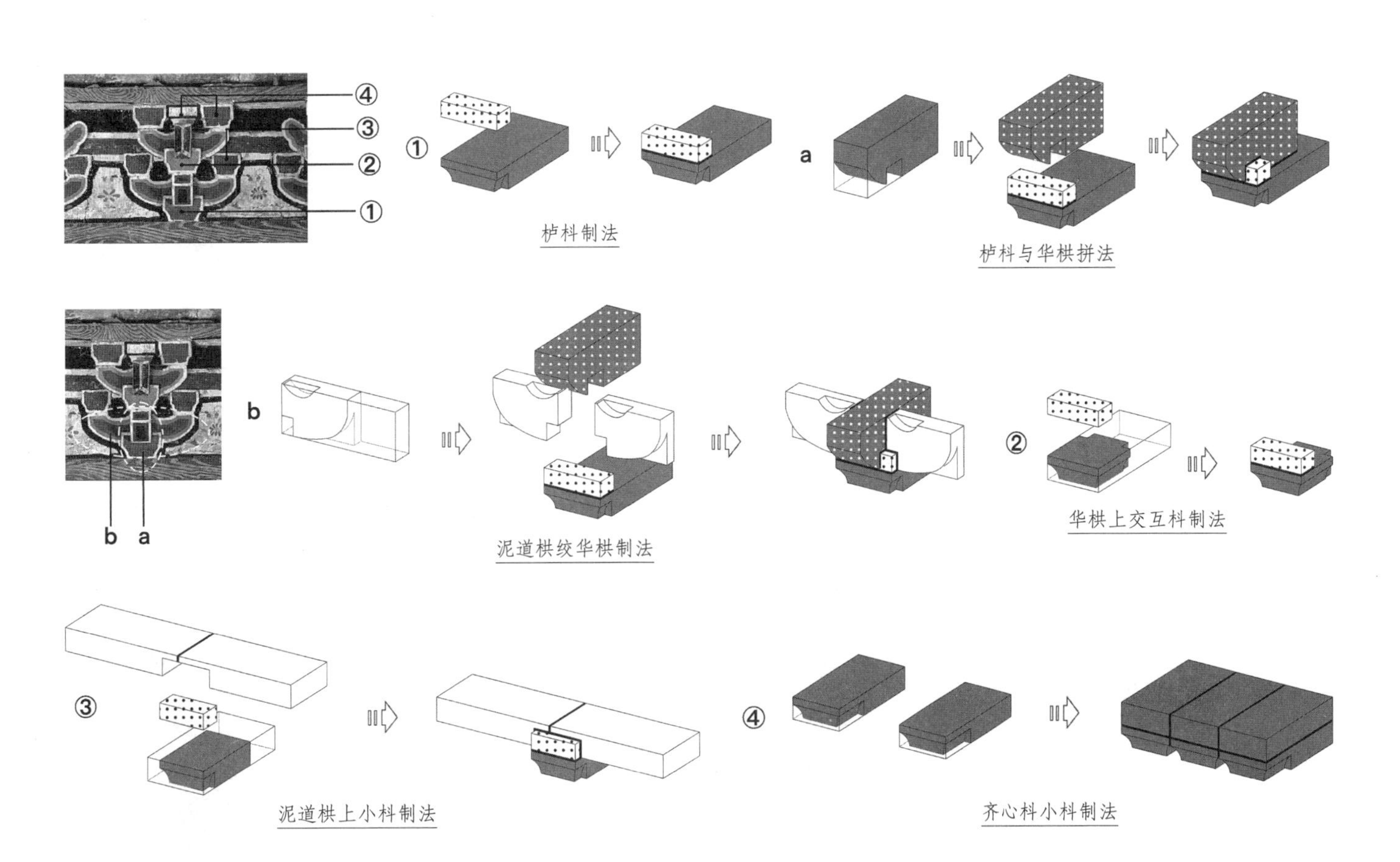

图6.57　汾西郝家沟M1补间铺作各部分砌法示意图
（图片来源：照片引自参考文献[68]，其余作者自绘）

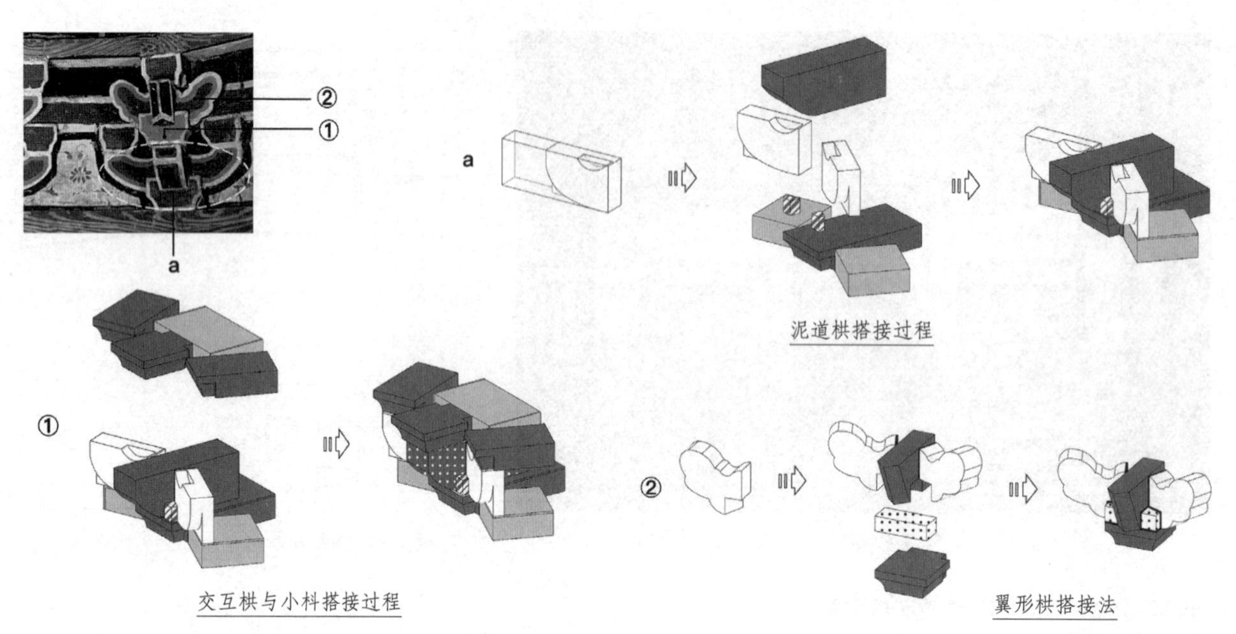

图6.58 郝家沟M1角柱头铺作各部分砌法示意图
（图片来源：照片引自参考文献[68]，其余作者自绘）

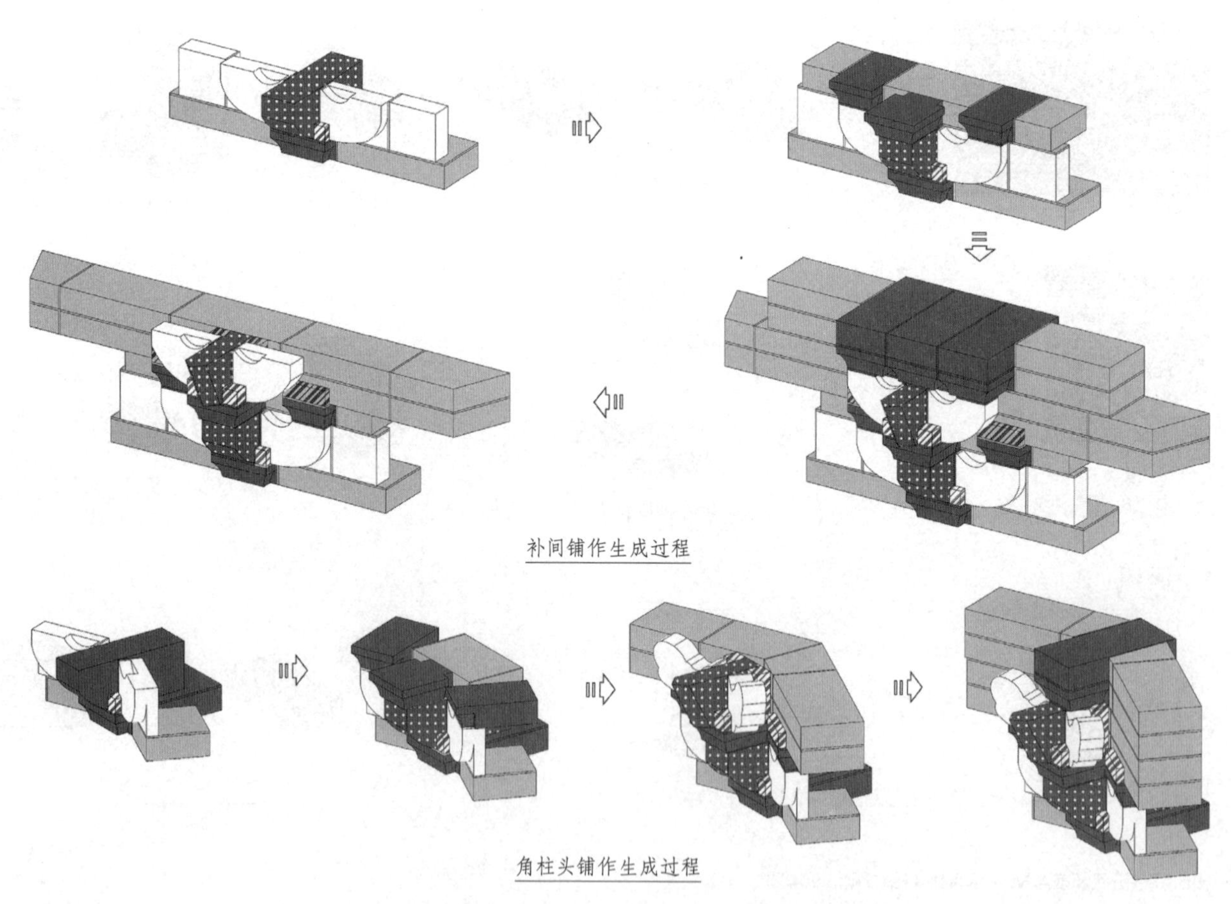

图6.59 郝家沟M1补间、角柱头铺作拼砌过程示意图
（图片来源：作者自绘）

色，北、东、西壁上砖雕格子假门，边桯内凹，上额、榑柱内侧均用圆角抹去方棱，槅心上部为菱形格子，腰华版上高浮雕对作莲花，障水版用如意壶门。东、西壁上假版门均令北侧门扇微启，门缝处彩绘妇人，门框四角上绘出四个合页箍头，其内线刻花卉，每面门扇上绘有四路门钉、每路四个，并辅以铺首衔环。东南与西南壁上砖砌花窗，以红彩绘出万字纹花格，格眼内填白彩“十”字纹。

墓壁转角处彩绘倚柱，以两层略内凹的条砖砌出阑额，上绘花锦枋心，两端云头纹包角、角叶为牡丹、忍冬等花卉（图案东北、西北，东、西，东南、西南两两一致）。撩檐方、普拍方上以土朱、土黄刷饰松纹，配合阑额上的卷草纹，与《营造法式》“杂间装”制度颇有异曲同工之妙[①]。铺作用色统一，栌枓、散枓为红底白边，交互枓为黄底白边，耍头上齐心枓为白底黑边，横栱为红底白边填黄彩，华栱黑底白边填红彩，耍头黑底白边，仿滴水瓦的如意头砖黑底白边填红彩。值得留意的是，在东北壁男主人画像背后的寻杖勾阑上，华版位置同样涂饰松文，而在西北壁女主人画像背后的栏杆华版上则用镂空柿蒂文（图6.60）。

4.屋面、墓顶

郝家沟M1在撩檐方上放置一圈如意头砖象征滴水瓦，发掘时已悉数坠落墓底，瓦上用19层条砖叠涩收顶，藻井处先以三层菱角牙砖错砌，再砌四层条砖叠出八角，最后以两层

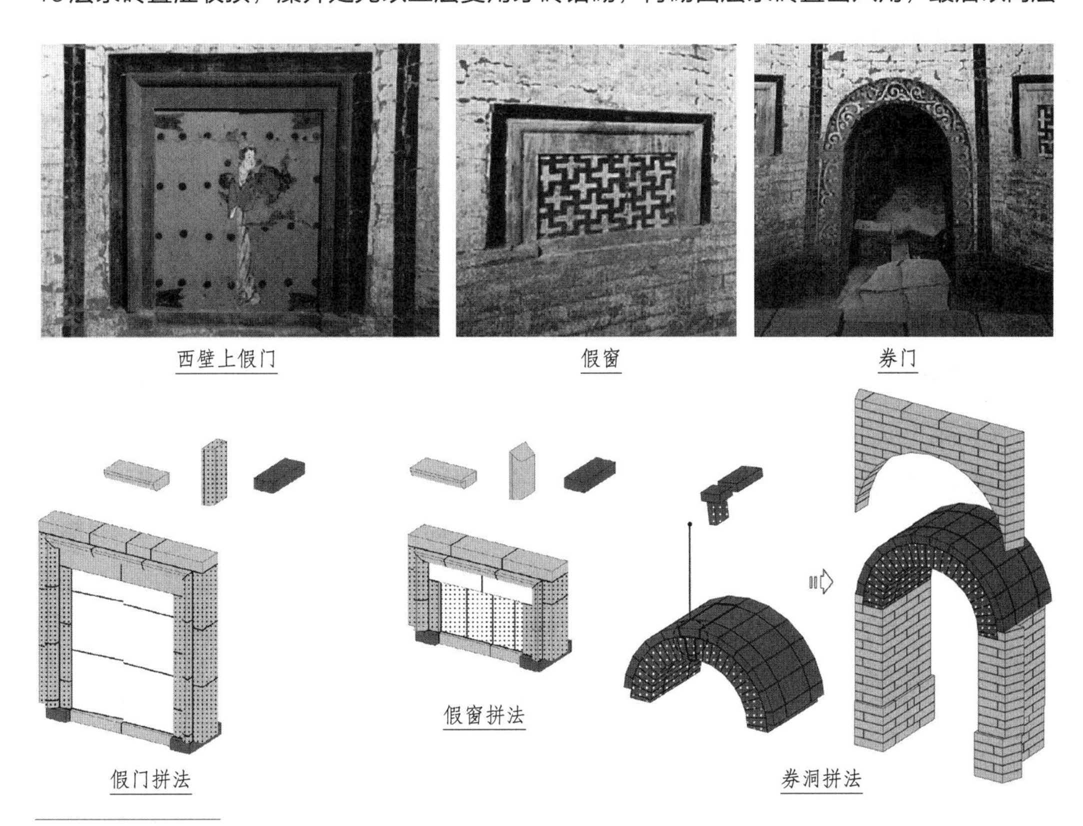

图6.60 郝家沟M1壁面假门、假窗及券门砌法示意图
（图片来源：照片引自参考文献[68]，其余作者自绘）

① 《营造法式》卷十四《杂间装》条记有诸色制度与“画松文”相间的比例，“杂间装之制：皆随每色制度，相间品配，令华色鲜丽，各以逐等分数为法”。其中“碾玉兼画松文装”为前三后七、“青绿三晕棱间及碾玉间画松文装”按三二四份分配、“画松文间解绿赤白装”为五五分、“画松文卓柏间三晕棱间装”按六二一份分配。

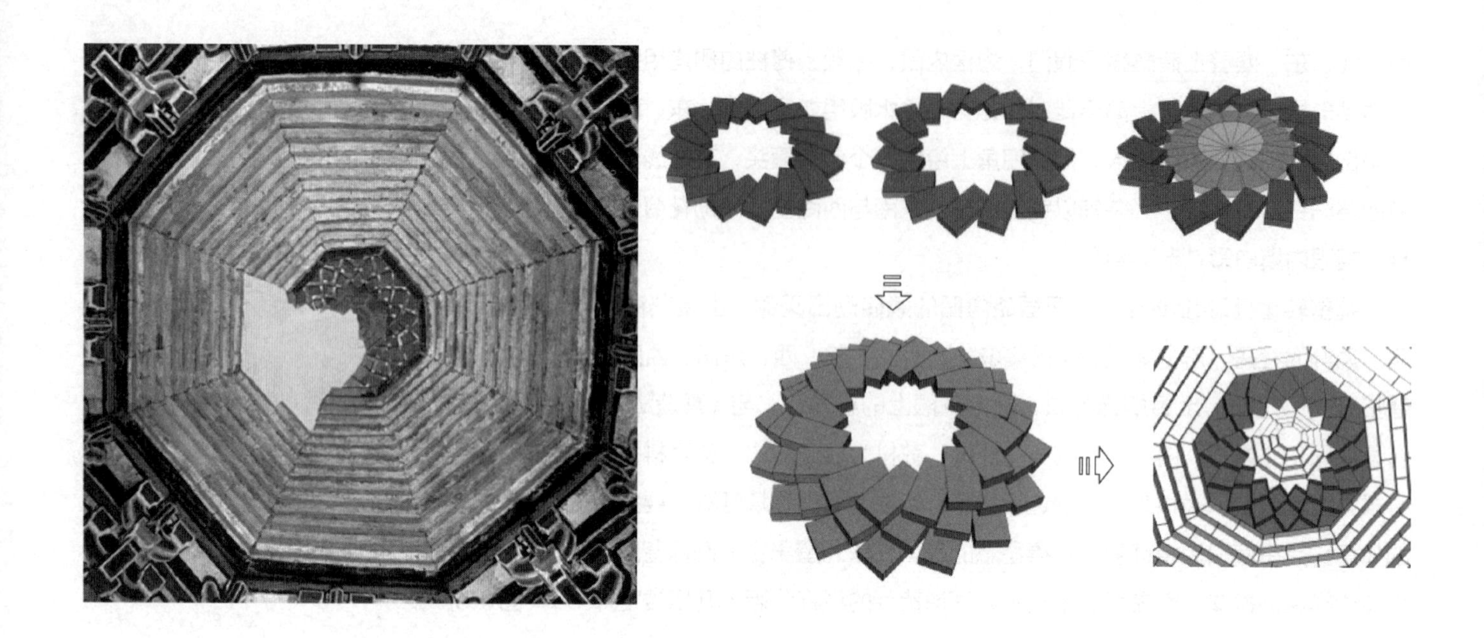

图6.61　郝家沟M1墓顶砌法示意图
（图片来源：照片引自参考文献[68]，其余作者自绘）

方砖盖顶（北侧自第十三层至盖顶处已破损）。叠涩砖与藻井上亦覆彩，自撩檐方向上，第三层砖正面黑压白，第四层正面黄压白、底面涂黑配合如意头仿瓦砖，叠涩接藻井处条砖的正面、底面均是黑底白边，藻井上三层牙砖为红底白边，盖顶方砖大面涂红彩（图6.61）。

6.8
案例八：高平汤王头村金墓

（一）发掘及研究过程

该例位于山西省高平市汤王头村一户农家院中，1989年村民铺设地砖时发现，山西省考古研究院于2012年勘察后发表《山西高平汤王头村金代墓葬》（以下简称《简报》）[①]。此外，北京大学中国考古学研究中心、北京大学考古文博学院于2018年、2020年两次测绘并撰写《高平市汤王头村砖雕壁画墓结构形制研究》（以下简称《研究》）[②]。墓建成后并未使用，亦无纪年信息，《简报》提出“该墓的形制与长治市故漳大定二十九年金代墓葬和长治安昌村明昌六年金墓相似，三者前室平面均为方形，壁面布局为‘一门二窗’”，将营建年代判定为金中期。

① 刘岩，程勇，安建峰，李斌，程虎伟，陈鑫，孙先土，张志伟，皇甫子铖.山西高平汤王头村金代墓葬[J].华夏考古，2020(06)：37-44.

② 俞莉娜，熊天翼，李路珂，杨林中.高平市汤王头村砖雕壁画墓结构形制研究[J].故宫博物院院刊，2022(01)：60-71+133.

据《简报》记录，该构为仿木彩绘多室墓，现仅存墓室部分，墓道及墓门已不存，主室方形，在其东、西、北侧均以券洞式甬道连通一座侧室，四室砌法相同，均为方形盝顶。其中：①前室底边长1.60m、通高2.60m，壁面以条砖错缝平砌，四壁居中辟出券门，各宽0.64m、高1.04~1.10m、深0.65m。②两侧耳室南北长2.00m、东西宽1.40m、高2.10m，模仿合院中的厢房，底部未铺砖，墓壁上部逐渐内收为长方形弧边盝顶。③后室长2.34m、宽1.77m、高2.54m，其南端向两侧各开出一个券洞（宽0.64m、高0.85m、深1.26m），形成“凸”字形平面，内部置放长2.34m、宽1.13m、高0.16m的棺床一座（图6.62）。

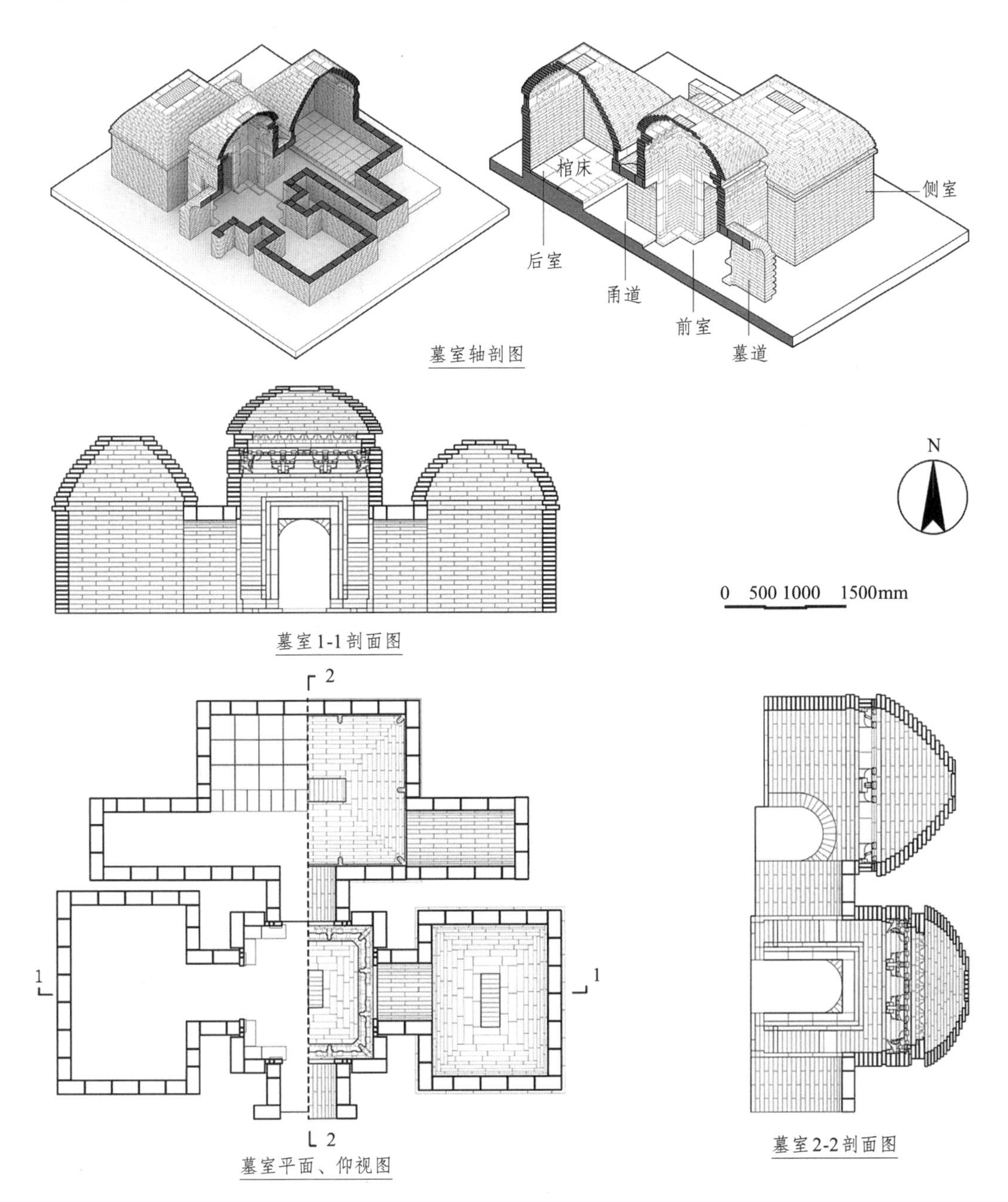

图6.62 高平汤王头村金墓现状

（图片来源：据参考文献[29][187]数据改绘）

《研究》公布的数据与之略有不同，其所述标准条砖规格，从《简报》的300mm×150mm×50mm变为320mm×160mm×60mm[①]。同时，文中详细论述了墓室的构造做法、尺度规律、砖件砍制与拼接方式，开拓了墓葬仿木现象的研究思路。

（二）仿木砌法分析

1.券门砌法

门外用条砖侧身砌出上额与榑柱，边程抹出混线，内端阴刻起棱，其内再以侧砖顺砌、平砖立砌做出门额、立颊，涂朱色，这圈砖件里端一周刻起凸棱以充子桯，涂白色。门额上钻有四个小孔，用于镶嵌门簪或插接卷帘支架；榑柱与立颊下方是两层丁砌平砖垒起的门砧，涂黑色（图6.63）。

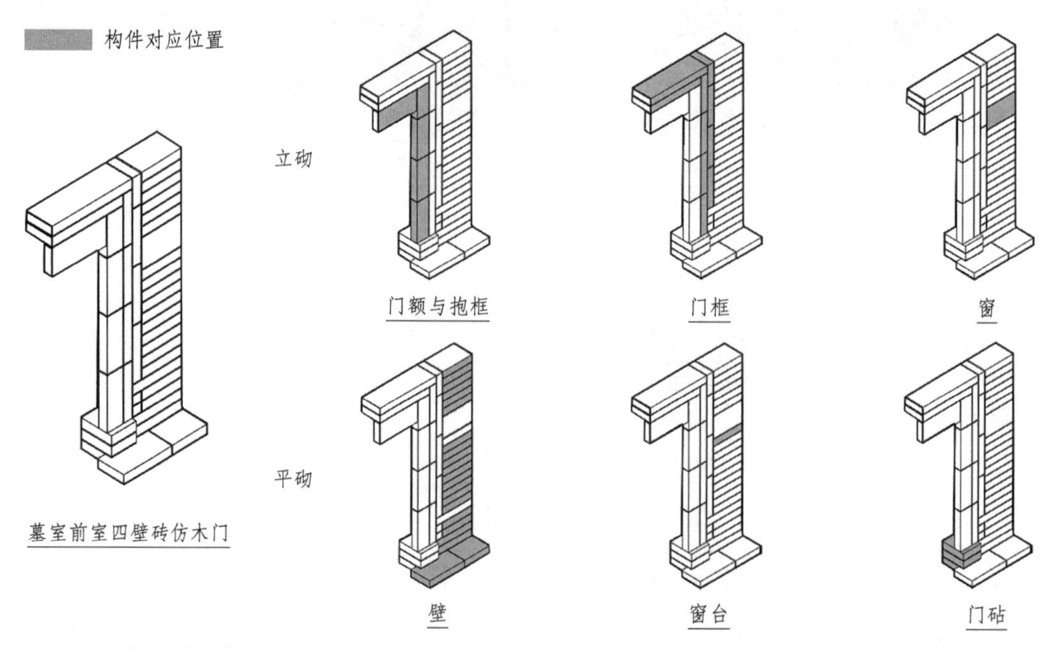

图6.63 高平汤王头村金墓墓门砌法
（图片来源：作者自绘）

2.铺作砌法

俞莉娜将汤王头村金墓归为“高度模件化的营建模式”[②]，其铺作构件大多是用模制砖充任，工匠在捏制砖坯时已大体塑造出料、栱等分件的形态，烧制完成后再局部磨削，拢摆无误后正式组装（图6.64）。

前室四壁各用双补间，为单昂计心造四铺作，出琴面昂，令栱绞蚂蚱头，慢栱与相邻的转角铺作连栱交隐，替木亦相互连通。补间铺作的栌料由一块较厚的方砖坯丁砌而成，外端底部切削斜角做出斗欹，上部后端也整体切除，留余部分充当斗耳。栌料之上，用一块立

① 同时，墓中亦存在配合标准砖使用的第二种条砖，其规格恰为《简报》提出的300mm×150mm×50mm。

② 俞莉娜．“砖构木相”——宋金时期中原仿木构砖室墓斗栱模数设计刍议[J].建筑学报，2021（S2）：189-195.

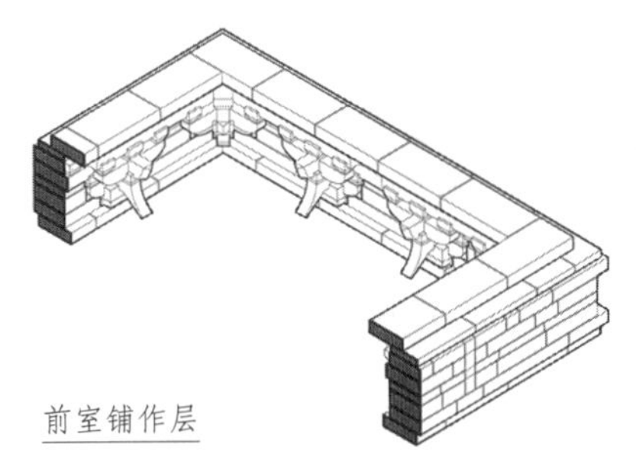

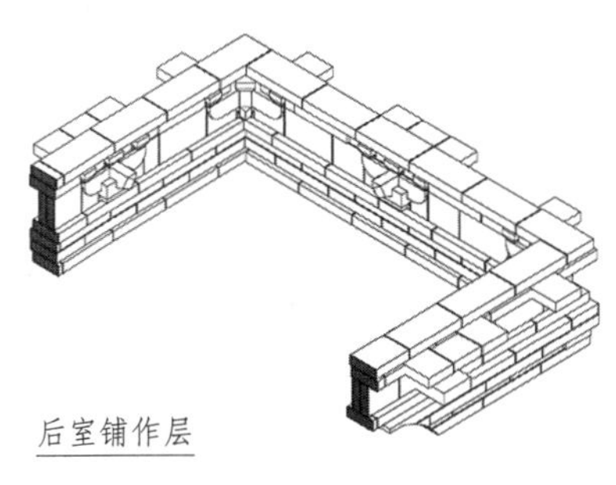

图6.64 高平汤王头村金墓前、后室铺作配置方式
（图片来源：照片引自参考文献[29]，其余作者自绘）

砌的丁砖切除下半部分后制成假昂（拼装后更接近《营造法式》中的插昂形象），并下开槽口以便与栌枓"斗耳"榫接。再将两块平砖丁砌并排摆放，于丁面上各隐出半个栱臂轮廓，搭扣在栌枓拼接假昂后留出的"台"上，下端则以充栱眼壁的顺砌平砖支撑。在其上方，又并列三块丁砌的平砖充当小枓，两侧用标准砖（外端刻削枓形，里端留出栱眼），当中昂上用较窄小的特制砖，需完整展现交互枓的正、侧面，故砍成"凸"字形以表达枓伸出墙壁暗栔之外的形态，并切削上端留出斗耳，以便与下开槽口的耍头榫接（拼合逻辑与栌枓、假昂相同）。耍头端部加工成蚂蚱头形，显示出高度"法式化"的特征。令栱制法与泥道栱大体相似，不同之处在于，为表现悬于壁面外侧的栱身的完整性，特意切掉了栱后的一条砖肋，使得栱砖平面呈"L"形向外撇出，这样可以营造出更加仿真的前后遮蔽关系。令栱上的散枓、齐心枓都采用其下交互枓的做法，且皆不开槽，替木为两块条砖接成，下开三口以便咬合小枓。贴着令栱上三小枓，在其侧后位置放置慢栱上散枓，位于外侧者为补间与转角共用，可知是在表达木构中素方上隐刻的交手栱。概括而言，前室铺作由七层砖件拼成：最下方为一层普拍方砖，第二层为栌枓（及旁侧的栱间版下段），第三层为泥道栱与插昂，第四层为泥道栱上散枓、昂上交互枓及栱眼，第五层为耍头、令栱和表示隐刻慢栱的砖，第六层为令栱、慢栱上小枓及栱眼（以及栱间版上段）、替木，第七层为撩檐方砖（图6.65）。

到了后室，工匠在壁面上部用土黄色刷饰出一圈"阑额"，额间用暗红色平涂出短柱，模拟七朱八白意象。额上砌出普拍方，方上置耙头绞项造，四隅各一朵、东西两壁各在涂出的短柱上放置一朵、南北两壁各放置两朵，总计十朵。耙头栱绞蚂蚱头出头（南壁当中两朵的形态与其他不同），应是在表达梁头伸出的意象。北壁铺作的栌枓、耍头砌法与用在前室者相似，唯扶壁栱尺度略大，具体砌法为：在普拍方砖上放置相互榫接的栌枓、耍头，以侧砖顺砌，抠除下角、斩截尾端多余部分后形成横置的"L"形砖面，再在其上隐出半截栱臂，搭好后以一溜侧砖充栱间版，约是前室（用两层平砖叠出）的4/3倍；在泥道栱与耍头上放置三小枓，均为平砖丁砌，丁头一半伸出形成斗形，一半砍平充作栱眼；最后用一层顺砌平砖充撩檐方。整个铺作用一立三横共四皮砖组建完成（图6.66）。

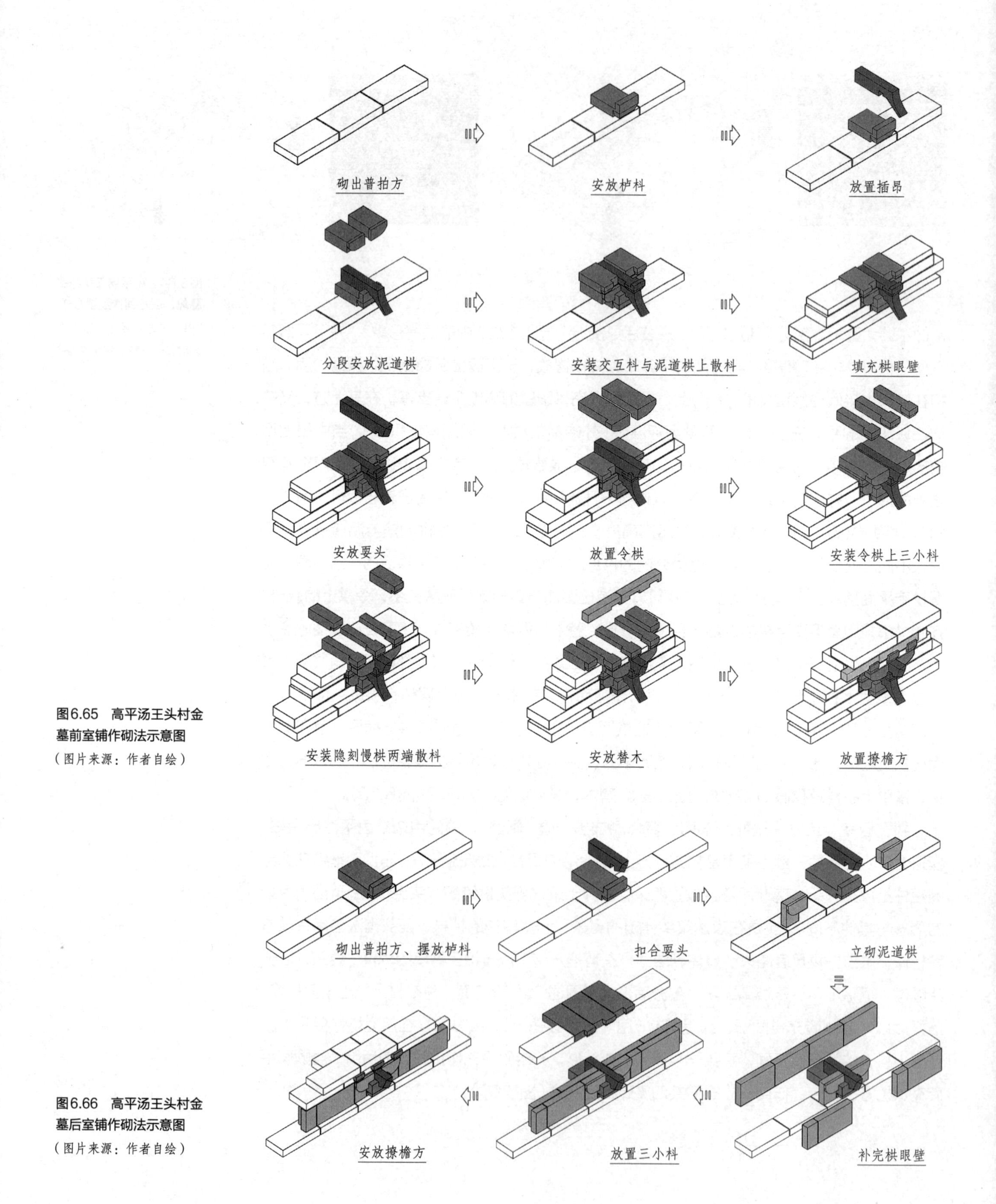

图6.65 高平汤王头村金墓前室铺作砌法示意图
（图片来源：作者自绘）

图6.66 高平汤王头村金墓后室铺作砌法示意图
（图片来源：作者自绘）

6.9

案例九：侯马董玘坚墓

（一）发掘及研究过程

1959年1月中旬，山西省文管会侯马工作站在市西郊牛村古城遗址南侧发掘出金大安二年（1210年）造董玘坚墓与董明墓[①]，随后由畅文斋执笔撰写报告[②]，并将M1整体迁建至侯马市考古工作站内。在六十年代又陆续发掘清理出几座形制相似的仿木结构砖室墓[③]，并通过墓内题记确定了墓主人为董海和董万[④]，由此断定这是一处金代中晚期的家族墓地（图6.67）。

董玘坚墓南向、方形墓室（南北长2.26m、东西宽2.08m、高4.2m），顶戴八角藻井，南壁居中辟墓门（总高1.57m、门洞高0.45m、宽0.43m、深0.59m，用青条砖封门，墓口掩埋在1m厚的表土下），入口处设长方形小天井一座。墓道狭窄（长4.70m、宽0.39m），台阶平面呈梯形，棺床高0.55m，四壁满雕堂屋、槅扇、屏风、几凳、盆花、戏台、墓主及仆从俑像等，“实为一座宋金时代的建筑模型”[⑤]，其中：

南壁为墓门，下半空悬，上半各设750mm高的门版一扇，门上饰有六棱花铺首一只及四路五列门钉（作六瓣梅花形），门框内侧满雕缠枝莲，门额做成壶门，门内两侧雕出两个六角形须弥座，其上各立一只狮子。门内刻出垂花门廊，以须弥座上的两根八角柱承托，两根垂柱间悬有连栱、填充花版，版上刻宝相花、化生童子等图像，垂柱上各置耙头栱一条，栱眼壁间亦刻卷草与童子，栱上托撩檐方一道，上接如意头檐椽，门顶悬竖额，额上书买地券。

北壁上砌出三间堂屋，以四柱托普拍方，上各用耙头绞项一组，当心间设单补间、斜栱造，其上依次为椽、飞、滴水、仰瓦，屋顶用瓦条脊。心间设中堂一幅，居中设几案，墓主夫妇端坐两侧，各持念珠、经卷；两次间各设一座屏风（东侧在牡丹、湖石之间刻孔雀，西

① 两墓门额上买地券内容相同，都提到“普天下唯南瞻部洲修罗王管界大金国河南东路绛州曲沃县虎祁乡南方村董玘坚素弟董明于泰和八年（1208年）买了本村房亲董平家墓……故立地契为其据，时大安二年（1210年）十一月初一日”，兄弟二人“同营两墓，各瘗一茔”，因M1位置偏上，猜测是董玘坚墓，M2在其左下侧，应是董明墓。两墓编号分别为59H4M1、59H4M2，后者亦是方形单室，不存。

② 畅文斋.侯马金代董氏墓介绍[J].文物，1959（06）：50-55.

③ 董万墓编号为64H4M101，方形单室，建于大定十三年（1173年），不存，杨及耘撰有简报[见：杨及耘.侯马101号金墓[J].文物季刊，1997（03）.]。董海墓编号为64H4M102，方形双室，建于承安元年（1196年），获迁建保护。

④ 杨及耘.侯马102号金墓[J].文物季刊，1997（04）：28-40.

⑤ 畅文斋.侯马金代董氏墓介绍[J].文物，1959（06）：50-55.

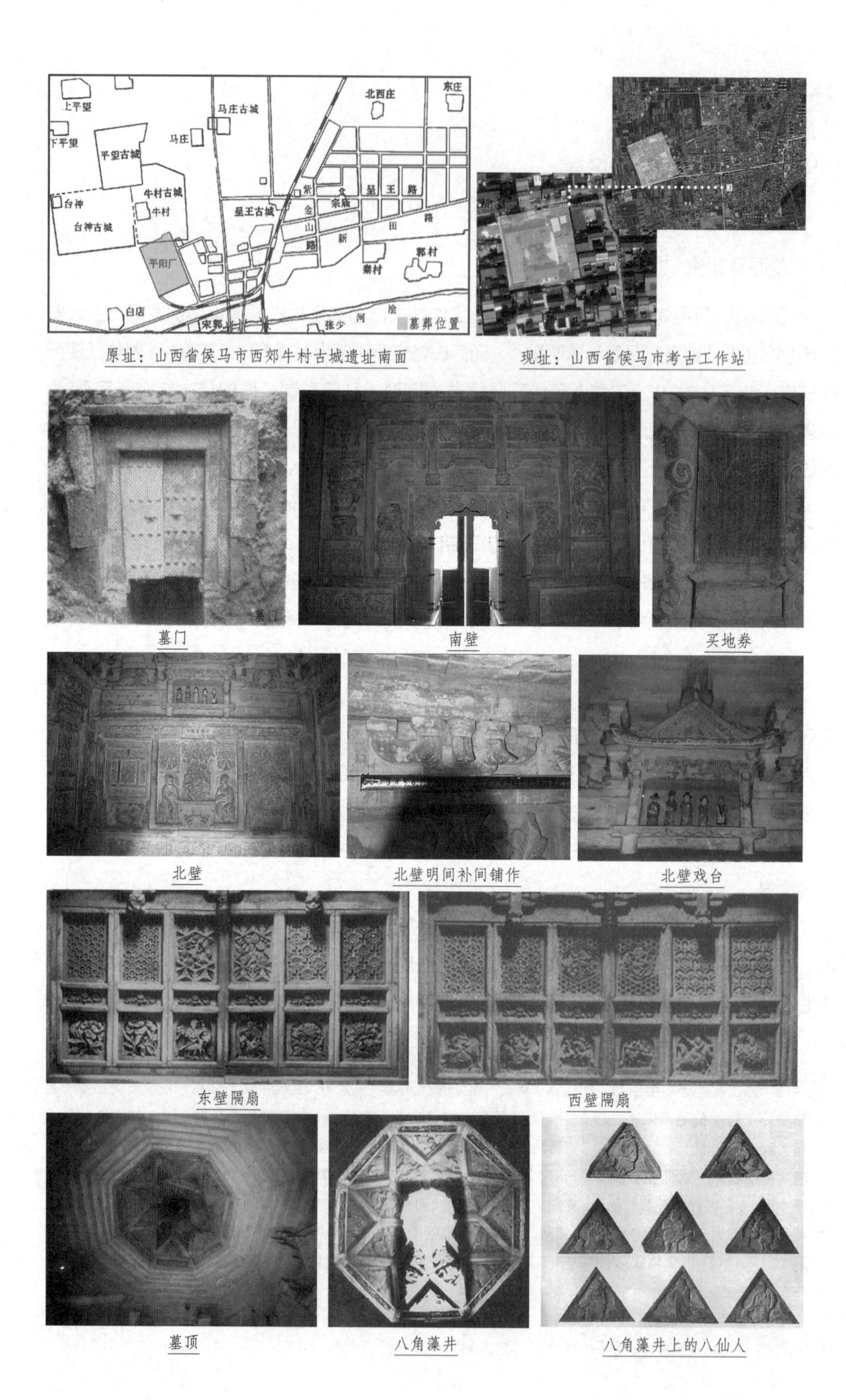

原址：山西省侯马市西郊牛村古城遗址南面

现址：山西省侯马市考古工作站

墓门

南壁

买地券

北壁

北壁明间补间铺作

北壁戏台

东壁隔扇

西壁隔扇

墓顶

八角藻井

八角藻井上的八仙人

图6.67 侯马牛村董玘坚墓概况

（图片来源：部分照片引自参考文献[178][400]、其余作者自摄）

侧分作七格，各自填刻芙蓉、石榴等）。东、西壁上各做出六扇格子门，上罩“檐廊”。各设三朵垂柱补间，按1.5格为单元将壁面均分四份。北壁与东、西壁转角处雕出侍从、侍女像各一座。四壁之下均为0.64m高的须弥座，地栿上隐刻卷草、化生，四角上各立一根八棱柱，上承转角枓栱，每面另设补间枓栱两朵，俱是单杪单昂五铺作（琴面平出昂、云形令栱），其上用十一层平砖叠涩出八角顶，再在顶上砌出三层藻井（第一层为雕花阑版，第二层在角蝉内刻出八仙，第三层在菱形框内刻仙鹤，再叠涩数层后以八角形顶心砖压扣合顶）。

北壁屋檐下方砌出一座歇山戏台模型，上有戏剧俑五躯，戏台正面檐宽0.9m（出檐0.1m），台面宽0.65m、深0.185cm，台基高0.012m，全高0.101m。匠人于堂屋檐上竖起两根八角矮柱以承平坐，形成舞台面（台沿用如意头连珠牙子充雁翅版），台上两角亦竖八角柱，托普拍方（疑表达的木构原型使用了大檐额），上出三朵补间（耙头绞项造，梁头伸出作昂头形），屋面山花朝外，垂鱼、惹草、搏风俱全。北壁下方为棺床，未用棺椁，留有骨骸两具，头东脚西仰躺在木质矮床上。其余各面均为仿木建筑形象，雕饰细节丰富，颇能佐证宋金之际的装修情况（图6.68）。

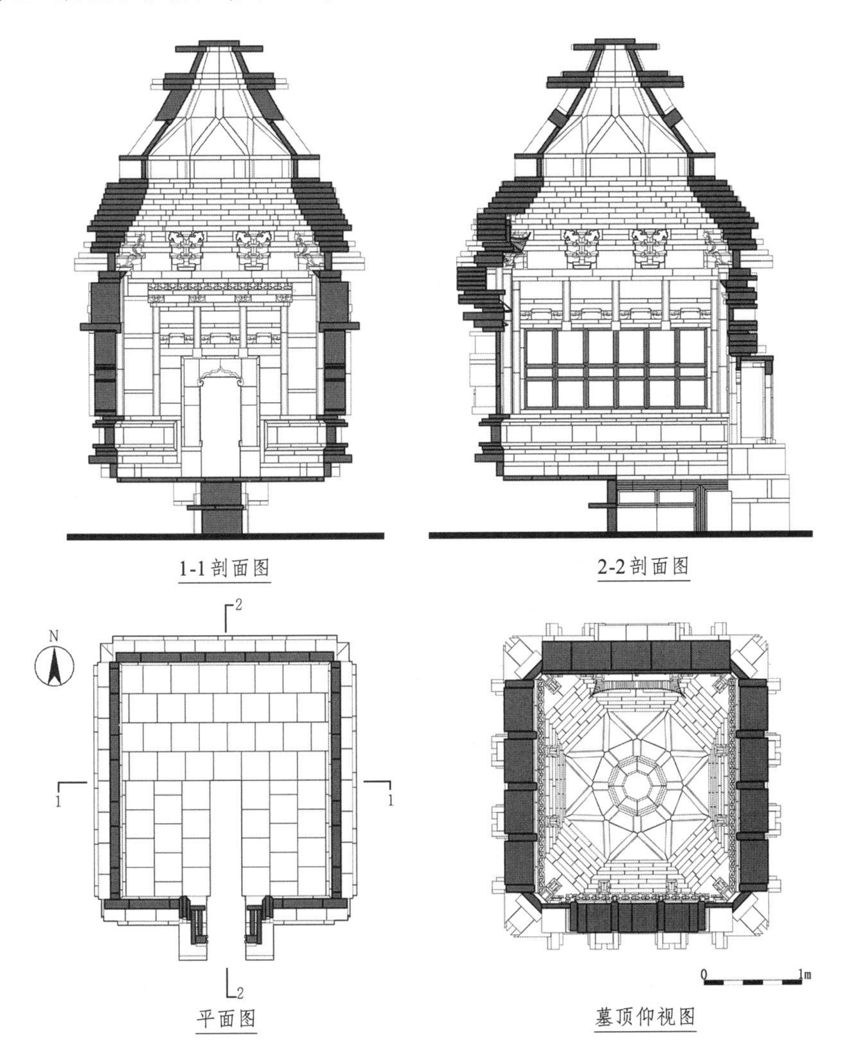

图6.68　董玘坚墓现状平、仰、剖面图
（图片来源：作者自绘）

（二）仿木砌法分析

董玘坚墓中，棺床上沿由280mm×280mm×40mm的方砖铺砌，墓壁和墓顶的用砖规格分别为两大类（一类条砖长宽为400mm×280mm，厚40mm、50mm、70mm不等，一类为400mm×180mm×90mm）。墓室略呈方形，共计用角柱头铺作四组、补间铺作八组（图6.69）。

1. 铺作砌法

栌枓扁平，由上下两皮平砖叠成，将下道砖前端切出顱弧面，上道砖上皮与泥道栱下皮基本齐平，下皮与华栱下皮基本齐平，华栱与泥道栱上皮对齐，下皮相差一个标准砖厚，从正面所开槽口看，可以认为栌枓没有斗平，从侧面开口看则无斗耳，栌枓的上、下部分比例也从《营造法式》的6:4变为5:5。考虑到斗砖应保持完整，则栌枓上部应为整砖砌成，而非平行铺设两条碎砖模仿斗耳；相应的，华栱也应是切削整砖下段，使之搭扣在栌枓上。

昂身切出琴面、下出单瓣华头子，其上耍头内凹、起棱出锋，都是加工丁砌的平砖端头得来，开凿砖底后直接扣压在交互枓的上道砖上。

横栱均为侧砖顺砌后切成，上皮与华栱、假昂、耍头上缘对齐，下皮较前者高出约一皮砖厚[①]，与交互枓上皮持平。因砖作栱件不宜如木构般开半口“让过”昂、耍头诸名件，因此只能像清官式一样做出半栱后拼插在出跳构件上；又因砖件难以仅凭榫卯持力，故砖件后半部分都砌在“地”内（如条带状悬出的罗汉方、素方等），仅刻削露明的前半部分[②]，形成各种轮廓且跳距较短[③]。

图6.69 侯马牛村董玘坚墓铺作配置示意图
（图片来源：作者自绘）

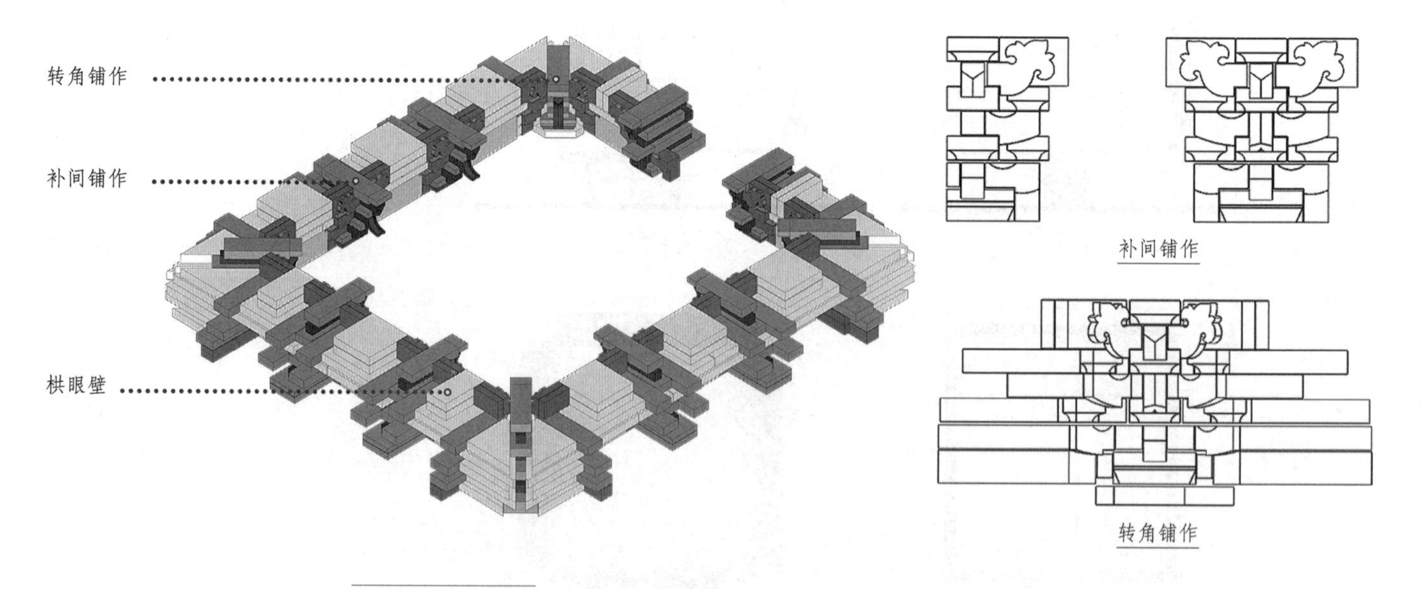

① 出跳构件下扣部分实际不足一皮砖厚，以此示意斗耳下略有斗平之意。
② 如瓜子栱露出的卷杀部分厚30mm、泥道栱与异形令栱仅露出20mm。
③ 如瓜子栱与泥道栱外皮间距仅40mm，略超过1材厚，远不及木构的标准跳距30分°。

工匠将400mm×280mm×50mm规格砖一剖二后，丁头朝外叠出小枓。由于铺作的各种栱长未见明显区分，故推测表达的是单栱计心造意象，且为了更好地承托上层昂或耍头，工匠将交互枓略微向外侧推出，使之不与散枓边缘对齐，三者呈“品”字形分布，虽悬挑距离极为有限，仍能展现空间前后关系（图6.70、图6.71）。

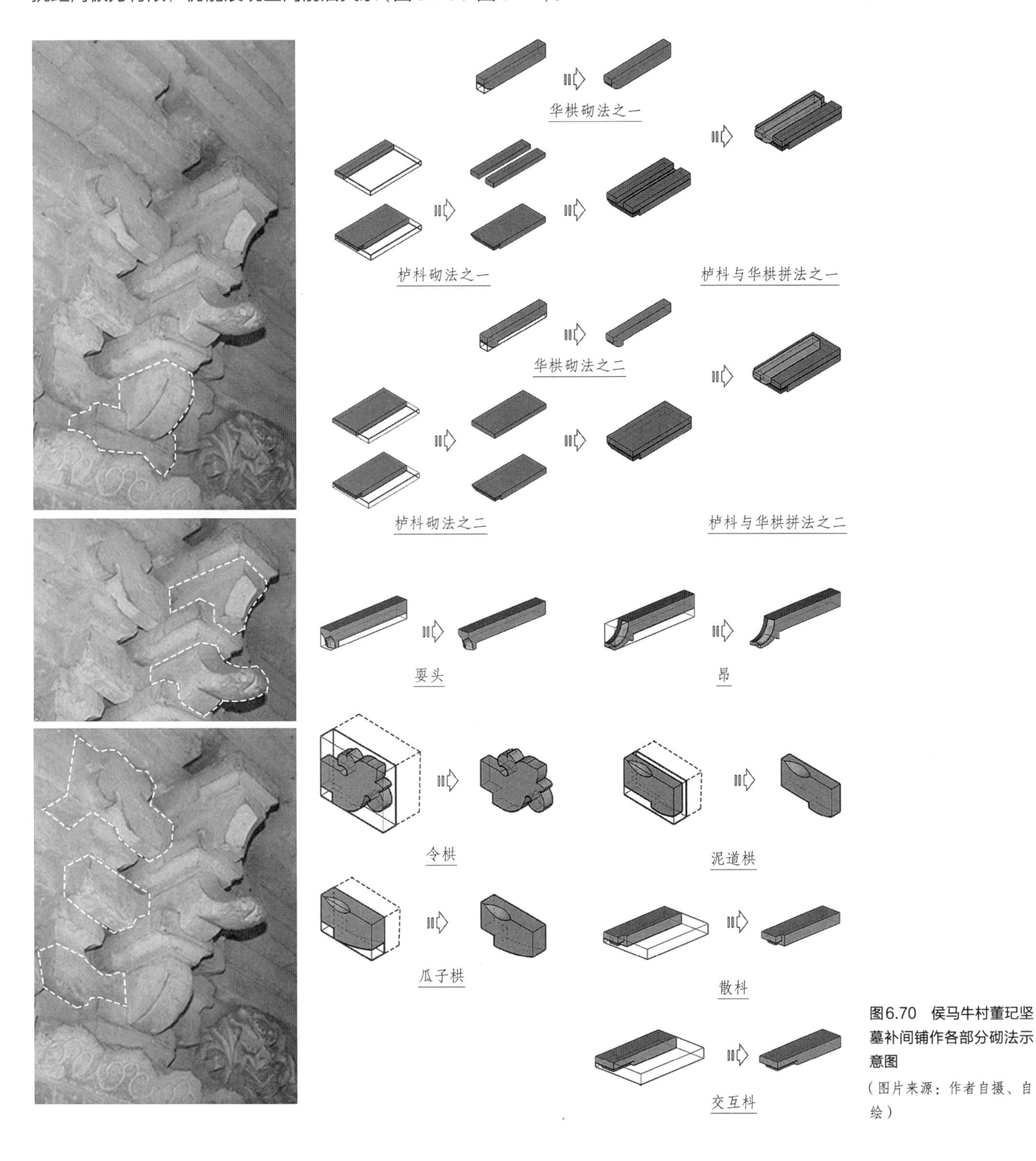

图6.70 侯马牛村董玘坚墓补间铺作各部分砌法示意图
（图片来源：作者自摄、自绘）

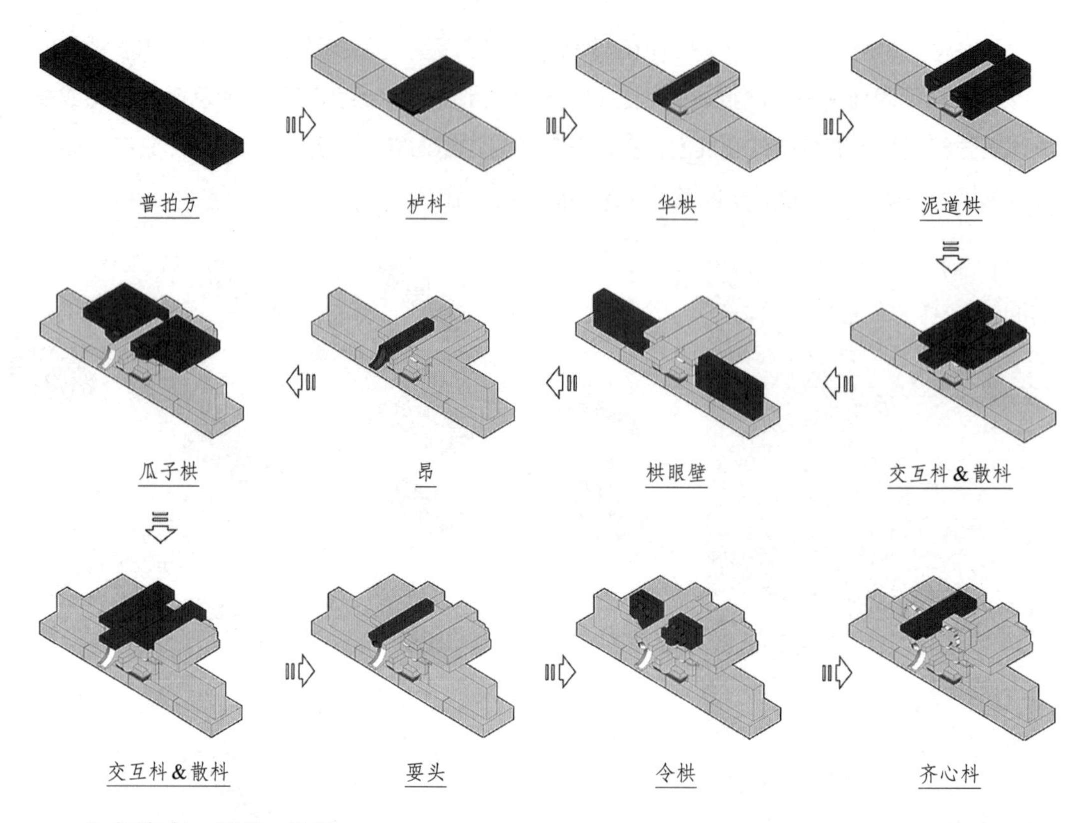

图6.71 侯马牛村董玘坚墓补间铺作搭建过程示意图
（图片来源：作者自绘）

2.须弥座、门窗、柱额

墓室壁体主要由须弥座、格子门和墓门构成。值得注意的，一是墓门表达了“断砌造”做法；二是东、西壁上的仿木内容更接近小木作“帐藏”形象①。

须弥座分作八层，自上而下分别是坐面涩、上子涩、坐腰、下子涩、上涩、车槽、下涩和圭角（龟脚），其中坐腰和圭角（龟脚）层用侧砖顺砌，其余各层为平砖顺砌（图6.72）。

东、西壁上的帐座由立榥和卧榥构成柱网，总高约可折算为4.5尺（其中以坐面涩上皮为界，向下至圭角（龟脚）下皮、向上至压厦板上皮均为2.25尺），其坐腰与车槽部分都由侧砖顺砌、丁砌相间构成，其余各层则为平砖顺砌。北壁“堂屋”以平砖或侧砖丁砌围出边框，在框内又用顺砌平砖或立砌侧砖隔出横钤立旌，再以大面朝外的立砌平砖或顺砌侧砖构成槅心、障水版等，在其斗面上详加雕刻；东、西壁上砌出的六扇格子门与之做法大略相同，高宽比8:3也接近《营造法式》的规定，每扇之内再磨刻条桱等处细节，并在兼任相邻两扇格子门边程的同块立砖上砍出混线（图6.73）。

柱子砌法也颇富意趣。为确保须弥座完整兜圈，立柱并未落地，而是将由三块方砖逐段立砌后拼出的角柱放在座上，呈现出整个建筑被完整托起、壁面较基座收进的态势。此外，

① 两壁上的格子门窗一般认为是在表达“想象中”的院落厢房立面，但考虑到董玘坚墓中的墓主夫妇像手持念珠、佛经，买地券用词也带有佛教色彩（自称“南瞻部洲修罗王管界”），似乎也可以将东、西壁上附有欢门帐带、虚柱、仰炎版、须弥座的仿木内容释作佛道帐之类的家具。

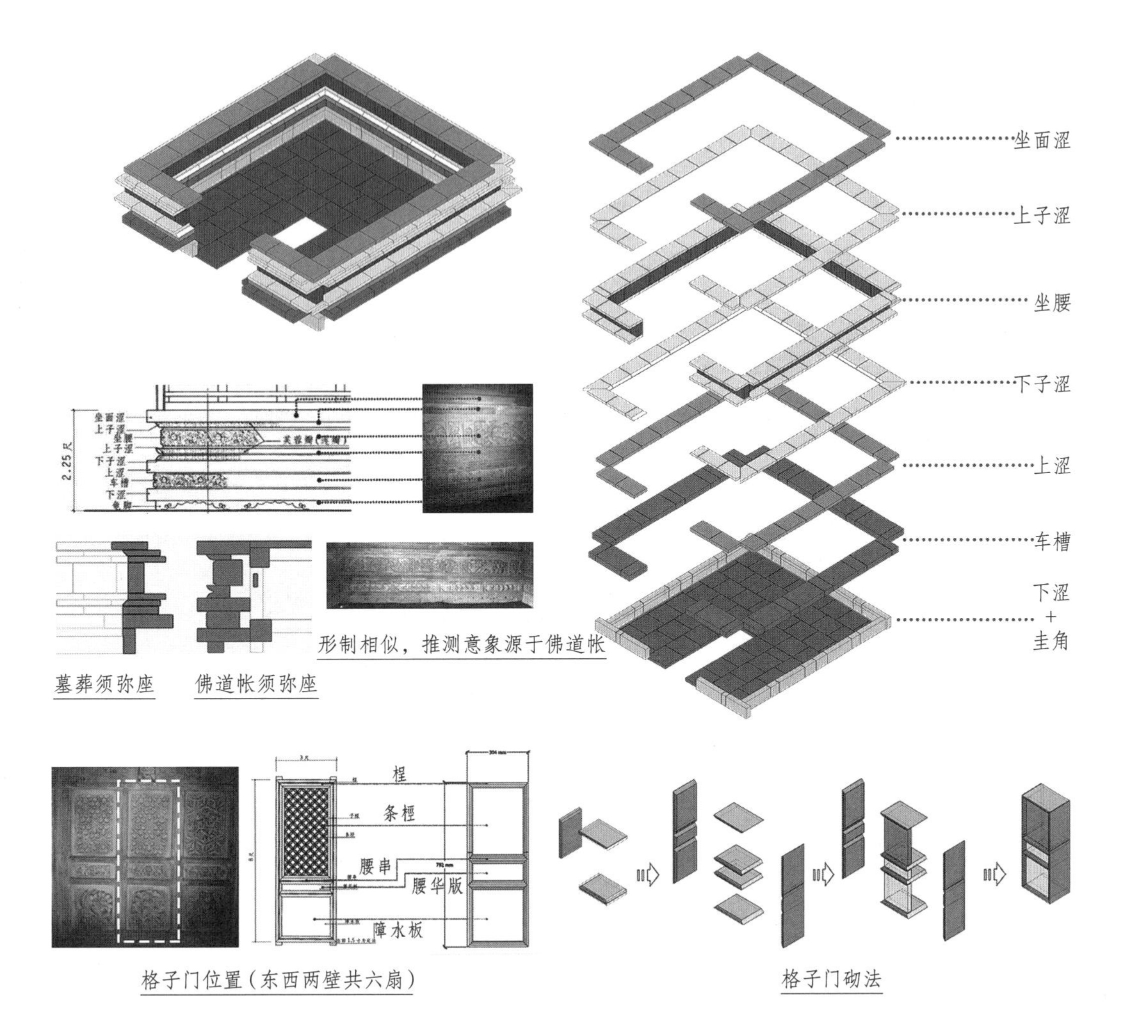

图6.72 侯马牛村董玘坚墓须弥座砌法示意图
（图片来源：须弥座线稿引自参考文献[279]，其余作者自绘）

图6.73 侯马牛村董玘坚墓格子门砌法与木构“原型”对比
（图片来源：作者自摄、自绘）

因墓室狭小，工匠切削四柱的露出部分时，也没有按照横平竖直的原则令柱子与壁面正交，而是将壁外部分按正八角形切出三个大面，再在大面之间、大面与壁面间切出四道细条，如此一来，四柱彼此大面相对，产生了极强的对角秩序，其上的栌枓干脆转过45°放置，角华栱、角耍头等均相向伸出，再加上壁间雕出的斜侧身子的侍从男女，就为方形墓室增添了对角向心的性质，虽然壁面未经切削，但人身处其间还是能感到强烈的方转八角意象，这也和头顶藻井的配置方式上下呼应、一气贯通（图6.74）。

3.藻井砌法

董玘坚墓的藻井形态极为“立体”，其砌筑方式不仅在其他砖雕墓中罕见，也远比金元后趋于扁平的木构案例复杂，堪称孤例。它虽大体上遵循《营造法式》鬭八藻井的建构逻辑（分层压覆、由方转八角至圆），却也颇有独到之处——“法式型”的大鬭八藻井主要通过在竖立的枓槽版上向内挑出半幅枓栱（有里跳无外跳）来逐层内收、托举上部结构，类似于层层悬挑，到最上部才利用弧形的阳马（当然也可以近似平直）和肋板来造成高穹隆的意象。董玘坚墓则是先在“屋檐”上用八角叠涩，再用一层直立砌筑的勾阑和两层斜收内聚的穹环来代替木藻井中具象的枓栱，这两层如井栏般的“穹环”尤其精彩：下道以两条彼此斜支的条砖（砍斫顶、底部保持砌面水平于地面）为骨、以填嵌其间的三角面砖（雕饰八仙纹样）为皮，形成一个单元，重复八组后获得一个中空的伞状锥台；其上再覆盖一道简化的穹环（用斜抹掉上、下边缘后与地面保持水平的八块平行四边形立砖为骨，用八块斗面抹成等腰梯形并雕刻仙鹤纹样的立砖为皮，形成更加窄小的第二层锥台；再上又用几层叠涩砖收拢空洞，最后以一块八角封顶砖覆压其上，形如“明镜”（图6.75）。

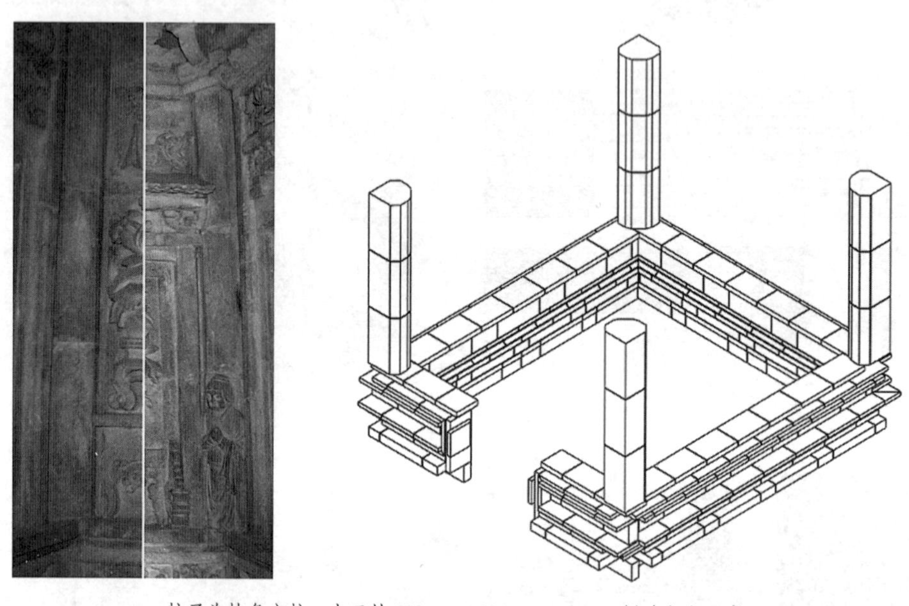

图6.74　侯马牛村董玘坚墓壁柱砌法示意图
（图片来源：作者自摄、自绘）

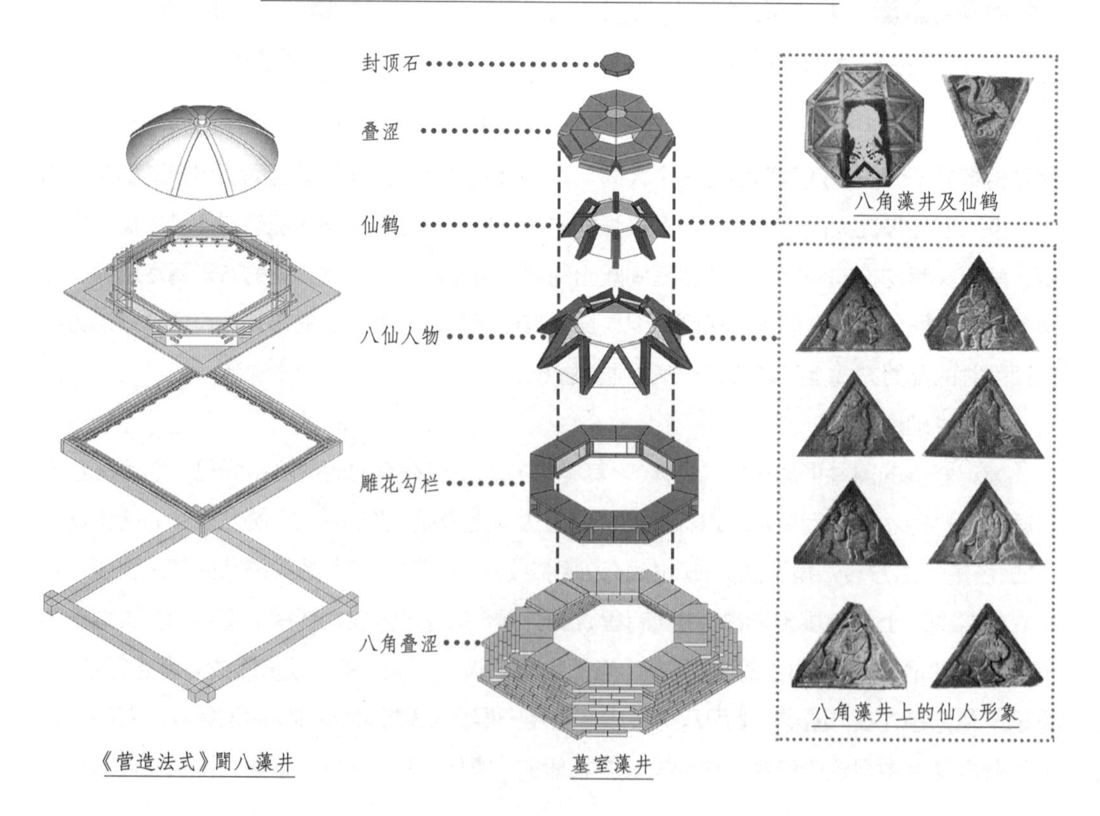

图6.75　侯马牛村董玘坚墓藻井分层拆解示意图
（图片来源：照片引自参考文献[400]，其余作者自绘）

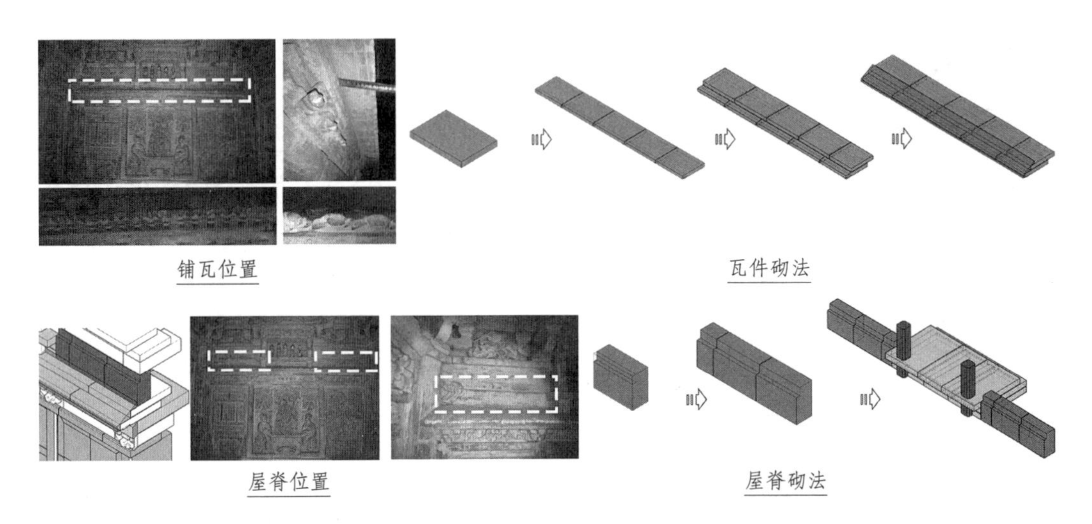

图6.76 侯马牛村董玘坚墓屋面、屋脊砌法示意图
（图片来源：作者自摄、自绘）

此外，北壁用两层平砖顺砌出屋檐，而后用抹灰雕出瓦头，屋面之上以侧砖顺砌形成平直的屋脊，并在砖面上隐刻横线以表示垒屋脊所用的线道瓦层数。壁面中部因受戏台遮挡，使得屋脊遭到打断，配合脊端雕出的吻兽，使得上轮廓线不致过于平直（图6.76）。

4. 帐藏门窗砌法

戏台的舞台部分由三块平砖并排丁砌组成（外端刻出连珠牙子模仿雁翅版），再从立砌砖中切割出竖条模仿两侧檐柱，夹持五层按“一丁一顺”组合错缝砌出的“后台”，台上放置五躯雕砖戏剧俑。檐柱上架设三皮平砖，上、下两层都是丁、顺结合砌成，剔凿四角模拟普拍方、撩檐方绞角出头的细节；当中并列三块丁砌的平砖，在丁头处直接凿刻出耙头栱的整体形象（栌枓、泥道栱、散枓等构件不再分块表达，都是整体剔出），形成两柱头、单补间的配置（柱头位置以耍头伸出，补间则是假昂，栱间版上雕刻化生童子）。将一块大砖对角解开后，拼凑出三角山花，于顺砌的侧砖外表面隐刻出排山勾滴、垂鱼惹草等形象，并精细雕凿出悬出的兽头、角脊（图6.77）。

6.10 案例十：侯马董海墓

（一）发掘及研究过程

墓位于侯马市西郊牛村古城南0.5km处，1964年侯马平阳机械厂在基建施工过程中发现，山西省文管会侯马工作站组织发掘，由杨及耘撰写报告[①]。墓顶距地表0.3m，前室墓顶塌陷，南壁东部被水冲塌，其余部分完好。墓正南北向，由墓道、甬道、墓门、前室、过

① 杨及耘.侯马102号金墓[J].文物季刊，1997(04)：28-40.

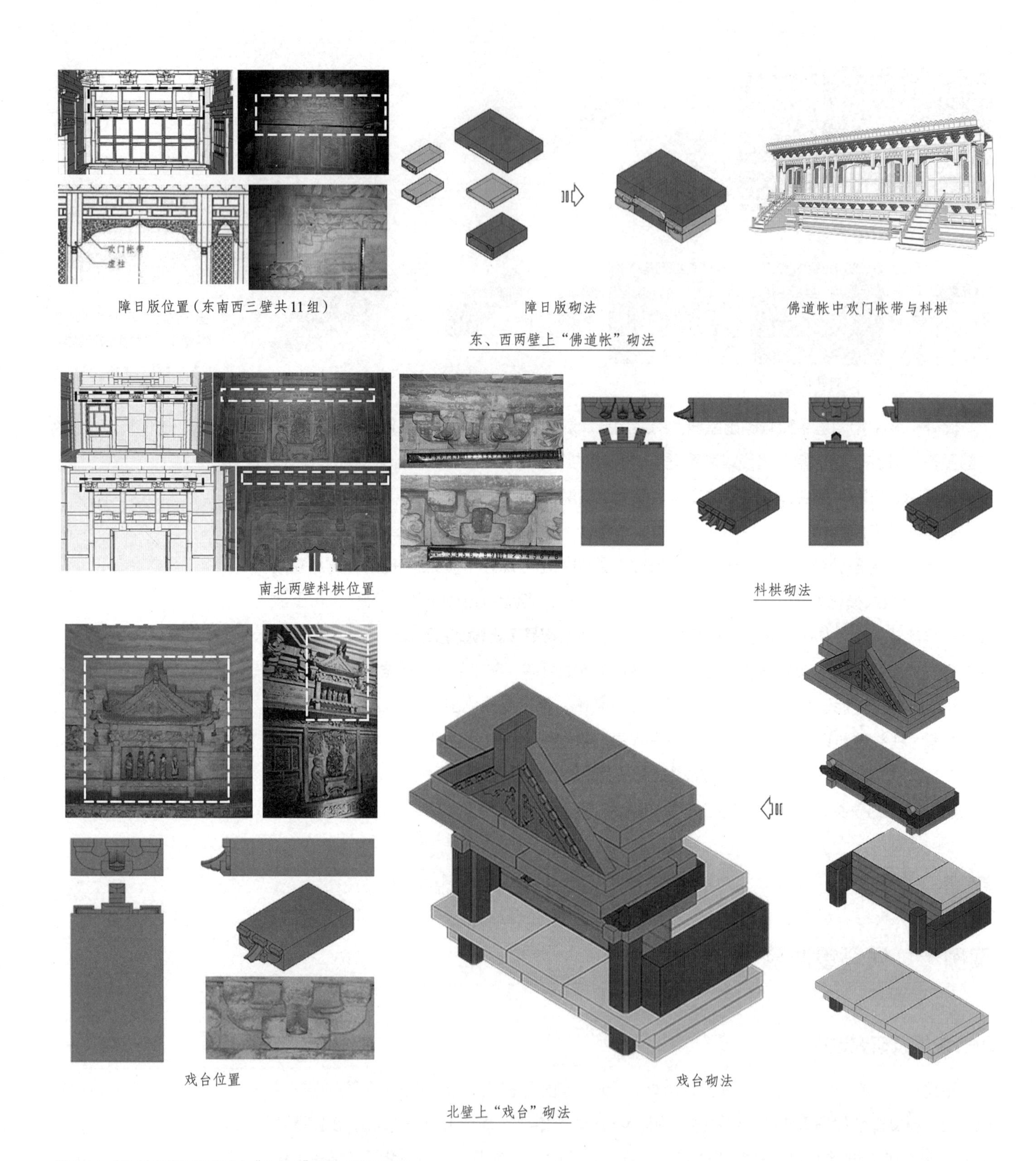

图6.77 侯马牛村董玘坚墓壁上“小木作”帐藏砌法示意图
（图片来源：作者自摄、自绘）

道、后室组成，总长7.22m。

（二）墓葬结构概述

1.基本数据

该构采取土圹竖穴式墓道，宽0.44m、深6.55m。北接直通前室的叠涩顶甬道，长0.96m、宽0.42m、通高1.7m，“外口砌圆券门，里口作壶门造”，两侧各砌出一段宽0.2m、高0.52m的台面充作门基。墓门砌在甬道券洞内，宽0.72m、高0.92m，附设门砧、立颊、榑柱（均混肚起双线），门额上浮雕莲花，卧柣则做成“断砌造”，门框内装有可启闭的版门一盒，门扉上浮雕门环及四排门钉（每排五个），肘板上下各阴刻燕尾形铁叶抱角。

前、后墓室为等大方形，都在角部抹斜、顶部正中开洞（后室“天窗”较完整，窗洞1.3m×0.8m），墓砖分三种规格（条砖290mm×140mm×45mm，方砖290mm×290mm×45mm，特型模制砖大小不一）。两室边长均为2300mm，高3920mm，“凹”字形棺床高400mm，前后室间存在高差，前室床面即为后室地面。四壁在棺床之上砌出一圈地栿，上设高550mm的须弥座，依次砌出圭角（龟脚）、下枋、下枭、束腰、上枭及上枋，各层间以一层平砖砌出皮条线相隔。座上又在四壁各施地栿一道，于四隅砌出素覆盆柱础及方形抹角倚柱，除四朵重栱偷心造的内转角铺作外，每面各用两朵单栱计心造补间，均为五铺作（柱头双杪、补间双昂），各高650mm。补间铺作泥道栱与两道昂头上的瓜子栱、翼形令栱等长，绞琴面耍头后承托四道菱角牙子，过渡到屋顶部分。铺作之上的壁面折为八棱，因此转角铺作一、二跳头上的横栱亦自中缝弯折，以对应方形墓顶转八角攒尖顶的变化。顶心方砖上残留有悬挂铜镜的铁钩痕迹。

前、后墓室间的过道长1.96m、宽0.5m，以特型砖充当过梁，内砌双圆心券，在正对前室北壁处，砌出一座翼角高企、山花精致的单檐歇山抱厦，题铭“庆阴堂”，沿着过道向外又砌出柱顶石一方（边长240mm×200mm×550mm），上立抹角方柱、承外转角铺作，柱间施阑额、普拍方承双补间，均为单昂四铺作。接入后室南壁后，又砌出后室门，形制与前室墓门相同（图6.78）。

2.壁面装饰

两座墓室中遍饰砖雕，主题有夫妇并坐、主人出行、门窗桌椅、盆花翎毛等，以阴刻和浮雕为主，也有模制的。其中：

墓门涂朱，门环、门钉涂黄，由前室内部观之呈壶门状，两侧各雕一个花瓶，自瓶口伸出缠枝莲环绕门框，形似花环。门楣上砌有一方地碣，两侧嵌有横幅牡丹与秋葵花，左右的力士、雌雄狮子各自蹲立在莲花灯台上。

前室北壁过道两侧各雕出一幅孔雀牡丹湖石图，东、西两壁则在普拍方下刻出帷幔，再下为六扇四抹头格子门，配以地栿、立颊，每相邻两扇组成一盒，槅心中雕出“龟背套梅”“簇六填华”“六角套梅”“田字勾绞”及“毬纹填华”等纹样，腰华版内皆雕牡丹，西

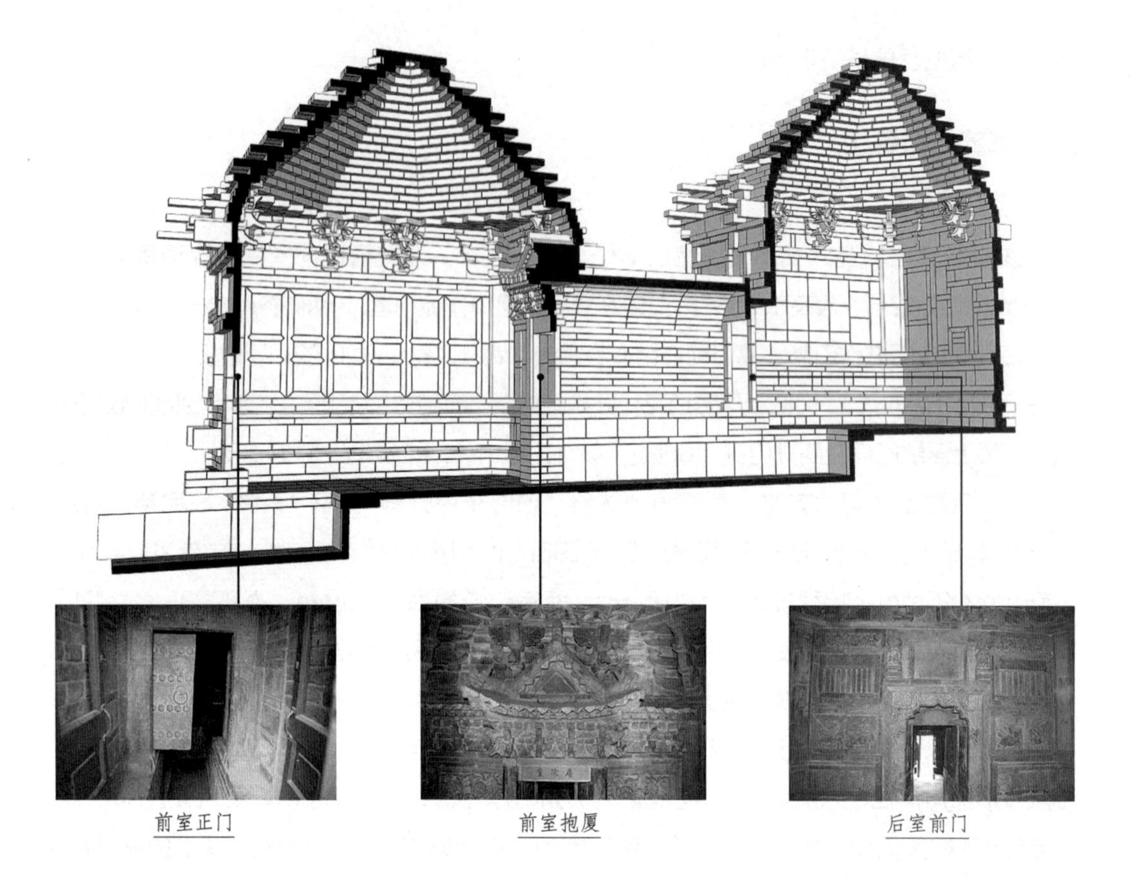

图6.78 侯马牛村董海墓概况
（图片来源：作者自摄、自绘）

壁障水版上刻饰四人击马球图。

后室南壁正中辟门供人出入，与前室一样做成壸门造。门框两侧雕花瓶，瓶内伸出缠枝牡丹与化生童子，门上同样嵌入买地券一方，两侧各雕一樘直棂窗（下串、窗砧、立颊、窗额、榑柱、上额俱全），两窗之间砌力士莲花灯台，窗上横砌条形花砖一块，窗下各雕骑士战斗图一幅，皆是预先画稿、再分块烧制后拼成。

后室北壁被当中两根八角柱分作三间，心间较宽，上雕黄色卷帘、红纱灯笼与吉祥挂饰，下为宴饮图，当中设红色方桌一张，两侧设椅子与脚床子，墓主夫妇分东西安坐，身后为侍童侍女分立于踏床之上。两次间极窄小，仅能容入一扇格子门，槅心处雕饰红色万字纹，障水版中雕刻“榆窠园尉迟恭救驾”故事。

后室东壁雕出六扇四抹头格子门，形制与前室略同：居中者槅心用“三角绞艾叶”，南北两侧则用“龟背填梅”；腰华版均饰牡丹纹；两侧四扇的障水版内雕饰荷花、芭蕉及雀鸟，当中两扇则合雕“小尉迟将鞭认父”故事。后室西壁整面刷饰黄地红边，雕出四人二马（皂隶步行在前，侍从跟随在后，墓主父子骑马南行），图上端空白处填嵌海石榴与牡丹花雕砖各一块，绕以菱花水草（图6.79）。

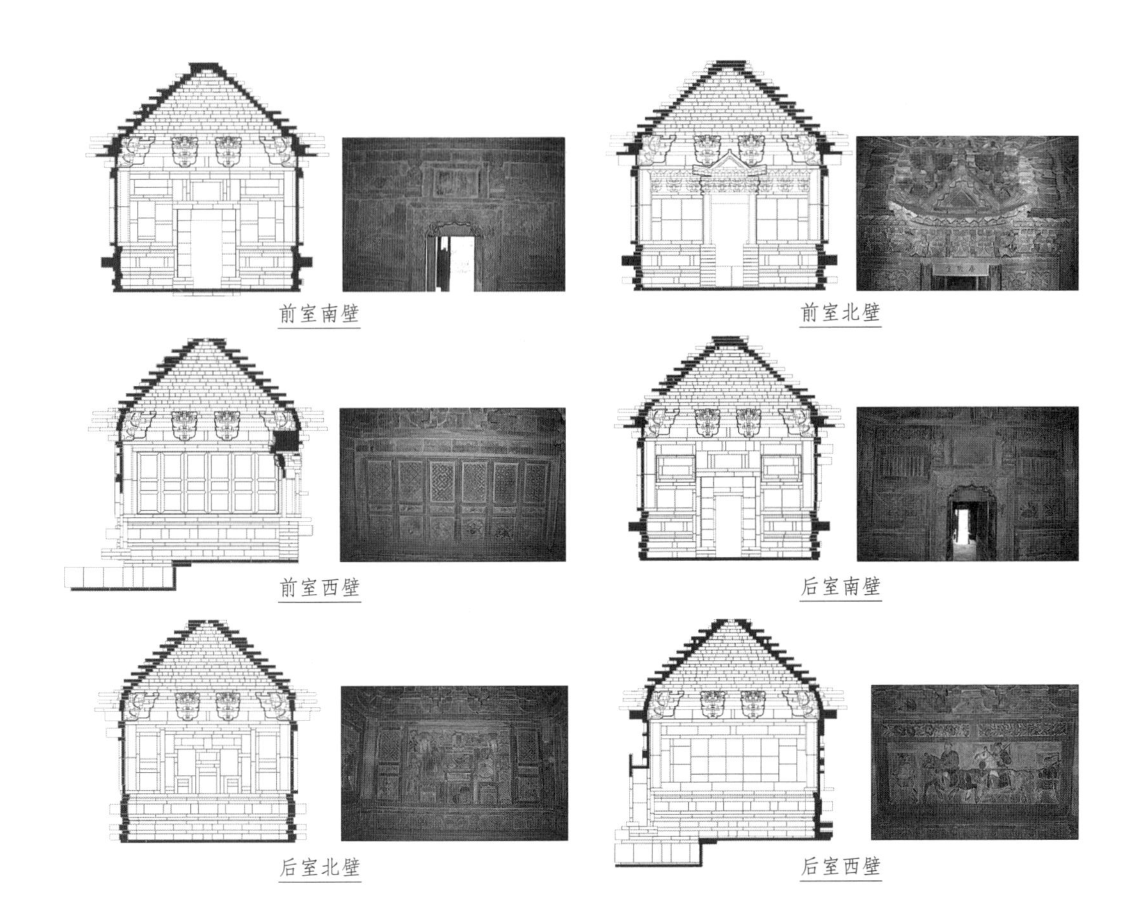

图6.79 侯马牛村董海墓各处壁面装饰
（图片来源：作者自摄、自绘）

3.题记与埋葬情况

前室南壁在墓门上方嵌有砖地碣一方，竖书12行[①]；在其西侧砖上竖书“女文”二字，北壁门楼东角柱上刻有栽树、立石记[②]，对应的西角柱上则刻字记录农事收成。后室南壁西侧灯台上砌有阴刻文字砖一块，竖书4行[③]；南壁正上方的地券墨书竖题21行[④]。

---

① 前室地碣内容为：“维南瞻部洲大金国河东南路绛阳军曲沃县裱祁乡南方风上村住人。董三郎名海。妻北方裴店赵氏。男一哥。名靖。三十五。妻西李村文氏。次男楼喜。二十五。妻狄庄村卫氏西李村文氏。次男念五。二十。妻高村赵氏。时明昌七年八月初四日入功。九月□日功毕。砌匠人张卜。杨卜。段卜。敬卜。写地碣人郇□坚。丙辰己亥朔有一。迁记。”

②“维大金国大定十五年二月二十日。栽栢朴坟茔一十九根。又祖坟内二茔栽栢朴八根。董海买到栢朴。大定二十四年己巳月己巳日。先祖董珍家上经幢。董海董政立石。”

③“大金明昌七年八月初四。曲沃县伴祁乡南方分上村董三郎名海。而男一哥。楼喜。念五。”

④“维南瞻部洲大金国河东南路绛阳军曲沃县裱祁乡南方村董海。今于明昌七年十月丙午日。于高原安厝宅北。谨用钞九万九千九百九十贯文。买地一段。东西南北各一十三步数。东至青龙。西至白虎。南至朱雀。北至玄武。内方勾陈。分擘明堂。四域丘□。墓伯封□。界畔道路将军。齐整阡陌。(千)秋万世。永无殃咎。若辄干犯诃禁者。将军、亭长收付河伯。今以推牢酒饭。共为信契。财地交相付分。工匠修茔安厝。已后永保休吉。知见人。岁月主。主保人。今日值符故炁。邪精不得肝恡。先有居者。永避万里。若违此约。地府主史自当其祸。主人内外存亡悉皆安吉者。急急如律令。明昌七年十一月一日。砌墓人。董靖。董楼五。董念喜。”金章宗于明昌七年（1196年）改元承安，该墓实建造于承安元年。

墓内共放置11具人骨，其中后室4具（东西侧各2具，当中置砖分隔），头皆北向，发掘者推测居东者为董海夫妇，西侧为其长子董靖夫妇；前室共7具，推测东边为董海次子董楼喜夫妇，西为三子董念五夫妇，西南角散乱骨架或为念五女董文。

（三）仿木砌法分析

1.补间铺作

栌枓由特型砖制成（高90mm、宽190mm，因埋入壁内长度未知），工匠在其前缘下端切出内䫜弧面，聊充斗平、斗欹。当它搭扣下道昂后，两者通高恰与侧立放置的标准砖相当，故各以一块侧砖顺砌、铲剔砖面隐出泥道栱臂。散枓皆由平砖丁砌后剔凿砖头砌成，搭在泥道栱与更上方的素方、瓜子栱层之间，三者彼此平压。交互枓所用砖件规格稍大，在昂下开槽相互咬合。瓜子栱砌法与泥道栱相同，都是在顺砌露明的侧砖面上削出栱形，其余部分埋入墙内。耍头与昂都是侧砖丁砌，端头砍出琴面后绞翼形令栱，唯后者悬在墙外，无法以两段栱臂拼成，只能整体凿刻。栱间版则以侧砖顺砌、沿栱端边线砍去多余部分后填充而成。

总的来说，此例的铺作可分出三个比较清晰的水平层：栌枓、下道假昂、泥道栱（及相应的充栱间版的侧立砖）为下层，高度恰合一个标准砖宽；头昂上交互枓、泥道栱上散枓（及其旁侧的“栔高”部分），以及位于其上的上道昂、瓜子栱各是一皮顺砖，两者垒叠后即中层，高度与下层相当；上道昂上的交互枓、瓜子栱上的散枓合一皮顺转，其上侧立砌成的翼形栱、耍头则相当于两皮顺砖，这三皮砖合为上层。最上方则是由两皮平砖顺砌形成的撩檐方（图6.80）。

2.转角铺作

转角五铺作连出两杪，竖直方向上的分层逻辑与补间铺作相同，但栌枓转过45°放置，泥道栱顺墓壁转折，导致其上充作枓、方的砖件均向内切角，让过出跳的角华栱、斜交互枓和角耍头（图6.81）。

3.抱厦上铺作

抱厦额名“庆阴堂”，位于前室北壁之上，正面设双补间（与柱头均为单昂四铺作，配昂形耍头绞令栱，柱头另有角缝昂向外侧撇出）。由于尺度极小，这些铺作并不是用多块砖件拼出的，而是在同块砖上直接凿出枓、栱、昂、耍头等形象，再将这些组块接续起来，形成“铺作层”。具体来说，栌枓、假昂和昂上交互枓都集中在一块砖上，与之水平对齐的泥道栱、栱眼壁、散枓又是同一块砖，位居其上的耍头、交互枓，与之相邻的令栱、栱间版、散枓、撩檐方也都是整砖。此外，相邻铺作相向伸出的两只栱臂（及其上小枓）也是一个单元，与侧砖丁砌出的耍头、假昂、交互枓等间插安放（图6.82）。

4.须弥座与门窗

须弥座分作五层，各层间以一层模仿皮条线的顺砖分隔，圭角（龟脚）两端及当中位置

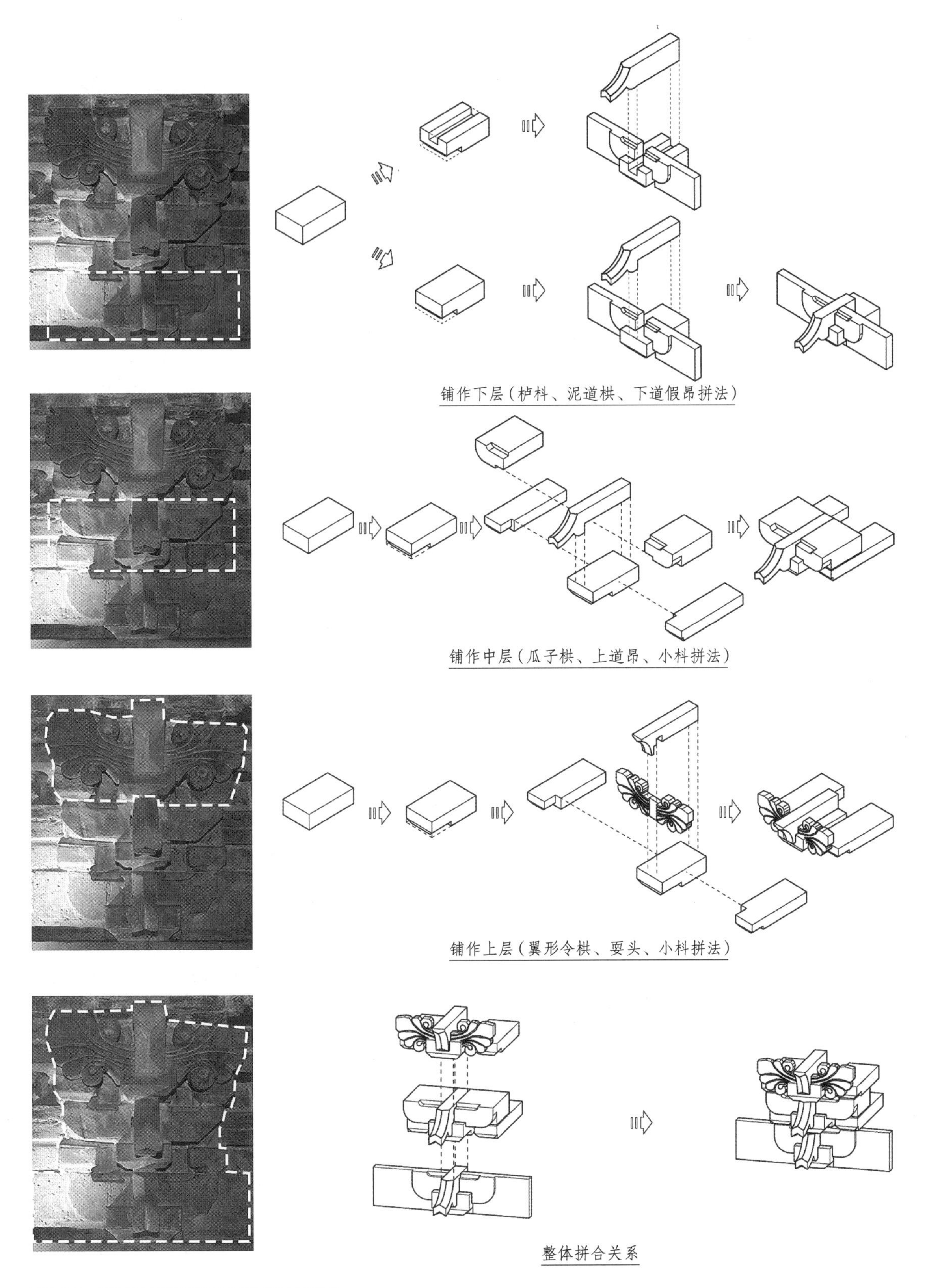

图6.80 侯马牛村董海墓补间铺作拼法示意图

（图片来源：作者自摄、自绘）

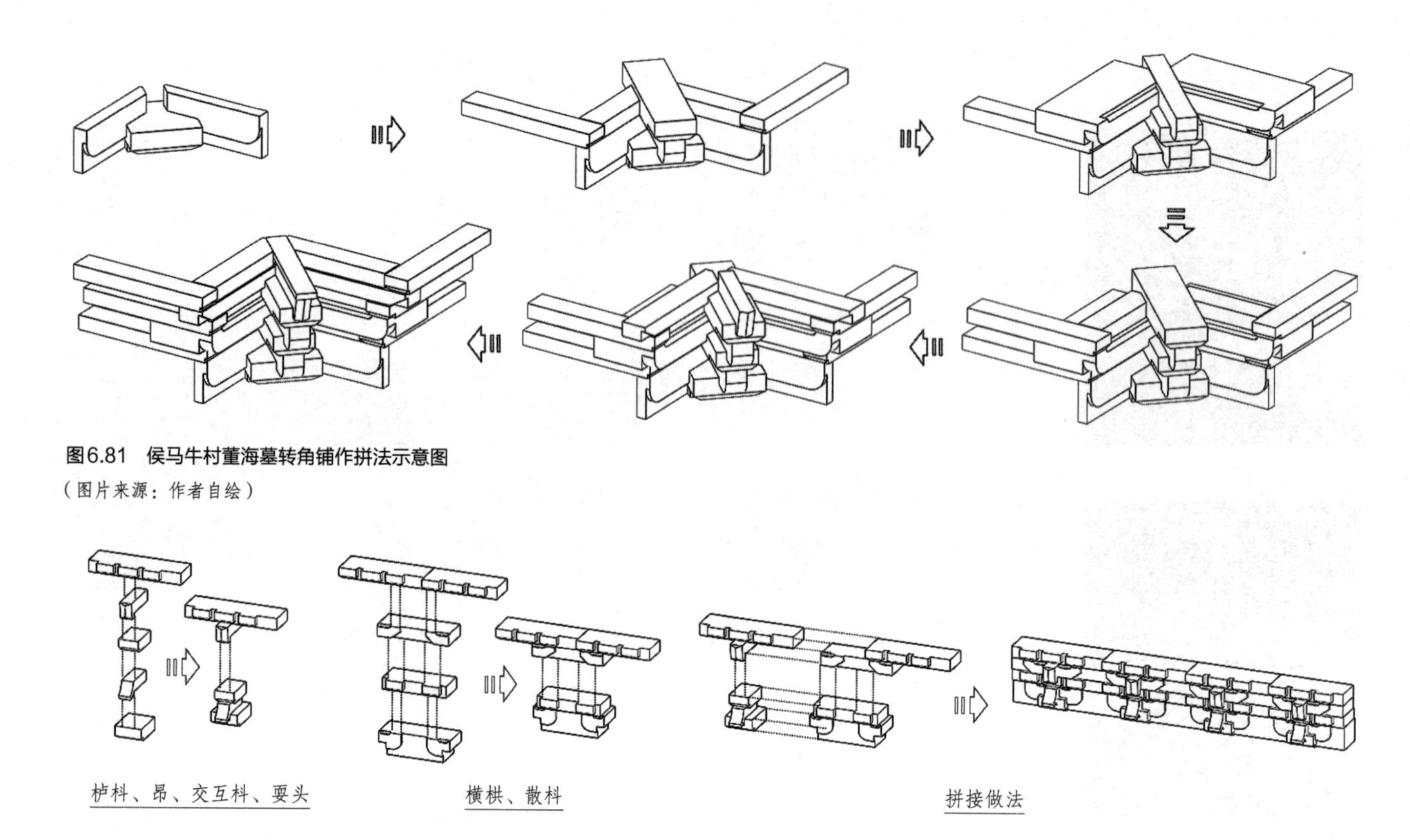

图6.81　侯马牛村董海墓转角铺作拼法示意图
（图片来源：作者自绘）

图6.82　侯马牛村董海墓抱厦铺作拼法示意图
（图片来源：作者自绘）

雕出云纹花脚牙子，与下枭、上枭一样，都是平砖顺砌；束腰由侧砖按一顺一丁交替砌出，在斗面上满铺雕饰（如“狮戏绣球”“散宝图”等），而在丁面上雕刻力士，用为槏柱。

前室东、西壁及后室东壁上皆刻出六扇格子门，每相邻两扇为一盒，以侧砖立砌、平砖顺砌充边程，以顺砌侧砖、立砌平砖或方砖斗面朝外充当槅心、腰华版、障水版。后室南壁东、西两侧各辟出一扇直棂窗。

柱子的砌法又分两种情况：其一是位于前、后室四角的八根倚柱，由两块特制砖立砌拼成；其二是后室北壁上的两根红色八角柱，由标准砖侧立砌成（图6.83）。

6.11 案例十一：繁峙南关金墓

（一）发掘及研究过程

该墓于2007年完成了抢救性发掘和揭取搬迁工作，因保存状态良好，被收入《出土壁

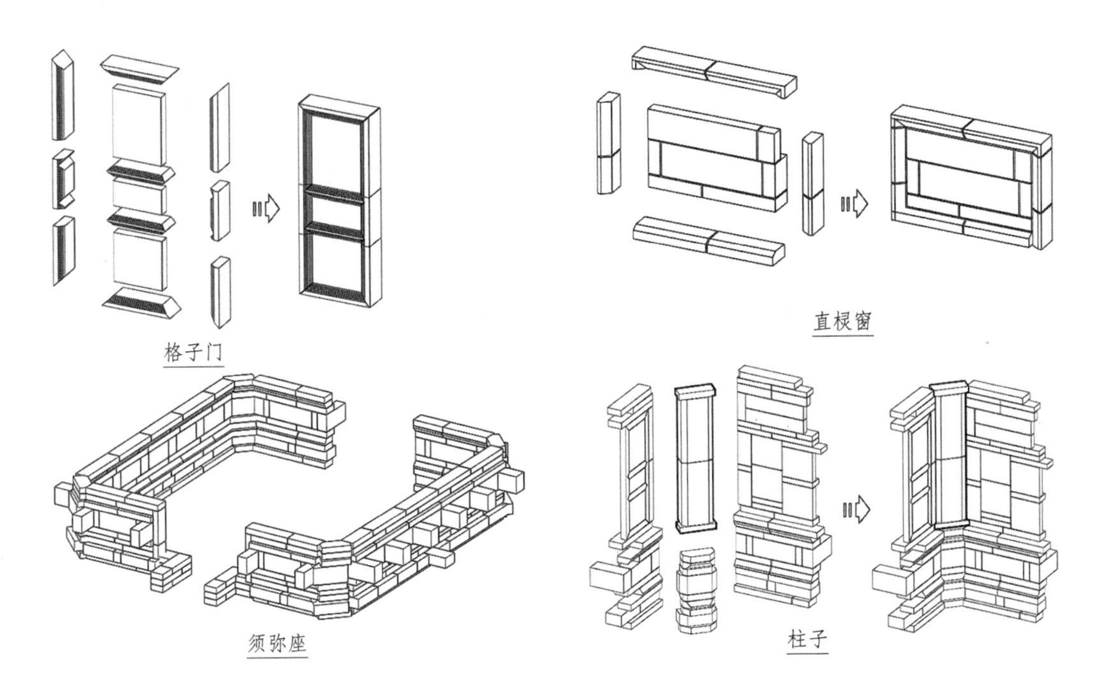

图6.83　侯马牛村董海墓须弥座与门窗、柱子拼法示意图
（图片来源：作者自绘）

画全集》[1]，并引发关于装饰特点与搬迁修复技术的学术探讨[2][3]，后由刘岩等执笔撰写了《山西繁峙南关村金代壁画墓发掘简报》（以下简称《发掘简报》）[4]。

据《发掘简报》所述，该墓正南北向（183°），目前存有甬道与圆形穹隆顶墓室（六根倚柱将壁面均分作北、东北、东南、南、西南、西北六段），底径2.95m、顶径2.6m，墓顶距原始地面1.5m、内高0.74m，顶心处露出半块穿孔条砖，推测曾挂有铜镜。墓底铺设棺床（床面以条砖东西向错缝平铺），上距墓顶2.64m，南北长2.45m，南侧为高0.36m的须弥座前挡（上下各向外挑出两层叠涩，当中砌有立颊），其余部分直接砌入壁面。甬道为门洞式，宽0.78m、高1.55m、深0.54m，以条砖封堵（上部已遭破坏，剩下三层封门砖中，下两层以侧砖丁砌、上一层为平砖丁砌）。墓砖分两种规格，小者330mm×160mm×55mm（从方砖中对剖得到），大者460mm×260mm×53mm，另在清理地面时寻得两块340mm×340mm×50mm的雕花方砖。

（二）墓葬结构概述

墓室内以砖雕结合彩绘的方法仿木，门窗、铺作、滴水瓦头等都用砖砌出并涂色，檐

① 徐光冀.中国出土壁画全集（山东）[M].北京：科学出版社，2012：172-175.

② 孙文艳.浅析繁峙南关壁画墓装饰[C]//山西博物院（编）. 山西博物院学术文集（2011）[M].大同：山西人民出版社，2011：54-65.

③ 霍宝强.繁峙南关村墓葬壁画修复工艺初探[C]//山西博物院（编）. 山西博物院学术文集（2011）[M].大同：山西人民出版社，2011：183-192.

④ 刘岩，商彤流，李培林，张所廷，袁泉，尚珩，张志伟，厉晋春.山西繁峙南关村金代壁画墓发掘简报[J].考古与文物，2015（01）：3-19+61+2+131.

柱、阑额、普拍方则直接于壁上铺草麦泥地仗并刷饰白灰后画出。其中：檐柱以红、黑、白三线勾出柱础，以粗朱线画出收杀明显的外廓，身内以黑、青、橙三色叠晕绘出五至六层大叶笥纹（位于墓门两侧的东南、西南柱始自墓底，其余各柱自棺床表面起涂画）；阑额以朱线示意，两线间“空白处点缀七粒橙色元点”，应是表达七朱八白；普拍方以一皮条砖顺砌兜圈，略微挑出壁外以模拟与阑额间的“T”字形断面，砖侧绘出“白地黑色倒三角锯齿纹”，并在接近柱头端绘出如意夹角。枓、栱等构件皆略微凸出壁面，以红色平涂、白线勾边，昂和耍头正面橙色、侧面红色并勾白边，东、西两柱头上的栌枓用红色、泥道栱涂橙色，其余各组恰相反，栱眼内不施彩。相邻铺作间距较大，栱眼壁完整（北壁内绘牡丹卷草，东北、西北壁内绘阔叶卷草，东南、西南壁内绘龙牙卷草，南壁内为小卷草）。檐椽方形抹角，橙底白边，滴水瓦以条砖丁头“雕出弧形瓦面，瓦面立面刻划两道凹线纹，下部则切七至十个数量不定的三角形缺口”模拟重唇瓪瓦。

各壁上皆用砖砌出假门、假窗，沿南北轴线对称排列，其中：北壁为格子门，东北、西北设假窗，东南、西南砌版门。格子门槅心处雕四斜毬纹格眼，障水版上隐出如意壶门，门外用侧砖立砌槫柱、抱框，“立面外边缘凸刻窄棱”，环绕门洞刻出门额、立颊，施用两枚柿蒂形门簪，下砌地栿、门砧。假版门边框结构与格子门相同，门板涂朱，上绘黑色铺首与门钉（每扇三排，上下排各五个、中间四个）。假窗外侧一圈涂朱以仿拟边框，内侧一圈涂白以示意子桯，窗内设上下串，“窗心为白色四斜毬纹地重格眼，中部格眼做菱花形，格心做十字瓣，涂墨色”。

墓内壁画众多，画匠先在壁上敷设10mm厚的草拌泥地仗，再涂刷2-5mm的白灰，于其上施彩绘图。墓顶为星象图，但星体间无连线，不能区分星座；东侧以三朵卷云托起太阳，内绘金乌；西侧彩云拱卫月亮，内有桂树与捣药玉兔。六段壁面则绘出人物、风景、杂宝。

该墓在发掘前曾遭盗扰，整理时在棺床底部发现“元丰通宝”一枚，木棺架与棺木已被拆毁，散落若干构件，包括云头形棺首牌、棺架转角栏杆及底部牙板等，此后陆续追缴回五块彩绘棺板，分别属于两套棺具（其中一件绘朱雀的前棺版上用墨线绘出版门一盒，上额、槫柱、门额、立颊、门簪、门砧、地栿俱全，饰有铺首、3排×4列门钉）。由于缺乏纪年资料，《发掘简报》主要参考砖雕彩绘风格断代，认为壁画的题材选择、人物形象与用色细节等方面“均体现出金代，甚至更晚时期的阶段特征，似在12世纪后期至13世纪中叶”①，

① 如东南壁上简化组合的蒿里老翁神煞形象，西北、东北壁上的财帛进奉与守宝的“丘墓掾吏”“茔土将军”形象，且珊瑚、火焰珠、犀角等杂宝形象与南宋杭州刊刻的《佛国禅师文殊指南图赞》、金皇统年间（1147-1173年）刻成的《赵城金藏》及现藏于日本京都府知恩院的13世纪刺绣袈裟屏风上所见者相同。

故综合判断其营建时间在金中晚期到蒙元早期[①]。

（三）仿木砌法分析

1. 铺作砌法

由于圆形墓壁并无拐角，只能依靠绘出倚柱与铺作将其人为分作六段，再在北壁、西南壁、东南壁上的补间位置砌出梭形栱。柱头铺作完全不出跳，仅砌出略微凸出壁面、上下相间的长短横栱，由于两栱分别绞侧砖丁砌的批竹昂和翼形耍头，故一般将之判定为单昂四铺作（将下层短栱视为泥道栱、上层长栱视为扶壁素方上的隐刻慢栱），工匠省却了昂头上的交互枓及其上绞耍头的令栱、小枓，而代之以等高的柱头慢栱及三小枓。从昂形可知，其原型为平出假昂，出跳制度等同于卷头造，跳头与柱缝上的枓、栱完全对齐，皆受材栔格网控制，这意味着本来前后遮蔽的令栱与隐刻慢栱被“压合”起来，工匠隐去前者而留下后者，造成一个投影到柱缝上的叠加形象（图6.84）。

铺作全由330mm × 160mm × 55mm的条砖砌成，其中：栌枓由二皮平砖丁砌后叠成，下道砖端部砍出斗欹曲面，上道砖上微微砍出豁口，与下开口的平出假昂砖彼此扣牢。在照片中并未见到泥道栱的砖缝，而其高度接近昂、耍头等出跳构件宽度（条砖厚）的三倍，可知横栱都采用侧砖顺砌的办法，横摆后刻绘栱眼、卷杀以作示意。由于要围出圆形墓室，条砖两两间皆存在微弱夹角，其边缘也未必能正对上所仿栱件的端部，因此工匠只能随宜应对[②]。泥道栱在内侧下方开口，以求咬住栌枓两耳，栱身当中及两端各用二皮丁砌平砖摆出齐心枓、散枓，三枓亦呈弧线布置。栱眼、暗栔部分以平砖顺砌、碎砖填嵌。慢栱同样为侧砖顺砌而成，因栱长较长，每边取整、半砖各一块，切除边角后错缝接成。这样做的好处

① “……单昂四铺作，隐刻泥道慢拱，柱头枋上隐刻斗拱，这些建筑细节亦见于山西潞城县北关宋墓、山西平定县东回村元墓及西关村1号墓。该墓中栌斗上不出华栱、直接出昂的做法则是山西地区墓葬仿木构砖雕中较为常见的样式，在长治县安昌金墓、长治李村沟金墓中也有发现。此外，上述特点同样表现于金元时期晋北、晋中的地面建筑上。长子县金皇统元年（1141年）成汤庙大殿就有相似的补间隐刻枓栱；金天会年间重建的平遥慈相寺麓台砖塔的枓栱结构，尤其是出跳的劈竹昂和耍头均与繁峙南关村墓十分类似。山西洪洞元广胜寺前殿、山西临汾魏村元牛王庙戏台则均在栌斗上直接出昂。假门、假窗样式上，繁峙南关村壁画墓中的格子门为四斜毬纹格眼，柿蒂形门簪，如意壶门式障水板。其格眼和障水板样式均是山西地区典型的金元作风；同类假门发现于山西汾阳东龙观2号墓、绛县城内村金墓、平定城关镇姜家沟金墓、平定东回村元墓等处，河南、山东金墓中也有相似的格子门表现，如山东济南历城港沟镇金泰和元年（1201年）墓和河南林州桂林镇三井村金墓。建筑彩绘上，繁峙南关村墓中檐柱、普柏方和栱眼壁装饰也可在相近地区的金元墓中找到类比对象。该墓影作檐柱上绘饰的大叶筒纹，就是中原地区金元墓葬中常见的建筑彩绘，其在山西、河北、河南等地均有发现，亦有简报称之为‘莲瓣纹’。其中尤以山西地区最为集中，如潞城北关宋墓、平定东回元墓、闻喜中庄金墓和长治安昌村金墓；此外，河北井陉柿庄金墓、邢台钢铁厂元墓以及河南林州三林镇金墓中也可见相似柱式表现”。见：刘岩，商彤流，李培林，张所廷，袁泉，尚珩，张志伟，厉晋春.山西繁峙南关村金代壁画墓发掘简报[J].考古与文物，2015(01)：3-19+61+2+131.

② 若砖件边缘恰与所仿栱件边缘重合，则就边砍杀折线，若未能对上，则在砖的侧边、正当栱端的位置沿着折线切削砖面，同样便于确认栱端边廓。

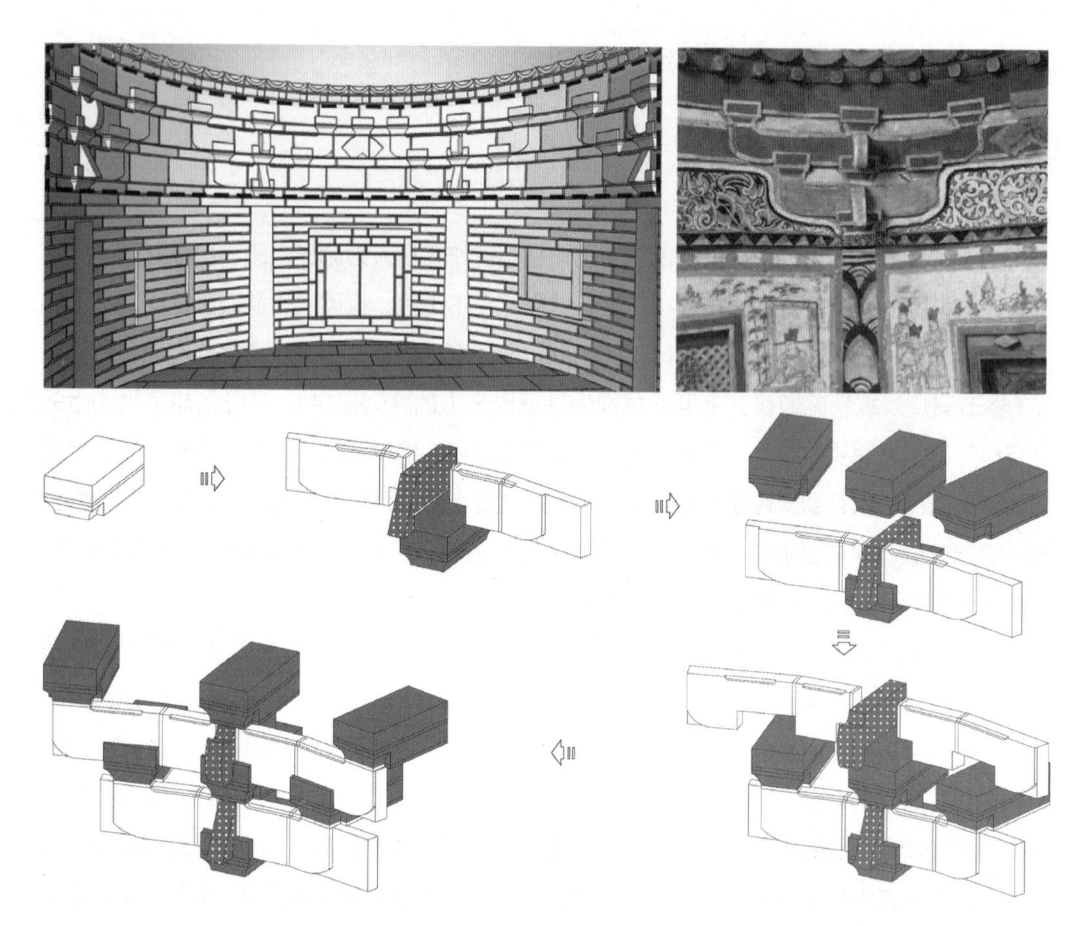

图6.84 繁峙南关村金墓铺作分布位置及砌筑过程示意图
（图片来源：照片引自参考文献[278]，其余作者自绘）

一是便于工匠握持砖件砍削另一端，形成下开的盖口以扣住料件，二是确保栱端卷杀位置可控，不至于同时落到接邻的两皮砖上，增加连续刻线、对缝的难度[①]。至于充当“补间”的梭形栱，其小料的制备方式与用在柱头上者一致，栱身则是工匠在侧砖顺砌后就着大面砍出边廓形成的（图6.85）。

2. 基座、门窗、柱额

壁面基本由330mm×160mm×55mm的条砖砌成，实由连续转折的28边构成，抹上灰泥后近似圆形，各壁上砌筑、绘制门窗、柱额情况在第一部分已详细引用，兹不赘述（图6.86）。

3. 屋面、墓顶

工匠先用小条砖（330mm×160mm×55mm）在铺作层上平身顺砌接出了周圈撩檐方（于下部砍出盖口以便压扣料件）；再将大条砖（460mm×260mm×53mm）斜劈成便于兜接的梯形平面，以其短面向内、刻出一椽一当（椽头居边）；瓦垄的制备逻辑与之相同，也是用大条砖砍出的等腰梯形短边来做瓪瓦头，每砖侧面都只做仰瓦而不表达盖瓦（图6.87）。

① 东北、东南壁上慢栱端头即横跨两砖，制备难度较高，这类情况本应尽力避免，因此若论搭建顺序，以最后在东侧收拢的可能性为大。

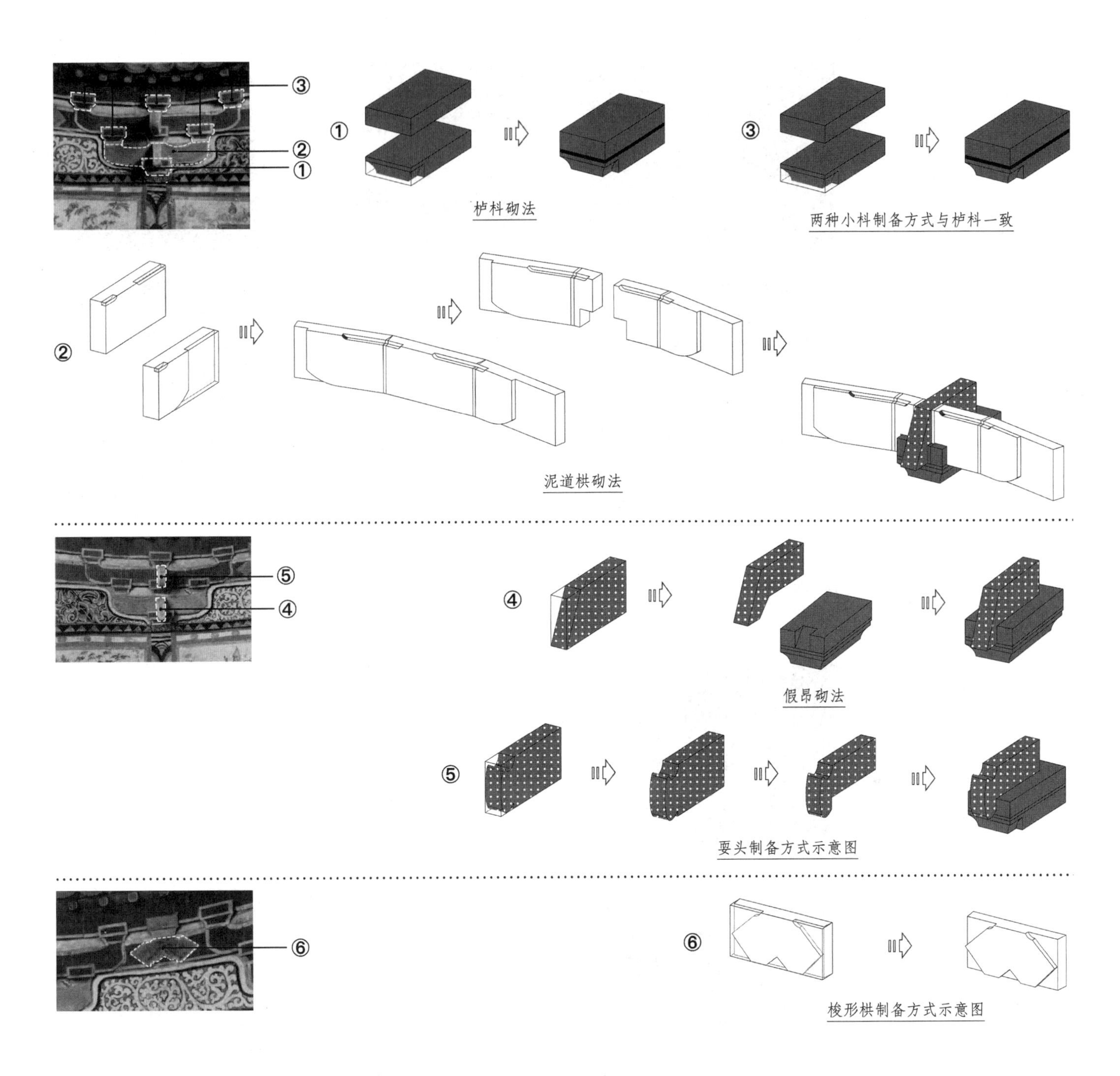

图6.85　繁峙南关村金墓柱头铺作各部分砌法示意图

（图片来源：照片引自参考文献[278]，其余作者自绘）

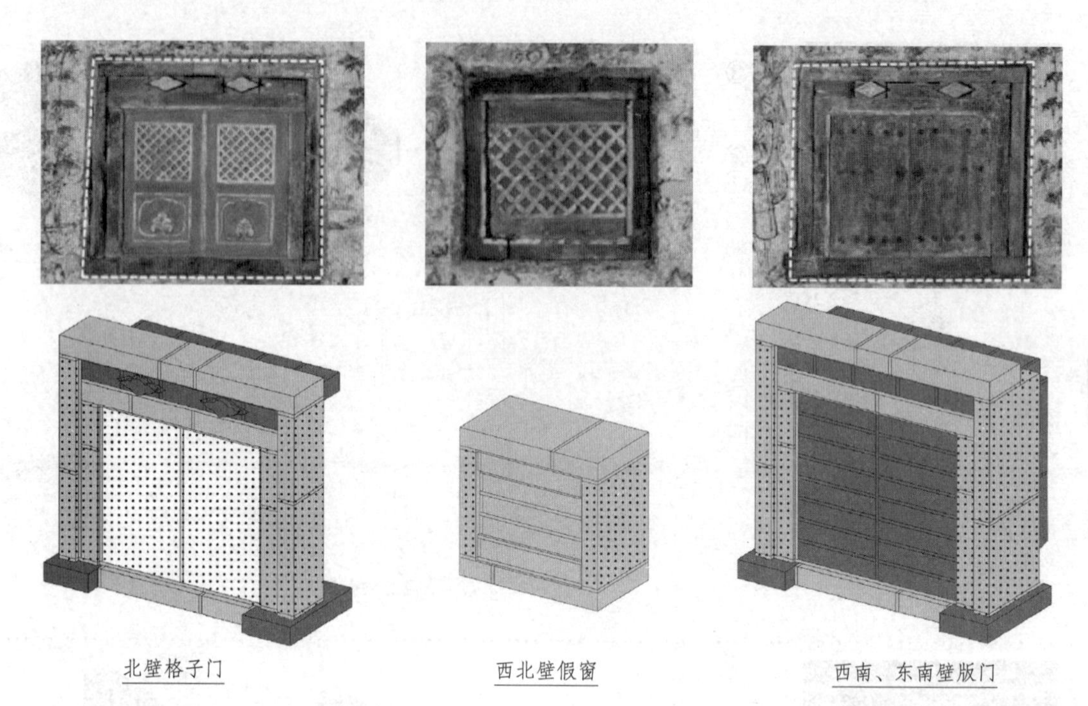

图6.86 繁峙南关村金墓假门、假窗砌法示意图
（图片来源：照片引自参考文献[278]，其余作者自绘）

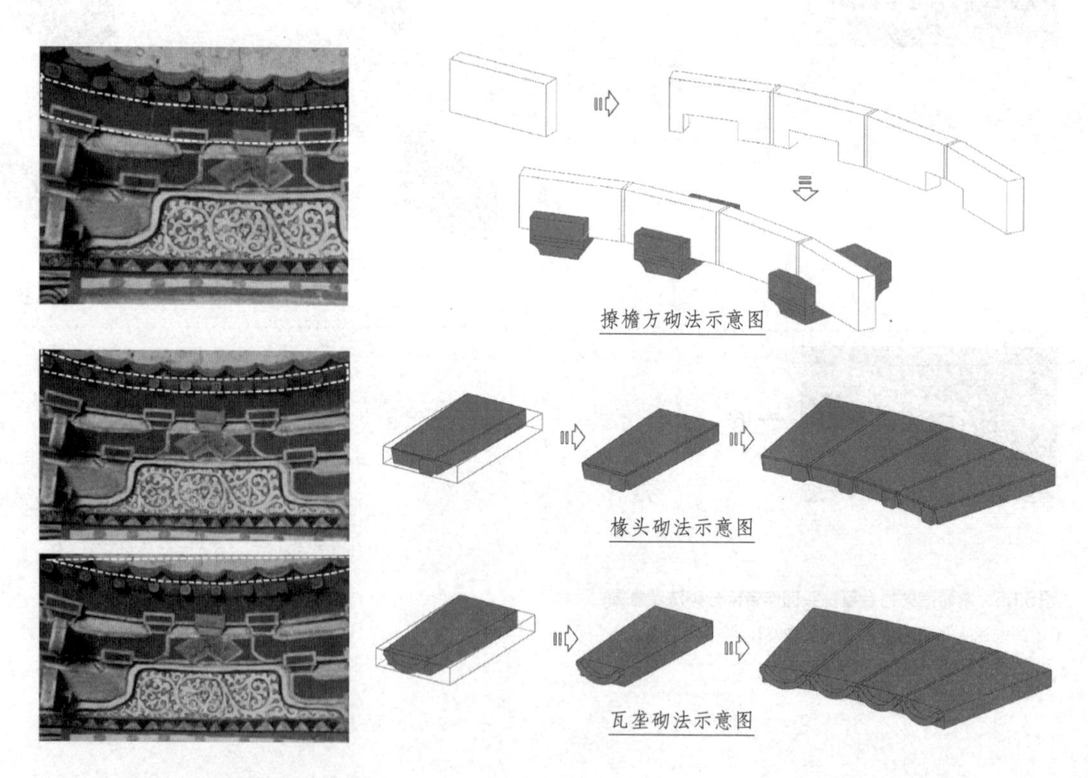

图6.87 繁峙南关村金墓檐部砌法示意图
（图片来源：照片引自参考文献[278]，其余作者自绘）

第七章

仿木砖墓的比例控制与构图规律

在借助砌缝信息推导了十一处典型案例中“仿木”内容的拼接方式后，我们尝试更进一步对这些砌出形象展开整体的图示分析，以求直观呈现工匠的设计思路。此项工作从“整体”与“局部”两端展开，各自又细分为两途。所谓“局部”分析，一是比较砖料、砖栱与其木构原型的高宽比例，明确其取值异同，以便从最具体而微的角度理解砖仿木导致的构件形态差异；二是比较拼装完毕后的砖、木铺作，通过叠合整体轮廓的方式，定量认识“变形趋势”，为评价不同区期、不同类型案例的仿木成效提供依据。至于“整体”分析，则囊括了数理研究和比较研究的内容，前者是将仿木砖墓整体比附为独立的木构建筑，以“扩大模数”“方圆构成”等辅助线分析方法来探求墓葬（尤其是墓室的平、剖面）内蕴的数值关系，主要挖掘的是尺度构成规律和比例控制法则；后者则选取与典型案例时空分布、规模等第接近的木构遗存展开比对，以便理解砖、木建筑在比例权衡上的异同。

当然，图上作业难免受到诸多因素干扰，所得“结论”也总是饱受争议。譬如，作为分析对象的图纸本身就是经过现场测绘、取平均值、重新绘图建模的“再创作”的成果，它显然无法完全客观地再现墓穴的真实状貌，甚至因为虚拟搭建的过程过于理想化（所有同类的砖、缝尺寸都相等，不像实例中充满了各种偏差）、抽象化，也不能排除一些构图规律背后潜藏着“数字陷阱”的可能性。

即或如此，图示分析工作仍是必需的、有益的，理由有二：首先，对于“复现设计意图”这个目标来说，采信的数据精度并非越高越好，砖件、制模、烧炼、砍凿都是手工完成的，在古代的技术条件下，模具精粗、窑温高低、刀斧钝锐、手艺生熟……影响加工的要素太多、太杂，实际制成的砖件多少都会偏离标准值，反而是大量统计后的均值更有可能接近原始设计值，这还未将墓室的施工误差、受压变形等要素考虑在内。要之，既然没有两块砖、两个枓、两组铺作能被加工成完全一样，既然设计意图在落实过程和岁月沉淀下必然走样，那莫不如使用更粗略的“法式测绘”图纸窥豹一斑，而非在三维扫描或摄影测量的正射影像上缘木求鱼。其次，建筑行业的核心任务是“设计”，而设计环节的主要载体是“图纸”。虽然古代的营造行业相比现代意义上的建筑业要粗率得多，但至晚从北宋开始，关于营造活动中的任务分工、知识传授、法律保障、待遇认定等方面的内容已形成了系统性的制度规范，这是得到文献明确证实的[①]，而“设计”作为一个独立且先行的环节，相关证据也是史不绝书。无论记录方案“图纸”的具体媒材是绢帛（如宋代界画）、纸张（如呈给皇帝御览的各类“图样”“烫样”），抑或工匠在施工现场使用的白灰壁面（即文献常说的“画宫于堵”），甚至直接在地面划线，都不能否认“按图施工”的事实。这样看来，无论何样的营造意图都需要经过“图像”的转译，才能从工匠脑海变成现实的建筑，而“图像”最核心的特质，便在于其高度的凝练性、富集的规律性，所谓“析理以辞，解体用图”[②]“即图而求易，

① 乔迅翔.宋代官式建筑营造及其技术[M].上海：同济大学出版社，2012.
② 李继闵.《九章算术》及其刘徽注研究[M].西安：陕西人民教育出版社，1990.

即书而求难”[①]。从图像中寻求规律，就如同从宇宙的无序中寻求有序，有序的概率总是远低于无序的，规律亦复如是。因此，今人“恰好”从测图中窥得古代设计规律（哪怕是只鳞片爪）的概率，终归还是大于“古代本无设计规律、只因测图不准碰巧产生错觉”的概率。

铺垫了许多絮语后，我们或许可以保持相对开放的态度来看待所有这些过程性的解释，对仿木砖墓设计意图的推算工作注定是要被新材料批驳、推翻的，“结论”总是难以持久，重要的是通过图中呈现出的数、形关系，逐步梳理出一些共性现象，提出一些具体问题，这对于我们尽量靠拢工匠的设计初衷、接近“仿木算法”的历史真实，才是真正有价值的部分。

为便于理解，本章在分析图中统一按照以下字符标识特定的构件尺寸或空间距离：a（一皮平砖加一道灰缝之厚），b（柱高），c（铺作高），d（檐高），e（朵当宽），f（檐高与柱高之差，含普拍方、撩檐方等在内），g（自撩檐方起算墓顶净高），h（自地坪起算墓室净高），j（栱眼壁高），k（台基高），l（间广），m（撩檐方厚），n（普拍方厚），o（门洞宽），p（门洞高），s（窗洞宽），t（窗洞高）。

7.1 枓、栱构件轮廓

（一）横栱的变形趋势

分析砖铺作中各种枓、栱分件的变形趋势时，应先算得其投影面的长、高比例，再与其木构原型展开比较。当然，可比的前提是两者在纵、横两个方向上至少有一处取齐，譬如将砖、木构的同类横栱设置为等高，则其拉长、截短关系自当一目了然。按变形趋势，试分类举例如下：

1.横向截短的情况

禹州白沙宋墓M1的各类栱高都是由3皮平砖叠成，小枓则高2皮砖。因砖铺作在构造上表现为栱上承枓、枓上再承栱，两者并不咬合，对应大木作概念就是栱高相当于单材广、枓高相当于栔高，在本例中，若将一砖一缝之高a视为木构的5分°，则刚好能令栱高15分°、枓高10分°，大体符合《营造法式》的记载（但栔高讹增至10分°，且栌枓同样只高3皮砖，只相当于木构的3/4）。据考古报告给出的实测砖厚为46mm、灰缝均值为6mm，a取52mm，而测得的砖泥道栱实长650mm、高150mm，约合12.5a（吻合率100%）×

① （宋）郑樵《通志·图谱略》说：“图，经也，书，纬也，一经一纬，相错而成文。见书不见图，闻其声不见其形；见图不见书，见其人不闻其语。图，至约也，书，至博也，即图而求易，即书而求难。”见：（宋）郑樵（编撰）.通志[M].北京：中华书局，2016.

3a(96.15%)，长高比4.33，略小于木构规定[①]的4.8，相当于将栱长从72分°缩短至65分°。其令栱长550mm，合10.5a(99.28%)，长高比3.67，远小于木构的4.8，相当于(在栱高不变时将栱长)缩短到55分°。在洛阳关林庙宋墓中，砖砌泥道栱的长高比为3.7，令栱为4.1，均小于木栱的4.8，望之短窄、圆润，这或许是在标准砖上切削端部加工翼形栱导致的。稷山马村段氏家族墓M1由于是全模制砖砌成的精致雕砖墓，室内仿木形象丰富且彼此错杂，在空间利用方面是需要精打细算的，因此，其砖栱普遍较为短窄，以免彼此干犯(基于同样的考虑，在无补间的案例中，工匠反而会刻意拉长横栱，以免栱眼壁上过于空虚)。在定量比较砖、木栱件的比例关系时，我们同样分"栌枓等高"和"栱高相等"两种情况讨论。当规定砖、木栱等高时，该例呈现出横栱缩短的倾向：四铺作中，砖砌泥道栱的长高比为3.8，略小于木构(重栱造)的4.13(92.01%)，折算成份数后大约是57分°，比原型(62分°)减短了半个栱厚；砖令栱的长高比为3，也远比木构的4.8粗短(62.5%)，相当于把栱长压缩成46分°，比原型(72分°)减少了一个标准枓长(或约一材广)。五铺作中，砖慢栱的长高比取到5.6，仍短于木构的6.13(91.4%)，砖栱长度约为木栱的0.92倍，折成82分°，较原型(92分°)减短了一个材厚；砖瓜子栱的长高比为3.1，同样短于木构的4.13(75.06%)，栱长仅相当于木栱的0.75倍、47分°，比原型(62分°)短了整整一个单材广，已远离正常标准，故处理成翼形栱以加遮掩(当然，也可以解释为要制作不承小枓的翼形栱，故可大幅减短栱身)；砖令栱的长高比为3.8，与泥道栱相同，而小于木令栱的4.8(79.17%)，长度也仅及木栱的0.92倍，折成66分°，约当两跳长或两倍栌枓宽，比原型(72分°)短了一个栔高。侯马牛村董海墓的砖泥道栱长330mm(合6.3a)、高105mm(合2a)，长高比3.14远小于木构原型4.13，砖栱讹短[②]，仅相当于等高时的47分°、正常栱长的3/4，等于减短了一个单材广。砖砌的翼形令栱长390mm(合7.5a)、高130mm(合2.5a)，长高比为3，远小于木构原型4.8，同样讹短，仅相当于长45分°的等高木栱，只有正常栱长的5/8(图7.1)。

2.横向拉长的情况

洛阳七里河宋墓中的横栱是显著讹长的：自砖块边缘算起，砖砌泥道栱的长高比达到5.78，大于木构原型的4.13，反而更接近慢栱的6.13，砖、木栱等高时，前者拉长至后者的约1.4倍，折成份数大约是86分°(木构按62分°计)；同样的，砖砌瓜子栱的长宽比为7.18，甚至超过了木慢栱，砖栱长达到等高木栱长的约1.74倍，折成108分°(木构为62分°)，已超过了令栱上所用替木的长度(104分°)；砖砌慢栱的长宽比是7.55，达到木慢栱长的1.23倍，折为112分°(木构为92分°)；反而是砖砌令栱的长宽比(5.18)超出

① 《营造法式》规定重栱造时泥道栱长62分°、单栱造时72分°，栱面长高比分别为4.13和4.8，白沙宋墓M1的前室、过道壁面上均为单栱造，后室接近墓顶处的一圈小枓栱为重栱造，这里谈论单栱造的情况。

② 董海墓为单栱计心造，按规定泥道栱长应与令栱长同取72分°，但据现场量得数据，翼形令栱还是显著长于泥道栱，故认为工匠是按62分°估算后者的。

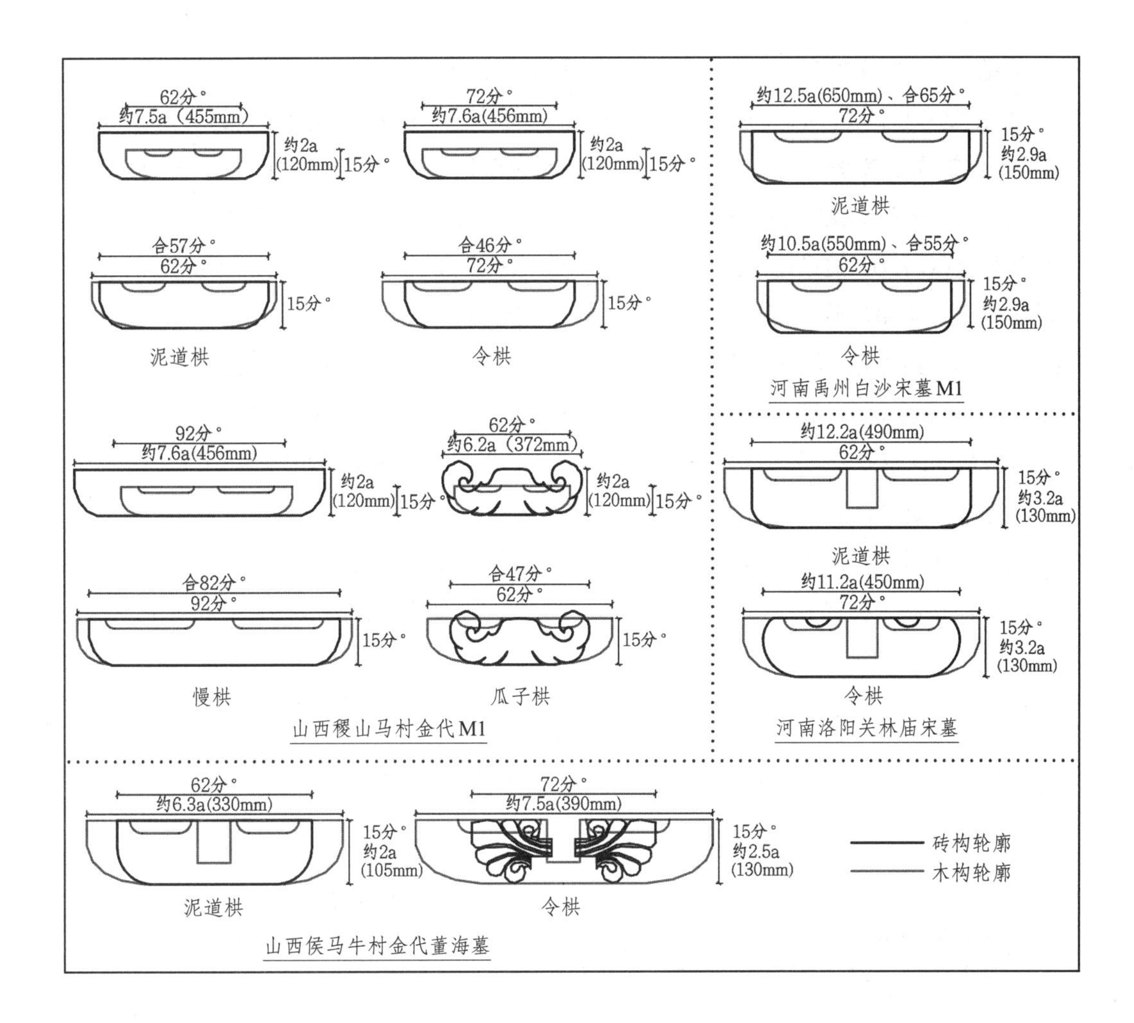

图7.1　砖栱相较木栱横向截短的情况示例
（图片来源：据参考文献[112][369][377]数据自绘）

木令栱（4.8）不多，相当于将栱长拉伸了1.08倍，约合78分°（木构为72分°）。新安宋村北宋墓中，砖制泥道栱的长高比为5.18，略大于原型（单栱造）的4.8，当两者等高时，砖栱长度达到木栱的约1.25倍，折为78分°，恰合两个角栌枓径长，也许反映了“倍斗取长”之意。由于工匠并未刻意隐出令栱，故按照耍头厚加两侧顺砌平砖长表示，其高与泥道栱相同。壶关上好牢宋金墓的横栱讹长现象十分明显，工匠模仿当地木构特征、使用抹斜栱和菱形枓更加剧了这一趋势。当以栌枓高为准时，折得的所有砖栱高度均小于木栱（约合0.8倍），而长度仍大于后者，显得尤其细长。分类比较的话：砖令栱的长高比为7，远大于原型的4.8，栱长也大幅拉长①，当砖、木栱等高时，其抹斜后的外端长度达到了木慢栱的1.14倍或木令栱的1.44倍（均折为104分°），内端长度也达到了木令栱的1.23倍（折为90分°，更接近慢栱形象），明显超出规定；砖瓜子栱按外端算得的长高比为7，与木构

① 由于令栱抹斜，在计算栱长时存在不同的规则：若以其斜面内廓作比，则折合标准木令栱的0.98倍（外廓为木令栱的1.16倍）；若以其斜面外廓作比，则折合标准木慢栱的0.91倍。这或许意味着，抹斜栱在利用其内、外边廓分别仿拟令栱和慢栱。

的此项数据（4.13）相去1.7倍（99.70%），即便改以抹斜面内侧计算栱长，长高比也有5.8，仍达到原型的1.4倍（99.68%）；砖慢栱最为夸张，长高比达到惊人的12.23，比木构（6.13）加大了整整一倍；砖泥道栱的长高比为5.8，同样达到了木构（4.13）的1.4倍（99.69%）。一个值得注意的细节是泥道栱与令栱皆高60mm，与条砖等厚，而华栱和耍头却增宽至68mm，这应是工匠在借鉴大木作工法中加厚出跳栱以增强其抗剪能力的经验。侯马牛村董玘坚墓的砖泥道栱的长高比为4.6，略小于木构（单栱造）的4.8，折成份数是69分°，比标准栱长短半个栔高。同处的董海墓中，虽砖泥道栱与翼形令栱讹短，但砖瓜子栱长360mm（合7a）、高80mm（合1.5a），长高比4.5，略大于木构原型4.13，栱长按木构份数折算的话是67.5分°，达到原型的约1.1倍，显得较为细长（图7.2）。

3.基本不变的情况

禹州白沙宋墓M1中并未明确砌出慢栱，若将壁上处在相邻两朵铺作当中的小料当作"隐刻慢栱"交首后共托之料，则砖"慢栱"的理论长度应为918mm、合17.5a（99.13%），长高比6.12，与木构的6.13基本相同（99.84%），折算成份数后仍是92分°。

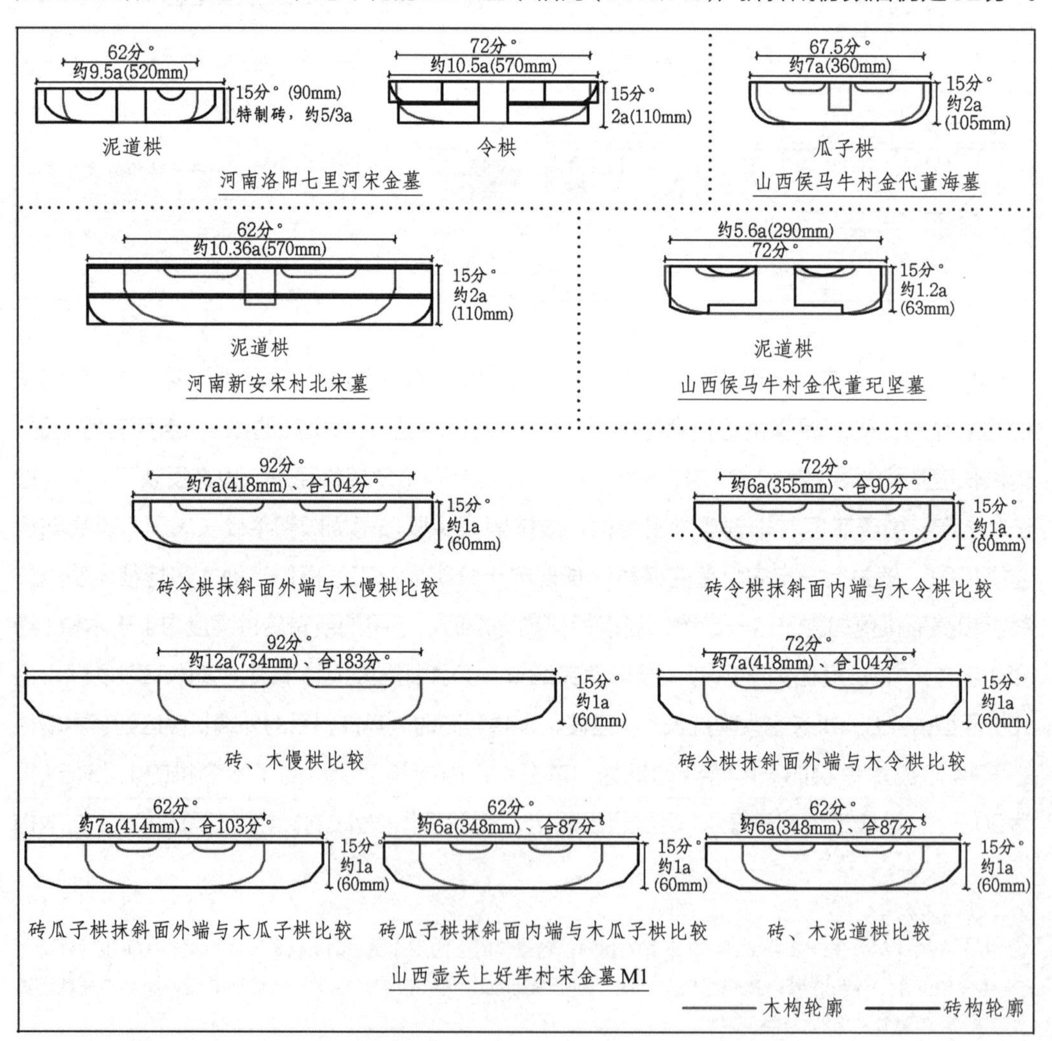

图7.2 砖栱相较木栱横向拉长的情况示例
（图片来源：据参考文献[49][95][108]数据自绘）

侯马牛村董玘坚墓的翼形令栱按开口高度拉伸至与木令栱等高时，两者长度基本完全相等。繁峙南关村金墓的横栱尤为忠实地再现了木构的固有比例，当砖、木栱高相等时，砖泥道栱的长高比为4.32，与重栱造时木泥道栱的取值已极为接近（95.60%），前者长度取后者的1.05倍，折成份数大约是65分°，只增长了区区半个栔高；砖砌慢栱的长高比为6.04，与木慢栱的6.13也大体吻合（98.53%），实长相当于木栱的0.98倍，折成份数大约是91份°，几乎没有差别了（图7.3）。

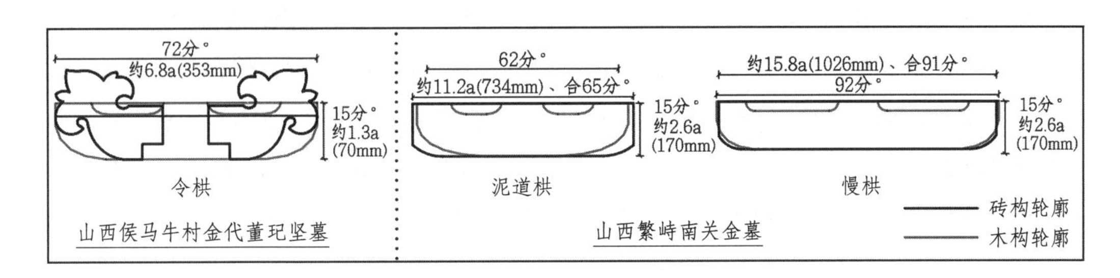

图7.3 砖栱相较木栱基本保持不变的情况示例
（图片来源：据参考文献[278]数据自绘）

（二）枓的变形趋势

1.压窄的情况

在洛阳七里河宋墓中，小枓砌法相同，并未分型，正面长高比皆为1.36，低于木交互枓的1.8（若深向放置则为1.4）、木齐心枓的1.6，接近木散枓的1.4；当砖、木枓等高时，当交互枓位置的砖枓长度仅相当于木枓的0.75倍，当齐心枓位置者相当于原型的0.85倍，当散枓位置者基本相等，总的趋势是枓长受到压缩，显得高窄。此外，三小枓的斗欹在总高中的占比由2/5略增至1/2，斗平与斗欹之和由3/5略减至1/2，枓底向两端削杀䫜面的深度达到原型的1.5倍（图7.4）。

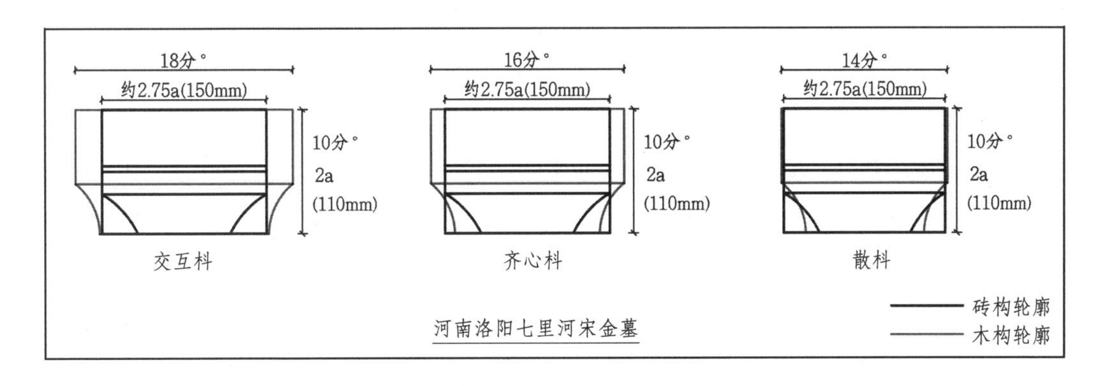

图7.4 砖枓相较木枓横向收窄的情况示例
（图片来源：据参考文献[49]数据自绘）

2.拉宽的情况

洛阳七里河宋墓的砖栌枓高宽比为1.88，甚至已超过木构中转角圆枓1.8的比值（角栌枓径/长36分°），枓长达到原型的1.18倍，华栱外端卡在栌枓约1/4高处，宽度仍取枓长1/3，斗欹高在全枓中的占比由2/5增至3/4，呈现出高斗腰外观。新安宋村北宋墓中的砖栌枓极为扁平，当与木枓等高时，其长高比（2.36）远超后者（方栌枓1.6、圜栌枓1.8），枓面长度达到原型的1.5倍，开口深（斗耳高）扩至枓高之半，开口宽则仍取枓长的1/3，斗欹高度占比由2/5减至1/4，显得局促、方正。侯马牛村董玘坚墓虽为全模制雕砖墓，但枓件的比例却较为失衡，其砖栌枓的长高比取值（2.7）远超木栌枓（1.6-1.8），枓长拉伸至原型的1.7倍，斗欹在总高中的占比由2/5增至3/7，槽口下皮卡在栌枓约1/3高处、口宽取枓长的1/4；砖交互枓长高比为2.2，同样高于木枓，枓长约被拉伸至原型的1.2倍。同为董氏家族的董海墓，也普遍小幅度拉宽了枓长：其砖栌枓的长高比约为1.75（7/4），虽仍在正常的取值区间，但砖、木枓等高时[①]，前者长度折为35分°，相当于被横向拉伸了1.1倍，同时斗欹的高度占比也从2/5略降至3/10，呈现出低腰枓的形象；砖交互枓的长高比为2，略高于木枓的1.8，枓长相当于20分°，同样是原型的1.1倍；散枓的长高比为1.8，远高于木枓的1.4，枓长相当于18分°，为原型的1.3倍。总的来说，该例的砖枓为标准砖丁头伸出充任，长高比普遍略大，枓身形态上高下低，较为羁直（图7.5）。

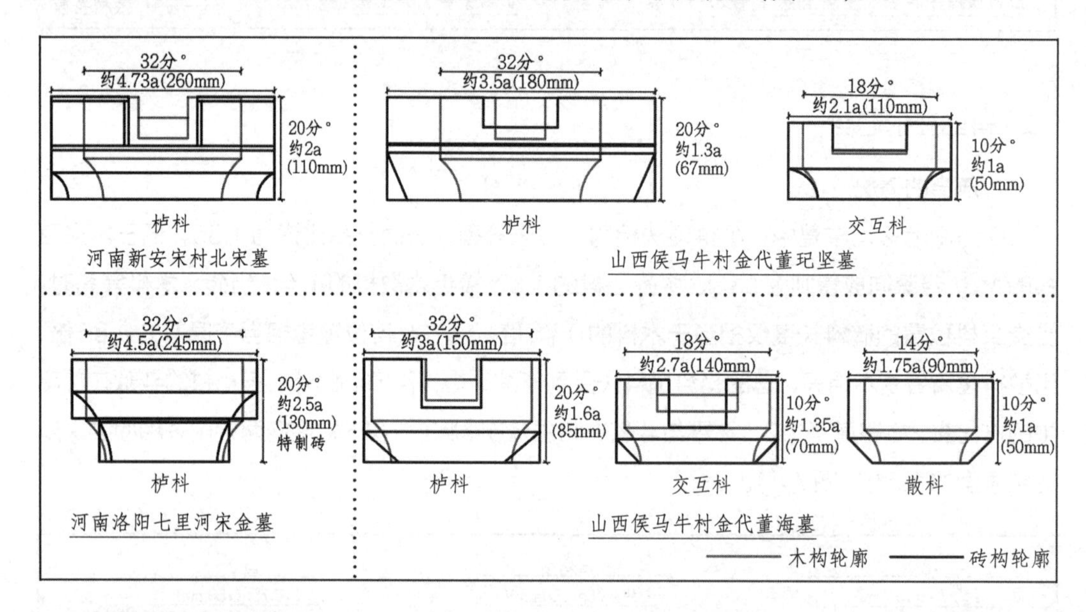

图7.5　砖枓相较木枓横向拉宽的情况示例
（图片来源：据参考文献[49][108]数据自绘）

3.基本不变的情况

受限于砍削精度，禹州白沙宋墓M1的砖砌小枓不再分型，都取160mm宽、104mm高，其正面长高比为1.54，与木构中齐心枓的取值（1.6）最为接近（96.15%），由此推测工匠在表达砖枓时都以齐心枓为原型。

新安宋村北宋墓中砖砌小枓的长高比也基本与木构原型保持一致，其砖散枓宽度约为木枓的1.04倍，砖齐心枓略大，也不超过木枓的1.14倍。

在洛阳关林庙宋墓中，由三皮平砖顺砌出的栌枓拥有较大的调节余地，其长高比为

① 砖枓高85mm，按a=52mm=10分°算，仅高16分°，但将其拉高至与木枓相等时，85mm按栌枓高20分°计算，合1分°为4.25mm，则砖栌枓面150mm长，折为35分°（99.17%）。

1.9，与角柱头上的木栌枓（1.8）比较接近，枓长则折为原型的1.2倍[①]，枓槽开口高、深各占到枓高、枓长的1/3，只比木构略微浅（原型取值为0.4）、窄（原型取值为0.28）；竖向分配方面，斗欹占比由2/5微减至1/3，可见各局部比例虽有微调，但砖、木栌枓的体量和轮廓仍是一脉相承的。

壶关上好牢村宋金墓因广泛使用模制砖，已能较为裕如地再现枓件固有比例，譬如其砖栌枓的长高比为1.78，正位于木栌枓1.6-1.8的取值区间，设令枓高相等时，砖枓长可折为原型的0.99-1.11倍，可以认为基本一致。由于栌枓系预制，无需反复拼装，也就基本不受条砖尺度影响，更能反映工匠的真实设计意图，故以其总高作为基准折算其余构件尺寸是可行的。又因受到丁头砍削精度的限制，砖铺作中已不再细分小枓类型，其长高比取1.67，与木制齐心枓的1.6最为接近（95.81%），而距散枓、交互枓的1.4（83.83%）、1.8（92.78%）较远，故此推测砖枓都是参酌齐心枓标准制成。当砖、木小枓等高时，前者长度为后者的1.05倍，加工细节也较为相似（砖枓斗口深占枓高1/4，浅于木枓的2/5，斗欹高相同，斗耳与斗平分体线略有错动），算是基本一致；而当砖、木栌枓等高时，砖制小枓的长、高分别折为原型的1.25和1.2倍，等于锁定了纵横两向的拉伸比例，使得砖枓看面加大至木枓的1.5倍。总之，无论采用何种标准，上好牢宋金墓的砖枓都相当忠实地再现了木枓的原貌。

稷山马村M1的栌枓与三小枓都非常精准地再现了木枓的比例，散枓的长高比与原型基本吻合，栌枓略缩短，齐心枓、交互枓和斜交互枓都略拉长，但幅度轻微，基本属于比例未变的情况。所有这些砖枓的斗耳都是从条砖上取得，栌枓的斗耳高取2/3倍条砖高（40mm），其余小枓斗耳则取1/2条砖高（30mm）。当砖、木栌枓等高时，前者长高比为1.8，恰与木构角栌枓相同，其他如斗口开槽高（占0.4倍全枓高）、宽（占枓长1/3）也基本与木构保持一致；砖散枓的长高比为1⅓，与木散枓的1.4相去无几（95.24%），但因袭全模砖墓，栌枓与小枓的体量差距并未拉开，相当于小枓的绝对尺度被放大了，因此枓面的长、高分别折合原型的1.7、1.8倍，等于被等比拉大了。又因模制砖并未区分枓型，仍是以散枓规格的砖枓充当齐心枓、交互枓，故相应位置的砖件显得吻合度较低（长高比与木齐心枓的吻合率为83.33%、与木交互枓的吻合率为74.07%），这不是工匠缺乏精确"模仿再现"的能力，而是简化预制件种类、降低施工难度的需要。

繁峙南关村金墓的小枓与相等材广下的木枓轮廓基本重合，栌枓尺度虽远小于其原型，但若将两者拉至同一比例，亦能相互叠合，可知是保持着精确缩比的关系。在砖、木栱等高的前提下，砖栌枓的高宽比为1.45，已非常接近木栌枓的1.6（90.63%），但实际枓长只有原型的0.44倍，将两者拉至等高的话，则枓长可达原型的91%，开口深占整个枓高的比例从0.4增至0.5，开口宽（约占枓长的1/3）和斗欹高则几乎一样。至于小枓，则并未刻意分型，枓面的长高比皆为1.45，相较于木齐心枓的1.6，显然与木散枓的1.4吻合度更佳

① 20分°÷3×5.8÷32分°≈1.2倍。

(96.55%)，且折得的枓长也基本一致，即便以栌枓等高为原则，折出的砖散枓长也不过略增至原型的1.03倍(齐心枓长略减为原型的0.9倍)，可见估量小枓时是以散枓作为参照标准，且枓件的整体比例都是严格按照木构标准厘定的(图7.6)。

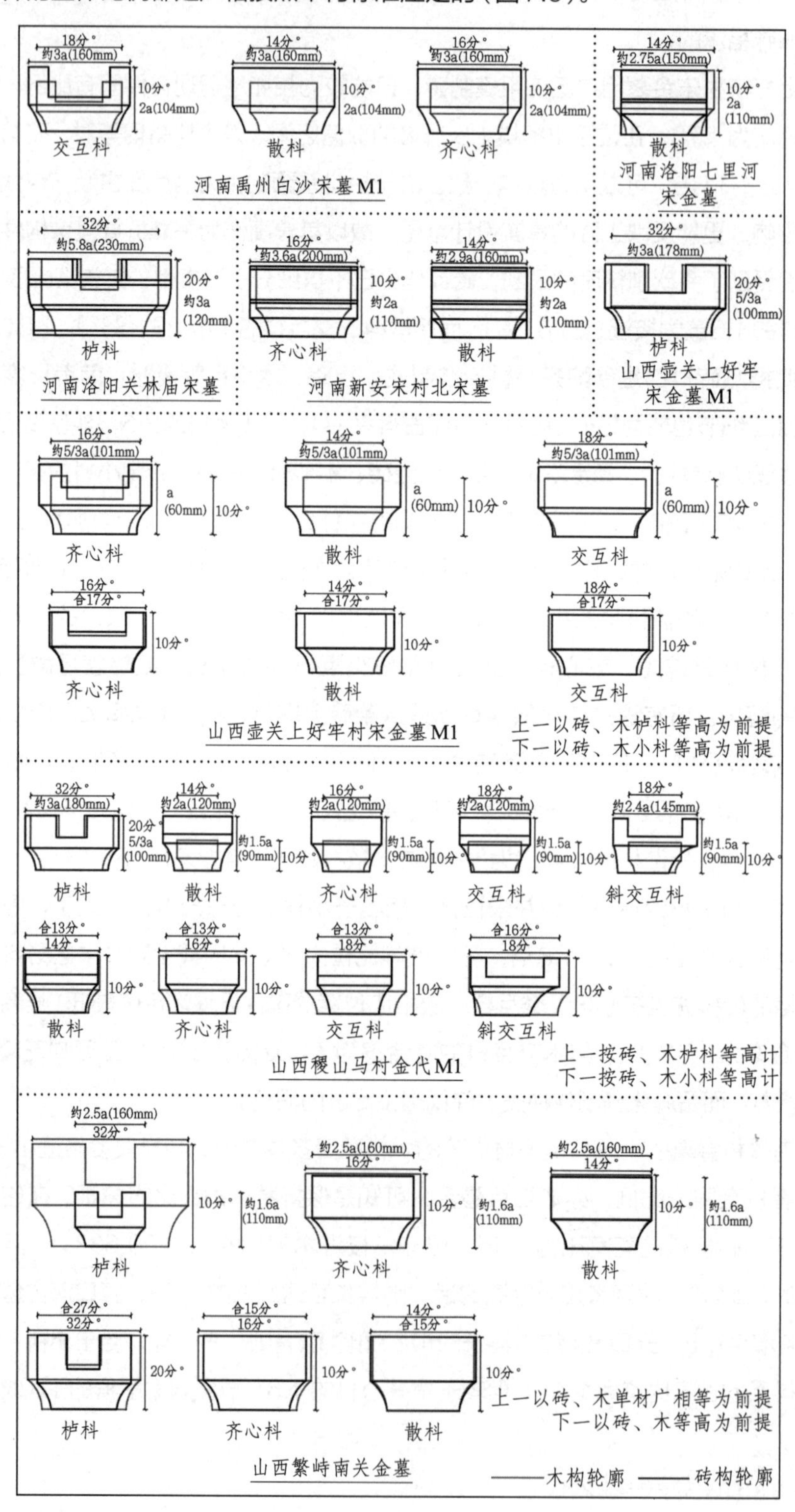

图7.6 砖料相较木料基本不变的情况示例

(图片来源：据参考文献[49][95][108][112][278][369][377]数据自绘)

4. 整体缩放的情况

禹州白沙宋墓M1的砖栌枓长235mm、高150mm，长高比1.57，接近方栌枓的取值（1.6）（97.92%），因仅高3皮砖、合15分°，故枓长折算为23.5分°，分别合木构原型的0.75和0.73倍，而将枓高拉大到20分°时，枓长折算为31.33分°，与标准长32分°已极为接近（97.92%），可知定型原则是将栌枓直接压缩至原型的3/4倍。洛阳关林庙宋墓的小枓是另一个整体扩放的例子。先假定砖、木栌枓等高，再据栌枓与其余构件的份数比例关系逐一缩放对应砖件，以此定量比较其变形范围，发现：砖砌交互枓的长高比取1.8，略大于木构深向放置（以16分°为看面）的情况，而与长向放置（以18分°为看面）时相当，此时其绝对体量增至木枓的1.3倍高、1.5倍宽，虽整体扩放，但仍较真实地再现了木构各个局部的比例（图7.7）。

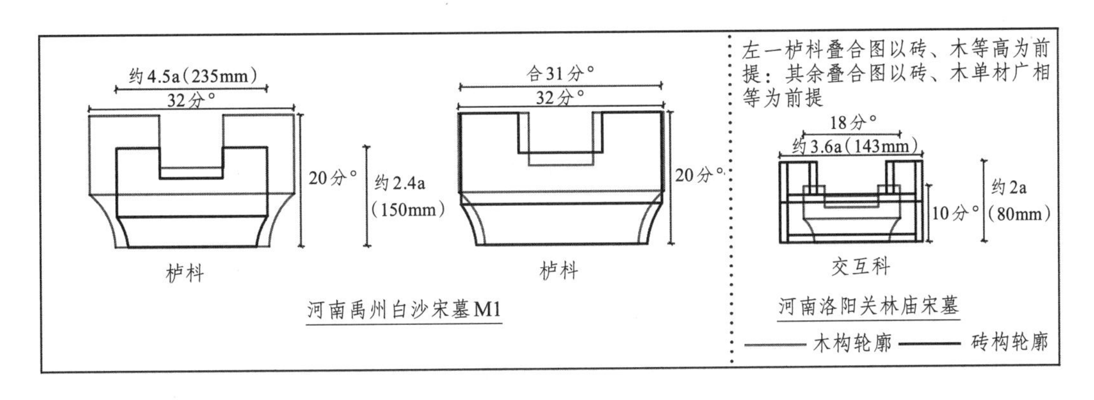

图7.7　砖枓相较木枓整体缩放的情况示例
（图片来源：据参考文献[112][377]数据自绘）

（三）案例小结

总的来说，白沙赵大翁墓的横栱都有一定程度的缩短，反映出令栱尚未从短栱中分化的状态。小枓与木枓体量、比例均较近似，栌枓则是整体缩小。推测工匠应是优先确定砖铺作总高，继而按木构原型的轮廓放出总宽，以一层栱与其上的一层枓腰（斗平和斗欹）作为一个基准层，连续竖向叠加，以求砖、木铺作的层数、高度彼此对照，再微调细节后（譬如将枓、栱的咬合关系改为叠置，将小枓斗口高度提升至枓高之半等）敲定方案。

洛阳七里河宋墓的砖枓呈现出较大的随意性，其栌枓显著拉长，交互枓和齐心枓压短，散枓又与原型基本保持一致；当然，这也反过来说明工匠在营造此墓时，并未按照位置关系严格区分砖枓形态，而是将其笼统地当作散枓对待，此时齐心枓与交互枓相较原型被横向压缩，和散枓一样由两皮丁砌平砖相叠充当枓面，抹平了木构中三小枓18分°、16分°、14分°的级差。为便于加工，在枓件咬合华栱、昂、耍头时，均未开刻斗口，而是在栱、昂下端砍斫凹面卡放前者，因而呈现出斗耳缩小、斗平增加的表象，枓型也从木构的“上下对称”变为砖构的“上轻下重”。该构的横栱则存在讹长现象，当砖、木栱等高时，前者较后者横向拉长了1.08-1.74倍，原因也很简单，若按照木构3∶2的栱、枓高度比值砌砖，则与两皮平砖叠出的小枓对应的应是三皮平砖砌出的横栱，但工匠省去了一层横砖，使得枓、栱高度比变成1:1，这就避免了因小枓不开口、横栱叠压在斗耳上导致的纵高过度问题，但也显得栱长突兀。

新安宋村北宋墓中用到了极为复杂的七铺作，但受限于砖材相对薄弱的抗剪能力，并不敢悬出过多，导致整体上竖向累铺但横向基本不出跳，与东南沿海地区常见的做法类似（图7.8）。在总高一致的前提下，砖、木小枓的外廓基本重合，栌枓与泥道栱则显著拉长，由于砖构的栱方“材广”取值小于木构，而这部分差额又被更高大的枓件补齐，将每组枓、栱视作一个整体单元时，砖、木的竖向构成反倒相差不大。自第二跳以上，砖栱的横长都明显压窄，望之更显紧凑，更能适应局促的墓室平面，使相邻铺作规避“相犯”风险。总的来说，枓件或多或少呈现出斗耳讹大、斗欹缩小的趋势，枓型从木构的上下基本对称变为上重下轻，由于平、欹部分合并到下道砖上表达，使其从枓高的3/5降至1/2，欹高也随之压低，而用三皮砖砌筑栌枓时，却又容易矫枉过正，反过来造成高斗欹现象。

洛阳关林庙宋墓的情况较为特殊，体现为栌枓在权衡铺作轮廓的过程中扮演了重要的角色：人们总是习惯于在有限的视幅内自下而上地观看倒三角形放置的枓栱，而一组砖砌铺作是否与其原型“肖似”，关键在于支撑整个树状结构的栌枓，因此，只要栌枓形廓处理得足够精致、准确，那么即便其他构件自下而上逐渐走样，也不影响枓栱整体的可识别性，可以说栌枓在很大程度上决定了观看者的第一印象，是关乎仿木设计成败的首要因素。在本例中，因栌枓与横栱皆为三皮砖高（调节余地较大），足以确保其余构件的比例较为匀称，虽然砖栌枓也面临着斗平讹大、斗欹缩小之类的问题，但尚可保持上下对称（从2:1:2变为

图7.8　新安宋村北宋墓砖砌铺作构成方式及与相似木构比较
（图片来源：改自参考文献[407][408]数据自绘）

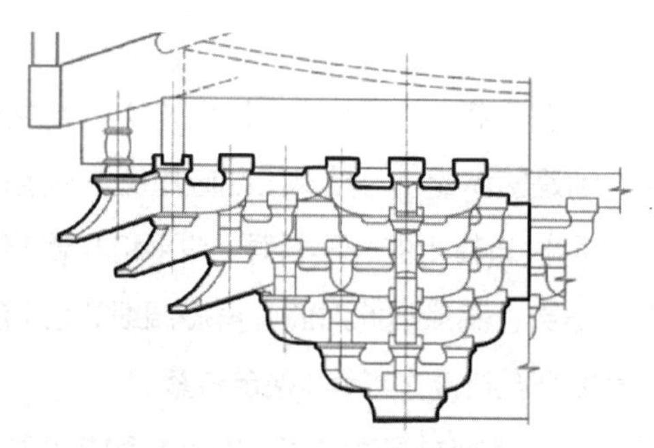

山西五台佛光寺东大殿木构转角七铺作

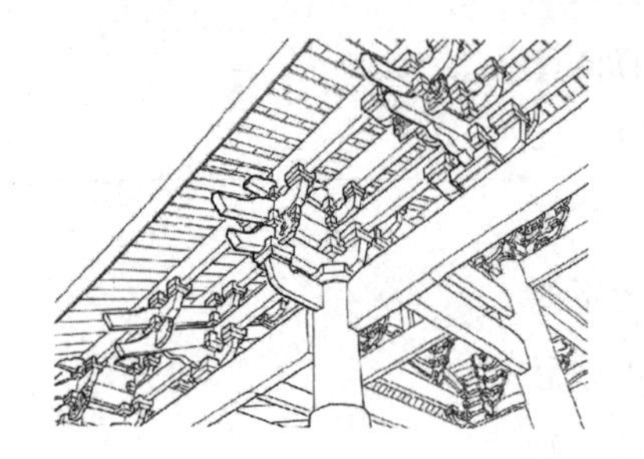

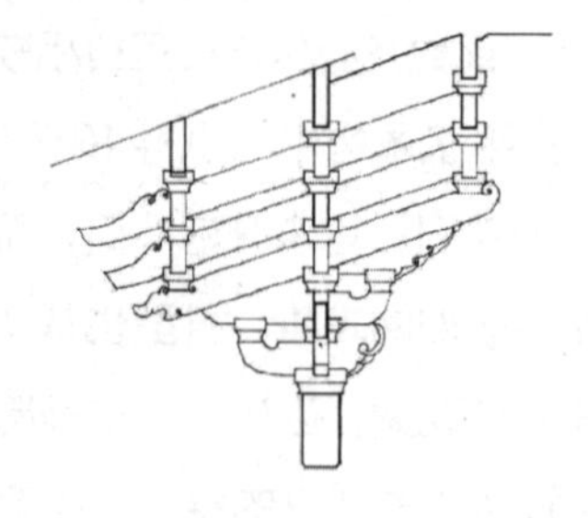

福建漳州文庙大成殿

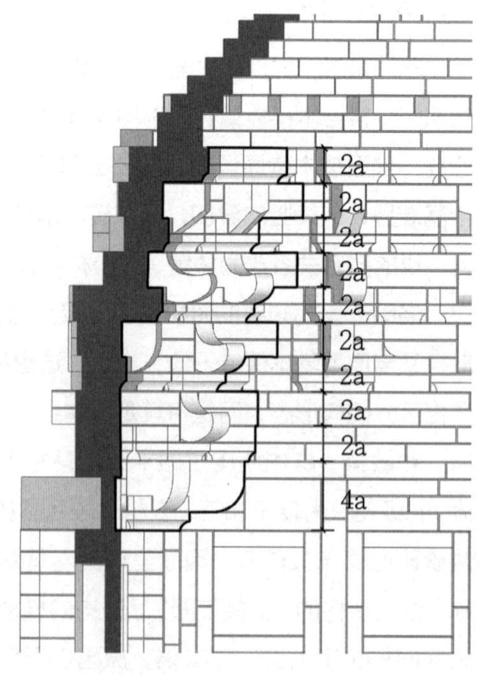

河南新安宋村北宋墓砖构转角七铺作

1:1:1)。由于砖栱、砖枓高度都按1.3倍等比扩出，整个铺作的竖向比例仍相对稳定，人们在凝视局部时也基本符合日常经验，仿木形象相对写实。

壶关上好牢宋金墓的砖枓比例与木构相似(尤其是栌枓外廓基本一致)，但砖栱明显经过拉长，横栱抹斜似乎使其身份发生了错位，砖瓜子栱、砖令栱对应的是木慢栱的长度，其上散枓也彼此重合(砖砌菱形枓的内侧也与木构瓜子栱上小枓外侧共线)，这似乎意味着砖瓜子栱同时表现了木令栱叠合慢栱的形象。在按栌枓高折算后发现，该例的砖栱高普遍小于木构，差额则由枓件弥补[①]，推测在设计时应是优先确定砖铺作总高，再参考木构轮廓放出总宽，用一枓加一栱的基本单元(25分°)模仿、替代木构的足材单元(21分°)，保障砖、木枓栱的铺数与高度基本相同后，再在其中做出微调细节。

稷山马村段氏家族墓M1的枓件权衡呈现出两个特点：一是立面的长高比例基本与木枓吻合(散枓几乎完全吻合，栌枓略拉长，齐心枓、交互枓与斜交互枓略压短)；二是相较栌枓的绝对尺度急剧放大(小枓与栌枓的体量未拉开差距，基本不能如实体现其尺度区别)。

繁峙南关村金墓的铺作，在砖、木栱等高时，各构件(除栌枓外)轮廓基本重合，而若令砖、木栌枓等高，则所有的木制枓、栱都急剧缩小，几乎没有能和砖构吻合的构件，因此，工匠在设计该例时，最关注的基准仍是材广值，应是按单材广170mm推算出相应的木铺作高、宽数据，再结合砖件尺寸和拼法仔细调整，并确保栱高、枓高相当，也正因此，栌枓的绝对体量才受到了相当程度的缩减。

7.2 铺作总体轮廓

(一)基本重合的情况

禹州白沙宋墓M1中砌出的铺作与其木构原型的轮廓极为接近，可视作基本重叠。设以砖厚(46mm)与缝宽(6mm)之和(52mm)为a，整组铺作大体按2a(相当于小枓高及栌枓平欹高，合木构材厚10分°)和3a(相当于各层栱高，合单材广15分°)两种单元依次叠成。除了栌枓，其余构件的竖向比例都接近木构原型。铺作横宽690mm(按相邻两朵枓栱同侧泥道栱上小枓的外侧间距计算)、合13.5a(98.29%)，总高780mm、合15a(100%)，整体轮廓的高宽比为1.13。相应的，单杪单昂五铺作(单栱偷心造)的通高为

① 壶关上好牢宋金墓中的砖枓、砖栱高度均按标准砖厚取值，因此相较木构原型，砖枓高有所扩大而砖栱高遭到压窄，此消彼长之下仍能大体保持每个单元(一枓一栱)与木构一致，并顺势消解掉原本被斗耳咬合的4分°。

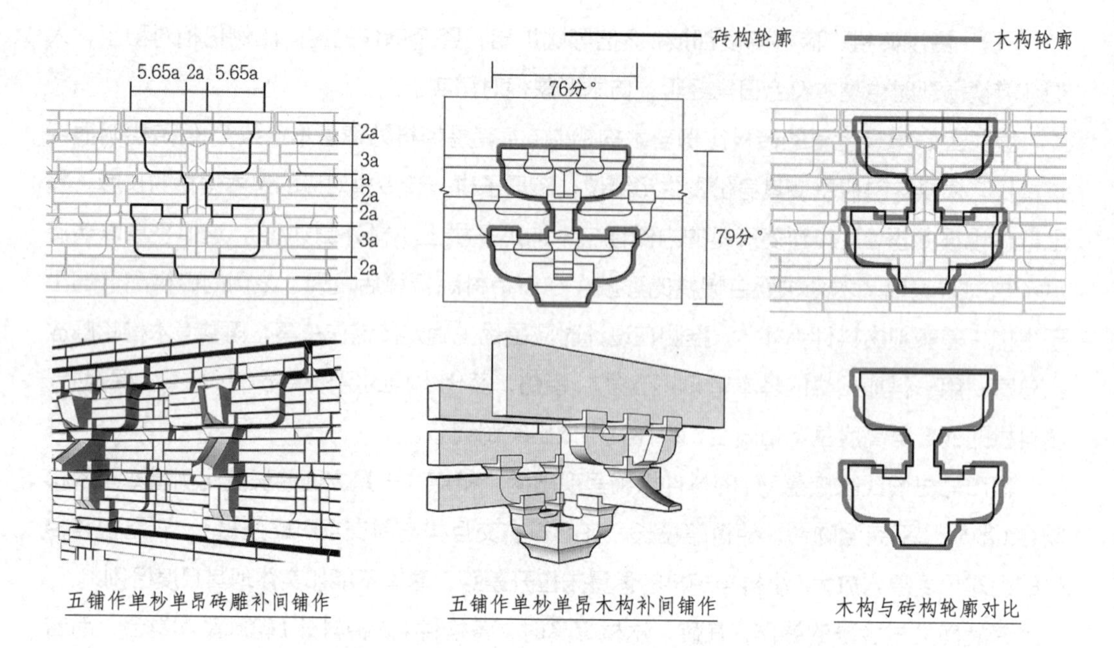

图7.9 白沙宋墓M1砖砌铺作与其木构原型比较
（图片来源：据参考文献[112]数据自绘）

79分°（自栌枓底部算至令栱上小枓顶），通宽76分°（泥道栱上散枓外侧间距），高宽比为1.04。砖构相较木构只是略显细长一点，差别几可忽略（吻合率92.04%）。设令砖、木铺作等高且彼此叠合时，可直观看出枓、栱分件的高度基本没有区别，只是砖令栱明显讹短，以防与相邻铺作相犯，另外就是枓件的高度分配受叠砖的影响，呈现出栌枓“高斗平”、小枓“高斗欹”的倾向（图7.9）。

洛阳七里河宋墓的砖、木铺作轮廓同样高度重合。该例用重栱计心造单杪单昂五铺作，砖厚50mm、缝宽5mm，基准长a取55mm。因各层枓、栱皆用2皮平砖顺砌而成，故铺作竖向以2a为单元依次叠加。砖铺作总宽923mm、合17a（98.72%），总高770mm、合14a（100%），整体高宽比为0.83（99.49%）。对应的木铺作总高为79分°（因砖构未单独表达替木，故木构也只从栌枓底算至令栱上小枓顶）、总宽96分°（同样只算慢栱上散枓外缘间距），高宽比为0.82（99.65%），与砖铺作几乎完全一样。当砖、木铺作等高时，发现小枓基本边缘重合，令栱体廓相当但卷杀细节不同，用砖砌出的栱、方普遍略高于木构材广，若以一枓加一栱为一个标准单元，则砖构（4a）与木构（25分°）仍基本相当，些少差额可以通过增加砖栌枓的斗欹高度（或减少华栱、下昂咬入交互枓的高度）来抹平（图7.10）。

壶关上好牢宋金墓东、西壁上的四铺作，展现出高度模仿木构原型轮廓的特征。其砖厚55mm、缝宽5mm，基准长a取60mm。铺作竖向分两种基本单元，一种为a（对应栌枓平欹高及各层栱高，合木构单材广15分°），另一种为2/3a（对应小枓平欹高，合木构栔高6分°），两者交替组合、分层叠加。砖铺作的总宽按令栱上两侧斜散枓外缘间距计算为460mm、合7⅔a（100%）[①]，总高为280mm、合4⅔a（100%），整体高宽比为0.61。对

① 若含替木在内，则总宽应为525mm、合8.75a（100%）。

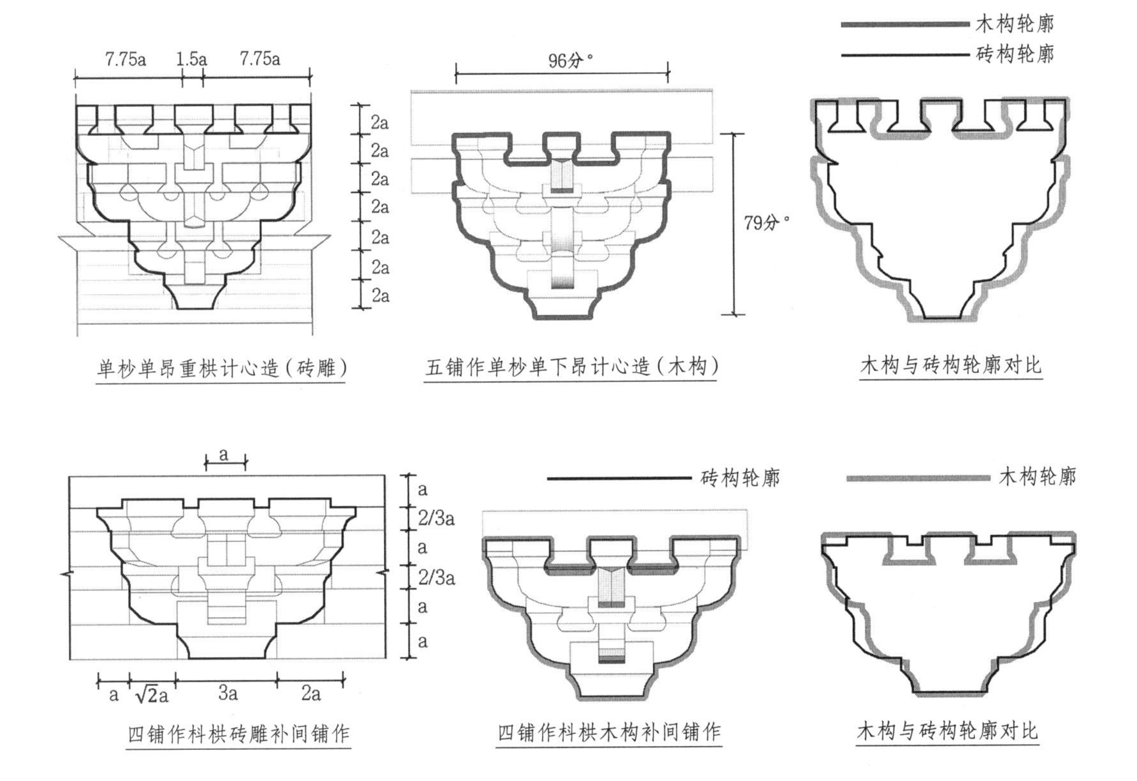

图7.10　洛阳七里河宋墓砖砌铺作与其木构原型比较
（图片来源：据参考文献[49]数据自绘）

图7.11　壶关上好牢村M1砖砌四铺作与其木构原型比较
（图片来源：据参考文献[95]数据自绘）

应的木构重栱计心造单杪四铺作总高应为58分°（算至小枓顶）、总宽为96分°（算至扶壁慢栱上散枓外侧），高宽比为0.60，与砖铺作的吻合度达到99.26%，基本没有变形。令砖、木铺作等高时（亦只算到小枓上皮，不含替木/撩檐方在内），砖令栱与木慢栱的投影面大致重叠，砖栱高度虽小于木栱，差额却可由讹大的枓件补足，导致每组枓、栱之和仍与木构相差无几。另一重变化在于，砖铺作虽省去了慢栱及其上小枓，却多出了抹斜令栱与菱形枓，后者斜出的外廓基本上与前者重合，如此一来，抹斜栱的边缘斜面就可以被理解成长、短栱投影叠加的结果，其外缘与内缘可以分别代表木构中的慢栱和令栱，最终在单个构件并不对应的情况下确保砖、木铺作轮廓基本重合（图7.11）。

稷山马村段氏家族墓M1的下檐铺作符合“横向压缩”的情况，但上檐铺作却是“轮廓基本重合”。此例中，基准长a（每一砖一缝共厚）取60mm，上层的双昂五铺作纵向以a（栔高）和2a（单材广）为单元分层叠成。砖铺作的总宽按扶壁慢栱上散斗外缘间距计算为712mm、合12a（98.89%），总高（算至替木上皮）660mm、合11a（100%），高宽比0.93。木构总高87分°（算至替木上皮）、总宽（按替木外缘算）104分°，高宽比0.84，可以理解为砖构较木构收缩到0.9倍。需要注意的是，虽然对于木构来说，替木已代表了最宽值，但本例中的砖替木却明显讹短，远没有扶壁慢栱长，若按慢栱上散枓外端数据折算，则砖、木铺作的外廓基本上是重合的。当砖、木铺作等高时，砖砌泥道拱、慢栱轮廓与木构一致（为避免横栱相犯，并未做出慢栱端部，只是利用其两端的散枓略作示意），令栱和栌枓较小。砖栱高与木构单材广大体相当，但砖枓普遍较大，差值主要由更小的替木和栌枓消除（图7.12）。

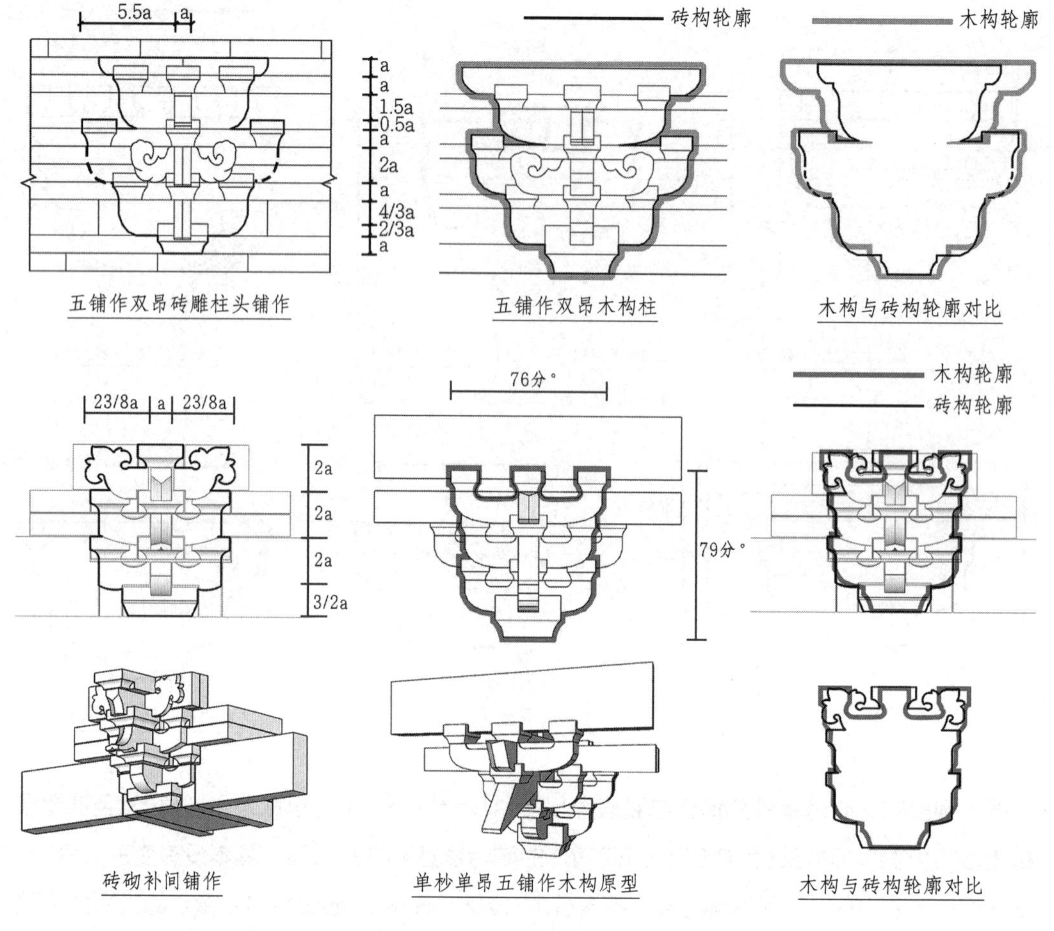

图7.12 稷山马村M1上檐柱头铺作及其木构原型比较

（图片来源：据参考文献[369]数据自绘）

图7.13 侯马牛村董玘坚墓砖砌铺作与其木构原型比较

（图片来源：作者自绘）

侯马牛村董玘坚墓的基准长a取52mm（砖厚50mm、缝宽2mm），铺作纵高大体以2a为单元（各层横栱高及栱间所垫枓高）分层叠成，总宽350mm、合6.75a（99.72%），总高385mm、合7.5a（98.72%），高宽比1.1（100%）。相应的，木构单杪单昂五铺作的总高（自栌枓底算至令栱上小枓顶）为79分°，总宽（按单栱计心造的令栱上散枓外缘算）为76分°，高宽比1.04，与砖构的吻合度达到94.55%。设令砖、木铺作等高，两者栌枓与泥道栱外廓基本重合，自第二跳以上，砖栱长度即略短于木栱（图7.13）。

同处出土的董海墓内壁上遍用五铺作（柱头出双昂、补间双杪），均为单栱造。基准长a取52mm（砖厚50mm、缝宽2mm），砖铺作总宽390mm、合7.5a（100%），总高445mm、合8.5a（99.33%），高宽比1.14；相应的，其木构原型总宽76分°（令栱两端散枓外皮间距）、总高79分°（从栌枓底算至令栱上散枓顶），高宽比1.04。砖、木铺作等高时，外廓基本重合，仅砖栌枓略有缩小，但小枓放大又对冲了这一趋势，各层砖栱的“材广”并不相同，令栱仅高1.5a尚符合比例（因工匠以一砖一缝示意小枓，故a合木构10分°，令栱高15分°与木构一致），但泥道栱高接近2a，相当于拉伸至规定值的4/3倍，变形较为明显（图7.14）。

繁峙南关村金墓的柱头四铺作表现出重栱造意象（仅在扶壁上隐出），其砖厚为55mm、

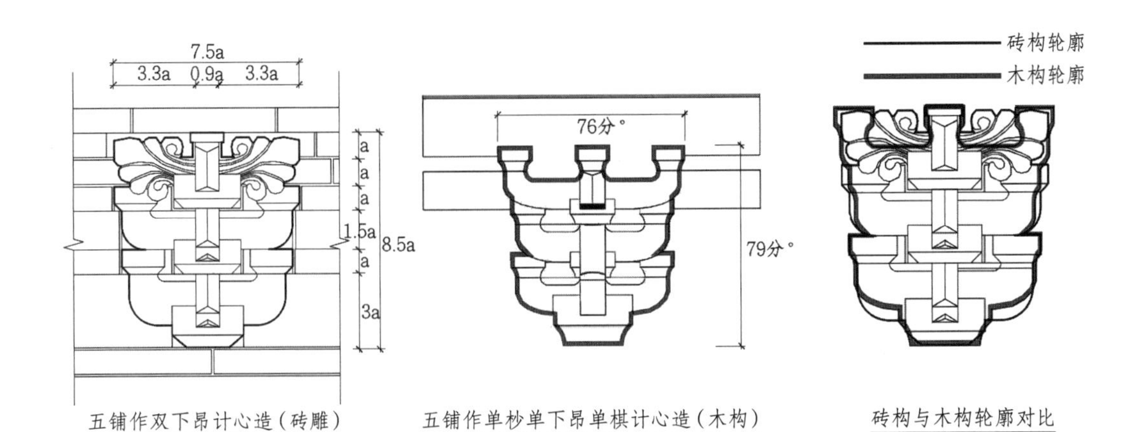

图7.14 侯马牛村董海墓砖砌铺作与其木构原型比较
（图片来源：作者自绘）

缝宽10mm，基准长a取65mm，由于是圆形平面的墓室，所有枓栱都自成夹角，仅取其投影图分析。铺作纵高基本以a（梨高、砖枓平欹高）和2.6a（材广、砖栱高）为单元分层叠加而成（将材、梨比值从木构的2.5倍略拉伸至2.6倍）。砖铺作总宽1040mm、合16a（100%），总高600mm、合9.25a（99.79%），高宽比0.58。对应的木构四铺作总高58分°（算至令栱上小枓顶）、总宽96分°（算至扶壁慢栱两端散枓外缘），高宽比0.60，与砖构相差不大。令砖、木铺作等高时，前者略宽于后者（95.54%），木栱、木枓的高度均小于砖件，这部分差值由栌枓部分填平（砖铺作枓件未分型，以小枓充栌枓）。另外需要注意的是，当栱高一致时，（除未按真实比例做出的砖栌枓外）砖、木铺作的外轮廓几乎完全重合（图7.15）。

（二）横向压缩的情况

新安宋村北宋墓正壁当中的补间铺作属于横向压缩（等于竖向拉长）的情况。其基准长a为55mm（砖厚50mm、缝宽5mm），铺作中的常用单元为2a（栌枓平欹高、各层横栱高及栱间所垫枓高），其总宽为690mm、合12.5a（99.64%），总高为785mm、合14.5a（98.43%），高宽比为1.14。对应的木构重栱计心造单杪单昂五铺作总高79分°（上至小枓顶）、总宽96分°（慢栱上散枓外缘间距），高宽比为0.82，也可以理解成砖铺作横向压缩至木构原型的0.73倍（主要压缩横栱），或纵向拉伸至1.36倍（主要拉伸小枓）（图7.16）。五铺作已呈现出显著的竖向拉长倾向，以同等宽度砌出七铺作后只会更加细长，姑置不论。

同样的倾向在洛阳关林庙宋墓的补间铺作上也能看到，其砖厚为32mm、缝宽为8mm，1a取40mm，铺作总宽520mm、合13a（100%），总高448mm、合11a（98.21%），整体高宽比为0.86。按《营造法式》，单杪四铺作自栌枓底算至令栱上三小枓顶，总计高58分°、宽76分°（因未砌出替木边界，只算到单栱造令栱上散枓外畔间距），高宽比为0.76，可以理解为砖铺作横向压缩了0.9倍，或纵向拉伸了1.1倍[①]。当砖、木铺作

① 横向压缩系数为58分°÷11×13÷76分°=0.9倍，纵向拉深系数为76分°÷13×11÷58分°=1.1倍，均按此方法计算，不再赘述。

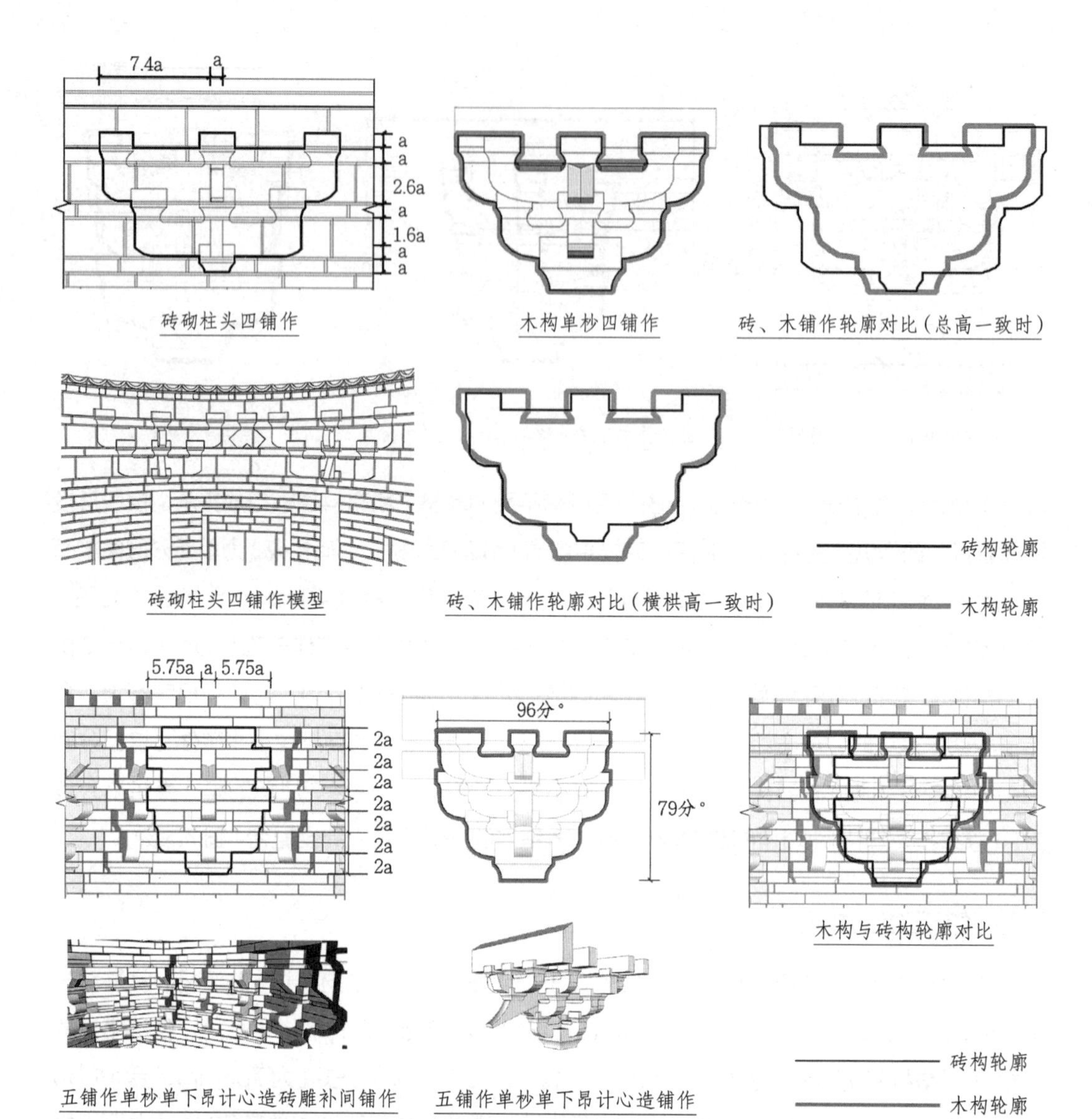

图7.15 繁峙南关村金墓砖砌铺作与其木构原型比较

（图片来源：据参考文献[278]数据自绘）

图7.16 新安宋村北宋墓砖砌铺作与其木构原型比较

（图片来源：据参考文献[108]数据自绘）

等高时，尽管其泥道栱与栌枓各自高低参差，但两者之和却又基本持平，令栱和小枓高也无甚区别，砖构的泥道栱、令栱都略显窄短，整体更加紧凑（图7.17）。

在稷山马村段氏家族墓M1中，下层的柱头枓栱为四铺作斜出插昂，上部相当于双令栱连身对隐的情况，由于《营造法式》并未记录斜栱做法，故缺乏“标准”来判断砖砌体到底是横向拉长还是截短了，只能如实记述其客观数据。铺作以0.5a为最小单元展开纵向分层，常用的组合方式为a（各枓平欹高度）与2a（栱高）。砖铺作总宽按上层散枓外缘间距计为720mm、合12a，总高算至小枓顶为450mm、合7.5a，整体高宽比为0.625（图7.18）。

对于下层的补间铺作来说，其总宽按泥道栱两侧散枓外缘间距计算为495mm、合8.25a，总高仍是450mm、合7.5a，高宽比为0.91。木构四铺作自栌枓底算至替木顶共高66分°、最宽处按替木外间距算为104分°，正面轮廓的高宽比为0.63（若不计替木

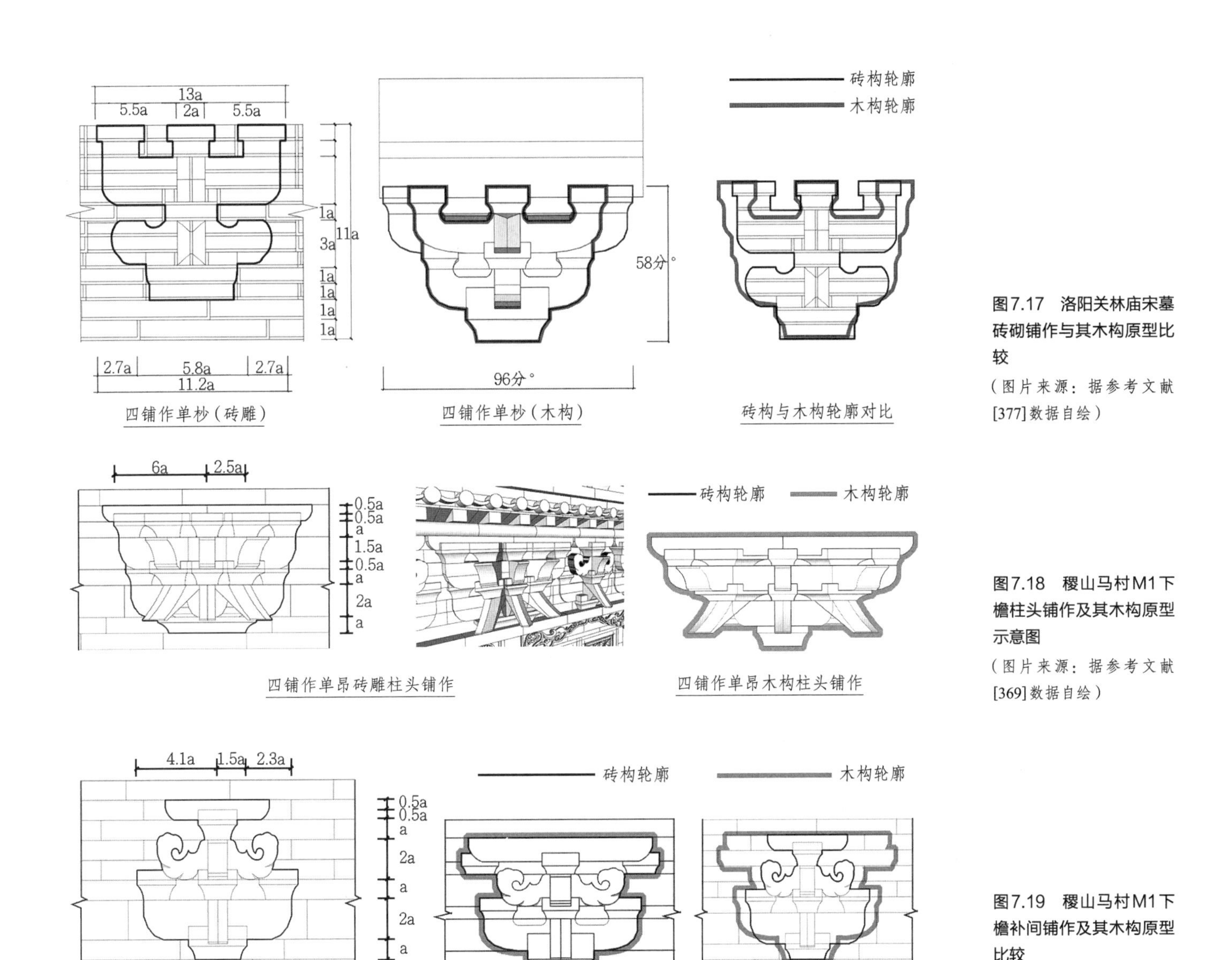

图7.17　洛阳关林庙宋墓砖砌铺作与其木构原型比较
（图片来源：据参考文献[377]数据自绘）

图7.18　稷山马村M1下檐柱头铺作及其木构原型示意图
（图片来源：据参考文献[369]数据自绘）

图7.19　稷山马村M1下檐补间铺作及其木构原型比较
（图片来源：据参考文献[369]数据自绘）

在内，总高58分°、总宽76分°，高宽比0.76），可以理解为砖铺作较木铺作横向压缩了0.69倍（算替木在内为0.84倍）。砖、木铺作等高时，后者外廓基本包围了前者，砖砌小料高于木料，但栌料与替木却相对低矮（图7.19）。

汾西郝家沟金墓M1的砖厚为60mm、缝宽5mm，a取65mm。铺作纵向以2a（各层横栱高，即材广）与a（栌料与散料平欹高，即栔高）两种单元重复组合而成，总宽506mm、合7.75a（99.56%），总高515mm、合8a（99.04%），基本上可内接在方形中，高宽比为1.02。相应的，单栱计心造的单杪四铺作不计替木在内总高58分°、总宽76分°，高宽比0.76，可以理解成工匠将木构原型横向压缩了3/4倍后形成砖铺作外廓（图7.20）。

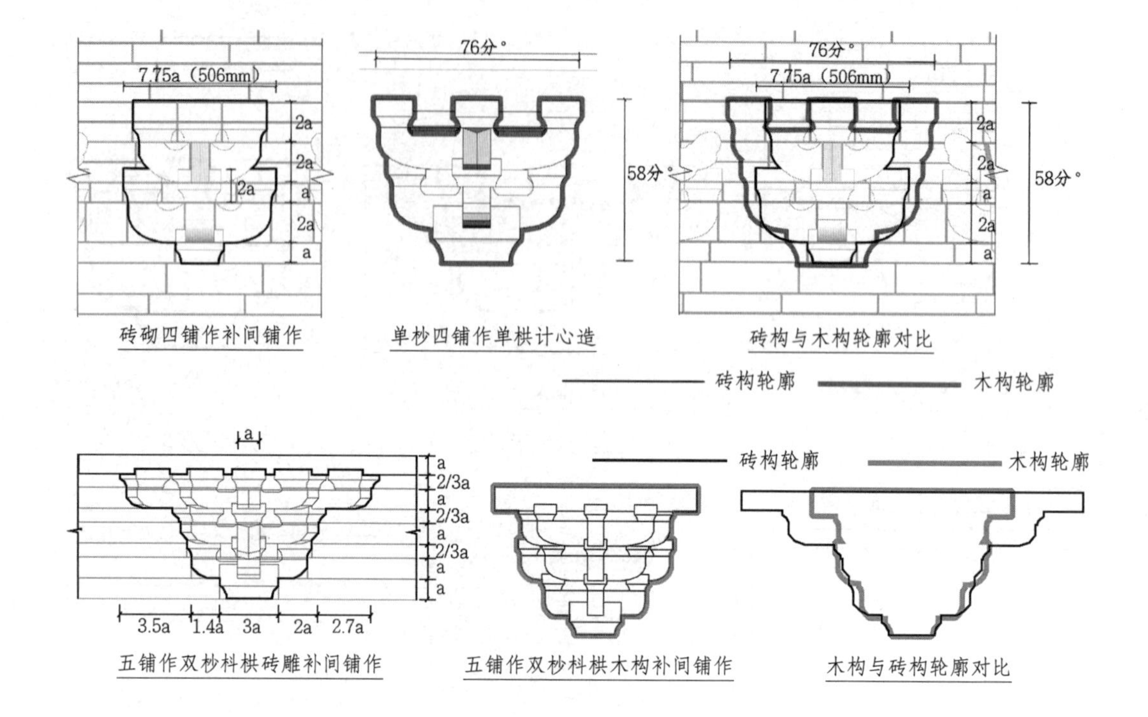

图7.20　汾西郝家沟金墓砖砌铺作与其木构原型比较

（图片来源：据参考文献[68]数据自绘）

图7.21　上好牢M1砖砌五铺作与其木构原型比较

（图片来源：据参考文献[95]数据自绘）

（三）横向拉长的情况

壶关上好牢宋金墓南、北壁上的砖砌五铺作呈现出显著的横向拉长倾向，这或与其使用抹斜栱有关。如前所述，其基准长（一砖加一缝）为60mm，五铺作的总宽按慢栱上菱形枓外缘间距计算为780mm、合13a（100%），总高380mm、合6⅓a（100%），整体高宽比0.49①；对应的木构双杪五铺作②，自栌枓底算至小枓顶的总高是79分°，按慢栱上小枓外缘算宽96分°、按替木边缘算宽104分°，相应的铺作整体高宽比可折为0.82或0.76。显然，本例要比原型的轮廓扁平许多，这是采用抹斜栱、菱形枓，以及慢栱过长等因素共同导致的（图7.21）。

7.3
墓室的比例控制与构图规律

中国古代建筑的平、立面设计，存在一些“不成文”的规矩，如为了使建筑形象柔曲、

① 此例中约略可看到替木边缘，若计替木在内则总宽860mm、合14⅓a（100%），总高420mm、合7a（100%），高宽比仍维持在0.49不变。

② 砖构无论表现为出昂出杪，都不可能斜置，至多视作平出假昂，计算高度时与卷头造无异。

圜和，满足匀称、适度、富于韵律且饱含理性的原则，工匠在柱、梁、檩等结构构件正交的基础上，采取升起、侧角、卷杀、举折等方法，使得檐口、屋脊、翼角、栱端等局部形成复杂的折线、面，这无疑要依赖工具作图实现，反映了严格的几何秩序。宋代李诫在《营造法式》中开篇明义，在“看详”部分首先提到“方圆平直”“取径围”“定功”“取正”“定平”等事项，即事先约定工程所需用到的数学、管理、测量等方面的知识基础。

在“方圆平直”条，他引《周礼·考工记》，先提出工程制图所需的工具，“圆者中规，方者中矩，立者中垂，衡者中水”，规定了基础图形（方圆）和水平、垂直面的取得方法；又引《周髀算经》提出图形生成的原则，“昔周公问于商高曰：‘数安从出？’商高曰：‘数之法出于圆方。圆出于方，方出于矩，矩出于九九八十一。’万物周事而圆方用焉，大匠造制而规矩设焉，或毁方而为圆，或破圆而为方，方中为圆者谓之圆方，圆中为方者谓之方圆也”，即以勾股法定矩、以矩形短边为径作弧切长边定方、以方形边长为直径定圆，若以圆直径为1，以其外接方的对角线作直径$\sqrt{2}$的外接圆，此圆的外接方斜径为2，又可生成下一个外接圆……则方圆关系可转化为一系列以$\sqrt{2}$倍递进的同心圆、方关系，如此便能借用方形的边长和对角线（方斜关系）不断套合出新的尺寸，这便是旋矩为规、方圆相生之法，工匠据之可得到一系列的关联数据，用于量度建筑空间，使之按照统一的数理法则生成潜藏视觉秩序的图像。在方、圆这两种“原型”图像的基础上，又可以继续组合出更多几何形体，“看详著作制度皆以方圆平直为准，至如八棱之类及欹斜羡（礼图云：羡为不圆之貌，璧羡以为量物之度也。郑司农云：羡犹延也，以善切其袤，一尺而广狭焉。）陊（史记索隐云：陊谓狭长而方，去其角也。陊，丁果切，俗谓惰非。），亦用规矩取法”。八棱即正八边形，可用勾股数（5:12:13）定其外接方的边长、斜径与棱长求得；羡为椭圆形，或可为藻井、盔顶、峻脚椽、睒电窗等部分提供曲线段；陊时从长方形中切角得出的六边形，独乐寺观音阁的内槽布置即是一个陊形空筒。《营造法式》随后还讨论了几何图形数比关系的精度问题，给出了计算所需的堪用常数，“取径围”条称：“《九章算经》李淳风注云，旧术求圆者皆以周三径一为率，若用之求圆周之数，则周少而径多，径一周三理非精密，盖数从简要，略举大纲而言之。今依密率，以七乘周二十二而一即径，以二十二乘径七而一即周。看详今来诸工作已造之物及制度以周径为则者，如点量大小须于周内求径，或于径内求周，若用旧例，以围三径一、方五斜七为据，则疏略颇多。今谨按《九章算经》及约斜长等密率修立下条：圆径七，其围二十有二；方一百，其斜一百四十有一；八棱径六十，每面二十有五，其斜六十有五；六棱径八十有七，每面五十，其斜一百；圆径内取方，一百中得七十有一；方内取圆，径一得一（八棱、六棱取圆准此）。”

建筑史学者早就详细探讨了规矩方圆在建筑图形设计中的作用，如王贵祥在二十世纪八十年代便已撰文讨论唐宋木构建筑的立面比例问题，提出了“檐高与柱高间、面阔与进深间普遍存在$\sqrt{2}$:1和1:1的比例关系”的观点[①②]，并尝试勾连方圆、天地、规矩、人伦等概念，认为这些由比例关系构成的建筑语言是在表达具有宇宙意义的象征内涵[③]；王南在系列文章中分别对大量古代木构建筑、砖石塔幢甚至宫阙庙宇的整体布局做了方圆分析[④~⑪]，实证了古代工匠利用规、矩开展设计的事实，并将这些特殊比例关系与《周易》“叁天两地而倚数”之类的术数观念融合，用以解释古人的规划思想；陈斯亮与笔者则结合唐辽佛殿与塑像的“一体化”设计问题，利用佛面宽形成方格网、旋转方格网获得同心圆、等分同心圆得到放射线，再观察建筑、塑像被前述辅助线系统控制的情况，探讨方圆构图在营造实践中的具体工作原理[⑫~⑭]。

正因为“方圆、圆方”是天地感应、阴阳交泰的具象表达，汉画像石中才频繁出现伏羲、女娲蛇身交缠、持规引矩的形象，量具被赋予了神圣意义，成为厘定人伦准则的象征。冯时在讨论牛河梁三环石坛时，将其称作“迄今所见史前时期最完整的盖天宇宙论图解”[⑮]，

---

① 王贵祥．2½与唐宋建筑柱檐关系[M].建筑历史与理论（第三、四辑），南京：江苏人民出版社，1984：143-150.

② 王贵祥．唐宋时期建筑平立面比例中不同开间级差系列探讨[J].建筑史（第20辑），2003：12-25+284.

③ 王贵祥举《艺文类聚》卷三八“明堂者，天子布政之宫，上圆下方”“王者造明堂，上圆下方，以象天地”、《大戴礼记》卷五“曾子曰：‘天之所生上首，地之所生下首（人首圆足方，因系之天地），上首之谓圆，下首之谓方（因谓天地为方圆也，《周髀》曰：方属地，圆属天，天圆地方也）’”来论证建筑各部分分别法象天地的可能。见：王贵祥．关于唐宋单檐木构建筑平立面比例问题的一些初步探讨[A].张复合（主编）.建筑史论文集（第15辑）.北京：清华大学出版社，2002：58-72+266-267.

④ 王南，王卓男，郑虹玉．天地圆方 塔像合一——应县木塔室内空间与塑像群构图比例探析[J].建筑史学刊，2021(02)：71-94+2.

⑤ 王南．规矩方圆 浮图万千——中国古代佛塔构图比例探析（上）[A].王贵祥（主编）.中国建筑史论汇刊（第壹拾陆辑）.北京：中国建筑工业出版社，2018：216-256.

⑥ 王南．规矩方圆 浮图万千——中国古代佛塔构图比例探析（下）[A].王贵祥（主编）.中国建筑史论汇刊（第壹拾柒辑）.北京：中国建筑工业出版社，2019：241-277.

⑦ 王南．规矩方圆 天地中轴——明清北京中轴线规划及标志性建筑设计构图比例探析[J].北京规划建设，2019(01)：138-153.

⑧ 王南．禁城宫阙，太紫圆方——北京紫禁城单体建筑之构图比例探析[J].建筑史（第42辑），2018：93-128.

⑨ 王南．规矩方圆，度像构屋——蓟县独乐寺观音阁、山门及塑像之构图比例探析[J].建筑史（第41辑），2018：103-125.

⑩ 王南．象天法地，规矩方圆——中国古代都城、宫殿规划布局之构图比例探析[J].建筑史（第40辑），2017：77-125.

⑪ 王南．规矩方圆 佛之居所——五台山佛光寺东大殿构图比例探析[J].建筑学报，2017(06)：29-36.

⑫ 喻梦哲，杨晨艺，陈斯亮．正定隆兴寺塑像系统与建筑群组协同设计方法探析[J].建筑学报，2023(02)：36-43.

⑬ 陈斯亮，喻梦哲，许心悦，彭琛．以人为范，寓道于器：唐宋建筑与造像一体化设计模式初探[J].建筑与文化，2023(07)：274-279.

⑭ 陈斯亮，喻梦哲，许心悦．度面为范，叠佛化塔：佛宫寺释迦塔一体化设计模式及营造理念探析[J].建筑遗产，2023(02)：65-76.

⑮ 冯时．红山文化三环石坛的天文学研究——兼论中国最早的圜丘与方丘[J].北方文物，1993(01)：9-17.

其三圆三方的构图法则已相当完善，这说明在距今五千年前的红山文化晚期，人们已能熟稔地把方圆概念落实到祭祀建筑上。坟墓即是死后登仙或永生之所，自然也要尽量模拟天地、阴阳的概念，采用方圆构图关系应不足为奇，故尝试利用规矩作图一窥究竟。当然，圆径、方边的具体取值为何？定位起点在哪儿？这些都是现实的问题，因此需从实测图纸中约简出有效信息，即最有可能分割其他单元和壁面、地面整体的“基准”。宋以后木构建筑的模数制度已十分成熟，呈现出空间由常尺（丈尺寸分）衡量、构件截面（涉及结构强度）由模数尺（材栔分°）约度的协作方式，而在砖室墓中，由于构成壁面的砖件单元尺度和组合方式都非常有限，不存在按材等高低变造、增减的情况，也没有因材而定分°、再以整份数控制空间尺度（或利用倍斗取长之类粗率、原始的方式快速确定间广、朵当、栱长、枓长等数据的倍数关系）的需要。要之，对于仿木砖墓来说，其基准与整体间的换算关系十分直接[①]，“原子化”的砖块直接形成了仿木图案，它唯一可以从木构设计方法中汲取养分的，便是利用“扩大模数”简化比例控制的方法，即赋予柱高、朵当等数据以度量标准的意义，再用其快速约度出更大一级的通高、通深数据。以下通过案例分析，探索砖墓中存在哪些构图规律。

（一）度量墓室的扩大模数

1.以朵当为基准

朵当即相邻铺作的心距，取值下限以能容纳一攒完整枓栱为准，在《营造法式》主张的重栱造体系下应不小于100分°（以免相邻铺作慢栱两端的散枓互犯），一般也不会大过150分°（否则檐下将过于空疏），大多在110分°-125分°间增减。对于单栱造来说，铺作间距只要能容下令栱两端散枓即可，80分°左右的朵当取值亦可勉强接受，在仿木砖墓中，这个数值还会随着砖构中“分°”的所指不同而灵活调整。无论如何，朵当作为控扼铺作横长、决定开间广狭的关键度量单位，有着被当成扩大模数使用的潜力，尤其在砖墓中，纵、广、深三向空间都由基准长a（砖厚、缝宽之和）的整倍数直接生成，这种直截了当的计量方式是由砌法决定的[②]，与木构“虚对虚”的算法存在本质不同[③]。

---

① 木构建筑需先拟定一个虚拟的模数取值（材分），再以其整倍数（如月梁广若干分°）或加减组合（如直梁广几材几栔）来生成主要杆件的截面，并度量枓栱等组件的三向尺度，模数本身并不直观呈现（仅少数华栱以材截面的形式外露，且经过卷杀亦不明显），而是以材栔网格的方式隐含在建筑形象中，成为内置的辅助控制线。此外，材分八等又导致其关联数据成组排列，可按比率灵活增减。与之相比，砖构的变化极少，仅围绕砖件丁、斗、肋三面的组合方式展开，且同座墓葬中也极少使用多套规格的砖件，这都使得仿木砖墓的整体和局部关系更加直观、简明。

② 木构的空间延展方式相对纡曲，杆件长度虽受截面尺度限制，两者却未必存在简比关系，径跨比是一个相对活泛的范围，因此用来度量截面的材分模数未必能够直接决定建筑的高、宽尺度，模数尺和常尺在实际营造中可以并行不悖。

③ 材、栔、分等模数单位均难以直接观察，即便转化为栱方截面也很少直接面对人的视线，在梁、榑等构件上也缺乏明确的刻度（如砖墙上以几顺几丁的表述，迅速、直白地标示基本模量与绝对体量间的关系）来表明空间跨度和模数的比例关系。

在图示分析的过程中，发现大多数案例的朵当都在墓室的平、立面构成中充当了重要角色，这或许是因为枓栱已是砖墓中最复杂且重复频率最高的组块，最适于当作从（宏观）空间向（微观）肌理过渡的（中观）中介，试举例如下。

在禹州白沙宋墓M1中，当复原营造尺长取310mm时，柱高b为1144mm、3.7尺（99.74%），朵当e为646mm、2.1尺（99.23%），墓门高p为3680mm、12尺（98.92%），甬道平面约为3.9尺×3尺、高5尺，前室近似6尺×7.5尺、高12.5尺，棺床高约1.2尺，过道平面为3.9尺×4.6尺、高10尺，后室每边长4-4.2尺、高8.5尺。以朵当e为直径作圆，度量墓室平、剖面后，发现存在一些粗略的构图关系：墓室总高约6e、总宽（按相对倚柱的外边距）约4e，至藻井下五铺作处相向收窄至3e，继续上行至宝盖处收到2e；此外，墓壁上假砌的版门内框是以e为边长的方形，取其1/4形成直棂窗洞，而每个开间广都是2e（即构成立面的窗宽、门宽、间广要素为2倍递进关系）。而从平面看，墓穴总体长约11e，最宽处5e，最窄处1e（甬道1.5e×1e、前室5e×4e、过道2e×2e、后室对径4e）（图7.22）。

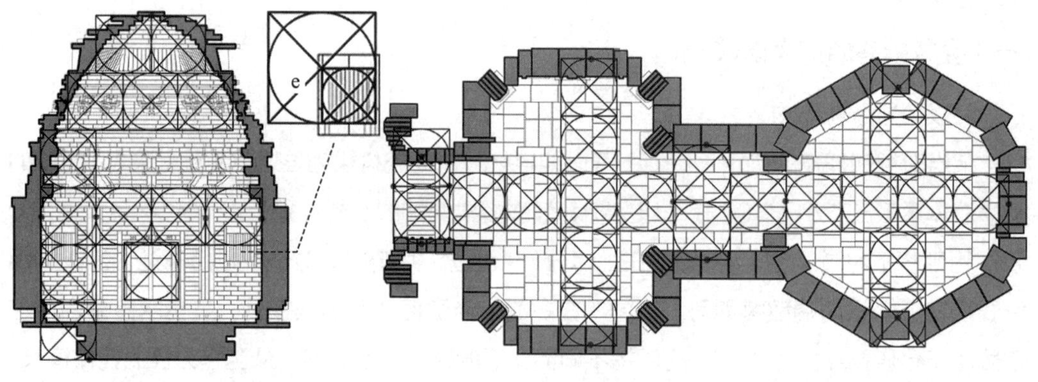

图7.22 白沙宋墓M1平、立面构图关系示意图
（图片来源：据参考文献[112]数据自绘）

洛阳关林庙宋墓的平、立面同样可被以朵当为直径作出的圆C分尽。据《简报》[①] 数据，其栱件由两皮平砖叠成（2a）、高80mm，朵当e（角柱头与补间铺作间中距）为560mm（14a），柱高b为1128mm（28a），铺作高c为580mm（14.5a），檐高f（自柱底算至铺作顶）约合3e，间广1约与柱高b相等（99.29%）、合2c（97.24%）。当营造尺长被复原成311.1mm时，朵当e为1.8尺（99.99%）、铺作高c取$\sqrt{2}$尺（99.98%）、铺作宽为$1\frac{2}{3}$尺（99.71%）、柱高b为$3\frac{5}{8}$尺（99.98%）。由于铺作的横宽与纵高（算普拍方在内）相等，测值520mm、合$1\frac{2}{3}$尺（99.71%），与朵当e的取值（560mm）接近，故以后者为直径作出的圆C基本外接于铺作（卡住普拍方下皮、三小枓上皮，左右对齐朵当中缝），它不但能在立面上分尽各幅壁面（每壁上下叠出三路、一整两破），且能以等臂十字的方式度尽平面（图7.23）。

① 张瑾，胡小宝，胡瑞，杨爱荣，马秋茹，高虎，周立.洛阳洛龙区关林庙宋代砖雕墓发掘简报[J].文物，2011（8）：31-46+1.

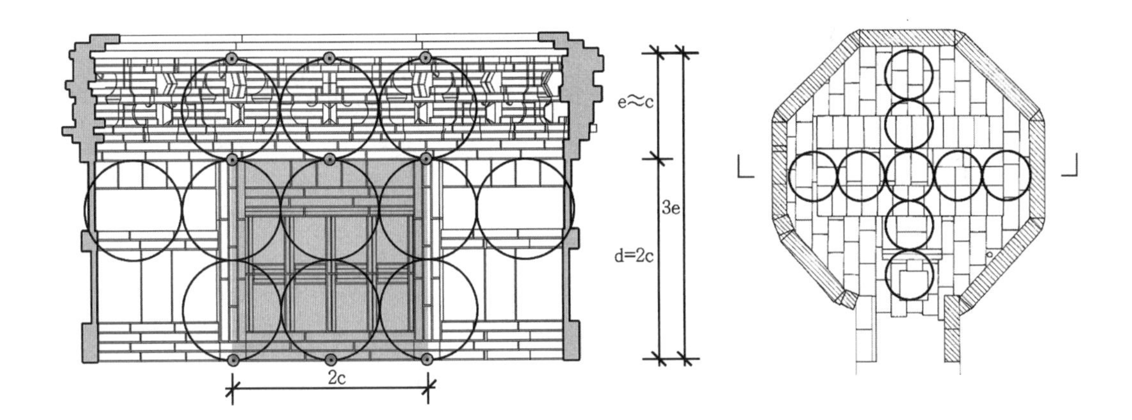

图7.23 洛阳关林庙宋墓平、立面构图关系示意图
（图片来源：据参考文献[377]数据自绘）

此外，关林庙宋墓的柱高b为1128mm、合28a（99.29%）、$3\frac{5}{6}$尺（99.98%），檐高1520mm、合38a（100%）、4.9尺（99.71%），檐、柱比1.35（99.82%），已与$\sqrt{2}$传统较为接近（95.30%）。设砖铺作总高不变，重新按$\sqrt{2}$关系反算柱、檐高度，求得的“标准”柱、檐高度折成a或尺后都不整，或许正是因此才继续截短柱高，使得数据齐整（图7.24）。

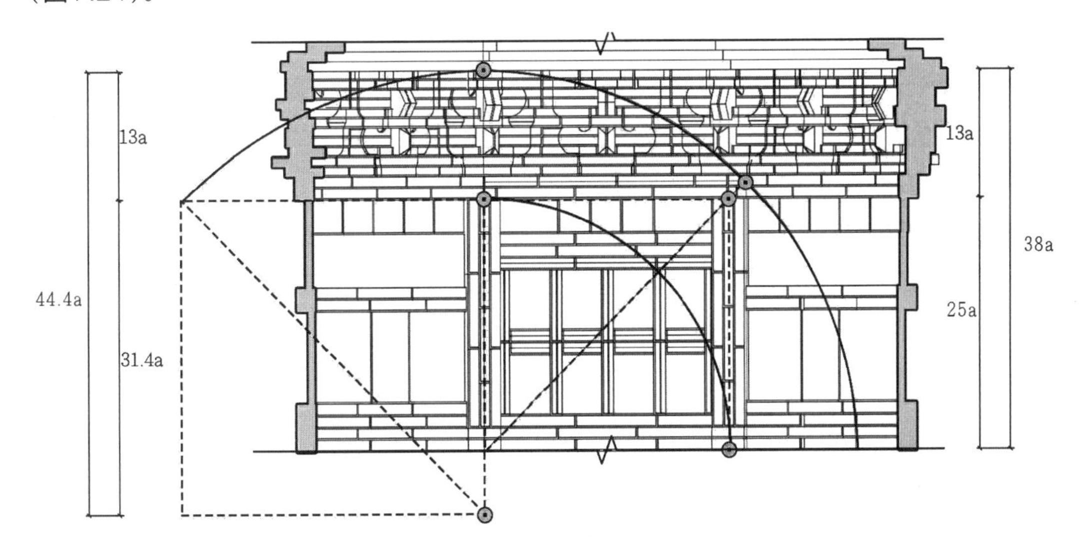

图7.24 洛阳关林庙宋墓柱檐比例分析
（图片来源：作者自绘，左为理想状态，右为实况）

侯马牛村董海墓的前、后室内铺作周匝，设壁面上朵当为e_1，抱厦上朵当为e_2，前者测值为660mm、合13a（97.63%），后者测值为300mm、合6a（96.15%）。室内的铺作分布并不完全均匀，角柱头与补间铺作间距为$\sqrt{2}\,e_1$（93.04%），这也是东、西壁上格子门的高度；自棺床上皮算至墓顶的净高为$5e_1$（98.03%），床高约$0.6e_1$（95.42%）、横宽$4e_1$（98.51%）。抱厦铺作总高为$(2/3)e_2$（90.91%），墓室净宽$9e_2$（99.04%）、净高$(10+\sqrt{2})e_2$（95.41%），抱厦净高（从棺床上皮量至山花上皮）为$(3+\sqrt{2})e_2$（99.49%）。棺床高$(1+\sqrt{2})e_2$（94.17%）、合13a（99.22%），格子门高$\sqrt{2}e_1$（99.28%）、合18a（98.93%），抱厦上铺作高$\sqrt{2}\,e_2$（95.33%）、合8a（98.4%）（图7.25）。

繁峙南关村金墓是一座圆形单室墓，这使其朵当e的测值出现两种可能，即实长（一

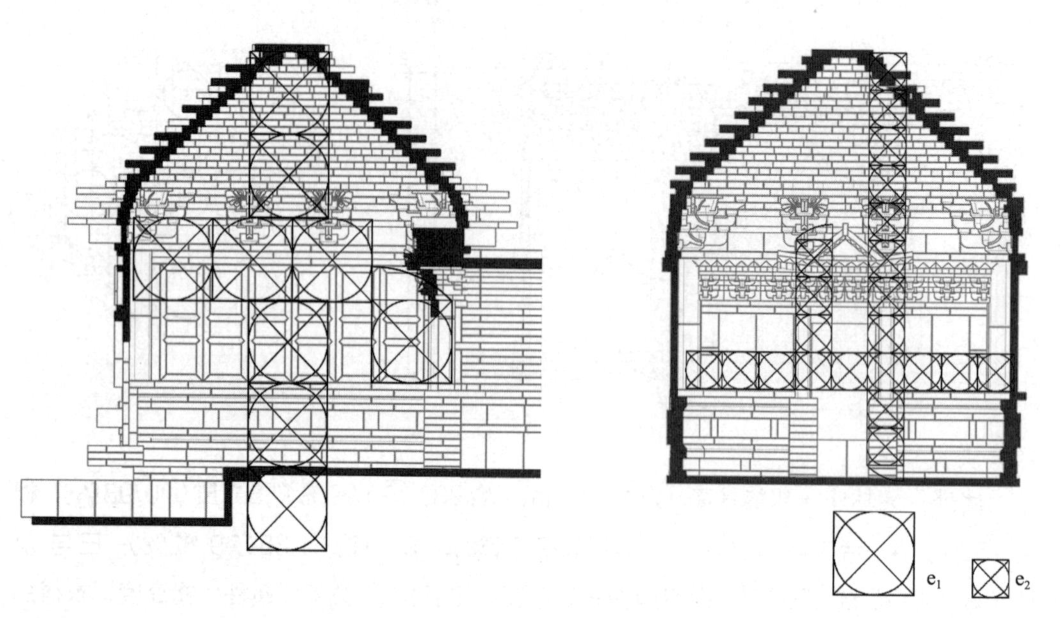

图7.25 侯马董海墓平、立面构图关系示意图
（图片来源：作者自绘）

段弧长）和投影长（连接相邻铺作中缝的线段长）。由于横栱是侧砖顺砌的，且砖件尺寸（330mm×160mm×55mm）在复原营造尺长取314mm时较整（1.05尺×0.5尺×0.175尺），故基准长a算灰缝宽10mm在内后取65mm，单材广170mm=15分°=2.6a≈5.5寸（合木构二等材厚，或接近七等材广）。不计扶壁上隐出的梭形栱在内，两柱头铺作的间距按投影长e算为1443mm，合22a（99.10%）、127分°（99.72%）、4.6尺（99.90%）；若改为按实长e'算，则是1544mm，合23.75a（99.98%）、136分°（99.80%）、5尺（98.34%）。柱高b的测值是1006mm，合15.5a（99.85%）、90分°（98.66%）、3.2尺（99.88%），若再将普拍方计入的话，高度加至1153mm，合17.75a（99.93%）、100分°（98.27%）、3.7尺（99.24%）。从数据整洁性看，似乎朵当按壁面实长计算的可能性更大，但代入图纸后却发现，以投影长之半即0.5e为直径作出的圆C，能更好地度尽整个空间：墓内能容纳四圆、直径取2e；墓室高度也与之接近（但墓顶已毁，无法确认顶高，只能看出从室内地坪到撩檐方上皮恰为三圆、1.5e）；棺床高度取圆之半、0.25e，自棺床上皮引1e的垂线恰到假窗上楣位置；圆C的外接方恰为假门门洞，铺作高（算撩檐方在内）为0.5e，柱高为$\sqrt{2}$e（图7.26）。

2. 以朵当兼做扶壁栱高作为基准

第二种情况属于“朵当基准”的一个变体，即先令扶壁栱高与朵当相等，再通过方圆作图放出平、立面。

在新安宋村北宋墓中，当复原营造尺长取314mm时：材广（2a）为110mm、0.35尺（99.91%）；柱高b为970mm，合17.5a（99.23%）、3尺（97.12%）；朵当e等于扶壁栱高j，测值为443mm，合8a（99.32%）、1.4尺（99.23%）。以e为直径作圆，圆的外接方对角线r_1合8$\sqrt{2}$a、2尺（98.98%），这也恰是近角补间与角柱头铺作的心距（前者与正补间的间距为e），墓室边长为2（r_1+e），合16（$\sqrt{2}$+1）a，再以近角补间铺作第一杪上交

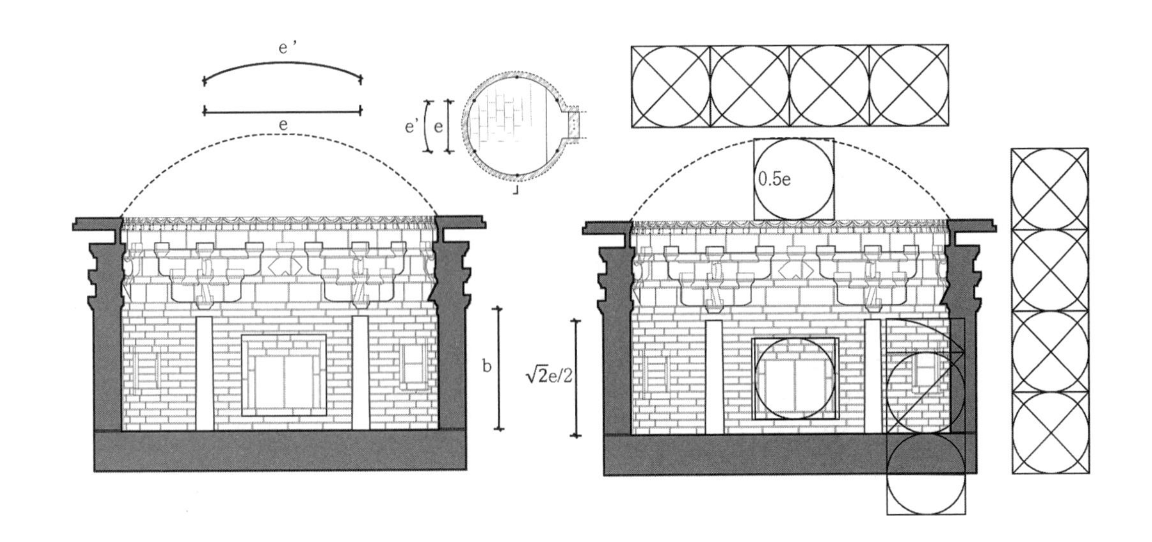

图7.26 繁峙南关金墓平、立面构图关系示意图
（图片来源：据参考文献[278]数据自绘）

互料中点为圆心、以$\sqrt{2}$j为半径画弧，其轮廓落也恰在角柱内部。

继续考察该墓的横向尺度构成规律。设墓室宽为v（相向墓壁间净距）、柱间距为u（相对砖柱间内皮净距）、砖砌倚柱的投影宽为w（约合2⅔a）、柱净高为b（以r_1为半径画圆，使r_1=b=6w），作图发现：柱间距u约等于2b，即柱框层略呈2∶1的长方形，以l为直径作圆，上端切在雕砖下皮、下端切在墓室地坪上（须弥座上皮对分了墓室地坪至柱头的净高）；若加入柱身宽度后以壁间距v为直径作大圆，其上部恰切过雕砖上皮；以相对壁面上铺作跳头间净跨为直径作圆，上半圆卡定墓顶，下半圆汇集三组五铺作补间（穿过偷心造斜补间栌枓中点、切于当中铺作下的普拍方下皮）。整个构图大致以角柱头七铺作第一杪为界，上下各为一整一破、彼此翻转的两个等大圆形，呈现出精巧的镜像式构图（图7.27）。

如图所示，r_1=r_3=r_4=r_5=b，r_2-r_1=w，其中w为倚柱的正投影宽，也是雕花砖的侧砌高度。墓室（剖）立面明显受到扩大模数（8a）的控制，墓顶、倚柱与基座大体等高，棺床又将须弥座分作上下相等的两块，铺作加上撩檐方高度后恰为3倍栱眼壁高、$\sqrt{2}$倍倚柱高，而柱间距l与墓室净高之比也接近1∶(3+$\sqrt{2}$)。

综上可知，新安宋村墓的基本模数为1a（一砖一缝之厚），扩大模数为8a（柱高之半），后者可便捷度量须弥座、栱眼壁、铺作、墓顶、砖壁等内容，两柱间距达到32a，檐高与柱高之差为24a，而被雕饰的壁面为2∶1的长方形，屋架（墓顶）高∶柱框（铺作+倚柱）高∶台基为2∶5∶2，这些精密的数值都反映了工匠精密的设计意识。

3.以朵当兼做门洞宽作为基准

另一种变体是令门窗洞口与朵当等大，共同支配墓室的平、立面构成。

在壶关上好牢宋金墓中，砖厚60mm充当了材广，按推定的复原尺长314mm计算，

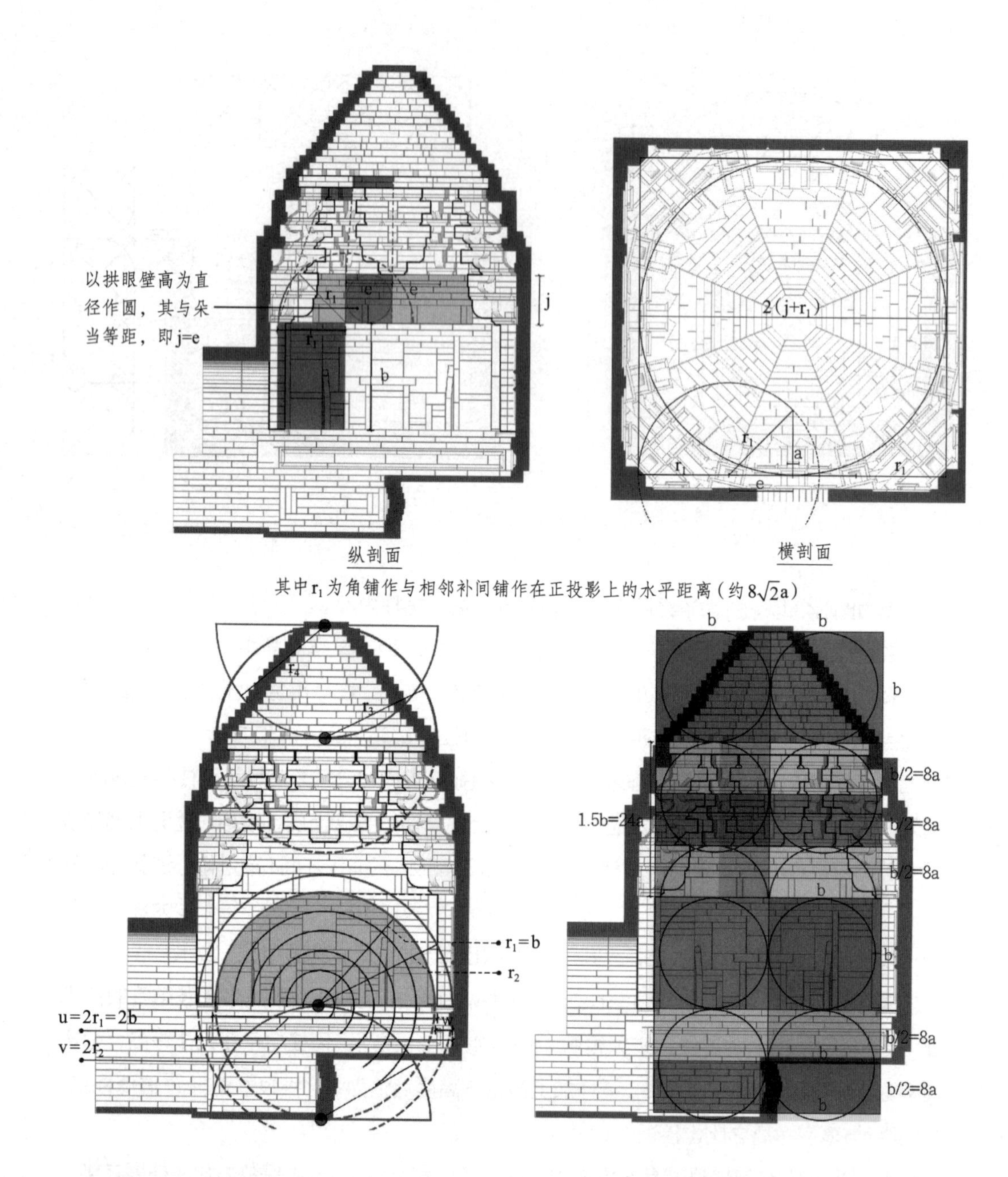

其中r_1为角铺作与相邻补间铺作在正投影上的水平距离（约$8\sqrt{2}a$）

图7.27　新安宋村北宋墓朵当构成方式分析
（图片来源：据参考文献[108]数据自绘）

东、西壁上的朵当e_1为900mm，合15a、2.9尺（98.84%），柱高b为1280mm[①]，合21a（98.44%）、4尺（98.14%）；南、北壁上的朵当e_2略扩大至960mm，合16a、3尺（98.13%），似乎柱高更倾向于以整尺计量，而朵当取材广的整倍数生成。分别自相邻朵当

① 两篇报告记载的柱高取值略有不同，杨林中给出的是1280mm（见：杨林中，王进先，畅红霞，王伟，李永杰.山西壶关县上好牢村宋金时期墓葬[J].考古，2012(04)：48-55+109+102-108.），而俞莉娜认为是1180mm（见：俞莉娜，李路珂，杨林中，熊天翼.山西壶关上好牢M1砖雕壁画墓仿木构形制及设计研究[J].文物，2022(04)：80-97.），由于后者测量的是整体迁移后的“再建”数据，在此过程中可能伴随有灰缝的改变，在此仍以原始勘查数据为准。

中线及各铺作中线作方、圆辅助线，发现如下构图关系：

西壁上，以相邻铺作中点为圆心O_1、以朵当e_1为直径作圆A_1，其圆心与栌料槽口齐平，上、下缘分别卡住墓壁上的瓦垄上沿（即华废下沿）和门洞上沿（即合龙砖下皮）。再以圆A_1的外接方对角线为半径作弧C_1，恰切在华废瓦上边沿（即抱厦正脊下沿处）。以点O_1到替木上边沿距离为半径，作圆A_1的同心圆B_1，其两侧恰好切到相邻铺作泥道栱上散料外缘处，其外接方又与相邻铺作外端散料斗畔相列，相当于以圆B_1之半充当了栱眼壁版。以点O_1到山花顶部的距离为半径，作圆A_1、圆B_1的同心圆D_1，以其外接方的对角线作弧E_1，恰向下切到铺地方砖下皮。继而将圆A平移至该壁中缝上，发现壁面高、宽恰各为三圆相叠，形成九宫布局；横向分层线F_1、G_1分别卡住泥道栱与窗下槛上皮，竖向分层线H_1、I_1恰好切在扶壁上隐刻料的中线上，这种方圆叠合的方式非常方便照图施工，有助于快速定位。

再看南壁，同样先以朵当中点定出圆心O_2、以朵当e_2为直径作圆A_2，其上缘切于瓦垄下皮处，向下重复作圆后，再以其外接方对角线为半径作弧B_2，下切于须弥座底皮。然后自点O_2作同心圆C_2（以替木下边缘至圆心垂距为半径，A_2和C_2大致对应门券的内、外圈半圆弧），其外端切在两侧泥道栱端头上；以C_2的外接方对角线为半径作弧D_2，上部正切在瓦垄上皮处。以点O_2到墓顶的垂距为半径作圆E_2，其下端切在须弥座底部，因此该点也接近整个墓室的竖向中点。C_2、A_2、E_2三个同心圆的半径之比为2：3：12。最后，将圆A_2平移至当中一朵铺作中线上，发现壁面相当于横铺3个A_2、纵铺$2.5+\sqrt{2}$个A_2（图7.28）。

4.以朵当或柱高为基准

在稷山马村段氏家族墓M1中，工匠兼用朵当和柱高的组合，灵活调配墓室构图。设以下檐的补间与柱头铺作中线距离为朵当e_1，以角柱头与补间铺作中距为朵当e_2，以下、上檐的铺作高为c_1、c_2，墓顶高为g、须弥座高为k，据测值可知：材广120mm合2a，下檐朵当e_1和e_2分别为596mm、590mm，均接近10a、1.9尺（按314mm推定复原尺长），柱高1020mm，合17a、3.25尺，须弥座高1200mm，合20a、3.8尺，下檐铺作高480mm，合8a、1.5尺，上檐铺作高660mm，合11a、2尺，墓顶高1080mm，合18a、3.5尺。分别以相邻铺作中缝为轴、以朵当为直径作圆A，墓室内高8.5个、内宽6个圆A，且每相邻两圆的切线大多正对着不同仿木单元的上下边界（水平向卡到倚柱和格子门中缝，垂直向与上下层须弥座中线、地栿下皮、开间中段、普拍方上皮、下层檐连檐、上层铺作令栱下皮等特征点重合）；重檐铺作总高（自下层料栱的栌料底算至上层料栱的替木顶）合2.5个圆A，墓顶高（自撩风槫下皮算至墓顶下皮）合一整两破共2个圆A。将圆A的圆心挪到心间左侧平柱头与补间铺作形心的连线中点上，发现圆的上、下端恰好卡住了椽子上皮和栌料下皮；略微扩放半径至普拍方下皮后，所得同心圆B的上皮与瓦垄上端齐平、左右卡住相邻铺作的交互料外皮，同时也内接于格子门洞所成的正方形；继续向下扩放半径至勾阑上皮，作同心圆C，其上端与上檐椽子下皮相切、两侧分别切到侧壁铺作的耍头尖与

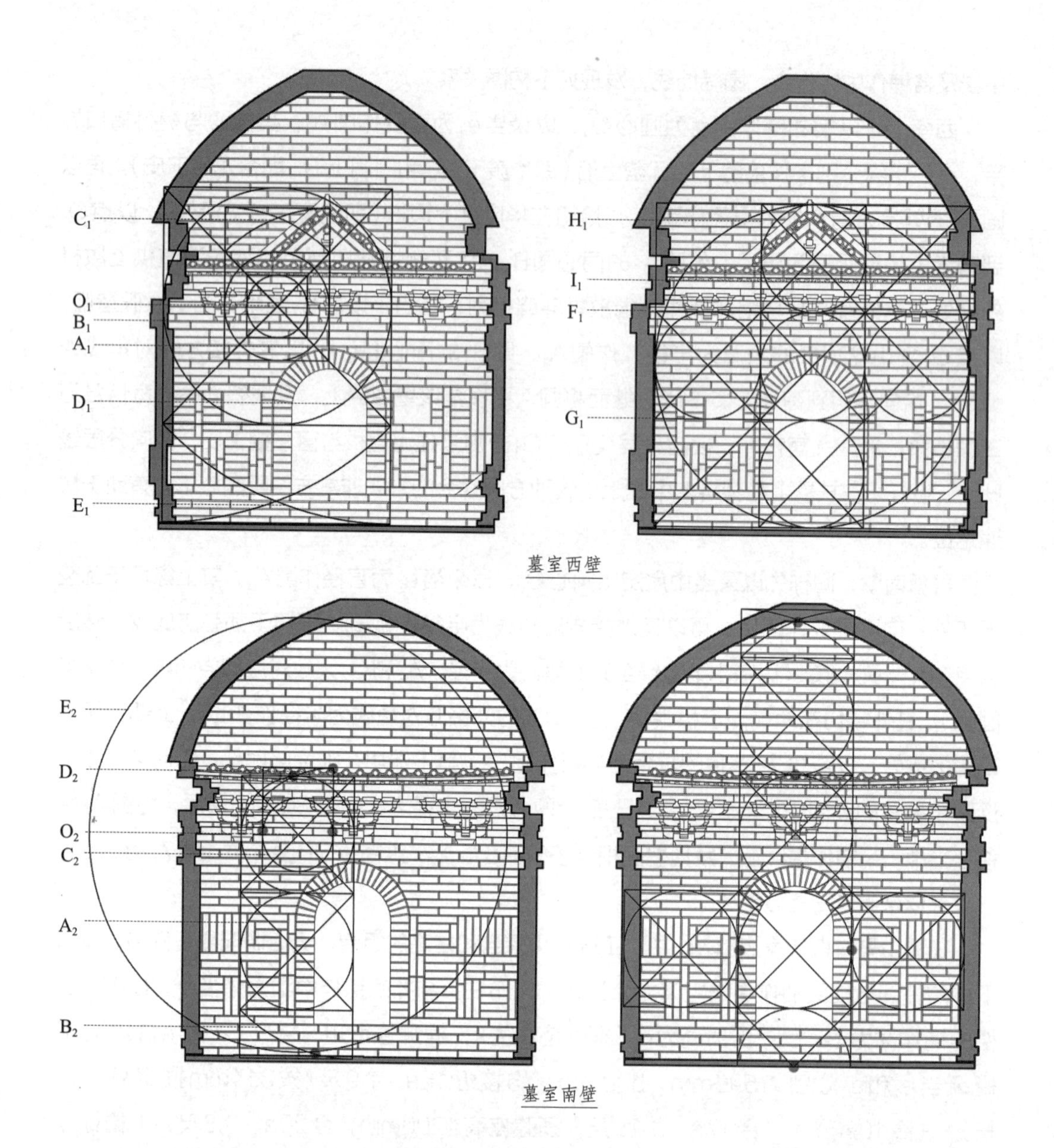

图7.28　壶关上好牢M1平、立面构图关系示意图
（图片来源：据参考文献[95]数据自绘）

右侧柱头铺作外边上；最后再扩放半径至柱底，作同心圆D，其上端切到瓦垄之上一皮砖缝（对应木构的当沟瓦上皮），两侧切到相应铺作的栌料外皮；这几个同心圆的半径比大约呈现$1:\sqrt{2}:4:4.5$的关系。

自圆C外接方的左上角点出发，以其对角线为径画弧F，恰可切到棺床上皮；自圆D外接方的左下角点（基本就是剖到的须弥座上枋折点）起以其对角线为径画弧G，可切到墓顶外皮。由此可知，测图中确实存在着一些几何规律（因整套辅助线操作的起点定位在朵当中缝上，平移后相应关系仍将成立），这反证了工匠在营造墓葬时，使用了一些与地面建筑共通的设计方法，也体现出他们具备较为高超的设计概念与作图意识（图7.29）。

设下层铺作高为c_1、檐高为d_1（自柱底算至撩檐方上皮），上层为c_2、d_2，量图发现c_1为480mm，合6a、1.5尺（98.13%）；d_1为1560mm，合26a、5尺（99.36%），柱高b

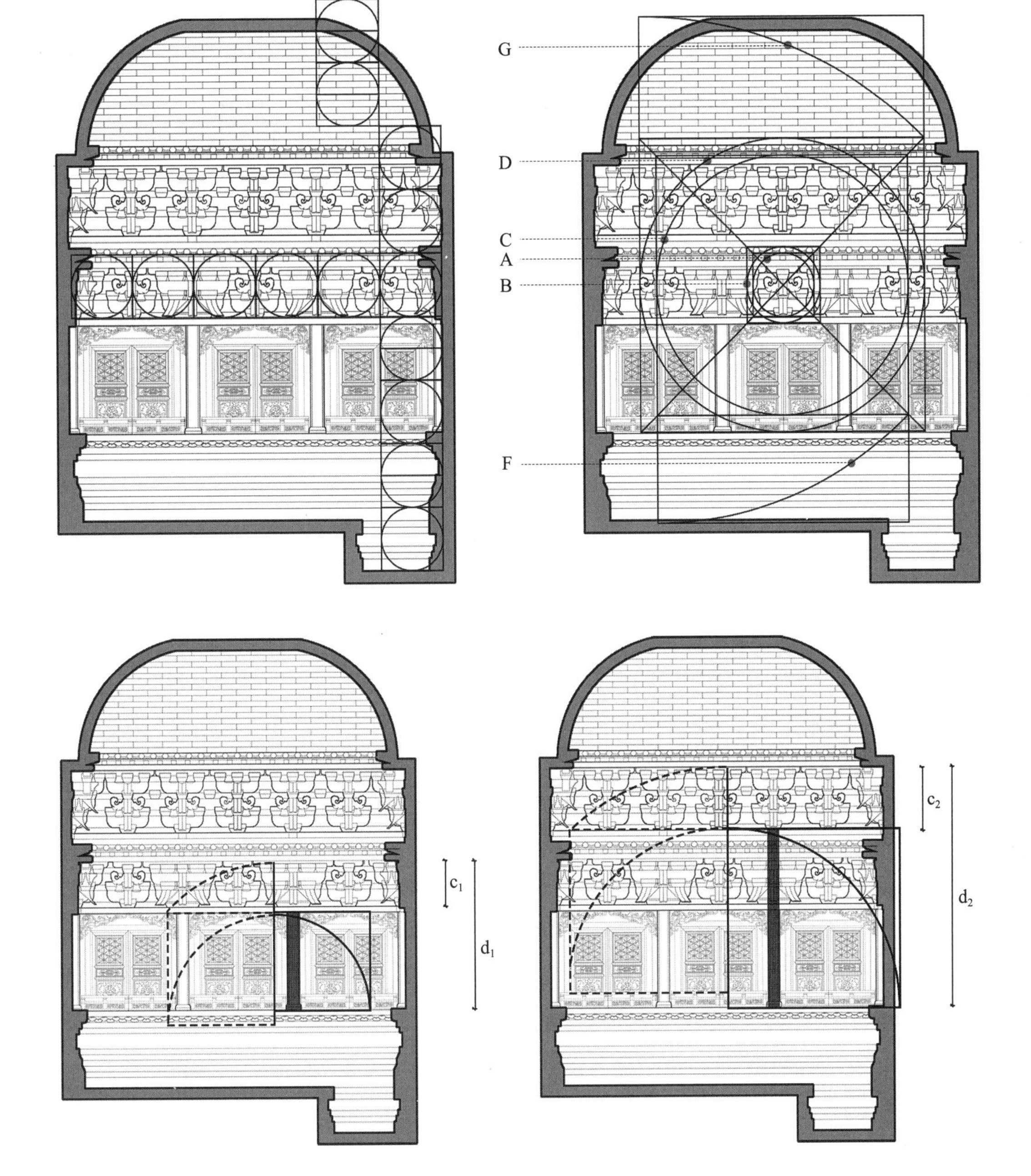

图7.29 稷山马村M1平、立面构图关系示意图
（图片来源：据参考文献[369]数据自绘）

图7.30 稷山马村M1（西壁）按“理想”柱、檐比反推的柱高位置
（图片来源：作者自绘）

（含普拍方厚在内）为1080mm，合18a、3.5尺（98.27%）。此时檐、柱高度比为1.444，已非常接近$\sqrt{2}$的理想状况（97.92%）。若反向作图，假定以铺作高为标准，同样可推得对应$\sqrt{2}$ 比的“理想”柱高（即图7.30中黑线位置），其相较实际砌出的砖柱略高出45mm；以同样的思路反推得理想的上层铺作高c_2为660mm，合11a、2.1尺（99.91%），上层檐高d_2为2520mm，合42a、8尺（99.68%），对应的柱高（按普拍方上皮算）为1860mm，合31a、6尺（98.73%），檐、柱高度比为1.355，离$\sqrt{2}$尚有一段距离（95.82%），调整后的“理想”柱高较现状长出160mm，恰好对齐勾阑上皮处（图7.30）。

当营造尺长取316mm时，侯马牛村董玘坚墓的柱高b为804mm，合15.5a(99.75%)、2.5尺(98.27%)；实测铺作高c为385mm，合7.5a(98.72 %)、1.25尺(97.47%)；朵当e为678mm，合13a(99.71%)、2.2尺(97.53%)；须弥座高640mm，合12.5a(98.46%)、2尺(98.75%)；墓室长2260mm，合43.5a(99.91%)、7.2尺(99.33%)；墓室宽2080mm，合40a(100%)、6.6尺(99.73%)；墓室通高4200mm，合81a(99.72%)、13.5尺(98.45%)①。以柱高b作为扩大模数，通过方圆作图的方法解析墓室立面构成，发现其通高大约合$(3+2\sqrt{2})$b(即4686mm，与实测值4800mm的吻合率为97.63%)，约略相当于6个柱高相叠。墓室的横向构成也可有多种解释，其内宽约是$(1+\sqrt{2})$b(算值为1940mm)，若算到墓壁中线大约是2.5b(算值为2010mm，与测值2125mm的吻合率为94.59%)，也与三倍朵当e相去不多(算值2034mm，95.72%)(图7.31)。

当然，以柱高核算空间总归显得较为粗疏，若改用朵当e为基准，则墓室总高约为7e(98.88%)、内宽3e(95.72%)、纵深(自北壁至甬道入口)约为$(3+\sqrt{2})$e(若算南、北间

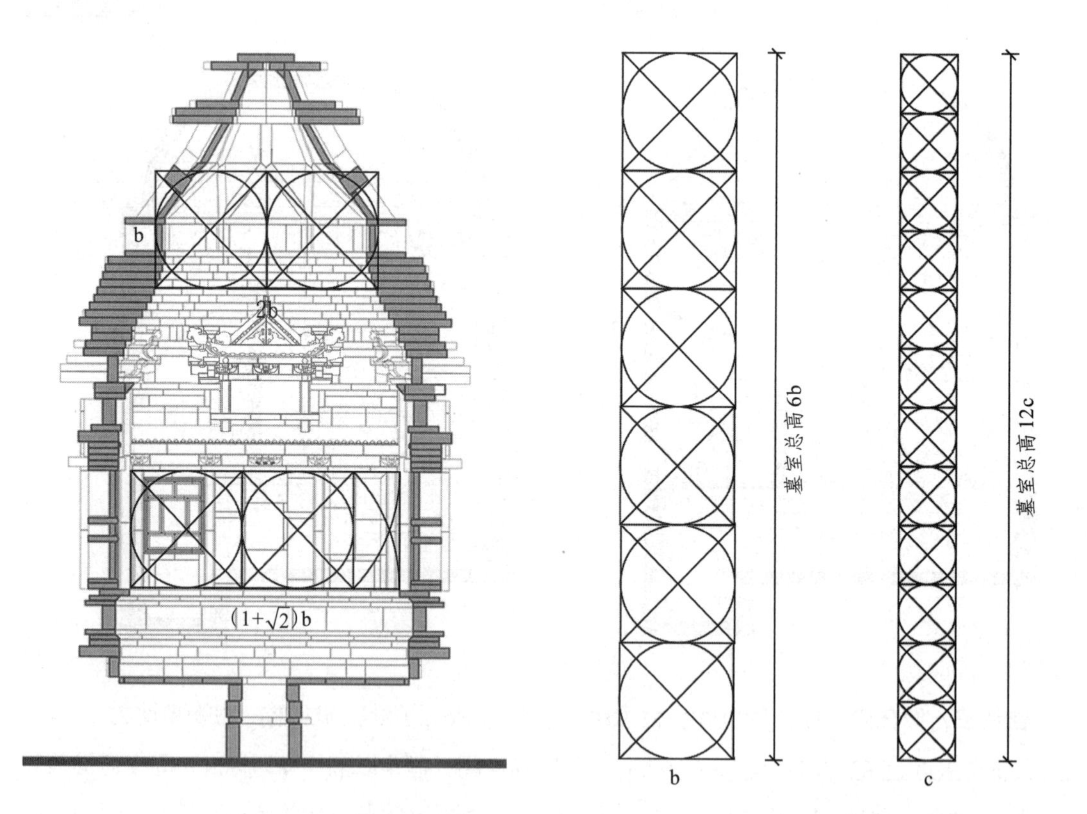

图7.31 侯马牛村董玘坚墓平、立面构图关系——以柱高为基准

(图片来源：作者自绘)

① 以上数据均引自畅文斋1959年的简报(见：畅文斋.侯马金代董氏墓介绍[J].文物，1959(06)：50-55.)。由于成文年代较早，且该构经过迁建，现场实测时数据已略有不同，如：测得的须弥座高为596mm，合11.5a(99.67%)、1.9尺(99.27%)；墓室长2375mm，合45.5a(99.54%)、7.5尺(99.79%)；墓室宽2125mm，合41a(99.72%)、6.75尺(99.62%)；墓室通高4800mm，合92.5a(99.59%)、15.25尺(99.60%)，两套数据在墓室长一项上相差最大(达115mm)，其余测值也相差1.5寸左右。

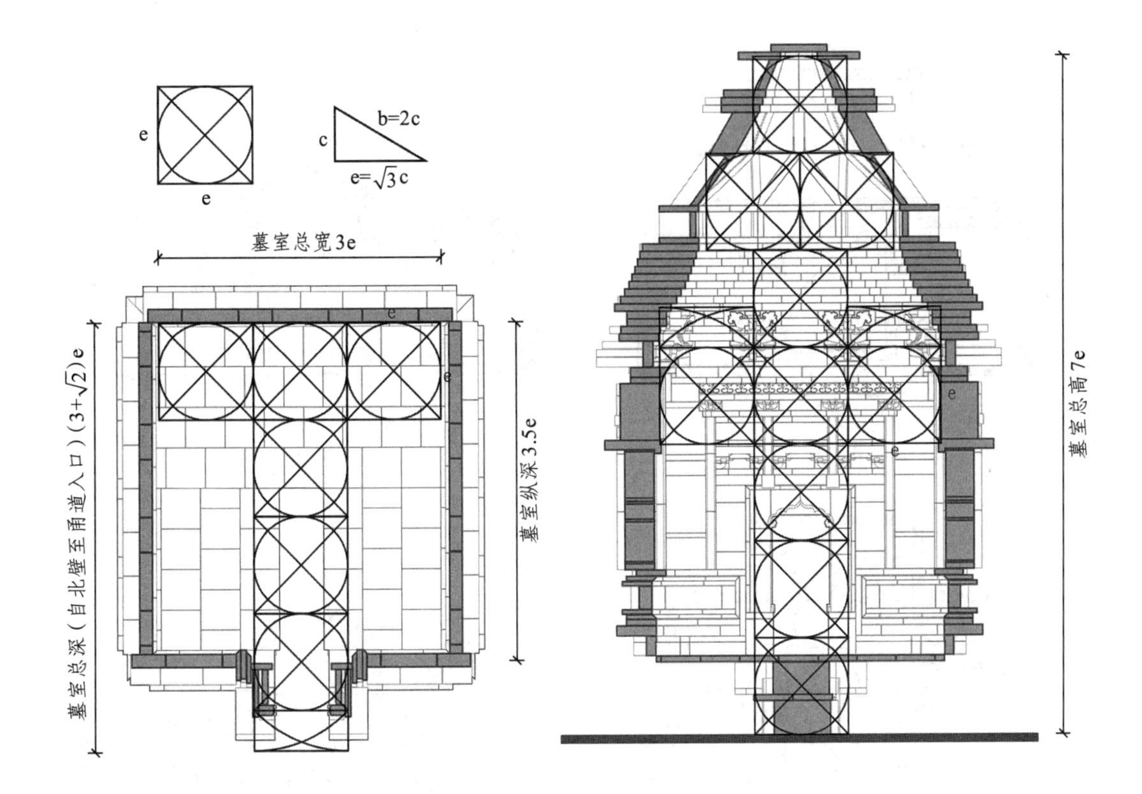

图7.32 侯马牛村董玘坚墓平、立面构图关系——以朵当为基准
（图片来源：作者自绘）

距则约为3.5e），故墓室的总高∶总宽∶总深=14∶6∶7。藻井高宽均为2e，对径在叠涩至第一重闘八处由3e缩至2e，在第一重至第二重闘八处由2e再缩至1e。又因朵当$e\approx\sqrt{3}c$，柱高$b\approx 2c$，故铺作高c∶朵当e∶柱高b=1∶$\sqrt{3}$∶2（约相当于4∶7∶8），三者近似组成勾股数，推测工匠有可能选择铺作高c作为设计起点，以其1.75倍定朵当e，再开两者乘方和得柱高b（约为2倍铺作高c），最后利用这一系列比例确定墓室尺度（图7.32）。

5.以门洞宽为基准

宋金时期的建筑基址采用整数尺制，俞莉娜在解析高平汤王头村金墓时，按317mm的复原营造尺长算得“前室边长5尺，地面至普拍方高5尺、至墓顶高8尺”的结论[①]。作图分析后可知：以四壁上门洞宽（2尺）为直径作圆C_1，前室总宽9倍C_1、后室为8倍C_1（深为3倍C_1），前室通高4倍C_1、东西侧室为3倍C_1，侧室与耳室各可容纳4个和2个C_1。作四个C_1的外接圆C_2，可以完全撑满前室；以C_2的外接方S_1的对角线为半径画弧，可切到西侧室内后壁；而以四个C_1的外接方S_2的对角线为半径画弧，可以切到东侧室后壁。最后，以2.5倍C_1为边长作方形S_3，以其对角线为半径画弧，刚好切到东、西侧室与甬道的分界面上（图7.33）。

① 俞莉娜，熊天翼，李路珂，杨林中.高平市汤王头村砖雕壁画墓结构形制研究[J].故宫博物院院刊，2022(01)：60-71+133.该例各部分均满足整数尺制，如门洞宽2尺、铺作高1尺，前室5尺见方，东、西侧室为5尺×7尺的长方形，后室由5尺×8尺的主体和2尺×3尺的耳洞组成凸字形平面，前室连通其余各室的甬道均为2尺见方等。

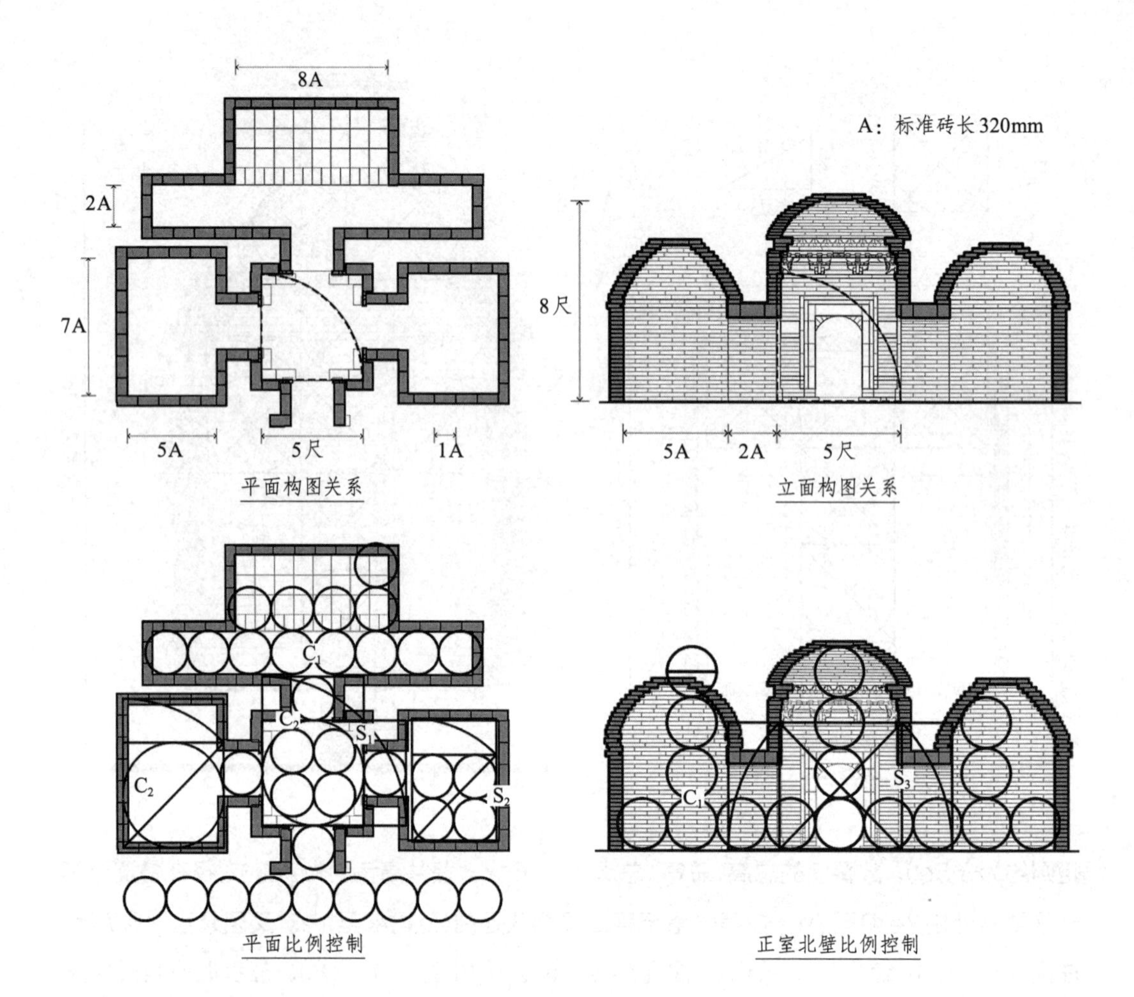

图7.33 高平汤王头金墓平、立面构图关系示意图
（图片来源：据参考文献[29]改绘）

6.以壁长或柱高为基准

洛阳七里河宋墓中，当营造尺长复原为314mm时，材广110mm，合2a、0.35尺(99.91%)，柱高1120mm，合20a(98.23%)、3.5尺(98.13%)，间广965mm，合17.5a(99.74%)、3尺(97.72%)。以八边形墓室的边长u(3尺)为直径作圆来度量墓室的构图关系，发现墓室总高:墓室总深(自北壁至甬道入口距离):墓室总宽=$(1+2\sqrt{2}):(2+\sqrt{2}):2\sqrt{2}$。各部分以边长折算为：棺床高$(\sqrt{2}-1)u$、墓顶高$0.5u+(\sqrt{2}-1)u$、自棺床上皮算至铺作上皮约2.5u、墓室东西宽$2u+2(\sqrt{2}-1)u$、南北深为$3u-(\sqrt{2}-1)u$(图7.34)。

若改用柱高b(含柱础在内)为边、径形成的方、圆来度量图纸，发现每面皆恰好“高与广方”，b方的上、下边缘恰好卡在普拍方下皮和壁面台基上皮处，左、右边缘恰在平柱外侧，以该方之对角线为半径、以上边两角点为圆心作弧后，恰下切至棺床上皮，以下边两角点为圆心作弧则外切至壁柱外侧；向上翻转此方形，可知铺作高约为其边长的2/3，而墓顶高约为其对角线长(图7.35)。

(二)砖墓与木构权衡方式的异同

仿木砖墓的拥有者大多是较为富裕的中小地主，从墓中题记、随葬品的情况看，其社

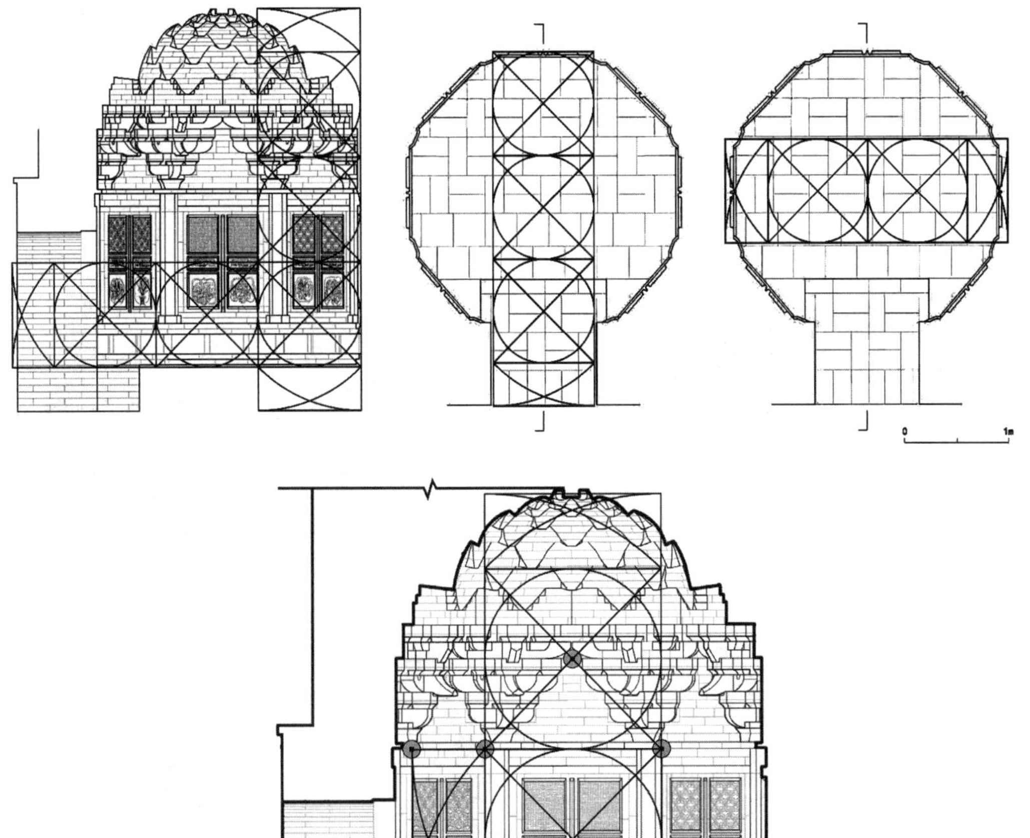

图7.34 洛阳七里河宋墓平、立面构图关系示意图（以壁长计算）
（图片来源：改自参考文献[49]）

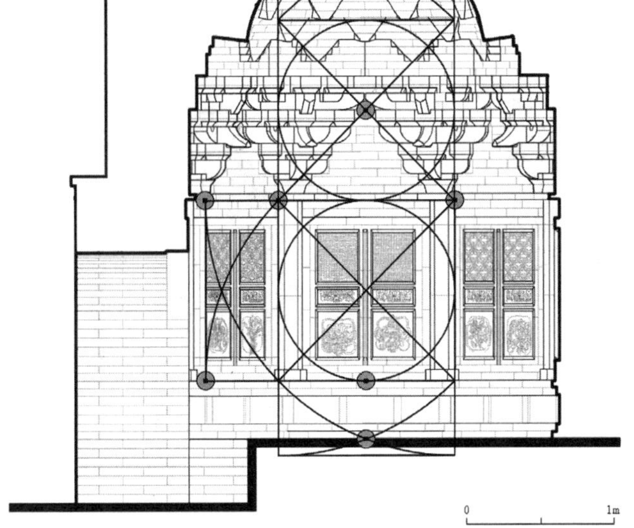

图7.35 洛阳七里河宋墓立面构图关系示意图（以柱高计算）
（图片来源：改自参考文献[49]）

会地位和文化教养都较为普通，墓室的实际尺寸也基本集中在方圆一丈范围内，虽然体量狭小，但形制规格普遍不低，与分布地域、建造年代、铺作等级相近的木构遗存（主要是各类宗教祠庙建筑）可堪一比，从中或多或少可以窥得古人调配立面比例、权衡变形方式的一些匠心。

1. 禹州白沙宋墓M1

以距其西北160里、同样用五铺作的登封初祖庵大殿对比，据图可知，后者屋架与檐柱高均取铺作高的三倍左右，存在以铺作为界、上下对称的构图特点。4:3的檐、柱高度比也略低于“理想”的$\sqrt{2}$倍关系（94.30%）。回到赵大翁墓中，其铺作高c合14a、2.35尺（99.93%），柱高b合21a、3.5尺（99.36%）、1.5c，檐高d合2.5c，墓顶高g合2c。若以铺作高c反求$\sqrt{2}$倍关系，则作图得出的“理想”柱高底端恰位于棺床下皮，因此，若将室内地面视作墓壁柱的“真实”起始分位，则该构仍忠实遵循着唐宋时期惯行的檐、柱高方斜构图关系。继而观察砖、木两构的缩放关系：当心间广相同时，木构台基高等于砖墓棺床高，墓室内高也与木构吻兽上皮大致取平，两者总高近似；而当柱高取齐时，台基以上部分都取至3倍柱高，故整体体量差相仿佛（图7.36）。

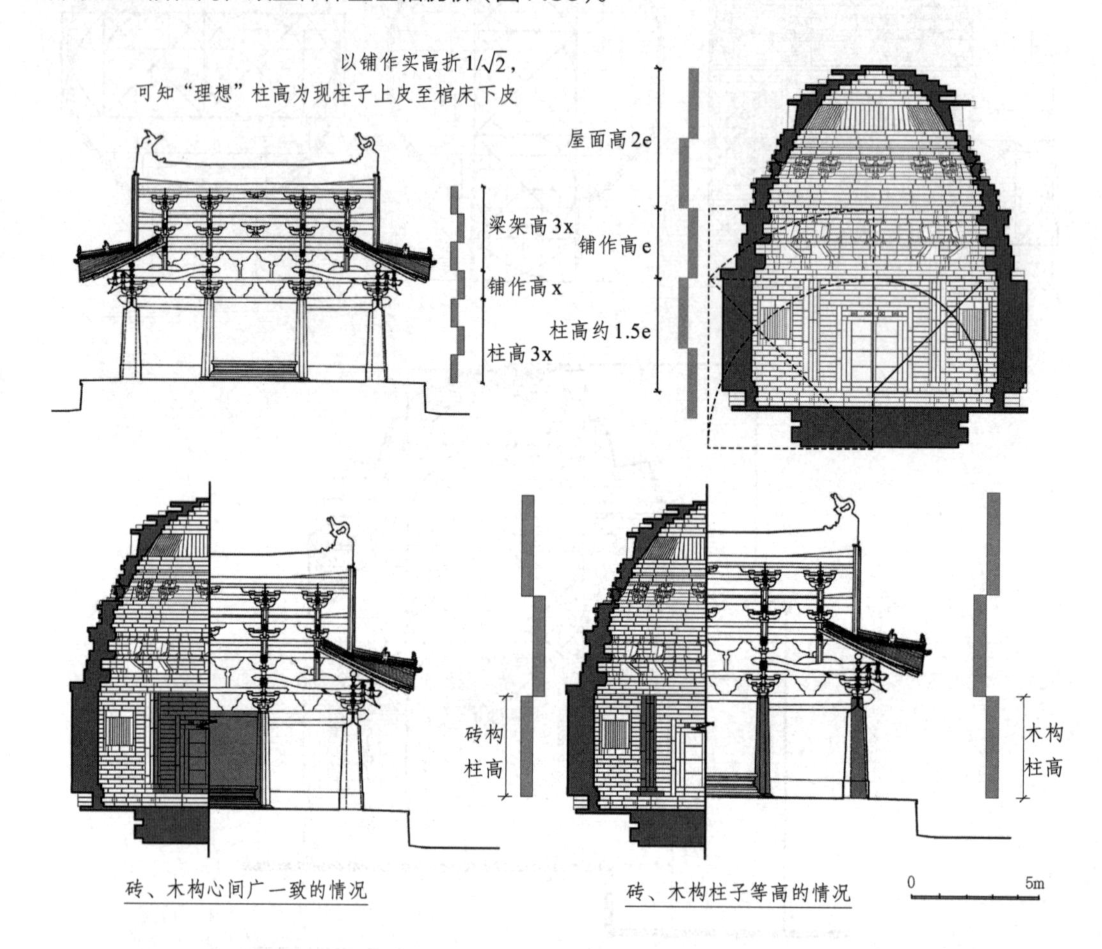

图7.36 白沙宋墓M1后室与少林寺初祖庵大殿构图关系对比
（图片来源：改自参考文献[112][250]）

2. 洛阳七里河宋墓

选择济源济渎庙寝殿与之对比，发现当将砖墓与木构的柱子拉至等高时，墓室顶恰与木构大殿鸱吻对应，木构台基下皮与砖墓棺床上皮对应，即两者总高的差值约为砖墓棺床的高度；当将两者的台基拉至等高时，墓顶与木构檐口对应；当将两者的铺作拉至等高时，砖墓总高被大幅压缩，并未找到对应关系（图7.37）。

3. 新安宋村北宋墓

仿木砖墓的平面一般都采取向心式布局，受规模限制，壁面未必分间（即或分间，间内铺作、格子门数目也与实情不符），其内壁展开图可能代表着群组中若干房屋的连续立面，也可能是专指同一建筑的某个立面，甚至可能是拉平这一建筑四面的结果，其具体所指难以说清，相较于直接用展开图与木构对比，更稳妥的办法是缬其一间，审慎观察间内的纵横比例，据之搜求仿木操作的“变形”规律。如前所述，新安宋村北宋墓柱头用七铺作、补间减跳至五铺作的做法与唐佛光寺东大殿类似，故暂且搁置两者在规模、等第、用途上的差异，

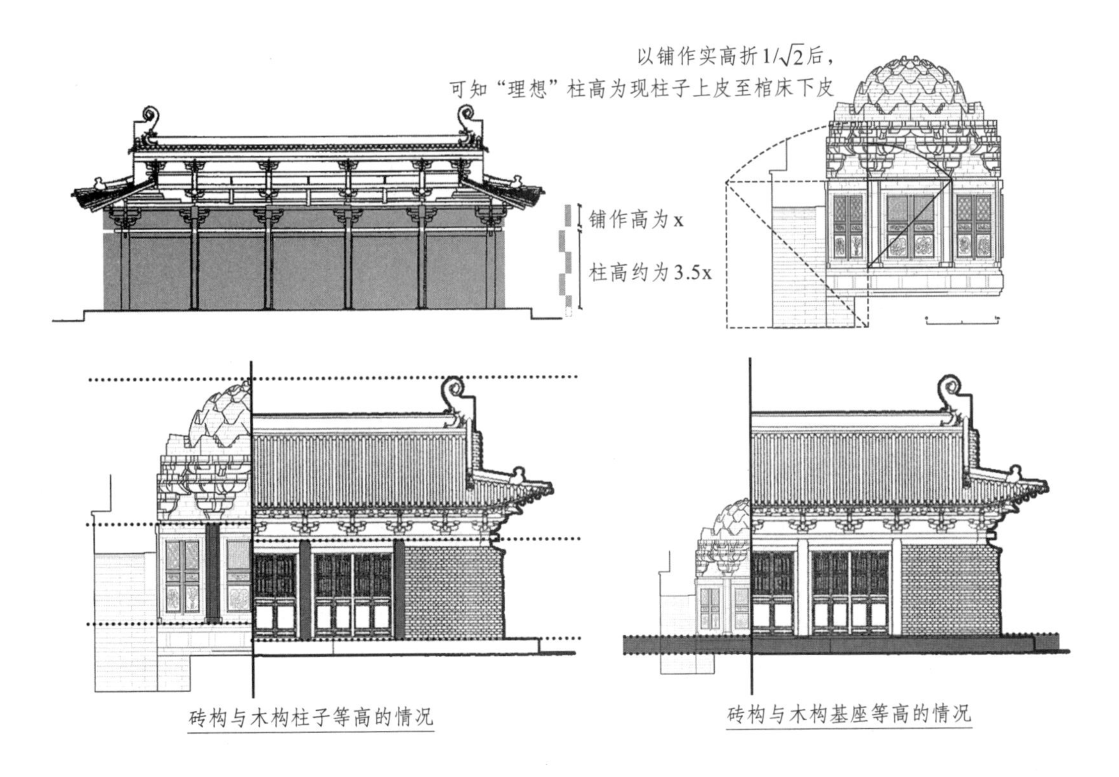

图7.37 洛阳七里河宋墓与济源济渎庙寝殿构图关系对比
（图片来源：改自参考文献[49][424]）

仅观察其构图方式的异同。设东大殿柱头七铺作总高为x，柱高约当2.5x、檐高3.5x，柱、檐比采用了经典的$\sqrt{2}$倍方斜关系，且屋面高（除正脊在外）与柱框层几乎相等，台基高也与正脊高相近，立面以铺作层为中线、作镜像式构图的倾向十分明显。

反观新安宋村墓，设其补间五铺作高c_1、角柱头七铺作高c_2，量图后发现：c_1高785mm，合14.5a（98.43%）、2.5尺（100%），c_2高1240mm，合22.5a（99.80%）、4尺（98.73%）；檐高d为2320mm，合42a（99.57%）、7.5尺（98.51%），柱高b为17.5a、3尺，檐、柱高度比为2.39∶1，接近（$1+\sqrt{2}$）∶1。墓顶净高g基本与柱高b持平，同时也是七铺作高c_2的$1/\sqrt{2}$，若将前者视作广义的“屋面”，则佛光寺东大殿上以铺作层为轴、上下对称的情况将再次复现，这或是造墓工匠采用的一项普遍原则。

将砖墓与大殿的檐柱拉至等高时，前者的檐高与柱高差值f（即柱头至檐口通高）与后者的檐高d相等，而铺作高c扩大到原型的3.2倍，直观、生动地揭示了砌筑条砖仿木时无法等比缩小铺作的问题，工匠为保持铺作形态相对写实，必须满足最小构件（一般是枓）也由两皮以上条砖组合，才能加工出足够的细节以供辨识，若要同时确保柱、门等内容与铺作维系真实比例，就会将墓室体量扩充至技术和物力都难以负担的程度，因此各部分的比例势必是脱钩的，这是砖砌仿木的通病，只有在大量改用模制砖、使得构件形态足够精巧细致后，才有望得到彻底解决（图7.38）。

4.洛阳关林庙宋墓

以济源济渎庙龙亭为例展开对比，设木构五铺作总高为x，就图量得其柱高约4.5x、檐高5x，檐、柱高比为1.11，铺作并未展现出独立成层的能力，构架总高约取2.11倍柱高，

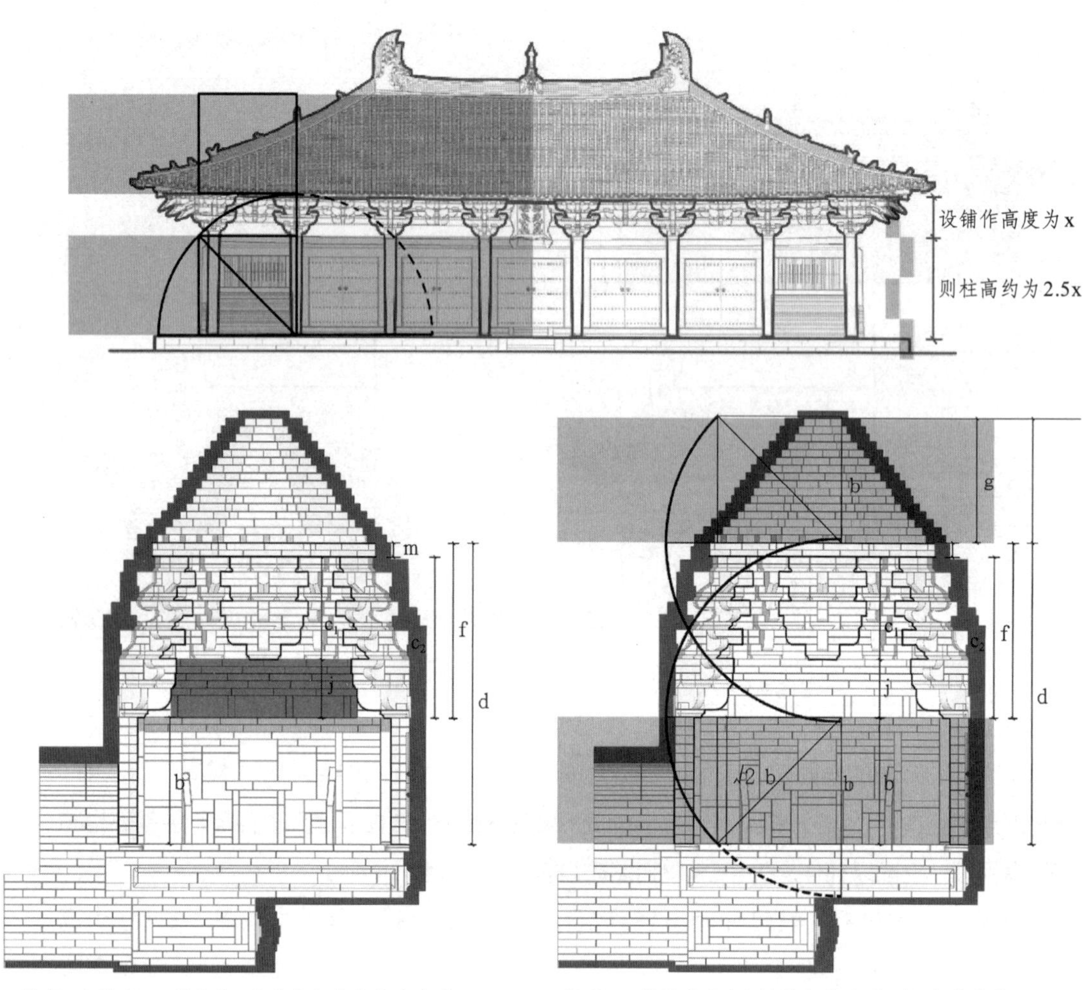

檐高d与柱高b、铺作高c等纵向长度的尺寸关系

柱高b、墓顶净高（自撩檐方算至顶心）g与檐高柱高之差的$\sqrt{2}$倍比例关系

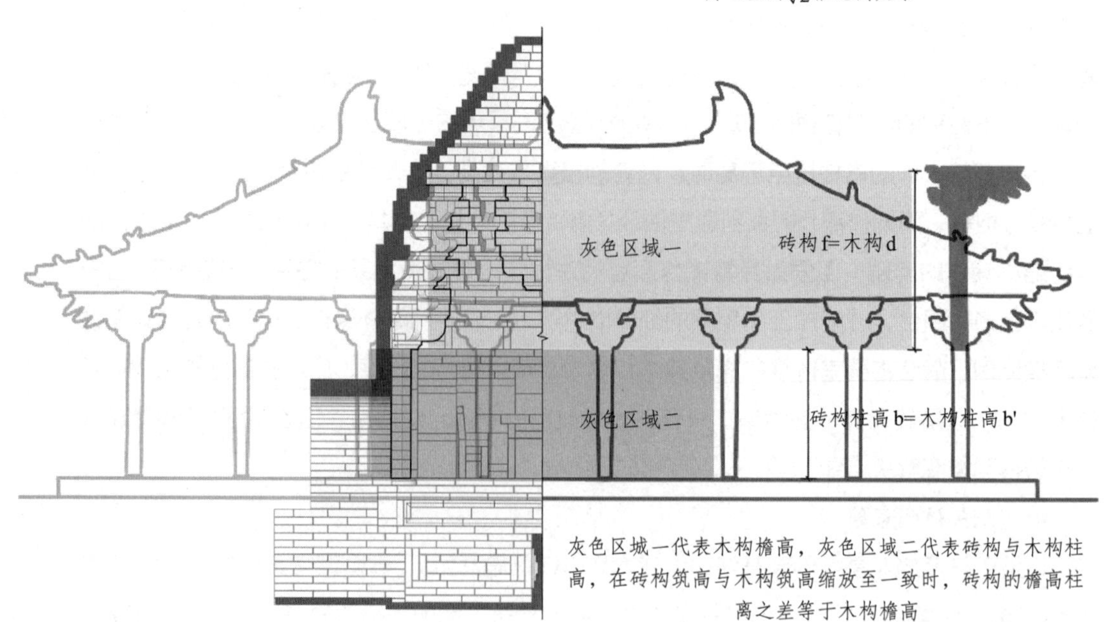

灰色区域一代表木构檐高，灰色区域二代表砖构与木构柱高，在砖构筑高与木构筑高缩放至一致时，砖构的檐高柱高之差等于木构檐高

图7.38 佛光寺东大殿与新安宋村墓构图关系对比

（图片来源：部分改自参考文献[89]，其余作者自绘）

整个建筑立面约以大檐额为界上下均分，这也反过来突显了檐额的重要性。继而观察关林庙墓室横向的尺度构成规律：设投影面上两柱净距为k，柱底距栌枓底为r，以k为直径、以心间底部中点为圆心作半圆，上翻后恰能分尽四槏格子门（上至门楣上皮、下至门槛下皮、两侧至抱框里皮），两个半圆切在涤环版正中处，同时切线也正与棺床上皮（图7.39中填灰色块处）齐平。仍自心间中点以r为半径作半圆，圆径2r已接近墓壁净距（若依《发掘简报》立面线图量取，则刚好相等），反转此半圆后将其圆心垂直上移至铺作层最高处，大、小两个半圆恰好内切，这意味着棺床高度可能同时控制着格子门中点与檐口标高（r+0.5k），而两个大半圆的镜像中线则框定了格子门的上皮位置（门楣下皮）。

当砖、木构的柱高相等时，两者总高趋同，砖墓中主要的变形因素集中在铺作拉高、心间缩小等方面（当然，龙亭本身也因采用了大檐额、向两侧移动了平柱位置，使其心间相较正常情况拉大），但竖向比例分配仍大致符合原型的习惯，可以说柱高作为衡量竖向尺度的标准是最合宜且稳定的；反之，若令两者心间广、铺作高相等，则未能呈现明显规律，这是关林庙砖墓铺作占比过大导致的（图7.39）。

5.壶关上好牢村宋金墓

该墓的侧壁（东、西壁）用四铺作，正壁（南、北壁）用五铺作，故分别与同处晋南、规模等第相近的长治淳化寺正殿和高平游仙寺毗卢殿作一比较。

设淳化寺正殿的四铺作总高为x，按图量得其柱高约为4.2x、檐高5.5x，铺数过低使得檐、柱高度比偏低（仅1.31，与理想的$\sqrt{2}$倍吻合度为92.61%），屋架层与柱框层基本等高，以铺作为界上下翻转、对称的立面构图趋势仍较明显。相应的，上好牢M1西壁上的

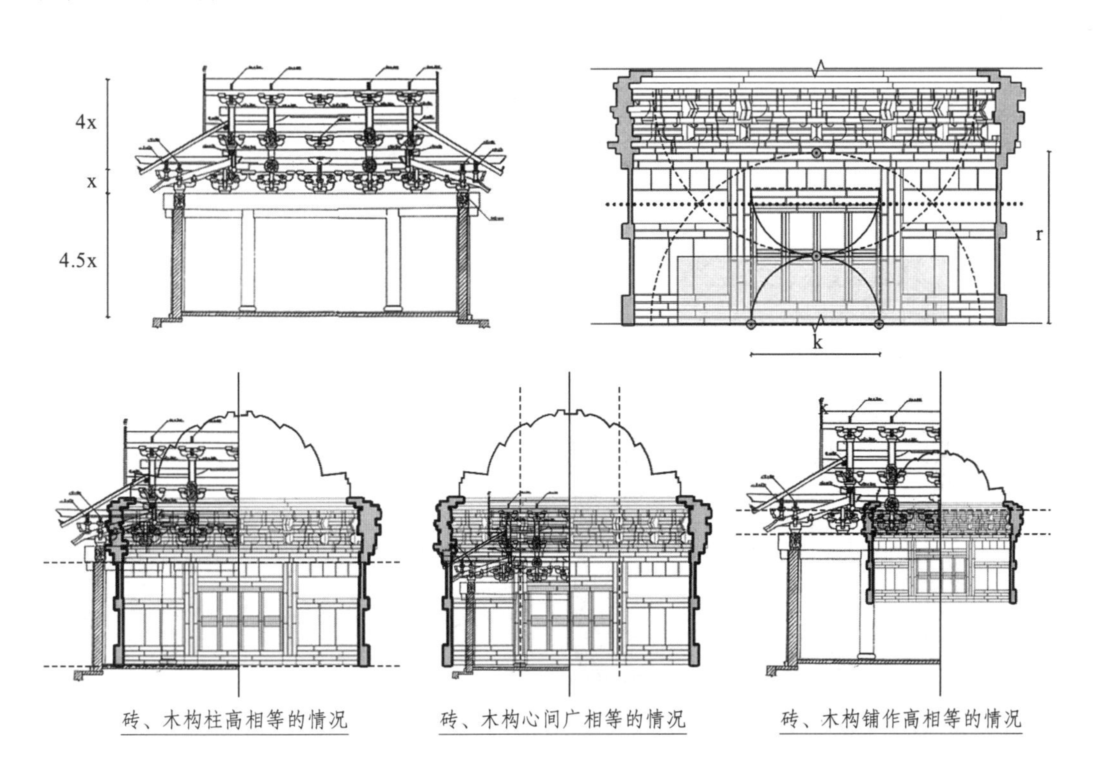

图7.39 洛阳关林庙宋墓与济源济渎庙龙亭构图关系对比

（图片来源：济渎庙龙亭引自参考文献[424]，其余作者自绘）

四铺作高c为320mm，合5.25a（98.50%）、1尺（98.14%），檐高d（自柱底算至撩檐方上皮）为1810mm，合30a（99.45%）、5.75尺（99.75%），柱高b为1280mm，合21a（98.44%）、4尺（98.13%），檐、柱高度比恰1.414，完全符合$\sqrt{2}$倍关系。以$\sqrt{2}$c为边长作方，恰可外接于铺作（左右卡住替木两端、上下卡住瓦垄上皮到栌枓下皮），横连五方即可分尽壁面宽（刨除垂交两壁上砖铺作出跳长），门洞高两方（自券底至须弥座顶），座高半方（$\sqrt{2}$c/2），通高约合11c。若令砖、木构各自的铺作等高，则淳化寺正殿上檐柱与台基之和，恰等于同比例下的上好牢M1壁面高，同时面阔方向除去两侧边柱后的总宽也恰与M1侧壁等长，这意味着砖室墓的整体比例关系完全照搬了同等条件下的方三间小厅堂。改令两构的柱高相等，扩放后的M1铺作高与侧壁宽都略小于淳化寺正殿，台基高却与之相等，墓顶标高也恰好与佛殿正脊当中的脊刹吻合，两者总高趋同。这说明无论营建砖墓还是木屋，柱子与房屋总高的比例关系总是相对固定的，以柱高衡量屋高是一种跨越材质的扩大模数方法（图7.40）。

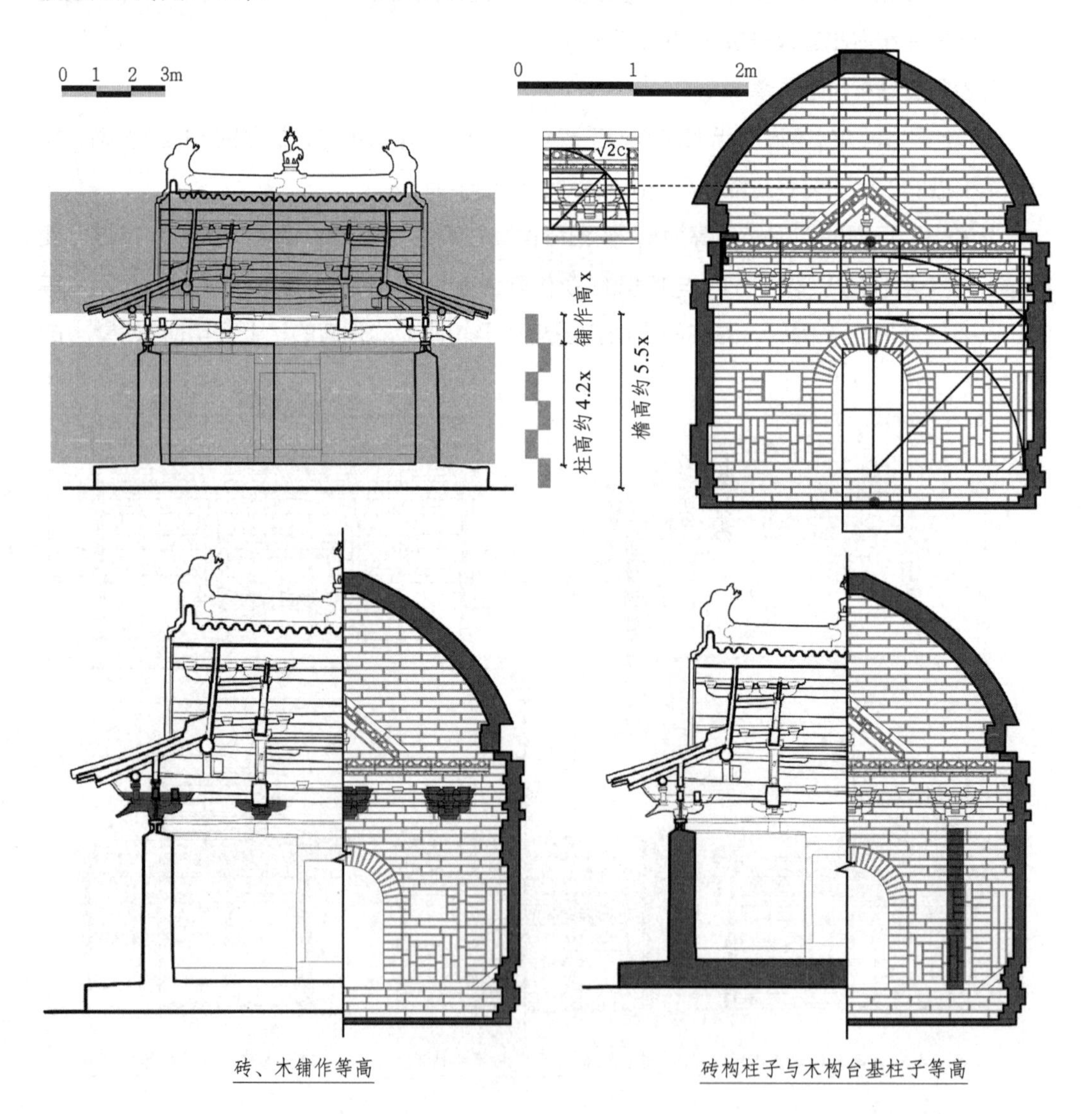

图7.40　长治淳化寺正殿与壶关上好牢M1侧壁构图关系对比
（图片来源：淳化寺正殿引自参考文献[429]，其余作者自绘）

上好牢M1正壁（南、北壁）上五铺作、三开间的建筑形象，与位于其南45km的游仙寺毗卢殿规制近似，设后者的五铺作总高为x，就图量得柱高约3x、檐高4x，檐、柱高度比为1.33，与砖墓中的此项比值（1.37）十分接近。当令铺作等高时，木构柱子和台基之和略与砖墓的壁面相当，去除掉游离在墓葬自身体系外的棺床后，两者的“中分”高度基本一致，而砖墓的面阔有所压缩。当令柱子等高时，两者铺作高度接近，总高也更加接近（图7.41）。

6.汾西郝家沟金墓M1

由于墓室平面为八角形，存在大量$\sqrt{2}$倍的比例关系，如正边与斜边的投影长度比、柱高与间广比……由于墓顶高g略矮于柱高b，(g+f):g要略大于(b+f):b，檐、柱高差f(算铺作、普拍方、撩檐方在内）恰好介于（$\sqrt{2}-1$)g与（$\sqrt{2}-1$)b之间。图7.42中，r_2为柱高+阑额高，r_3为$\sqrt{2}$倍的墓顶高，q为两柱间距。郝家沟M1的纵向高度（包括柱高与铺作高、屋顶高）配比极为贴近木构传统。以南禅寺大殿作为对比，当二者柱高相等时，总高与屋面高都基本齐平，唯有砖墓的台基高缩减至木殿的0.6倍，横框也按相同比例收窄。

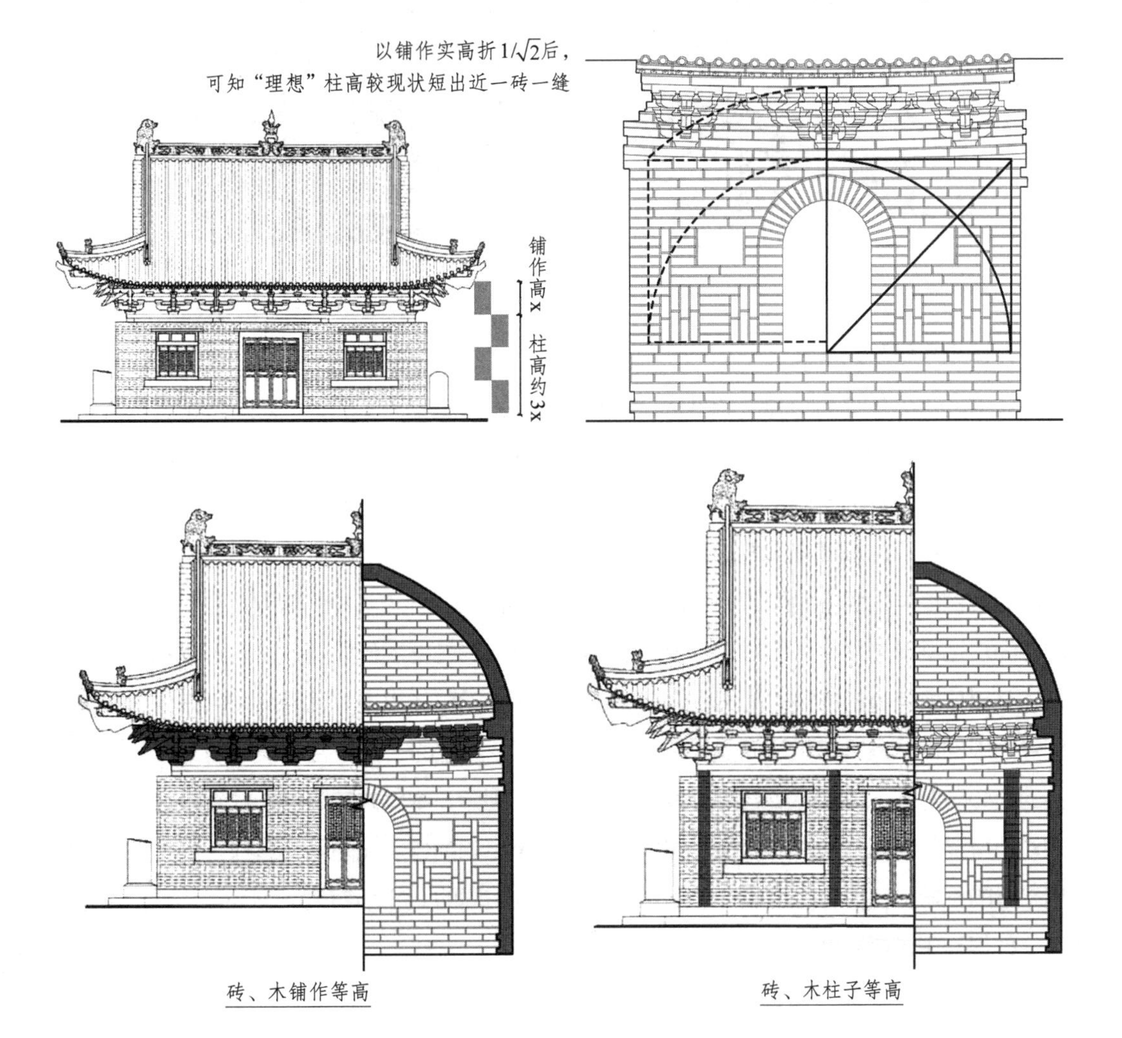

图7.41　高平游仙寺毗卢殿与壶关上好牢M1正壁构图关系对比
（图片来源：游仙寺毗卢殿引自参考文献[426]，其余作者自绘）

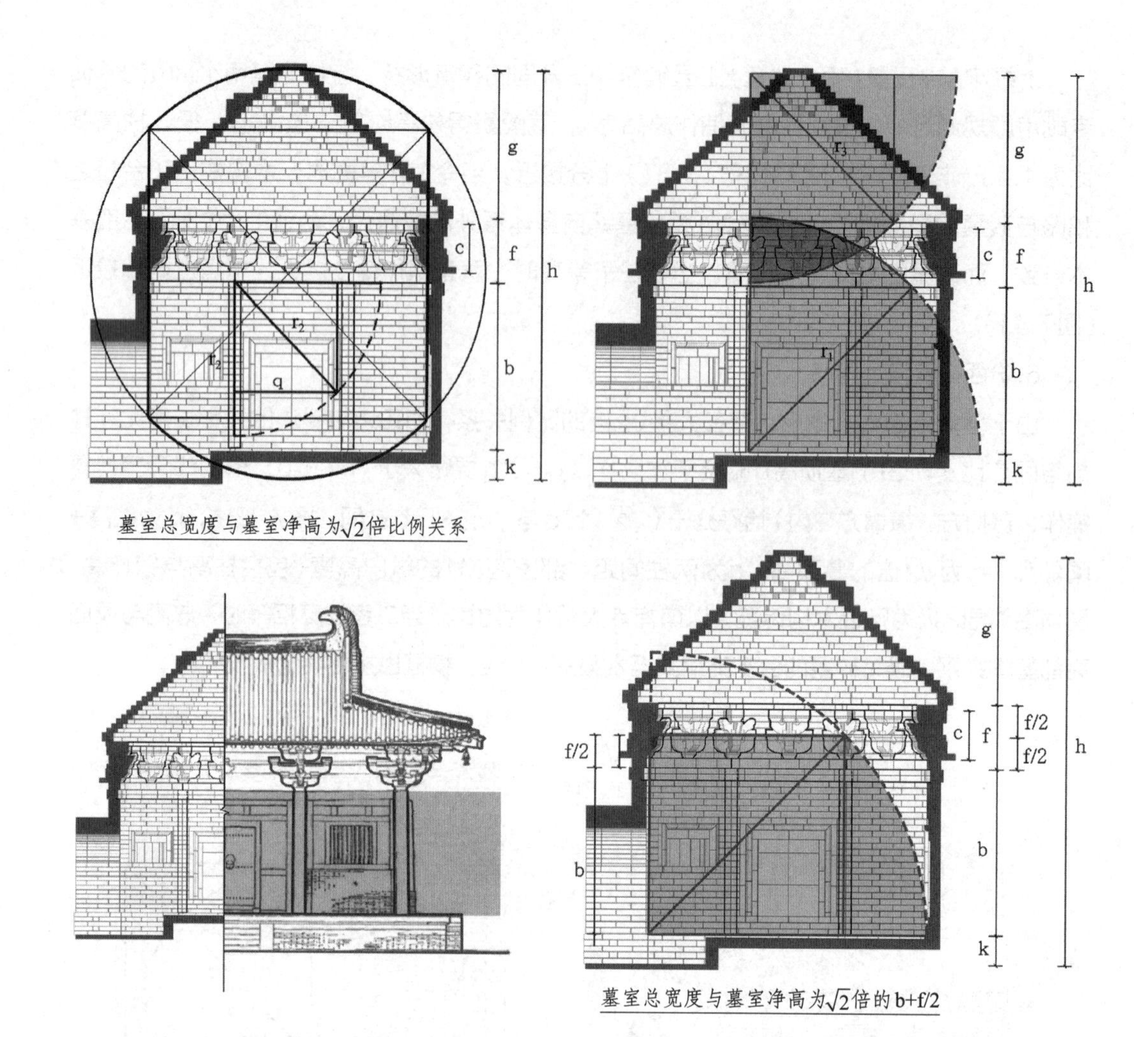

图7.42 南禅寺大殿与汾西郝家沟金墓构图关系对比

（图片来源：南禅寺大殿引自参考文献[89]，其余作者自绘）

7.侯马牛村董玘坚墓

观察各部分的比例分配，发现与木构实例间存在一些相似之处。选择芮城永乐宫三清殿与其比较，当两者台基等高时，墓室顶恰与大殿鸱吻标高相同，即无论材质是砖是木，房屋整体高度与台基的比例都是恒定的（而若令两者立柱等高，则墓室中的歇山戏台屋顶与大殿正脊下皮齐平，柱高在砖构总高中的占比远不如木构）。若以柱高相等为原则，比较就近的同期案例绛县太阴寺大殿的话，发现木构屋架高仅相当于砖墓中的抱厦戏台，且砖、木构的心间广也基本一致，可见对于砖墓来说，表达立面的柱框层便如同一个可被单独抽离的饰带，其自身所具有的成熟的高宽比例并无法左右墓室的整体权衡。而若从局部来看，宁波保国寺大殿的鬪八藻井常被认为是最接近《营造法式》规定的一例，若将其明镜部分与墓葬藻井的顶心砖对齐，铺作下皮与墓室叠涩部分对齐，则砖、木藻井的跨度、体量极为相近，可知对于穹隆状的藻井来说，无论是如木构般采用半出的铺作承托阳马、背板，还是如砖构般用斜置的三角、梯形单元合顶，总的轮廓仍是大致相同的（图7.43）。

8.侯马牛村董海墓

董海墓中存在如下构图关系：以墓室净宽为直径、须弥座上皮中点为圆心作半圆，圆

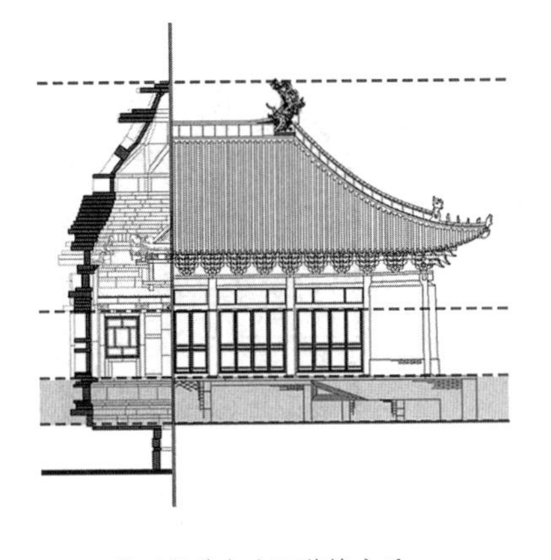

董玘坚墓与山西芮城永乐宫三清殿以基座高为准对比

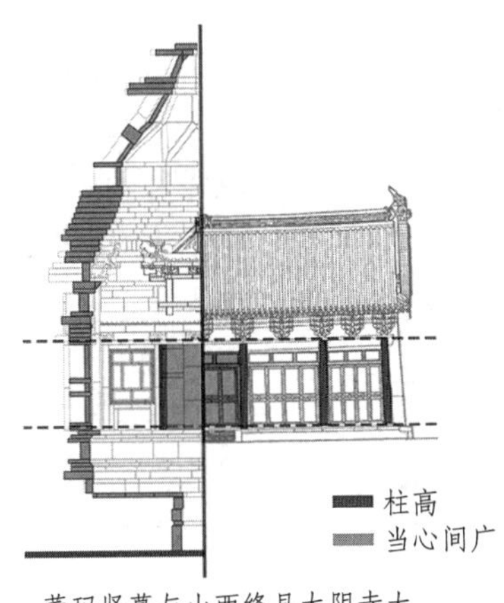

董玘坚墓与山西绛县太阴寺大殿以柱高和当心间广为准对比

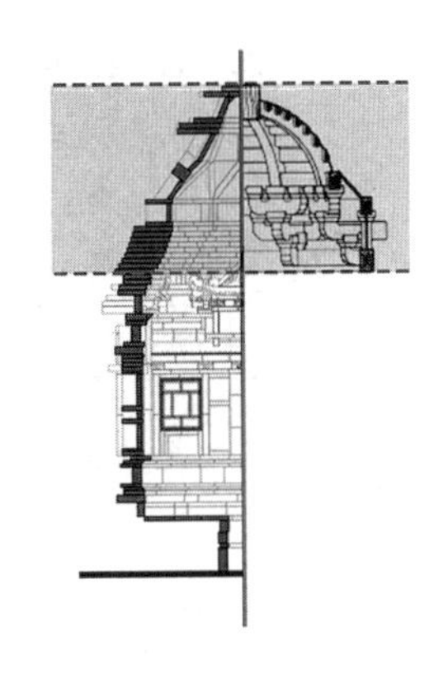

董玘坚墓与宁波保国寺大殿以藻井高为准对比

图7.43 董玘坚墓与木构实例各部高度分配方式比较

（图片来源：木构线图引自参考文献[426][427][428]，其余作者自绘）

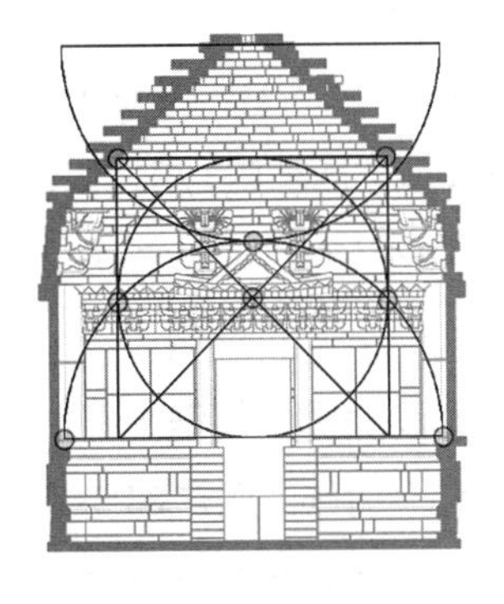

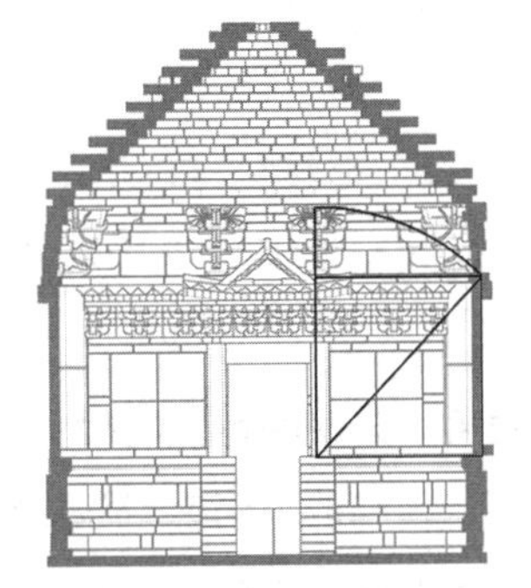

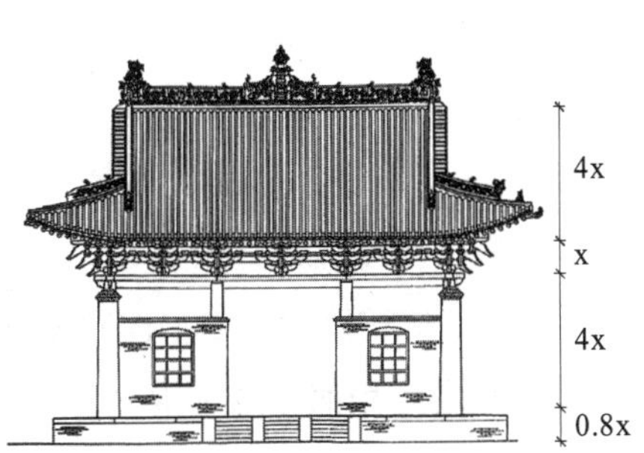

图7.44 侯马董海墓与曲沃大悲院献殿构图关系对比

（图片来源：引自参考文献[429]）

弧上端恰与抱厦顶部重合，且四等分圆弧后，自圆心伸出的45°放射线正穿过抱厦补间枓栱外角，沿抱厦顶点翻转、镜像半圆后，其底边恰对齐墓顶。再过圆弧与抱厦外侧枓栱交点，向下引垂线至须弥座上皮、向上引垂线至墓顶叠涩，围出方形的内接圆心恰为墓室形心，且切过转角铺作、与其出跳趋势相重合。倚柱高1095mm（合21a、99.73%），铺作高445mm（合8.5a、99.33%），檐、柱高度比恰为$\sqrt{2}$（99.45%），设计时应是借着尺规作图严格约束了各部比例关系（图7.44）。

以相距40余里的曲沃大悲院献殿（修建于大定二十年，1180年）为例对比：献殿的屋架与柱框等高，均为其五铺作的4倍，镜像关系明显（若计台基在内，则可理解为连续两段“短+长”组合，台基高基本与铺作高相等）。将大悲院和董海墓的柱子拉伸至等高时，后者的铺作略高于前者，但墓顶标高基本与献殿正脊上皮齐平，即室内地坪以上的部分大体等高。总体来说，无论砖砌还是木构，建筑体量主要是由柱高决定的，若木构级别够高、台基更接近须弥座做法，则两者整体上将更加趋近。至于令两者心间广或铺作高相等时，体量间未见明确规律（图7.45）。

9.繁峙南关金墓

选择同样使用四铺作、建成年代相近且同为三间的清徐文庙大成殿为例，与南关金墓对比。设木构的四铺作总高为x，就图量得其柱高约6.2x（加上台基后总高7x），檐高为7.2x，

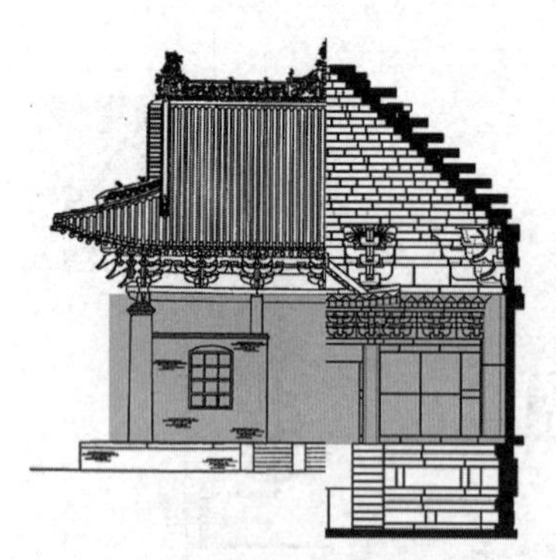

砖、木构柱高相等的情况

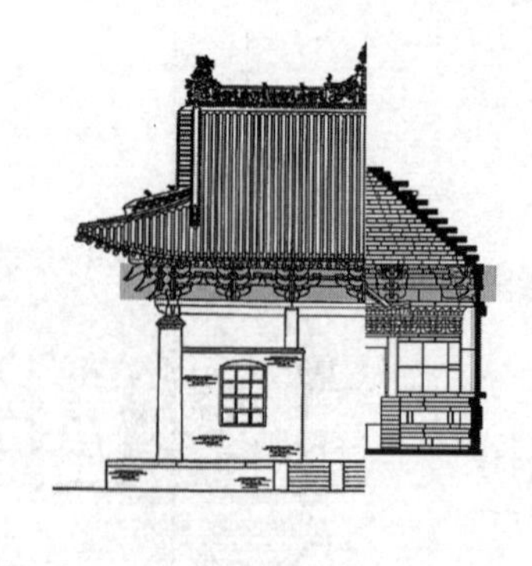

砖、木构铺作相等的情况

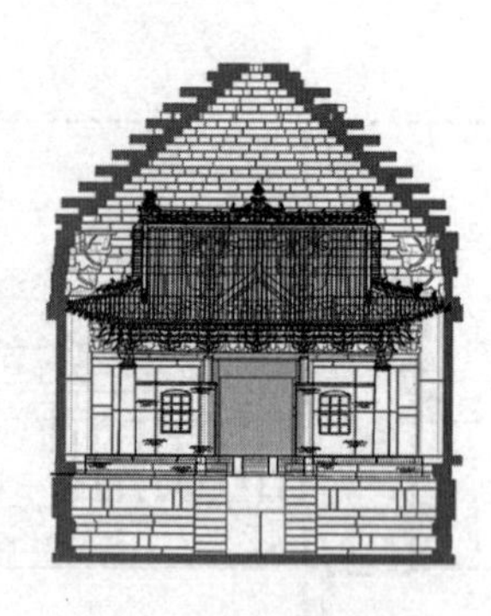

砖、木构心间广相等的情况

图7.45　侯马董海墓与曲沃大悲院献殿缩放关系示意图

（图片来源：大悲院献殿引自参考文献[429]，其余作者自绘）

檐、柱高度比为1.16，远低于$\sqrt{2}$的理想取值，构架总高则取柱高的2.5倍。而在南关金墓中，四铺作总高c（算撩檐方在内）为705mm，合11a（98.60%）、2.25尺（99.47%）；檐高d（算至撩檐方上皮）为1785mm，合27.5a（99.86%）、5.5尺（97.70%）；柱高b为1080mm，合16.5a（99.31%）、3.5尺（97.96%）；墓室总高（不算须弥座在内）约为2.6倍柱高，与清徐文庙接近，但檐、柱比讹大至1.65，这是其独特的枓栱砌法（条砖侧身立砌表达横栱）导致的。

进一步比较砖构相较木构的变形趋势，先使两者柱高相等，此时两者通面阔趋同，但砖墓的心间广和铺作高都讹大；再令两者心间广相等，砖构的柱高、铺作、间广都均等缩小；最后令两者铺作等高，则能如实体现出真实尺度关系下砖、木构间巨大的缩比关系（图7.46）。

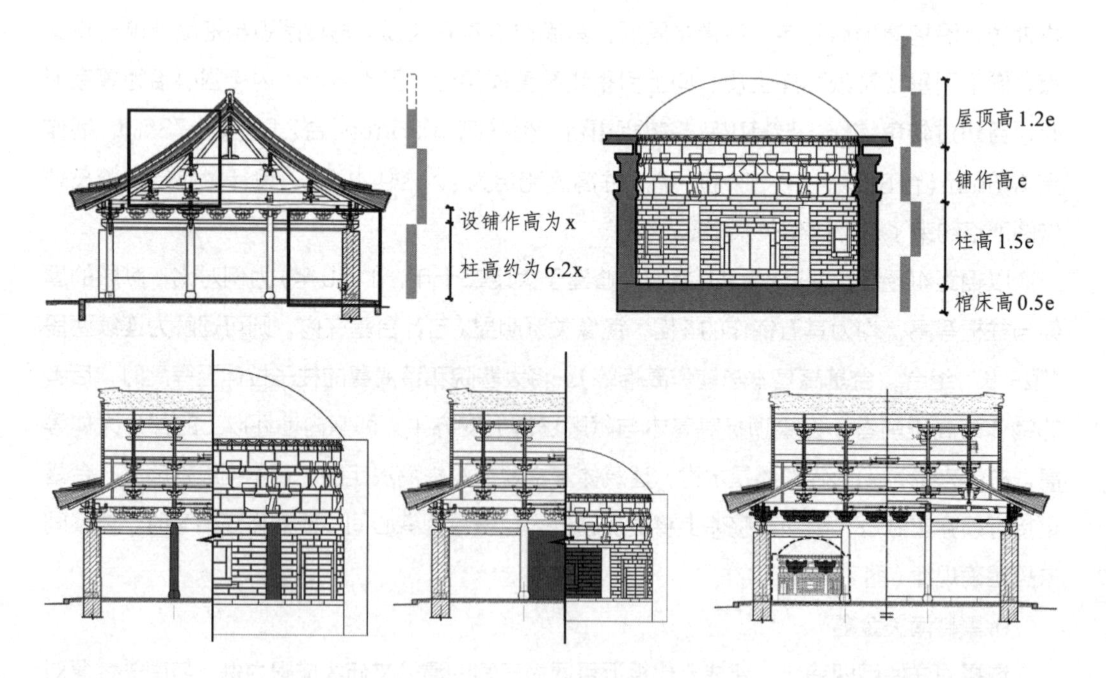

图7.46　繁峙南关金墓与清徐文庙大成殿构图关系对比

（图片来源：清徐文庙大成殿引自参考文献[430]，其余作者自绘）

第八章

余论：对『仿木』文化的几点思考

8.1 关于“仿木”的路径选择

(一)从“建筑模型化”到“模型构件化”——中西“仿作”传统比较

“仿作”是一类普遍的建造传统，“仿木”却是一种独特的文化现象。之所以这么说，是将仿木砖墓拆分成两个层次分别考察的结果：第一个是行为表象，即工匠撷取真实建筑的某些局部要素（或其缩微的整体形象）来重组富于装饰性的立面内容，这是多个文明共同的选择；第二个则是文化内核，即所仿对象与施用场所内在不同构，以砖仿木呈现出的“名实不符”其实映射了“木构代表的不止是建筑”的传统认知，体现了东、西方迥异的“仿作”思路。

人类文明在处理砖、石砌体时，自然地会产生装饰表面的意愿，这种装饰既可以是平面化的，也可以是相对立体的，可以是人物、动物形象（如菲莱岛伊西斯神庙），当然也可以是植物纹、气象纹与几何纹（如贾姆的古尔宣礼塔）。在欧洲的建筑传统中，有两个关键转折刺激了“仿作”技术的发展，其一是古希腊神庙以石柱取代木柱，此时屋架上、下分别采用了不同的材料、结构体系，作为过渡的檐部不能凭空生出新的形式，只能以石材模仿木构样式，因此出现了三陇板、柱间壁、托檐石、梁托等原本应为木制的部件，这可以看作不同材质的同类构件在木、石体系间的局部替换；其二则是罗马人在完全掌握拱券技术后，却又试图延续柱式传统，最终形成墙承重、壁面上浮雕倚柱的折中手法，这就使得结构性的柱、额构件沦为纯粹的装饰素材，并逐渐发展出多种“母题”。壁柱的发达势必催生出一整套几何构图手法，这些知识被挪借到门窗券洞上，便重组出复杂的哥特式尖拱门、玫瑰窗甚至柱础（如在1503-1519年修建的威斯敏斯特亨利七世小教堂中所见），又因哥特精神强调高耸入天、摆脱尘世重负，需要不断淡化墙的形象，使得空灵的门窗和线性上扬的柱、拱、尖顶成为主要的构图组合，又形成了教堂上标志性的小尖塔，加上横向分层用的柱廊和圣徒像，这些相对独立、缩微的建筑形象，终于渐渐构筑起“模型构件化”的传统（如兰斯大教堂）。在此传统下，一些实用性的局部也受到“仿作”处理，如文艺复兴建筑中的采光亭（塔）、凯旋门式坟墓祭坛和祭坛华盖、门头与门廊[①]、天窗、井亭，以及英国哥特垂直风格的洗礼盆等（如圣保罗大教堂上的采光塔），无论这些部件看上去多么完整、精致，本质上仍只是同一建筑体系下的形态替代方案（以“模型化”的部件取代其原始面貌，如英国萨默塞特郡汤顿镇的圣马利亚玛格达伦教堂的锯齿墙和尖顶饰），模仿行为并未逾越砖石结构的根本逻辑，从这个意义上讲，它们仍属于夸张、变形的装饰手段，尚未走完“由此及彼”的仿作进程（图8.1）。

① 实际上，在一些古罗马神庙中已采用了古希腊式入口、壁龛和内墙（如莫索列姆陵墓形成不同尺度比例的三段构图），将门廊处理成缩微建筑形象的案例有1353年建成的伯加姆市圣玛丽亚玛格尔教堂北面。

图8.1 西方古代建筑“模型构件化”传统示例
（图片来源：引自参考文献[430][431]）

中国建筑缺乏与之相似的传统，脊刹明楼、剪黏和柱础上偶尔出现的建筑局部大概是比较接近的做法（单独施用的焚帛炉和附葬的陶楼则不在其列），至于舍利函、房形椁、转轮藏、天宫楼阁等各式各样的葬具、经厨，则是将特定用途的器物“建筑模型化”，这方面东西方相似的案例颇多（图8.2）。但就仿作行为的主、客体关系来说，西方的实践大体上是以局部的砖石建筑形象装饰整体的砖石建筑，两者的差别限于尺度和构造完整度，而无主从、正反之类的矛盾。相较而言，东方的营造传统从来都是土木为主，兴造砖石墓、塔时，以木结构的形象来装饰壁面，表达的形象并不符合自身的材性特质和砌筑原则，可以说是“削足适履”的行为，反映了砖石结构建筑语汇的匮乏。明清以前的文献中并没有留下成体系的、以造型为重点的砖石建筑“法式”，实例中常见的菱角檐、冰盘檐、抽屉檐等固有样式无非是对木构节点的抽象简化，只能体现水平饰带的砌法逻辑，尚不具备完善的整体造型规律，而在影壁、廊心、吉门、灯笼框、山墙上身、墀头、槛墙等处形成的若干“标准组合”又大都聚焦于纹饰组合，模仿织锦、彩画甚至木雕的吉祥图案，这些都是将砖当作饰面的基底，砖砌建筑从未发展出一套“专属”于自身的造型语汇。可以说，拼嵌工艺早熟但造型依据完全依赖他者（这个“他者”既可以是文化他者，譬如从佛教中汲取装饰母题，也可以是技术体系的他者，如以砖、石材质模仿木构形象），正是中国营造传统中砖结构不能与土木混合结构争雄的病灶所在。

另一方面，“仿木”传统也是极富东方特色的，墓葬与塔幢之所以能够毫不犹豫地模仿木构样貌，归根结底还是因为人们不只将后者视作“房屋”，而是象征了社会伦理的具象符号，“土木华章”代表的既是工程成就，更是理想的人世秩序，所谓“居庙堂之高则忧其民”，施政空间指代的已是权力和责任，宫室台榭的高卑也成为施政奢简的标签，建造行为既然与信仰挂钩，模仿木构自然也是符合“生生之德”的。

（二）屋中作“屋”——“房形石葬具”问题

房形石葬具最能体现这种“本体缺位”的纠结。将石棺加工成房屋形象，同样是东、西方共有的文化现象，在西方多将建筑处理成高浮雕人物的背景，如尼多斯的狮子墓、西顿的哀伤女子石棺、格洛斯特大教堂的爱德华二世坟墓等，在波斯文化圈则体现为祆教的纳骨翁，这些葬具随着入华粟特人传到大同、洛阳一带，摇身一变成为顶戴中式屋面的各类“石室”[①]“石

① 如《宋书·礼制二》载：“汉以后天下送死者奢靡，多作石室、石兽、碑铭等物。”［见：（梁）沈约（修）.宋书[M].北京：中华书局，2003.］又如《水经注》记汉荆州刺史李刚墓“……有石阙、祠堂、石室三间，椽架高丈余，镂石作椽，瓦屋施平天造，方井侧荷梁柱，四壁隐起，雕刻为君臣、官属、龟龙、麟凤之文，飞禽走兽之像。”［见：（北魏）郦道元（著），陈桥驿（译注），王东（补）.水经注[M].北京：中华书局：2016.］

韩城城隍庙牌坊脊刹

河津台头庙山门脊刹

广州陈家祠正脊剪黏

巴林左旗辽上京南塔壁上浮雕小塔

大同华严寺薄伽教藏殿天宫楼阁

神木李氏四合院烟囱

万荣后土祠献殿柱础

利奇菲尔德大教堂圣坛

伊斯坦布尔石棺

比萨纳骨堂

穆拉-库尔干纳骨瓮

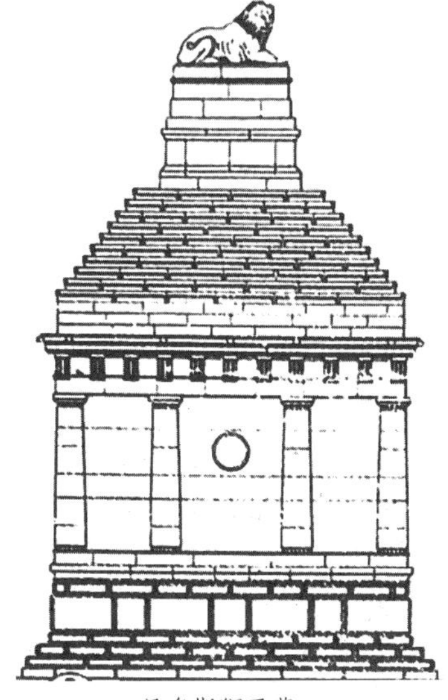
尼多斯狮子墓

西顿的哀伤女子石棺

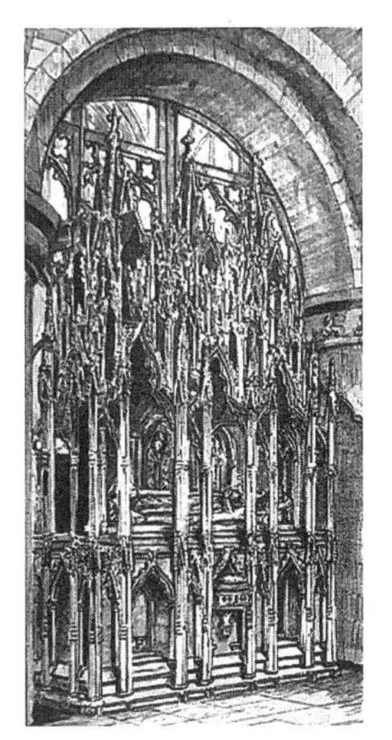
格洛斯特大教堂
爱德华二世坟墓

图8.2 中、西方器物“建筑模型化”传统示例

（图片来源：部分引自网络、参考文献[430][431]，部分作者自摄）

堂”[1]，这又和汉以来的石棺椁传统[2]合流，开启了北朝到隋唐辉煌的“仿木石葬具”传统。总的来说，祆教徒以石棺纳尸的目的是避免遗骸接触土、水、火诸善端以致造成污染，而非遵循《礼记·檀弓》主张的“葬也者，藏也。藏也者，欲人之弗得见也”的传统，两者同样采取房屋形象装饰葬具，或是类似于“趋同演化”的巧合，有可能是古人对于阳世阴间殊途同归的想象，而将房屋形象从西域样式改为中原殿堂，则是为了强调中原王朝统治者赋予的肯定和支持[3]。北朝的房形石葬具显然已不属于汉族固有的棺椁体系（石室内外并无与之嵌套、呈缩放关系的棺或椁，但有陈尸的石床），祆教徒肢解下葬的习俗使其无需强调葬具与尸身的多重套筒关系，不用经过大殓、小殓的层层包裹后再被置入如家具的棺[4]和如房屋的椁[5]，从史君墓“石堂”门楣上双语题铭中与汉文首句“大周凉州萨宝史君石堂”对应的粟特文第29行“snkyn'k Bykt'k”的译法（意为“众神之屋”）[6]可知，他们是真的将此类葬具视作神魂栖息的居所、一个略微缩小的建筑空间。当然，族属的复杂性也引发了房形石葬具的多样性，对于鲜卑人或北地汉人来说，这些地下的“堂”“室”更像是东汉青州墓园中石祠堂的翻版[7]，它们最终会回归“椁周于棺”的传统，形成隋唐皇家墓葬中的房形椁（图8.3）。

这些房形石葬具最令人惊异的一点在于其彻底“仿木”的结构方式。众所周知，石材的抗剪强度甚弱，正常情况下应尽量避免悬挑受切，更不应学习木结构处理成条杆状（直立的石柱除外）。汉代的石祠堂已能利用石板壁和三角梁组装出成熟的板片结构，但北魏平城时期的“石堂”“石室”却无一例采取此种稳妥的、类似箱板家具的拼接方式（在地栿或台基

---

① 如解兴墓石葬具门楣上竖向左行线刻墨描“唯大（代）太安四年岁次戊戌，十月甲戌朔六日己卯，解兴，雁门人也，夫妻王（亡），造石堂（室）一区之盛柩（祠），故祭之。”见：张庆捷.北魏石堂中的幽深细微：从棺床文字笔画看鲜卑与汉族走向融合[A].北京大学中国考古学研究中心（编）.两个世界的徘徊：中古时期丧葬观念风俗与礼仪制度学术研讨会论文集.北京：科学出版社，2016.

② 如《华阳国志·蜀志》载：“有蜀侯蚕丛……死，做石棺石椁。”汉代出土石葬具上也有“故雁门阴馆丞西河圜阳郭仲理之椁”之类的刻文，可见时人对葬具性质的认识。见：赵超.汉魏南北朝墓志汇编[M].天津：天津古籍出版社，1992.

③（美）巫鸿，郑岩.“华化”与“复古”——房形椁的启示[J].南京艺术学院学报（美术与设计版），2005（02）：1-6.

④《说文》曰：“柩，棺也。”段玉裁注：“棺柩义别，虚者为棺，实者为柩。”《礼记正义·曲礼下》说：“在床曰尸，在棺曰柩。”棺直接装载遗骸，而人死如长眠，故棺、床应被视作同类器物。

⑤ 椁从郭，本就有空间周绕的意义，其内除了置棺外，也可替以更仿拟生者需求的石床、屏风，如《西京杂记·卷六·魏襄王冢》载其“皆以文石为椁，高八尺许，广狭容四十人。以手扪椁，滑液如新。中有石床、石屏风，婉然周正。不见棺柩明器踪迹……”见：（汉）刘歆（著），（晋）葛洪（辑抄），刘洪妹（译注）.西京杂记[M].北京：中华书局，2022.

⑥（日）吉田丰.西安新出土史君墓志的粟特文部分考释[A].法国汉学（第十辑：粟特人在中国——历史、考古、语言的新探索）.北京：中华书局，2005.

⑦ 曹汛同样认为宁懋石室与东汉青州墓园中的石祠堂性质相近，为后代祭祀先祖所用。见：曹汛.北魏宁想石室新考订[A].王贵祥主编.中国建筑史论汇刊（第肆辑）.北京：清华大学出版社：77-125.按《说文解字注》，“古者前堂后室……堂，殿也……室，实也”，在诸如尉迟定州墓石椁之类前廊开敞的案例中，前部为祭祀用的礼仪空间，后部为模仿私寝的陈尸空间，因此既是“石堂”又是“石室”。

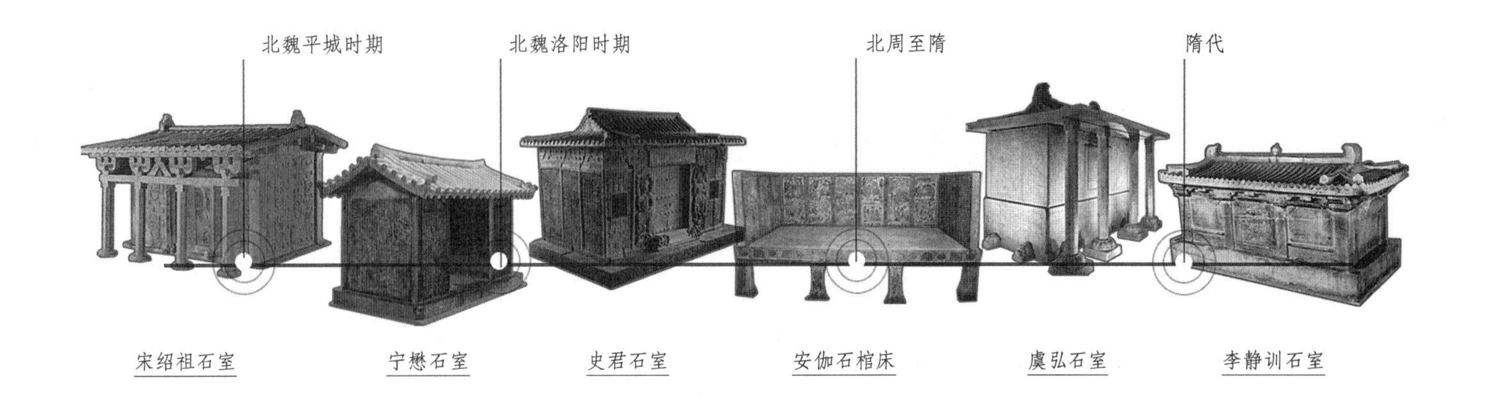

图8.3 北朝至隋代“房形石葬具”举例
（图片来源：引自网络）

上开槽固定壁板），而是尽一切可能在开敞的前廊部分模拟木质殿堂的结构逻辑，这完全是违背古代建筑“结构理性主义传统”的①、是纯粹视觉驱动的选择。吕续墓②、宋绍祖墓③、尉迟定州墓④石堂中均含有相当数量可拆卸重装的石质檩、枋，其长径比也尽量向木构件靠拢，但施用限于参谒者视线所及的正面和前侧面，背面则仅借石板接缝示意分间，不再刻绘柱、额。在孝文帝迁洛之后，随着屋面形式从两坡顶“不厦两头”向四徘徊的“厦两头”转变⑤，屋面变得更加沉重、立体（如虞弘墓刻意切平山墙面上端，以单排石板凿成山花⑥，史君墓则叠压两层石板模拟两折式的歇山屋顶）⑦，工匠也就只能重拾故智，以板壁代替柱梁来围合石堂，这样一方面便于在板上阴刻图案，另一方面也让逐段衔接的沉重屋顶整体搭压在交圈板壁上，使其得以忽略下部构造的对缝关系。相应的，前廊开敞的传统格局无以为继，石堂发展成整体封闭的状态，为后续向房形椁演变提供了可能（图8.4）。

两种搭接策略当然各有利弊，其所能“仿”得的真实程度也是有明显区别的。由于前檐部分需优先表达，“杆件搭接”的做法显然更能展示构造层次，以宋绍祖石柩为代表的北魏

① 林徽因在《论中国建筑之几个特征》一文中，最早用现代主义建筑理论的结构理性主义来分析中国传统建筑，“中国建筑的美观方面，……绝不是在那浅现的色彩和雕饰，或特殊之式样上面，却是深藏在那基本的，产生美观的结构原则里，及中国人的绝对了解控制雕饰的原理上。我们如果要赞扬我们本国光荣的建筑艺术，则应该就他的结构原则，和基本技艺设施方面稍事探讨；不宜只是一味的，不负责任，用极抽象，或肤浅的诗意美谀，披挂在任何外表形式上。”见：林徽因.论中国建筑之几个特征[J].中国营造学社汇刊（第三卷第一册），1932：163-179.知识产权出版社（辑）.

② 韦正.大同北魏吕续墓石椁壁画的意义——在汉晋北朝墓葬壁画变迁的视野下[J].美术大观，2022(04)：56-60.

③ 刘俊喜，张志忠，左雁.大同市北魏宋绍祖墓发掘简报[J].文物，2001(7)：19-39+2+1.

④ 刘俊喜，尹刚，侯晓刚，徐淑珍，刘东红，江伟伟.山西大同阳高北魏尉迟定州墓发掘简报[J].文物，2011(12)：4-12+51.

⑤ 平城诸构均用不厦两头造（仅解兴石室为平顶，但在两山墙上绘有叉手，意图表达的仍是坡屋面），抬梁屋架被简化为平梁与叉手合一的三角梁，叠在山墙之上（如邢合姜墓、宋绍祖墓石堂），或直接将山墙上段做出斜面以承托屋面板（如尉迟定州墓、智家堡墓、张智朗墓、云波路M10石堂）。

⑥ 张庆捷，畅红霞，张兴民，李爱国.太原隋代虞弘墓清理简报[J].文物，2001(01)：27-52+1+1.

⑦ 杨军凯，孙福喜.西安市北周史君石椁墓[J].考古，2004(07)：38-49+103-105+2.

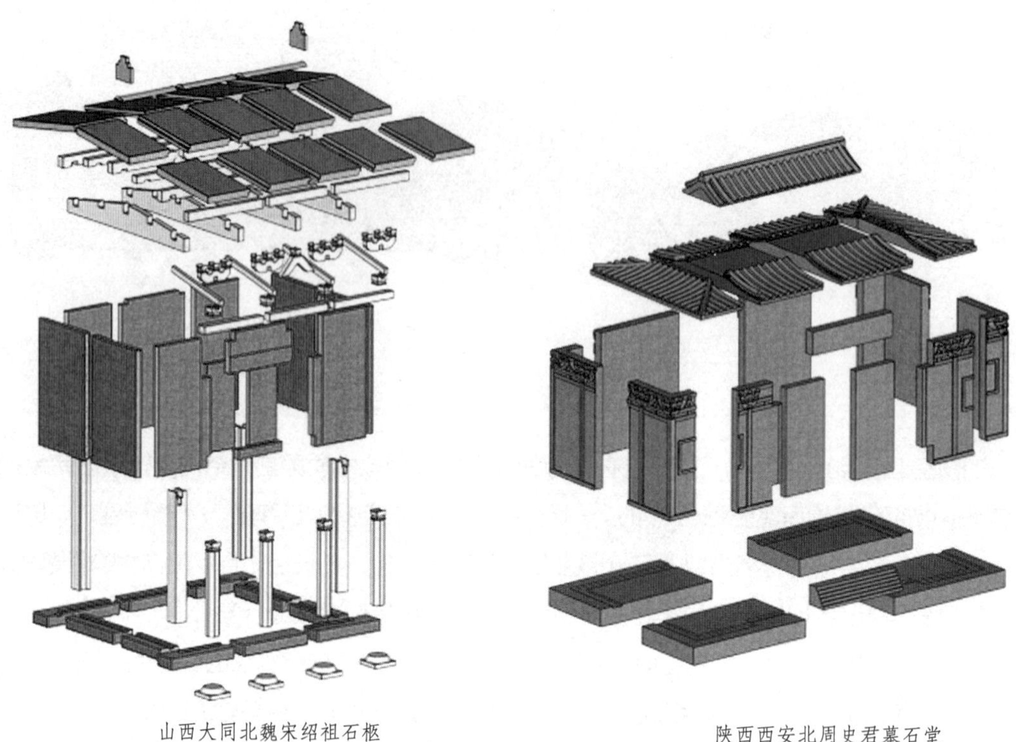

图8.4 “杆件搭接”与“板片拼接”房形石葬具示例
（图片来源：作者自绘）

前中期案例呈现出从构件种属到拼接方式全面模仿木构的倾向（单独制出且以凹凸榫衔接的石制檩条、阑额完全违背了石材的受力特性），而在稍晚的案例中，工匠已试图省略一类或多类构件[①]，以更抽象、便捷的方式展示仿木意图。在初唐到盛唐流行的房形椁中，更是将视线未及之处一律留白处理（如杨思勖墓与伊川昌营墓石椁仅在观者可见的西、南坡面上雕刻瓦垄）（图8.5）。

受石材特性与加工精度制约，房形石葬具相较其木构原型势必产生变形，对于北魏后期直到唐的“板片拼接”型案例来说，由于柱框与铺作所依附的壁面是整体凿成，最接近“立面”的概念，本应易于把握和再现，但因立面分间受图像边框（多为柱、额形象）限制，而框内又是与之匹配的人像，故开间的高宽分配常不自觉地向适合人体的比例靠拢，这就为建筑形象的变形提供了充分的诱因（如宁懋石室和史君石堂的梢间相较心间大幅竖向拉伸）。若要复原出（工匠认知中的）木构原型，就牵涉以谁为准的问题，以下分别以心间广和檐柱高作为设计起点，推得的方案体廓差异明显——当维持心间广不变、按补间朵数定出心、

① 如张智朗、史君墓仅表现屋面瓦垄，而不做出椽头；大同云波路M10的选择恰与之相反；吕续、宋绍祖、宁懋及中国国家博物馆藏石堂能兼顾两者，但都没有表现铺作；北魏房形石葬具中，仅尉迟定州石室与宋绍祖石椁做出枓栱，前者在柱头上用一斗二升，劄牵从横栱上伸出挑檐，平盘栌枓、散枓、泥道栱自同一石块中雕出，侧面等宽并刻出皿板与枓欹线脚；后者先从栌枓内伸出阑额，其上耙头栱与人字栱相间布设，各组梁头铺作与廊柱错位。在“板片拼接”成为主流做法后，铺作皆在壁上隐出，出现了扶壁重栱与人字栱、直枓的组合，也不再使用皿板。

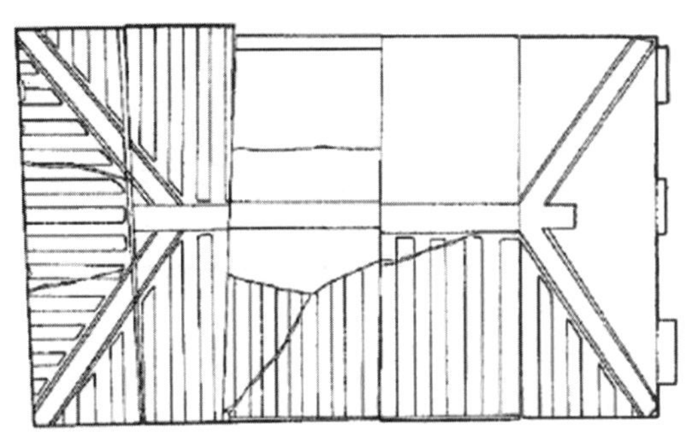

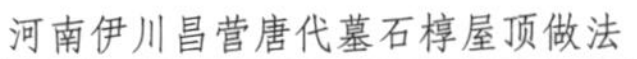
河南伊川昌营唐代墓石椁屋顶做法

山西大同北魏尉迟定州墓割椁割牵做法

图8.5 房形石葬具上的装饰重点示例
（图片来源：引自参考文献[445]、作者自摄）

次间比例，并将柱檐高度比还原至$\sqrt{2}$后，铺作与屋盖层将大幅增高；而若维持柱高不变，复原形象除屋面更加陡峻外，与真实情况较为接近。综合来看，石仿木的变形集中表现为梢间窄长、台基时有时无、山面与屋面极度扁平化等几个方面①（图8.6）。

通过示意性复原，可以较为直观地认识“仿木”过程中的含混、权变之处。以宁懋石室为例，单看其立面上的柱位信息，能得出其采用“三间两椽”规模的结论，但这种空间只适合用作门屋，无法“安寝”，因此推测原型应是进深四椽。此时，若分心用三柱则丁栿落在人字栱间短柱上，受力不合理，若按1-2-1分椽，山面设双柱，则两根丁栿都落在柱头上，应更加可行。相较而言，北魏平城时期的案例得益于其“不计后果”的拼法，形象的写实程度更高，复原依据也更加确定，如宋绍祖石椁表达的必然是三间五椽、前廊开敞的不厦两头屋，这是无需争议的，需要斟酌的就只有“山墙内是否埋柱”“阑额上两处空槽是否应插入人字栱”之类的细节问题（图8.7）。

（三）同“用”不同“体”——塔与墓的胶葛

仿木现象在砖墓和砖塔里普遍存在，第二章简要介绍了学者们对于两者因果关系的一些讨论，以下略微谈下个人看法。

塔和墓的功能都是瘗埋遗骸（这里不讨论文峰塔、料敌塔之类的情况，且将舍利塔也视作广义的葬塔），差别无非为佛陀、僧侣还是为凡夫俗子而建，虽然仿木内容依附的界面一内一外，砌筑铺作的方式却是基本一样的（墓室为内转角，难以表达“相列”之貌，但垂直

① 房形石葬具的侧面本就不在参谒者的视域范围内，棺椁也无需违逆人体比例做得如木构般深远。此外，石材屋面平置时不能过厚，斜置时不宜过陡（与围板间一般未做榫卯），自然应处理得较为低矮，也就无法满足《考工记》“匠人为沟洫，茸屋三分、瓦屋四分”的规定。据统计，北朝案例中悬山屋顶的斜度基本分布在5°（云波路M10前檐，其三角梁与后檐斜面仍是10°）到23°（尉迟定州墓石椁前廊及两厦部分，其顶板仅厚4cm，其他案例一般为10cm左右，推测因较轻而敢于采用较大斜度）之间，以10°最为常用。假设诸案例屋面板与三角梁间摩擦系数与接触面积相同，若欲在不用榫卯的前提下将屋面斜度从10°增至23°，则顶板重量需降至原始值的1/2.3，这时难以在薄板上分出连檐、椽子、瓦垄等构件层次，顶板自身亦容易破坏，故不可为了提高坡度故意削薄屋顶。又因5°、10°、22.5°（近似23°）皆是常见的等分圆心角，匠师知晓葬具进深时可据之快速算出顶板实长（三角弦长），有利于提高施工效率，这或许也是采用这几个“经典”角度的原因。

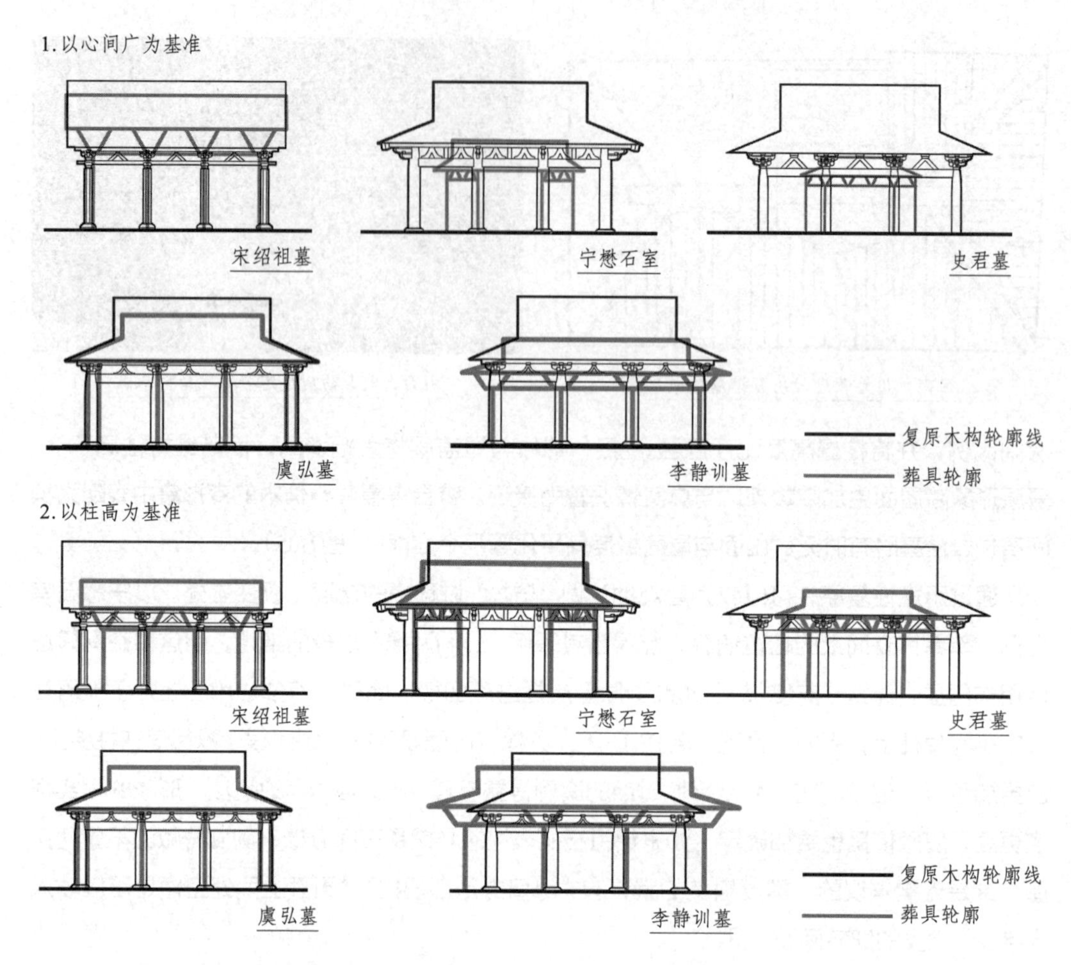

图8.6 房形石葬具按不同基准复原后的轮廓比较
（图片来源：作者自绘）

于壁面者却无不同），这使得砖墓乍看上去与单独的某一层砖塔（底层往往特别高耸，不计在内）体量轮廓相近、仿木内容相同、砌筑方法相似，加之用途相通，也难怪人们总要拿两者展开比较。

塔是梵语stupa（窣堵波）或普拉克利特语thupa（塔婆）的意译①，原指堆积、积蓄，引申为隆起的土坟，标准形态为半圆形坟丘上立起标柱，是土葬风俗和圣树崇拜的结合②。

① “塔”的音译为窣堵波、窣堵婆、数斗波、率都婆、私偷簸等，也可略写为偷婆、兜婆、佛图、浮屠、浮图、塔婆，按意译则有方坟、圆冢、高显、灵庙、归宗、聚相、功德聚、灭恶生善处等别称。见（宋）释法云《翻译名义集》第十九章“寺塔坛幢篇第五十九”：“窣堵波。《西域记》云：浮图，又曰偷婆，又曰私偷簸，皆讹也。此翻方坟，亦翻圆冢，亦翻高显，亦翻灵庙。刘熙《释名》云：庙者貌也，先祖形貌所在也。又梵名塔婆，发珍曰：《说文》元无此字，徐铉新加，云西国浮图也。言浮图者，此翻聚相。《戒坛图经》云：原夫塔字，此方字书乃是物声，本非西土之号。若依梵本，瘗佛骨所，名曰塔婆。”

② 关于塔的样式起源，一说是世尊在答弟子所问礼佛法时，先铺袈裟于地，又倒扣钵盂在其上，最后在钵上立起锡杖，故涅槃之后众便依此形态起塔。但按《十诵律》卷五六记载，释迦在世时已有收纳爪发之塔，入灭后诸王争其遗骨，婆罗门道那为之调解，将真身舍利均分八份，再加上量取遗骨的舍利瓶和烧化佛身的炭烬，一共建造了十座大塔收藏。孔雀王朝（前324-前185年）的阿育王（Asoka）开启了其中七座，合于一处后又再分作八万四千份，遣羽飞鬼分送各有缘国土供奉。

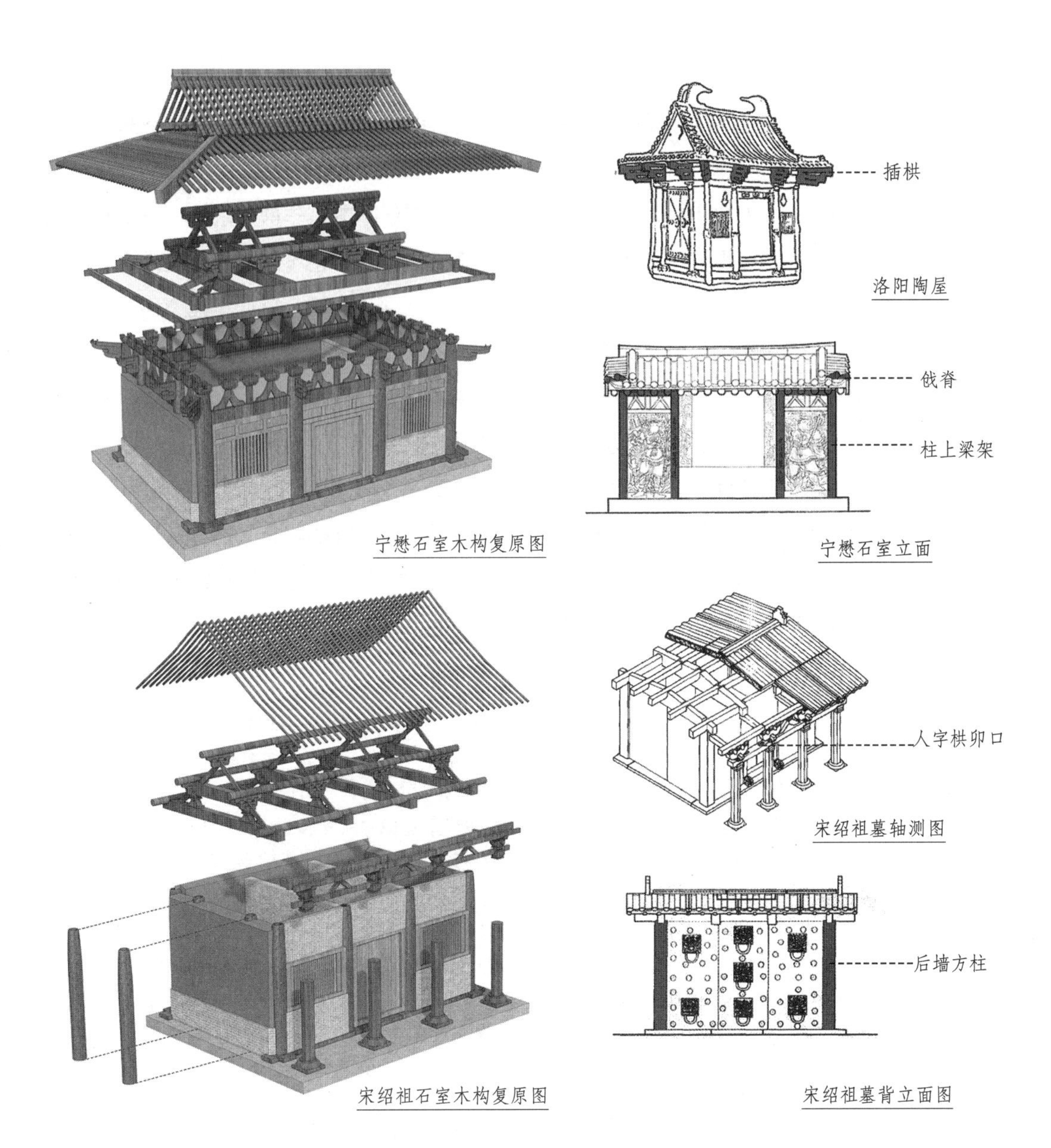

图8.7 两类房形石葬具及其复原意象示例
（图片来源：线图改自参考文献[446]~[448]，模型作者自绘）

汉文本无“塔”字，东汉时按佛的音译“布达”造出“荅”字，加土字旁表示埋葬佛陀的坟冢，因此，判断建筑或构筑物是否为塔，需看其内有无舍利[①]。塔的主体由半球状的覆钵（garbha）及其下供右绕礼拜的附阶（sopana）、基坛（medhi），其上的平头神邸（harmika）和刹杆（Yasti）、伞盖（chatra），其周边环绕的栏楯（vedika）、垣门（torana）共同构成[②]，汉传佛教的塔主要分作刹、身、基、地宫四部分，其中最重要的是代表佛幢的

① 按《杂阿毗昙心论》的主张，“有舍利名塔，无舍利名支提”（但也有相反的观点，如《地持论》称“莫问有无，皆名支提”），《秘藏记》称“天竺呼米粒为舍利，佛舍利亦似米粒，是故曰舍利也”，这是说其微小。舍利又分生身（色身）、法身（法颂）、全身三种，宽泛来说，既然僧是未来佛，烧身后的舍利自然也应起塔供养。

② 张毅捷.说塔[M].上海：同济大学出版社，2012.

塔刹[①]。

塔的复杂性在于，它本身既是仿器物的[②]，作为佛的化身又具有模仿人体比例的一面[③]（甚至直接将塔身图绘成人脸，即3-4世纪一度盛行于中天竺地区的“佛眼塔”，后北传至尼泊尔、阿富汗一带）。由于僧侣烧身下葬，建塔所需的实际体量是非常有限的，一块石头略加雕凿做出的无缝塔已经足够，即便是安置即身证道的辟支佛，也不过一个龛室即可，但在实际营造中，为了聚集信众礼拜，常处理得极其高大，在建造桑契大塔的年代[④]祭与葬的功能便已相互叠加，传入中国后更是以重楼梵宫的威严形象示人[⑤]（图8.8）。

小乘佛教认为佛身不可形象，如《增一阿含经》卷二十一谓“如来身不可造作……不可模则，不可言长言短”[⑥]，故只能以间接形象（如佛脚印、菩提树、金刚座、法轮、白象、铁钵、窣堵波等）来象征其存在。一世纪开始，马鸣菩萨在犍陀罗地区宣扬大乘佛教，《般舟三昧经》称“复有四事，疾得是三昧，一者作佛形象，用成是三昧故”[⑦]，信徒才逐渐接受希腊化的雕塑传统，大肆造像纪念。除了单独雕饰外，也常在建筑外部（如在窣堵波的覆钵中部或希诃罗神堂上开龛）浮雕佛像以供膜拜，从而促生了精舍[⑧]之类的全新建筑类型。是否

---

① “刹”转自“刹多罗”的音译，意为田地、国土，即象征佛国，由刹座（含露盘、覆钵、请花）、刹身（九重圆台相轮，亦称“九轮”）、刹顶（含圆光即水烟、龙车和宝珠），这样的组合或与汉柏梁台仙人承露盘有渊源关系。喇嘛塔的十三天也是据此而来，刹干下柱宝盖，外围相轮，顶戴仰月、水烟、宝珠。

② 塔的核心是刹柱，刹柱中最重要的部分则是外显于塔顶的相轮，相轮的构成方式（中心立柱上串起多层幢盖）又是模仿为贵人遮蔽风雨炎阳的华盖，因此轮数越多级别越高。按《无垢净光陀罗尼经》称“今为汝说相轮樘中陀罗尼法”，可知造相轮已足以表计舍利。《菩提心义十》也说：“金光明云南方宝相，新译经云宝幢，幢相同是鸡都。例如旧云信相，新云妙幢。”故有独柱成塔的“相轮樘”[樘者柱也，指以塔上九轮擢立幢柱者，即梵文之“Ketu”（计都），译作幢、相]，实例有（日）最澄开天台密宗后所立的比叡山延历寺相轮塔。

③ 如应县佛宫寺释迦塔，其刹杆与底层大佛几乎等高，可视作外显的、简化的佛像，同时其与塔身的比例也符合传统画论中规定的人物立像头身比，因此又可将整个塔视为“建筑化”的立佛[见：陈斯亮，喻梦哲，许心悦.度面为范、叠佛化塔：佛宫寺释迦塔一体化设计模式及营造理念探析[J].建筑遗产，2023(02)：65-76.]。实际上，即便不考虑这些精妙的暗喻，一般意义上的建筑审美也常不自觉地将塔体与人体放在一起比较，譬如日本学者常称药师寺东塔是最优美的古塔，而将纤细低矮的室生寺五重塔比作女性之塔（也和“女人高野”相适配）。

④ 桑契大塔前的石柱和小砖塔建于孔雀王朝（Maurya dynasty，前324-前187年）阿育王当政时期，巽伽王朝（Shaka Dynasty，前185-前73年）将小塔扩建为大塔，安达罗王朝（Andhras Dynasty，前70-1世纪前半期）又在大塔四周各建起一座塔门并加设栏楯，始成现状。

⑤ 如（汉）笮融于初平四年至兴平二年（193-195年）在徐州建“浮屠祠”，《三国志·刘繇传》记其“垂铜盘九重，下为重楼阁道，可容三千余人”，祠中塑有佛像，“以铜为人，黄金涂身，衣以锦采”，一定程度上反映了汉人筑重楼引仙的传统。见：（晋）陈寿.三国志[M].南京：江苏凤凰美术出版社，2015.

⑥（晋）瞿昙僧伽提婆（译），耿敬（注释）.增一阿含经[M].北京：东方出版社，2018.

⑦（汉）支娄迦谶（译），吴立民，徐孙铭（注释）.般舟三昧经[M].北京：东方出版社，2016.

⑧《大唐西域记·勊伽河伽蓝》记：“东南不远有大精舍，石基砖室，高二百余尺，中作如来立像，高三十余尺，铸以谕石，饰诸妙宝。精舍四周石壁之上，雕画如来修菩萨行所经事迹，备尽镌镂。”同书卷七记鹿野伽蓝中的一座精舍“高二百余尺，上以黄金隐起作奄没罗果，石为基陛，砖作层完，完市四周，节级百数”，正是满布水平节线的希诃罗风格高塔建筑的写照。见：（唐）玄奘（著），董志翘（译注）.大唐西域记[M].北京：中华书局，2012.

桑契大塔

旁遮普出土覆钵小塔

尼泊尔佛眼塔

雷台山汉墓出土陶塔

延历寺相轮橖塔

云岗石窟

云岩寺石窟

图8.8　塔的多样性示例
（图片来源：部分引自网络，部分作者自摄）

崇拜圣像是一神教和多神信仰的重要分野，某种程度上也反映了苦行和世俗的审美差别，大乘佛教又被称作“像教”，对于中国古代艺术审美的影响极其深远，欣赏人的体态神情之美，凝练出三十二相八十种好的庄严法相，这是最符合国人性灵的自然选择，在反映理想伦常关系到墓室之中，墓主的形象经历了多次“去而复返”，也折射出丧葬观念在神圣与世俗两端的游移。在辽宋金元时期，对于墓内设像的态度逐渐从禁忌向着庄严倾斜，带动了墓室功能和装饰的改变，这与佛教的世俗化进展、三教和合观念的兴起息息相关。

墓与塔有着如此多的共性，哪怕最常被提到的“内外差别”也不是没有反例的——内隐于洞窟内的“塔柱”传统同样悠久，印度将佛教建筑统称作“僧伽蓝摩”（sangha-rama），其中既包括露天搭建的砖木寺院，也有依山开凿的石窟寺（专为雨季“结夏安居”使用），且后者模仿前者精舍（Vihara，方形大厅周围建有一圈僧房）和支提殿（Chaityagrha，圆形塔殿）的形制，衍生出塔院式、佛殿式和僧院式等不同空间亚型。支提窟至迟在东汉时已传入中原[①]，如《牟子理惑论》记“昔孝明皇帝……遣使者……于大月支写佛经四十二章，藏在兰台石室第十四间，时于洛阳城西雍门外起佛寺，于其壁画千骑万乘，绕塔三匝……”[②]其与北朝壁画墓空间组织和饰壁手法间的传承脉络已是呼之欲出。唐代出现了一些圆形平面的砖塔，如敦煌盛唐217窟、118窟壁画中所见到的，以及长安崇仁坊资圣寺东廊旁团塔[③]、遗存至今的运城泛舟禅师塔等，这和圆形砖墓的盛行大体同期。此外，辽代密檐塔特别强调下部的须弥座，其造型方式如同器物基座，配合底层壁上巨大的佛像，使得整座塔更像是佛陀背倚的宝盖。以辽中京三塔中的“半截”塔为例[④]，其“亚”字形平面每边均向外凸出，屋檐与塔体间存在类似辽墓抱厦的插接关系，四隅上各雕出两座三层小塔来装饰塔壁（类似做法在西安荐福寺塔、洋县开元寺塔等唐构上也可看见），让人联想起墓室中的缩微戏台，而一些花塔的顶部装饰手段也与仿木砖墓的墓顶砌法存在异曲同工之妙（图8.9）。

仿木砖墓当然可以被理解为木构建筑的外翻，就像仿木砖塔可以被看作水平院落的纵叠，但再多考虑一层的话，两者还有贯彻“仿作”意志的程度差异：塔是因宗教崇拜而次生的构筑物，无论壁上的枓栱、室内的佛像还是屋盖上的塔刹，这些各有所指的符号被汇聚、重组成了复杂系统，形成的实例与原型的距离忽远忽近、难以确定；墓室仿木则更为原生，是阴宅对阳宅形态、功能、空间结构的直接比附和简单移植，与原型间更具可比性。作为一种舶来品，塔在传入之初虽主动与本土的重楼传统融合以求扎根，但随着南北朝译经工作的铺开，僧侣们兴起了溯本求源之心，立志远涉西域、天竺去探索佛塔“本初”样式者不乏其人，又借砖塔取代木塔的趋势，建造起诸多充斥“胡风”的案例。一直到盛唐以后，造塔的侧重点才从“体量感”“雕塑感”折返到“场域感”，火焰券窗、授花蕉叶这些内容慢慢消失或边缘化，柱额铺作、勾阑门窗、椽头瓦当这些汉地构件再次成为立面的主要构图成分，砖石塔的演化又回到表达楼阁形象的旧路上来，这个移风易俗、以夏化夷的过程，正反映了佛教建筑审美与“佛教本土化”的互相呼应，象征着东方文明倚重的世俗价值取向对宗教信仰的侵彻，代表着含蓄的中华叙事传统（以建筑构件而非造像作为修饰重点）的最终胜利。

“居住空间”与葬具的嵌套关系是塔与墓的另一个可比较之处。塔与舍利即坟墓与尸骸的关系，如何装藏舍利就相当于选择何种葬式与葬具。就历时性来看，舍利函的出现年代最

① 石窟寺本即是露天寺院的反形，支提窟平面呈狭长马蹄形，前室是长方形的礼拜空间，在半圆形的后室中凿出圆形塔，僧侣环塔（柱）礼拜，完全是对支提殿的模仿。敦煌石窟多有采用此种形态者，如圣历元年（698年）开凿的第322窟《李可让修莫高窟佛龛碑》云：“中浮宝刹，匝四面以环通；旁列金姿，俨千灵而侍卫。”东移至平城一线时，窟形已发生“中国化”的改变，石窟平面模拟合院，中心塔也改圆为方，如开凿于北魏中期的云岗第254窟中所见。

② 梁庆寅（注）.牟子理惑论[M].北京：东方出版社，2020.

③（唐）段成式.寺塔记（中国美术论著丛刊）[M].北京：人民美术出版社，1964.唐代张彦远谈到资圣寺时也有“北圆砖下”之语，见（唐）张彦远（著），俞剑华（注释）.历代名画记[M].南京：江苏凤凰美术出版社，2007.

④ 姜怀英，杨玉柱，于庚寅.辽中京塔的年代及其结构[J].古建园林技术，1985(02)：32-37.

图8.9 辽塔仿木局部细节示例
（图片来源：部分引自网络、参考文献[456][457]，部分作者自摄）

早①，唐以后又在函内分化出小塔②、灵帐③、棺、椁④等不同形态的舍利器，形成套筒结构⑤

① 舍利函一般处理成箱身盝顶，体廓形态与殿堂、石窟、坟穴类似，较之墓室，差别只在于修饰内容从内壁转为外壁，形如缩小后翻转的壁画墓。开启方式则分为侧开口和顶盖启闭两类，前者如定州静志寺塔基地宫出土的“大代兴安二年岁次癸已十一月□□朔丑癸口”刻铭函，后者如耀县仁寿四年神德寺塔基地宫出土铜函。

② 舍利器也可以处理成塔形，如《梁书》记大同四年（538年）梁武帝“又至寺设无碍大会，竖二刹，各以金罂、次玉罂重盛舍利及爪发，内七宝塔中，又以石函盛宝塔分入两刹下，及王侯妃主百姓富室所舍金银鐶钏等珍宝充积”；《续高僧传·释昙观传》也记“仁寿中岁，奉勅送舍利于本州定林寺，初停公馆，即放大光，掘基八尺获铜浮图一枚，平顶圆基两户相对，制同神造，雕镂骇人，乃用盛舍利安瓶置内，恰得相容”。唐以后更是盛行以模型塔盛放舍利，如《酉阳杂俎·续集卷五·寺塔记（上）》记载：“常乐坊赵景公寺……塔下有舍利三斗四升……守公乃造小泥塔及木塔近十万枚葬之，今尚有数万存焉。”这些塔有的是方形平面，如扶风法门寺塔基地宫出土的绘彩四铺阿育王石塔、石塔中包纳的铜塔、铜塔中安置的宝珠顶单檐纯金四门塔（中心焊接银柱一根，套置佛指舍利），以及吴越国杭州雷峰塔塔基地宫、北宋金陵长干寺塔基地宫出土的宝箧印塔；有的则是多边形平面，如静志寺塔基地宫出土的隋代六角形鎏金银塔、唐大中四年（850年）题记六角形银塔等。

③ 灵帐是处理成殿阁形态的舍利器，八世纪开始出现，较著名的有扶风法门寺塔基地宫景龙二年（708年）造“仇思泰一心供养”铭灵帐、临潼庆山寺塔基地宫开元二十九年（741年）造石灰岩灵帐等。

④ 吴禹力.中国古代佛舍利棺椁内容分析[A].大足石刻研究院，四川美术学院大足学研究院（编）.大足学刊（第六辑）.重庆：重庆出版社，2022：281-326.

⑤ 舍利器模仿了墓室、棺椁多重嵌套的组合方式，类型包括各种材质的函、帐、椁、棺、壶、瓶等，如《广弘明集·卷十七·舍利感应记》称隋文帝“……乃取金瓶、琉璃各三十，以琉璃盛金瓶，置舍利于其内。熏陆香为泥，涂其盖而印之。三十州同刻十月十五日正午入于铜函、石函，一时起塔。”当然，也可以用大小、材质不同的函层层包裹，如扶风法门寺地宫中装载金塔、指骨舍利的八重舍利函。

（图8.10）。早期的舍利函大多直接埋压在塔基之下，或安置在塔心柱础石上开凿的洞内（其上以刹柱覆压盖板石封口）（图8.11），随着隋唐以后地宫出现且逐渐扩展至真人尺度[①]，埋葬空间越来越世俗化[②]（图8.12），这也反过来促进了塔、墓形态的相互渗透（图8.13）。

8.2 “仿木”的复原意象

仿木砖墓蕴含的样式信息足够丰富，但尺度大幅缩小，空间深度压合，反映了一种经过折射的建筑意象，通过复原设计，可以大致了解古人心目中对“永生居所”的想象，而这种想象又是基于人们观看宫观楼阁的视觉经验生发的。如果将砖墓大而化之地看作一件“艺术品”，那么想要真正理解它，就必须穿透历史和匠心的迷雾，将其置于所欲仿拟的木构原型旁侧比对，这有点类似于巫鸿提出的应重视艺术品“原境”的主张[③]，只不过关注重点从“对实物的回归”迁转到对“原型”“意图”的考据之上。

（一）空间想象——缩微以安“身”

王玉冬认为仿木砖墓（如白沙宋墓）本质上并非人间居所的地下投影，而是一个经过装饰的神龛空间[④]，巫鸿同样举宣化辽墓为例论述了丧葬建筑的“缩微传统”[⑤]，这等如是说营构墓室时需遵循制作模型的逻辑，一切形象都需做到“具体而微”“麻雀虽小五脏俱全”，这有赖于激发人们联想的种种视觉努力。

宋代司马光撰《书仪·治葬》列出了下葬步骤和器用制度，称“明器，刻木为车马、仆

① 在定州北魏华塔遗址中，仍将舍利函直接夯筑在塔基之下。到东魏北齐时的邺城赵彭城旧寺址里，已直接砌出砖室收纳舍利函，但仍不具备人体尺度，隋代开始出现竖穴式地宫（如耀县神德寺塔地宫），唐代才出现带斜坡踏道、模仿墓葬形制的塔基地宫（如临潼庆山寺塔基地宫和扶风法门寺塔基地宫）。除地宫外，天宫也能埋置舍利，如《大唐大慈恩寺三藏法师传》卷七记大雁塔：“塔有五级，并相轮露盘，凡高一百八十尺。层层中心皆有舍利，或一千二千，凡一万余粒。上层以石为室。”周至仙游寺法王塔第二层檐下北壁、长安县天子峪国清禅寺附近的残舍利塔第三层都发现藏有舍利的天宫。

② 唐代地宫中开始出现仿木要素，如景龙二年（708年）敕建的周至瑞光寺塔（八云塔），地宫分作上、下层，上室东、西壁上各砌出一扇涂朱的直棂窗；下室方形攒尖顶，置有石函、仿木石棺、仿木佛龛各一具。这处地宫经过多次启闭（最后一次是庆历元年即1041年，室内发现最晚的铜钱是庆历重宝），显然从形态到用法都已高度墓室化、世俗化了。

③（美）巫鸿.美术史十议[M].北京：生活·读书·新知三联书店，2021.

④ 王玉冬.蒙元时期墓室的“装饰化”趋势与中国古代壁画的衰落[A].（美）巫鸿（主编）.古代墓葬美术研究（第二辑）.长沙：湖南美术出版社，2013：339-357.

⑤（美）巫鸿（著），施杰（译）.黄泉下的美术：宏观中国墓葬艺术[M].北京：生活·读书·新知三联书店，2016.

左起：(韩)感恩寺西塔、东塔、王宫里五层塔出土金属函；(韩)佛国寺三层塔、韩国南原、江西永新出土金属镂空舍利函

左起：延载元年(694年)建泾川大云寺塔基地宫舍利器(鎏金铜函、鎏金银椁、鎏金银函、琉璃瓶)；
蓝田蔡拐村塔基地宫出土舍利函

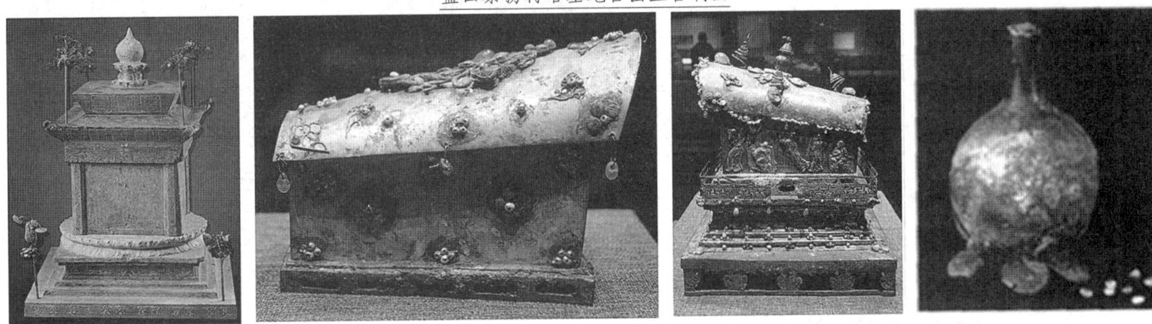

左起：开元二十九年(741年)建临潼庆山寺塔基地宫舍利器(灵帐、鎏金银椁金棺、琉璃瓶)

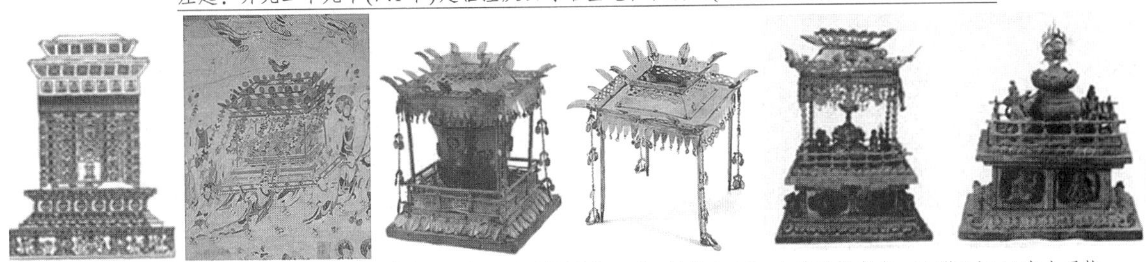

左起：扶风法门寺地宫出土灵帐、莫高148窟西壁灵帐图像；(韩)松林寺(左二)及感恩寺东、西塔(右二)出土灵帐

左起：扶风法门寺地宫、南京长干寺地宫、(韩)全罗南道光州市龟洞西五层石塔、定州静志寺地宫出土舍利小塔

图8.10 中古时期舍利器形态示例

（图片来源：引自参考文献[459][460]，部分引自网络）

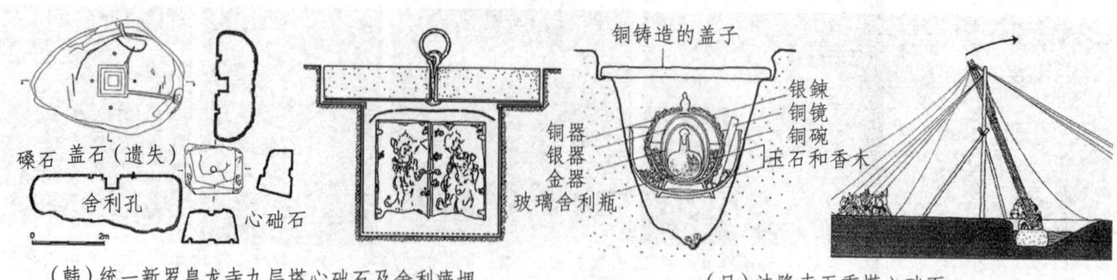

图8.11 舍利函埋入心础石做法示例
（图片来源：引自参考文献[461][462]，部分引自网络）

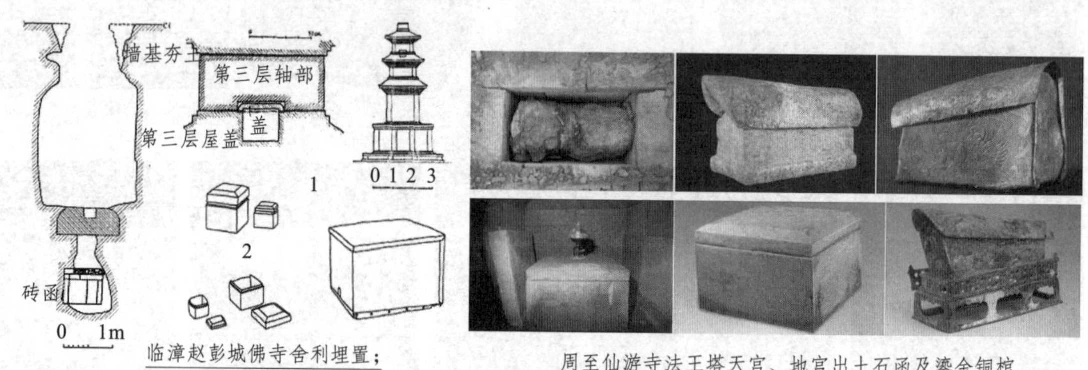

图8.12 佛塔天宫、地宫中的舍利埋置方式及舍利器配置示例
（图片来源：引自参考文献[459][463][464]，部分引自网络）

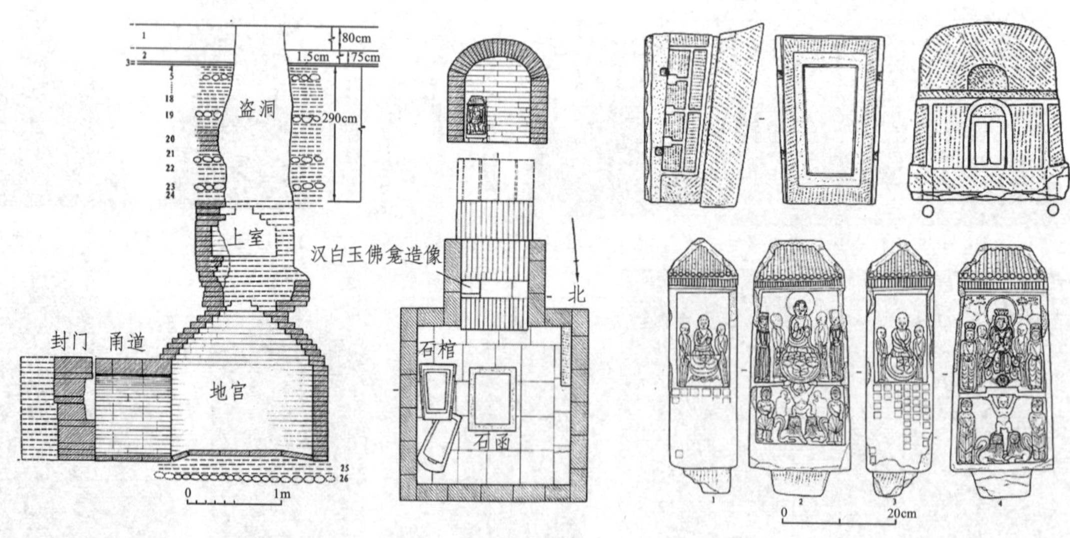

图8.13 周至八云塔地宫及出土仿木石棺、石佛龛
（图片来源：引自参考文献[465]，部分引自网络）

从、侍女，各执奉养之物，象平生而小”，但这些仪俑并非对墓主生前侍从的简单移用，而是代表着孝子贤孙购置的一整套冥世用度，袁泉引用山东高唐县金承安二年（1197年）虞寅墓壁画中侍从像上的“买到家婢”“买到家童”“买到家奴”字样[①]，指出这些专门购买的“刍灵”与阳间仆僮一样具有姓名（如家奴妇安、家乐望仙、家童寿儿等），以便主人招呼。同样，该书《下帐》也要求“床帐、茵席、倚桌之类，亦象平生而小”，唐代的下帐特指象征墓主魂灵之位的帐幔，帐中摆放侍从人偶及“衣器”，宋代礼书则略去了外层的帐幔，单指原本安于帐中的一套小型家具模型。高坐起居代替跪坐起居，使得宋式家具仅凭自身的组合就能界定空间，而无需帐幔的参与，无论是宋金时期砌筑在壁面上的盥洗器皿与桌椅灯架，还是元代砖室墓中出土的成套木、陶质家具模型（如崔莹李氏墓中出土的围栏供桌、王青墓中出土的两个矮足长供案），其尺度都明显小于实用器，安置方法也与墓门两侧绘出的手持盥盆、帨巾的男女侍从形象对应，由此可见，刍灵的主要作用是与下账共同组成缩微的、烘托无形之“主”的配属场景。此外，金元墓葬中常见的散宝图也象征着取用无竭的仓廪、财富[②]，与魏晋堆塑罐的意象一脉相承[③]（图8.14）。

图8.14　砖雕墓中的缩微俑像示例
（图片来源：引自参考文献[470]）

马村M5北壁墓主与刍灵像　　马村M4南壁戏俑　　侯马董氏家族墓戏俑

内向、封闭是墓室的天然属性，即便在壁上仿出连续的建筑外立面，转折处也只能做出窝角梁和内转角枓栱，要表达飞檐挂角之美，只有像稷山马村段氏家族墓M1那样先砌出凸于壁外的抱厦，才能做出翼角。可以说，将铺作外跳部分顺着墓壁镜像至室内，是仿木砖墓空间意识的第一层翻覆，而以内转角代替外转角、以室内才能看见的人物桌椅配合室外所见的枓栱屋檐来组合壁面，则构成了二度反转。古人为区分生死，往往刻意在坟墓中制造“视

① 陈昆嶙．山东高唐金代虞寅墓发掘简报[J]．文物，1982（1）：49-51.
② 袁泉将仓库图像分作三类：晋东与河南的金银财帛库与仓粟谷粮库，晋东南与关陇的仓、灶、井、碓、磨组合，冀东及山东的衣帛柜与粮粟仓。见：袁泉．死生之间——小议蒙元时期墓室营造中的阴阳互动[A]．(美)巫鸿（主编）．古代墓葬美术研究（第四辑）．长沙：湖南美术出版社，2017：278-297.
③ 如吴县狮子山出土西晋青瓷罐上自铭：“用此罂，宜子孙，做高吏，其乐无极。”

觉颠倒”现象，如先秦葬法中的敛衣左衽①，以及汉魏六朝的反（左）书铭文②与星象图③、买地券④之类做法皆是如此。对于死后世界的想象在仿木砖墓中创造出一种全新的知觉透视关系⑤，内部与外部界面同时存在、彼此重叠，这种视觉逻辑超脱了中心透视的日常体验，是兼顾生者、逝者立场与视点的彻底的情境融合。

试以稷山马村M1的复原设计为例，浅略展示砖构与木构的尺度、细节差异。北宋单室砖墓中的铺作往往形制相同、分布均匀，再于其下对称布置壁画与假作门窗，确保空间氛围连贯，形如同一建筑的内部。随着模制技术的发展，金代砖雕墓呈现出越发明显的合院属性，如马村M1即在四壁上分别砌出门楼、舞亭、厢房等不同建筑形象，使得墓室成为受其围合的一方天地。如此一来，各段壁面就不再“匀质”，这与砖墓连续闭合的构造属性相矛盾，而若过度控制各壁上铺作规格、使之做法复归统一的话，却又有违木匠利用铺数、材等差别来区分主、次建筑（及同一建筑主、次部分）的传统。同时，群组中的木构本应各自独立，至多连以廊庑、院墙，但在砖墓中却绵延勾连，空间关系更加暧昧不清（图8.15）。

马村M1南壁上戏台的配置方式与高平王报村二郎庙舞亭（金）、永济董村二郎庙舞亭（元）相似，北侧抱厦则应视为（隐于壁后的）“主殿”伸出壁外的部分，东、西侧厢房与前者的连接方式更是存在多种可能。从现状看，“主殿”上、下檐各广三间，当中一间伸出抱厦，大体符合《营造法式》对“大三间”厅堂的描述⑥，需要使用跨度较大的衬角栿支撑上檐角柱，并使用檐额来大幅增广心间，才能令下檐三间保持匀布，这种做法在晋南金代建筑中很少见到，因此，工匠所要表达的更可能是上檐三间、下檐五间的常规做法，其两侧梢间应是被东西厢房遮蔽后才投影成三间。同样的，南壁抱厦也非单独存在，其屋面之上仍有兜圈的上檐铺作与其余三壁相连，反映的应是在祠庙门楼背侧做出舞亭的意象，参考临汾魏村牛王庙戏台，将马村M1复原成背接门殿的形式。与日常印象相去最远的是厢房——院落两侧

①《礼记·丧大记第二十二》：“小敛、大敛，祭服不倒，皆左衽，结绞不纽。”

② 李梅田，李雪.六朝墓葬反书砖刍议[A].（美）巫鸿（主编）.古代墓葬美术研究（第四辑）.长沙：湖南美术出版社，2017：126-134.

③ 王煚引用了巫鸿在《时空中的美术》里提到的反转观念来解释汉墓星象图：“墓葬中的这个空间与现实空间其实是相反的……‘造墓者为死者创造出一个镜像般的地下世界。’之所以如此，是因为墓葬是以室内的视觉来反观现实世界的。”见：王煚.从汉代天象图看汉人的宇宙观念[J].郑州大学学报（哲学社会科学版），2022（4）：78-82.

④ 鲁西奇认为买地券源自战国晚期楚地的告地册，是一种普遍流行于南方、用于处理死亡的镜像设计，券上多写有“生人上就阳，死人下归阴；生人上高台，死人深自藏；生人南，死人北，生死各异路”之类的文字，以求隔绝死者，避免“冢讼”。见：鲁西奇.中国古代买地券研究[M].厦门：厦门大学出版社，2014.

⑤ 在此借用杨雄论述敦煌壁画时提出的“知觉透视”理论（即图像中不同人物的位置安排与相对大小基于观者对文本的理解，而非纯粹生理的视觉经验决定），这种矛盾在墓葬中被转译成对内外关系的全新思考。见：杨雄.论敦煌壁画的透视[J].敦煌研究，1992（2）：19-23+121-129.

⑥《营造法式·卷四·材》规定八等材各自的适用范围，其中第五等为“殿小三间，厅堂大三间则用之”，第六等“亭榭或小厅堂皆用之”，厅堂大小主要依靠铺数、材等、间跨来区分，同样的三间堂，尺度、等级可相去悬殊，而要实现“大三间厅堂”，需要用到檐额、衬角栿等特型构件。

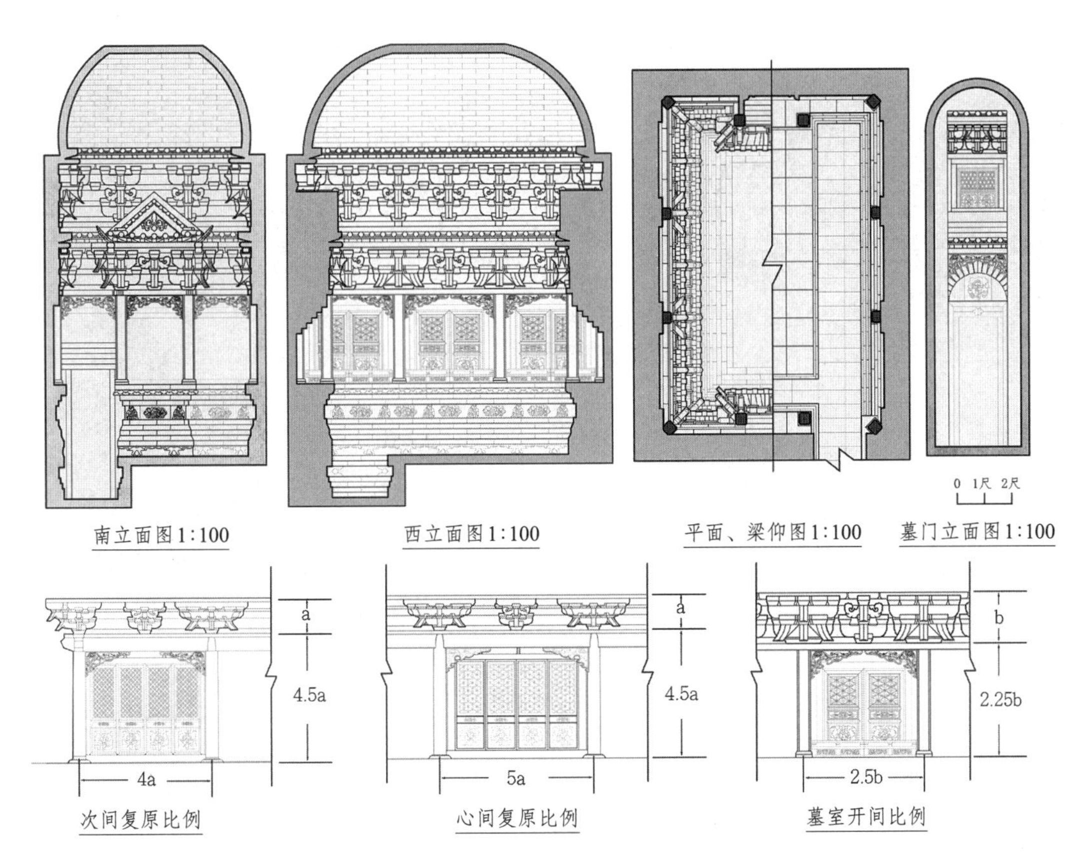

图8.15 稷山马村M1实测图及“厢房”砖、木立面比例示意图
（图片来源：作者指导，章清绘制）

总是安置着相对次要、简朴、封闭的辅助性建筑，但在M1中看到的却是类似日本宇治平等院凤凰堂连接两翼的重檐廊阁（图8.16），可谓极尽奢华。

毋庸置疑，任何复原方案都不可能彻底再现墓室的“理想”原型，但从上述细节仍可看出，像马村M1这样满堂铺作、四壁重檐的砖雕墓相较真实庭院已经过了极限压缩，举凡阳宅需要考虑的功能流线、间架规模、屋间过白、人体尺度等问题，在墓室中都被叠合到壁面之上，变成失去深向关系的形式符号，这种缩微的空间与枯山水静观园一样适合冥想，为参谒者带来具身感知、神游“壁”外的可能①，这又与两宋时的绘画传统契合，反映着当时共通的审美心理。

（二）层次拆分——合境以游“神”

在侯马董玘坚墓这样的单室墓中，由于兼有藻井、橱帐、戏台等要素，已很难将其单纯地看成一个内向、虚旷的空间，而是叠加了众多家具、添附了不同景物（穿透壁面投映远方场景）后的图像合集。神厨和戏台都拥有完整、独立的建筑外观，其对应的像设（戏剧俑

① 以神游壁画为母题的志怪小说为数众多，如《聊斋志异·画壁》：“江西孟龙潭，与朱孝廉客都中。偶涉一兰若……两壁画绘精妙，人物如生。……朱注目久，不觉神摇意夺，恍然凝想。身忽飘飘，如驾云雾，已到壁上。见殿阁重重，非复人世……”

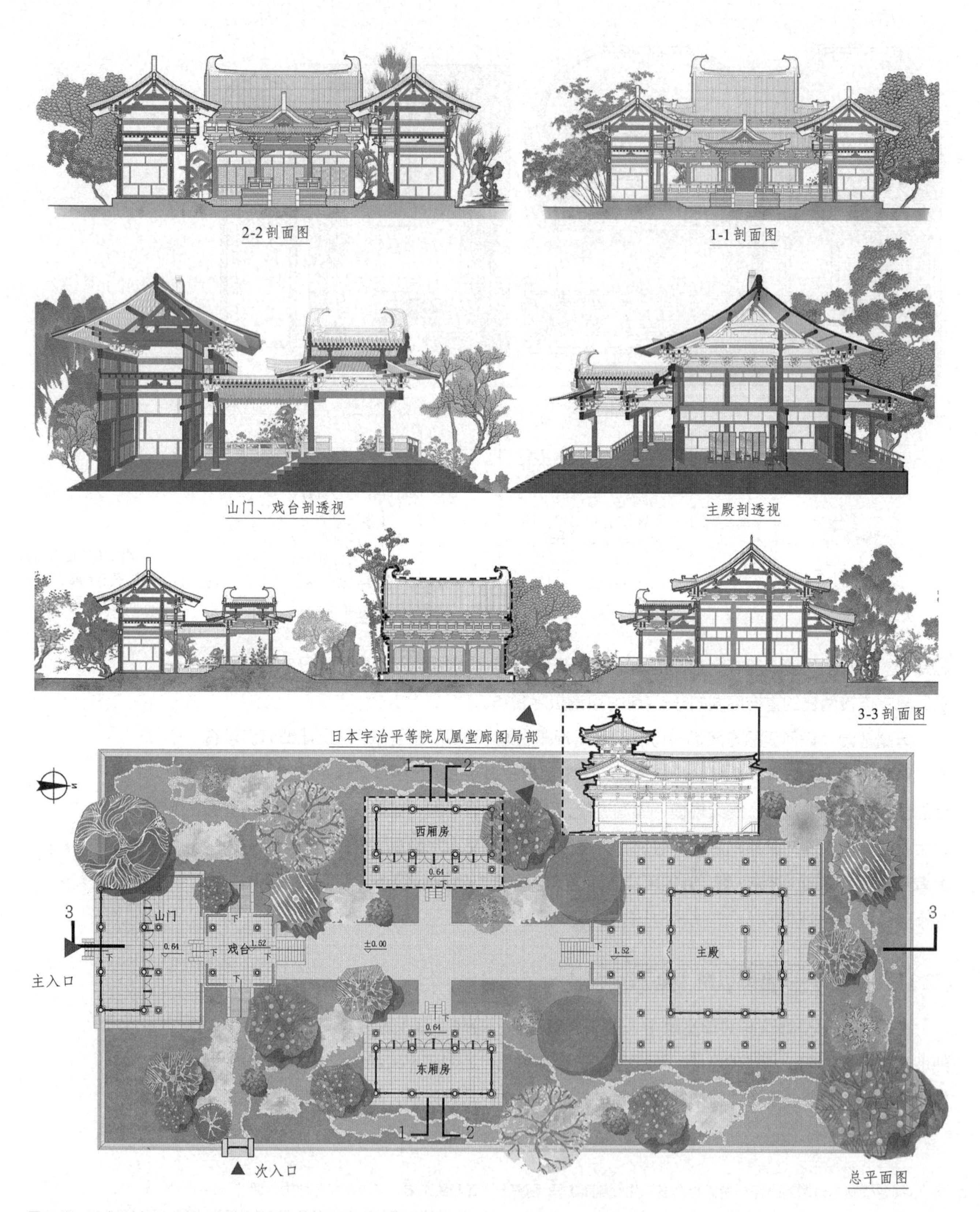

图8.16 稷山马村M1北壁、南壁建筑及院落总平面、总剖面复原
（图片来源：作者指导，章清绘制）

或佛像、经卷）或显或隐，加上与墓室适配的墓主像，同时存在几套比例各异、自成格局的“建筑—人像”系统（图8.17~图8.19）。

其北壁上砌出的歇山抱厦既可能是挂在墙上的神龛，也可能是透出壁后的戏台，墓室本身可转成方三间、深六椽的规格，心间略宽于次间，故分别按照双补间、单补间配置，按五等材复原，每分°合4.4寸。砖砌藻井与木构鬪八的整体比例接近，按《营造法式》的规定，将砖墓中叠涩的部分复原为向内递收的五铺作，又因砖构将阳马改成三角立砖，故复原方案

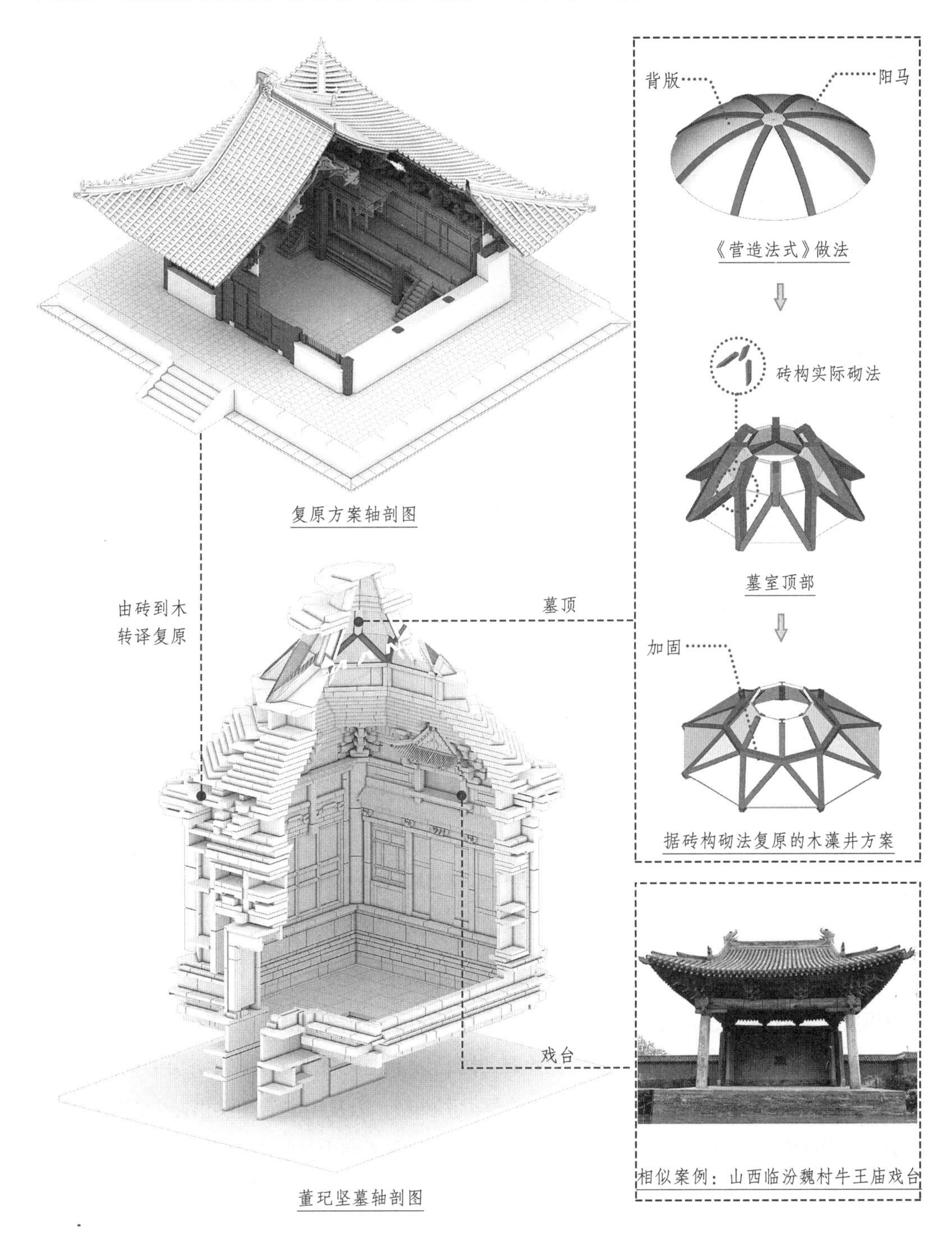

图8.17　侯马牛村董玘坚墓复原意象与要素示意图
（图片来源：作者指导，刘晶晶绘制）

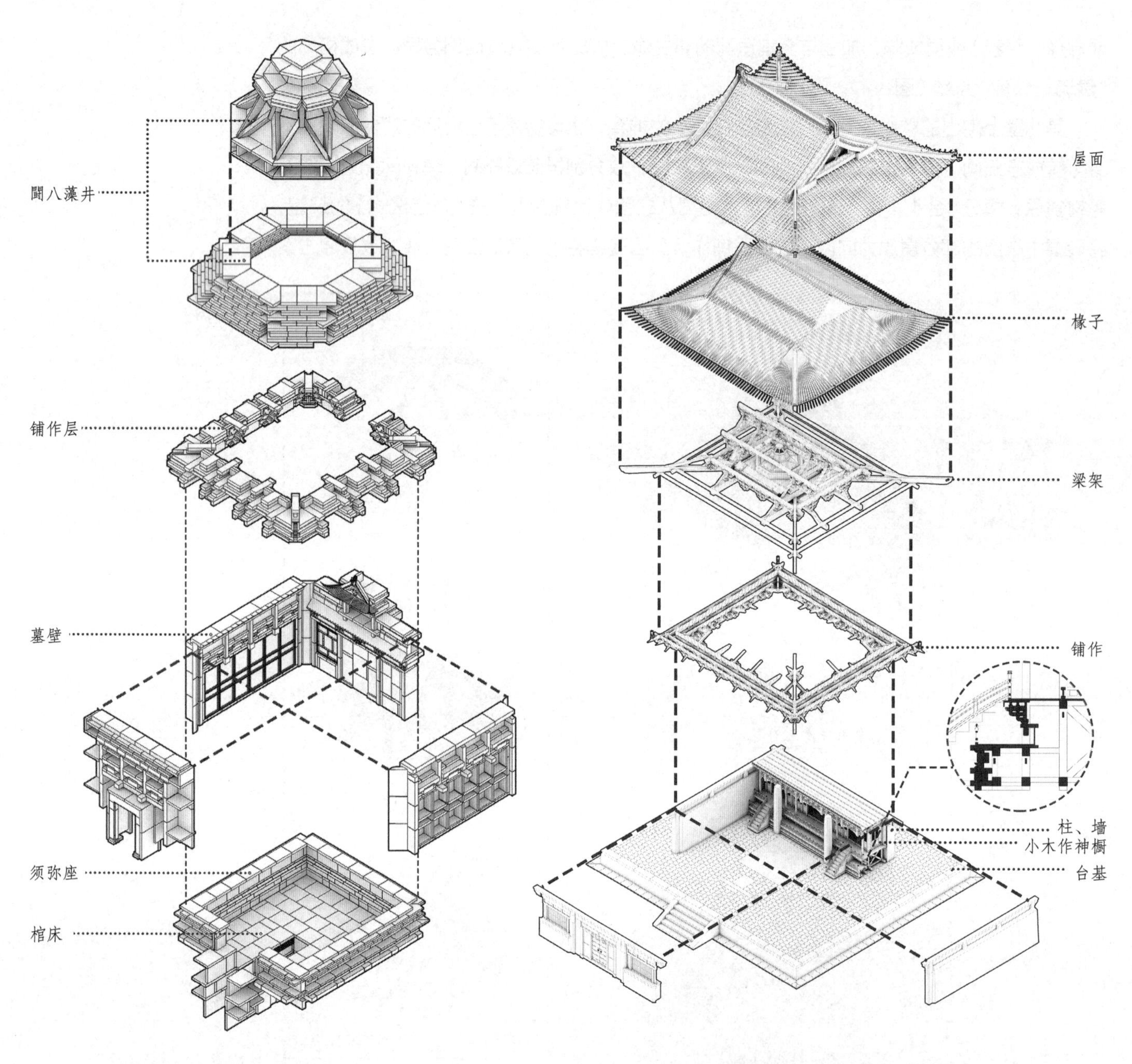

图8.18 侯马牛村董玘坚墓各部拆解示意图
（图片来源：作者指导，刘晶晶绘制）

图8.19 侯马牛村董玘坚墓复原内容分段拆解示意图
（图片来源：作者指导，刘晶晶绘制）

将其拆解成上下两圈三角和梯形单元，顶部叠涩则改用一圈耙头栱表示。

墓室东、西、南壁上方均饰有山花蕉叶，障日版下也夹杂了佛道帐上常用的欢门帐带、虚柱等形象，而虚柱两侧相对插入的半栱、月梁形阑额，以及用雕砖丁头直接做成的小型枓栱都只能是对应于小木作的内容，因此认为工匠是在表达室内施放橱帐的情况。在砖墓中，利用砌筑和模制砖组合出大、小迥异的枓栱（甚至完整建筑立面）形象，以此模仿木构建筑中大、小木作的嵌套结构，彰显了砌砖技术的极度发达，展现了这一时期工匠设计意图的新进展（图8.20、图8.21）。

在同家族的董海墓中，前、后两个方室所表现的空间内外关系并不相同，前文已详细解释过，兹不赘述。这种差异将后室看作一个“真正的室内”，而将前室当成一种“翻转的庭院”；要之，在复原时更看重的是对于各个壁面的解读，而非先验地将双室墓认定为“前堂后寝”。据此得出的复原方案颇有些出人意表：前室南壁的墓门形象中缺乏屋顶、山墙和详细的木构做法等内容，只是简单做出欢门造的轮廓，更像是独立牌楼、棂星门之类的构筑物，若将门上夹持着买地券的两个顶莲武士解释成乌头阀阅上的雕饰，尚能令墓壁信息与营造传统自圆其说，推得的三合院方案也显得较为虚薄。前室北壁上的山花则被视作抱厦，直接插在后室所代表的重檐歇山主殿上（因前者上下皆有枓栱，故推断后者为重檐）；后室西

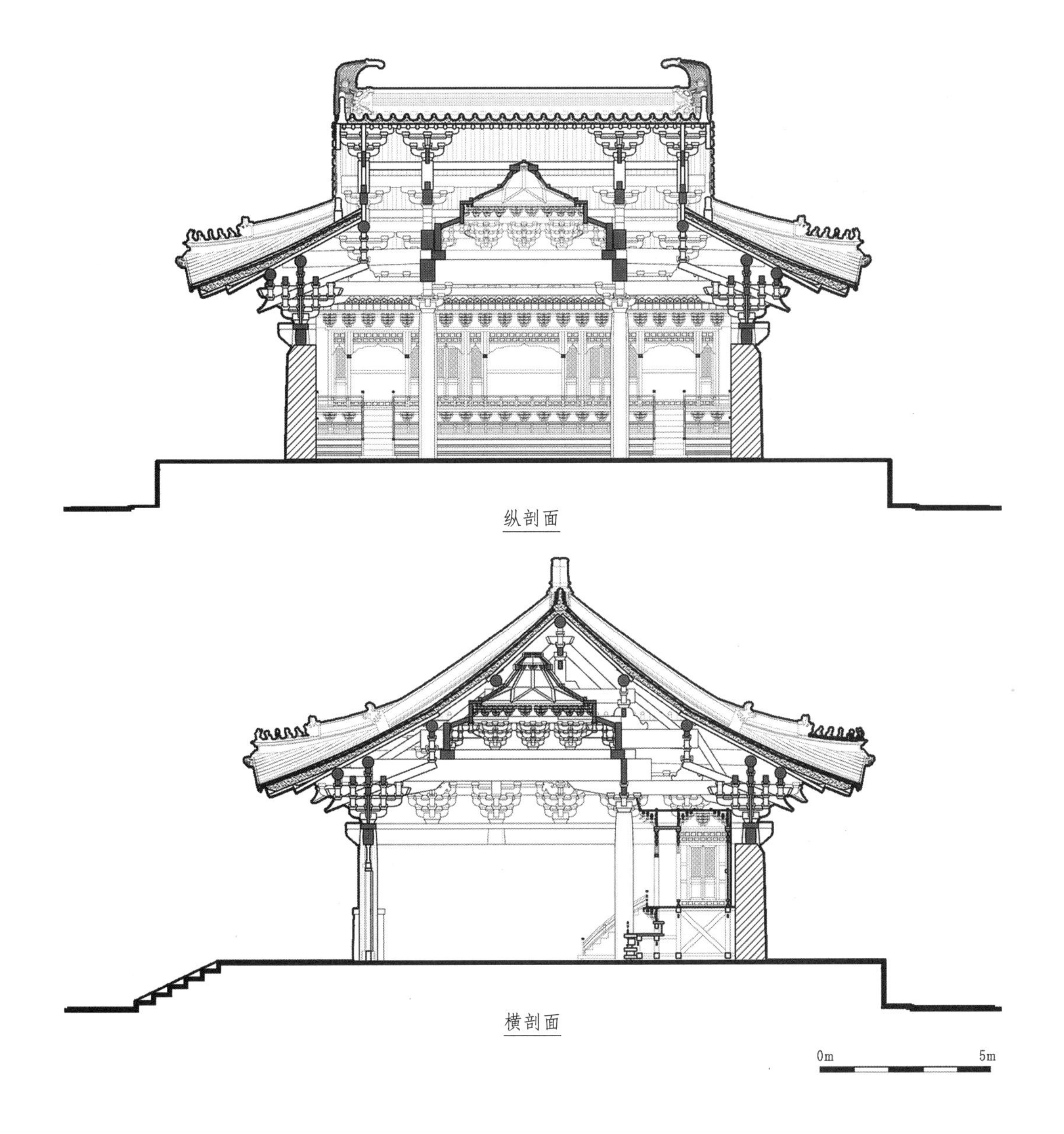

图8.20　侯马牛村董玘坚墓复原方案横、纵剖面
（图片来源：作者指导，刘晶晶绘制）

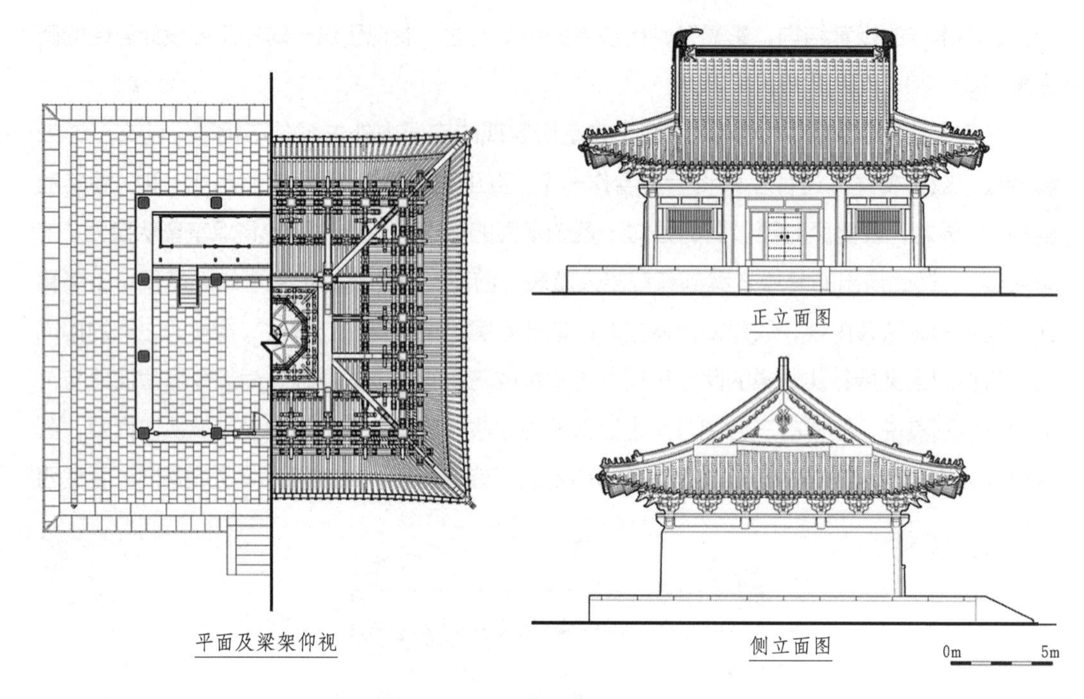

图8.21 侯马牛村董玘坚墓复原方案平、立面及仰视
（图片来源：作者指导，刘晶晶绘制）

壁上的骑马出行图被理解为截间版帐上的屏风画，东壁上的格子门则可理解为截间屏风，北壁上的夫妇对坐像（相当于中堂画）与槅扇则应是截间屏风、截间开门格子之类。由于后室整体被解释成一个完整的重檐建筑，故复原案的空间边界需与砖室墓的外壁呼应，这样做出的重檐歇山殿将砖墙砌到了副阶外缘，单独留出一条开敞的前廊，这完全不同于一般情况（上檐柱间封墙、下檐柱绕出开敞、周匝的副阶）（图8.22~图8.28）。

（三）形态调控——折壁以返“真”

多室墓往往兼有墓门和过道，指代建筑群组的意图更为鲜明，这就意味着各段连续的墓壁要被分别认定为门楼、厢房、前堂、后寝等不同建筑的正面，且产生了更多局部组合的可能。另外，大量圆形、八角形、六角形墓室不能被直接翻译成同样平面的木构居室，需考虑其原型系从方正平面中折转得来的可能。

以白沙宋墓M1为例，其墓门正面模仿门楼，但并未处理成五代李茂贞墓、冯晖墓之类的城阙形制，因此仍能被恢复成一处三间、四架、通檐无内柱的分心小门殿，此时若严格再现其铺作数目，则“殿身一间、单补间”的配置显然过于促狭，当作牌楼都略有不足，这种解释与砖构砌出完整屋面形态（分层砌出方形椽、飞，上列十三垄筒、板瓦，瓦上叠涩五层横砖以充正脊）的努力不相匹配，也与所安门扇信息不符，故将其两侧各扩出小半间，得出复原的情状（图8.29）。同样，若将前、后墓室理解为纵向分配的两座殿宇，则连通两者的过道应被理解成穿心廊，而连接墓门和前室的通道则应被当作“投射”庭院两侧厢房的背

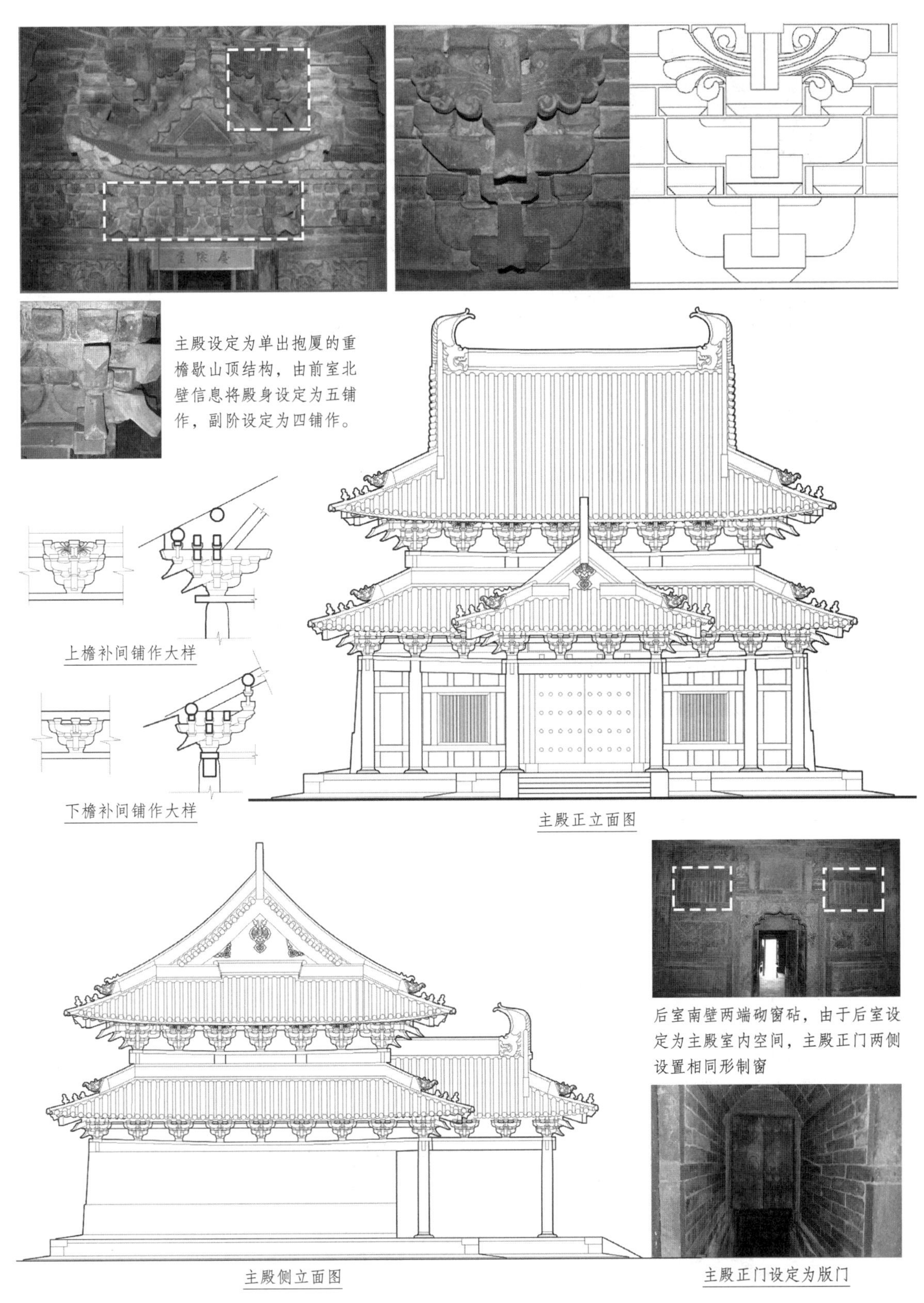

图8.22 侯马牛村董海墓后室复原意象及依据

（图片来源：作者指导，丁逸龙绘制）

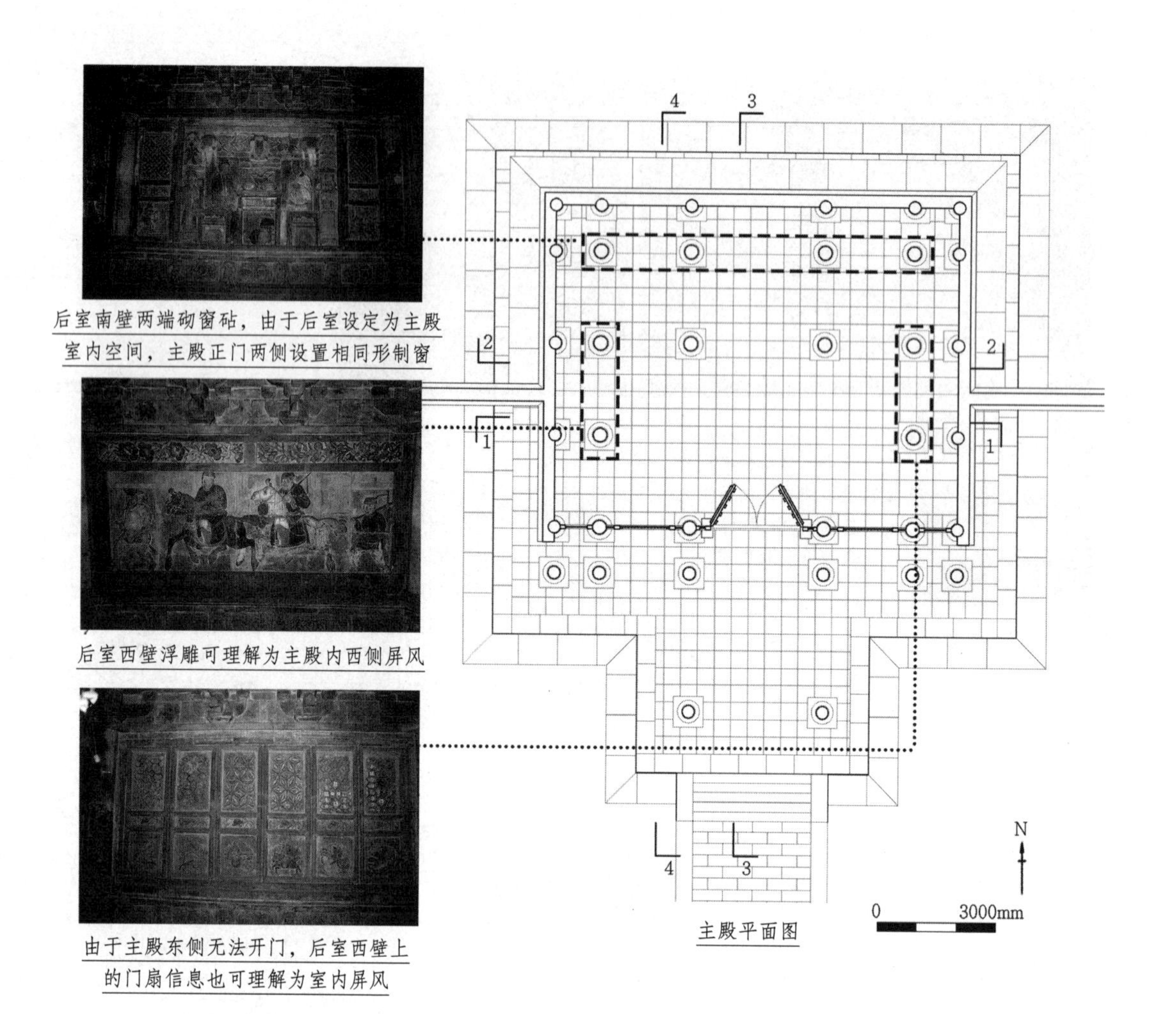

图8.23 侯马牛村董海墓后室各壁内容及复原意象示意图

（图片来源：作者指导，丁逸龙绘制）

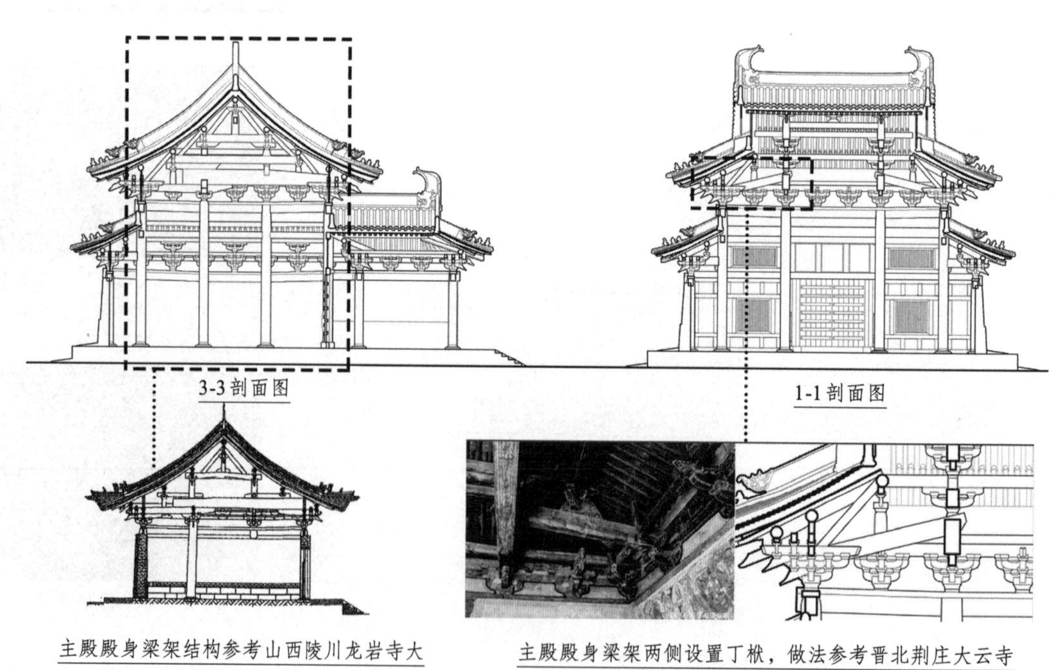

图8.24 侯马牛村董海墓后室复原方案参考依据

（图片来源：作者指导，丁逸龙绘制）

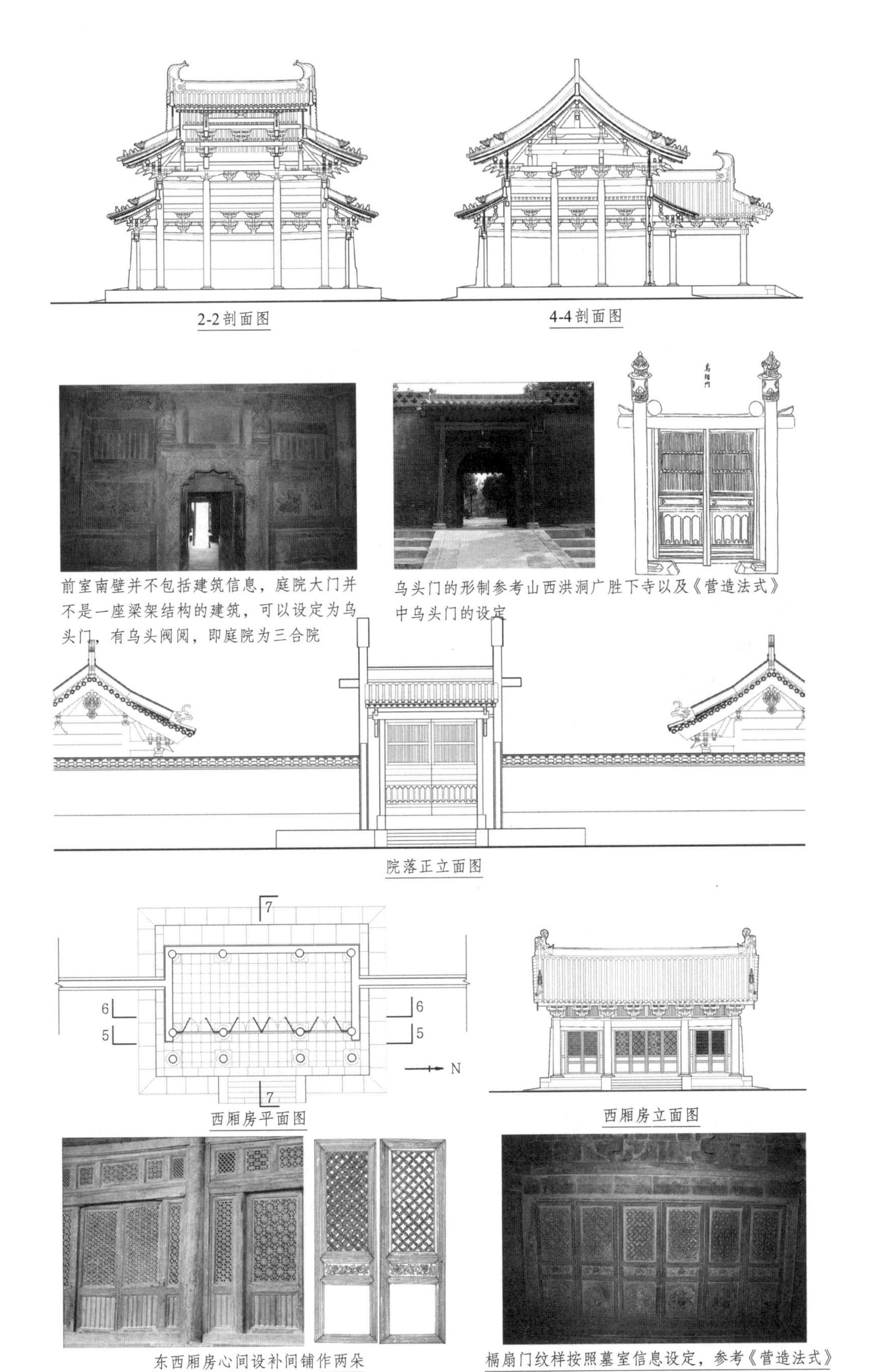

图8.25　侯马牛村董海墓后室"主殿"复原剖面

（图片来源：作者指导，丁逸龙绘制）

图8.26　侯马牛村董海墓前室复原意象及依据

（图片来源：作者指导，丁逸龙绘制）

图8.27　侯马牛村董海墓"两厢"复原意象及依据

（图片来源：作者指导，丁逸龙绘制，照片引自参考文献[51]）

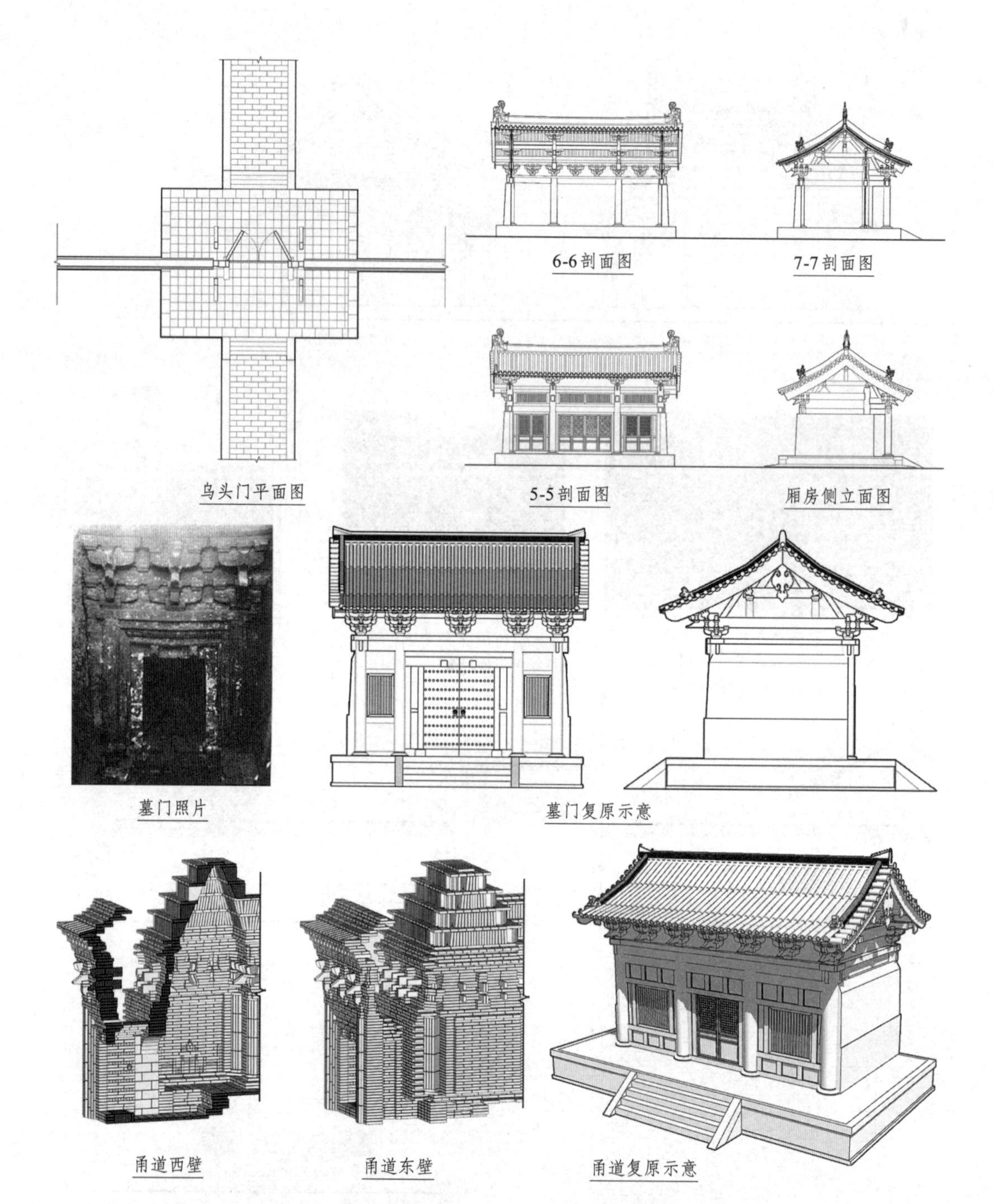

图8.28 侯马牛村董海墓“前院”部分复原剖—立面示意图
（图片来源：作者指导，丁逸龙绘制）

图8.29 禹州白沙宋墓M1墓门与甬道部分复原意象
（图片来源：作者指导，宁兴慧绘制，照片引自参考文献[112]）

板[①]，可见同样的砖砌结构，可以反映完全不同的木构建筑信息（图8.30）。前室表现祭堂，故于西壁先用条砖略微凸出壁面砌筑桌椅，再分男右女左绘出墓主夫妇像，并在二人背后画出屏、幔及侍女，众人皆侧身向东观看东壁上乐舞；后室反映寝室，故在东北壁破子棂窗旁

① 实际上，前过道两壁上主要表现人物，东、西壁上除绘出司阍各一人外，还分别画上了两位贡纳财务、进奉酒食之人，像是在表现两庑廊下的场景；而后过道两壁仅砌出破子棂窗，并于窗上画出蓝幔绛绶，其下垂有绣球流苏和同心结，更像是在表现穿心廊室内场景。

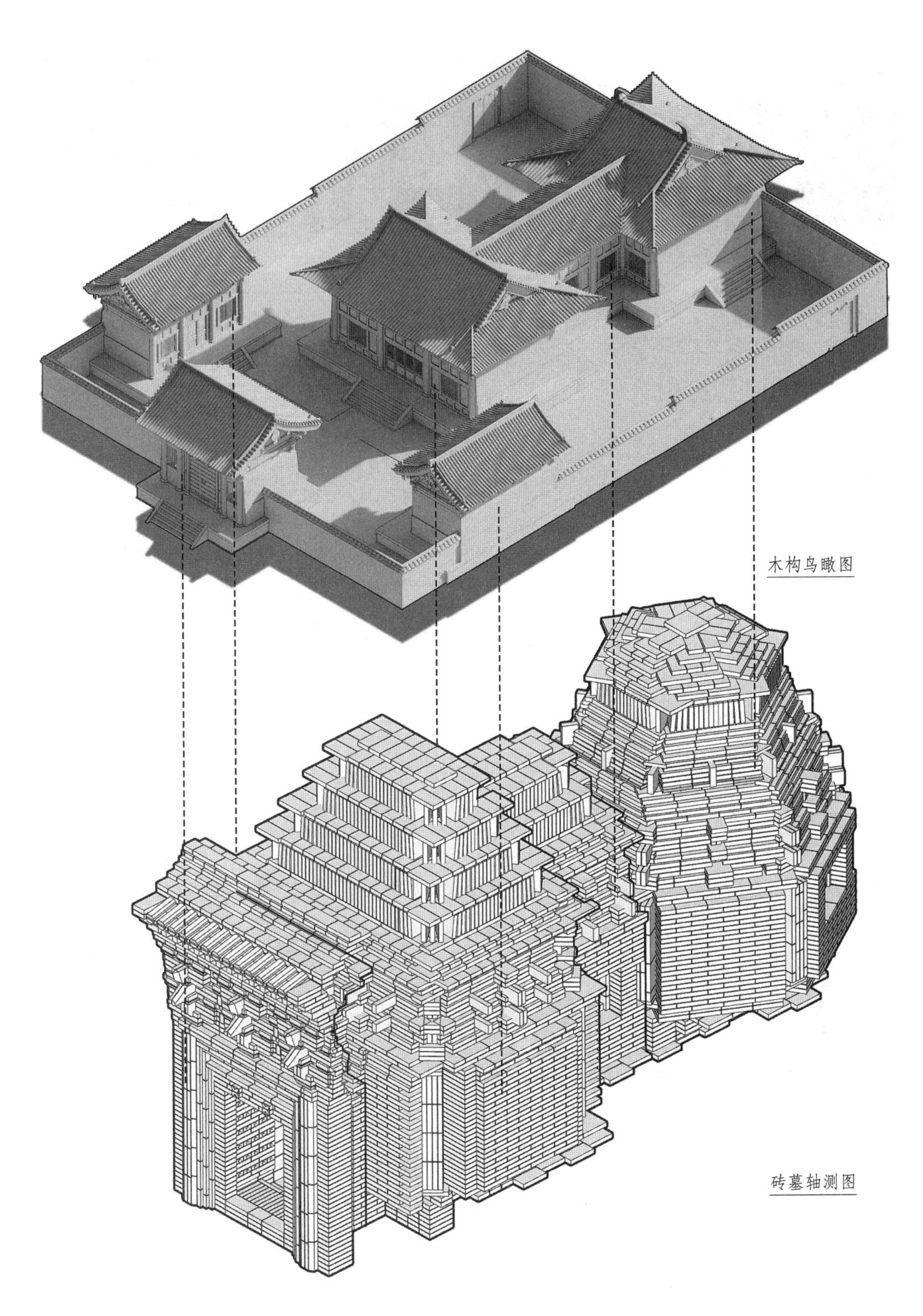

图8.30 禹州白沙宋墓M1整体及各部分复原意象
（图片来源：作者指导，宁兴慧绘制）

侧画出三枝灯檠一具，在东南壁重复画出前过道西壁上的两位奉财男子，在西南壁画出捧持镜台、妆奁的侍女，在北壁砌出妇人启门（图8.31）。

赵大翁墓的方形前室固无需赘言，正六边形的后室却完全不符合非中原汉人的起居传统，从其各壁上居中绘出倚柱，且柱子两侧皆为完整图像单元的情况推测，该例应是将原始

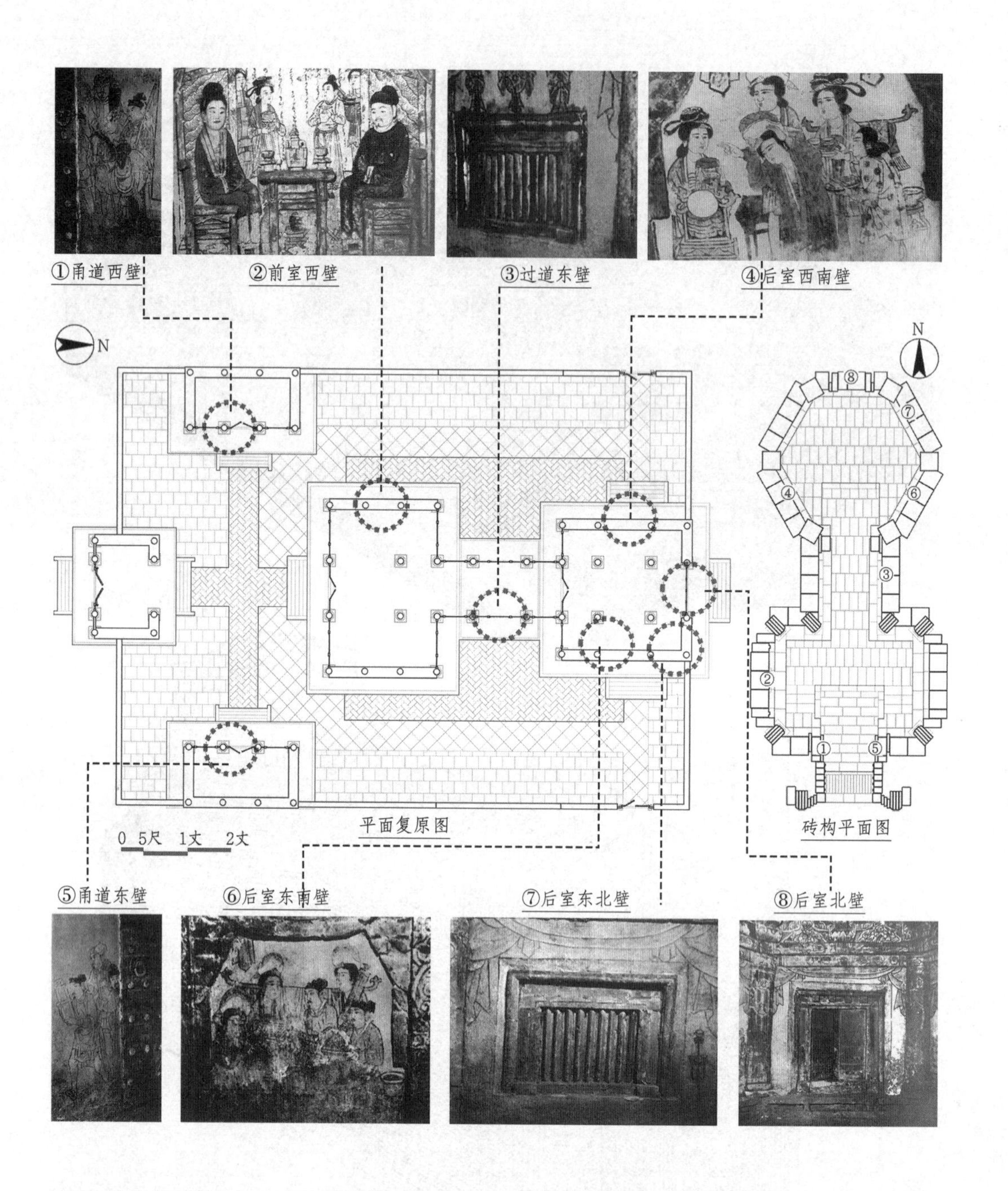

图8.31 禹州白沙宋墓M1各处壁面装饰内容分布及对应复原位置示意图
（图片来源：作者指导，宁兴慧绘制，照片引自参考文献[112]）

的方形平面沿侧边中点向外推挤、先撑出弧边方形后再连接各点才形成的六棱平面。试将六块墙面各自均分后形成十二个等长线段（自南壁左旋，依次为F_1、F_2、A_1、A_2等），在推敲木构原型时，先连接东北、西北壁上中点，将其靠北的半段各自反折60°后与北壁展平，遂形成木构后壁（D_1、C_2、C_1、B_2）；再折断、掰开南壁，令相接的四个半段向外展扩后与北壁垂直，即形成木构的两个侧边（F_1、F_2、E_1、E_2）和（F_2、A_1、A_2、B_1），由此推出一个阔三间、深四至六椽、前廊或许开敞的小方殿。至于其室内空间，则被六角藻井、盝顶平闇组成的天花遮盖，并经由过道暗示的穿心廊与前室相连，形成工字殿组合（图8.32~图8.36）。

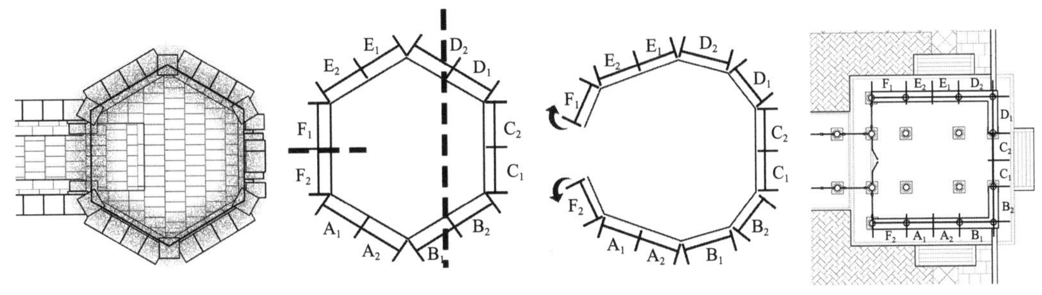

图8.32　禹州白沙宋墓M1后室“原型”折算方案示意图

（图片来源：作者指导，宁兴慧绘制）

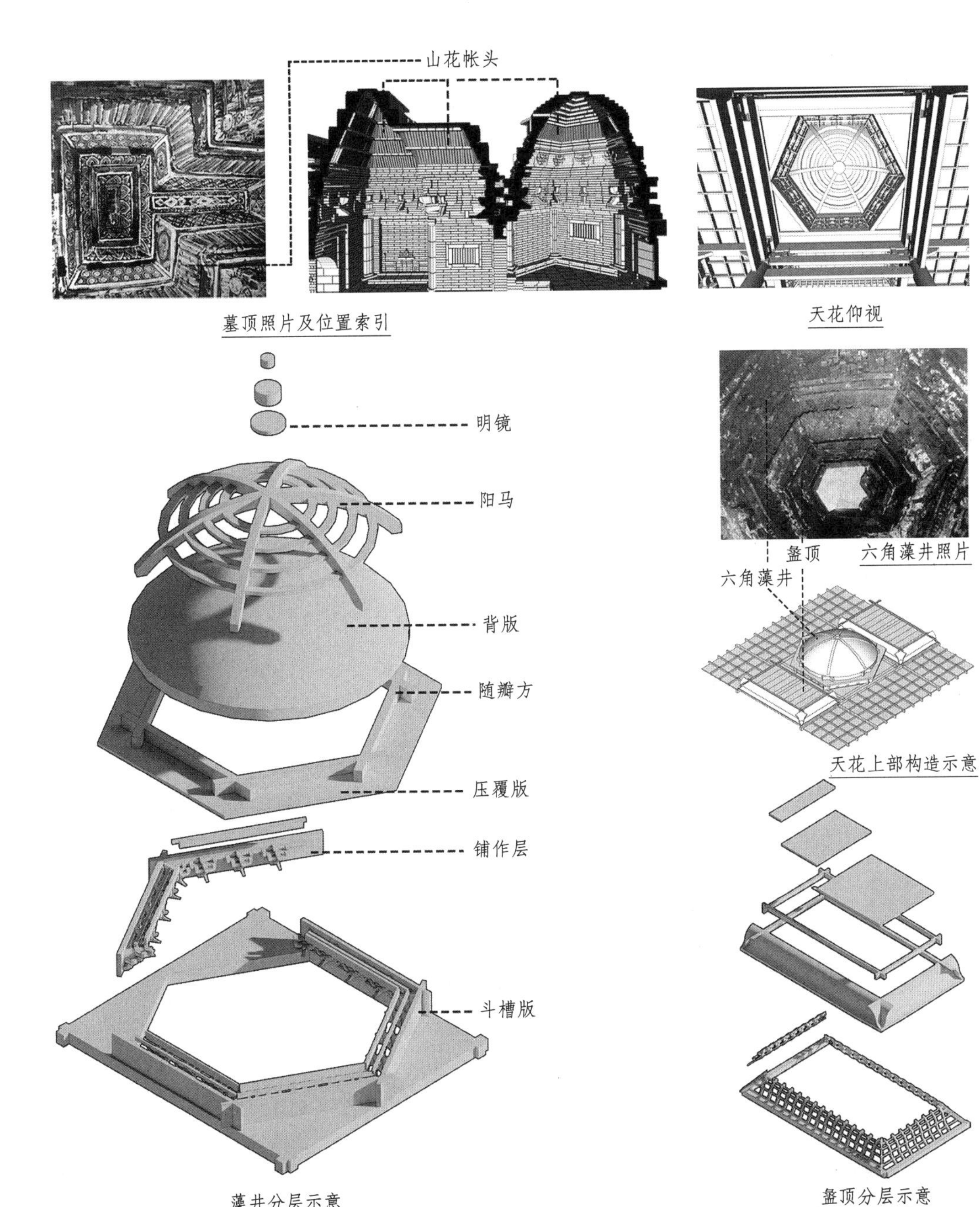

图8.33　禹州白沙宋墓M1天花藻井复原示意图

（图片来源：作者指导，宁兴慧绘制，照片引自文献[112]）

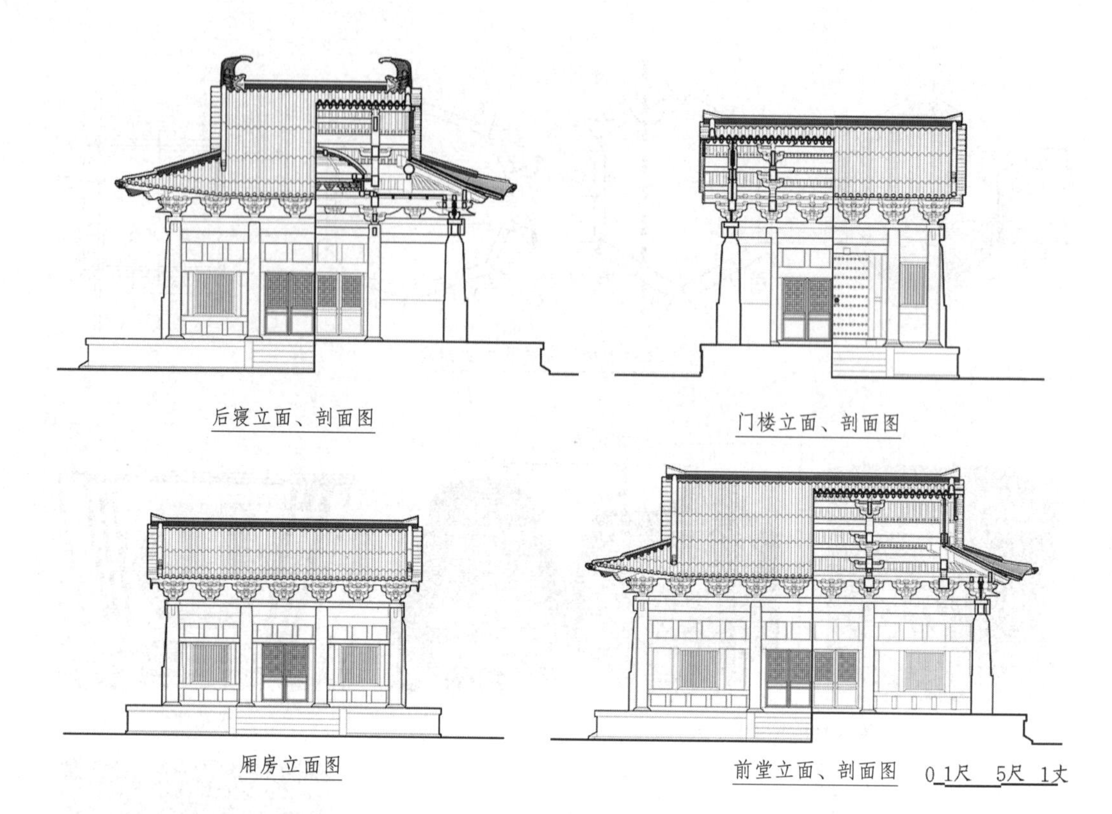

图8.34 禹州白沙宋墓M1"前堂""后寝""两厢"复原方案示意图
（图片来源：作者指导，宁兴慧绘制）

（四）复原设计的"能为"与"当为"

在本书的开篇，我们主张"砖石仿木"的研究应独立、平行而非从属于木构建筑，这是就其独特的工艺价值和空间意识来说的；同时也应当承认，砖匠长期以来并没有形成一套系统的样式语汇，而是将大量才智、精力投放到如何"仿作"之上。我们在墓葬或塔幢上看到的，往往是在仿木框架中填充华美雕饰图案的做法，其本质仍是照搬土木建筑中结构与装饰部件间的组合方式，而始终没能发展出成熟的"砖本位"造型手法（如在砌体上抽、插砖件形成镂空的体量关系）。

出现这种状况，实在是非常符合华夏文明的固有品质，即百川入海却各行其道。我们谈中国的文化传统，动辄说"天人合一"，这是同的方面，但矛盾总有两面，有同无异是无法驱动文明发展的。李零在谈论"中国古代的'现代化'"话题时，特别强调了《国语·楚语（下）》中"绝地天通"的故事，天官与地官的划分、祝宗卜史对巫觋"通天降神"权力的剥除，都意味着史官文化反对"民神杂糅"的基本立场，这是古代文化中"天人分裂"的一面[①]。从这个角度解释墓葬仿木的传统，也就不难理解古人的选择，既然"信仰"的刚需更多地是通过"礼仪"而非"宗教"的渠道来解决，对应的"祭祀"空间也就无法摆脱尘世的"原型"。天上与人间虽是二元结构，但并非对立关系，彼岸只是此岸的倒影，而非其他难以设

① 李零.绝地天通——研究中国早期宗教的三个视角[EB/OL].人文与社会，2010年6月5日，引自2000年在北京师范大学演讲稿。http：//wen.org.cn/modules/article/view.article.php/2002.

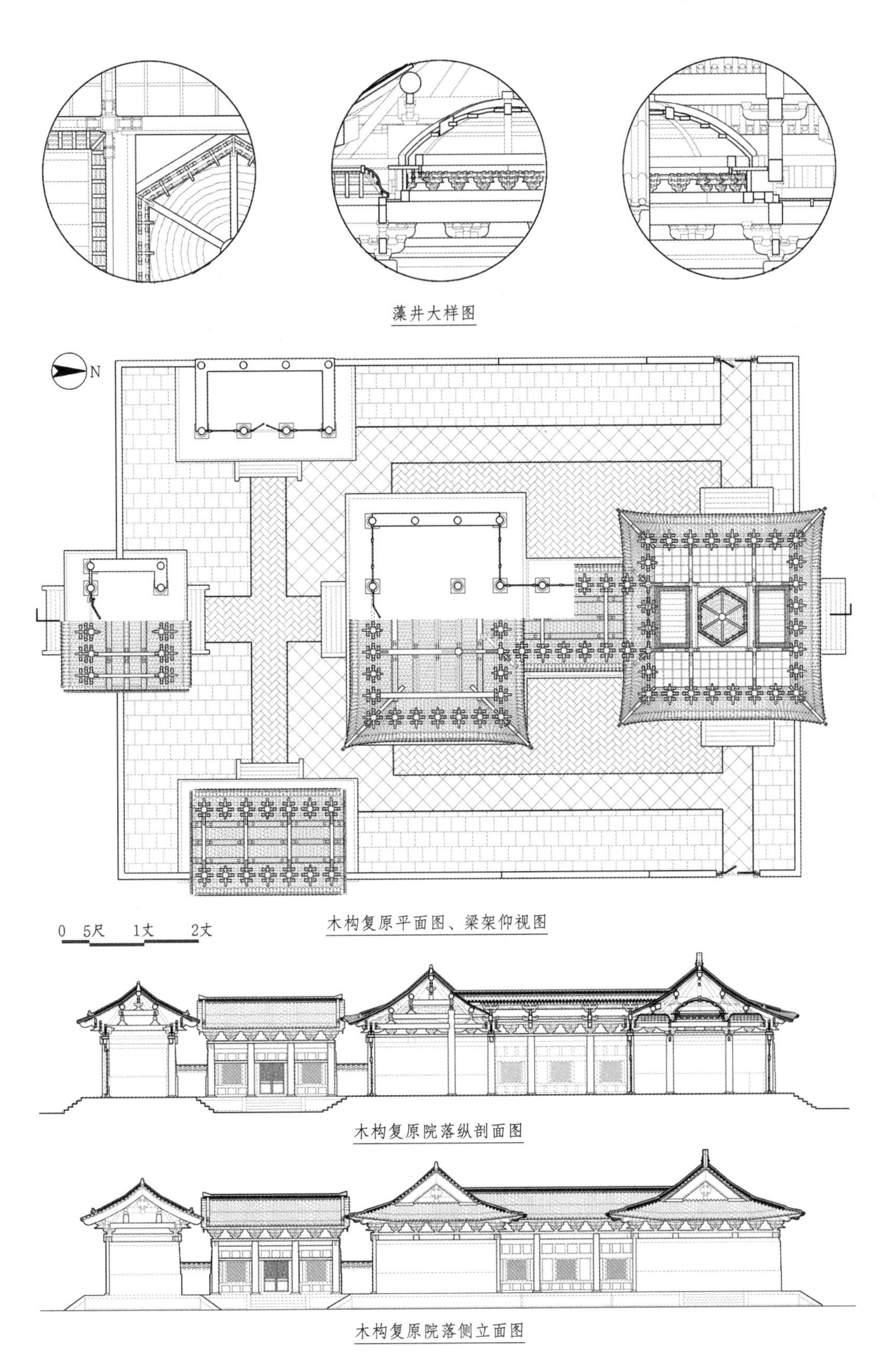

图8.35 禹州白沙宋墓M1复原方案总平面、总剖面示意图

（图片来源：作者指导，宁兴慧绘制）

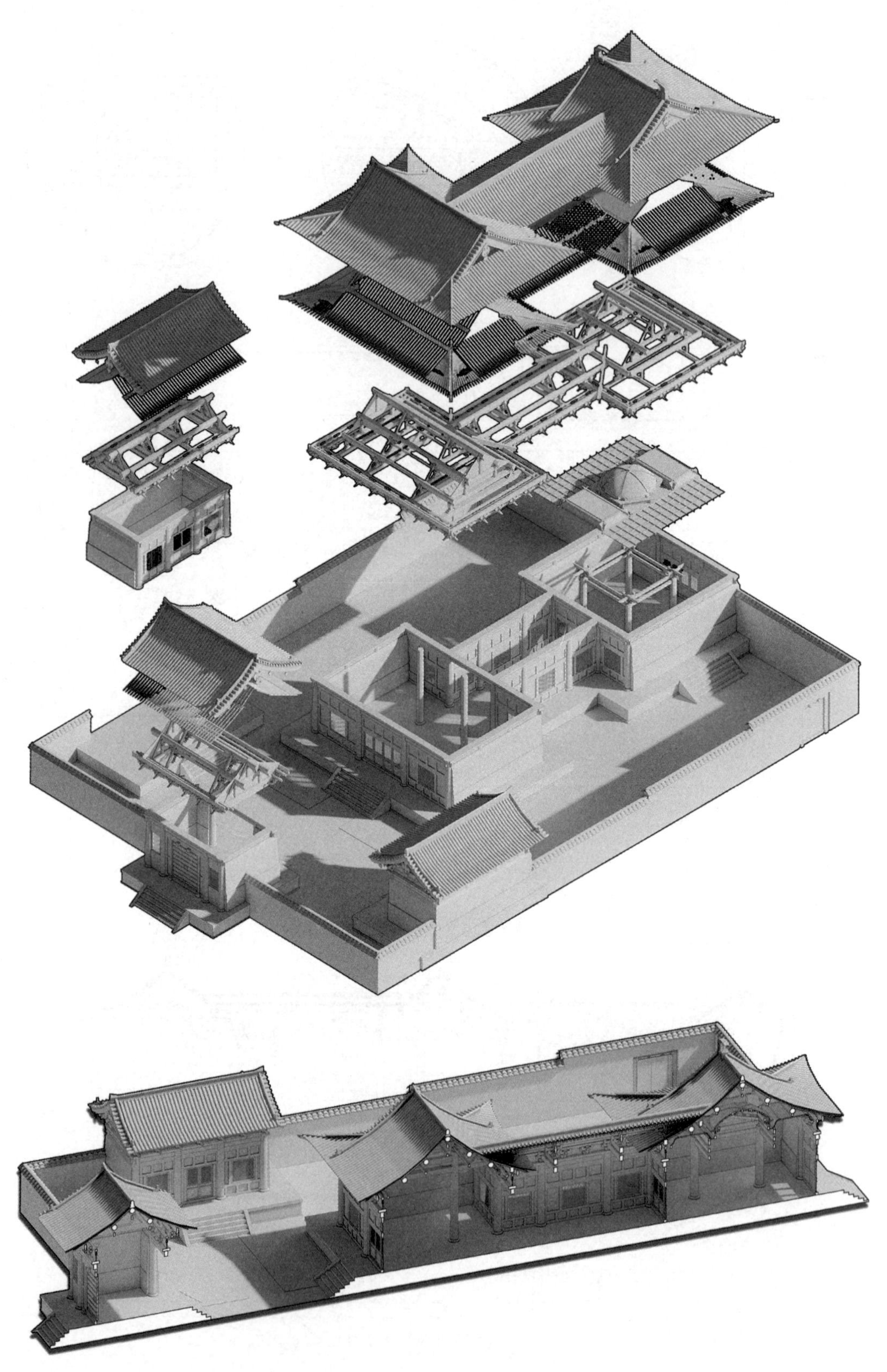

图8.36　禹州白沙宋墓M1复原方案分层揭示、轴剖示意图
（图片来源：作者指导，宁兴慧绘制）

想之物。为了表达这种“大同”与“小异”，最直接的办法就是以不同的材质、尺度来模拟相同的建筑样式（这当然比另外构思一套建筑语汇更为轻松，而砖石的耐久性也更适宜用在地下），出现“仿作”的传统也就不可避免。

既然是“仿作”，自然就存在“母本”问题，工匠在营造墓室时，是随宜截取一些“仿木形象”的片段用作装饰，还是先在脑海中预想一个木构场景，再将其“转译”成墓壁上的样式细节？这种问题既不好证明也难以证否，或者毋宁说，“想象”也可能直接来自葬主（或其家属），被口头交代给工匠后，由后者负责落实。相对粗率（业主仅明确规模、经费、工期、意象等方面内容，对具体构造做法完全放权）的沟通方式（而非藉由全套图纸、烫样等）也更符合民间的营造传统，富绅与工匠所能接触到的“高级”建筑，大抵就是当地的寺观、祠庙或衙署，对于宫观的认识自然受其影响，因此从实例中总能找到相应的复原线索。

至于“复原”，可说是建筑学较常使用也相对管用的一种手段。当面对破碎零散的信息时，我们总倾向于构建起一套足够有效的认识框架，以便将从史料中挖掘到的、或从考古现场带回的资料分门别类安置到位，这种框架本身即构成了研究的“范式”（paradigm）。对于建筑类的素材来说，因其本身含有“建成形态完整”（凭经验）和“建造过程有序”（凭逻辑）的特质，故复原工作是必需的，唯其如此才能使之“以全貌示人”[①]，且将已然发生的建造过程从一片混沌中重新“揭示”出来。要之，复原的过程就是对真实建造过程的理性复盘，唯有在此过程中，一些涉及建筑本体的难题才会充分浮现，研究工作才能充分聚焦、有的放矢。

对于仿木砖墓的复原，除了呈现规模差异、钩沉样式来源外，还有助于我们追索设计意匠，譬如通过对白沙宋墓M1的砖、木构转化，有利于我们理解壁画图像的定位依据，也有利于我们更深入地理解墓顶装饰的层次和技法。当然，砖墓对“原型”不同部分、不同层次问题的再现强度和广度天差地别，复原证据也有强有弱，由于木构建筑的“文法课本”（如《营造法式》）足够完整，我们结合实例与间接图像资料（如界画）总能取得足够完善的设计方案，至于其中有几分能够用于实证匠心，又有多少可用于旁证砖石建筑自身的发展脉络，就需要具体问题具体对待了。

在诸如高平汤王头村金墓之类的多室墓中，我们甚至可以参照晋城密集分布的金代实例（多为乡土神祠），做出从整体布局到细部造型都足以反映晋东南建筑特征的复原方案（图8.37~图8.47），这是建筑学的“能为”之处；而这类工作是否切实起到了勾连相关知识体系的桥梁作用，是否有助于促进建筑史学者和考古学者更深刻地理解彼此的工作内容，从而更全面地认识仿木砖墓这类特殊的建筑类型和考古材料，才是决定其是否“当为”的关键。

---

① 建筑史学者的身份，首先是关注历史问题的建筑师（源自从先例中寻找典范的需要），然后才能扩展到关注建筑类素材的艺术史学者（如乔尔吉奥·瓦萨里和海因里希·沃尔夫林），当然，后者的写作将建筑史研究目标从总结个体经验过渡至探究创作原理。因此，站在建筑史学者的立场上，对于一座建筑核心价值的认知应建立在其完整性上，一个空缺了墙体或屋顶的方案（无论是用于设计还是解析）都是缺乏说服力的，这和建筑考古学家致力于逐项解决建筑材料、规模朝向、环境适应措施等问题的立场是有所区别的。

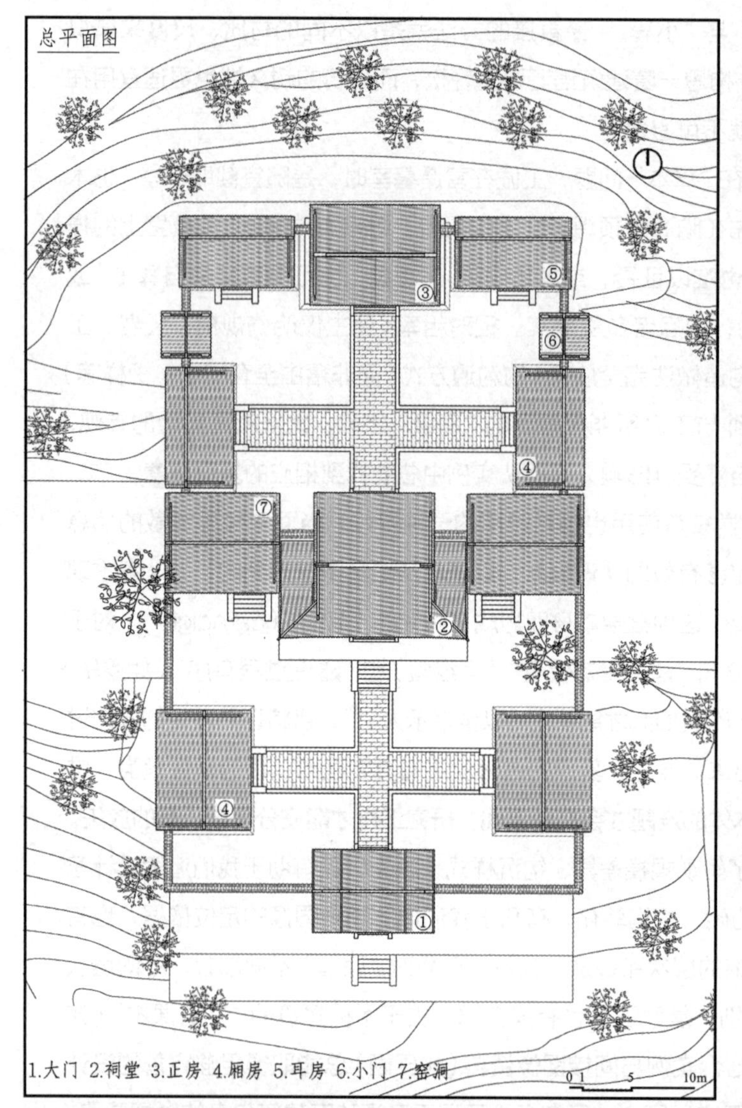

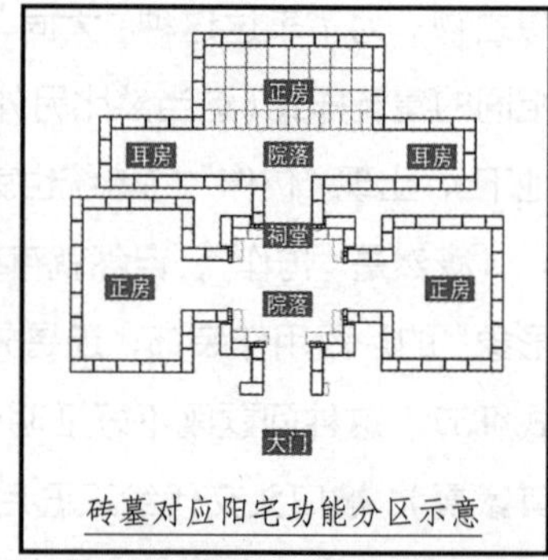

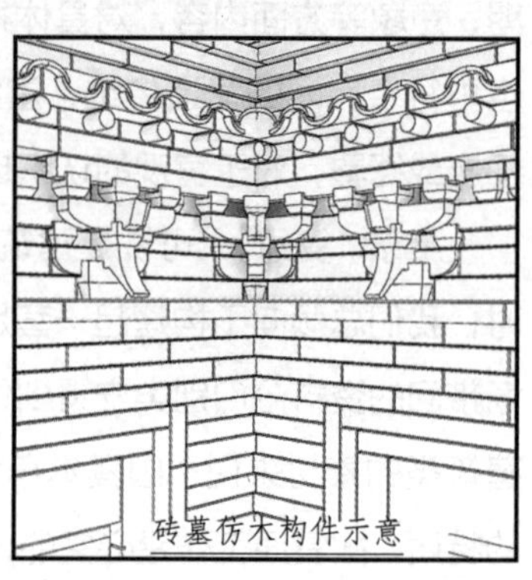

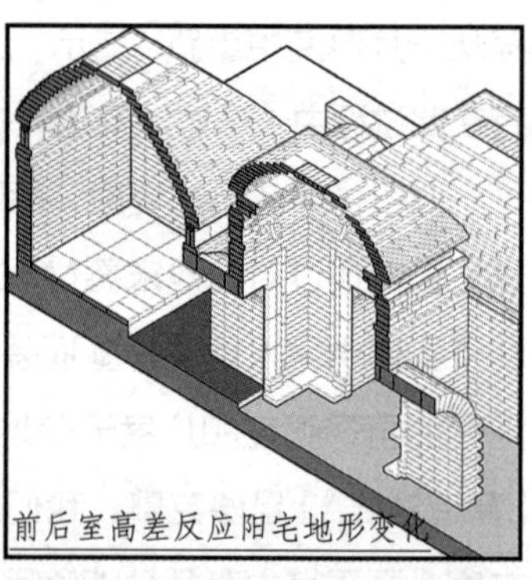

图8.37 高平汤王头金墓复原意象及屋顶总平面

（图片来源：作者指导，刘文博绘制）

建筑名称及示意图	枓栱	梁架示意图	材等	基本形制	建筑名称及示意图	枓栱	梁架示意图	材等	基本形制
厢房	四铺作插昂		六等材	面阔三间，四架椽厅堂，劄牵三椽栿，带前廊	正门	枓口跳		六等材	面阔三间，四架椽厅堂，悬山顶版门加断砌门
耳房	四铺作插昂		六等材	面阔三间，三架椽厅堂，通檐用二柱；不等坡悬山顶	祠堂	四铺作插昂		五等材	面阔五间，进深六架椽，乳栿对四椽栿、三柱，三面环廊厅堂；半歇山半悬山顶
正房	把头绞项造		五等材	面阔三间，进深两间四架椽厅堂，通檐用二柱；悬山顶	小门	无		七等材	面阔三间，四架椽厅堂，劄牵三椽栿，带前廊

图8.38 高平汤王头金墓复原方案中各建筑的间架选择

（图片来源：作者指导，刘文博绘制）

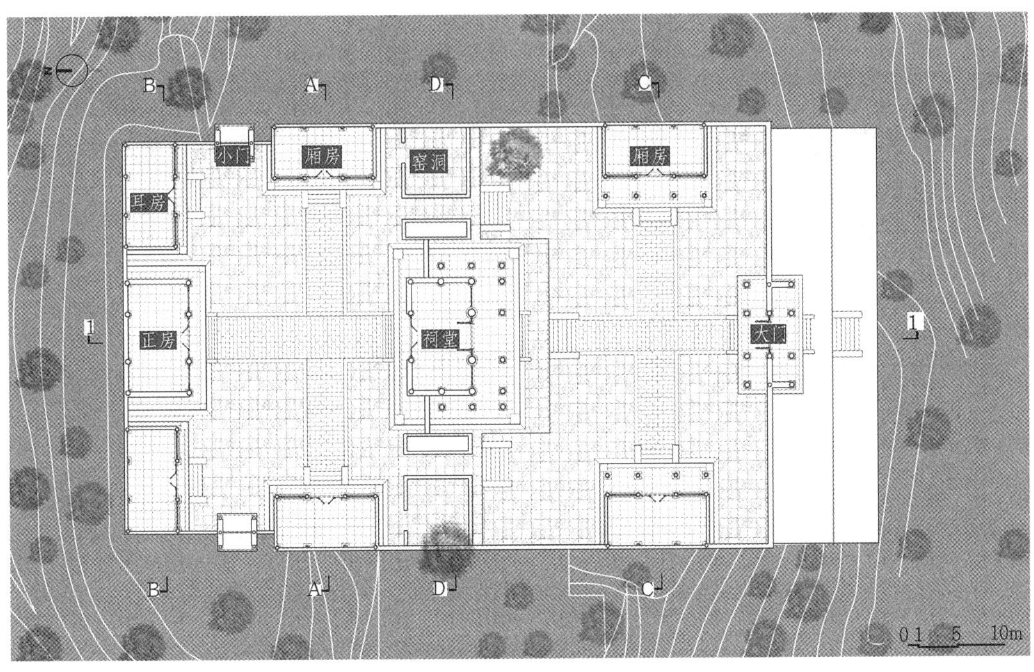

图8.39 高平汤王头金墓复原一层总平面
（图片来源：作者指导，刘文博绘制）

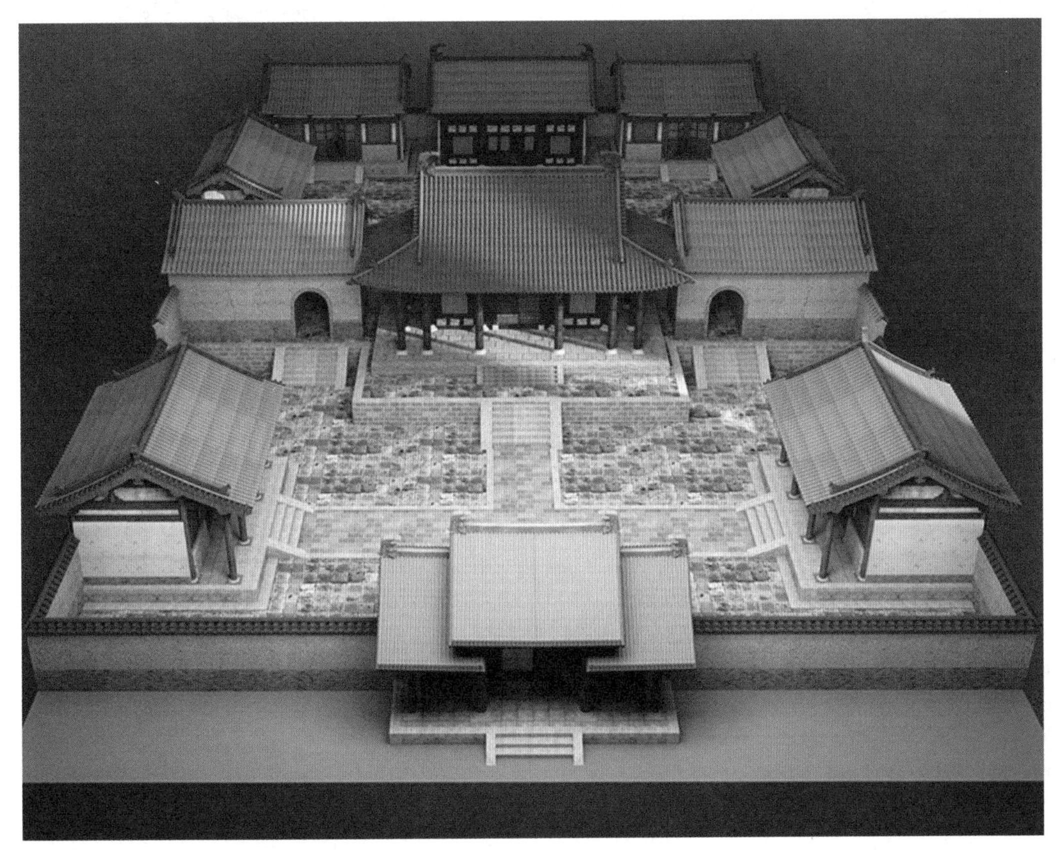

图8.40 高平汤王头金墓复原方案鸟瞰效果
（图片来源：作者指导，刘文博绘制）

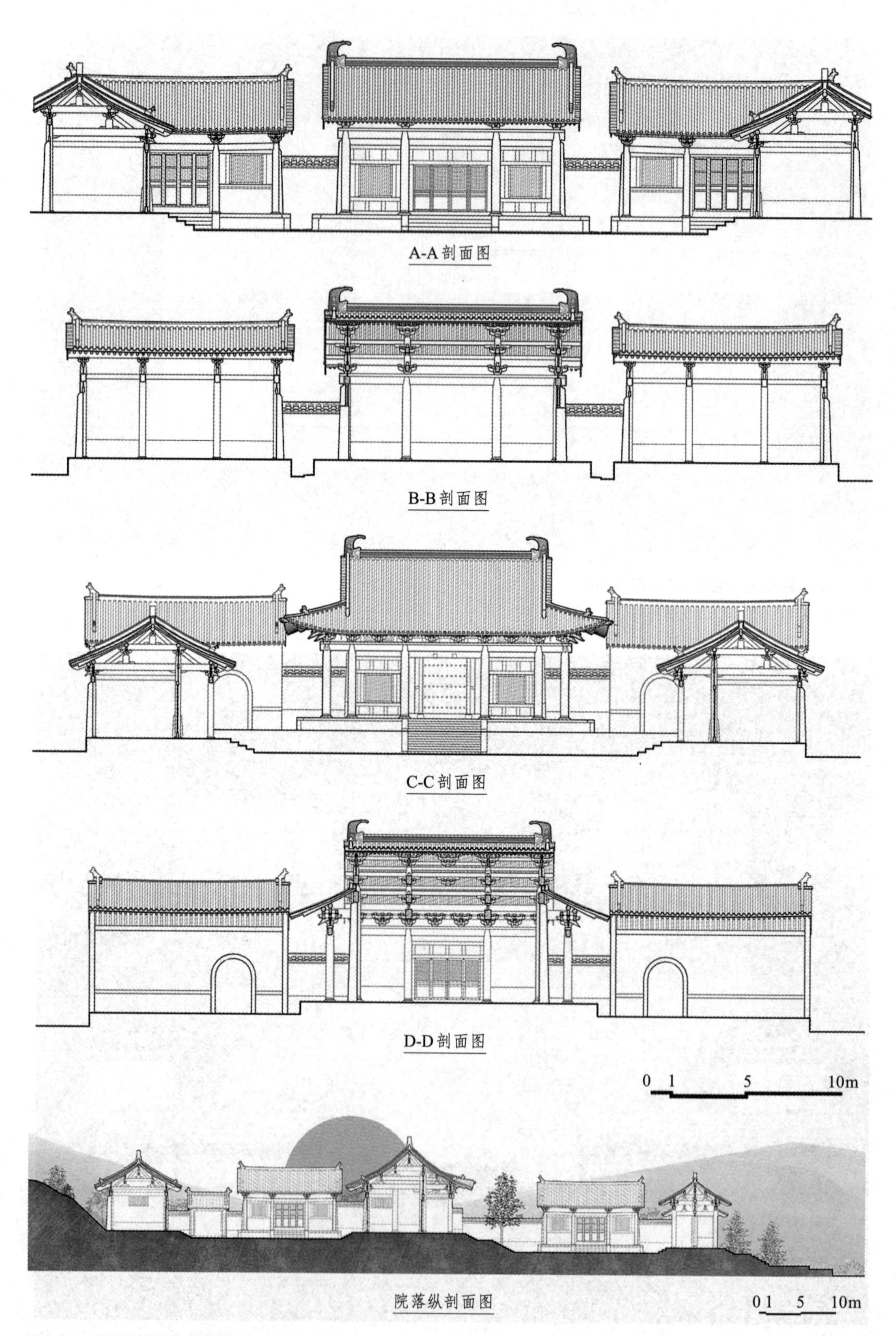

图8.41 高平汤王头金墓复原剖、立面

（图片来源：作者指导，刘文博绘制）

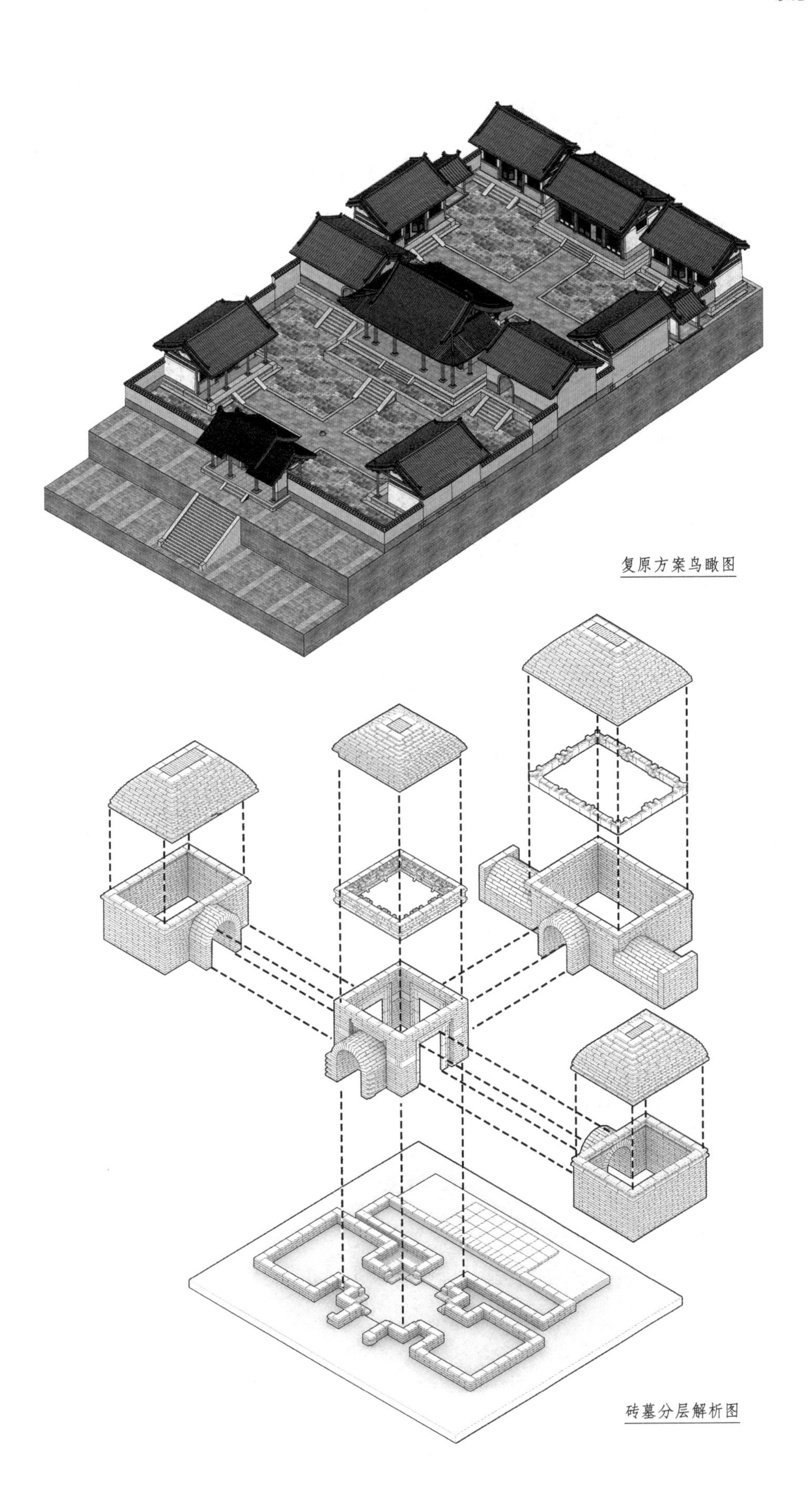

图8.42 高平汤王头金墓构成要素及砖、木构比较
（图片来源：作者指导，刘文博绘制）

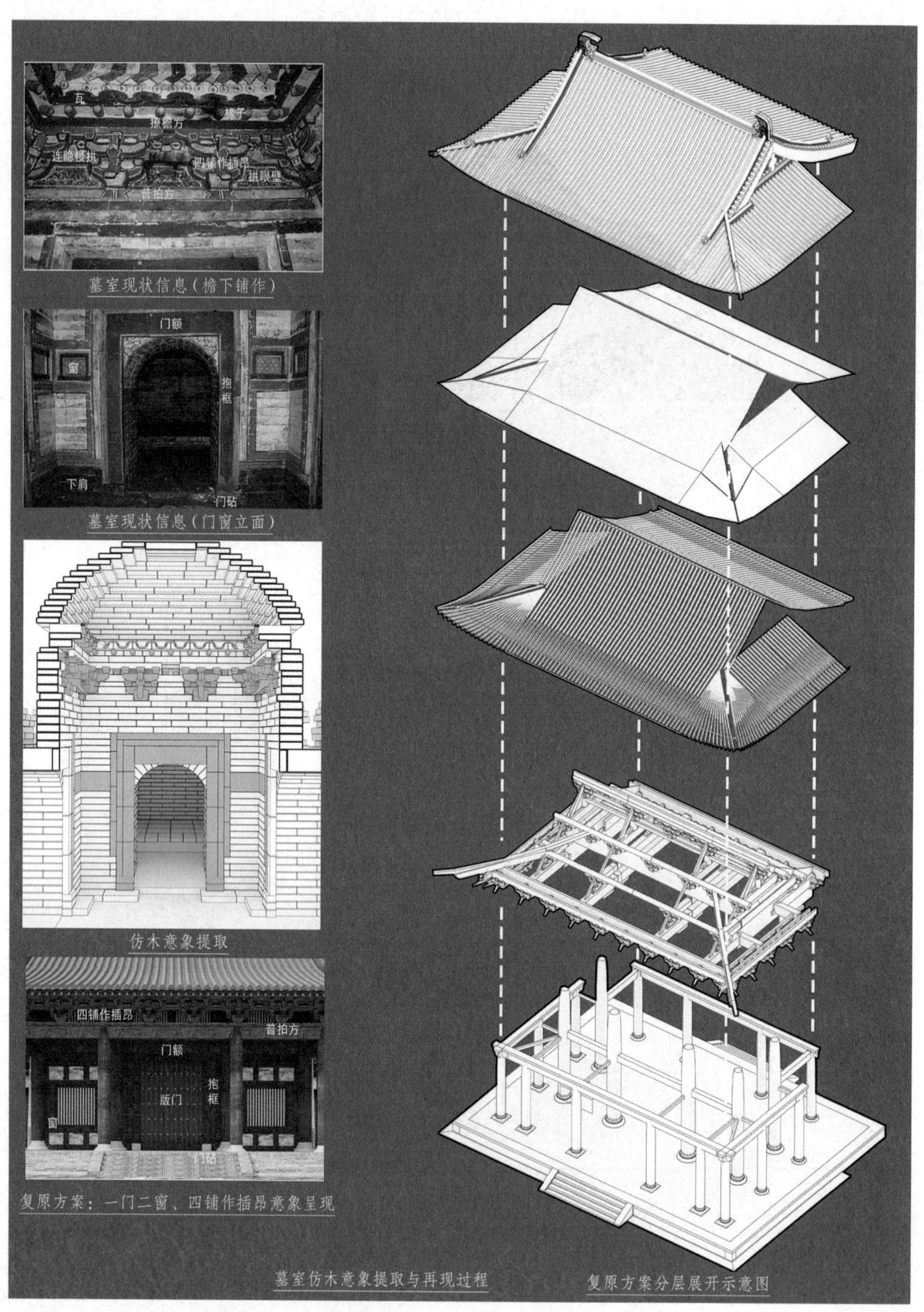

图8.43　高平汤王头金墓复原依据及设计方案分层展开图

（图片来源：照片引自参考文献[29]，作者指导，刘文博绘制）

图8.44　高平汤王头金墓复原设计局部渲染（正堂剖透视）
（图片来源：作者指导，刘文博绘制）

图8.45　高平汤王头金墓复原设计局部渲染（正堂部分）
（图片来源：作者指导，刘文博绘制）

图8.46 高平汤王头金墓复原设计局部渲染（院落及后室部分）

（图片来源：作者指导，刘文博绘制）

图8.47　高平汤王头金墓复原设计方案鸟瞰渲染
（图片来源：作者指导，刘文博绘制）

参考文献

[1]（汉）戴圣.礼记[M].胡平生，张萌，译注.北京：中华书局，2017.

[2] 黄景春.中国宗教性随葬文书研究[M].上海：上海人民出版社，2018.

[3]（汉）桓宽.盐铁论[M].陈桐生，译注.北京：中华书局，2015.

[4]（唐）魏徵，等.群书治要[M].赵东凌，评译.北京：北京联合出版公司，2017.

[5] 姜守诚."冢讼"考[J].东方论坛，2010(05)：6-11.

[6] 王先谦.荀子集解[M].上海：商务印书馆，1934.

[7] 天一阁博物馆，中国社会科学院历史研究所天圣令整理课题组.天一阁藏明钞本天圣令校证（下册）[M].北京：中华书局，2006：425.

[8] 陈涛.韩国庆州皇龙寺与中国南朝佛寺渊源关系探讨[A].王贵祥，主编.中国建筑史论汇刊（第伍辑）.北京：中国建筑工业出版社，2012：505-530.

[9] 韩小囡.墓与塔——宋墓中仿木建筑雕饰的来源[J].中原文物，2010(03)：95-100.

[10] 傅熹年.中国古代建筑工程管理和建筑等级制度研究[M].北京：中国建筑工业出版社，2012.

[11]（明）申时行.明会典（万历朝重修本）[M].北京：中华书局，2007.

[12] 齐东方.唐代的丧葬观念习俗与礼仪制度[J].考古学报，2006(01)：59-82.

[13] 喻梦哲，张陆.屋型脊刹漫谈——论建筑装饰构件的"模型化"现象[J].建筑学报，2022(S25)：206-212.

[14] 秦宗林，韩成龙，罗录会，等.江苏扬州南唐田氏纪年墓发掘简报[J].文物，2019(05)：31-40+1.

[15] 李敏，刘拓.河北沽源梳妆楼元墓墓上建筑研究[J].文物，2018(06)：58-64.

[16] 河北省文物研究所.宣化辽墓1974-1993年考古发掘报告（上）[M].北京：文物出版社，2001.

[17] 王银田，解廷琦，周雪松.山西大同市辽代军节度使许从赟夫妇壁画墓[J].考古，2005(08)：34-47+97-101+2.

[18] 喻梦哲，张学伟.辽代许从赟夫妇墓中的仿木现象解析[J].建筑史，2021(第46辑)：41-54.

[19] 朱晓芳，王进先，李永杰.山西长治市故漳村宋代砖雕墓[J].考古，2006(09)：31-39，99，102-103.

[20] 商彤流，郭海林.山西沁县发现金代砖雕墓[J].文物，2000(06)：60-73+1.

[21]（晋）杜预（注），（唐）孔颖达（疏）.春秋左传正义[M].李学勤，主编.北京：北京大学出版社，1999.

[22] 熊瑛，孙太初.云南祥云大波那木椁铜棺墓清理报告[J].考古，1964(12)：607-614+665+4-7.

[23] 程应林，刘诗中.江西贵溪崖墓发掘简报[J].文物，1980(11)：1-25+97-98.

[24] 罗二虎.汉代画像石棺研究[J].考古学报，2000(01)：31-62.

[25] 王克林.北齐库狄迴洛墓[J].考古学报，1979(03)：377-402+417-428.

[26] 侯晓刚.山西大同北魏墓发掘报告[J].文物，2021(06)：23-37.

[27] 李清泉.佛教改变了什么——来自五代宋辽金墓葬美术的观察[A].（美）巫鸿，主编.古代墓葬美术研究（第四辑）.长沙：湖南美术出版社，2017：242-277.

[28] 赵明星.宋代仿木构墓葬形制研究[D].长春：吉林大学，2004.

[29] 俞莉娜，熊天翼，李路珂，等.高平市汤王头村砖雕壁画墓结构形制研究[J].故宫博物院院刊，2022(01)：60-71+133.

[30] 朱启钤.中国营造学社开会演词[J].中国营造学社汇刊，1931(第一卷第一期)：8-9.

[31] 徐怡涛.文物建筑形制年代学研究原理与单体建筑断代方法[A].王贵祥，主编.中国建筑史论汇刊（第贰辑）.北京：清华大学出版社，2008：487-494.

[32] 徐怡涛.宋金时期“下卷昂”的形制演变与时空流布研究[J].文物，2017(02)：89-96+1.

[33] 罗伯特·索科拉夫斯基.现象学导论[M].张建华，高秉江，译.武汉：武汉大学出版社，2009.

[34] 郑汉池，刘彦军，申明清.河南安阳市北关唐代壁画墓发掘简报[J].考古，2013(01)：59-68.

[35] 江伟伟，侯晓刚.发现唐代纪年墓！大同智家堡，十二生肖设置赫然成孤例[EB/OL].文博山西，2023年2月18日.

[36] 赵德才，马岩波.河南焦作宋代刘智亮墓发掘简报[J].中原文物，2012(12)：9-12.

[37] Dieter Kuhn. A Place for the Dead：An Archaeological Documentary on Graves and Tombs of the Song Dynast(960-1279)[M]. Forum, Ed.Heidelberg：1996：53-54.

[38] 秦大树.宋元明考古[M].北京：文物出版社，2004.

[39] 张江波.两宋时期的隔扇研究[D].太原：太原理工大学，2010.

[40] 陈捷，张昕.梓人遗制——小木作制度考析[A].王贵祥，主编.中国建筑史论汇刊(第肆辑).北京：清华大学出版社，2011：198-223.

[41] 陈蔚，方盛德.川渝黔南宋石室墓仿木格子门样式和做法研究[J].古建园林技术，2022(02)：14-19.

[42] 白昭薰.金代砖雕墓中的仿木结构及住宅形状研究[D].北京：清华大学，2006.

[43] Nancy S. Steinhardt. A Jin Hall at Jingtusi：Architecture in Search of Identity[J]. Arts Orientalism, Vol.33，2003，pp.76-119.

[44] 俞莉娜.宋金时期河南中北部地区墓葬仿木构建筑史料研究[A].王贵祥，主编.中国建筑史论汇刊(第壹拾捌辑).北京：中国建筑工业出版社，2019：65-89.

[45] 巫鸿.黄泉下的美术：宏观中国墓葬艺术[M].施杰，译.北京：生活·读书·新知三联书店，2016.

[46] 李清泉.宣化辽墓：墓葬艺术与辽代社会[M].北京：文物出版社，2008.

[47] 郑岩.魏晋南北朝壁画墓研究[M].北京：文物出版社，2002.

[48] 徐怡涛.公元5至13世纪中国砖石佛塔塔壁装饰类型分期研究[J].故宫博物院院刊，2016(02)：6-15+159.

[49] 彭明浩，李若水，莫嘉靖，等.洛阳涧西七里河仿木构砖室墓测绘简报[J].考古与文物，2015(01)：45-52.

[50] 郑岩.论“半启门”[J].故宫博物院院刊，2012(05)：16-36.

[51] 吴垠.晋南金墓中的仿木建筑——以稷山马村段氏家族墓为中心[D].北京：中央美术学院，2014.

[52] Ellen Johnson Laing. Patterns and Problems in Later Chinese Tomb Decoration[J]. Journal of Oriental, Studies 16, nos.1, 2(1978), pp.3-20.

[53] Wei-Cheng Lin. Underground Wooden Architecture in Brick：A Changed Perspective from Life to Death in 10th through 13th Century Northern China[J]. Archives of Ancient China, Volume 61, 2011, pp.3-36.

[54] Jee-Hee Hong. Theatricalizing Death in Performance Images of Mid-Imperial China[D]. The University of Chicago，2008.

[55] 郑以墨.五代墓葬美术研究[M].台北：花木兰文化出版社，2014.

[56] 裴志昂.试论晚唐至元代仿木构墓葬的宗教意义[J].考古与文物，2009(07)：86-90.

[57] (清)段玉裁.说文解字注[M].北京：中华书局，2013.

[58] 李砚祖.设计中的仿与造[J].装饰，2010(02)：13-15.

[59] 常存文.从临摹到仿拟——绘画学习方式向创作方式的历史演变[J].美术大观，2006(01)：32-33.

[60] 陈见东.略论“传移模写”的内在结构[J].美术研究，2006(03)：99-102.

[61] 郑晓敏.关于王时敏绘画中的“仿”[D].北京：中央美术学院，2007.

[62] 姚东一.临仿之间——董其昌书画鉴藏和临池之间的关系[J].美术观察，2017(02)：105-110.

[63] 吴冰.“四王”的古与新——探究“四王”山水画的本质[J].艺术教育，2011(09)：20-21.

[64] 高居翰.气势撼人——十七世纪中国绘画中的自然与风格[M].李佩桦，等，译.北京：生活·读书·新知三联书店，2009.

[65] 陈鹤岁.汉字中的中国建筑[M].天津：天津大学出版社，2015.

[66] 史箴，王方捷.木的意义：从“木德参天”说起[J].建筑史(第32辑)，2013：1-10.

[67] (宋)李诫.营造法式[M].杭州：浙江人民美术出版

社，2013.

[68] 谢尧亭，武俊华，程瑞宏，等.山西汾西郝家沟金代纪年壁画墓发掘简报[J].文物，2018(02)：11-22.

[69] 王爱文，徐婵菲.洛阳市文物管理局等.洛阳古代墓葬壁画[M].郑州：中州古籍出版社，2010.

[70] 叶宝奎.语言学概论[M].厦门：厦门大学出版社，2003.

[71] 王书林，徐新云.四川南充白塔建筑年代初探[J].四川文物，2015(01)：75-84+96.

[72] 齐晓光，盖志勇，丛艳双.内蒙古赤峰宝山辽壁画墓发掘简报[J].文物，1998(01)：73-95+97-103+1.

[73] 杨古城，曹厚德，陈万丰.填补南宋椅类家具的空白——东钱湖仿木结构石椅[J].室内设计与装修，1995(01)：42-44.

[74] 常亚平.山西砖石塔仿木结构制作技术的时代特征[N].中国文物报，2017-01-20(007).

[75] 廖奔.宋金元仿木结构砖雕墓及其乐舞装饰[J].文物，2000(05)：81-87.

[76] 田成伟.陕西靖边县统万城周边北朝仿木结构壁画墓研究[D].西安：西北师范大学，2015.

[77] 邢福来，席琳，马瑞，等.陕西靖边县统万城周边北朝仿木结构壁画墓发掘简报[J].考古与文物，2013(03)：9-18+2+113-117.

[78] 王子奇.甘肃高台县地埂坡一号晋墓仿木结构初探[J].四川文物，2017(06)：40-45.

[79] 朱向东，魏璟璐.中国传统建筑中石仿木结构现象探析——以山西建筑为例[J].古建园林技术，2008(04)：36-38+44.

[80] 石安石.语义论[M].北京：商务印书馆，1993.

[81] 巫鸿.全球景观中的中国古代艺术[M].北京：生活·读书·新知三联书店，2017.

[82] 赵明星.战国至汉代墓葬中的仿木构因素——兼论仿木构墓葬的起源[J].中国国家博物馆馆刊，2011(04)：118-125.

[83] 李德喜，李德维.中国墓葬建筑文化[M].武汉：湖北教育出版社，2004.

[84] 蒲慕州.墓葬与生死——中国古代宗教之省思[M].北京：中华书局，2008.

[85] 陈朝云.我国北方地区宋代砖室墓的类型和分期[J].郑州大学学报(哲学社会科学版)，1994(06)：75-79.

[86] Susan N. -Erickson，夏笑容，钟治，王毅.四川省三台县东汉崖墓[J].四川文物，2010(02)：55-67.

[87] 杨远.宋代壁画墓仿木建筑及其装饰艺术[J].兰台世界，2010(09)：78-79.

[88] 李清泉.由图入史——李清泉自选集[M].上海：中西书局，2019.

[89] 傅熹年.中国古代建筑史(第二卷)：三国、两晋、南北朝、隋唐、五代建筑[M].北京：中国建筑工业出版社，2009.

[90] 傅熹年.唐代隧道型墓的形制构造和所反映的地上宫室[A].文物出版社编辑部，编.文物与考古论集[M].北京：文物出版社，1986.

[91] 郑以墨.五代王处直墓壁画的空间配置研究——兼论墓葬壁画与地上绘画的关系[J].美苑，2010(01)：72-76.

[92] 郑以墨.缩微的空间——五代、宋墓葬中仿木建筑构件的比例与观看视角[J].美术研究，2011(01)：32+41.

[93] 王进先，朱晓芳，崔国琳，等.山西长治市魏村金代纪年彩绘砖雕墓[J].考古，2009(01)：59-64+109-112+114.

[94] 杨煦，郑岩.山东安丘北宋胡琏夫妇石棺研究[J].文物，2022(08)：42-58+97.

[95] 俞莉娜，李路珂，杨林中，等.山西壶关上好牢M1砖雕壁画墓仿木构形制及设计研究[J].文物，2022(04)：80-97.

[96] 赵兵兵，张昕源.辽代砖作技术探究——以辽代砖塔为例[J].建筑与文化，2017(08)：232-233.

[97] 刘欣.论山东地区宋金元砖雕壁画墓的营造工艺[D].济南：山东大学，2017.

[98] 邓菲.试析宋金时期砖雕壁画墓的营建工艺——从洛阳关林庙宋墓谈起[J].考古与文物，2015(01)：71-81.

[99] 赵兵兵.同源异制的辽代木构与砖作铺作[J].四川建筑科学研究，2015，41(03)：113-116.

[100] 张汉君，张晓东.辽代万部华严经塔砖构斗栱——兼探辽代仿木砖构斗栱构制的时代特征[J].古建园林技术，2000(03)：3-15.

[101] 薛垲.苏州云岩寺塔设计模数研究[J].建筑与文化，2015(05)：156-158.

[102] 姚承祖(原著)，张至刚(增编).营造法原[M].刘敦桢，校阅.北京：中国建筑工业出版社，1986.

[103] 薛垲.苏州瑞光塔设计模数初探[J].建筑与文化，2015(04)：152-153.

[104] 薛垲.苏州宋塔设计模数初探[J].古建园林技术，

2015(01)：20-26.

[105] 俞莉娜."砖构木相"——宋金时期中原仿木构砖室墓斗栱模数设计刍议[J].建筑学报，2021(S2)：189-195.

[106] 孙新民，傅永魁.宋太宗元德李后陵发掘报告[J].华夏考古，1988(03)：19-46.

[107] 商彤流，袁盛慧.山西平定宋、金壁画墓[J].文物，1996(05)：1-16.

[108] 王书林，王子奇，金连玉，等.新安宋村北宋砖雕壁画墓测绘简报[J].考古与文物，2015(01)：34-44.

[109] 山西省考古研究所，汾阳市文物旅游局，汾阳市博物馆.汾阳东龙观宋金壁画墓[M].北京：文物出版社，2012.

[110] 李慧.山西襄汾侯村金代纪年砖雕墓[J].文物，2008(02)：36-40.

[111] 上海古籍出版社.生活与博物丛书"说花绘第五""说胎釉第三"[M].上海：上海古籍出版社，1993.

[112] 宿白.白沙宋墓[M].北京：生活·读书·新知三联书店，2017.

[113] 杨富斗.山西新绛三林镇两座仿木构的宋代砖墓[J].考古通讯，1958(06)：36-39+12-13.

[114] 河北省文物研究所.宣化辽墓1974-1993年考古发掘报告(下)[M].北京：文物出版社，2001.

[115] 巫鸿."空间"的美术史[M].钱文逸，译.上海：上海人民出版社，2018.

[116] 郑以墨.内与外，虚与实——五代、宋墓葬中仿木建筑的空间表达[J].故宫博物院院刊，2009(06)：64-77+157.

[117] 咸阳市文物考古研究所.五代冯晖墓[M].重庆：重庆出版社，2001.

[118] 邹冬珍.山西夏县宋金墓的发掘[J].2014(11)：54-71.

[119] 谢尧亭，武俊华，赵辉，等.山西汾西郝家沟金代墓葬发掘简报[J].中国国家博物馆馆刊，2018(12)：42-57.

[120] 吴荭，谢焱，赵吴成，等.甘肃高台地埂坡晋墓发掘简报[J].文物，2008(09)：29-39+1.

[121] 张建华，张玉霞.河南汉代仿木构墓葬的建筑学研究[J].中原文物，2012(05)：68-73.

[122] 马鹏飞.辽宁辽塔营造技术研究[D].沈阳：沈阳建筑大学，2012.

[123] 荷雅丽，曹曼青.仿木构：中国文化的特征——中国仿木构现象与西方仿石构(头)现象的对比浅谈[A].王贵祥，主编.中国建筑史论汇刊(第柒辑).北京：中国建筑工业出版社，2013：288-311.

[124] 荷雅丽，曹曼青.仿木构：中国营造技术的特征——浅谈营造技术对中国仿木构现象的重要性[J].建筑史(第32辑)，2013：11-24.

[125] 林源，喻梦哲，岳岩敏.中国古建筑测绘大系——陕西祠庙[M].中国建筑工业出版社，2019.

[126] (晋)陈寿.三国志[M].南京：江苏凤凰美术出版社，2015.

[127] 俞伟超.汉代诸侯王与列侯墓葬的形制分析[C]//中国考古学会第一次年会论文集.北京：文物出版社，1980.

[128] 安徽省文物工作队.安徽天长县汉墓的发掘[J].考古，1979(04)：320-329+389.

[129] 管恩洁，霍启明，尹世娟.山东临沂吴白庄汉画像石墓[J].东南文化，1999(06)：45-55.

[130] 王玉清.潼关吊桥汉代杨氏墓群发掘简记[J].文物，1961(01)：56-66.

[131] 蒋宏杰，田明，李宏庆.河南南阳市安居新村汉画像石墓[J].考古，2005(08)：27-33.

[132] 刘敦桢.中国古代建筑史[M].北京：中国建筑工业出版社，1985.

[133] 常青.两汉砖石拱顶建筑探源[J].自然科学史研究，1991(03)：288-295.

[134] 黄晓芬.汉墓的考古学研究[M].长沙：岳麓书社，2003.

[135] 陈菁.汉晋时期河西走廊砖墓穹顶技术初探[J].敦煌研究.2006(03)：23-26.

[136] (韩)赵胤宰.建康及外围地区六朝大型砖室墓之建筑结构和筑造技术[J].东南文化.2000(05)：42-54.

[137] 中国科学院自然科学史研究所.中国古代建筑技术史[M].北京：中国建筑工业出版社，1985.

[138] 黄明兰，郭引强.洛阳汉墓壁画[M].北京：文物出版社，1996.

[139] 陈长山.南阳麒麟岗汉画像石墓[M].黄雅峰，译.西安：三秦出版社，2008.

[140] 陈公柔.白沙唐墓简报[J].考古通讯，1955(创刊号)：22-27.

[141] 杨桂梅.北京市海淀区八里庄唐墓[J].文物，1995(11)：45-54.

[142] 张道森，吴伟强.安阳唐代墓室壁画初探[J].美术研究，2001(02)：26-28.

[143] 崔世平.河北因素与唐宋墓葬制度变革初论[A].北

京大学中国考古学研究中心，编．两个世界的徘徊——中古时期丧葬观念风俗与礼仪制度学术研讨会论文集[M]．北京：科学出版社，2016：282-312．

[144] 刘爽．河北邱县唐代墓群考古收获，冀南首现“马蹄形”唐墓[EB/OL]．文博中国，2023年5月29日．

[145] 王俊．2022年度山西考古新发现（忻州原平南头村金代墓地）[EB/OL]．山西省考古研究院公众号，2023年2月19日．

[146] 李清泉．宝山辽墓：契丹墓葬艺术中的“国俗”与身份建构//（美）巫鸿，李清泉．宝山辽墓——材料与释读[M]．上海：上海书画出版社，2013．

[147] 齐晓光，王建国，丛艳双．辽耶律羽之墓发掘简报[J]．文物，1996(01)：4- 32+97-100．

[148] 巫鸿．宝山辽墓的释读和启示[M]//巫鸿，李清泉．宝山辽墓——材料与释读．上海：上海书画出版社，2013．

[149] 李逸友．略论辽代契丹与汉人墓葬的特征和分期[A]．中国考古集成（东北卷·辽）[M]．北京：北京出版社，1995．

[150] 杨晶．辽代汉人墓葬概述[J]．文物春秋，1995(02)：52-58．

[151] 林栋．沈阳地区仿木结构辽墓初探[J]．辽金历史与考古，2015(06)：16-23．

[152] 董新林．辽代墓葬形制与分期略论[J]．考古，2004(08)：62-75．

[153] 肖阳．辽代长城以南地区汉人墓葬仿木构形制研究[D]．北京：中央民族大学，2020．

[154] 杜景洋．辽代墓门研究[D]．呼和浩特：内蒙古大学，2017．

[155] 刘萨日娜．辽代墓葬仿木构建筑装饰初步研究[D]．呼和浩特：内蒙古大学，2021．

[156] 曹汛．叶茂台辽墓中的棺床小帐[J]．文物，1975(12)：49-62．

[157] 韩国祥．辽宁朝阳市姑营子辽代耿氏家族3、4号墓发掘简报[J]．考古，2011(08)：31-45+103-104．

[158] 黄秀纯，傅公钺．辽韩佚墓发掘报告[J]．考古学报，1984(03)：361-381+ 418-427．

[159] 孙建华，张郁．辽陈国公主驸马合葬墓发掘简报[J]．文物，1987(11)：4-24+ 97-106．

[160] 王雁华．河北涿鹿辽代东郡夫人康氏墓发掘简报[J]．文物春秋，2019(12)：33-39+72+2+81．

[161] 司马俊堂，岳梅，乔栋．洛阳伊川后晋孙璠墓发掘简报[J]．文物，2007(06)：9-15．

[162] 赵明星．宋代仿木构墓葬形制及对辽金墓葬的影响[J]．边疆考古研究，2005(01)：210-237．

[163] 谭其骧．中国历史地图集（第6册：宋·辽·金时期）[M]．北京：中国地图出版社，1982．

[164] 易晴．试析河南北宋砖雕壁画墓八角形墓室形制来源及其象征意义[J]．中原文物，2008(01)：36-40．

[165] 郑州市文物考古研究所．郑州宋金壁画墓[M]．北京：科学出版社，2005．

[166] 方殿春．论北方圆形墓葬的起源[J]．北方文物，1988(03)：38-43．

[167] 程义．再论六角八角形墓的渊源[C]//周天游，编．丝路回音——第三届曲江壁画论坛论文集．北京：文物出版社，2020：95-103．

[168]（韩）朱南哲．韩国建筑史[M]．首尔：高丽大学出版社，2006．

[169] 赵庆宜．高句丽丸都山城宫殿的八角形遗址[J]．大众考古，2020(11)：36-40．

[170] 于瑞华．民国密宗期刊文献集成．造塔功德经[M]．北京：东方出版社，2008．

[171] 张保卿．北宋四京地区墓葬等级制度初探[J]．考古，2020(04)：100-111．

[172] 陈豪，丁雨．宋代官员墓葬相关问题刍议[J]．华夏考古，2021(01)：96-105．

[173] 李合群，周清怀．杞县陈子岗宋代郑绪墓调查报告[A]．丘刚，主编．开封考古发现与研究．郑州：中州古籍出版社，1998．

[174]（宋）司马光．司马氏书仪[M]．北京：中华书局，1985．

[175] 王进先．山西长治市故漳金代纪年墓[J]．考古，1984(08)：737-743+775．

[176] 李清泉．粉本——从宣化辽墓壁画看古代画工的工作模式[J]．艺苑，2004(01)：36-39．

[177] 张鹏．“粉本”“样”与中国古代壁画创作——兼谈中国古代的艺术教育[J]．美苑，2005(01)：55-58．

[178] 谢尧亭．侯马两座金代纪年墓发掘报告[J]．文物季刊，1996(03)：65-78．

[179] 杨富斗．山西省闻喜县金代砖雕、壁画墓[J]．文物，1986(12)：36-46．

[180] 河南省文物考古研究所，荥阳市文物保管所．河南荥阳金墓发掘简报[J]．文物，1994(10)：4-9．

[181]（宋）李心传.建炎以来系年要录[M].北京：中华书局，1988.

[182]（元）脱脱，等.宋史[M].上海：上海人民出版社，2003.

[183] 杨富斗.山西曲沃县秦村发现的北魏墓[J].考古，1959(01)：43-44.

[184] 陈章龙.宋、金雕砖壁画墓中心区位移探讨[A].辽宁省辽金契丹女真史研究会，编.辽金历史与考古国际学术研讨会论文集（上）.沈阳：辽宁教育出版社，2011：93-99.

[185] 石忠，杨及耘，曹俊.山西垣曲中条山金属集团金墓发掘简报[J].文物季刊，2022(04)：35-43.

[186] 杨林中，宋文斌，杨小川，等.山西襄垣付村金代砖雕壁画墓发掘简报[J].文物季刊，2023(01)：29-30+132+31-47.

[187] 刘岩，程勇，安建峰，等.山西高平汤王头村金代墓葬[J].华夏考古，2020(06)：37-44.

[188] 赵永军.陕甘宁地区金代墓葬初探[J].边疆考古研究（第27辑）：335-343.

[189] 张燕，李安福.陕西甘泉金代瘗窟清理简报[J].文物，1989(05)：75-80.

[190] 张保卿.边陲的华彩：宋金时期西北边境地区砖室墓的壁面布局和设计[A].北京大学考古文博学院，北京大学中国考古学研究中心，编.考古学研究（第十一辑）.北京：文物出版社，2019：474-489.

[191] 赵吴成，王辉.甘肃会宁宋墓发掘简报[J].考古与文物，2004(05)：22-25.

[192] 南宝生.绚丽的地下艺术宝库：清水宋金砖雕彩绘墓[M].兰州：甘肃人民出版社，2005.

[193] 耿志强，郭晓红，杨明.宁夏西吉县宋代砖雕墓发掘简报[J].考古与文物，2009(01)：3-13.

[194] 宝鸡市考古队，千阳县文化馆.陕西千阳发现金明昌四年雕砖壁画墓[J].文博，1994(05)：89-94.

[195] 陈贤儒.兰州中山林金代雕砖墓清理简报[J].文物参考资料，1957(03)：76-78.

[196] 临夏回族自治州博物馆.甘肃临夏金代砖雕墓[J].文物，1994(12)：46-53.

[197] 张蕴，刘思哲，宋俊.蓝田吕氏家族墓园[M].北京：文物出版社，2018.

[198] 任喜来，呼林贵.陕西韩城金代僧群墓[J].文博，1988(01)：9-12.

[199] 于春雷，苗轶飞，李增社，等.陕西西安金代李居柔墓发掘简报[J].考古与文物，2017(02)：40-49.

[200] 王沛，王蕾.延安宋金画像砖[M].西安：陕西人民美术出版社，2014.

[201] 陕西省考古研究院.2013年陕西省考古研究院考古发掘调查新收获[J].考古与文物，2014(02)：3-23.

[202] 钟侃.宁夏回族自治区文物考古工作的主要收获[J].文物，1978(08)：54-59.

[203] 钟侃.宁夏泾源宋墓出土一批精美雕砖[J].文物，1981(03)：64-67.

[204] 夏素颖.河北地区宋金墓葬研究[J].文物春秋，2012(02)：20-27.

[205] 唐云明.河北井陉县柿庄宋墓发掘报告[J].考古学报，1962(02)：31-73+124-153.

[206] 郭瑞海，李恩佳.河北平山发现宋墓[J].文物春秋，1989(03)：88-92+64.

[207] 张春长，樊书海，张献中.河北平山县两岔宋墓[J].考古，2000(09)：49-59+102.

[208]（明）黄淮，杨士奇.历代名臣奏议[M].上海：上海古籍出版社，1989.

[209] 秦大树，魏成敏.山东临淄大武村元墓发掘简报[J].文物，2005(11)：39-48.

[210] 皇明制书（第二册）[M].杨一凡，点校.北京：社会科学文献出版社，2013.

[211] 袁泉.继承与变革：山东地区元代墓葬区域与阶段特征考[J].考古与文物，2015(01)：92-107.

[212] 山西省文物工作委员会侯马工作站.山西新绛寨里村元墓[J].考古，1966(01)：33-35+10-12.

[213] 陶富海.山西襄汾县南董村金墓清理简报[J].文物，1979(08)：24-25.

[214] 陶富海，解希恭.山西襄汾县曲里村金元墓清理简报[J].文物，1986(12)：47-52.

[215] 侯新佳.试析山东元代砖雕壁画墓[J].洛阳理工学院学报，2008(01)：81-85.

[216] 济南市考古研究院.山东元代济南王张荣家族墓地[EB/OL].文博中国，2023.02.20.

[217] 罗世平.古代壁画墓[M].北京：文物出版社，2005：239.

[218] 贺西林，李清泉.永生之维：中国墓室壁画史[M].北京：高等教育出版社，2009.

[219] 张佳.以礼制俗——明初礼制与墓室壁画传统的骤衰[J].复旦学报（社会科学版），2017(02)：102-109.

[220] 皇明制书（第一册）[M].杨一凡，点校.北京：社会科学文献出版社，2013.

[221] 明实录·太祖实录[M].上海：上海书店出版社，1982.

[222] 杨一凡.明大诰研究[M].南京：江苏人民出版社，1988.

[223] 明实录·武宗实录[M].台北："中央研究院历史语言研究所"，1982.

[224] 刘文杰，赵辉，刘吉祥，等.山西交口刘家庄明代宋氏家族墓[J].文物季刊，2023(01)：48-61.

[225] 杨爱国.明代墓室建筑装饰探析[J].贵州大学学报（艺术版），2013(01)：54-62.

[226] 中国社科院考古研究所，四川省博物馆.成都凤凰山明墓[J].考古，1978(05)：306-313+366-370.

[227] 翁善良.成都明代蜀僖王陵发掘简报[J].文物，2002(04)：41-54+1.

[228] 冷婕，张宁，陈晓宁.明代蜀藩王陵玄宫仿木构形制与营造技术分析[J].新建筑,2023(04)：39-45.

[229] 山东省博物馆.发掘明朱檀墓纪实[J].文物，1972(05)：25-36+67-69.

[230] 董新林.明代诸侯王陵墓初步研究[J].中国历史文物，2003(04)：4-13.

[231] 杜卓，张妍妍，刘其山.原武温穆王墓墓室建筑与设计手法探析[J].中原文物，2017(04)：109-114.

[232] 安瑞军，崔跃忠.山西榆次明代晋裕王墓清理简报[J].中国国家博物馆馆刊，2018(02)：80-89.

[233] 周裕兴，顾苏宁，李文.江苏南京市明蕲国公康茂才墓[J].考古，1999(10)：11-17.

[234] 李蔚然.南京明汪兴祖墓清理简报[J].考古，1972(07)：23+31-33.

[235] 臧卓美.明代藩王陵墓中的仿木构现象[A].中国明史学会，编.第十七届明史国际学术研讨会（暨纪念明定陵发掘六十周年国际学术研讨会）论文集.北京：北京燕山出版社，2018：851-858.

[236] 罗晓欢.四川清代墓葬建筑的亡堂及雕刻图像研究[J].美术研究，2016(01)：60-67.

[237] 郑岩.山东临淄东汉王阿命刻石的形制及其他[M]//郑岩，著.从考古学到美术史.上海：上海人民出版社，2012：1-28.

[238] 李清泉."一家堂庆"的新意象——宋金时期的墓主夫妇像与唐宋墓葬风气之变[J].美术学报，2013(02)：18-30+17.

[239] E.H.贡布里希.秩序感——装饰艺术的心理学研究[M].范景中，等，译.长沙：湖南科技出版社，1999.

[240] 罗晓欢.川东、北地区清代民间墓碑建筑装饰结构研究[J].南京艺术学院学报（美术与设计版），2014(05)：114-117.

[241] 陈易.室内设计原理[M].北京：中国建筑工业出版社，2006.

[242] 郑绍宗.河北宣化辽壁画墓发掘简报[J].文物，1975(08)：31-39+95-101.

[243] 马昇，段沛庭，王江，商彤流.山西汾阳金墓发掘简报[J].文物，1991(12)：16-32+103-105.

[244] 丁雨.从"门窗"到"桌椅"——兼议宋金墓葬中"空的空间"[C]//中国人民大学北方民族考古研究所，中国人民大学历史学院考古文博系.北方民族考古（第4辑）.北京：科学出版社，2017：203-212.

[245] 张鹏.勉世与娱情——宋金墓葬壁画中的一桌二椅到夫妇共坐[J].美术研究，2010(04)：55-64.

[246] 冯汉骥.前蜀王建墓发掘报告[M].北京：文物出版社，2002.

[247] 郝建文，黄信，胡强，等.河北井陉北防口宋代壁画墓发掘简报[J].文物，2018(01)：47-57.

[248] 李光生.周必大研究[M].北京：中国社会科学出版社，2015.

[249] 喻梦哲，惠盛健.《营造法式》转角构造新探[J].建筑史学刊，2022(01)：22-35.

[250] 郭黛姮.中国古代建筑史（第三卷：宋、辽、金、西夏建筑）[M].北京：中国建筑工业出版社，2003.

[251] 李松阳，马力，徐怡涛，等.宋六陵一号陵园遗址建筑复原研究[J].考古与文物，2021(01)：140-152.

[252]（宋）欧阳修（撰），（宋）徐无党（注）.新五代史[M].陈尚君，修订.北京：中华书局，2016.

[253] 宿白.太原北齐娄叡墓参观记[J].文物，1983(10)：24-28.

[254] 康方耀.晋南地区宋金仿木构墓葬装饰中的建筑特征分析[D].太原：太原理工大学，2012.

[255] 薛野，白曙璋.山西临猗宋代砖雕壁画墓清理简报[J].文物季刊，2023(02)：46-52+132.

[256] 傅熹年.傅熹年建筑史论文集[M].北京：文物出版社，1998.

[257] 陕西省文物管理委员会.唐永泰公主墓发掘简报[J].

文物，1964(01)：7-33+58-63.

[258] 陕西省考古研究院，昭陵博物馆.唐昭陵韦贵妃墓发掘报告[M].北京：科学出版社，2017.

[259] 陕西省博物馆，乾县文教局唐墓发掘组.唐懿德太子墓发掘简报[J].文物，1972(07)：26-32+70-71+75-76.

[260] 陕西省博物馆，乾县文教局唐墓发掘组.唐章怀太子墓发掘简报[J].文物，1972(07)：13-25+68-69.

[261] 陕西省博物馆，陕西省文管会.唐李寿墓发掘简报[J].文物，1974(09)：71-88+61+96+99.

[262] 郭强."方拼"马赛克图像构成研究[J].中国陶瓷，2011(01)：41-43.

[263] 全锦云.湖北郧县唐李徽、阎婉墓发掘简报[J].文物，1987(08)：30-42+51+101.

[264] 何毓灵，唐际根，申文喜，等.河南安阳刘家庄北地唐宋墓发掘报告[J].考古学报，2015(01)：101-146.

[265] 罗二虎，邓林，格日勒图，等.河北鹿泉市西龙贵墓地唐宋墓葬发掘简报[J].考古，2013(05)：29-54+2.

[266] 李道新，李阳成，高铁，等.辽宁朝阳七道泉子唐墓发掘简报[J].文物，2018(06)：18-36+1.

[267] 汪小洋.中国古代墓室壁画史论[M].北京：科学出版社，2018.

[268] 段鹏琦.我国古墓葬中发现的孝悌图像[A].中国社会科学院考古研究所，编.中国考古学论丛——中国社会科学院考古所建所40周年纪念文集.北京：科学出版社，1993：463-471.

[269] 王进先.山西壶关下好牢宋墓[J].文物，2002(05)：42-55.

[270] 霍宝强，霍东峰，程勇，等.山西省晋城市郝匠M1发掘简报[J].文物季刊，2022(02)：74-85.

[271] 海金乐，张光辉，杨林中，等.山西长子南沟金代壁画墓发掘简报[J].文物，2017(12)：19-34+1.

[272] 史智民，胡焕英.河南义马狂口村金代砖雕壁画墓发掘简报[J].文物，2017(06)：41-49+2.

[273] 巫鸿.礼仪中的美术——巫鸿中国古代美术史文集[M].郑岩，等，译.北京：生活·读书·新知三联书店，2016.

[274] 常一民，裴静蓉，王普军.太原北齐徐显秀墓发掘简报[J].文物，2003(10)：4-40.

[275] 渠传福，刘岩，霍宝强，等.山西朔州水泉梁北齐壁画墓发掘简报[J].文物，2010(12)：26-42+1.

[276] 王策.从唐永泰公主墓室壁画谈起[J].美术，1962(01)：51-52+70-72.

[277] 白曙璋，张庆捷.山西忻州九原岗北朝壁画墓的发掘[J].大众考古，2016(05)：28-34.

[278] 刘岩，商彤流，李培林，等.山西繁峙南关村金代壁画墓发掘简报[J].考古与文物，2015(01)：3-19+61+2+131.

[279] 潘谷西，何健中.营造法式解读[M].南京：东南大学出版社，2005.

[280] 俞莉娜，张剑葳，于浩然，等.新安县石寺李村北宋宋四郎砖雕壁画墓测绘简报[J].故宫博物院院刊，2016(01)：71-87+161.

[281] 侯幼彬.台基[M].北京：中国建筑工业出版社，2016.

[282] 马正元.河南修武大位金代杂剧砖雕墓[J].文物，1995(02)：54-63.

[283] 尹申平.陕西旬邑发现东汉壁画墓[J].考古与文物，2002(03)：76+97.

[284] 庄蕙芷，陶金.虚实之间：石室、洞天与汉晋墓室[J].美术大观，2022(12)：38-44.

[285] 袁泉.生与死：小议蒙元时期墓室营造中的阴阳互动[J].四川文物，2014(03)：74-82.

[286] 郑岩.逝者的面具：汉唐墓葬艺术研究[M].北京：北京大学出版社，2013.

[287]（汉）司马迁.史记[M].北京：中华书局，2022.

[288] 冯时.中国天文考古学[M].北京：社会科学文献出版社，2001.

[289] 李星明.北朝唐代壁画墓与墓志的形制和宇宙图像之比较[J].美术学，2003(06)：79-84+98.

[290]（唐）房玄龄.晋书[M].北京：中华书局，1996.

[291] 李征.吐鲁番县阿斯塔那—哈拉和卓墓群发掘简报(1963-1965)[J].文物，1973(10)：7-27.

[292] 陈元甫.浙江临安晚唐钱宽墓出土天文图及"官"字款白瓷[J].文物，1979(12)：18-23.

[293] 国庆华.中国古建筑定向方法及使用问题辨析[J].建筑史，2019(第43辑)：1-13.

[294] 程建军.中国古建筑朝向不居中现象试析[J].华中建筑，1999(02)：129-130.

[295] 李梅田.再读隋李静训墓及其葬仪[J].华夏考古，2021(05)：85-90.

[296] 张桢.北朝至隋唐时期入华胡人石质葬具的研究[D].西安：西北大学，2009.

[297] 张同杰.北朝丧葬礼俗研究[D].兰州：西北师范大

学，2022.

[298] 黄河舟.浅析北朝墓葬形制[J].文博，1985(03)：44-45.

[299] 林悟殊.波斯拜火教与古代中国[M].台北：新文丰出版公司，1995.

[300] 洪知希."恒在"中的葬仪——宋元时期中原墓葬的仪礼时间[A].巫鸿，编.古代墓葬美术研究（第三辑）.长沙：湖南美术出版社，2015：196-226.

[301] 袁泉.从墓葬中的"茶酒题材"看元代丧葬文化[J].边疆考古研究（第6辑），2007：329-349.

[302] 易晴.宋金中原地区壁画墓"墓主人对（并）坐"图像探析[J].中原文物，2011(02)：73-80.

[303]（宋）朱熹.二程遗书.二程外书[M].上海：上海古籍出版社，1992.

[304] 柯林·罗，罗伯特·斯拉茨基.透明性[M].金秋野，王又佳，译.北京：中国建筑工业出版社，2008.

[305] 林伟正.试论"墓室建筑空间"——从视觉性到物质性的历史发展[A].巫鸿，编.古代墓葬美术研究（第四辑）.长沙：湖南美术出版社，2017：34-52.

[306] 中国社会科学院考古研究所，河北省文物管理处.满城汉墓发掘报告（上册）[M].北京：文物出版社，1978.

[307] 河南文物研究所.密县打虎亭汉墓[M].北京：文物出版社，1993.

[308] 李星明.唐代墓室壁画研究[M].西安：陕西人民美术出版社，2005.

[309] 网络版《四库全书·山西通志·卷二百六》.

[310] 山西省考古研究所，太原市文物管理委员会.太原南郊北齐壁画墓[J]文物，1990(12)：1-19.

[311] 巫鸿.无形的微型——中国艺术和建筑中对灵魂的界框[A].巫鸿，编.古代墓葬美术研究（第三辑）[M].长沙：湖南美术出版社，2015：1-17.

[312] 李清泉.空间逻辑与视觉意味——宋辽金墓"妇人启门"图新论[J].美术学报，2012(02)：5-25.

[313] Claud Levi-Strauss.The Savage Mind[M].Chicago：University of Chicago Press, 1966.

[314] 鲁迅.唐宋传奇集[M].北京：人民文学出版社，1956.

[315] 庚建军，孟强.徐州后楼山西汉墓发掘报告[J].文物，1993(04)：29-49.

[316]（汉）王充.论衡[M].上海：上海人民出版社，1974.

[317] 丁雨.浅议宋金墓葬中的"启门图"[J].考古与文物，2015(01)：81-91.

[318] 梁白泉.墓饰"妇人启门"含义蠡测[A].王廷信，编.艺术学界（第六辑）.南京：江苏美术出版社，2011：63-73.

[319] 刘未.门窗、桌椅及其他[A].巫鸿，编.古代墓葬美术研究（第三辑）.长沙：湖南美术出版社，2015：227-252.

[320] 萧默.敦煌建筑研究[M].北京：机械工业出版社，2003.

[321] 王耀宗，王自媛.河北武邑崔家庄宋墓发掘简报[J].文物春秋，2006(03)：29-34.

[322] 孙新民，张新斌，杜彤华.河南省新乡县丁固城古墓地发掘报告[J].中原文物，1985(02)：1-10.

[323] 赵德才，赵德芳，韩长松，等.河南焦作小尚宋冀闰壁画墓发掘简报[J].文物世界，2009(05)：13-19.

[324] 浙江大学中国古代书画研究中心.宋画全集（第六卷第三册）[M].杭州：浙江大学出版社，2008.

[325] 廖子中，曹岳森.河南新安县宋村北宋雕砖壁画墓[J].考古与文物，1998(03)：22-28.

[326] 张立文.河北西路与河北东路宋代墓葬研究[D].郑州：郑州大学，2021.

[327] 曾昭燏，等.沂南古画像石墓发掘报告[M].北京：文化部文物管理局，1956.

[328] 孙德萱，丁清贤，赵连生，等.河南濮阳西水坡遗址发掘简报[J].中原文物,1988(03)：1-6.

[329] 冯时.河南濮阳西水坡4号墓的天文学研究[J].文物，1990(03)：52-60.

[330] 李学勤.西水坡"龙虎墓"与四象的起源[J].中国社会科学院研究生院学报，1988(05)：75-78.

[331] 随县擂鼓墩一号墓考古发掘队.湖北随县曾侯乙墓发掘简报[J].文物，1979(07)：1-24.

[332] 冯时.中国早期星象图研究[J].自然科学史研究，1990(02)：108-118.

[333] 徐州博物馆.徐州北洞山西汉楚王墓[M].北京：文物出版社，2003.

[334] 郑岩.关于墓葬壁画起源问题的思考——以河南永城柿园汉墓为中心[J].故宫博物院院刊,2005(03)：56-74.

[335] 信立祥.汉代画像石综合研究[M].北京：文物出版社，2000：59-65.

[336] 王保平，陈斌，呼安林，等.西安曲江翠竹园西汉壁画墓发掘简报[J].文物，2010(01)：26-39.

[337] 雒启坤.西安交通大学西汉墓葬壁画二十八宿星图考释[J].自然科学史研究，1991(03)：236-245.

[338] 黄明兰.洛阳西汉卜千秋壁画墓发掘简报[J].文物，1977(06)：10-11.

[339] 中国墓室壁画全集编辑委员会.中国墓室壁画全集[M]：石家庄：河北教育出版社，2011.

[340] 洛阳博物馆.河南洛阳北魏元乂墓调查[J].文物，1974(12)：53-54.

[341] 姚传森.中国少数民族星图[J].广西民族大学学报(自然科学版)，2009(15)：10-13.

[342] 朱全升，汤池.河北磁县东魏茹茹公主墓发掘简报[J].文物，1984(04)：1-9.

[343] 孙德润，时瑞宝.咸阳市胡家沟西魏侯义墓清理简报[J].文物，1987(12)：57-68.

[344] 山西省考古研究所，太原市文物管理委员会.太原市北齐娄叡墓发掘简报[J].文物，1983(10)：1-23.

[345] 刘尊志.汉代墓内祭祀设施浅论[J].中原文化研究，2019(01)：55-62.

[346] 刘呆运，李明，刘占龙，等.陕西潼关税村隋代壁画墓发掘简报[J].文物，2008(05)：4-31.

[347] 李晓.新疆阿斯塔那—哈拉和卓墓群所出织锦联珠对称纹样的文化与宗教因素[J].西北美术，2021(03)：138-143.

[348] 蓝春秀.浙江临安五代吴越国马王后墓天文图及其他四幅天文图[J].中国科技史料，1999(20)：60-66.

[349] 夏鼐.从宣化辽墓的星图论二十八宿和黄道十二宫[J].考古学报，1976(02)：35-58.

[350] 郑绍宗.宣化辽壁画墓彩绘星图之研究[J].辽海文物学刊，1996(02)：46-61.

[351] 冯恩学.河北省宣化辽墓壁画特点[J].北方文物，2001(01)：36-39.

[352] 辽宁省博物馆，辽宁铁岭地区文物组发掘小组.法库叶茂台辽墓记略[J].文物，1975(12)：26-36.

[353] 边成修.山西大同郊区五座辽壁画墓[J].考古，1960(10)：37-42.

[354] 张克举，孙国平.朝阳县木头城子辽代壁画墓[A].中国考古学会，编.中国考古学年鉴(1988)[M].北京：文物出版社，1988：143.

[355] 南丽江.山西阳泉发现三座元代纪年壁画墓[EB/OL].文博山西，2023年1月18日.

[356] 韩小囡.图像与文本的重合——读宋代铜镜上的启门图[J].美术研究，2010(03)：41-46.

[357] 王玉冬.蒙元时期墓室的“装饰化”趋势与中国古代壁画的衰落[A].巫鸿，主编.古代墓葬美术研究(第二辑).长沙：湖南美术出版社，2013：339-357.

[358] 巫鸿.中国墓葬和绘画中的“画中画”[A].上海博物馆，编.壁上观——细读山西古代壁画.北京：北京大学出版社，2017：304-333.

[359] 邓菲.“性别空间”的构建——宋代墓葬中的剪刀、熨斗图像[J].中国美术研究，2019(01)：16-25.

[360] (唐)段成式.酉阳杂俎[M].曹中孚，校点.上海：上海古籍出版社，2012.

[361] 杨富斗.山西新绛南范庄、吴岭庄金元墓发掘简报[J].文物，1983(01)：64-68.

[362] 巫鸿.无形之神——中国古代视觉文化中的“位”与对老子的非偶像表现[A].巫鸿，著.礼仪中的美术.北京：生活·读书·新知三联书店，2005：509-524.

[363] 彼得·布鲁克.空的空间[M].刑历，等，译.北京：中国戏剧出版社，2006.

[364] 詹姆斯·弗雷泽.金枝[M].徐育新，译.北京：中国民间文艺出版社，1987.

[365] 巫鸿.重屏——中国绘画中的媒材与再现[M].文丹，译.上海：上海人民出版社，2017.

[366] 袁泉.物与像：元墓壁面装饰与随葬品共同营造的墓室空间[J].故宫博物院院刊，2013(02)：54-71.

[367] (宋)陈祥道.礼书·卷四五.屏摄(文渊阁《四库全书》本，第130册：274).

[368] 张建文.洛阳道北金代砖雕墓[J].文物，2002(09)：21-29.

[369] 杨富斗.山西稷山金墓发掘简报[J].文物，1983(01)：45-63+99-102.

[370] 马昇.山西稷山马村金墓[J].文物季刊，1997(04)：41-46+48+51+40.

[371] 李全敖.山西闻喜下阳宋金时期墓[J].文物，1990(05)：86-88.

[372] 张庆捷，白曙璋，冀保金，等.山西沁县上庄金墓发掘简报[J].文物，2016(08)：38-46+1.

[373] 唐际根，郭鹏.河南安阳新安庄西地宋墓发掘简报[J].考古，1994(10)：910-918.

[374] (宋)沈括.梦溪笔谈[M].上海：上海书店出版社，2003.

[375] 刘海文，王继红，寇振宏，等.河北张家口宣化辽金壁画墓发掘简报[J].文物，2015(03)：12-24+1.

[376] 刘大可.中国古建筑瓦石营法[M].北京：中国建筑

工业出版社，1993.

[377] 张瑾，胡小宝，胡瑞，等.洛阳洛龙区关林庙宋代砖雕墓发掘简报[J].文物，2011(08)：31-46+1.

[378] 鲁道夫·阿恩海姆.艺术与视知觉[M].滕守尧，朱疆源，译.北京：中国社会科学出版社，1984.

[379] 梁思成.梁思成全集(第七卷)[M].北京：中国建筑工业出版社，2001.

[380] 刘岩，史永红，王继平，等.山西昔阳松溪路宋金墓发掘简报[J].考古与文物，2015(01)：20-33.

[381] 张十庆.古代建筑的设计技术及其比较——试论从《营造法式》至《工程做法》建筑设计技术的演变和发展[J].华中建筑，1999(04)：3-5.

[382] 常书香.宜阳发现一北宋砖雕壁画墓[N].洛阳日报，2016年01月18日006版.

[383] 刘畅，刘梦雨，徐扬.也谈平顺龙门寺大殿大木结构用尺与用材问题[A].王贵祥，主编.中国建筑史论汇刊(第玖辑).北京：清华大学出版社，2014：3-22.

[384] 盖山林.和林格尔汉墓壁画[M].呼和浩特：内蒙古人民出版社，1978.

[385] 崔雪冬.图像与空间：和林格尔东汉墓壁画与建筑关系研究[M].沈阳：辽宁美术出版社，2017.

[386] 程大锦(Francis Dai-Kam Ching).建筑形式空间秩序[M].刘丛红，译.天津：天津大学出版社，2018.

[387] 巫鸿，郑岩.超越“大限”：苍山石刻与墓葬叙事画像[J].南京艺术学院学报，2005(01)：1-8.

[388] 复旦大学文史研究院.图像与仪式：中国古代宗教史与艺术史的融合[M].北京：中华书局，2017.

[389] 张旻昊.从角度概念欠缺看传统营造的若干现象[D].杭州：浙江大学，2015.

[390] 张十庆.《营造法式》八棱模式与应县木塔的尺度设计[J].建筑史，2009(第25辑)：1-9.

[391] 陈良佐.《周髀算经》勾股定理的证明与“出入相补”原理的关系——简论中国古代几何学的缺失和局限[J].汉学研究，1989(01)：255-281.

[392] 王贵祥.唐宋单檐木构建筑平面与立面比例规律的探讨[J].北京建筑工程学院学报，1989(02)：49-70.

[393] 刘震伟. 洛阳涧西金墓清理记[J].考古，1959(12)：690+710.

[394] 陶荣.甘肃崇信武康王庙[J].文物，2006(03)：72-78.

[395] 徐新云，王书林，徐怡涛.陕西韩城庆善寺[J].中国历史文物，2009(04)：80-88+97.

[396] 杨林中，王进先，畅红霞，等.山西壶关县上好牢村宋金时期墓葬[J].考古，2012(04)：48-55+109+102-108.

[397] 胡冰.山西稷山金代段氏砖雕墓建筑艺术[D].太原：山西大学，2015.

[398] (宋)徐松.宋会要辑稿[M].刘琳，刁忠民，舒大刚，尹波，等，点校.上海：上海古籍出版社，2014.

[399] 畅文斋.侯马金代董氏墓介绍[J].文物，1959(06)：50-55.

[400] 杨及耘.侯马102号金墓[J].文物季刊，1997(04)：28-40.

[401] 徐光冀.中国出土壁画全集(山东)[M].北京：科学出版社，2012：172-175.

[402] 孙文艳.浅析繁峙南关壁画墓装饰[C]//山西博物院，编.山西博物院学术文集(2011)[M].太原：山西人民出版社，2011：54-65.

[403] 霍宝强.繁峙南关村墓葬壁画修复工艺初探[C]//山西博物院，编. 山西博物院学术文集(2011).太原：山西人民出版社，2011：183-192.

[404] 乔迅翔.宋代官式建筑营造及其技术[M].上海：同济大学出版社，2012.

[405] 李继闵.《九章算术》及其刘徽注研究[M].西安：陕西人民教育出版社，1990.

[406] (宋)郑樵.通志[M].北京：中华书局，2016.

[407] 曹春平.闽南建筑的殿堂型构架[J].建筑史(第35辑)，2014：49-71.

[408] 潘德华.斗栱[M].南京：东南大学出版社，2017.

[409] 王贵祥. 2½与唐宋建筑柱檐关系[A].建筑历史与理论(第三、四辑).南京：江苏人民出版社，1984：143-150.

[410] 王贵祥.唐宋时期建筑平立面比例中不同开间级差系列探讨[J].建筑史(第20辑)，2003：12-25+284.

[411] 王贵祥.关于唐宋单檐木构建筑平立面比例问题的一些初步探讨[A].张复合，主编.建筑史论文集(第15辑).北京：清华大学出版社，2002：58-72+266-267.

[412] 王南，王卓男，郑虹玉.天地圆方 塔像合一——应县木塔室内空间与塑像群构图比例探析[J].建筑史学刊，2021(02)：71-94+2.

[413] 王南.规矩方圆 浮图万千——中国古代佛塔构图比例探析(上)[A].王贵祥，主编.中国建筑史论汇刊(第壹拾陆

辑).北京：中国建筑工业出版社，2017：216-256.

[414] 王南.规矩方圆 浮图万千——中国古代佛塔构图比例探析(下)[A].王贵祥，主编.中国建筑史论汇刊(第壹拾柒辑).北京：中国建筑工业出版社，2018：241-277.

[415] 王南.规矩方圆 天地中轴——明清北京中轴线规划及标志性建筑设计构图比例探析[J].北京规划建设，2019(01)：138-153.

[416] 王南.禁城宫阙，太紫圆方——北京紫禁城单体建筑之构图比例探析[J].建筑史(第42辑)，2018：93-128.

[417] 王南.规矩方圆，度像构屋——蓟县独乐寺观音阁、山门及塑像之构图比例探析[J].建筑史(第41辑)，2018：103-125.

[418] 王南.象天法地，规矩方圆——中国古代都城、宫殿规划布局之构图比例探析[J].建筑史(第40辑)，2017：77-125.

[419] 王南.规矩方圆 佛之居所——五台山佛光寺东大殿构图比例探析[J].建筑学报，2017(06)：29-36.

[420] 喻梦哲，杨晨艺，陈斯亮.正定隆兴寺塑像系统与建筑群组协同设计方法探析[J].建筑学报，2023(02)：36-43.

[421] 陈斯亮，喻梦哲，许心悦，等.以人为范，寓道于器：唐宋建筑与造像一体化设计模式初探[J].建筑与文化，2023(07)：274-279.

[422] 陈斯亮，喻梦哲，许心悦.度面为范，叠佛化塔：佛宫寺释迦塔一体化设计模式及营造理念探析[J].建筑遗产，2023(02)：65-76.

[423] 冯时.红山文化三环石坛的天文学研究——兼论中国最早的圜丘与方丘[J].北方文物，1993(01)：9-17.

[424] 李震.济渎庙建筑研究[D].西安：西安建筑科技大学，2001.

[425] 耿昀.平顺龙门寺及浊漳河谷现存早期佛寺研究[D].天津：天津大学，2017.

[426] 滑辰龙.太阴寺大雄宝殿修缮设计[J].古建园林技术，2000(04)：44-51+32.

[427] 张十庆，等.宁波保国寺大殿勘测分析与基础研究[M].南京：东南大学出版社，2012.

[428] 李路珂，等.山西芮城永乐宫三清殿与纯阳殿建筑测绘图[J].建筑史学刊，2021(03)：157-176.

[429] 徐新云.临汾、运城地区的宋金元寺庙建筑[D].北京：北京大学，2009.

[430] 丹·克鲁克香克.弗莱彻建筑史(第20版)[M].郑时龄，译审.北京：知识产权出版社，2011.

[431] 王其钧.西方建筑图解词典[M].北京：机械工业出版社，2021.

[432] (梁)沈约.宋书[M].北京：中华书局，2003.

[433] 张庆捷.北魏石堂中的幽深细微：从棺床文字笔画看鲜卑与汉族走向融合[A].北京大学中国考古学研究中心，编.两个世界的徘徊：中古时期丧葬观念风俗与礼仪制度学术研讨会论文集.北京：科学出版社，2016.

[434] 赵超.汉魏南北朝墓志汇编[M].天津：天津古籍出版社，1992.

[435] 巫鸿，郑岩."华化"与"复古"——房形椁的启示[J].南京艺术学院学报(美术与设计版)，2005(02)：1-6.

[436] (汉)刘歆(著)，(东晋)葛洪(辑抄).西京杂记[M].刘洪妹，译注.北京：中华书局，2022.

[437] 吉田丰.西安新出土史君墓志的粟特文部分考释[A].法国汉学(第10辑).北京：中华书局，2005：38.

[438] 曹汛.北魏宁想石室新考订[A].王贵祥，主编.中国建筑史论汇刊(第肆辑).北京：清华大学出版社：77-125.

[439] 林徽因.论中国建筑之几个特征[J].中国营造学社汇刊(第三卷第一册)，1932：163-179.

[440] 韦正.大同北魏吕续墓石椁壁画的意义——在汉晋北朝墓葬壁画变迁的视野下[J].美术大观，2022(04)，56-60.

[441] 刘俊喜，张志忠，左雁.大同市北魏宋绍祖墓发掘简报[J].文物，2001(07)：19-39+2+1.

[442] 刘俊喜，尹刚，侯晓刚，等.山西大同阳高北魏尉迟定州墓发掘简报[J].文物，2011(12)：4-12+51.

[443] 张庆捷，畅红霞，张兴民，等.太原隋代虞弘墓清理简报[J].文物，2001(01)：27-52+1+1.

[444] 杨军凯，孙福喜.西安市北周史君石椁墓[J].考古，2004(07)：38-49+103-105+2.

[445] 马嘉琪.北魏平城(398-494)房形石堂墓研究[D].南京：东南大学，2021.

[446] 李嘉妍.东汉至北朝的墓葬石堂研究——兼论"宁懋石室"的形制与性质[J].故宫博物院院刊，2022(01)：117-130+135.

[447] 冯继仁.中国古代木构建筑的考古学断代[J].文物，1995(10)：43-68+1.

[448] 张海啸.北魏宋绍祖石室研究[J].文物，2005(01)：33-40.

[449] 张毅捷.说塔[M].上海：同济大学出版社，2012.

[450] (东晋)瞿昙僧伽提婆.增一阿含经[M].耿敬，注释.北京：东方出版社，2018.

[451]（后汉）支娄迦谶.般舟三昧经[M].吴立民，徐孙铭，注释.北京：东方出版社，2016.

[452]（唐）玄奘.大唐西域记[M].董志翘，译注.北京：中华书局，2012.

[453] 梁庆寅.牟子理惑论[M].北京：东方出版社，2020.

[454]（唐）段成式.寺塔记（中国美术论著丛刊）[M].北京：人民美术出版社，1964.

[455]（唐）张彦远.历代名画记[M].俞剑华，注释.南京：江苏凤凰美术出版社，2007.

[456] 张晓东.辽代砖塔建筑形制初步研究[D].长春：吉林大学，2011.

[457] 姜怀英，杨玉柱，于庚寅.辽中京塔的年代及其结构[J].古建园林技术，1985（02）：32-37.

[458] 吴禹力.中国古代佛舍利棺椁内容分析[A].大足石刻研究院，四川美术学院大足学研究院，编.大足学刊（第六辑）[M].重庆：重庆出版社，2022：281-326.

[459] 冉万里.古代中韩舍利瘗埋的比较研究——以南北朝至隋唐时期为中心[A].陕西师范大学历史文化学院，陕西历史博物馆，编.丝绸之路研究集刊（第一辑）.北京：商务印书馆，2017.

[460] 杨泓.中国古代和韩国古代的佛教舍利容器[J].考古，2009（01）：73-84+114.

[461] 宫上茂隆（著），穗积和夫，西冈常一（绘）.法隆寺[M].张秋明，译.上海：上海人民出版社，2021.

[462]（韩）权钟湳.韩国古代木塔的构造与装饰——皇龙寺九层塔[M].首尔：美术文化出版社，2006.

[463] 朱岩石，何利群，郭济桥，等.河北临漳县邺城遗址赵彭城北朝佛寺遗址的勘探与发掘[J].考古，2010（07）：31-42+102-105+97.

[464] 刘呆运.仙游寺法王塔的天宫地宫与舍利子[J].收藏家，2000（07）：60-64.

[465] 王自力，王磊，后小荣，等.陕西周至县八云塔地宫的发掘[J].考古，2012（06）：26-40+114+107-110.

[466] 巫鸿.美术史十议[M].北京：生活·读书·新知三联书店，2021.

[467] 陈昆嶙.山东高唐金代虞寅墓发掘简报[J].文物，1982（01）：49-51.

[468] 袁泉.死生之间——小议蒙元时期墓室营造中的阴阳互动[A].巫鸿，主编.古代墓葬美术研究（第四辑）.长沙：湖南美术出版社，2017：278-297.

[469] 崔元和.平阳金墓砖雕[M].太原：山西人民出版社，1999.

[470] 李梅田，李雪.六朝墓葬反书砖刍议[A].巫鸿，主编.古代墓葬美术研究（第四辑）.长沙：湖南美术出版社，2017：126-134.

[471] 王燚.从汉代天象图看汉人的宇宙观念[J].郑州大学学报（哲学社会科学版），2022（04）：78-82.

[472] 鲁西奇.中国古代买地券研究[M].厦门：厦门大学出版社，2014.

[473] 杨雄.论敦煌壁画的透视[J].敦煌研究，1992（02）：19-23+121-129.

[474] 李零.绝地天通——研究中国早期宗教的三个视角[EB/OL].人文与社会，2010年6月5日，引自2000年在北京师范大学演讲稿。http：//wen.org.cn/modules/article/view.article.php/2002.

[475] 刘卫鹏，李朝阳.咸阳窑店出土的东汉朱书陶瓶[J].文物，2004（02）：86-87.

[476] 田建文，李永敏.马村砖雕墓与段氏刻铭砖[J].文物世界，2005（01）：12-19.

[477] 刘刚，束家平.扬州地区杨吴、南唐墓葬考古概述[A].南唐历史文化研究文集[M].南京：南京出版社，2015.

[478] 石谷风，马人权.合肥西郊南唐墓清理简报[J].文物参考资料，1958（03）：65-68+2.

[479] 黎忠义.江苏宝应县经河出土南唐木屋[J].文物，1965（08）：47-51.

[480] 张亚生，徐良玉，古建.江苏邗江蔡庄五代墓清理简报[J].文物，1980（08）：41-51+101-102.

[481] 徐伯元.江苏常州半月岛五代墓[J].考古，1993（09）：815-821+869-872.

[482] 秦宗林，周赟赟.扬州五代谢俯军墓发掘简报[J].东方博物，2016（02）：20-26.

[483] 秦宗林，韩成龙，罗录会，等.江苏扬州南唐田氏纪年墓发掘简报[J].文物,2019（05）：31-40+1.

[484] 张敏，朱超龙，牛志远.江苏扬州市秋实路五代至宋代墓葬的发掘[J].考古,2017,（04）：54-64.

[485] 扬州市文物考古研究所.扬州考古发现与研究[M].北京：文物出版社，2020.

[486] 扬州市文物考古研究所2019年度考古业务汇报会 学 术 汇 报（一）[EB/OL]. https：//mp.weixin.qq.com/s/jiqrV0kS6NUBI80sG7dYEw.

[487] 任锡光.四川彭山后蜀宋琳墓清理简报[J].考古通讯，1958（05）：18-26+6-8.

[488] 沈仲常，李显文.四川乐山出土的五代陶棺[J].文物，1983(02)：53-55.

[489] 赵殿增.前蜀晋晖墓清理简报[J].考古,1983(10)：915-916+907+917-918.

[490] 刘谦.辽宁锦州市张扛村辽墓发掘报告[J].考古，1984(11)：990-1002+1061.

[491] 郑承燕.吐尔基山辽墓彩绘木棺具[J].中国博物馆，2010(03)：84-85.

[492] 塔拉，张亚强.内蒙古通辽市吐尔基山辽代墓葬[J].考古,2004(07)：50-53+106-108+2.

[493] 中国社会科学院考古研究所.唐长安城郊隋唐墓[M].北京：文物出版社，1980：3-28.

[494] 喻梦哲.山西稷山马村段氏家族一号墓砖雕仿木手法探析[J].新建筑，2023(08)：26-31.

[495] 李文艳，李明，汤丹捷，等.河北广宗县大王村宋代墓葬发掘简报[J].北方文物，2023(01)：38-50.

[496] 黄飞翔，王山.甘肃定西安定区金代砖雕壁画墓发掘简报[J].文博,2022(05)：15-22+2.

[497] 何培.唐代以前的梯形棺[D].广州：暨南大学，2010.

[498.杨泓.中国隋唐时期佛教舍利容器[J].中国历史文物，2004(04)：22-35+1+ 89-91.

[499] 赵康民.临潼唐庆山寺舍利塔基精室清理记[J].文博，1985(05)：12-37+99-100+3.

[500] 蔡瑞珍.辽代木质棺尸床研究——兼论棺尸床与墓中床榻的历史[J].南方文物，2023(05)：244-256.

[501] 尹申平，邢福来，李明.西安发现的北周安伽墓[J].文物,2001(01)：4-26+ 110+2+1.

[502] 山西省考古研究所.唐代薛儆墓发掘报告[M].北京：科学出版社，2000.

[503] 贺西林.道德与信仰——明尼阿波利斯美术馆藏北魏画像石棺相关问题的再探讨[J].美术研究，2020(04)：30-32+41-51.

[504] 陕西省考古研究院.潼关税村隋代壁画墓[M].北京：文物出版社，2013.

引自网络部分图片来源

图1.1

https：//mp.weixin.qq.com/s/wNH8BbtNxXdopsF1Kxni3A

https：//mmbiz.qpic.cn/mmbiz_jpg/OyWgdBicKOibG1G8j70jXk69mWoo8ytzzcUAq6sglODbs7eTjWXL9wmQoKXPeEcdGgf
MFxNThriaKxViavibkJFskYg/640.jpeg?wxfrom=5&wx_lazy=1&wx_co=1&wx_fmt=jpeg&tp=wxpic

https：//www0.kfzimg.com/G07/M00/43/F6/qoYBAFw0hc6AHRvbAALocyDL dM0144_b.jpg

https：//mp.weixin.qq.com/s/leyu4KJycKZFGgimj_emsw

https：//mp.weixin.qq.com/s/BVstSKbnNoIWN_qeKq9beQ

https：//mr.baidu.com/r/1codgGPj3JS?f=cp&u=10958e6019099030

图1.4

https：//mp.weixin.qq.com/s/WSgEJYLnQCBdjAlCABLq0g

https：//mp.weixin.qq.com/s/QGZ2Nw6RVL6-GHeM2DhM6w

https：//mp.weixin.qq.com/s/btpggN6XW6F-PaLq88S8og

https：//mp.weixin.qq.com/s/UOMFhcta4_RAkqbd7i3jcQ

https：//mp.weixin.qq.com/s/Ma-SEvjxKukGy3DViC6GbQ

图2.1

https：//mp.weixin.qq.com/s/_0ih_9le5-WqKRrsc0TaOg

https：//mr.baidu.com/r/1cohillvwAg?f=cp&u=a84182acf426c685

https：//mp.weixin.qq.com/s/_WwGQ7__sQ1KBHSl9Vtvmw

https：//mp.weixin.qq.com/s/d98kE1WEba7IcwfUt3LafA

图2.4

神通寺四门塔 https：//mmbiz.qpic.cn/mmbiz_png/RWHYNbicCBzyoBM8ibnViczaA9KPoluP3DexF9RabKkcu8tqhsQxyQJk2cu
pvYdSPIhLKbwSTbLXDr3epBwwrf5pA/640?wx_fmt=png&wxfrom=13&tp=wxpic

安阳刘家庄北地晚唐68号墓北壁 https：//mp.weixin.qq.com/s/y9qcnkgm3oc0cFHyj cNiVw

图2.6

铁匠营汉代墓 https：//mmbiz.qpic.cn/mmbiz_jpg/pP3P1LyRaRyfuU1kbpgSN4jVFMvgGVibJrgkuDw5icYqJoA1JUyEUG1aoK
OX9Xova9YT6ylBB0IGDdCmy2Q7oavg/640?wx_fmt=jpeg&tp=wxpic&wxfrom=5&wx_lazy=1&wx_co=1

忻州九原岗北朝壁画墓 https：//mp.weixin.qq.com/s/1_nPEBpYWvRwqZv3tbf61Q

图2.10

《周髀算经》中之盖天说示意图https：//image.so.com/view?q=%E5%91%A8%E9%AB%80%E7%AE%97%E7%BB%8F%E7%9B%96%E5%A4%A9%E8%AF%B4&src=tab_www&correct=%E5%91%A8%E9%AB%80%E7%AE%97%E7%BB%8F%E7%9B%96%E5%A4%A9%E8%AF%B4&ancestor=list&cmsid=c257ec9f8a5393f20064e9ac177eeab1&cmras=0&cn=0&gn=0&kn=0&crn=0&bxn=0&fsn=60&cuben=0&pornn=0&manun=0&adstar=0&clw=252#id=af372b029d19370d2e6e2b1af6147526&prevsn=0&currsn=60&ps=76&pc=25

图3.3

https：//mmbiz.qpic.cn/mmbiz_jpg/KNanITZSOngxMf0GSicCT0tpafBg1XHH2gp4XrQ9z6SUH7t5JUsgpUIhNfrR86kGwNCiaaibzQXgGkNa2icG4P8n6Q/640?wx_fmt=jpeg&tp=wxpic&wxfrom=5&wx_lazy=1&wx_co=1

http：//www.dili360.com/cng/article/p619c920ee5e3c41.htm

图5.10

初祖庵大殿照片：https：//mp.weixin.qq.com/s/50B2BzGwxM3N3Ba60DBqVA

图8.2

http：//www.mafengwo.cn/photo/16026/scenery_810442/3795291.html

http：//m.sohu.com/a/237114914_720528/

https：//www.hellorf.com/image/show/2237526105?utm_source=bdimg&utm_content=local&utm_term=2237526105

http：//www.360doc.com/content/14/0804/11/8370987_399310409.shtml

http：//mms2.baidu.com/it/u=1442738671,2769400183&fm=253&app=138&f=JPEG?w=600&h=434

图8.3

宋绍祖墓：http：//www.kaogu.cn/cn/kaoguyuandi/kaogusuibi/2017/0309/57375.html

宁懋石室：https：//wx3.sinaimg.cn/mw690/7e7726d7ly1hgijktzlm1j20rs0jm767.jpg

史君墓、安伽墓：http：//www.360doc.com/content/21/0111/09/33885274_956269 726.shtml

虞弘墓：https：//sns-webpic.xhscdn.com/3f294f8d-e6b9-3cf3-8a17-ddb409d896 79?imageView2/2/w/1080/format/jpg

李静训墓：https：//zhuanlan.zhihu.com/p/518787300

图8.8

桑契大塔：https：//s.weibo.com/weibo?q=%E6%A1%91%E5%A5%91%E5%A4%A7%E5%A1%94

尼泊尔佛眼塔：https：//image.so.com/view?q=%E5%B0%BC%E6%B3%8A%E5%B0%94%E4%BD%9B%E7%9C%BC%E5%A1%94&src=tab_www&correct=%E5%B0%BC%E6%B3%8A%E5%B0%94%E4%BD%9B%E7%9C%BC%E5%A1%94&ancestor=list&cmsid=8ac6af78ed87dc3db3e02004d2114ab8&cmras=6&cn=0&gn=0&kn=0&crn=0&bxn=0&fsn=60&cuben=0&pornn=0&manun=0&adstar=0&clw=252#id=ff6d043c2c7ece6ac7db962d49e85f26&currsn=0&ps=53&pc=53

图8.9

义县嘉福寺塔：https：//wx2.sinaimg.cn/large/790fd51bly1h163q7a2gvj238t2a11kz.jpg

锦州广济寺塔：https：//wx1.sinaimg.cn/large/641d7ff6ly1hi7ijihad6j23342bcb2c.jpg

图8.10

http：//5b0988e595225.cdn.sohucs.com/images/20171217/7e1356f10dcf43e4bcb043ed2ec5ec54.jpeg

图8.12

https：//mmbiz.qpic.cn/sz_mmbiz_png/OKTACHY8sV8LayPLOtPnDMLTbhxpibnPyq04BOFYaxJMpvZmYiaKsfCol8XNyJkWicLIaTtWShuwcox7TdxicLPEibQ/640?wx_fmt=png&wxfrom=13

https：//mmbiz.qpic.cn/sz_mmbiz_png/NICPuZdTmIkB1VVWKZt4ia9mKwMiaFIy91KicKopCh46gkrsqpNnrfsG2UBzwicT8uEeXHoKu1ZCvgue6fl069I6zg/640?wx_fmt=png&wxfrom=5&wx_lazy=1&wx_co=1

https：//mmbiz.qpic.cn/sz_mmbiz_png/NICPuZdTmIkB1VVWKZt4ia9mKwMiaFIy91uDogKribcBJiaRvB2P7dHLxeBqVfD3CTDmUghyZhCRevAcwn3mibDM0Jw/640?wx_fmt=png&wxfrom=5&wx_lazy=1&wx_co=1

https：//mmbiz.qpic.cn/sz_mmbiz_png/NICPuZdTmIkB1VVWKZt4ia9mKwMiaFIy91NcCJ0k2zoqd0dkz1z5MiaUTzHMIcKCQS9sLicz10ia7V35fZgf3TfNqCw/640?wx_fmt=png&wxfrom=5&wx_lazy=1&wx_co=1

https：//mmbiz.qpic.cn/sz_mmbiz_jpg/NICPuZdTmIkB1VVWKZt4ia9mKwMiaFIy918qF3Vh12nibPykcibYqxDo4Micmia3yXUC3fxW6FHaZNmRC7gW9NibC1hgw/640?wx_fmt=jpeg&wxfrom=5&wx_lazy=1&wx_co=1

https：//mmbiz.qpic.cn/sz_mmbiz_png/NICPuZdTmIkB1VVWKZt4ia9mKwMiaFIy918sKfiad0dupvibeD0Xg4j9aP8sQFoPtibOOtJ1Wkn1MFGNXegNznut32Q/640?wx_fmt=png&wxfrom=5&wx_lazy=1&wx_co=1

https：//mmbiz.qpic.cn/sz_mmbiz_png/NICPuZdTmIkB1VVWKZt4ia9mKwMiaFIy91US4XmThGSIduibh49icYYGYEs0retYYNcEs9sPwLagegKBDibOzSjOlVA/640?wx_fmt=png&wxfrom=5&wx_lazy=1&wx_co=1

图8.13

https：//mmbiz.qpic.cn/mmbiz_png/zia2hNIjtOZDkA0yOAGzopMQhibPg5G4WpQEIMkRo0uIsQIBnVNLheV22LndhThVcWRFJp8MhVdHIeGeyZBelFLw/640?wx_fmt=png&wx_lazy=1&wx_co=1&wxfrom=5&tp=wxpic

https：//mmbiz.qpic.cn/mmbiz_png/zia2hNIjtOZDkA0yOAGzopMQhibPg5G4Wpia7QPNBEjQibc0w0715SST5XnoEMheWicv3ysvZVLS15oRONoCEJibCSZw/640?wx_fmt=png&wx_lazy=1&wx_co=1&wxfrom=5&tp=wxpic

https：//mmbiz.qpic.cn/mmbiz_png/zia2hNIjtOZDkA0yOAGzopMQhibPg5G4WpT9ffy6bAp0GxEia3FSTqOV78KOyOUdIdeXvVy0H8oNge5BktYDPeo2Q/640?wx_fmt=png&wx_lazy=1&wx_co=1&wxfrom=5&tp=wxpic

后记

行文至此，当告一段落了。墓葬中的仿木现象反映了古人的生死观念及由之衍出的设计思维，可以说，举凡空间尺度、样式形态、文化符号、使用功能、构造做法、防风排水等建筑师日常面对的问题，都浓缩在这咫尺茔穴之中，如何为逝者做设计，如何做出令逝者“永生”其间的设计，实在是既有趣又令人感到困惑。

身后之事是谁都无法回避的，生死既相对立[①]，又相统一。《论语·先进》中，孔子说：“未知生，焉知死。”这当然不是主张无神论，而是强调死亡的不可知。人们只能经由已知来想象未知，而以仿木形象装饰墓室正是对这种观念的最佳注脚。死亡虽然是绝对和抽象的，人们对于死后世界的想象却是相对和具象的——它物化为墓穴、葬具、明器等可以被观察、描述、分析、诠释的对象，又通过模仿和变形与此世的万物建立关联；它借着尺度、虚实的改变来提示人们，空间的错觉里潜藏着时间的真相，墓中种种“具体而微”的表现，都是为了塑造一个内敛而恒久的缩微“宇宙”。

如果说空间是运动的广延，时间是空间的运动，人的存在是持续地制造“热”，那么当死亡来临，运动停止，空间之于主体的意义也就改变了。同等条件下，更窄小的空间、更寂静的主体，是否对应着更漫长的时间？当世界变得足够“小”“慢”“冷”，也就更接近永恒，这是人们本能排斥的死寂终局。另一个有趣的类比是黑洞，巨大的质量捕获了经行其旁的一切物质，在外界看来，位于黑洞视界（black hole’s horizon）处的时钟几乎是完全静止的，但对于穿越此处的人来说，却无法感知相对于他静止的时钟变慢了。“沉重”与“缓慢”总是相互伴生，一般印象中的阴宅也比阳宅更具“重量”（砖石之于土木、封闭地下之于开敞地上），古人在朦胧中意识到时间之河从此分流，下葬入地便等同于走向“永恒”。

段楫在撰写《预修墓记》时[②]已预感到“长眠”的自己和“祭祖”的子孙将各自体验不同的时间。按巫鸿的观点，墓室中共存着不同维度的多种时间（宇宙的、历史的、经验的、拟古的、转瞬即逝的）[③]，尤其当图像与地上世界的时间流动短暂同步、与生者的“当时性”相

---

① 如咸阳渭城区窑店镇聂家沟村北出土东汉陶瓶上解注文“生人有乡，死人有墓。生人前行，死人却行。死生异路，毋复相忤”。见文献[475]：刘卫鹏，李朝阳.咸阳窑店出土的东汉朱书陶瓶[J].文物，2004(02)：86-87.

② 见文献[476]：田建文，李永敏.马村砖雕墓与段氏刻铭砖[J].文物世界，2005(01)：12-19.

③ 见文献[45]：巫鸿.黄泉下的美术[M].北京：生活·读书·新知三联书店，2010.

互联系时，地下世界也就依照社会化的方式被再次重构[①]。

宋金墓葬中常有随性题咏的伤逝之句，多不求工，颇能体现富绅阶层的文化品位。譬如高平汤王头村金墓壁上墨书“墓有重开日，人无再少年”，临猗天兴村宋代M1前室东壁壶门内题字（自北向南）“精养灵根气养神，此真余外更无真。道师不肯分明说，迷了天下多少人”、西壁上题字（自南向北）“风光日日催人老，万物年年有故新。□□□时□□□，红颜去也不辞人”“□□□□□流水，人老终无却少年。花有去年今日色，人无今日去庸颜”，阳泉高新区元至元二十八年（1291年）M6壁上更是写出“有钱不使用，死后一场空”。广义来看，这些字句和仿木装饰、随葬器皿、墓主葬法一样，都蕴含着丰富的观念信息，而正是这些信息与物质、能量共同构成资源三角，形塑了一个自性具足的地下世界。

生命以负熵为食，智慧的本质就是从无序中梳理出秩序。个体死亡，形骸消解，一切都将流于混沌。人们大费周章在墓室中仿木，便是试图藉着物质（体现建筑信息）和信息（以装饰过的壁面作为物质载体）暂时留住终将耗散的能量，制造一线“生机”来对抗熵增。或许正因“仿木”的努力折射了生命本能，才如此令人着迷。

信息永不湮灭，它只是在被“擦除”的过程中从有序转为无序，为了消解这种风险，人类才演化出语言、文字、图像、诗歌，使其恒久传续。对于一座墓穴来说，反映墓主“永生”意愿的信息也拥有不同的载体，它们在集成信息的容量、传递信息的效率、保存信息的耐久性等方面表现得各有优劣，这或许也是仿木要素总在不同媒材间往复迁移的一个促因。

本书粗略分析了宋金时期仿木砖墓的营造特征，仿木现象虽不局限在壁面之上，但限于篇幅已无法继续展开讨论。因此，在全书末尾，笔者尝试用一个小小的例子来阐释对仿木脉络的一点理解，算是稍微说些题外之话，聊聊未尽之意。

我们知道，中国古代墓葬中的仿木媒介众多，按尺度、用途及与墓主形骸的关系，又可分成葬具仿木、随葬器皿仿木和墓壁仿木三类。

《礼记·檀弓上》说：“衣足以饰身，棺周于衣，椁周于棺，土周于椁。”人死入地，就像是回到了母体的怀抱，被层层包裹着才能安心宁神。棺是“家具”，椁是“房屋”，家具要符合人体的坐卧姿势，因此在棺具上优先出现了为便于灵魂离开囟门而开凿的孔穴，然后才有余力在椁上刻绘门窗，最后再补充表达墙面、台基、屋顶等内容。魏晋以降，华北大地成为民族融合的熔炉，平城、洛阳、太原等处出现了各种自铭为“石室”“石堂”“石柩”的房形石葬具，其仿木程度之高令人咋舌，甚至发展到不惜违背石材自身特性也要完全模仿木结构搭接逻辑的程度。隋唐一统后，房形椁的仿木程度略有降低，但艺术价值仍极高，其形制归一，富于规律。惜乎北宋以后严格禁制臣庶使用石棺椁，除少数例外（如安丘雷家胡琏及妻史氏石棺），已很少见到高度“建筑模型化”的葬具了。

① 见文献[300]：（美）洪知希．“恒在”中的葬仪——宋元时期中原墓葬的仪礼时间[A].（美）巫鸿．古代墓葬美术研究（第三辑）.长沙：湖南美术出版社，2015：196-226.

陶器明楼之类的随葬器皿，大多是用来表达墓主占有生产生活资料的情况，但在佛教盛行、火葬推广的情况下，部分葬具也开始小型化，与随葬“模型”的边界日益模糊。尤其在中唐以后，出现了用饰有木构形象的金棺银椁藏置舍利的做法（偶尔也配合金铜塔、银殿之类器物使用），将原本朴素的石函加工成繁复的建筑模型，舍利藏具变身为缩微版的房形葬具。此外，墓内设奠时标记墓主灵魂正位的下帐[①]也拥有了荼毗版本的“平替”，一些金属材质的灵帐被组装起来，与舍利藏具配套使用。

墓壁仿木的年代同样悠久，部分汉代画像砖石墓中已刻绘有门、柱、梁、屋板等内容，由于这些构件本就可用石材制成，故不能算作严格意义上的“仿木”，但对于画在小砖墓墓壁上的木构形象来说，情况就截然不同了。砖墙砌筑和杆件搭接显然是两套逻辑，形与实、表与里不相统一，意味着“仿木”概念已真正成立。随着墓主夫妇的形象出现在墓壁上，人们开始使用装饰性色带环绕、分割画幅，并逐渐将其具象为柱、额、枓栱，在壁面、图像与参谒者间形成足够的景深，此时的墓壁应被视作“透明”的界面，而非与壁画图像同“层”的幕布。这种倾向在唐代达到极致，由于唐墓大多不画墓主，只是以“正位”及侍从来暗示其存在，被柱额装饰的墓壁在人们的想象中可被任意穿梭，砖墙虽是实砌，予人的感受却像开阔通透的回廊，便于观众神游其间。与此同时，表现构件的方式也日趋精巧，慢慢从绘出变成砌出，并在凸出壁面的砖砌柱、额、枓栱表面涂覆彩色，使之更加立体、细致、逼真。五代、辽、宋以后，随着砌筑工艺不断精进，壁面上的仿木要素日益富集，金代又出现了专事雕琢的全模制砖墓，使得墓内装饰更趋精纯、一致。

应当注意的是，仿木要素不会无节制地叠加，上述三类媒材总是此消彼长，人们在装饰问题上不愿叠床架屋、徒劳重复，仿木的重点在媒材间不断迁移。事实上，五代十国墓葬中也的确出现了一些游离于三类媒材之外、颇能证明“切换”逻辑的过渡性做法，譬如下文将要讨论的“棺前木屋”。这些在短时段内倏忽出现又遽然消失的物件，标示着整个仿木发展链条上最为关键而敏感的转向，也折射出唐宋之际丧葬观念的改变，对于我们复现仿木要素脱离葬具向壁面迁移的过程来说，无疑是大有裨益的。

“棺前木屋”：一种“正在”挣脱葬具的仿木形象

所谓“棺前木屋”，专指部分杨吴、南唐墓葬中出土的、配属在棺木前和部位的装饰物，它可以是集中表达门窗、台阶、围栏的木质板片，也可以是相对完整、正面朝外的歇山小殿模型。不同于陶楼，“棺前木屋”总是固接在棺材前挡板外，形态也相对稳定（在最完整的情况下，由屋面、殿身、须弥座及木拱桥共同组成）。同时，其侧面深度极为有限（如四架椽屋只架构最前一椽，或只做前坡而无后坡，或整体压缩深向比例），因此并不能如实表达

① 隋唐墓葬中，有设奠所用的“下帐”（木杆件基本毁损，但偶有帐座、帐脚饰件残存）和缠裹棺具的帷帐，分别用于标识灵魂与形骸所在的空间。

一座建筑的真实体量，反而更像一张“正在”挣脱棺木的高浮雕。木屋中的门窗、勾阑、柱额制作得比较精细，但一般不表达枓栱，屋面高度也经过大幅压缩（较低矮、平缓的屋面对于仿木石葬具来说是必需的[①]，但对小木作全无必要），似仍保留有盛唐房形椁的审美趣味。目前，公布发掘资料的“棺前木屋”共有10例[②]，其中基本完整者7座[合肥西郊南唐墓、宝应南唐墓（出土2件），以及扬州的五代谢俯军墓、南唐田氏纪年墓、秋实路M5、GZ093地块M403、邗江蔡庄五代墓[③]]，留有残件者2座（常州半月岛五代墓和扬州杨吴孙四娘子墓），分别出土于4座砖室墓和5座土坑墓中。墓主身份涵括了从皇族到庶民的广大阶层，择址多倾向于山坡南麓，墓向主要取正南、东南或东偏南，葬法并无特殊之处。

1956年，考古工作者首次在合肥西郊南唐墓中发现“棺前木屋”，在清理糟朽构件后进行重组、复原[④]，据简报中的复制品照片可知表现的是一座悬山顶建筑。1960年在宝应南唐墓中又出土了两件木屋，简报重点介绍了修复情况较好的1号，详细论述了各部位的样式细节，并借唐代舍利棺与合肥西郊、扬州平山堂出土的同类物品作为旁证，推断出该例的大致年代[⑤]。1975年发掘的扬州邗江蔡庄五代墓中，棺木被安置在由一圈勾阑环绕、饰有壸门和鎏金火焰铜珠花的须弥座上[⑥]。1985年在常州半月岛五代墓中发现了“木质望柱、木雕莲花头饰件及其他朽木残片”，发掘者据之推测棺前曾置有木屋[⑦]。2010年在扬州城北乡外环路五代1号墓中发现的木棺前和部位同样残留有小桥与栏杆[⑧]。2014~2016年，又先后在扬州市的五代谢俯军墓[⑨]、南唐田氏纪年墓[⑩]和秋实路M5[⑪]中发现完整木屋，在杨吴孙四娘子墓中发现棺底板“两侧残存栏杆，棺周有四阶须弥座”[⑫]，应属木屋残余。另外，在扬州市文物

① 因汉以来的石祠堂、石室等做法，都是在竖直围合的石板上直接搁置三角梁，再在其上倾斜铺设石屋板（或直接叠压断面为等腰三角形的实心石块来充当“整体”屋顶），为减轻屋面部分自重、防止坡度过陡而滑落，这些石构的屋面都要处理成相对扁平的状态，其屋架的投影高度也就远低于正常木构建筑。

② 另有扬州城北乡外环路五代M1，文章仅发布了墓室平面测图，无法判断木屋是否完整，见文献[477]：刘刚，束家平.扬州地区杨吴、南唐墓葬考古概述[A].南唐历史文化研究文集.南京：南京出版社，2015.

③ 并无任何简报提及该例是否有木屋出土，但扬州博物馆却陈列了该墓的木屋复制品，故暂且将其列入。

④ 见文献[478]：石谷风，马人权.合肥西郊南唐墓清理简报[J].文物参考资料，1958(03)：65-68+2.

⑤ 见文献[479]：黎忠义.江苏宝应县经河出土南唐木屋[J].文物，1965(08)：47-51.

⑥ 见文献[480]：张亚生，徐良玉，古建.江苏邗江蔡庄五代墓清理简报[J].文物，1980(08)：41-51+101-102.

⑦ 见文献[481]：徐伯元.江苏常州半月岛五代墓[J].考古，1993(09)：815-821+869-872.

⑧ 见文献[477]：刘刚，束家平.扬州地区杨吴、南唐墓葬考古概述[A].南唐历史文化研究文集.南京：南京出版社，2015.

⑨ 见文献[482]：秦宗林，周赟赟.扬州五代谢俯军墓发掘简报[J].东方博物，2016(02)：20-26.

⑩ 见文献[483]：秦宗林，韩成龙，罗录会，等.江苏扬州南唐田氏纪年墓发掘简报[J].文物，2019(05)：31-40+1.

⑪ 见文献[484]：张敏，朱超龙，牛志远.江苏扬州市秋实路五代至宋代墓葬的发掘[J].考古，2017，(04)：54-64.

⑫ 见文献[485]：扬州市文物考古研究所.扬州考古发现与研究[M].北京：文物出版社，2020.

考古研究所2019年度的业务汇报会中，也提到在GZ093地块中的M403里发现了完整木屋。[①]（图1）

“棺前木屋”主要分布在南唐境内，工匠利用少数几种仿木要素形成了程式化做法。木屋的前、后立面存在无疑暗示了前后平行的两重界面——屋顶、柱额等“大木作”部分垂直于棺底板，形成衔接墓室与木屋的外界面；门窗、勾阑等“小木作”则依附在透雕壶门的须弥座上，形成连通木屋与棺具的内界面。当省略屋顶部分后，与其配套使用的柱额系统也就无法继续表义，工匠便在棺木前挡板上直接刻饰门窗，又将底板制成须弥座，使之整体化为可供参谒的“模型”，而非勾连“魂”“魄”空间的通道。此外，勾阑的围合方式也分作三种：三面围于棺前挡、四面围于棺前挡、绕棺一周，它同样暗示了相互嵌套的棺木和墓室是怎样利用木屋立面实现空间“分界”的。（图2）

综合各简报的记录，木屋中版门与拱桥的拼装方式较为统一。在扬州五代谢俯军墓、南唐田氏纪年墓和秋实路M5中，贴合在前挡板处的仿木版门均由4块木板拼成（一块门额、两块抱框、一块窗下槛），板上用墨线绘出门缝，在门扇上方分置银、锡质铺作各一朵，并将直棂窗局部镂空，再将“木门板插入前合的榫槽之中”[②]。木拱桥两侧均加设弧形木龙骨，于其上横向铺设木条形成桥面，并用薄木片和铁钉固定两侧及当中三路木梁，拱桥头尾两端分别与棺下须弥座和木屋版门相连。宝应1号木屋的拱桥做法与之相似，且在两侧雁翅板上绘出锯齿纹；2号木屋的桥面铺法则略有不同，以纵向铺设的长木条形成桥面。勾阑多为单层，华版位置或空缺不做（如秋实路M5），或透雕勾片纹（如宝应木屋），构造做法较为考究，如南唐田氏纪年墓的栏杆“在转角处以高低榫拼合并用铁钉加固”[③]。须弥座有繁有简，秋实路M5仅在“束腰处贴一圈胜形木片饰件作为壶门柱”，而田氏纪年墓则将“底部四根方形木条以榫卯结构拼成梯形木架，木架内两侧头、中、尾处各放置一木块，用以固定弧形底的棺底板；木架上用薄木板围绕棺底板一周，薄木板与木架用铁钉连接；薄木板外用亚腰形和莲花纹木片拼合成壶门”。共通的装饰方式是将金属泡钉按菱形排列，钉在棺身、桥面、直棂窗四角或门板中缝处。总的来说，这些放置在棺头端的木质房屋模型主要“由门、桥和望柱组成，可拆卸”[④]，因组合模式固定、构成要素简单，便于快速装配。就构图规律而言，由于棺木的前挡板相对方正，置放其前的木屋边缘也大都嵌套在相互生成的方、圆图形中。（图3）

① 见文献[486]：扬州市文物考古研究所2019年度考古业务汇报会学术汇报（一）[EB/OL]. https://mp.weixin.qq.com/s/jiqrV0kS6NUBl80sG7dYEw.

② 见文献[484]：张敏，朱超龙，牛志远.江苏扬州市秋实路五代至宋代墓葬的发掘[J].考古，2017,（04）：54-64.

③ 见文献[483]：秦宗林，韩成龙，罗录会，等.江苏扬州南唐田氏纪年墓发掘简报[J].文物，2019（05）：31-40+1.

④ 见文献[483]：秦宗林，韩成龙，罗录会，等.江苏扬州南唐田氏纪年墓发掘简报[J].文物，2019（05）：31-40+1.

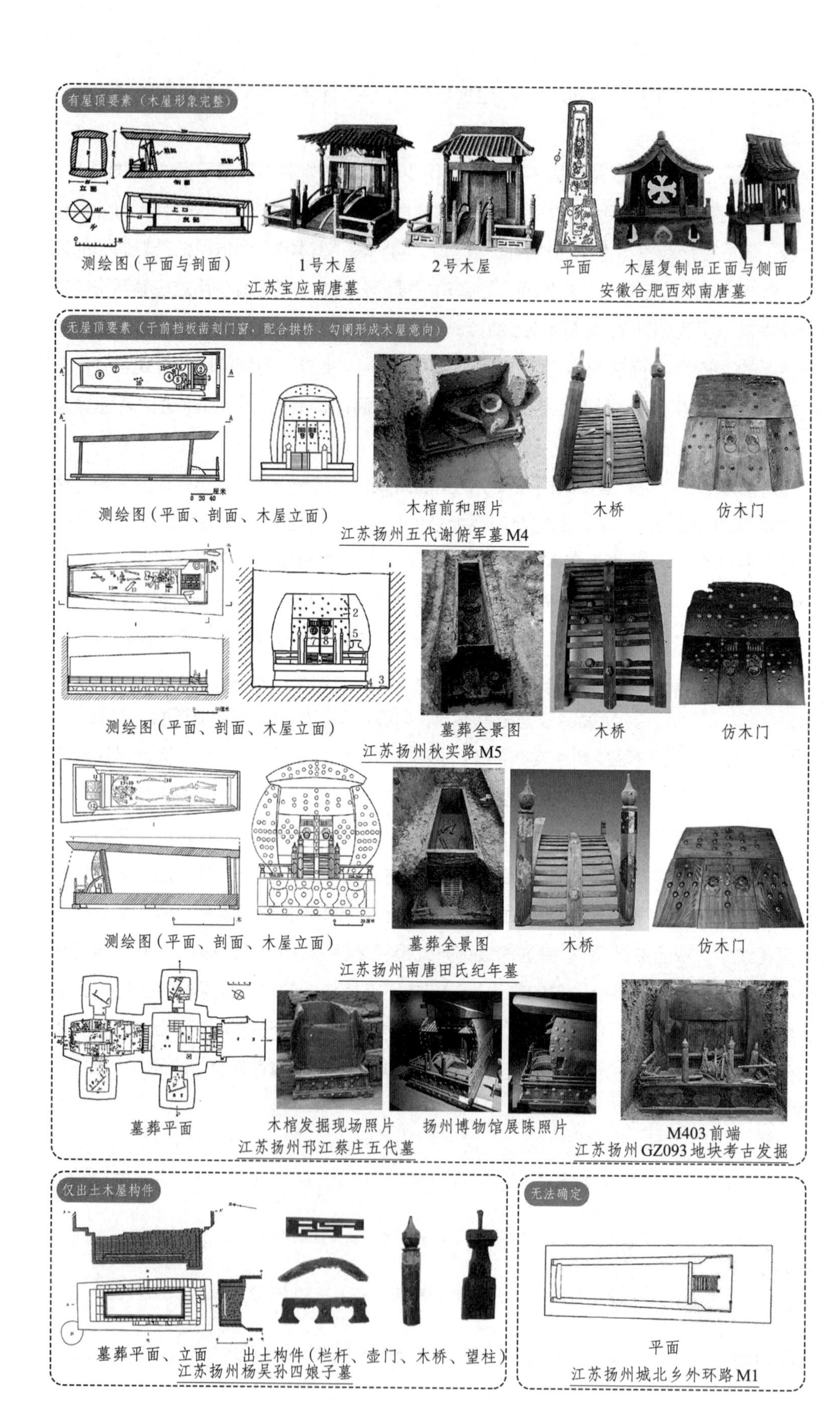

图1 “棺前木屋”发掘简况示意图

图片来源：引自参考文献[477]～[480][482]～[486]

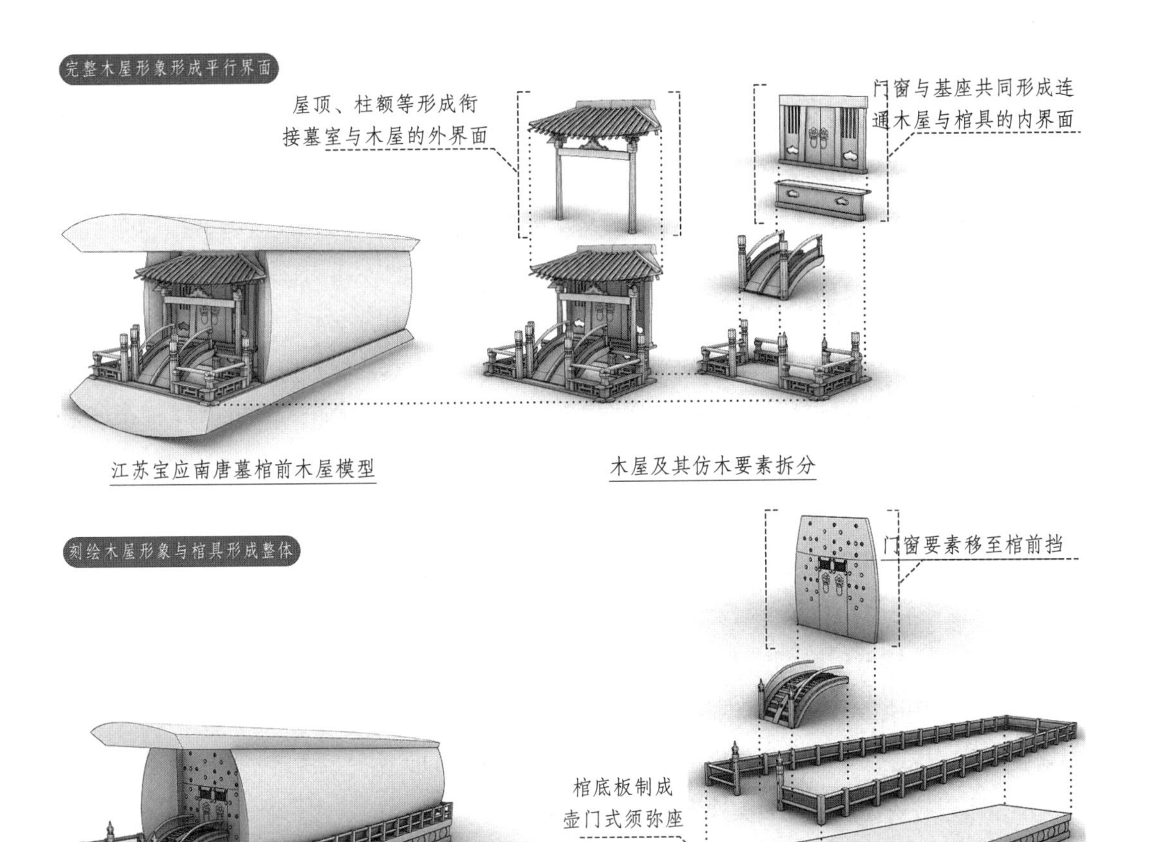

图2　南唐“棺前木屋”仿木要素分布方式示意图

图片来源：作者自绘

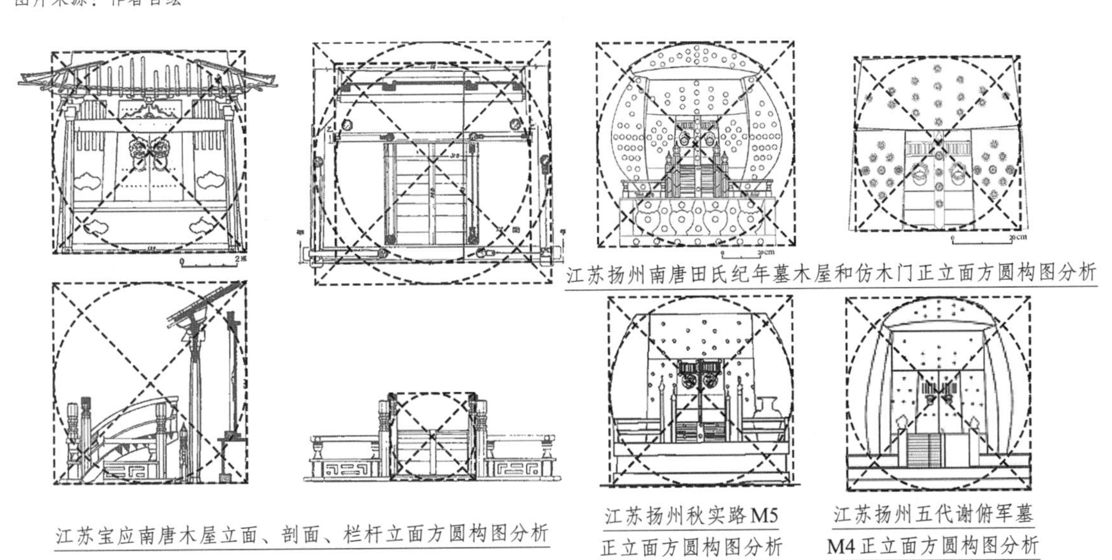

图3　南唐“棺前木屋”立面几何构图关系示意图

图片来源：据参考文献[479][482]～[484]改绘

木屋的“模型”属性为墓室空间带来了多种解读方式：在竖穴土坑墓中，真实的空间是以墓主体魄为基准量度的，这时棺是“家具”，墓室等同于建筑的室内空间，尺度关系是等身的、真实的；当我们关注木屋时，它作为符号的一面提示我们，棺木虽仍是“器具”，但在视线穿过木屋界面后，另一种从属于墓主灵魂的尺度关系被制造出来，站在其缩微而无形的立场上，木屋成了“建筑”，墓室则代表着“庭院”或“天地”，棺木更像是一段用来折减尺度的“过道”、一个转换“魂”“魄”身份的道具。

有趣的是，若我们将真实的人体与房屋高度之比代入木屋数据，折算出的“理想魂长”取值与在同一墓穴中随葬的木俑之间同样存在简单的倍数关系。譬如，在秋实路M5中，木屋的门高是0.42m（望柱高恰取其半，0.21m），若以《营造法式》中版门最整洁的取值1丈为准（约合公制3.33m，复原尺长取300mm），与本例比较后算得的缩比为0.126；墓中随葬持物男俑的实测高度为0.414m、男吏俑高0.333m，按前述缩比折出的高度分别为3.286m和2.643m，若以1.65m作为标准身高，折算值分别是其2倍（99.58%）和1.6倍（99.87%）。梯形棺前挡板的宽度需略大于墓主肩宽，棺长略大于身高，总的来看近似于人体轮廓的等比放大，而标准肩宽一般取身高的1/4、头长取身高的1/7，这在历代画论中常被提及，也是造像时需要遵循的标准，正是这套简洁的比例关系决定了与棺木配套使用的木屋是可以被快速换算成真实建筑尺度的。

葬具仿木的普遍联系与“模型化”的共同倾向

同一时期，与棺前木屋类似，将葬具处理成“建筑模型”的倾向是比较普遍的，如四川彭山后蜀宋琳墓石棺的前、后挡上都“有仿木建筑的檐柱和假门，并有妇人启门欲进的浮雕”①，棺木下端同样雕刻一圈勾阑，整个梯形棺的仿木程度相当之高；在乐山琉璃三彩陶棺（内陈墓主骨灰）②的前和部位，则雕饰有庑殿屋顶、门窗、柱额等仿木内容，基座前端更是刻作辟出壸门的两层台阶，建筑形象细致、逼真，与棺前木屋同趣；前蜀晋晖墓的棺台“前端最上层的砖向外伸出，做屋檐状，中部有长、宽14、进深4厘米的假窗五个”③，仿木意象同样鲜明。（图4）

辽墓中的某些棺、帐也处理成建筑形象，延续了唐代葬具仿木和墓内设帐的传统，其葬具仿木主要有两种方式，一是整体处理成建筑形象，二是植入模仿建筑部品的装饰物。前者如锦州张扛村辽代M2石棺（内陈尸骨），石棺庑殿顶整体放置在壸门基座上，环绕棺身的是一圈用榫卯连接的石栏杆，“在前挡的外皮，画一门，高0.24m、宽0.21m，门框中有二扇门，作半开半掩式，门缝中闪露着一个半露半掩的婢女，面向外展示”④，除了未曾沿着前挡

---

① 见文献[487]：任锡光.四川彭山后蜀宋琳墓清理简报[J].考古通讯，1958（05）：18-26+6-8.
② 见文献[488]：沈仲常，李显文.四川乐山出土的五代陶棺[J].文物，1983（02）：53-55.
③ 见文献[489]：赵殿增.前蜀晋晖墓清理简报[J].考古，1983（10）：915-916+907+917-918.
④ 见文献[490]：刘谦.辽宁锦州市张扛村辽墓发掘报告[J].考古，1984（11）：990-1002+1061.

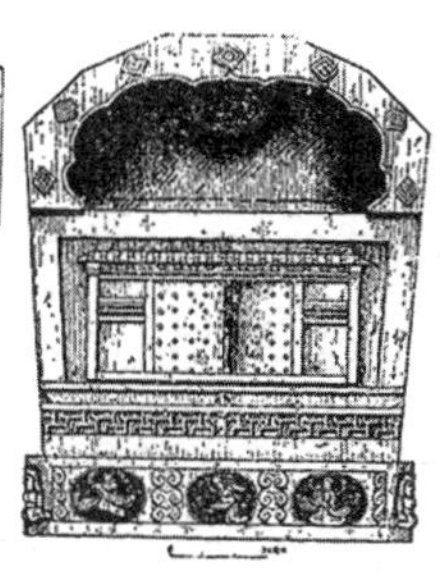

四川彭山后蜀宋琳墓石棺复原图（侧面与正面）

四川乐山琉璃三彩陶棺照片

图4　五代巴蜀陶、石材质仿木棺具示例

图片来源：引自参考文献[487][488]

板雕出外凸的屋面、柱框外，与南唐棺前木屋的配置思路已非常接近。后者如吐尔基山辽墓彩绘木棺（内置内棺），其棺木被置于八层须弥座上，前挡板居中辟门，门侧绘制门吏与直棂窗①，棺盖上不再表现屋面信息，它甚至也在前和部位斜向下放置木拱桥一座，连通了被须弥座高高托起的棺木与墓室地面②，与木屋大同小异。

辽宋遗构及建筑图像中，须弥座已频繁出现，以往常将其视作装饰手段成熟、等级意识明确的产物，这种观点虽然准确，但不全面。我们知道，早期建筑与家具的基座形式各异，建筑看重的是台基隔除濡湿、区分尊卑的实用和礼仪功能③，而家具的足座既要承重也要便于搬运，因此常挖空箱板中部形成壶门，这与须弥座的形态特征相去甚远，反而是蒲团一类的坐具与其更加肖似。按《十诵律》的规定，佛教徒凡坐必在尼师坛④上，这种以三色杂布缝制的敷具或是莲台的前身，而水平线脚丰富的须弥座，则很像台基与莲台的混用结果。建筑一旦被置于座上，就意味着它被当成了一种可供“把玩”“游目”的器物⑤。更直接的例子是唐代佛塔地宫出土的金棺银椁，其下部往往也饰有须弥座。五代、契丹墓中以须弥座垫托棺木的做法表明，棺不再被约束在与椁、墓嵌套的固定结构中（即模拟人体、家具、房屋、宇宙的逐级包裹关系），墓室也不再被喻为方寸宇宙，而是被视为一个实在的、与阳宅同构的室内空间。

---

① 见文献[491]：郑承燕.吐尔基山辽墓彩绘木棺具[J].中国博物馆，2010(03)：84-85.

② 见文献[492]：塔拉，张亚强.内蒙古通辽市吐尔基山辽代墓葬[J].考古，2004(07)：50-53+106-108+2.“在小门与地面之间有一个拱桥将二者连接起来，拱桥桥面上有彩绘的花卉图案，桥面两侧有栏杆。”

③ 如《说文》：“除殿陛也，阶，陛也；阼，主阶也；陛，升高阶也；陔，阶次也。《释名》：阶，陛也；陛，卑也，有高卑也；天子殿谓之纳陛，以纳人之言也；阶梯也，如梯，有等差也……”

④ 梵语nisidana，比丘六物之一，又称坐衣、衬卧衣，《根本萨婆多部律摄》卷六记其色或青、或泥、或赤，长为佛陀二揭手、广一揭手半，约当4.8×3.6尺。《南海寄归内法传》卷三批评当时僧众将其滥用作礼拜具的错误做法，“礼拜敷其坐具，五天竺所不见行……非为礼拜。南海诸僧，人持一布，长三五尺，叠若食巾，礼拜用替膝头，行时搭在肩上。西国苾刍来见，咸皆莞尔笑也。”

⑤ 建筑的属性很大程度上由基座决定，譬如，可供登临的楼阁式佛塔都立在夯土包砖台基上，单层且无内部空间的密檐塔却普遍采用含有仰、覆莲造型的须弥座，彻底退化为一种持拿的道具（就如毗沙门天王手中擎持的那样）。

“棺前木屋”的可能源头：房形椁

木屋以一种半独立的状态附于棺木前挡板外侧，在某些情况下又和棺木一道被须弥座整体托起，因此仍可算作葬具仿木的特殊形式。东周时的川、滇、赣等地已陆续出现了石、铜、木等多种质地的“房形棺”，也不乏令椁室功能分区与阳宅一一对应的情况[①]。在棺椁嵌套的前提下[②]，仿木要素大多附着在椁上，棺头处仅留出孔洞，未必采用门窗形象，反而是构造、样式写实的石祠堂[③]，更可能是北朝房形石葬具[④]的前身。大同发掘出土的几座北魏平城时期房形石葬具皆高度仿木，以石条模拟木杆件制成开敞前廊，再与用石板围合的封闭后部共同构成完整的堂、室空间[⑤]。此时的墓室扮演着壶中天地的角色，房形石葬具的“仿木”指义也直截了当，“石堂”“石室”替代了土木房屋，正对墓门居中放置，其与墓道、棺床的位置关系完全符合阳宅坐向（门户正对南北轴线与院门，屋檐沿东西向延展，主人头西脚东安卧）。

到了隋代李静训墓中，人们将石棺扭转90°后朝向甬道摆放，为与送葬队伍形成通视，甚至在表现房屋侧面的棺前和处也刻出门窗[⑥]，这已违背了山面砌承重墙的营造“事实”。由此开始，仿木要素逐渐从葬具的长边向短边转移。当然，中国建筑的传统不强调“双轴线”，在葬具正、侧面同时辟门的做法势必无法久存，且安史之乱后国力衰减，极少再赙赠房形椁，而梯形棺的平面为等腰梯形、侧立面近似直角梯形，工匠无法将其整体模拟成平展对称的殿宇形象，只能有所取舍（省略屋盖、突出台基、压缩正立面并移置于前挡板外），制成“建筑装饰化”的头挡，最终形成单独放置的木屋。

---

① 如《太平广记》引《西京杂记》记魏襄王椁“以文石为椁，高八尺许，委及狭容四十人，以手扪椁，滑液如新，中有石床、石屏风”，是直接以床、屏取代了棺木，可见当时对椁的理解与地上殿堂无异。

②《礼记·檀弓上》：“衣足以饰身，棺周于衣，椁周于棺，土周于椁，反壤树之哉。”

③ 如《水经注·漯水》记北魏太和三年建文石室，“二陵之南有永固堂，堂之四周隅，雉列榭、阶、栏、槛，及扉、户、梁、壁、椽、瓦，悉文石也。……堂之内外，四侧结两石趺，张青石屏风，以文石为缘，并隐起忠孝之容，题刻贞顺之名。”

④ 按照“名从主人”的原则，北朝石葬具按其自铭可称为“石堂”（史君墓）、“石室”（解兴墓）、“石柩”（宋绍祖墓）、“石屋”（吕续墓），学界对此类葬具的称谓亦无定论，“房形椁”“石椁”“殿堂式石棺椁”“房型石堂”等用法不一而足。

⑤《释名·释宫室》：“古者为堂，自半以前虚之，谓之堂，自半以后实之，谓室。”《说文》：“室，实也。从宀从至。至，所止也。”段注：“古者前堂后室。《释名》：‘室，实也。人物实满其中也。’”“至”从倒矢，从一，像矢着地形，故有到达之意，因而引申有止息意，如《说文系传·宀部》：“室，堂之内，人所安止也。”表明“室”的功用就是居住，应位于建筑靠内的位置。平城时期的房形石葬具多在“后室”内砌出棺床，将墓主尸骸直接陈放于床上。

⑥ 李静训石棺在正面（按在墓室内位置，属东、西面）心间雕刻两扇版门，两次间各雕直棂窗一扇，侧面（朝向墓道的南壁）饰有大门两扇，棺盖整体雕成歇山顶。见文献[493]：中国社会科学院考古研究所.唐长安城郊隋唐墓[M].北京：文物出版社，1980：3-28.

“棺前木屋”的常见去向：墓壁抱厦

部分北朝壁画墓中已出现装饰成建筑构件的画框，结合环绕墓主夫妇像的帷帐，造成了景深错觉，此时壁上的柱额枓栱如同围出了一块“屏幕”，墓主形象则“事实上”退至更远方的虚空（有时背倚树木，显然是在表达室外场景），与观谒者隔着壁面“对视”。唐代的墓壁仿木做法更加程式化，并在河北、辽宁等地率先出现了以砌砖模拟彩绘的圆形单室墓。进入北宋后，中原地区的一些纵列多室墓开始在前室正壁上绘制夫妇像（或砖砌一桌二椅暗示其“在场”）来模仿祭堂[①]，并将墓主尸骸放置在后室棺床上，以暗示“前朝后寝”的布局模式。

在“胡化”程度较深的山西、河北、东北地区，尤其在一些辽代墓葬里频繁出现抱厦的形象，其用材规格与整体尺度明显小于墓室中的同类部件，更像是嵌入墓壁的一个独立物体[②]。笔者曾撰文讨论此现象，认为这些抱厦暗示着一种垂直插入壁面、实际上虽不存在但观念上需被反映的“棺室”空间（因系单室墓，无法表现前堂后室的区别，只能借助门窗符号标示想象的空间）[③]。它区别于“妇人启门”图像之处在于，后者以门为界区分形魄与魂灵，抱厦区分的却是真实与想象中的棺室（虽然墓主形骸的确陈放在“此处”，但它的理想归宿却是本应存在于抱厦彼端的后室）。

由此看来，抱厦大概可以算作棺前木屋的后继。当棺木的本体及其陈放空间都转化成一种观念、穿墙透壁消隐无踪后，反而是从棺上剥除的木屋顽强留存下来，并依附在壁面上形成抱厦，成为证明“棺”要素存在的隐喻。在焦作宋翼润墓中，甚至完整保留了拱桥形象，更加强了这一猜想的可信度。当然，随着传播距离拉长，观念难免变形、模糊，抱厦也“堕落”为夸饰财富的符号，在壁面上重复滥用（如在河北广宗大王村宋代墓葬M1及甘肃定西安定区金代砖雕壁画墓中所见）。（图5）

仿木形象迁移的原因

“唐宋变革论”在墓葬艺术中也广泛存在着，主要表现在仿木要素从葬具上持续流失并向壁面转移。因此，在梳理“墓葬仿木”的发展历程时，若从宋金砖雕墓的“完成态”回顾隋唐壁画墓的“初始态”，则作为“中间态”的“棺前（置）木屋”现象无疑代表着“唐宋之变”发生的关键一刻，是示踪仿木传统根本转向的重要“标靶”，其成因大概可归纳为以下三点：

---

① 自宋入金，仿木砖墓的核心分布区也从豫北迁移至晋南，且多室墓的使用逻辑也发生了改变，从模拟地面建筑“前堂后室”“前祭后葬”，变成按代际关系分配墓室，祖先葬于主室，子孙分房支葬于耳室，如襄垣付村金代砖雕壁画墓。

② 以大同辽代许从赟夫妇墓为例，其石棺（无仿木要素）埋藏在墓室地面以下0.6m深处，墓壁以条砖砌出柱额、门窗、枓栱并加彩绘，西壁当中砌出抱厦一座，尺度明显小于周壁的仿木构件。见文献[17]：王银田，解廷琦，周雪松.山西大同市辽代军节度使许从赟夫妇壁画墓[J].考古，2005(08)：34-47+97-101+2.

③ 见文献[494]：喻梦哲.山西稷山马村段氏家族一号墓砖雕仿木手法探析[J].新建筑，2023(08)：26-31.

河北宣化辽墓M10墓门及抱厦立面

山西大同辽代许从赟夫妇墓西壁

河南焦作小尚宋代冀闰壁画墓北壁

河北广宗大王村宋代墓葬M1壁面展开图

河北广宗大王村宋代墓葬M1西北壁

甘肃定西安定区金代砖雕壁画墓四壁立面

甘肃定西安定区金代砖雕壁画墓墓室南壁与西北角

图5 仿木砖墓中抱厦的“泛用”现象示意图
（图片来源：引自参考文献[16][17][323][495][496]）

其一是葬具朝向的改变。从唐代开始，梯形棺已“成为最主要的葬具形式”①，其前部高而宽、后部低而窄的平、立面特征决定了前挡板是最适合积聚仿木要素的部位。汉代石祠堂及由其衍生的北朝石葬具或隋唐房形椁大多以方正的建筑正面形象对人，门窗的主要作用是修饰殿宇细节，而非示意灵魂进出通道。梯形棺则不然，因头高尾低，无法以侧面的帮板模拟房屋正面，也很难将斜置的棺盖板处理成屋顶形象，只能在前挡板上集中表达门窗等通过性要素，如在美国明尼阿波利斯美术馆藏北魏画像石棺、潼关税村隋代壁画墓石棺、陕西临潼唐代庆山寺舍利银椁上所见。葬具上的仿木要素要么大量流失（如屋顶），要么缩小、迁移（如门窗），不再与其模仿的建筑同构，此时要表达仿木意象，最可行的选择便是将压缩成二维或准三维的木屋放置在正对墓室入口的棺前和处，以“界面”而非“体块”的方式予以展示。传统房形葬具需以再现建筑正面的长边正对墓道，梯形棺的摆放方向则要顺着墓道，两者是相互矛盾的，只有将房屋形象从葬具上抽离出来，制成单另的模型木屋，才能同时满足灵魂

① 见文献[497]：何培.唐代以前的梯形棺[D].广州：暨南大学，2010.

纵向进出（葬具顺墓道摆放）和横向安坐（转移到木屋上的仿木形象以正立面示人）的需求。

其二是葬具的小型化。随着佛教普及和舍利瘗埋制度的中国化，唐代逐渐盛行“以贵金属制作的微型中国式葬具棺、椁为容器”① 来藏置荼毗所得真身舍利，工匠甚至在这些模仿棺椁的舍利器上雕刻出建筑构件作为装饰，如临潼庆山寺地宫出土的银椁在前挡板上辟门，并在透雕壶门的工字形须弥座上装插栏杆②。烧身葬导致葬具大幅缩小，重重嵌套的舍利函夸大了棺、椁、墓间的含纳关系，并常与装饰性的“建筑模型”搭配使用③，这也为南唐“棺前木屋”的出现奠定了可能。

其三是在棺木下广泛使用须弥座。棺是一种特殊的家具，北朝墓葬中常见的围屏石棺床④ 就直接仿自坐榻；椁则天然地具有建筑属性，段玉裁《说文解字注》释“椁”字曰：“葬有木郭也。木郭者，以木为之，周于棺，如城之有郭也。”家具的外“廓”是建筑，棺外的椁自然也是建筑的变体。当房形椁退出历史舞台，葬具间的嵌套关系解体，人们已无法再继续混淆棺、椁的界限，省略掉椁虽是普遍的趋势，但也不能简单地把仿木元素全都挪到棺上，毕竟器形决定了梯形棺不能照搬房形椁的整体仿木策略，而只能突出部分构件，须弥座的广泛使用恰好证明了此点。出土木屋的南唐墓葬中，木棺下大多配有壶门装饰的须弥座，这比同期的建筑台基精美得多，或许意味着其原型应是舍利棺椁之类的器物。值得注意的是，按照《营造法式》的记载，在代表北宋末年官式营造技术最高水平的四种神龛（佛道帐、牙脚帐、九脊小帐、壁帐）和两种神橱（转轮经藏、壁藏）中，也仅有佛道帐的帐座“仿殿阁阶基形式，首先用最高级的芙蓉瓣（即莲瓣）叠涩座（即须弥座）作基座，上施重台钩阑，形成完整的殿阶基，阶前安弧形踏道‘圜桥子’”，其余仅牙脚帐和九脊小帐“用较低而简单的牙脚座。下用龟脚，中间用壶门为饰，不用叠涩莲瓣，座上安重台钩阑”，壁帐“制度中无帐座一项，这并不等于不用帐座，因为不用小木作帐座，也可用砖、石帐座”⑤。也就是说，只有在最高等级的佛道帐上才使用了与南唐“棺前木屋”一脉相承的须弥座和“圜桥子”组合。宋金砖雕墓普遍使用棺床，导致原本依附在棺木上的须弥座也彻底转移到壁面之上，成为棺床侧面或壁面下部的装饰条带，完成了从坐具到葬具基座、再到建筑墙面勒脚的身份转化。

在三方面因素的综合作用下，仿木要素从葬具剥离并迁移至壁面之上，但这个过程是渐进甚至无序的，例如，在内蒙古广德公墓木棺上，就能看到一些叠床架屋之处，“在须弥座下的四角加了云板足，这一做法在此前的棺床中未见，应是借鉴自床榻”⑥，这具木棺虽模

① 见文献[498]：杨泓．中国隋唐时期佛教舍利容器[J]．中国历史文物，2004（04）：22-35+1+89-91．
② 见文献[499]：赵康民．临潼唐庆山寺舍利塔基精室清理记[J]．文博，1985（05）：12-37+99-100+3．
③ 如法门寺地宫中的鎏金铜浮屠内放置有鎏金迦陵频伽纹小银棺，棺内藏四号佛骨舍利（三枚影骨之一）。
④ 当然，围屏石棺床同样呈现出灵魂与肉身的双重尺度，环绕其边缘的双阙形象明确揭示出一种缩微的界域感。
⑤ 见文献[279]：潘谷西，何建中．《营造法式》解读[M]．南京：东南大学出版社，2005：137．
⑥ 见文献[500]：蔡瑞珍．辽代木质棺尸床研究——兼论棺尸床与墓中床榻的历史[J]．南方文物，2023（05）：244-256．

仿房形椁的形态，将棺盖处理成悬山屋顶，并以勾阑、须弥座整体围合、承托，却又将门户置于头挡处，似乎兼有前述棺、椁、舍利藏具的特征，这种杂糅的状态意味着营造立意的混乱，难以形成固定、长久的配置范式。

综合来看，仿木要素总在不同媒介间维系着动态平衡，一般来说是难以兼容的，且迁移路径也各异。大体上，门窗等通过性要素在从隋唐房形椁向“棺前木屋”过渡时有两种表现：一是朝向转变及随之派生的小型化，房形椁为模仿建筑布局，多将门窗分布在正面（侧帮），改用梯形棺后，门窗从葬具长边脱离，嵌入前挡板中或集中在木屋上；二是“相对”大型化，从另一个视角看，若认为“棺前木屋”仿自中晚唐装藏舍利棺椁的金铜塔或银殿、灵帐，则可将木屋视作扩放的结果。此后，仿木要素继续外溢，直至完全脱离葬具、渗入墓室壁面，形成典型的宋金砖雕墓，表现为抱厦与假门的发达，这可能是用来标识想象中的棺室空间，且原本用于承托棺具的须弥座被截去体块，徒余侧面形象，依附于墓壁而成为墙下隔碱，并与凸出的棺床相连，形成连续饰带（图6）。

在出土的10例南唐“棺前木屋”中，仅有宝应与合肥西郊的3座具备包括屋顶在内的完整建筑形象，可见即便作为一种反映仿木传统关键转折的“瞬时性”现象，且分布地域集中，样本数目稀少，但木屋自身仍处在不断发展衍变的动态过程之中。区别于房形椁“整体仿木”的做法，“棺前木屋”是由（作为仿木载体的）木屋“模型”和（作为仿木场域的）棺木“器具”组合生成的，两者互为表义，不可分拆，这也促使仿木要素不再分散地依附在葬具上，而是集约成一个完整的、准三维的实体形象，与棺木若即若离地联系在一起，生动展现出仿木内容“正在”挣脱葬具的进行过程。我们很少在建筑或器物上观察到此类“蜕变”中的状态，究其实，正是唐宋之际人们对于墓室空间的理解发生了颠覆性改变（墓室从纯然的“室内”变成被四壁建筑立面围出的“室外”，一个新的、想象中的棺室空间被相较壁面柱额、枓栱更加精细的抱厦标识出来），才促成了这一剧烈转向。

如果我们把木屋看作一种容器，就不难发现仿木要素的流动是有迹可循的。如前所述，被置于棺前和处的木屋包含着强烈的视觉暗示，除了尺度的增缩外，房屋和棺木都是规整的体块，因而具有彼此平行、递进的四个界面，若再加上墓门与正壁，便能为属于生人（站立在墓室中的送葬或参谒者）、逝者、魂灵的三重空间建立对位联系，而配置在木屋前的拱桥正是用来联通各个界面的。桥经由木屋连通了现世（生者所在的墓室）与彼世（逝者永眠的棺木），是接引逝者往生佛国的符号，如扬州杨吴孙四娘子墓中出土买地券写有“今为佛采花，遇逢天暗，魂魄不归，是以桥梁崩坏，迷失道路”，简报执笔者认为“‘为佛采花’是五代至宋时期买地券常见套语，在安徽和海南均有发现，是买地券中对死者亡故的讳称”“‘桥梁崩坏’意为死者永远往生佛国，也是对人死的一种讳称，同时也表达了对死者身后归宿的祈愿”。按《大方广佛华严经》所说，“若见桥道，当愿众生，广度一切，犹如桥梁”，拱桥跨越生死、接引有缘的宗教意义也由此彰显。

藉着考察“棺前木屋”、梳理仿木要素在葬具与墓壁间的“迁移”过程，尝试以一番发

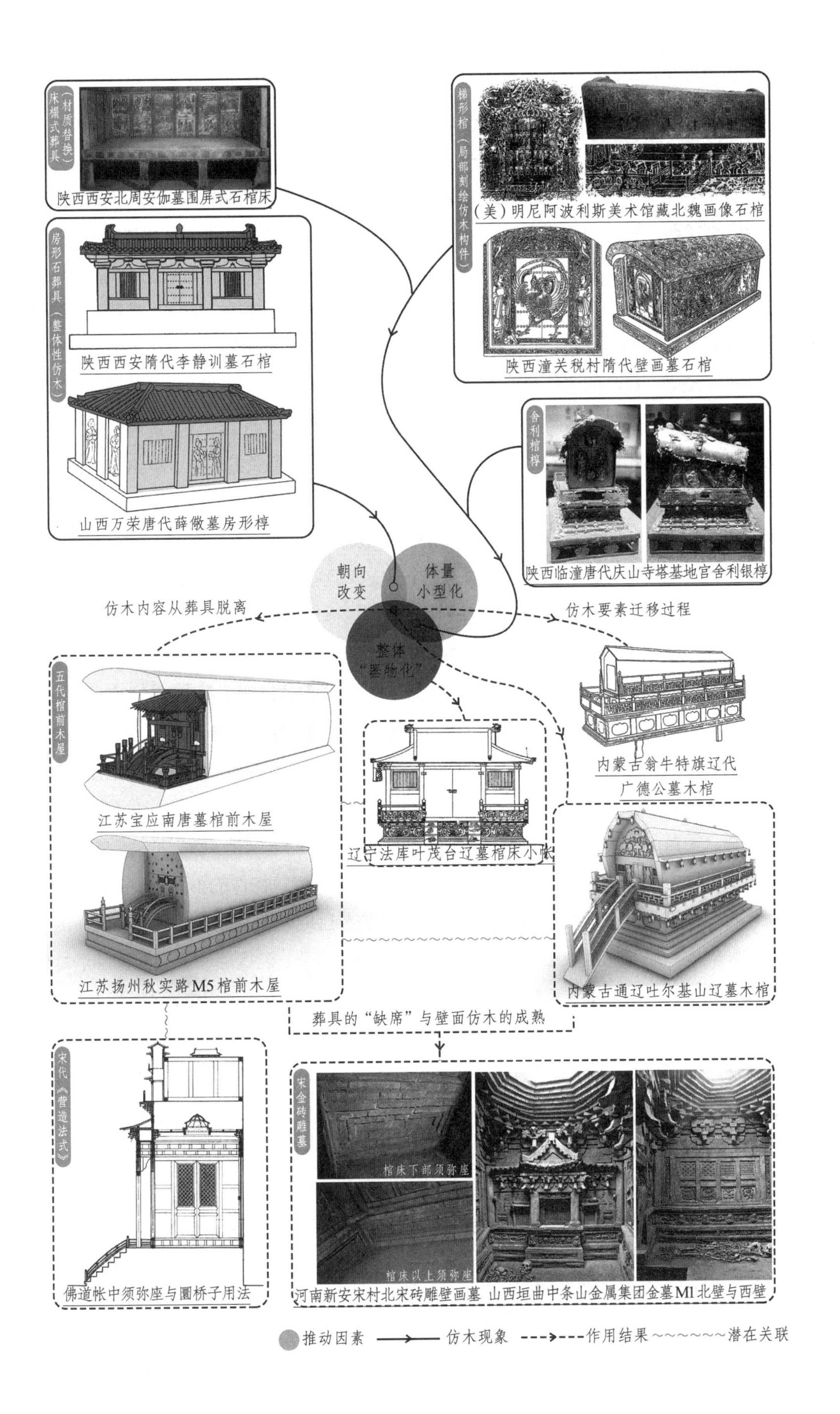

图6 墓葬中仿木要素迁移过程

（图片来源：引自参考文献[493][279][500]~[504][156][108][185]）

散思考结束这部书稿。近几年有幸观摩西安建筑科技大学和长安大学在中国社会科学院考古研究所的大力支持下建设“建筑考古学”本科课程，对于建筑史学者应如何主动对接考古学知识体系和研究方法也有些零碎体会，虽系鄙俚，姑妄言之。

在建筑学专业的“中国建筑史”课程教育中，陵墓是非常重要的一节，尤其当涉及“仿木构”现象时，更是为样式谱系研究提供了可贵旁证。墓葬是为逝者“居住”而建造的，它的本质属性当然是“营造”。墓葬建筑大都在短期内一次建成、保留状况相对完整，人（墓主）、物（墓葬本体及出土器物）关系基本明确，再加上出土墓志、题记、随葬器物的器形和埋藏关系、建筑构件样式、彩绘雕刻母题等要素的佐证，都确保其具有较高的完整性，相较于其他更宏阔、散乱的遗址遗迹类型，似乎不足以显露考古学者之所长。墓葬考古往往与美术史、建筑史纠缠不清，除去利用地层学、年代学、类型学等工具外，尚需借鉴大量宗教观念和营造技术的知识，才能尽量完整地揭示、再现与丧葬相关的历史。就这层意义而言，墓葬并非那种不假文化语境就能“开口说话”的材料，对它的研究一定会夹杂着建筑史学和建筑考古学的方法，两者的异同也在研究过程中自发浮现。

我们常把建筑考古学看成考古学的一个分支，但考古学已有太多的分支，作为对象性学科，对象的无限性决定了分类方式的无限性，遑论作为“考”的对象的古建筑本身也牵涉方方面面，同样是一种缩小版的“全局性”学问，这从“建筑”（Architecture）的词素构成便可见一斑[①]。质言之，考古学和建筑学都是描述性和发散性的知识系统，关注的是“对象”而非“方法”[②]，那又该如何以一种对象统属、解释另一种对象呢？所谓建筑考古学，到底是以治考古学的手段处理建筑素材，还是沿用建筑学的手段处理考古遗址？若是前者，研究对象就应该严格限定为地下资料，否则埋藏学、层位学方法就无从施展。地面建筑处于持续的修缮、更替过程中，且北宋末年编纂的《营造法式》已记录了“荐拔抽换”的技术，可见在修缮过程中“偷梁换柱”是完全可行的，这也意味着建筑构件的垂直分布关系无法锚定制备年代，地层概念在建筑学中是不能完全成立的，且地面遗构的绝对数量有限，时空分布不匀，样本库不够充足，难以形成全套的器形识别图谱。若是后者，又要面临遗址信息零碎和建筑学科天然地追求完整性之间的矛盾。我们从遗址中当然可以挖掘出各种有用知识，如彼时彼地的建筑材料（以及从材料上残留的制备、施工痕迹反推工具、工艺）、基础与排水做法、建筑尺度（及由柱网关系推测的构架组织方式）、建筑群的轴向角度，等等，但仅凭这些信息，仍与达到复现建筑整体状貌的目标相距甚远，因此建筑史学者总是习惯性地把工作重心聚焦到遗址复原上去，哪怕这些方案绝大部分是“复原设计”“复原想象”，而

① 词根arch意为首要的、主要的、统治性的，词缀tect体现建造、构筑的意思，ure使之成为抽象名词。

② 这当然不是说考古学和建筑学没有方法，而是这些方法多是通用的（如类型学本质上是几何学知识的具体应用，地层学同样为地质学、古生物学使用；对于建筑学科来说更是如此，举凡建筑环境学、建筑行为学、建筑经济学、建筑伦理学、建筑人类学之类的概念，都是将其他学科的成熟研究方法直接嫁接到特定建筑对象上而已），且方法本身并非学科的发展目标和成立前提。

非“复原研究”。

在笔者看来，热衷复原（设计）恰恰说明了这样一个事实：建筑史学者的知识底色仍来自建筑学而非历史学，绝大多数建筑史学者都是从建筑学本科教育中选拔出来的，面对建筑考古命题时，第一反应依旧是拿出尺规，在图纸上构筑内心的“理想国”。建筑总是具象的，人们对于建筑师的期待也是拿出完整的作品，复原大概是最能满足这类表层需求的工作方式，因此难免造成路径依赖。矛盾之处在于，复原工作之所以具有普遍价值，正是因为我们承认自己不了解缺失的那部分信息，为了实现形式上的完整、满足建筑最本质的价值诉求（完整的、功能齐全的建筑才是有用的建筑），才利用种种旁证、由已知推理未知，但营造行为如此复杂，谁也无法穷举每个环节、每类事项的每种可能，因此一切复原工作归根结底仍是一种诠释、一种“客观的主观”。与其将复原所得当作确凿结果去盲从或讥嘲，毋宁将其视作不断排除“不可能性”后逐渐逼近历史真实的努力过程，将其看成一套用于装载遗址残存信息、区分信息权重和排序的管理框架。建筑学者能够服务于建筑考古任务的，始终是其本身的建筑学知识，即如何盖房子。

盖房子作为一种知识原型，是能够用来寻踪溯源的。洛吉耶（Marc Antoine Laugier）在1753年撰成的《论建筑》（Essai sur L’architecture）中提出“原始棚屋”（the primitive hut）理论，认为柱、檐、三角顶是建筑的基本元素，虽然后来又派生出墙、门窗、台基等部分，但最核心的三要素仍在反复出现，这种早于营造实践的预设形象孕育出了“形式”，初民的棚屋成为此后种种高阁重楼的“始源”。荣格（Carl Gustav Jung）在《原型与集体无意识》中据之阐发了“原型”的概念，认为材料的规律性显现不属于个人，而是集体经验性心理的总结，以族群记忆的形式延续。因此，无论建筑技术发展到何种阶段，无论建筑多么复杂，其本质属性都是用少数几种构件搭建出一定的几何体量。要形成一个广延的、形态特殊的空间，只能借助几何学知识；而要让方案落地实施，就必须将几何图形转换成具体数字；每一个成熟的文明都会为特定数字附会文化意义，形成使用偏好。因此，建筑的形式设计最终还是着落到如何在某种文化语境下统辖数、形、义三方面的因素，这也是宋金仿木砖墓适合拿来讨论的原因。

砖墓基本不存在后期改修扰动的问题，不像地面木构建筑难逃“忒修斯之船”的困境、“真实性”与“完整性”存疑。加之绝大多数墓葬采用规则几何平面，砖壁基本垂直，不存在屋面凹曲问题，在中国古代建筑诸多类型中最符合“立面”的概念，因此据其投影测图分析设计意匠是合乎情理的。砖的砌筑逻辑与其模仿的木构的搭接逻辑迥然不同，工匠却硬是在仿木砖墓中将建构原则完全背离的两套系统塑造得“表里如一”，这其中蕴涵着怎样的智慧！我们探究仿木问题，就是在不断逼近古人匠心，试图与之共鸣，这个话题既是观念史、思想史、技术史的具体表现，也反映了建筑史的核心任务。透过仿木砖墓这一特殊媒材，我们见到的是古人如何在被严格限定的工作条件（跨材质仿作）下灵活处理矛盾（材质与形象不统一）的——戴着镣铐跳舞，更能彰显古代设计思维的内核。

由此看来，建筑考古学和建筑史学的区别绝不止停留在材料来源的层面，也不完全体现在研究理路是“发掘整理”还是“按牒批图、考阅旧章”，两者的细分因由是具体的、系统的，比如：我们研究的是“历史中的建筑”还是“这座建筑的历史”？整理材料的原则是让它“自己说话”还是让它“为我说话”？研究的阶段性诉求是实证一个明确的建筑学问题（材料、构造、空间、审美等不同角度）还是铺展、描述营造活动的整体背景，以此丰富认知考古（成果往往是开放式的知识拓展，而非逻辑闭环的问题解答）？我们的工作是为了提出一种理论假设，还是提供一套检验理论成立与否的标准？是藉着梳理材料（“物有本末”）去讨论其发生过程（“事有始终”），还是抽象出理论去核证实例、以实例充实理论（“知所先后则近道矣”）？到底是以虚驭实，还是积实见虚？人的认识总是循环往复、螺旋上升的，建筑史学和建筑考古学做不到断然揖别，但在方法论层面仍应划明边界。从某种程度上说，正是这种差异性给本书的写作带来了天然的断裂，墓葬仿木虽是墓主和工匠共同造成的，但匠与主人的立场不同，从“造作”和“使用”的角度出发，看待仿木现象的方式也动如参商，因此，本书的前半部分其实是在为建筑历史研学者讲述墓葬美术的一般知识，后半部分则是为考古学者科普建筑知识，是个码字作桥的力气活。

最后，简要回顾撰写过程。笔者对于砖石建筑中“仿木”现象的兴趣始于读博期间，当时一度想以江浙塔幢作为论文选题，后虽因各种原因作罢，对于“仿木”一事却难以忘怀。2020年初，以“唐宋砖石墓葬及塔幢的仿木技术与设计方法研究”为题申报获准教育部人文社科项目，本书即是其中一项成果。张学伟是笔者指导的第一名研究生，他的学位论文《八到十三世纪华北地区砖砌墓葬中的仿木现象研究》就是对此课题的一次预演，张君在学期间与笔者共同撰写的三篇学术论文中，《中国古代墓葬建筑中“仿木现象”研究综述》发表在《建筑学报》2020年的学术专刊上，经增补后列入本书第二章；《晋豫宋金砖雕墓仿木设计手法试析》拟于《艺术遗产》第二期发行；《辽代许从赟夫妇墓中的仿木现象解析》则发表在《建筑史》第46辑上，后两文的内容亦被列入书稿。此外，为直观展现仿木砖墓的砌筑方式、量化统计其构图规律，笔者组织研究生卜浩文、白晶晶、姚雨芊、吉宇轩绘制了多个案例的分析图，并指导本科生章清、刘晶晶、宁兴慧、刘文博、丁逸龙完成了五个案例的复原设计，这些内容皆被充实进书稿第六、七、八章。中国建筑工业出版社陈夕涛、徐昌强编辑负责为本书审稿，两位老师细致、耐心的工作方式令人印象深刻，在审订过程中帮助笔者筛查了大量错误。中国社会科学院考古研究所宋江宁老师、长安大学陈斯亮老师在本书撰写过程中对书稿提出详尽的修改建议，得蒙几位学友砥砺鞭策，实属荣幸。借此寥寥数语，向参与本书撰写、绘图、编校的各位师友、同学谨致谢忱。